发电厂热工故障分析处理与预控措施

（第三辑）

中国自动化学会发电自动化专业委员会 / 组编
孙长生 / 主编
杨明花　牟文彪　王剑平　张国斌　丁俊宏　张瑞臣 / 副主编
尹峰 / 主审

内 容 提 要

在各发电集团、电力科学研究院和相关电厂热控专业人员的支持下，中国自动化学会发电自动化专业委员会组织收集了2018年全国发电企业因热控原因引起或与热控相关的机组故障案例200多起，从中筛选了涉及系统设计配置、安装、检修维护及运行操作等方面的159起典型案例，进行了统计分析和整理、汇编。

发电厂热控专业和专业人员，可通过这些典型案例的分析、提炼和总结，积累故障分析、查找工作经验，探讨优化完善控制逻辑，规范制度和加强技术管理，制定提高热控系统可靠性、消除热控系统存在的潜在隐患的预控措施，以进一步改善热控系统的安全健康状况，遏制机组跳闸事件的发生，提高电网运行的可靠性。

图书在版编目（CIP）数据

发电厂热工故障分析处理与预控措施．第三辑／孙长生主编；中国自动化学会发电自动化专业委员会组编．—北京：中国电力出版社，2019.9（2022.2重印）

ISBN 978-7-5198-3749-5

Ⅰ．①发…　Ⅱ．①孙…②中…　Ⅲ．①发电厂－热控设备－故障诊断②发电厂－热控设备－故障修复　Ⅳ．①TM621.4

中国版本图书馆CIP数据核字（2019）第218848号

出版发行：中国电力出版社
地　　址：北京市东城区北京站西街19号（邮政编码100005）
网　　址：http://www.cepp.sgcc.com.cn
责任编辑：娄雪芳（010-63412375）
责任校对：黄　蓓　常燕昆
装帧设计：赵姗姗
责任印制：吴　迪

印　　刷：北京天宇星印刷厂
版　　次：2019年10月第一版
印　　次：2022年2月北京第二次印刷
开　　本：787毫米×1092毫米　16开本
印　　张：26.25
字　　数：632千字
印　　数：2001—2500册
定　　价：98.00元

编 审 单 位

组编单位： 中国自动化学会发电自动化专业委员会。

主编单位： 国网浙江省电力公司电力科学研究院、浙江省能源集团有限公司、浙江浙能温州发电有限公司、内蒙古电网电力科学研究院、华电电力科学研究院。

参编与编审单位： 国家电力投资集团公司、中国华能集团公司、中国神华集团国华电力公司、浙江省电力股份有限公司、华能长兴发电厂、浙江浙能宁夏枣泉发电有限责任公司、中国大唐集团公司、华润电力控股有限公司、广东大唐国际潮州发电有限责任公司、浙江浙能技术研究院有限公司、国电科学技术研究院、浙能镇海发电有限责任公司、国网辽宁省电力公司电力科学研究院、国网河南省电力公司电力科学研究院、西安热工院有限公司、国网湖南省电力公司电力科学研究院、广西桂能科技发展有限公司、山东聊城电厂、国电双辽发电有限公司、华能北方联合电力达拉特发电厂、中国大唐集团科学技术研究院有限公司华东电力试验研究院、国家电投集团贵州金元股份有限公司纳雍发电总厂、河北大唐国际张家口热电有限责任公司、国家电力投资集团景德镇分公司、江苏国信淮安第二燃气发电有限责任公司、神华国神技术研究院。

参 编 人 员

主　编： 孙长生

副主编： 牟文彪　王剑平　杨明花　张国斌　丁俊宏　张瑞臣

参　编： 华志刚　李　辉　赵　军　戴敏敏　张政委　李国胜　郭凌云　海　浩　管庆相　葛　朋　马全乐　项　谨　杨海滨　关洪亮　姜肇雨　董勇卫　高志刚　王凯阳　宋瑞福　王　蕙　孙坚东　余小敏　宋严强　杨永存　彭　勃　陈厚涛　宋海华　赵长祥　王纪东　吉　杰　季俊伟　周昭亮　余　强　郭有福　孙洁慧　胡鹏程　柏元华　张　兴　段彩丽　梁海军

主　审： 尹　峰

前　言

发电厂的安全经济运行是一个永久的话题，而热控系统的可靠性在机组的安全经济运行中起着关键作用。热控系统原因引起机组跳闸的案例时有发生，由于缺少交流平台，不同电厂发生了相同的故障案例。

为了有效汲取行业内各类热控不安全事件的经验和教训，借鉴反事故措施，避免同类热控不安全事件的发生，中国自动化学会发电自动化专业委员会秘书处，继 2017 年、2018 年相继出版了《电力行业火力发电机组 2016 年热控系统故障分析与处理》《发电厂热工故障分析处理与预控措施（第二辑）》后，2019 年对 2018 年发电厂热控或与热控相关原因引起的机组跳闸案例进行了收集，在各发电集团、电力科学研究院和电厂专业人员的支持下，收集到 200 多起案例，以从中筛选的来自全国各发电企业生产与基建过程中发生的部分控制系统典型故障 159 例第一手资料为基础，组织浙江省电力有限公司电力科学研究院、浙江能源集团公司、华电电力科学研究院等单位专业人员，进行了提炼、整理、专题研讨，汇总成本书。

本书第一章对火力发电设备与控制系统可靠性进行了统计分析；第二～六章分别归纳总结了电源系统故障、控制系统硬件与软件故障、系统干扰故障、就地设备异常故障以及运行、检修、维护不当引发的机组跳闸故障，每例故障按故障过程、故障原因查找与分析、事件处理与防范 3 部分进行编写，第七章在总结前述故障分析处理经验和教训，吸取提炼各案例采取的预控措施基础上，提出提高热控系统可靠性的重点建议，给电力行业同行作为参考和借鉴。

在编写整理中，除对一些案例进行实际核对发现错误而进行修改外，尽量对故障分析、查找的过程描述保持原汁原味，尽可能多地保留故障处理过程的原始信息，以供读者更好地还原与借鉴。

本书编写过程中，得到了各参编单位领导的大力支持，参考了全国电力同行们大量的技术资料、学术论文、研究成果、规程规范和网上素材。与此同时，在各发电集团，一些电厂、研究院和专业人员提供的大量素材中，有相当部分未能提供人员的详细信息，因此书中也未列出素材来源。在此对那些关注热控专业发展、提供素材的幕后专业人员一并表示衷心的感谢。

最后，感谢参与本书策划和幕后工作的全体人员！存有不足之处，恳请广大读者不吝赐教。

编写组

2019 年 6 月 30 日

目　录

第一章

2018 年热控系统故障原因统计分析与预控

热工自动化系统的任务是为机组安全稳定运行保驾护航。但随着热控系统监控功能不断增强，监控范围迅速扩大，故障的分散性也随之增大，故障源扩大至热控系统的软硬件状态、控制逻辑、信号测量、保护信号取样及配置和外部执行设备、电缆、电源等，以及设计、安装、调试、运行、维护过程中人员素质差异造成的人为因素及系统与设备的工作环境等，这中间任何一环节出现问题，都会引发热控保护系统误动或机组跳闸，影响机组的安全经济运行。因此，常备不懈地进行热控系统隐患排查、收集统计故障案例，并通过原因统计分析制定与落实热控系统各个环节的可靠性预控措施，是发电厂热控专业永恒的主题。

为此，中国自动化学会发电自动化专业委员会在平时收集控制系统故障案例的基础上，于 2019 年 1 月启动了进一步收集 2018 年各集团热控系统故障原因分析及处理案例工作。在各发电集团、电力科学研究院和相关电厂的支持下，至 2 月底共收集了因热控原因引起或与热控相关的机组故障案 206 起，从中筛选出 159 起典型案例；通过对这些典型案例故障原因的深入分析和汇编，并从中总结提出了提高发电厂热控系统可靠性预控措施，供专业人员积累故障分析查找工作经验，拓展案例分析处理和控制逻辑优化能力，并为制定和完善预控措施提供参考。

第一节　2018 年热控系统故障原因统计分析

通过对各主要发电集团的 159 起热控典型故障案例的分析，统计出 2018 年全国火电机组由于热控设备（系统）原因导致机组非计划停运（根据典型案例统计）的主要原因与次数占比分布如图 1-1 所示。

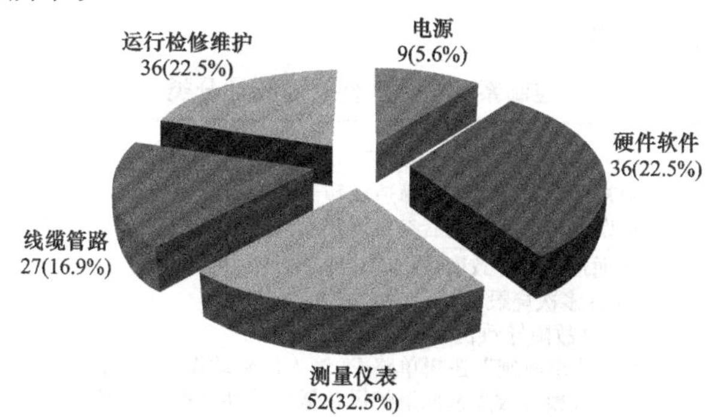

图 1-1　热控系统故障分类

本节对各类典型故障原因进行分类统计，并根据各类典型案例的特点，提出应引起关注的相关建议和应重点关注的问题，如设备劣化分析和更新升级、重视自动系统品质维护、制度的规范和执行、加强技术管理和培训等相关措施和建议，以进一步消除热控系统的故障隐患，提高热控系统的可靠性。

一、控制系统电源故障

控制系统电源是保证控制系统安全稳定运行的基础。2018 年共收集电源故障 9 起，具体分类统计如下。

（1）3 起供电电源故障原因统计分类见表 1-1。

表 1-1　　供电电源故障原因统计分类

<table>
<tr><th>故障原因</th><th>次数</th><th>备　注</th></tr>
<tr><td rowspan="2">UPS 电源故障</td><td>1</td><td>4B UPS 故障造成设备控制异常</td></tr>
<tr><td>1</td><td>UPS 欠压异常造成设备异动触发机组跳闸</td></tr>
<tr><td>汽轮机 PC A 段母线</td><td>1</td><td>瞬间短路导致给水泵汽轮机速关阀动作触发机组跳闸</td></tr>
</table>

（2）6 起设备电源装置硬件故障原因统计分类见表 1-2。

表 1-2　　设备电源装置硬件故障原因统计分类

故障原因	次数	备　注
设备电源切换装置	3	（1）ETS 电源模块故障导致机组跳闸。 （2）I/O 柜电源切换装置故障。 （3）METS 中双电源切换装置缺陷导致汽动给泵跳闸
电源模件	2	（1）电源转换模块损坏导致脱硫装置出口粉尘数值异常。 （2）FSSS 电源模件异常导致机组跳闸
24V 电源波动	1	24V 电源波动引起循环水泵出口蝶阀动作异常

在 6 起设备电源装置硬件故障案例中，3 起设备电源切换装置故障，3 起与设备电源模件可靠性有关。这类电源故障，需要在电源配置上进行优化完善，提高可靠性；同时，运行维护中加强定期测试和日常检查，消除电源系统存在的隐患。

二、控制系统硬件软件故障

在 2018 年收集的 159 起典型案例中，控制系统硬件软件故障占 35 起，具体统计分类见表 1-3。

由表 1-3 可见，控制器和 DCS 软件和逻辑组态问题占首位，模件通道和 DEH/MEH 控制系统也发生多起故障事件。

表 1-3　　控制系统硬件软件故障统计分类

故障原因	次数	备　注
控制系统设计	2	（1）共用补偿温度热电阻故障造成转子冷却风及燃气轮机轮间温度信号异常，机组降负荷。 （2）逻辑设计与给水控制器参数设置不当，给水流量低低导致机组 MFT
模件通道	6	（1）DCS 通道故障导致磨煤机啮合脱扣。 （2）AI 模件多次烧毁。 （3）DO 模件故障导致机组被迫解列。 （4）“MFT 失电跳闸”逻辑单路 DI 输入信号动作机组跳闸。 （5）风量计算模块故障造成锅炉风量低保护动作机组跳闸。 （6）模件误发汽轮机遮断信号导致机组跳闸

续表

故障原因	次数	备　注
控制器	10	(1) 主 DPU 离线后备 DPU 切换不成功导致所辖设备全部失控。 (2) 直流电源因控制器底座接线松动引起瞬时波动导致机组跳闸。 (3) 控制器故障重启导致炉膛压力保护动作 MFT。 (4) PLC 控制器离线导致输煤程序控制系统监控信号丢失。 (5) 输煤控制器失电重启后多点状态翻转。 (6) 脱硝系统主从控制器运行全停。 (7) 涉及送风和引风等控制的主控制器 CPU 故障。 (8) 控制器故障导致中低压缸连通导管调节阀失控机组解列。 (9) 新投产机组 DCS 控制器因电源接线接触不良重启导致机组跳闸。 (10) 更换故障模件时机组跳闸
网络通信	2	(1) 控制器下的 FF 总线模件进程中止导致再热器保护动作 MFT。 (2) 转换通信（ATS）模件故障导致脱硫系统画面死机
DCS 软件和逻辑	9	(1) 煤燃烧器有火判定逻辑功能块设置错误导致全部火焰失去 MFT。 (2) 炉膛调节闭锁增减逻辑设计缺陷导致炉膛压力低低锅炉 MFT。 (3) 抽汽压力 DCS 量程与就地仪表量程设置相反造成压比保护误动跳机。 (4) 引风机润滑油泵逻辑不合理导致机组 RB。 (5) 允许条件设置不当导致空气预热器主辅电动机联锁异常。 (6) 火焰失去过多 MFT 逻辑判据不当导致机组跳闸。 (7) 封装模块内部数据流计算顺序错误导致机组跳闸。 (8)“三选中”模块参数设置不合理引起凝汽器水位突降导致凝结水泵跳闸。 (9) 机组 DCS 逻辑错误导致磨煤机液压油站油箱温度高
DEH/MEH 控制系统	6	(1) DEH 通道异常引起汽包水位低低保护动作 MFT。 (2) DEH 控制站 DO 模块老化误发信号导致机组跳闸。 (3) DEH 输出误发“振动大”信号导致机组跳闸。 (4) DPU 硬件故障误发转速故障信号导致机组跳闸。 (5) DEH 通信卡异常加上逻辑设计缺陷导致机组跳闸。 (6) DEH 中 DI 模件异常造成主汽门快关

涉及 DCS 硬件、软件故障事件，2018 年比 2017 年案例有所增加，其中，控制器、DCS 软件和逻辑存在疏漏造成故障占比最多，DEH/MEH 控制系统老化故障仍然较多，应引起重视。今后需要继续研究完善软件组态和逻辑的优化改进措施，做好系统部件老化趋势的分析判断，避免因部件故障升高造成控制异常增多情况发生。

三、系统干扰故障

2018 年收集了 11 起干扰因素引起的设备或系统运行异常、故障，统计分类见表 1-4。

表 1-4　　干扰因素引起的设备或系统运行异常、故障统计分类

故障原因	次数	备　注
地电位变化	2	(1) 地电位干扰引起发电机故障信号误发导致机组跳闸。 (2) 接地虚接引起高压排汽温度跳变导致停机
线路干扰	6	(1) 电源干扰引起的 FGD 参数波动。 (2) 给水泵汽轮机控制柜电源电缆受干扰造成供汽调节门全关。 (3) 并网信号瞬时消失导致 OPC 保护误动。 (4) 循环水泵出口蝶阀自动关回。 (5) 外部干扰 AST 压力开关误发信号导致机组跳闸。 (6) 燃气轮机燃料调节门扰动导致机组跳闸
静电干扰	3	(1) 电荷累积造成送风机电动机后轴承温度高跳闸 RB 动作。 (2) 静电干扰导致汽轮机振动大跳机。 (3) 轴承温度波动导致机组跳闸

上述11起干扰案例中，包括了电源干扰、地电位干扰、电磁干扰、静电干扰，部分与电缆屏蔽接地和端子排安装位置不当等因素相关。因此，应对TSI系统中易受静电干扰的电涡流测量信号接线盒尽量采用金属外壳，日常维护中避免带静电物品靠近。

四、就地设备故障

就地设备的灵敏度、准确性及可靠性直接决定了机组运行的质量和安全。在2018年收集的159起典型案例中，现场设备故障案例共68起，其中执行设备故障引起的14起，测量仪表与部件故障引起的15起，管路异常引起的9起，线缆异常引起的18起，独立装置异常引起的12起，与2017年相比有所增多，具体分类统计如下。

（1）14起执行部件故障统计分类见表1-5。

表1-5　执行部件故障统计分类

故障原因	次数	备　注
控制板卡	2	（1）控制板卡故障造成磨煤机连续3次跳闸。 （2）引风机出口门执行器控制板故障导致机组RB
阀门、行程开关卡涩	3	（1）高压调节门卡涩引起机组跳闸。 （2）机组调节门特性曲线不符实际导致开机过程手动打闸。 （3）高压旁路电磁阀卡涩引发机组功率振荡
电磁阀故障	4	（1）燃气轮机安全油电磁阀线圈故障造成机组跳闸。 （2）燃气轮机辅助截止阀故障造成燃气机组跳闸。 （3）高压调节门跳闸电磁阀故障引起调节门关闭。 （4）给水泵跳闸触发锅炉MFT
变频器	2	（1）一次风机变频器故障造成机组非计划停运。 （2）变频器模块故障且RB逻辑中偏差参数设置不当间接导致机组跳闸
阀门附件	3	（1）高压排汽通风阀异常开启引起机组降负荷。 （2）一次风机动叶拐臂脱落导致MFT。 （3）一次风机动叶连接拉叉脱落导致机组跳闸

（2）15起测量仪表与部件故障统计分类见表1-6。

表1-6　测量仪表与部件故障统计分类

故障原因	次数	备　注
TSI探头及测量	5	（1）汽轮机振动探头故障引发机组跳机。 （2）传感器老化误发振动大信号保护动作跳机。 （3）汽轮机轴振误发信号导致机组跳闸。 （4）轴振信号误发导致机组跳闸。 （5）转速测量探头故障导致机组跳闸
温度测量	5	（1）出口继电器故障导致再热器保护动作触发机组跳闸。 （2）汽轮机变压器B相温度信号故障导致机组跳闸。 （3）热电偶元件故障造成燃气轮机排气分散度高触发机组跳闸。 （4）温度元件失准导致机组跳闸。 （5）EH油温信号异常引起TAB指令快减导致机组跳闸
压力、液位及系统部件	5	（1）水塔融冰同时真空开关定值漂移导致机组跳闸。 （2）磁翻板液位计误动作发EH油位低导致机组跳闸。 （3）煤量信号异常同时运行操作不当造成主蒸汽温度突降手动跳炉。 （4）主油箱油位开关因安装调试不规范误发信号机组跳闸。 （5）主油箱油位开关安装位置不当导致机组跳闸

（3）9起管路异常引起机组故障统计分类见1-7。

表1-7　　管路异常引起机组故障统计分类

故障原因	次数	备　注
取样管泄漏	3	（1）磨煤机一次风风量测量异常引发入炉总风量低MFT。 （2）变送器接头泄漏造成汽包水位高高锅炉跳闸。 （3）高压旁路快开电磁阀气源管接头断裂导致手动打闸停机
取样管堵塞	5	（1）循环水泵出口电触点压力表管堵塞导致机组凝汽器真空低跳闸。 （2）沉积物堵塞造成FGH温控阀控制气源压力降低导致机组降负荷。 （3）二次风量测量装置积灰引发锅炉MFT。 （4）仪表管结冰引起汽包水位低保护动作停机。 （5）高压旁路压力取样管冰冻导致机组跳闸
油路空气	1	液压油管路存空气造成速比阀过开导致燃气轮机启动失败

（4）18起线缆异常引起机组故障统计分类见表1-8。

表1-8　　线缆异常引起机组故障统计分类

故障原因	次数	备　注
电缆破损	9	（1）电缆绝缘低导致润滑油压低信号误发机组跳闸。 （2）油枪供油电磁阀电缆烧损导致机组停机。 （3）电缆接地造成主汽门全关信号误发导致MFT。 （4）电缆绝缘故障引起汽轮机“轴承振动大”保护动作跳闸。 （5）AST油压开关信号线接地引起机组跳闸。 （6）MFT至ETS保护信号电缆绝缘损坏误发MFT信号导致机组跳闸。 （7）高压旁路阀因电缆损伤误开导致机组跳闸。 （8）电缆破损造成轴承温度高信号误发导致机组跳闸。 （9）振动信号电缆着火导致机组跳闸
电缆短路	5	（1）低压旁路快开电磁阀控制电缆短路导致机组跳闸。 （2）发电机密封油系统油位开关电缆短路导致油氢系统异常。 （3）OPC电磁阀正端电源线脱落碰地引起机组跳闸。 （4）导线裸露碰绑扎线接地误发信号导致机组跳闸。 （5）信号线和屏蔽层间浸油造成机组胀差大导致机组跳闸
接头接触不良	4	（1）变送器航空插头接线柱处接线松动导致EH油压低停机。 （2）温度信号接线端子接触不良造成汽轮机防进水保护动作机组跳闸。 （3）启动中的给煤机接线松动跳闸导致锅炉MFT。 （4）低压缸胀差前置器电源线芯断脱造成保护误发机组跳闸

（5）12起因独立装置异常引起机组故障统计分类见表1-9。

表1-9　　独立装置异常引起机组故障统计分类

故障原因	次数	备　注
ETS装置	2	（1）汽轮机保护出口继电器老化造成汽轮机调排比动作跳闸。 （2）ETS柜端子板误发“发电机主保护动作”信号导致机组跳闸
火焰检测系统	2	（1）火焰检测抗干扰能力差造成磨煤机相继跳闸引发锅炉MFT跳闸。 （2）火焰检测参数设置不当导致“失去全部火焰”信号触发MFT
TSI装置	8	（1）TSI系统超速模件通信故障导致机组跳闸。 （2）轴承绝对振动模件故障引起“轴承绝对振动大”汽轮机跳闸。 （3）瓦轴振模件老化误发“轴振动大”信号停机。 （4）轴向位移输出模件绝缘降低误发信号导致机组跳闸。 （5）停机过程机组轴向位移信号故障造成机组跳闸。 （6）TSI模件老化导致机组非计划停运。 （7）综合因素超速保护动作。 （8）TSI系统继电器模件底板故障造成汽轮机轴振大信号误发停机

上述统计的68起就地设备事故案例中，有相当部分是在现场设备或接线等发生异常后，维护或运行人员处理不当而造成异常扩大或保护配置不合理等，最终造成机组跳闸或降负荷。部分故障存在重复性发生的情况，应引起专业人员的重视。

五、检修维护运行故障

收集36起检修维护运行故障案例中，涉及检修维护引起的18起，运行操作不当引起的9起，检修试验引起的6起，原因不明的3起，具体分类统计如下。

（1）18起检修维护引起的异常故障统计分类见表1-10。

表1-10　　检修维护引起的异常故障统计分类

故障原因	次数	备　注
操作不当	3	（1）就地复位高压加热器入口三通阀联关出口门造成给水流量低跳机。 （2）投保护时操作不当引起点火保护误动作MFT。 （3）LVDT检修调整不当导致给水泵汽轮机速度飞升
组态与参数设置疏漏	8	（1）压力变送器水修未设置导致机组供热跳闸。 （2）逻辑修改时未及时更新点目录运行操作时信号误发机组跳闸。 （3）燃气轮机CDM升级后逻辑错误引起燃气轮机启动过程中自动停机。 （4）修改后空气预热器跳闸逻辑时序不匹配引起空气预热器卡涩停转时MFT。 （5）引风机动叶卡涩及逻辑不完善导致机组跳闸。 （6）局部转速不等率及相关参数设置不当造成机组功率振荡。 （7）一次调频参数设置及维护操作不当引起轴振大停机。 （8）主蒸汽温度定值设置不当且调节品质差导致机组MFT
安装维护不到位	6	（1）接线端子箱密封不严引起轴振突变导致机组跳闸。 （2）功率单元控制板故障且磨煤机入口挡板关闭不严导致机组跳闸。 （3）压力开关锈蚀短路导致机组跳闸（哈锅引进技术）。 （4）压力开关锈蚀短路导致机组跳闸（西门子控制系统）。 （5）增压风机因执行器O形密封圈老化跳闸导致MFT动作。 （6）因EH油压力开关信号线接反造成定期试验时机组跳闸
误碰	1	人员误碰温度信号接线头导致轴瓦金属温度高跳闸机组

（2）9起运行操作不当引起的故障统计分类见表1-11。

表1-11　　运行操作不当引起的故障统计分类

故障原因	次数	备　注
操作不当	8	（1）汽轮机调节油系统压力波动引起安全油压力低跳闸。 （2）深度调峰过程控制调节性能不佳导致机组跳闸。 （3）运行操作不当造成汽动给水泵转速过高跳闸机组。 （4）运行操作不当引发CFB炉给水流量低触发锅炉BT。 （5）运行操作不当且保护未投导致锅炉爆燃。 （6）运行操作不及时造成汽包水位低低导致机组跳闸。 （7）引风机振动大跳闸后运行操作不当造成主蒸汽温度低机组跳闸。 （8）减温水喷水过量造成主蒸汽温突降打闸停机
监视不到位	1	主蒸汽温度参数监控不到位导致锅炉MFT

（3）6起检修试验引起的异常故障统计分类见表1-12。

表 1-12　　检修试验引起的异常故障统计分类

故障原因	次数	备　注
调试不到位	1	基建时自动系统调试不到位引起机组炉膛压力高跳闸
维护不良	5	(1) 密度计安装维护不当引起浆液循环泵跳闸机组 MFT。 (2) 机组工控信息安全漏洞扫描导致控制系统运行异常。 (3) 逻辑下装过程导致机组跳闸。 (4) 试验时误解除过热器入口焓值自动导致机组跳闸。 (5) 脱硫 MFT 试验时机组选择错误导致机组跳机

(4) 3 起原因不明异常故障统计分类见表 1-13。

表 1-13　　原因不明异常故障统计分类

故障原因	次数	备　注
原因不明	3	(1) 安全油压失去导致机组跳闸。 (2) 低真空保护动作机组跳闸。 (3) DEH 阀门总指令突变导致机组跳闸

上述统计的 36 起案例中，排首位的是检修维护引起的故障，其次是运行操作不当引起的故障。维护过程中问题主要集中在组态修改、调试和试验规范性等方面；运行过程中的问题主要集中在人员误操作。这些案例与人员操作水平、检修操作的规范性和保护投撤的规范性相关，通过平时的故障演练、严格执行操作制度、规范检修维护内容等，大多数案例是可以避免的；同时，通过对案例的分析、探讨、总结和提炼，可以提高运行、检修和维护操作的规范性和预控能力。

第二节　2018 年热控系统故障趋势特点与典型案例思考

通过对 2018 年因热控因素导致机组故障案例原因的统计分析、总结，从中筛选了一些典型案例，个别案例甚至目前尚未取得最终的结论，针对这些典型案例展开探讨，找出工作中应注意的事项，结合各电厂的实际情况制定相应的措施并落实，有效提高热控系统可靠性。

一、故障趋势与应对策略

(一) 控制系统的辅助设备老化趋势与应对策略

统计的 I/O 模件/通道、信号隔离器、通信模块、网络交换机、火焰检测柜电源、TSI 探头等故障的设备，相当部分运行超过 10 年，有老化迹象。因此，设备与部件的寿命需引起关注。

(1) 认真统计分析热控保护动作原因，举一反三，消除多发性和重复性故障。对重要设备元件按规程要求进行周期性测试，完善相关台账。通过溯源比较，了解设备的变化趋势。

(2) 建立控制系统日常巡检制度，及时发现控制系统异常状况。运行期间应加强对执行机构控制电缆绝缘易磨损部位、控制部分与阀杆连接处的外观检查；检修期间做好执行机构等设备的预先分析、状态评估及定检工作。

(3) 加强老化测量元件（尤其是压力变送器、压力开关、液位开关等）日常维护，对于采用差压开关、压力开关、液位开关等作为保护联锁判据的保护信号，可以考虑引入变送器模拟量信号辅助判断或替代。

（4）从运行数据中挖掘出有实用价值的信息来指导 DCS 的维护、检修工作。当一套 DCS 整体运行接近 2 个 A 级检修周期时，应与参考厂家建议，与电科院一起开展专题讨论后续的升级或改造方案。

（二）热控信号与控制电缆故障增多趋势与应对策略

电缆故障包括外皮破损、敷设不当、绝缘退化、漏汽损坏、槽盒进水、非高温电缆、电缆型号错；接线错误、松动、毛头、接触不良、虚接、中间连接不规范；接线盒位置不当，现场接线柱受潮、端子生锈、连接头（包括航空插座）松动、接触点氧化。

（1）注意电缆类型选择，加强绝缘易磨损部位的外观、电缆桥架和槽盒的转角防护、保护管朝向、防水封堵、防火封堵、冗余电缆分设、接地可靠性、环境变化情况等巡检和定期检查，发现问题及时处理。

（2）做好接线紧固，尽可能避免同一端子上接入 3 个及以上信号线，多线并接应采用线鼻子（独根与多股线鼻子）压接方式；公用线间环路闭合；屏蔽层全线路电气连续；电缆和接线头标志应齐全、正确。

（3）将检查接插件、电缆接线、通信电缆接头、接线规范性（松动、毛刺、信号线拆除后未及时恢复等现象）列入检修后验收，用手松拉接线确认紧固，用红外设备进行接线排查，定期评估电缆损耗程度。

（4）将热工电源、重要测量信号、重要保护联锁和控制，以及处在机炉高温、潮湿等恶劣环境下的热控设备电缆的绝缘测试列入机组常规检修项目，建立台账进行溯源对比，如有明显变化立即查明原因与处理。

（三）人为因素导致的事故频繁发生与应对策略

人为因素往往与人员素质（责任性、技术能力、工作状态等多方面）有关，控制人的不安全行为是防止人为事故最根本的保证。

1. 主观因素导致的事故

（1）误登录：进行 2 号机组“FGD 请求锅炉 MFT”信号传动试验，误登录 1 号机组 DPU 引起 1 号机组“FGD 请求锅炉 MFT”跳闸。

（2）错挂牌：主给水流量 C 变送器三通阀泄漏，牌错挂 A 测点一次阀。消缺人员隔离 A 变送器后，导致给水流量低“三取二”触发 MFT。

（3）强制错误：空气预热器出口一次风量跳变，准备进行管路吹扫，强制总风量低低 MFT 条件时误强制“炉膛总风量低低”信号，导致 MFT。

（4）下装不当：供热改造调试，进行控制组态修改下装时，汽轮机中压调节门控制指令突变，引起中压调节门关闭，机组被迫停运。

（5）逻辑修改：逻辑修改时未及时更新点目录，运行操作设备时信号误发机组跳闸、燃气轮机 CDM 升级后逻辑错误导致启机自停。

（6）参数设置：DCS 压力变送器零位水修参数未设置导致机组供热跳闸、一次调频参数设置及维护操作错误引起轴振大停机。

2. 人员素质导致的事故

同样案例处理结果因人而异，有的导致机组跳闸，有的则避免了事件的发生，如：某电厂 DEH 系统双路 24V 直流电源模块故障导致 ETS 动作汽轮机跳闸（双路电源模块同时

故障的概率较小，因此可判断热控人员巡检或维护不到位，当一块电源模块故障时没有及时发现，待两块电源模块都故障时，不可避免地导致了机组跳闸事件发生）。而另一电厂同样双路电源模块故障由于检修人员巡检仔细（根据继电器柜内继电器指示灯闪烁熄灭时有微亮这点，判断电源模块故障），及时发现电源模块故障处理后避免了一次可能的跳机事件，案例如下。

（1）事件过程：某火电机组容量为300MW，DCS系统为Foxboro I/A 7 DCS系统，投产时间为2003年，至故障时DCS系统仅进行过软件升级，硬件部分未进行任何升级改造。该系统开关量输出继电器柜继电器线圈采用两路220V AC转24V DC开关电源并联供电。2018年11月17时15分，热控检修人员对1号机组进行消缺工作，消除的缺陷需核对DCS通道与就地接线，检修人员在进行DCS 2号继电器柜通道检查过程中，发现该继电器柜B面各个继电器指示灯不断闪烁，当继电器指示灯在熄灭状态时指示灯处于略微点亮状态，未完全熄灭，检修人员初步判断24V电源模块存在故障，立即通知运行人员和电热部门管理人员到场，经查看继电器柜顶两个24V电源模块运行状况，两个电源模块输入220V AC电源均正常，指示灯均正常点亮，输出24V电压存在17～24V DC间波动情况，两个模块无明显烧坏痕迹，无法准确判断是由哪一路电源模块故障引起，经查看DCS，发现该继电器柜所辖设备存在停机风险，甚至危及汽轮机安全。

（2）故障处理：经现场人员讨论，鉴于多个直流电源并联时电压不变的特性，决定在周边吹灰系统电源柜取一路220V AC电源，通过输入一个新的电源模块，将输出的24V DC电源并联至现有继电器柜24V DC电源母排上，再逐一拆除两个并联运行的电源模块，经过检修人员的处理，逐一将原来的两个电源模块拆除，发现原并联的两个电源模块一个已故障无输出，另一个电源模块输出电压波动（即原两个电源模块均已故障）。用临时电源供电时，继电器柜内所有继电器指示灯均恢复正常，检修人员随即将原两个电源模块更换，并将两路电源重新连接至24V DC电源母排，确认两路电源工作正常后，将临时电源拆除，因整个过程按预期进行，未造成继电器柜电源中断，设备均正常运行。

（3）故障暴露问题：该故障暴露出该厂Foxboro I/A 7 DCS机组的24V DC电源模块设计存在漏洞，经长周期使用后存在不同程度的老化与故障，故障后无任何报警信号发出，实际故障发生时间也无法追溯。而该厂检修人员巡检范围未包含DCS 24V电源模块及继电器柜状态检查，幸好本次在处理其他故障时附带发现，否则很可能引起故障扩大。

（4）故障防范：本次故障处理，值得庆幸的是检修人员考虑周全，通过引入临时电源供电后，逐一对原两个电源模块进行更换处理，避免了故障影响扩大并使故障得以消除。吸取本起故障的教训与处理经验，为防止类似问题再次发生，提出以下防范措施：

1）应利用机组停运机会，逐一检查测试全厂机组的24V DC电源模块，记录数据建立档案，通过溯源比较，如出现质量劣化趋势及时进行更换，改变以往故障后再更换的维修模式。

2）调研、研究DCS开关量输入通道直接引入继电器柜24V DC电源模块故障输出信号可行性，当电源模块故障时，通过DCS发出报警信号，及时提醒、处理故障。

3）检修部门重新拟定日常巡检表内容，将DCS各路、各机柜电源状态纳入日常巡检内容。

上述案例，说明了人是可靠性控制最关键的因素，因此加强管理与人员培训，培养良好习惯是一项持之以恒的工作，应给予专业人员培训和外出学习机会，鼓励专业人员积极收集更多的典型故障案例，组织对典型故障的原因、检查与处理过程进行分析讨论。

（四）典型故障继续重复发生与应对策略

一些故障，2016年、2017年、2018年以来高度相似地重复发生，如：

（1）电动执行器进水、仪用压缩空气系统末端带水、LVDT连杆断裂。

（2）螺钉旋得不紧或过紧、插销未分开（如执行机构连接开口销未开口导致运行中连接脱落、螺钉固定未放弹簧片引起接线连接处松动）。

（3）串并联压力开关标识在盒盖上，试验后盒盖恢复错误（应在开关上）。

（4）TSI传感器延伸电缆连接头未加热缩管，引起接头松动、碰地，接触点污染（阻抗变化）；火焰检测信号因传感器头部积灰影响测量灵敏度。

（5）单点保护信号误发，信号变化速率与“三取二”单点动作后，未及时复归。

这其中既有检修维护人员对设备不熟悉，粗心大意，也有验收人员因任务紧迫而放松监督验收不到位，从而留下缺陷或隐患，这反映出习惯性隐患的顽固性，也说明跟踪故障，强化反措是一项持久性工作。

二、需引起关注的相关建议

通过对2018年热工典型故障案例原因的统计分析，从中发现一些有代表性问题。针对这些问题展开探讨，找出工作中应注意的事项，对需引起关注的问题提出以下建议。

（一）提高电源可靠性建议

1. 电源模块内电容失效

电源模块内电容失效有时候不容易从电源技术特性中发现，但是会造成运行时抗扰动能力下降，影响系统的稳定工作，因此应记录电源的使用年限，进行电源模件劣化统计与分析工作，宜在5～8年进行更换。

2. 重要的控制系统和就地冗余的跳闸电磁阀电源

保证重要的控制系统和就地冗余的跳闸电磁阀电源来自独立二路且非同一段电源（防止因共用的保安段电源故障，UPS装置切换故障或二路电源间的切换开关故障）。就地远程柜电源直接来从DCS总电源柜二路电源。

3. 机组电源试验

机组C级检修时，应进行UPS电源降压切换试验。

机组A级检修时应进行全部电源系统切换降压试验，并通过录波器记录，确认工作电源及备用电源的切换时间和直流维持时间满足要求；测试两路电源静电电压小于70V。

（二）逻辑优化可靠性建议

1. 温度防保护误动措施

温度防保护误动措施有温度速率判断和坏点切除，其中速率判断设置为5℃/s，经不同DCS控制器处理后，其速率判断结果不同，如OVATION系统控制器的扫描周期若为100ms，速率判断等效于每周期变化为0.5℃，如果某一快速扰动为0.6℃，持续时间恰好在100ms左右，速率判断逻辑将发生误判。要经实际试验确认可靠性。推荐同时加延时环节，测量信号回归时保护能及时恢复，报警需要人工确认后恢复。

2. 所有重要的主、辅机保护信号应尽可能采用“三取二”逻辑判断方式

遵循从取样点到输入模件全程相对独立的原则，确无法做到，应有防保护误动措施（给水泵汽轮机轴向位移大保护、给水泵汽轮机真空低保护、润滑油压力低保护、安全油压

力低保护），保护信号可逐步用模拟量信号代替开关量信号。

3. 就地设备故障

就地设备故障不一定会直接影响机组安全运行，但是容易与逻辑或工艺系统设计不当等因素共同作用造成机组非停。独立装置故障率升高应引起高度重视，在系统升级时，应尽可能采用可靠性高的一体化方案。

4. 报警信号可靠性优化

为减少单点保护信号误动，有的改为“三取二”，有的增加证实信号改为“二取二”，有的增加速率切除保护。但系统或装置内部软件设置不当和维护不及时，同样会导致保护误动。建议将保护信号或装置内部的信号复归改为自动方式，信号报警改为手动复归，同时将次一级的报警信号在大屏上设立综合报警信号牌，点入可查找具体报警信号。

5. 报警信号信息合理分级

报警信息量大，管理功能弱。机组正常运行时出现报警信息不够重视，机组异常工况时，关键信息常淹没在大量报警信息中，运行人员识别困难；存在报警数据该用时难找，不需要时又不断出现的缺陷。建议至少分三级设置：

（1）一级报警：通过独立信号牌、大屏幕显示块直接显示并声光提示。

（2）二级报警：通过共用信号牌、大屏显示块或特定窗口显示并声光提示，提供进一步了解具体信号的手段。

（3）三级报警：CRT显示。

6. 信号速率设置

（1）保护信号逻辑优化：双侧取样采用信号“三取二”时，当单侧异常时（掉焦、局部燃烧恶化），易造成锅炉MFT动作。建议：采用“四取二”判断逻辑，提高炉膛压力保护可靠性。建议采用高于“三取二”判断逻辑，推广到两测量管路取样信号做保护时，也宜为“四取二”。

（2）汽轮机振动保护信号逻辑优化：根据GB/T 6075.2—2012《机械振动　在非旋转部件上测量评价机器的振动　第2部分：500MW以上，额定转速1500r/min、1800r/min、3000r/min、3600r/min陆地安装的汽轮机和发电机》第4.2.3.3中规定：“……，如果收到停机信号，而且至少被两独立传感器确认超过了规定的有限延迟时间后才可以触发停机，典型延迟时间1～3s，为了慎重，可以在报警值和停机值之间插入第二次报警值，以警示操作人员正在接近停机值”。建议保护采用以下信号相“与”逻辑：

1）任一保护信号达到动作值。

2）除保护信号自身以外的任何一个正常显示信号的增量转换的报警信号报警。

上述两信号均满足且延迟时间（设置以1s为宜）到后触发停机。

（三）管理可靠性建议

（1）降低控制电缆故障导致的机组非停：需要对控制电缆定期进行检查，将电缆损耗程度评估、绝缘检查列入定期工作当中。机组运行期间加强对控制电缆绝缘易磨损部位的外观检查；在检修期间对重要设备控制回路电缆绝缘情况开展进线测试，检查电缆桥架和槽盒的转角防护、防水封堵、防火封堵情况，提高设备控制回路电缆的可靠性。

（2）新建机组的控制性能试验应规范开展：避免因急于投产而削减热态试验项目，在运机组应重视自动系统的品质维护与定期试验，确保机组在复杂工况下依旧能平稳运行。

(3) 降低因热控设备故障导致机组的非停：设备寿命同样需引起关注，及时更换备品备件。当一套DCS整体运行接近2个A级检修周期时，应参考厂家意见，与电科院一起开展专题讨论后续的升级改造方案，应鼓励用户单位开展DCS模件和设备劣化统计与分析工作。

(4) 2016年1月22—25日，南方极寒天气造成部分发电机组原有保温伴热系统失效，连续发生8起仪表管道受冻、测量信号异常误动跳机事件。2018年北方地区也发生了多起表管道结冻导致机组异常事件，建议：

1) 防冻保温：做好防冻保温工作，注意弯角、阀门、岔路、排污管、盘向弯。

2) 防冻管理：对给水、蒸汽、风烟、化水等系统中就地仪表防护措施建立完善的技术台账和伴热投退制度及巡检措施。

3) 实时监控：伴热管线上加装测温元件，DCS实时监测仪表管温度自动控制管线伴热，有效应对极寒天气的影响。

4) 伴热维护：日常维修中，及时消除伴热带开路、短路、绝缘下降、蒸汽伴热管锈蚀、阀门泄漏等，保证伴热系统完好性。

（四）误操作防范

1. 专业配合

热控保护系统误动作次数，与相关部门配合、人员对事故处理能力密切相关，类似故障不同结果。一些异常工况出现或辅机保护动作，若操作得当，可以避免影响扩大。

2. 深入隐患排查

深入开展热控逻辑梳理及隐患排查治理工作，加强热控检修及技术改造过程中的监督验收管理。

3. 收集案例

收集电力同行们大量技术资料、研究成果与案例素材，通过学习和分析，让大脑中存储大量的故障现象与分析查找方法，可提高快速判断故障的能力，并从中制定适合本单位的事故预防措施并落实，避免发生重复性故障。

4. 编写现场故障处置方案

按故障现象、故障原因、故障后果、故障处理等列出所有与故障相关的关联点格式，编写现场故障处置方案，用于指导运行与维修人员进行故障判断与处理。

5. 降低人为因素

热控保护系统误动作的次数，与相关部门配合程度、人员对事故的处理能力密切相关。类似故障出现不同结果。一些异常工况出现或辅机保护动作，若操作得当，可以避免主保护动作。从统计的本年度案例中，由于人员保护强制、逻辑修改、逻辑检查验收等人为因素导致的事件占的比例较高。因此，人是生产现场最不可控的因素，控制人的不安全行为是避免人为事故的关键。需要在工作中持之以恒地加强管理和培训，提高人员技能水平，增强责任意识，培养良好习惯，积极分享、用心体会典型故障案例。

各单位有防误操作相关制度和奖惩措施等，需要结合实际综合使用。工作中往往工作最积极的人员，出错的风险和概率会超过平均水平，领导和管理层应根据这一特点，制定有利于积极工作的专业人员发展的奖惩机制，以增强他们的协作和安全意识。

热工自动化专业工作质量对保证火电机组安全稳定经济运行至关重要，特别是机组深度

调峰、机组灵活性提升、超低排放及节能改造等关键技术直接影响机组的经济效益。在当前发电运营模式与形势下，增强机组调峰能力（但也应综合机组的安全、经济性）、缩短机组启停时间、提升机组爬坡速度，增强燃料灵活性、实现热电解耦运行及解决新能源消纳难题、减少不合理弃风弃光弃水等方面，仍是热控专业需要探讨与研究的重要课题，许多关键技术亟待突破，但是，这些问题的有效解决或突破，必须以热控设备与系统的安全稳定运行为前提。因此，加强对热工自动化专业工作质量的控制，提高热控设备与系统可靠性，是热工专业的重中之重。

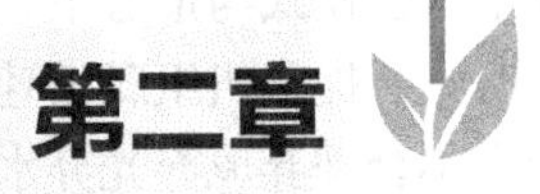

电源系统故障分析处理与防范

电源系统是保持机组控制系统长期、稳定工作的基础。在整个机组生产周期过程，电源系统不但需要夜以继日不停地连续运行，还要经受复杂环境条件变化的考验（如供电、负载、雷电浪涌冲击等）。一旦控制系统发生失电故障，导致机组运行中断或主、辅设备损坏的严重事故。这一切都使得电源系统的可靠性、电源故障的处理和预防变得十分重要。

热控电源系统按供电性质可划分为控制电源、供电电源、动力电源、检修电源。其中，控制电源包括分散控制系统、DEH、火焰检测装置、TSI、ETS等电源。供电电源通常有UPS电源、保安电源、厂用段电源等。热控系统供电，要求有独立的二路电源，目前在线运行的供电方式有以下几种组合：

（1）一路UPS电源，一路厂用保安电源。

（2）两台机组各一路UPS电源，两台机组的UPS电源互为备用。

（3）两路UPS电源。

近年来，火电机组由于控制系统电源故障引起机组运行异常的案例虽有所减少，但仍屡有发生。本章收集了2018年发生的电源典型故障案例（供电电源故障案例3例，控制电源故障案例5例），通过对这些案例的统计分析，可以得出两条基本的结论：

（1）火电机组控制系统电源在设计、安装、维护和检修中都还存在或多或少的安全隐患，因此在机组设计和安装阶段，应足够重视电源装置的可靠性。

（2）同时在运行维护中，应定期进行电源设备（系统）可靠性的评估、检修与试验。

希望借助2016年、2017年和2018年这三年电源故障案例的统计、分析、探讨、总结和提炼，得出完善、优化电源系统的有效策略和相应的预控措施，提高电源系统运行可靠性，为控制系统及机组的安全运行保驾护航。

第一节　供电电源故障分析处理与防范

本节收集了供电电源故障案例3起，分别为某机组4B UPS故障造成设备控制异常、检修过程引起UPS欠压异常造成设备异动触发机组跳闸、汽轮机PC A段母线瞬间短路导致给水泵汽轮机速关阀动作触发机组跳闸。

一、某机组4B UPS故障造成设备控制异常

某电厂4号机组（1000MW）为超超临界机组。其配套的DCS控制系统采用上海艾默

生过程控制有限公司的 Ovation 系统。机组两套 UPS 系统采用青岛艾迪森科技有限公司产品，型号为 DP31080-220/230-R。2018 年 4 月 8 日 4 号机组 830MW 运行中，4B UPS 故障造成机组设备控制异常。

（一）事件经过

2018 年 4 月 8 日，某厂 4 号机组负荷 830MW 运行，4B、4C、4D、4E、4F 五套制粉系统运行；4A、4B 汽动给水泵运行。4A、4B 空气预热器主电动机运行，辅电动机备用。

15 时 20 分 59 秒，4B UPS 报：“ABNM”（异常）、“BYPS RUN”（自动旁路投入）、“TOTAL FAULT ALM”（总出口报警），报警瞬间消失后又报，如此反复 5 次。4 号机组右侧大屏黑屏，左侧大屏在闪屏。

15 时 21 分 0 秒，4B、4D、4F 给煤机煤量变坏点后 3 台给煤机均跳闸（跳闸前给煤机煤量分别为 58t/h、75t/h、60t/h），总煤量“TOTCOAL”变坏点（持续 1s 后自动恢复正常），煤主控自动切手动（4C、4E 给煤机仍自动方式运行，两台给煤机煤量维持 58t/h、60t/h 不变）。机组控制方式由 CCS 切 BI，DEH 切至外部压力方式。1s 后 4A、4B 两台汽动给水泵自动切至手动（由于总煤量信号变坏点，逻辑运算导致给水指令变坏点），机组控制方式切至 BH；4A/4B 空气预热器主电动机均跳闸，辅电动机均联启后跳闸；脱硝 A、B 侧进/出口烟气分析仪失电，盘面数据全部变为零。脱硝系统喷氨量自动输出降至最小值，净烟气 NO_x 含量超标［最大升至 92.1mg/m^3（标准状态）］。机组主参数曲线见图 2-1。

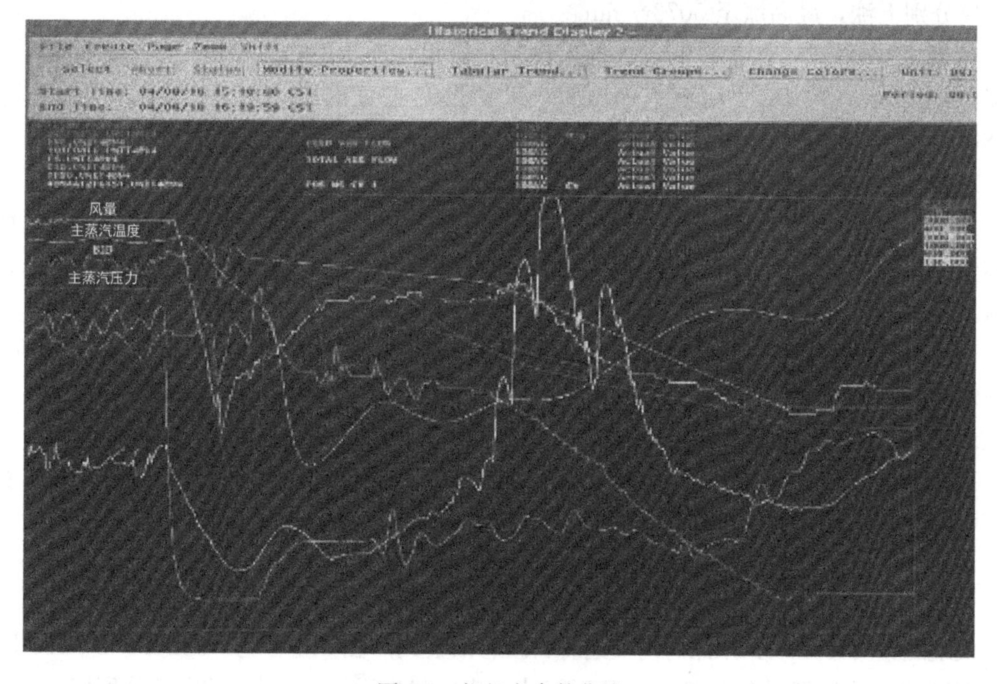

图 2-1 机组主参数曲线

15 时 21 分 50 秒，手动强启 4A 空气预热器主电动机和 4B 空气预热器辅电动机成功。

15 时 24 分 0 秒，随着 4B、4D、4F 给煤机跳闸（见图 2-2），机组总燃料量由 320t/h 快速降至 121t/h。依次投入 3 层油枪（共 24 根），机组总燃料量升至 230t/h。

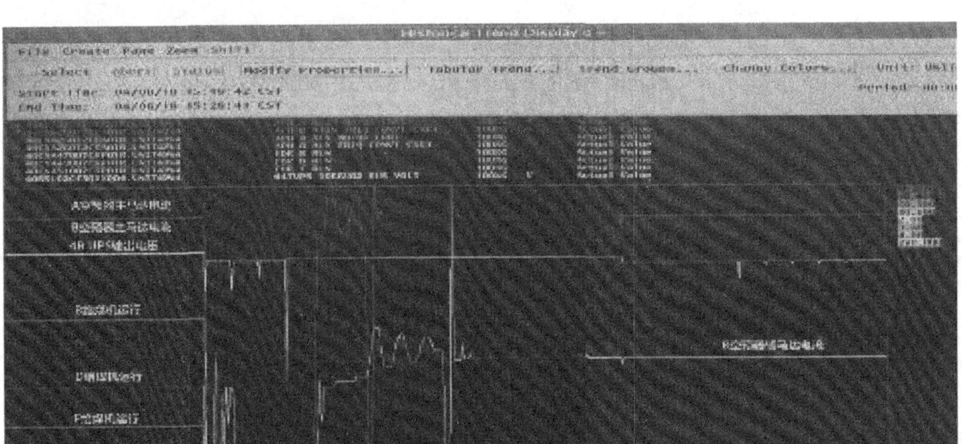

图 2-2　跳闸设备曲线

15 时 25 分 28 秒，送风量控制在自动状态，随燃料量的减小总风量由 2886t/h 最低降至 1894t/h，引风机汽轮机转速至 3217r/min，4B 引风机发生抢风现象，两台引风机汽轮机转速分别上涨，最高涨至 5073r/min。

15 时 27 分 0 秒，给水控制方式投入自动，机组切至 BI 方式，BID 指令由 800MW 手动降至 513MW。将 DEH 切至本地压力，手动设定主蒸汽压力由 24.5MPa 缓慢下降至 13.8MPa。

15 时 28 分 15 秒，启动 4A 制粉系统，总燃料量为 256t/h。

15 时 30 分 0 秒，就地检查发现 4B UPS 电源输出电压、频率大幅波动，静态开关在主路与旁路之间反复切换；将 4B UPS 电源切至静态旁路供电后，4B UPS 电源输出电压、频率恢复正常。

15 时 36 分 50 秒，将脱硝氨需量控制切手动方式并将输出量增至 200kg/h，15 时 42 分净烟气 NO_x 下降至正常值以下。15 时 52 分，4A、4B 两侧脱硝 SCR 进/出口烟气分析仪就地启动正常，恢复正常显示。

16 时 1 分 12 秒，4D 磨煤机出口温度下降后启动 4D 制粉系统正常，逐渐调整主参数至正常值，负荷稳定在 480MW；16 时 45 分，并入 4B 引风机正常。

（二）事件原因检查与分析

1. 事件原因检查

机组配置两套 UPS，采用青岛艾迪森科技有限公司产品，型号为 DP31080-220/230-R。6 台给煤机 PLC 采用福州东大产品。4B UPS 由主电源供电运行；2 号热控电源分配柜、动力电源柜均由 4B UPS（主电源）供电。2 号热控电源分配柜接带 4B、4D、4F 给煤机 PLC 和 4A、4B 空气预热器辅电动机控制电源、脱硝 CEMS 分析仪等重要负载；动力电源柜接带 4A、4B 空气预热器主电动机控制电源等重要负载；3 号热控电源分配柜由 4A 杂用 MCC（主电源）供电，其接带 4A、4C、4E 给煤机 PLC 电源等重要负载。现场检查处理情况如下：

（1）4B UPS 故障分析及处理。故障发生后电气专业人员就地检查确认 4B UPS 主路与静态旁路来回切换，报警灯"INVERTER FAIL SHUTDOWN"随 UPS 主路与旁路切换同步闪烁，故障报文"逆变器异常关机""逆变器恢复正常"交替出现，运行人员以手动方式将 4B UPS 切换至静态旁路，将蓄电池开关及主路输入开关分闸，供电方式转至静态旁路后 4B UPS 输出电压、频率恢复正常。

调阅 4B UPS 输出电压 SIS 历史曲线，发现 15 时 21 分 54 秒之前的电压有过 3 次波动，最低值为 206.067V，第四次波动 4B UPS 输出电压为 143.102V，达到最低值。

ASCO 双电源切换开关定值为 187V/1s，前三次电压波动没有造成 ASCO 切换，第四次波动达到 ASCO 切换值，造成下级 2 号热控电源柜和动力分配柜内双电源切换装置 ASCO 电源切换。

针对 4B UPS 逆变器来回启动切换问题，检查 4B UPS 上级电源电压均正常，初步分析认为，可能的故障部件为逆变器、逆变驱动板或静态开关。

1）逆变器如果出现软故障有可能出现这种现象，如逆变器启动后检测到逆变波形不好就会关闭，关闭后检测未发现异常又会再启动，导致反复启动。

2）逆变器驱动板故障也有可能出现这种现象，如逆变器驱动板驱动波形丢波或异常，会导致逆变器输出波形异常而使逆变器关闭，然后检测正常后再次启动，如此反复。

3）逆变器静态开关故障，如逆变器静态开关驱动部分异常，会导致静态开关控制角导通不彻底，时好时坏，造成输出电压波动，逆变器保护关闭，关闭后至检测正常时又启动，如此反复。

具体原因待 4 号机组停机检修时进行进一步检查。

（2）4B、4D、4F 给煤机跳闸检查与分析。就地检查 4B、4D、4F 给煤机变频器、电动机、低电压穿越装置均正常，检查确认 4B、4D、4F 给煤机控制电源均取自 4 号机组 2 号热控电源柜，而 2 号热控电源柜的上级主电源取自 4B UPS，备用电源取自 4A UPS。

该厂给煤机为沈阳施道克提供的 196NT 控制器，动力电源取自锅炉 20.5m 层给煤机 MCC，动力电源经变压器转为 220V 控制电源供给煤机控制器使用。

电气专业陆续对给煤机进行了低电压穿越改造，但低电压穿越改造只针对给煤机动力回路，仍然无法避免电压波动对给煤机控制器的影响。由于给煤机常有不明原因跳闸，从 2014 年起陆续对给煤机进行控制器改造。考虑到 UPS 电源较为可靠，且有两路电源切换，低电压穿越装置电源又无法应用到给煤机控制器，因此决定给煤机控制电源改为由含 UPS 电源的双路切换热控电源柜提供，且将 A、C、E 给煤机电源布置于 3 号热控电源柜，B、D、F 给煤机电源布置于 2 号热控电源柜。

本次 4B UPS 逆变器来回启动切换造成输出电压波动后，给煤机控制电源随着发生波动，咨询 PLC 厂家获悉，PLC 重启的电压波动范围最低为 175V，延时 20ms。由于历史曲线的采样周期为 1s，时间太长，DCS 没有记录到电压的最低点，第一次电压波动记录的电压值为 206V AC，实际应为 175V AC 以下，导致 4B、4D、4F 给煤机 PLC 失电重启，4B、4D、4F 给煤机跳闸。

（3）4A、4B 空气预热器跳闸检查与分析。事发后对 4A、4B 空气预热器进行了故障分析和波形录取。检查情况如下：4 号机组 A、B 空气预热器主电动机在 15 时 20 分 59 秒同时跳闸，分别联启辅电动机正常；15 时 21 分 18 秒，4 号机组 A、B 空气预热器辅电动机同时跳闸；15时21分55秒，4B UPS故障导致电压低落至ASCO切换动作值，2号热控电源柜与动力电源柜分别切换至4A UPS和杂用MCC；此后在15时22分09秒，4号机B空气预热器辅电动机手动启动正常；15时22分15秒，4号机组A空气预热器主电动机手动启动正常。

2. 事件原因分析

（1）4号机组空气预热器两台主电动机控制电源接自动力电源柜，两台辅电动机控制电源接自2号热控电源分配柜；而2号热控电源分配柜和动力电源柜主电源均接自4B UPS。全厂1～4号机组的2号热控电源分配柜、动力电源柜的电源接入情况如表2-1所示。

表2-1　1～4号机组热控电源柜、动力电源柜电源情况统计表

电源柜	1号热控电源分配柜电源一（主）	1号热控电源分配柜电源二（备）	2号热控电源分配柜电源一（主）	2号热控电源分配柜电源二（备）	3号热控电源分配柜电源一（主）	3号热控电源分配柜电源二（备）	动力电源柜电源一（主）	动力电源柜电源二（备）
1号机组	UPS A	UPS B	UPS B	杂用B段	杂用A段	杂用B段	UPS A	杂用A段
2号机组	UPS A	UPS B	UPS B	杂用B段	杂用A段	杂用B段	UPS A	杂用A段
3号机组	UPS A	UPS B	UPS B	杂用B段	杂用A段	杂用B段	UPS A	杂用A段
4号机组	UPS A	UPS B	UPS B	UPS A	杂用A段	杂用B段	UPS B	杂用A段

（2）2016年11月23日4B检修期间发生过由于下级热控负载短路造成UPS逆变器关断、UPS停运的故障，故针对此问题对全厂4台机组UPS的负载进行了排查，排查发现4台机组的2号热控电源柜的两路电源均取自UPS A、B，针对以上问题，2017年1—3月分别对1号、2号、3号机组2号热控电源柜电源进行了改造，将2号热控电源柜电源由UPS A段移位至杂用MCC B段，4号机组改造计划在2018年4C检修中进行。

（3）机号机组的动力电源柜和2号热控电源分配柜主电源均接自4B UPS，当4B UPS逆变器来回启动切换造成输出电压首次波动后，4A、4B空气预热器主电动机控制电源电压随之波动，波动造成4A、4B空气预热器主电动机控制回路的PLC（西门子公司生产、型号为X50）重启（从PLC厂家获悉PLC重启的电压波动范围最低为175V，20ms，第一次电压波动记录的电压值为206V，由于历史曲线的采样周期为1s，DCS没有记录到电压的最低点），从而引起跳闸，同时，成功联起辅电动机。而空气预热器A、B辅电机控制器的电源接自2号热控电源分配柜，2号热控电源分配柜的主电源也接自4B UPS；当4B UPS电压再次波动时，4A、4B空气预热器辅电动机控制电源电压随之波动，造成4A、4B空气预热器辅电动机控制回路的PLC重启后再次跳闸，4号机空气预热器运行状态信号图见图2-3（以4A空气预热器为例）。

当4B UPS输出电压再次波动至下级动力电源柜和2号热控电源分配柜ASCO切换开关动作值时，动力电源柜切换至杂用A段，2号热控电源分配柜电源切换至4号机组杂用段以及4A UPS，4A、4B空气预热器主辅电动机控制电源恢复正常，运行人员手动启动空气预热器运行正常（因主辅电动机切换一次后，备用投入开关就处于未投入状态，故辅电动机跳闸后不会联启主电动机）。针对此问题已计划对4A、4B空气预热器主辅电动机控制电源的配置进行优化改造，取自不同的电源点，这样即使4A、4B空气预热器主电动机控制回路发生波动时也能确保4A、4B辅电动机控制电源不受影响，正常联启运行。

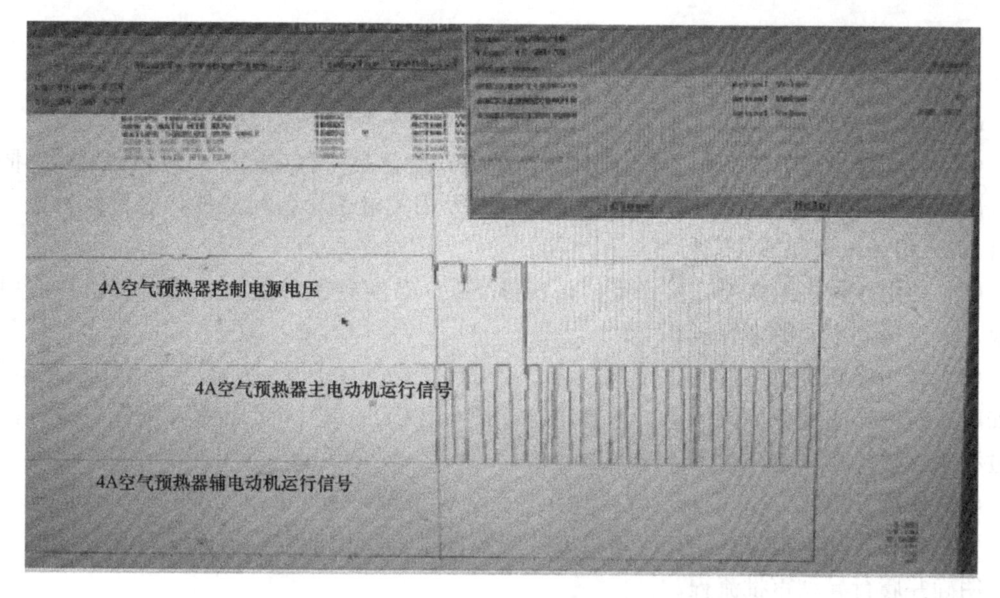

图 2-3 4 号机空气预热器运行状态信号曲线图（以 4A 空气预热器为例）

（4）脱硝 CEMS 表计电源失电原因分析。脱硝 CEMS 表计电源由 4 号机热控电源分配柜供给，4B UPS 输出电压波动后，其下级负载之一的热控电源分配柜输出电压同步波动，直至电源切换后正常，从而导致脱硝 A、B 侧脱硝进出口 CEMS 表瞬间掉电，表计重启自标定恢复正常。

（5）RB 未触发原因分析。4B、4D、4F 给煤机控制电源失去，异常跳闸，对应给煤量变坏点。机组切至 BI 方式，燃料 RB 前提条件不满足。同时磨煤机仍在运行状态，燃料 RB 逻辑统计制粉系统运行套数仍是 5，对应参考负荷为 1000MW；燃料 RB 触发条件是 BID 大于参考负荷 500MW，燃料 RB 触发条件也不满足。

煤量信号变坏点，品质坏点传递给总燃料量 TFF，间接导致给水指令 FWFDM 变坏点，给水自动切至手动运行方式，机组切至 BH 方式，空气预热器 RB 前提条件不满足。空气预热器 RB 逻辑触发条件是空气预热器跳闸，空气预热器跳闸判断条件是空气预热器主、辅电动机运行信号均丢失且延时 60s。4A、4B 空气预热器主电动机跳闸，辅电机动联启后再次跳闸，直到运行人员手动启动 4A、4B 空气预热器，每次切换均在 60s 内完成，因此空气预热器 RB 触发条件也不满足。

3. 暴露问题

（1）电气设备技术管理不到位。未针对 UPS 相关电子设备元器件建立状态检修台账，未能提前检查出 4B UPS 逆变器缺陷；未针对 UPS 逆变器故障可能造成的后果制定针对性措施并执行。

（2）电气专业反措执行不到位。4 台机组的 A、B 侧空气预热器主、辅电动机控制电源均接自各自机组的 B UPS，专业已制定整改措施，已利用机组计划检修或调停机会在 2017 年对 1 号、2 号、3 号机组进行了整改，但 4 号机未利用机组停运机会及时进行整改，反措执行不力，导致 4A、4B 空气预热器主辅电动机控制电源电压波动时先后跳闸。

（3）仪控专业异动管理、项目管理不到位。将给煤机控制电源由给煤机 MCC 改至热控电源柜，电源设计不合理，脱硝 CEMS 分析仪电源设计不合理，可靠性薄弱。

(4) DCS 自动控制逻辑需优化，应充分考虑异常工况下信号坏质量的影响范围。大屏报警设置不合理，4B UPS 故障后未在一级报警中触发。

（三）事件处理与防范

(1) 对同期投运的同型号 UPS 产品进行调研，确认是否存在同样的缺陷和故障，同时确认此种型号 UPS 逆变器的使用寿命，建立 UPS 相关电子设备元器件状态检修台账，按期对 UPS 相关电气元器件进行维护和更换。

(2) 利用 4 号机组调停或检修机会，安排 4A、4B 空气预热器主、辅电动机控制电源整改，分别接到不同的电源段或 UPS 上。

(3) 利用停磨机会逐步优化给煤机 PLC 供电方式。在 PLC 控制柜内增加一路电源，增加电源模块，实现双电源供电。考虑增加 CEMS 仪表系统 UPS 装置，确保电源瞬间掉电过程中能够正常供电。

(4) 梳理、优化 DCS 控制逻辑，优化相关大屏报警，降低事故处理风险。

(5) 完善异动审批流程。技改项目方案定稿前，会审论证方可实施，对涉及变动的细节需明确并履行异动审批流程。

二、检修过程引起 UPS 欠压异常造成设备异动触发机组跳闸

某发电厂两台机组为双轴联合循环机组，其中燃气轮机是美国通用电气公司生产的 PG9171E 型燃气轮机，其铭牌出力为 125.4MW（ISO 工况）。汽轮机是南京汽轮电机集团有限责任公司生产的 LCZ60-5.8/1.3/0.58 型，次高压、单缸、双压、无再热、下排汽、单轴、抽汽、凝汽式供热汽轮机，功率输出为 60MW。余热锅炉为中国船舶重工集团公司第七 O 三研究所生产的双压、无补燃、卧式、自然循环余热锅炉。燃气轮机控制系统采用 GE 公司能源检测控制技术的 Mark Ⅵe 一体化控制系统；余热锅炉和汽轮机采用 ABB 公司的 Symphony 分散控制系统。

2018 年 3 月 4 日，1 号机组运行，2 号机组大修。2 号机组 6kV 母线及 400V 母线停电检修，2 号机组 UPS 由 2 号机组直流母线供电，1 号机组运行负荷为 162MW（1 号燃气轮机为 117MW，2 号汽轮机为 45MW），供热量为 70t/h，供热压力为 0.96MPa，供热温度为 330℃。

（一）事件经过

4 时 15 分，2 号机组 UPS 失电，导致辅控网络柜和柜内两台交换机同时失电、集控室 2 号机组 DCS 操作员站、化学辅控两台操作员站黑屏。值长通知电气人员到现场检查处理 UPS 失电。运行检查发现 2 号机组直流系统电压低至 196V，UPS 显示电源异常。

5 时 20 分，运行人员合上直流一段、二段联络开关，准备使用 1 号机组直流系统向 2 号机组直流系统供电，多次启动 UPS 不成功。设备部电气专业现场检查 UPS 不能正常供电原因，UPS 控制面板黑屏，检查馈线柜输出电压、电流及频率均无指示。检查 UPS 电源控制板，测得板件采样输入直流电压正常，输出电压为 0。判断 UPS 电源控制板故障及旁路电源无电压造成 UPS 无法启动。

6 时 49 分，1 号燃气轮机“天然气温度低”保护动作，机组跳闸，立即启动燃气炉。热控人员查阅工程师站 1 号燃气轮机历史报警及趋势，发现 1 号燃气轮机发出“天然气温度低”报警后跳闸。就地检查冷热水循环泵跳闸，变频指令到零。热控人员现场检查情况

如下：

（1）检查化学车间工程师站状况，发现化学工程师站电源正常，但由于辅控网络柜交换机失电，导致化学工程师站网络已无法连接，历史数据无法记录。

（2）检查综合泵房 PLC，发现 PLC 电源正常，CPU 已经发生切换，A-CPU 拨码开关在运行位，而指示灯显示停止状态（STOP 亮黄灯），A-CP443 通信模件发 EXTF 错误报警，B-CPU 在主控状态，B-CPU 的主控 MSTR 指示灯亮，同时 B-CPU 的 IFM1F、IFM2F 接口子模件故障指示灯亮。

（3）检查综合水泵房 PLC 远程站，发现 B-CPU 下口远程站最后一组子模件 ET200M/LINK 通信卡 BF 故障指示灯亮，判断为 B-CPU 的远程站 DP 通信模件损坏，经过对 DP 模件更换，BF 故障指示消失。经测试合格后，投入正常运行。

随后热控人员将 A-CPU 拨码由运行位拨回停止位，再重新将拨码切至运行位，A-CPU 无法启动，将 A-CPU 停送电，并多次尝试将拨码切换至运行位，A-CPU 仍然无法启动，判断为 A-CPU 内程序丢失。

7 时 45 分，燃气炉对外供热。

9 时 41 分，辅控网络柜接入一路临时电源，交换机上电，辅控网络开始恢复，化学工程师站数据恢复正常。随后，热控人员在化学工程师站将综合水泵房的 A-CPU 硬件组态、软件组态重新下装，下装完毕后，将 A-CPU 切换至运行位，A-CPU 启动成功。

10 时 58 分，1 号燃气轮机并网。

11 时 28 分，2 号汽轮机并网。

12 时 30 分，机组恢复正常供热方式，燃气炉停运。

（二）事件原因检查与分析

1. 直接原因分析

2 号机组 UPS 欠压失电导致辅控网两个交换机同时失电、光纤收发器故障。引起 A-CPU 启动后频繁出现通信故障，CP443 通信卡报警。因 PLC OB 组织块未配置 OB88（过程中断程序），通信故障导致 A-CPU 进入停止状态，切换至 B-CPU 运行，失去冗余。

综合泵房切换至 B-CPU 运行后，通信子模件故障，导致最后一组 DO 卡及 AO 卡输出均变为 0（最后一组输出模件带的设备为冷热水循环泵），再因冷热水循环泵启动指令（长指令）中断，冷热水循环泵跳闸，天然气加热水中断，引起天然气温度低于 6.2℃，触发“天然气温度低”保护动作跳闸。调取天然气温度历史曲线，发现从 6 时 33 分 29 秒开始，天然气温度开始下降，说明子模件通信卡故障导致冷热水循环泵跳闸发生在 6 时 33 分左右。

2. 间接原因分析

（1）2 号机组 UPS 电源分别取自 2 号机组 400V Ⅲ、Ⅳ段母线和直流系统。根据大修计划，需要对 2 号机组 6kV Ⅱ段母线，400V Ⅲ、Ⅳ母线及其附属开关设备进行清扫、预防性试验工作，修前编制的 2 号机组厂用电停电方案存在安全漏洞，运行方式安排不合理，400V Ⅲ、Ⅳ母线停电后，UPS 交流主路和旁路电源均失去，仅靠蓄电池通过直流母线向 UPS 供电，在蓄电池放电电压低至 196V 后，UPS 故障退出，造成化学辅控系统操作员站失电，运行人员无法监控冷热水循环泵的运行状态；天然气温度未设置温度低报警，运行人员未能及时监视到天然气温度下降，最终导致机组跳闸。

(2) 冷热水循环泵的PLC启停指令采用长信号不合理，由于控制回路没有自保持功能，在远方控制方式下需要启动指令一直存在才能保持运行，当PLC通信故障时，启动指令消失，冷热水循环泵停运。

(3) 冷热水循环泵变频器型号为ABB ACS510，低限保护未设置，变频器3001AI故障为“未选择”状态，故当远方模拟量丢失时，变频器频率逐步降至0。变频器本身具备断信号保护功能，但未有效设置，应用宏“9902”设置为“手动/自动”方式（得电启动、失电停止），当长脉冲丢失时，变频器减速停车。

(4) 热控人员多次尝试将A-CPU重新切至运行位，因通信故障未消除，A-CPU无法进入运行状态；热控人员尝试停电后重启，因CPU电池电量低，造成逻辑程序丢失，直至恢复交换机电源，重新下装程序后，A-CPU启动成功。

3. 暴露问题

(1) 风险防控意识不强。针对2号机组厂用电停电这一重大操作隐患排查不彻底，审核把关不严，未能及时发现2号机组厂用电停电方案中的重大隐患。

(2) 技术管理薄弱。对6kV母线、400V母线及其附属开关设备进行清扫、预防性试验工作的风险辨识不足，在制定技术方案时仅由发电部电气专工编写，未召集相关专业开专业会进行会审，未针对6kV、400V所带的负载设备逐条分析风险，导致仅靠蓄电池供UPS电源的风险未及时发现，UPS运行方式安排不合理，导致UPS失电。

(3) 运行管理不到位。燃气轮机热控报警设置不全，燃气轮机天然气进气温度未设置报警。2017年开展燃气轮机分级报警及保护逻辑专项排查，但仍存在重要参数报警不全，暴露专项排查工作不细不实。

(4) 设备管理不到位。定期工作不全面，PLC的CPU长期未进行定期切换，A-CPU控制器长期处于主控状态，未能通过设备的定期切换及时暴露设备隐患。冷热水循环泵变频器输入信号未采用脉冲信号，变频器参数设置未充分考虑现场实际需求。

(5) 应急管理不到位。处置方案欠缺，现场处理异常能力不足。运行人员在辅控系统失去监控情况下，没有加强天然气温度监视及对辅网重要设备进行针对性处理，重要辅机未切至就地运行防止因控制系统故障导致设备跳闸。热控人员应急能力有待加强，没有及时考虑系统电源丢失后的应急处置。

(6) 运行人员监盘不到位。天然气温度从下降到燃气轮机跳闸历时将近16min，运行人员未及时发现天然气温度下降，未能采取相应措施，导致燃气轮机跳闸。

(7) 公用辅控网络柜电源配置不合理。基建期使用的两路电源（2号机组UPS电源和2号机组220V AC切换柜电源）没有考虑整套机组失电的情况下造成整个公用辅控网络失去监控，给机组运行带来安全隐患。

(8) 对冷热水循环泵的控制安全性重视不够，不应将加热天然气温度的冷热水循环泵放入PLC系统控制，应考虑放入DCS系统控制或采用更安全有效的控制方式，避免因辅控系统故障而影响机组的安全运行。

（三）事件处理与防范

(1) 加强作业风险防控。对重大操作、检修工作，组织相关专业召开专业会，全面分析作业风险，制定有针对性的方案，严格方案审批把关，并落实到位。

(2) 对机组参数报警设置进行全面梳理，并组织会审后实施，保证报警设置全面合理

无疏漏。

(3) 加强设备管理，重新梳理设备定期工作，合理制定辅控PLC等设备定期工作周期。制定PLC-CPU定期切换周期和试验方法，建立PLC电池使用寿命台账和定期更换计划表，严格按周期开展工作，保证辅控PLC系统运行可靠；将冷热水循环泵变频器启动长指令信号改为脉冲自保持信号，对变频器参数进行重新设置，增加断信号保持功能。

(4) 加强应急管理，编制汽轮机DPU、辅控PLC故障情况下的应急处置方案，加强运行人员和热控人员培训，提高异常工况下的处理能力。

(5) 加强对运行人员监盘质量的管理和考核，检查运行人员是否精神集中、认真监盘、随时掌握设备参数的变化并及时调整，尤其要加强异常情况下对重要参数的监视。

(6) 开展全厂电源系统供电可靠性隐患排查专项活动，重点查找UPS及热控电源方面的隐患，研究改造方案，落实整改。

(7) 对类似CPU系统内部组态OB块配置情况进行排查，完善程序配置，消除安全隐患。

(8) 继续深入开展热控专业提升活动，每月选定一个专题进行研究。对热控电源系统进行专项排查，重点对公用系统、辅控网络柜、操作站、值长台等系统电源进行优化，优先将辅控网络柜两路电源进行整改，确保电源可靠性，整理成册。

三、汽轮机PC A段母线瞬间短路导致给水泵汽轮机速关阀动作触发机组跳闸

某电厂2号燃煤发电机组，额定容量为350MW，辅机单列，DCS采用和利时公司生产的分散控制系统MACS 6，于2016年12月26日投入商业运行。

（一）事件经过

2018年8月4日7时51分，2号机组并网运行，负荷为178MW，A、D、E制粉系统运行，机组负荷稳定、各系统设备运行正常，主蒸汽温度为566.1℃、压力为17.19MPa，再热蒸汽温度为565.6℃，压力为2.47MPa，机组协调投入，运行无调整操作，无现场检修作业。

7时51分41秒173毫秒，给水泵汽轮机润滑油主油泵跳闸，跳闸前润滑油母管压力为0.243MPa。

7时51分41秒702毫秒，给水泵汽轮机润滑油辅助油泵联启，润滑油母管压力继续降至0.184MPa。

7时51分42秒203毫秒，给水泵汽轮机速关阀关到位、速关油压低信号触发，给水泵汽轮机跳闸指令开出。

7时51分42秒702毫秒，给水泵汽轮机跳闸。

7时51分43秒201毫秒，汽动给水泵跳闸，触发锅炉MFT。

7时52分08秒559毫秒，发电机-变压器组逆功率保护t_1动作，报警。

7时52分43秒559毫秒，发电机-变压器组逆功率保护t_2动作，出口跳主变压器高压侧2002开关。

7时52分44秒340毫秒，主变压器高压侧2002开关跳闸，机组解列。

7时52分44秒477毫秒，厂用电切换成功。

（二）事件原因检查与分析

1. 事件原因检查

事件后专业人员赶到现场进行原因查找。7时54分就地检查发现2号汽轮机380V配

电室内有烟雾冒出，冒烟设备为汽轮机380V PC A段7号柜，柜内竖排母线最下端有疑似短路烧损痕迹，造成母线尾部、母线护罩及柜体内护板烧溶。汽轮机PC A段进线开关及汽轮机A变压器6kV开关保护均未动作，母线未跳闸。由于给水泵汽轮机主油泵接在保安380V PC B段，而保安B段母线在事故发生时由汽轮机A段供电，因此可以判断给水泵汽轮机主油泵跳闸原因为在汽轮机A段母线瞬间短路失压又瞬间恢复过程中，给水泵汽轮机主油泵供电抽屉开关内主接触器线圈失磁所致。

事后进一步检查汽轮机配电室内电缆桥架、竖井封堵良好，进门处设有防鼠挡板，配电盘柜门关闭严实、孔洞封堵齐全，可以排除小动物进入的可能性；短路母线外部有绝缘护罩防护，可以排除人员误碰或外部物体碰触造成短路的可能性；配电室内配有温湿度计，室内空调设备运行良好，温湿度未超控制标准，房屋未见漏雨痕迹，设备表面干燥无水渍，可以排除漏雨、凝露造成短路的可能性。7号柜内共有7个负荷开关间隔，其中5～7为备用间隔，短路故障点处于配电柜最下方，也就是7号间隔后部，接近地面易积灰且备用间隔无运行电流不能发热驱潮，因此分析柜内母线发生瞬间短路的原因为绝缘夹表面积累的灰尘在潮湿空气作用下绝缘强度降低，最终击穿短路。

短路发生后汽轮机A变压器6kV开关保护及380V PC段进线开关保护均未动作。查阅短路发生瞬间6kV侧一次电流为31A，未达到过流保护定值，瞬间短路故障点也不在A汽轮机变差动保护保护范围内，故6kV开关综合保护及差动保护未动作是正确的。故障发生时380V PC段进线开关电流测点显示为坏点，但从6kV侧电流无明显突变以及短路处母线烧损情况进行判断，此次短路为非金属性短路，短路电流较小、持续时间短，且闪络电弧瞬间烧毁了短路介质，使母线夹恢复了绝缘功能，因此短路电流未达到短延时保护动作值及长延时保护时间定值，380V PC段进线开关保护未动作是正确的。锅炉MFT、机组跳闸后监盘发现右侧主汽门未关到位，开度卡在了36%，因此发电机-变压器组程序逆功率保护未动作，发电机-变压器组逆功率保护正确动作。右侧主汽门未关到位的原因经分析为长期高温运行后在阀杆与衬套之间产生高温氧化皮，造成间隙缩小，开关过程受阻。

通过分析DCS历史曲线可发现，给水泵汽轮机主油泵跳闸530ms后给水泵汽轮机辅助油泵成功联启，但未能迅速恢复油压至正常值，最终造成给水泵汽轮机速关阀关到位、速关油压低信号触发，给水泵汽轮机跳闸。油压不能迅速恢复的原因分析有如下4点：

（1）给水泵汽轮机安装在汽机房12m，而给水泵汽轮机油站安装在汽机房0m，系统管路长、落差大，油压建立较慢。

（2）主油泵跳闸后给水泵汽轮机仍在高转速运行状态，润滑油流量较大，辅助油泵联启后不能马上达到额定出力，造成油压维持困难。

（3）蓄能器安装位置在冷油器前，蓄能作用不明显。

（4）主、辅油泵的联启通过DCS联锁逻辑实现，联启时间较长。

针对以上4点原因，查阅基建期调试试验记录发现2016年11月6日进行了给水泵汽轮机运行状态下的事故动态联锁切换试验，当时的试验结果均合格。为进一步验证，8月4日下午进行了给水泵汽轮机运行状态下的主、辅油泵DCS联启及硬接线回路联启效果比对试验，其中DCS逻辑联启2次中有1次造成给水泵汽轮机跳闸，硬接线回路联启试验4次均未造成给水泵汽轮机跳闸，且DCS联启的用时约在500ms左右，而硬接线回路联启的用时很短，几乎无延时。

2. 事件原因分析

根据上述事件查找，专业人员分析事件原因，是2号机组汽机380V PC A段7号柜内分支母线因绝缘线夹脏污（灰尘）受潮发生瞬间短路，虽未造成母线跳闸，但母线电压瞬间降低导致该母线环带的保安380V PC B段母线上所带给水泵汽轮机主油泵抽屉开关内接触器线圈失磁，造成给水泵汽轮机主油泵跳闸，辅助油泵联启后油压未能保持，造成给水泵汽轮机速关阀关闭、速关油压低信号触发，给水泵汽轮机跳闸，最终导致机组跳闸。

3. 暴露问题

（1）生产基础管理存在漏洞，对长期备用的机组没有针对性地进行检修策略调整。机组投产后2017年有超过7个月时间处于停备状态，期间PC、MCC电气盘柜一直未进行过清扫检查。

（2）定期试验标准不完善，只在投产前开展了给水泵汽轮机运行状态下事故联锁切换试验，投产后仅在运行中做了静态联锁切换，而未再利用启停机机会开展事故联锁切换试验。

（3）专业管理不到位，没有对哈尔滨汽轮厂有限责任公司（简称哈汽）350MW超临界汽轮机汽门门杆和门套金属材质在高温条件下存在钝化结垢问题进行分析研究，对机组启停及负荷、温度、压力变动时可能引起氧化皮脱落的问题认识不足。

（4）单列辅机设备的测点设置完整性和合理性还需提升。

（三）事件处理与防范

（1）与设备厂家沟通，探索在给水泵汽轮机速关阀控制油管路上增加独立蓄能器的可行性，择机实施。

（2）与设备厂家沟通，在保证系统安全的前提下适当降低给水泵汽轮机润滑油用油量。

（3）2号给水泵汽轮机机主、辅油泵控制回路增加硬线联起回路。

（4）根据运行方式合理调整检修维护策略，利用机组停备机会对汽轮机各380V PC、MCC段开关柜进行清扫检查。

（5）开展全厂单列辅机设备的逻辑、保护及定值梳理。

（6）将给水泵汽轮机重要测点接入SOE，给水泵汽轮机速关油压力、控制油压力接入DCS进行监控。

（7）开展单列辅机部件失效模式分析，排查单列辅机存在的隐患，及时更新风险数据库。

（8）列出需进行事故联锁试验的设备清单，利用机组启/停机会开展事故动态联锁切换试。

第二节 控制设备电源故障分析处理与防范

本节收集了控制设备电源故障案例6起，分别为ETS电源模块故障导致机组跳闸、电源切换过程因接线松动导致机组跳闸、METS双电源切换装置缺陷导致汽动给泵跳闸、电源转换模块损坏导致脱硫装置出口粉尘数值异常、FSSS电源模件异常导致机组跳闸、24V电源波动引起循环水泵出口蝶阀动作异常。

一、ETS电源模块故障导致机组跳闸

某电厂2号汽轮机组为哈汽制造的超临界、一次中间再热、单轴、双缸双排汽、反动

凝汽式汽轮机，型号为 CLN350-24.2/566/566，额定功率为 350MW。ETS 装置为哈汽随机供货，保护电源装置型号为 QH204，其 24V DC 电源模块厂家为上海复旦天欣科教仪器有限公司，型号为 FDPS-100A。ETS 系统采用两路 220V AC 电源供电，分别取自 2 号机组保安 PC 2A 段及 UPS，机组于 2008 年 12 月投产发电。

（一）事件经过

2018 年 4 月 1 日 18 时 49 分，2 号机组负荷为 314MW，给水流量为 991.81t/h，总风量为 1235.32t/h，A、B、D、E 磨煤机运行，380V 保安 PC 2A 段、UPS 电压正常，机组正常运行，18 时 49 分 4 秒 794 毫秒 ETS B 侧 220V AC 报警，816 毫秒 A 侧 220V AC 报警；4 秒 816 毫秒 ETS B 侧 110V DC 报警，824 毫秒 ETS A 侧 110V DC 报警；4 秒 822 毫秒 ETS A 侧 24V DC 报警，880 毫秒 ETS B 侧 24V DC 报警；5 秒 382 毫秒汽轮机主汽门关闭，ETS 发出“ETS 电源失去”；锅炉 MFT 首出“汽轮机跳闸”，检查跳机前各参数正常，各主设备运行正常。跳闸时历史趋势相关曲线见图 2-4。

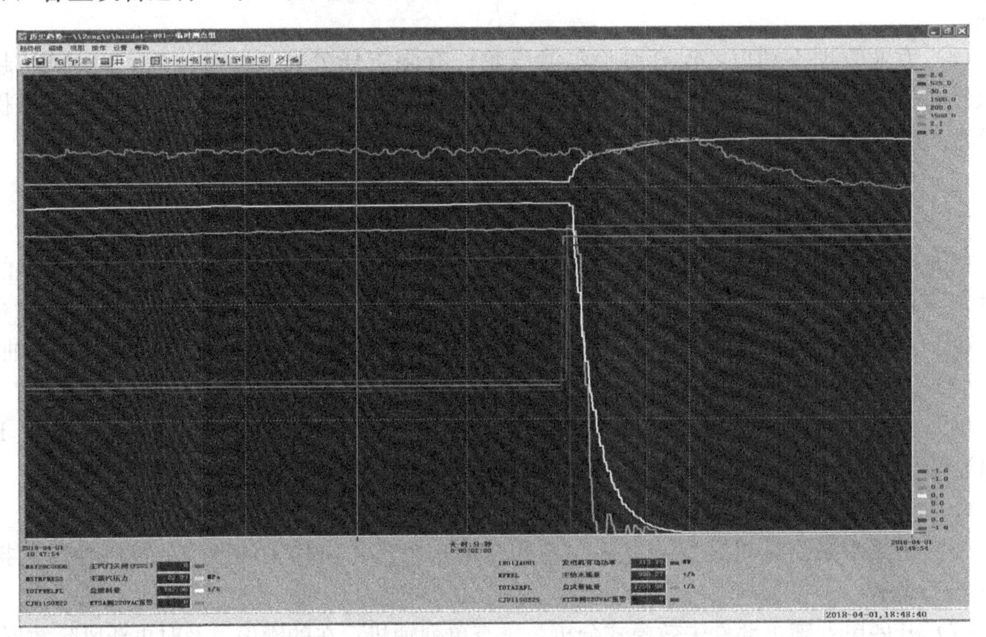

图 2-4　跳闸时历史趋势相关曲线

（二）事件原因检查与分析

热控人员到现场查看，发现 ETS 系统除 A 路 220V 电源模块正常外，B 路 220V 电源模块及 A、B 路 24V 电源模块（简称 PS1、PS2）正常指示灯熄灭。测量 24V 电源模块输出电压为 4.5V DC，断开负载后电压为半波整流 117V，测量输出电压值异常。初步判断为 ETS 电源模块故障，之后进行电源检查、回路检查及处理。

1. 事件原因检查

（1）电源检查。检查发现故障 B 路电源模块（PS2）面板指示灯异常，解体检查电源模块内部，发现 PS2 变压器电感线圈因焊点虚接，绝缘下降而短路烧损，电源稳压电容等元器件及板路损坏，见图 2-5（其中右侧为出现故障的 B 路电源模块）和图 2-6；PS2 输出二极管正向导通电阻变大（A 路二极管正向导通电阻为 0.08MΩ 左右，B 路二极管正向导通电阻为 0.5MΩ 左右）。

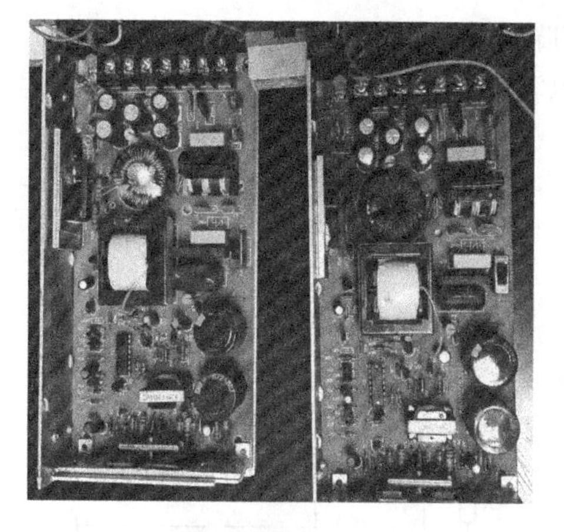

图 2-5 电源模块内部电感烧损图

图 2-6 B路24V电源模块电感线圈虚接焊点

(2) 回路检查。检查ETS相关输入输出回路，无异常。检查现场试验电磁阀阻值及回路（两个真空试验电磁阀、两个润滑油试验电磁阀、两个EH油试验电磁阀），结果合格，数据见表2-2。

表 2-2　　电磁阀线圈电阻测试记录

电磁阀名称	线圈阻值（MΩ）
EH油试验电磁阀1	5.29
EH油试验电磁阀2	5.24
润滑油试验电磁阀1	5.45
润滑油试验电磁阀2	5.75
真空试验电磁阀1	5.60
真空试验电磁阀2	5.65

检查现场AST电磁阀阻值及回路，结果合格，数据见表2-3。

表 2-3　　AST电磁阀线圈阻值测试记录

电磁阀名称	线圈阻值（Ω）
AST-1	680
AST-2	679
AST-3	677
AST-4	683

2. 事件原因分析

造成本次机组跳闸的原因是ETS电源装置中24V DC电源模块故障，致使电源带载能力下降，PLC系统无法正常工作，引发AST电磁阀失电，主汽门关闭，汽轮机跳闸。

由于厂家未提供该电源装置的电路原理图，通过故障现象分析，引起24V DC电源模块故障的主要原因是开关电源自身功率调节器元件质量问题。分析过程如下：

(1) 断开负载，直流24V并联回路输出为半波整流117V。根据原理图（见图2-7）分析，可能为PS2模块调整管击穿等原因造成输出电压增高，电流增大而烧坏，使虚接的PS2变压器电感线圈烧损，导致PS2电流内阻增大不能调压，但前端整流部分正常，所以输出为半波整流信号117V。

（2）接入负载直流24V并联回路，输出电压降低为5V DC，即不能正常供电。

图2-8所示为原理框图。根据图2-8分析，电源PS1、PS2经输出二极管隔离后并联对负载供电，PS1电流为I_1，PS2电流为I_2。

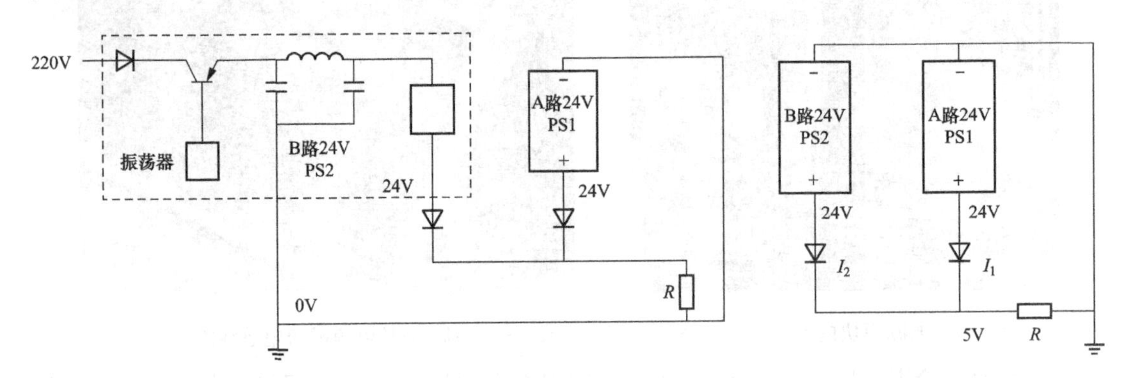

图2-7 直流24V原理简图　　图2-8 原理框图

当PS1正常工作，PS2突发故障时，I_2电流变为0A，PS2输出电压增高到117V，使PS1输出二极管截止，瞬由PS2带负载，I_2电流又大于0A，但因PS2故障带载能力不足，输出电压又降到5V，这时PS1输出二极管又导通，输出24V电压使PS2输出二极管截止，I_2又为0A，快速重复上述过程，于是串联输出回路输出只有4～5V。带载能力下降，系统无法正常工作。

当断开负载后，输出电压为半波整117V；把PS2输出二极管断开，则PS1输出一直为24V。

（3）保护动作原因分析。ETS控制柜内24V DC电源作为AST电磁阀控制继电器的控制电压，因24V直流电压下降至5V左右，控制继电器释放，AST电磁阀失电，主汽门关闭，2号汽轮机跳闸。

3. 暴露问题

（1）防范风险意识不强。系统内某电厂2009年有同类电源装置发生模块损坏而进行改造，但本厂专业人员对此改造认识不足，防范意识不强，未引起重视。

（2）电源装置质量不可靠。

1）电源模块安装在封闭箱体内，散热不良，箱体内温度高加快电子元器件老化速度，存在安全隐患。

2）二极管选配容量不足，电源装置输出额定电流为5A，二极管容量为6A，存在直流装置切换时易被击穿隐患。

3）电源模块制造工艺粗糙，存在焊点虚接情况。

（3）ETS系统电源内部设计存在安全隐患。原设计2号机组220V AC通过切换装置对两套冗余PLC同时提供电源，一旦出现切换装置故障，易导致两套PLC系统同时失电，从而造成ETS系统保护误动。

（4）设备寿命管理需加强。专业人员对ETS装置等重要设备寿命评估经验不足。

（三）事件处理与防范

1. 对ETS电源进行改造

（1）取消原ETS保护电源装置QH204（改造前的ETS冗余电源装置回路见图2-9），设计和编制了ETS电源的改造方案（改造后的ETS电源装置回路见图2-10）。

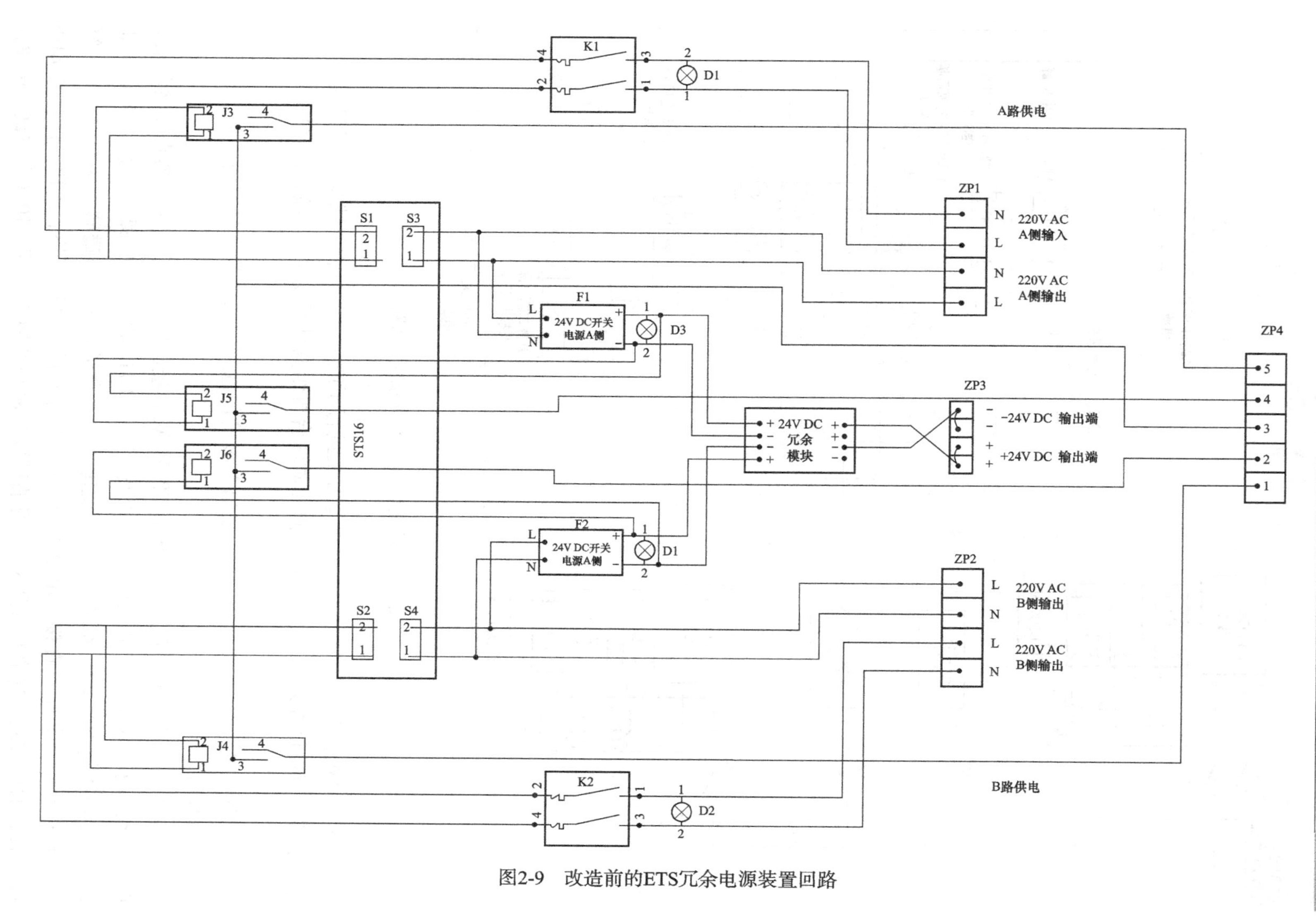

图2-9　改造前的ETS冗余电源装置回路

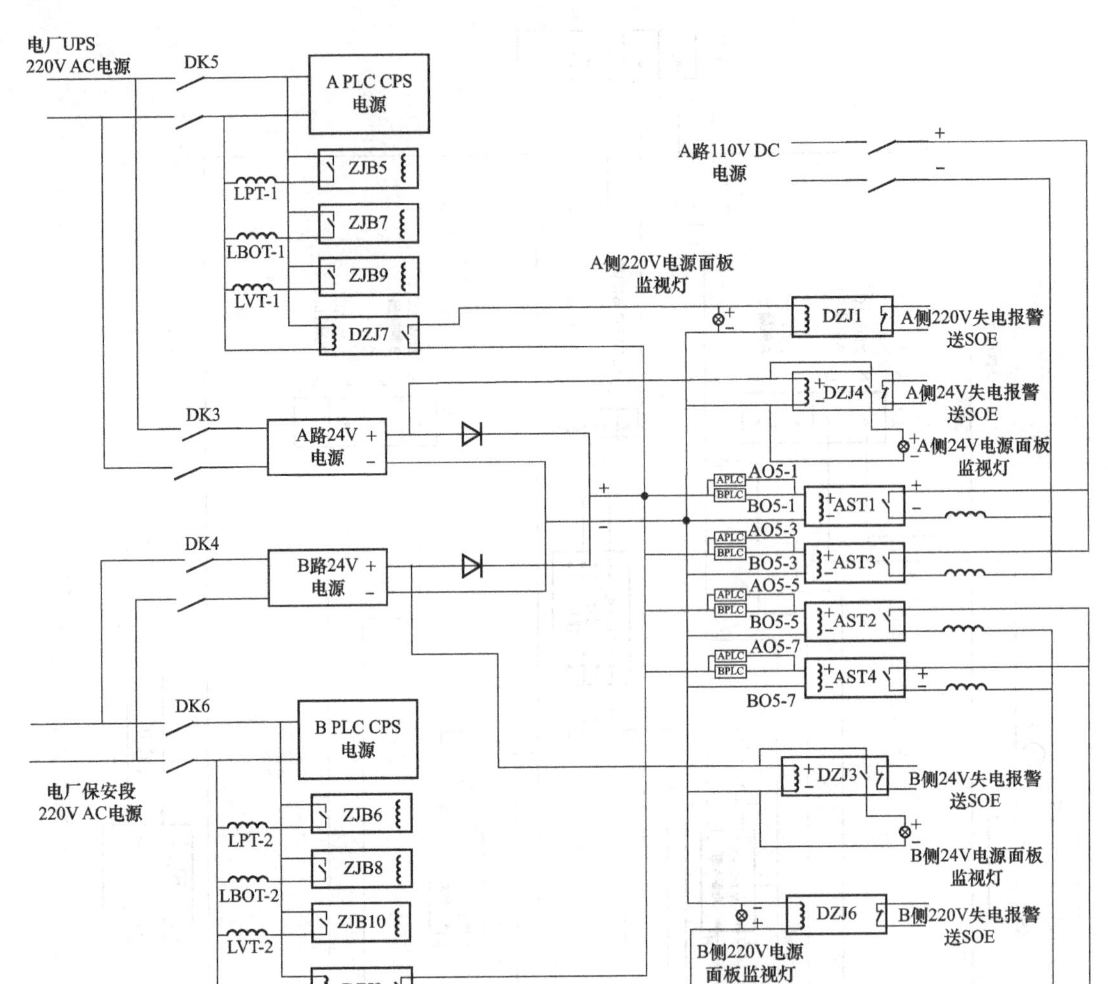

图 2-10　改造后的ETS电源装置回路

(2) 2号机组ETS电源装置按照改造方案进行了改造，完成相关试验（1号机组ETS电源装置等待停机机会再进行改造），同时对两台机组其他系统类似电源设备进行了隐患排查。

(3) 规范机组ETS电源24V DC输出二极管的选型，二极管容量、耐压等有充足裕量，并确保直流电源切换时，不被击穿。

(4) 220V AC电源更换为由UPS段220V AC，经新加的A空气断路器直接供电至A路24V西门子开关电源模块、A PLC，以及ZJB5（EH油试验电磁阀1通道）、ZJB7（润滑油试验电磁阀1通道）、ZJB9（真空试验电磁阀1通道）试验电磁阀；保安段220V AC经新加的B空气断路器直接供电至B路24V西门子开关电源模块、B PLC、以及ZJB6（EH油试验电磁阀2通道）、ZJB8（润滑油试验电磁阀2通道）、ZJB10（真空试验电磁阀2通道）试验电磁阀。

(5) 改造后A、B两路220V AC电源分别新加一个失电报警继电器；新加A、B两路

24V DC电源分别接至原24V失电报警继电器，电源指示灯仍使用原面板指示。

(6) 相关试验按标准逐项进行，试验结果合格，失电报警在ETS操作面板及DCS报警画面上均显示正常，测量新加电源模块24V DC输出电压无交流分量。

2. 本事件防范措施

(1) 提高人员的风险防范意识。跟踪公司系统内出现的异常报告，加强对事件深层次分析，增强风险防范意识。

(2) 对全厂重要电源装置进行隐患排查。对全厂重要设备电源扩大范围进行检查。如网络交换机电源、DCS电源、通信交换设备电源、火检电源等，对任一部件故障、失去任一电源存在机组非停等以上安全隐患的，立即做好防范措施，制定改造计划。

(3) 加强重要设备寿命管理。重要设备要求厂家提供使用周期建议或设备寿命，建立设备寿命台账，结合状态检修开展设备寿命管理，切实提高热控设备的可靠性。

二、电源切换过程因接线松动导致机组跳闸

某电厂现运行总装机容量为2060MW。一期两台2×350MW机组，锅炉是西班牙福斯特惠勒公司制造亚临界、中间再热、自然循环、平衡通风、固态排渣、单炉膛、燃煤、汽包炉；汽轮机是西门子公司制造单轴、双缸、双排汽、一次中间再热、喷嘴调节、反动凝汽式汽轮机；DCS系统采用西门子TXP系统，循环水泵控制采用西门子S7远程I/O，接入机组DCS进行控制。

(一) 事件经过

2018年4月16日20时1分，2号机组负荷为264MW，A、C、D磨煤机运行，双引风机、双送风机、两台一次风机运行，2A循环水泵运行，2B循环水泵备用；机组协调运行方式。主、再热蒸汽温度分别为539.1℃、539.58℃，主蒸汽压力为13.54MPa，再热蒸汽压力为2.74MPa，总煤量为113t/h，总风量为274kg/s。

20时1分，2号机组负荷为264MW，运行值班人员监盘发现2号机真空突降，负荷下降，主蒸汽压力下降，煤量增加，风量增加，立即进行检查并汇报值长；进一步检查发现2A循环水泵出口蝶阀关闭，立即准备进行启2B循环水泵、停2A磨煤机操作；20时3分14秒，凝汽器真空值低至30kPa，汽轮机跳闸，锅炉MFT，发电机联跳；21时2分，2号锅炉重新点火；22时39分，机组并列。

(二) 事件原因检查与分析

1. 事件原因检查

经查，2号机组汽轮机跳闸的原因为凝汽器真空值低；凝汽器真空低的原因为2A循环水泵出口蝶阀关闭，2B循环水泵未联启，造成循环水中断。

2A循环水泵出口蝶阀关闭、2B循环水泵未联启的原因为2号机组循环水泵远程I/O柜失电，造成2A、2B循环水泵出口蝶阀控制电磁阀失电，蝶阀因控制油压失去自动关闭，电源连接见图2-11。

2A、2B循环水泵出口蝶阀控制电磁阀失电的原因：进行一期“海水制氯6kV B段由检修转运行，循环水400V工作B段母线由联络倒至正常方式运行”操作，在拉开循环水400V联络开关后，远程I/O柜应切至A路MCC供电，但由于A路24V电源模块输出端子TB2-11端子接线松动（见图2-12），导致控制柜失电，造成循环水泵蝶阀关闭。

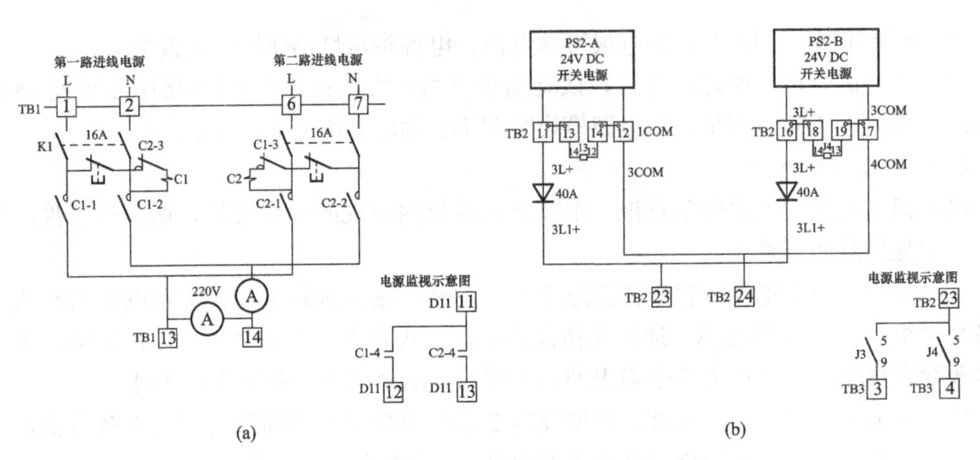

图 2-11　电源连接

(a) 220V 电源；(b) 24V 电源

图 2-12　电源模块输出端子 TB2-11 端子接线

2. 暴露问题

(1) 检修管理存在薄弱环节，检修质量不高，未能在检修中发现电源接线松动的缺陷。

(2) 循环水泵远程 I/O 柜电源监视报警设置不合理，不能有效监视切换二极管进口接线松动引起的电源失去。

(3) 技术管理存在漏洞，未能吸取同类电厂控制电源失去造成机组非停的教训，反措执行不到位。

(三) 事件处理与防范

(1) 加强检修管理和检修人员培训，提高检修工艺及质量；结合机组检修或调停机会，对控制系统电源进行全面排查及试验，对热控接线进行全面检查。

(2) 完善循环水泵远程 I/O 柜在内的热控控制柜电源的监视及报警功能，确保任一电源失去，在 DCS 上均有光字牌报警。

(3) 加强技术管理，确保反措措施执行到位。

三、METS 双电源切换装置缺陷导致汽动给泵跳闸

某电厂二期机组配置 4×57MW 级抽汽背压式供热燃煤机组。锅炉采用杭州锅炉集团股份有限公司生产的高压、无再热、自然循环、固态排渣、露天布置、全钢构架、全悬吊结构Ⅱ型煤粉锅炉。汽轮机采用杭州汽轮机股份有限公司生产的 EHNG71/63 型 57MW 级高温高压抽汽背压式汽轮机。发电机采用山东济南发电设备厂有限公司的全空冷发电机。DCS 分散控制系统采用的是南京科远自动化集团股份有限公司生产的 NT6000 系统。机组于 2017 年投产。2018 年 1 月 14 日 4 号机组负荷为 48MW 运行，4 号汽动给水泵跳闸。

（一）事件经过

2018 年 1 月 14 日某电厂 4 号、5 号炉主蒸汽母管制运行，辅助蒸汽母管联络运行，1 号、5 号给水泵汽轮机运行，4 号、5 号除氧器母管制运行，高压给水冷母管母管制运行，高压给水热母管单元制运行，5 号电动给水泵备用。4 号机负荷为 48MW，5 号机负荷为 50.4MW。14 时 7 分 25 秒，公用光字牌报警“4 号机组汽动给泵跳闸”报警，4 号汽动给水泵跳闸，首出“MEH 跳闸”；5 号电动给水泵自启，提高勺管开度，关再循环。调整 5 号电动给水泵出力，维持高压给水冷母管压力（最低降至 10.98MPa）；4 号、5 号机组同时稍降负荷，期间 4 号、5 号炉汽包水位稳定；14 时 9 分，将高压给水冷母管压力稳定在 12.6MPa，4 号炉给水流量稳定在 400t/h。

（二）事件原因检查与分析

通过曲线分析（见图 2-13）发现，14 时 7 分 25 秒，4 号给水泵汽轮机安全油压低 1、2、3 三个压力开关同时动作，AST 电磁阀 DO 指令同时动作，给水泵汽轮机跳闸。跳闸前，EH 油压正常。现场检查 4 个 AST 电磁阀线圈电阻正常。经汽轮机专业检查现场液压系统无异常。

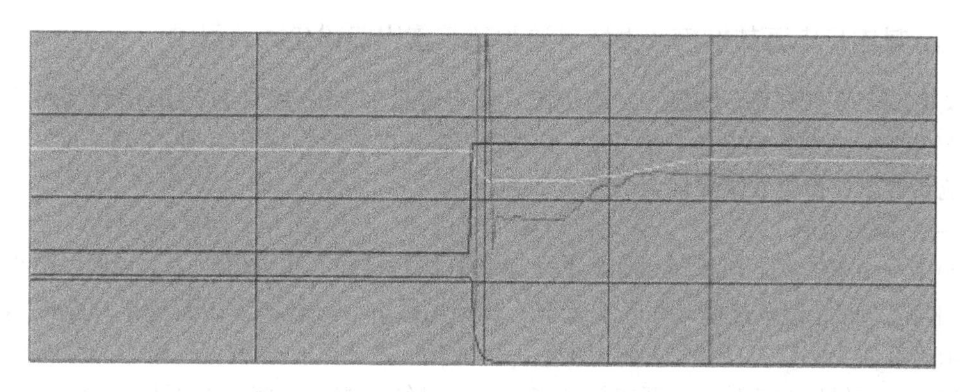

图 2-13　4 号给水泵汽轮机历史曲线图

检查 MEH 机柜，发现 220V DC 双电源切换装置第二路指示灯灭，测量两路 220V DC 进线电源电压正常。更换双电源切换装置，更换后的双电源切换装置见图 2-14。

查看 MEH 接线图后发现，4 个 AST 电磁阀供电电源为两路 220V DC 通过 RUS-32A 双电压自动切换装置切换后的电源，1 月 24 日现场对 4 号给水泵汽轮机挂闸后，人为分

别断一路进线电源（KM1、KM2）发现断开 KM1 电源 1 时，给水泵汽轮机跳闸；断开 KM2 电源 2 时，给水泵汽轮机未跳闸。故暴露出该电源切换装置切换时间不满足要求，证明 KM1 为主电源，KM2 为辅电源。

因 METS 保护逻辑是“安全油压低 1、2、3”“三取二”延时 200ms。从曲线中无法严格分出是由于现场油压导致停机还是保护出口动作。1 月 18 日，对处于调试期的 7 号给水泵汽轮机进行人为试验（在此之前，6 号机组在处理 EH 油箱漏油缺陷，不具备开启 EH 油泵 7 号给水泵汽轮机挂闸条件）。

将延时时间人为改为 100s（人为扩大时间），7 号给水泵汽轮机挂闸并开启主汽门，手动断开第一路 220V DC 电源，给水泵汽轮机立刻跳闸，主汽门关闭。此期间因增加延时时间，保护未触发。说明在 AST 电磁阀断电瞬间，给水泵汽轮机跳闸（注明：给水泵汽轮机挂闸需手动挂闸，不能自动挂闸）。通过保护逻辑增加延时时间无法防止因电源切换装置故障导致的给水泵汽轮机跳闸发生。综合分析认为 4 号给水泵汽轮机跳闸原因为 220V DC 双电源切换装置故障引起。

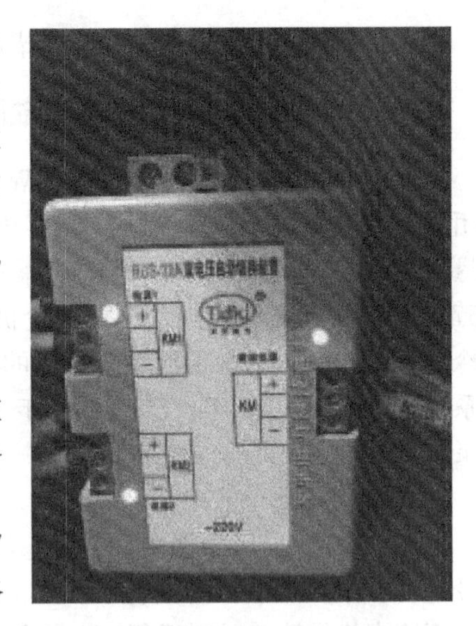

图 2-14 更换后的双电源切换装置

（三）事件处理与防范

（1）METS 中的双电源切换装置存在缺陷，无法满足电源无扰切换。更换 220V DC 双电源切换装置，电源回路未改造完成之前，运行人员做好给水泵汽轮机跳闸的事故预想。

（2）对 METS 进行优化，使两路 220V DC 平均为 4 个串并联 AST 电磁阀供电。220V DC1 为 AST1、3 电磁阀供电，220V DC1 为 AST2、4 电磁阀供电。

四、某电厂电源转换模块损坏导致脱硫装置出口粉尘数值异常

某电厂 2 号机组为燃煤火力发电机组，额定容量为 350MW，DCS 采用和利时公司生产的 MACS 6 分散控制系统，于 2016 年 12 月 26 日投产。2018 年 9 月 13 日 1 时，2 号机组脱硫装置出口粉尘数值异常，变为 0。

（一）事件过程

2018 年 9 月 13 日 1 时 53 分，热控人员接到运行通知 2 号机组脱硫装置出口粉尘数值为 0，随后立即办理抢修票，并联系运维人员到场检查。经检查发现系统采样泵停运，数值显示为 2 时 49 分，重启采样泵后测量显示 0.5mg 左右，数值偏低，但当时分析仪处于自动校准时间保持 0.5 数值，至凌晨 6 点左右，继续观察，并将情况汇报安健环部。6 点后数值仍偏低，随后热控专业办理工作票，继续对粉尘测量系统进行全面检查，经检查发现 2 号机组脱硫装置出口粉尘仪 24V 电源模块损坏，导致稀释器流量切换电磁阀失电，稀释气不通，停止样气加热功能。

维护人员对取样管路进行压缩空气吹扫、浊度仪孔镜清理，更换 24V 电源模块和分析仪的稀释器流量切换电磁阀，至 12 点左右系统重新投入使用，测量数值恢复 1.4mg 左右。

（二）事件原因检查与分析

1. 直接原因

220V交流转24V直流电源模块损坏，导致分析仪的稀释器流量切换电磁阀故障，由于稀释气不通无法起到稀释作用，分析仪采样（稀释比为1：100）直接完全抽取烟道样气，由于烟气湿度较大，凝结水堵塞管路，采样泵和加热器停止工作，造成样气在取样管路冷凝，大量积水，造成系统停运。

2. 间接原因

维护人员巡检维护不到位，技术能力不强，对系统不熟悉，导致系统欠维护故障发生。

（三）事件处理与防范

（1）增加24V电源模块，采用双路电源供电。

（2）热控及时采购备件，及时更换损坏或损耗器件。

（3）对出口粉尘测量系统进行专项培训。

五、FSSS电源模件异常导致机组跳闸

某电厂3号机组装机容量为660MW，机组控制使用ABB公司的Symphony系统；2008年投产，2018年8月21日负荷为578MW时，FSSS电源模件异常导致机组跳闸。

（一）事件过程

某电厂3号机组FSSS控制系统主保护设计在PCU02柜，电源组件为ABB公司原厂组件。事件发生前，机组运行参数正常，无异常报警信号。

00时26分00秒，机组负荷为578MW，两台汽动给水泵并列运行。

00时26分51秒，两台汽动给水泵跳闸，首出原因为“MFT动作”；继而ETS动作，机组跳闸，首出原因为“MFT动作”。

（二）事件原因检查与分析

机组跳闸后，热控人员对FSSS柜进行检查，认为“MFT动作”的原因为FSSS电源故障，更换了一对新的冗余电源，进行了以下工作。

1. 根据DCS历史趋势分析事件的基本特征

（1）MFT机柜继电器动作发出汽动给水泵跳闸信号时（根据MFT动作继电器送出至其他机柜的例外报告判定MFT继电器动作时间），FSSS全部24V DC继电器均动作，且动作时间相同。

（2）MFT继电器动作后，控制器内的MFT动作信号未出现且控制器所有参数出现离线现象，约34s后参数恢复正常。

（3）控制器参数恢复正常后，控制器出现MFT动作信号，且首出为“FSSS电源故障”。

2. 事件过程重现和验证试验

结合现场分析判断，利用停机的2号机组DCS控制系统（同为ABB公司的Symphony系统）对3号机组事故过程进行重现和验证。

（1）PFI电压端子短路测试。PFI电压是ABB公司的Symphony系统对机柜5V DC、15V DC的监视电压，当5V DC、15V DC等机柜直流电压（给继电器供电的24V DC电压不在此列）发生异常时，PFI电压将下降并导致控制器重启，进而出现控制器参数离线的

现象［事件的基本特征（2）］。通过短接 PFI 电压端子人为地降低 PFI 电压，其现象为：

1）在离线过程中 24V DC 继电器保持，不满足上述事件基本特征（1）。

2）控制器重启，控制参数短时间离线，满足上述事件基本特征（2）。

3）待控制器重启完成，参数恢复正常，控制器出现 MFT 动作信号，且首出为“FSSS 电源故障”，满足一述事件基本特征（3），且所有 24V DC MFT 继电器动作。

（2）电源模块失电试验。短时间断开控制器机柜两路电源，之后恢复供电，其现象为：

1）24V DC 继电器全部动作［满足事件的基本特征（1）］；

2）控制器重启，控制参数短时间离线［满足事件的基本特征（2）］；

3）待控制器重启完成，参数恢复正常，控制器出现 MFT 动作信号，且首出为“FSSS 电源故障”［满足事件的基本特征（3）］。

3. 事件原因分析

综合检查情况，初步分析认为：PFI 电压下降只会引起控制器重启，但不会马上触发 MFT 继电器动作。本事件的基本特征与电源模块失电试验结果相似，因而认为跳机与 FSSS 电源模块的可靠性有强相关性，事故发生时可能原因是：

（1）电源模块故障导致机柜发生短时断电。

（2）24V DC 低至触发 24V DC 继电器动作。

（3）PFI 电压低至触发控制器重启。

（三）事件处理与防范

事件后，更换了一对新的冗余电源。对更换前/后的电源模块的输入输出电压进行测量检查，电压合格，满足要求。同时采取了以下防范措施：

（1）定期开展电源切换、电压量测等常规电源可靠性试验。

（2）开展电源冲击性试验，进一步验证电源可靠性。

（3）按照 ABB 公司的 Symphony 系统对其电源模块 6 年一更换的建议，电厂在役机组 DCS 控制系统使用年限均已超过 10 年，建议电厂对其电源可靠性问题进行全面评估，必要时对其电源设备进行更换升级。

六、24V 电源波动引起循环水泵出口蝶阀动作异常

某电厂 4 号机组为 660MW 超临界机组，2015 年 7 月投产。机组配有两台循环水泵，其出口门为液动执行机构，液压站控制设备为西门子公司 200 系列 PLC（配触摸屏），完成控制及显示相关信息和参数的功能。

（一）事件原因检查与分析

2018 年 9 月 12 日 19 时 25 分，运行人员正常启动 5B 循环水泵，启动过程中循环水泵出口液控蝶阀报警（DCS 中显示黄色，故障原因为开故障），查看循环水泵电流为 353A、出口母管压力为 0.25MPa；就地检查出口蝶阀开度为 30%左右，出口蝶阀油站油泵出口油压为 13.4MPa；其他未见异常。

19 时 58 分，DCS 中手动开启 5B 循环水泵出口液压蝶阀，蝶阀开启至全开。

（二）事件原因检查及分析

1. 事件原因检查

（1）2018 年 9 月 12 日热控专业组织分析，联系蝶阀厂家，验证 PLC 重启后，触摸屏

在初始画面时是否存在无法远程操作阀门不动现象。请示值长同意，试验5B循环水泵出口蝶阀。试验经过如下：

1）5B循环水泵运行，出口门全开。拔出PLC电源熔断器，2s后投入熔断器，PLC上电工作，触摸屏进入主画面。运行人员远控停止5B循环水泵运行，关闭出口门。动作正常，触摸屏在初始画面时远程操作阀门不动说法不正确。

2）运行人员远控启动循环水泵，开启出口门，在出口门开启到一半位置时，拔出PLC电源熔断器，PLC停电，出口门动作停止。2s后投入熔断器，PLC上口空气断路器跳闸（空气断路器电流为2A，熔断器电流为2A）；拔出熔断器后，运行人员再次将空气断路器送电，并重新投入熔断器，这时PLC工作正常，5B循环水泵出口门未动作；运行人员远控开启，5B循环水泵出口门全开。

（2）2018年9月14日14时19分，热控分场机控班对5号机组5B循环水泵出口门液压油站控制回路进行检查，接线没有松动，24V电源装置输出电压24.7V DC，电压正常。空气断路器上口为短路片连接（见图2-15），且和5A循环泵出口蝶阀在一起，在机组运行中无法更换。查蝶阀说明书，控制电源功率为0.2kW，空气断路器和熔断器电流为2A，满足要求。

图2-15　5B循环水泵出口蝶阀控制电源空气断路器

尝试读取PLC逻辑，因设置了上载密码，无法读取。开关蝶阀正常，待机组停运后进一步检查及完善。

2. 事件原因分析

（1）故障时，出口蝶阀颜色变黄，查曲线已关信号消失，已开信号没有显示。开指令（注：DCS指令为2s脉冲）发出90s后没有已开信号，则发开故障报警信号。说明开指令发出时，阀门已经动作，后来由于其他原因阀门在中途停止了。

（2）故障时熔断器和空气断路器均未动作，之后操作正常，检查回路接线没有松动，因此当时的电源变化情况，有待进一步分析。

（3）从出口蝶阀液压原理图（见图2-16）分析，电磁换向阀15为三位四通阀，有开指令或关指令时，阀门开启或关闭，当开、关指令都没有时，活塞两侧油压通过节流阀 13、缓冲电磁阀 14 卸掉，阀门保持不动或受水流带动（全开或全关）。保压电磁阀 12 失电时，换向阀 15 压力油切断，则阀门不动。其电气原理图见图 2-17。

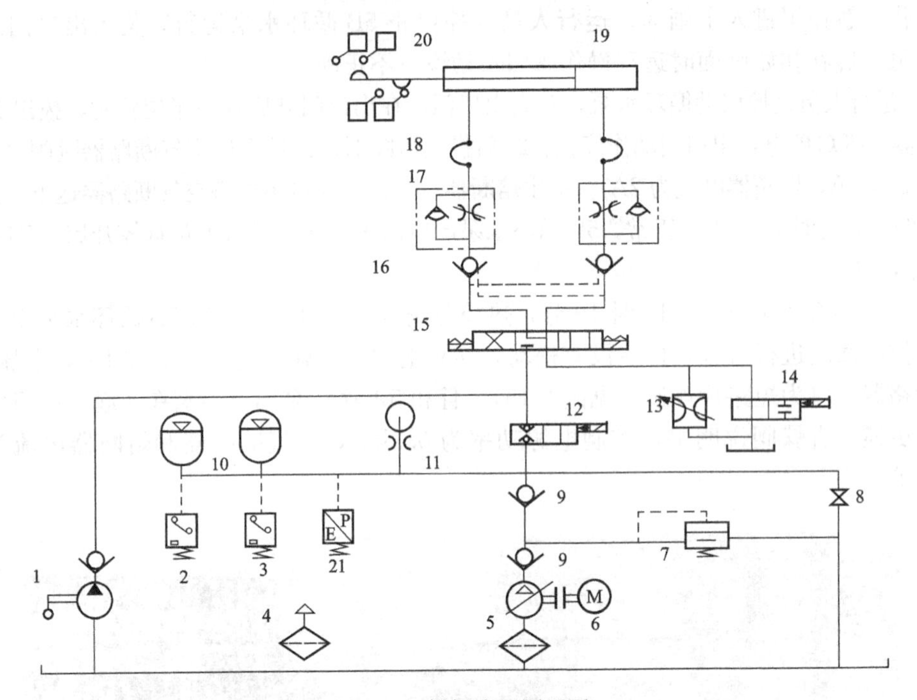

图 2-16　蝶阀液压原理图

1—手动泵；2—压力开关Ⅰ；3—压力开关Ⅱ；4—液位继电器；5—油泵；6—电动机；7—溢滤阀；8—截止阀；9—单向阀；10—蓄能器；11—压力表；12—保压电磁阀；13—节流阀；14—缓冲电磁阀；15—换向阀；16—液控单向阀；17—节流阀；18—高压油管；19—液压油缸；20—行程开关；21—压力变送器

若在 DCS 发出开指令后，阀门未全开过程中，PLC 失电或重启，则电磁换向阀开指令消失，阀门不动或受水流带动（全开或全关）。检查回路发现 PLC 的直流 24V 电源与电磁阀的直流 24V 电源在同一电源上，当电磁阀动作阀门开启时，24V 电压波动较大（6V 左右，见图 2-18）经多次试验，有时 PLC 会因电源电压波动较大重启，导致阀门在开关过程中停止。

3. 暴露问题

（1）阀门电源系统设计不合理，24V 直流电源模块性能不满足要求。

（2）热控人员隐患排查不到位，没有及时发现问题并进行改进。

（3）设备图纸、逻辑说明及程序备份等资料不全。程序丢失或设备故障不能及时恢复，油站就地操作不熟悉。

（三）事件处理与防范

（1）利用停机机会增加 PLC 失电报警，引入 DCS 系统，便于监视及事故分析。

（2）加装独立的 24V 电源，使电磁阀与 PLC 单独供电。

（3）联系设备厂家，提供 PLC 内部具体逻辑图，了解设备动作具体逻辑，便于事故分析。

（4）联系厂家技术人员，对运行和检修人员进行培训。

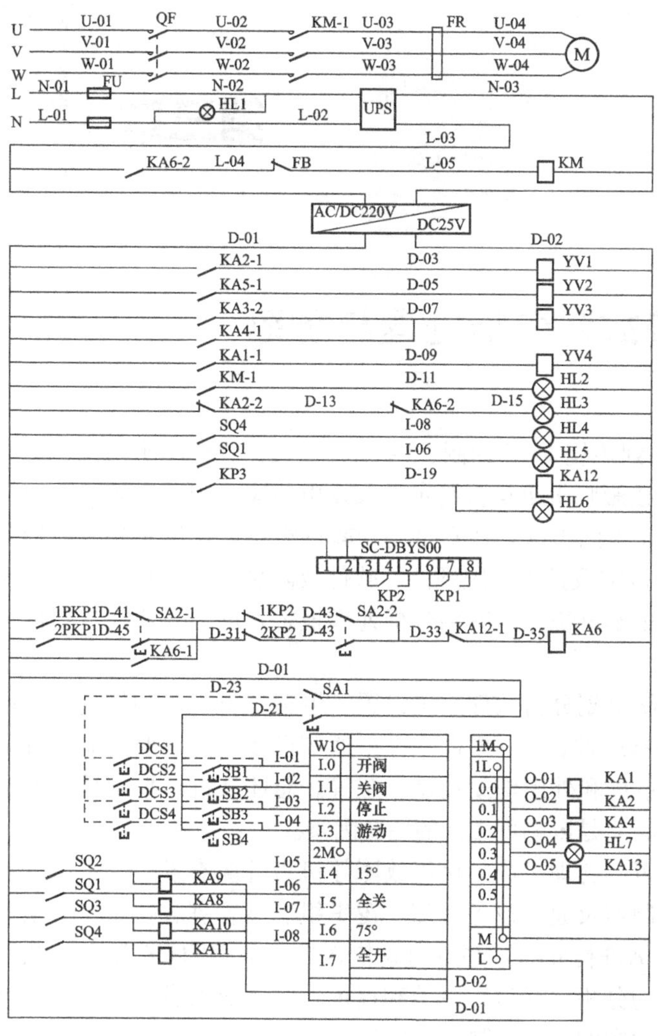

油泵电机Oil pump motor
UPS电源(选配)UPS powerloptionatl
油泵主继电器Oil pump main relay
开关电源Switch power
开阀电磁阀Opening solenoid valre
关阀电磁阀Closing solenoid valre
规定电磁阀Loching solenoid valre
缓冲电磁阀Dampen solenoid valre
油泵远行Oil pump operating
阀停止Valve stopping
全开Full opening
全关Full closing
液位低Low liquid lever
压力控制器Pressure controller
压力控制切换Pressure controller
油泵中断Oil pump middle relay
现场Site
远程Remote
缓冲中断Dampen middle relay
开阀中断Opening valve middle relay
关阀中断Closing valve middle relay
活动指示Activity instructions
故障报警Failure alarm
PLC电源PLCpower

图 2-17　电气原理图

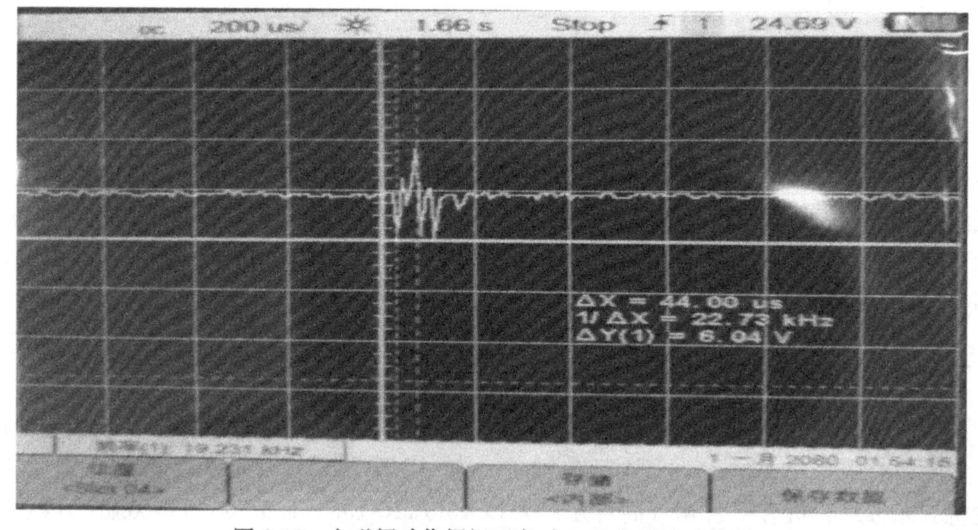

图 2-18　电磁阀动作阀门开启时 24V 电压波动情况

第三章

控制系统故障分析处理与防范

发电厂DCS控制系统已经扩展到传统DCS控制、DEH、脱硫、脱硝、水处理、电气及煤场控制。DCS的可靠性程度直接影响机组运行稳定性及发电效率。因此，控制系统的软硬件设置，需全面考虑各种可能发生的工况，特别是完善软件组态，保证各种故障情况下，专业人员干预更容易。2018年度涉及控制系统硬件、软件故障事件36例，与2017年相比呈上升趋势，应引起重视。希望本书统计的案例分析处理报告，可为专业人员提供教训与经验借鉴。

机组的控制系统，按照软件系统可划分为软件系统设置、组态逻辑设置和控制参数设置等；按照硬件系统可划分为控制器组件、I/O模件和网络通信设备等；按照功能设置可划分为DCS控制系统、DEH控制系统和外围辅助控制系统等。总体来说，控制系统的配置、组态合理性和控制参数整定的品质是影响可靠性的主要因素。

近年来由于控制系统故障和设置不合理造成的机组故障停机事件屡有发生。本章从控制系统软件本身设置故障、模件控制器及通信设备故障、逻辑组态不合理、控制参数整定不完全等方面就发生的系统异常案例进行介绍，并专门就快速控制的DEH控制系统相关案例进行分析。希望借助本章案例的分析、探讨、总结和提炼，供专业人员在提高机组控制系统设计、组态、运行和维护过程中的安全控制能力参考。

第一节　控制系统设计配置故障分析处理与防范

本节收集了因控制系统设计配置不当引起机组故障2起，其中因模件的温度补偿元件故障造成转子冷却风等温度信号异常导致机组降负荷事件1起，逻辑设计与参数设置不当造成给水流量低低导致机组MFT事件1起。两案例反映了DCS控制系统软件参数配置、控制逻辑还不够完善。进一步说明了在控制系统的设计、调试和检修过程中，规范的设置控制参数、完整的考虑控制逻辑是提高控制系统可靠性的基本保证。

一、补偿元件故障造成转子冷却风等温度信号异常导致机组降负荷

某电厂建设有两套M701F4燃气-蒸汽联合循环发电机组，2017年投产。燃气轮机由东方汽轮机有限公司提供M701F4型分轴“一拖一”单转子，双轴承，预混低氮燃烧器。汽轮机为东方汽轮机有限公司（简称东汽）LC156/116-13.4/1.5-566/566双缸、再热、抽汽凝汽式汽轮机。余热锅炉为杭州锅炉集团股份公司NG-M701F4卧式、水平烟气流、汽

包炉。燃气轮机采用三菱 DIASYS Netmation 控制系统，联合循环包括汽轮机、DEH、余热锅炉等采用南京科远 NT6000 控制系统。

（一）事件经过

2018 年 2 月 6 日 14 时 00 分，第二套机组 3 号燃气轮机带负荷为 203MW，4 号汽轮机带负荷为 92MW 运行，运行主值发现 3 号燃气轮机转子冷却风温度左右侧温差增大至 6℃，立即联系热控人员检查，热控人员检查元件未发现异常；18 时 00 分，值长下令一套机组做好启动准备。19 时 20 分，二套机组 3 号燃气轮机及 4 号汽轮机降负荷运行。

20 时 00 分，3 号燃气轮机转子冷却风两侧温差达 32℃。21 时 57 分，1 号燃气轮机启动。22 时 7 分，3 号燃气轮机 TCS 上右侧转子冷却风温度及 2、3、4 级右侧轮间温度全部显示坏点，且该模件补偿电阻通道故障报警，热控检查排除故障，3 号燃气轮机左、右侧转子冷却风及左、右侧轮间温度偏差恢复正常后，23 时 00 分二套机组逐渐接带负荷正常，停 1 号燃气轮机。

（二）事件原因检查与分析

热控检查坏点温度在同一个模件为同一个补偿温度。进一步排查发现温度补偿电阻损坏，更换补偿电阻后故障消除，3 号燃气轮机左、右侧转子冷却风及左、右侧轮间温度偏差恢复正常。

三菱 DIASYS Netmation 控制系统 FXAIMO4C-DW 模件为热电偶温度输入模件，模件最后一个通道接一只 PT100 热电阻，用于对模件上的所有测点进行环境温度补偿（见图 3-1）。其他控制系统的热电偶温度输入模件，如科远系统模件、西门子 TC3000，GE mark Ⅵe 都是这种安装方式，检查中：

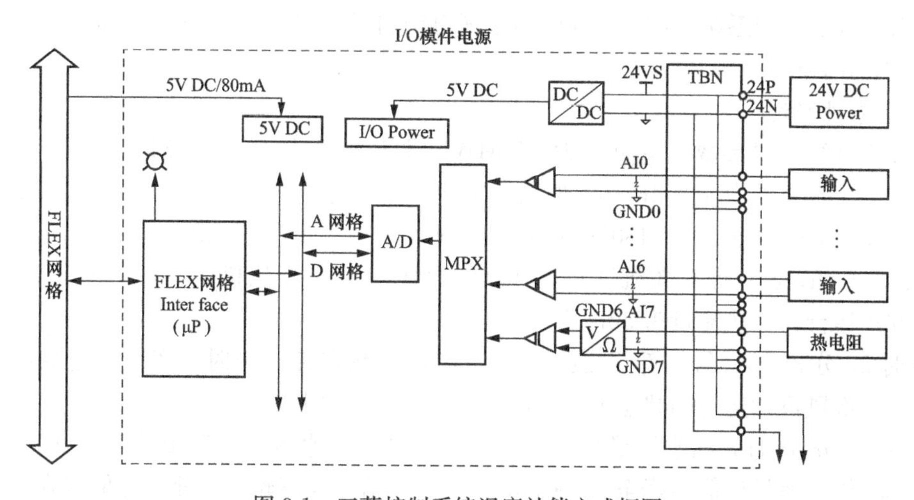

图 3-1　三菱控制系统温度补偿方式框图

（1）对三菱系统热电偶温度输入模件进行试验，该补偿温度元件拆除后，模件上的所有测点异常，分析三菱控制系统补偿方式是由模件自身内部电路将原有的电阻转换成电动势信号对模件的所有测点进行补偿后进行模数转换。因此补偿热电阻一旦损坏，画面上该模件的所有温度点显示全部变成坏点。

（2）与其他 DCS 系统（如科远 NT6000 系统）比较，是将机柜内环境温度上传至组态，由软件逻辑对机柜内的所有热电偶通道进行温度补偿。如果补偿热电阻损坏，只是出现温度偏差。

通过上述2种补偿方式比较，发现三菱系统的温度补偿方式危险系数很大，很容易出现大量温度点同时坏点甚至造成跳机。而PT100热电阻元件损坏具有突发、无法预知的特点。

（三）事件处理与防范

三菱公司控制系统FXAIMO4C-DW热电偶输入模件的温度补偿元件损坏，造成3号燃气轮机TCS上右侧转子冷却风温度及2级、3级、4级右侧轮间温度全部显示坏点。更换温度补偿热电阻后恢复正常。同时采取以下防范措施：

(1) 建议三菱公司对FXAIMO4C-DW模件进行优化，采用其他同类控制系统的软件补偿方式，使补偿热电阻损坏后不再出现温度坏点。

(2) 购买三菱公司标配的原厂热电阻备品，降低热电阻故障率。

(3) 制定定检检查计划，完善TCS系统模件巡查制度和定期试验制度，停机巡查发现补偿热电阻故障立即更换。

二、逻辑设计与给水控制器参数设置不当，给水流量低低导致机组MFT

某公司4号机组为350MW超临界机组。锅炉是上海锅炉厂的SG-1193/25.4-M4419。汽轮机采用上海汽轮机厂生产的CZK350-24.2/0.4/566/566型超临界、一次中间再热、单轴、双缸双排汽、直接空冷、一级调整抽汽、抽汽凝汽式汽轮机。2016年12月正式投产。给水系统采用单元制，配置两台50%容量汽动给水泵，未配置电动给水泵。在机组正常运行工况下，两台50%容量的汽动给水泵并列运行时，能满足机组低负荷至最大负荷给水参数的要求。分散控制系统（DCS）为由南京国电南自美卓控制系统有限公司生产的maxDNA分散控制系统。

（一）事件经过

事故前机组主要参数：电负荷为257MW，主蒸汽压力为20.70MPa，主蒸汽温度为559.85℃，给水流量为852.46t/h，燃料量为170t/h，水煤比为5.1，过热度为32℃，A、B给水泵汽轮机转速分别为4806r/min、4811r/min，A、B汽动给水泵入口流量分别为549t/h、555t/h，给水泵汽轮机供汽压力为0.6MPa，A一次风机变频方式运行，B一次风机工频方式运行，供热流量为327t/h。

15时30分38秒，维护部门更换B一次风机变频器控制板时，变频器重故障信号发出，双侧一次风机均运行的状态下，一次风机RB信号发出。

15时31分33秒，给水流量指令降至490.6t/h，给水流量实际值为629.9t/h，A、B给水泵汽轮机转速目标值均降至2999r/min，A、B给水泵汽轮机转速设定值（在给水泵汽轮机MEH逻辑中将目标转速按照600r/min限速后得到转速设定值）分别为4152r/min、4153r/min，A、B给水泵汽轮机实际转速分别为4374r/min、4394r/min，A、B给水泵汽轮机低压调节门开度分别为36.8%、41.57%，给水泵汽轮机供汽压力0.66MPa。

15时31分53秒，给水指令稳定到490t/h，实际给水流量为486.76t/h，A、B给水泵汽轮机目标转速指令维持2999r/min，设定值分别为3871r/min、3886r/min，实际转速分别为4153r/min、4245r/min，A、B给水泵汽轮机低压调节门开度分别为28.27%、33.27%。运行人员担心给水流量过低，将给水流量切到手动方式控制，保留A、B给水泵汽轮机转速控制模式，采用“MEH遥控”方式控制A、B给水泵汽轮机转速。

15时32分1秒，运行手动调整MEH指令，A、B给水泵汽轮机转速目标值分别升至3095r/min、3107r/min，设定值分别为3764r/min、3779r/min，实际转速分别为4052r/min、4150r/min。由于设定值仍然高于转速目标值，转速控制器输出指令继续下降，A、B给水泵汽轮机低压调节门下降到25.3%、30.0%，给水流量实际值降至367t/h。

15时32分2秒，A汽动给水泵入口流量下降到112t/h，A汽动给水泵最小流量阀超驰打开。锅炉总给水流量降到348t/h。

15时32分3秒，锅炉总给水流量降到273t/h，低于MFT动作值（336.4t/h）。

15时32分17秒，A、B给水泵汽轮机转速目标值分别升至3814r/min、3489r/min，设定值分别为3647r/min、3566r/min，实际转速分别为3830r/min、3927r/min。A、B给水泵汽轮机低压调节门下降到24.88%、24.75%，给水流量实际值降至162t/h。

15时32分18秒，给水流量低低延时15s，触发MFT，ETS动作，发电机解列。

15时32分20秒，B汽动给水泵入口流量降到138t/h，B汽动给水泵最小流量阀超驰打开。

（二）事件原因检查与分析

1. 现场检查情况

（1）查阅SOE记录。调阅SOE记录，显示2018年11月24日15时30分38秒926触发RB联锁跳闸E磨煤机，15时30分45秒430跳闸D磨煤机，15时30分51秒537跳闸C磨煤机，15时32分17秒028锅炉MFT动作，15时32分17秒152汽轮机跳闸，15时32分18秒302发电机解列。SOE记录与事件经过描述内容相符。

（2）查阅机组主要历史曲线。调取RB触发后机组主要参数的历史曲线见图3-2。图3-2显示RB触发后主蒸汽压力、主蒸汽温度、过热度调节品质良好，燃料量控制恰当。给水流量在15时31分50秒之后出现加速下降的现象。

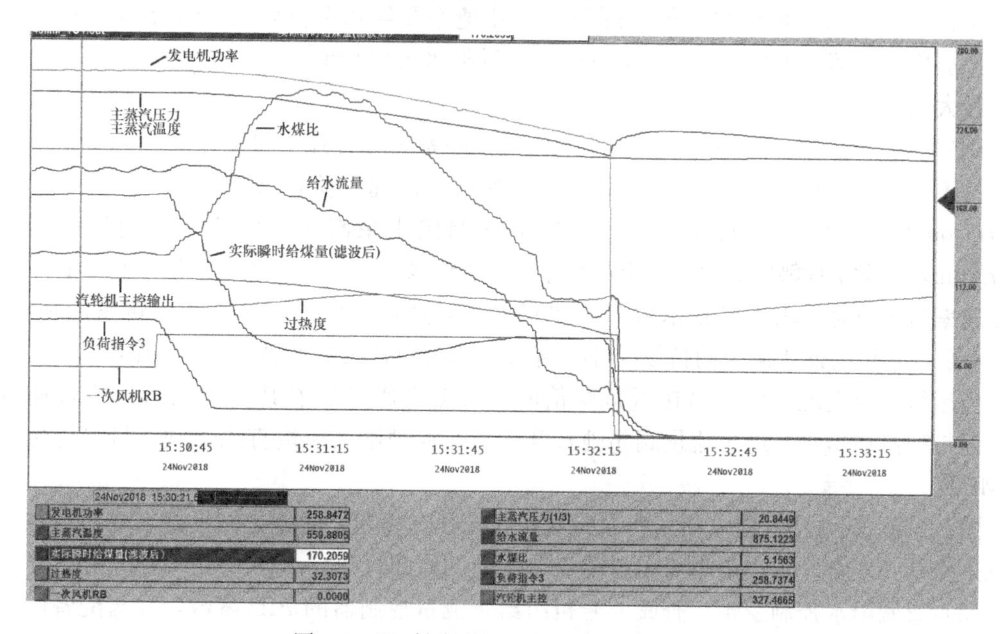

图3-2 RB触发后机组主要参数历史趋势

为分析给水流量实际值快速下跌原因，调取 RB 触发后 A/B 给水泵汽轮机相关参数的历史趋势如图 3-3 所示。图 3-3 中仅列出 B 给水泵汽轮机的相关参数，A 给水泵汽轮机相关参数变化趋势与 B 给水泵汽轮机完全相同。

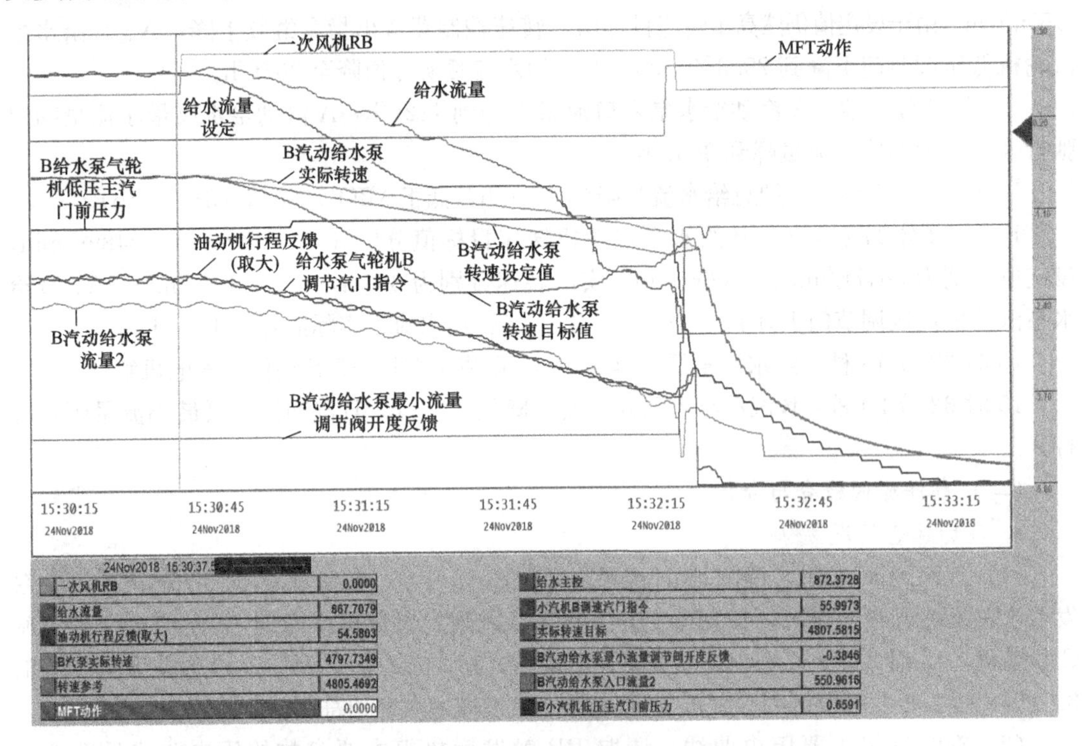

图 3-3　RB 触发后 B 给水泵汽轮机相关参数历史曲线

图 3-3 显示，RB 触发后给水流量设定值跟随锅炉主控指令快速下降，45s 之内由 870t/h 降到 500t/h；而给水流量实际值的变化速率受给水泵汽轮机转速指令变化率的限制，无法快速跟随给水指令的变化，RB 触发后给水流量控制偏差随着时间的推移快速增大，最大值达到 190t/h。

RB 触发后至 15 时 31 分 53 秒，给水流量控制系统一直处于自动方式，随着给水控制偏差的不断增大，B 给水泵汽轮机 MEH 遥控指令急速下降，55s 之内分别由事故前的 4811r/min 降至 3000r/min。由于 MEH 逻辑中将给水泵汽轮机转速指令变化率限定为 600r/min，因此 RB 触发后直至 MFT 动作前，B 给水泵汽轮机转速设定值一直按着限定的变化速率持续下降。由于 B 给水泵汽轮机仍处于转速控制模式，为了消除转速控制偏差，B 给水泵汽轮机的低压调节门持续关小，导致给水流量持续降低到 MFT 动作值。

当运行人员发现给水流量接近危险值时，虽然迅速提升了 B 给水泵汽轮机转速目标值，但是因汽动给水泵最小流量阀超弛打开后引起锅炉给水流量直线下跌，最终仍然触发了 MFT。

图 3-3 还显示，RB 触发后给水泵汽轮机供汽压力稳定，转速控制良好，证明给水泵汽轮机工作状态正常，本次事故可以排除工艺方面的原因。

(3) 查阅给水控制逻辑。查阅 4 号机组给水流量控制器的 PID 参数，并与配备同类型给水泵汽轮机的机组（某公司）的给水流量控制器参数进行对比，数据见表 3-1。

表 3-1　　给水流量控制器参数对比数据表

参数名称	4号机组	某公司
输入量程（PvHiRng）	1500	1400
输入量程（PvLoRng）	0	0
输出量程（HiRng）	200	200
输出量程（LoRng）	0	0
比例增益（PropGain）	0.5	0.8
积分倍数（Reset）	8～20*	1.3

* 4号机组给水控制器积分倍数跟随电负荷变化，具体数值见表3-2。

表 3-2　　4号机组给水流量控制器积分倍数函数表

电负荷（MW）	0	100	175	200	260	350
积分倍数（Reset）	10	8	8	13	20	20

根据表3-1和表3-2的数据可以看出，给水流量控制器的积分作用是同类型机组的6倍以上。

（4）查阅RB逻辑。查阅4号机组一次风机RB逻辑，重点检查一次风机RB触发条件，其逻辑关系如图3-4所示。图3-4中展示了事故前后逻辑修改的痕迹。事故前原始的一次风机RB逻辑仅仅考虑一次风机变频运行方式，不能有效避免工频方式下因“变频器重故障”信号误发而导致一次风机RB误动作的事件。

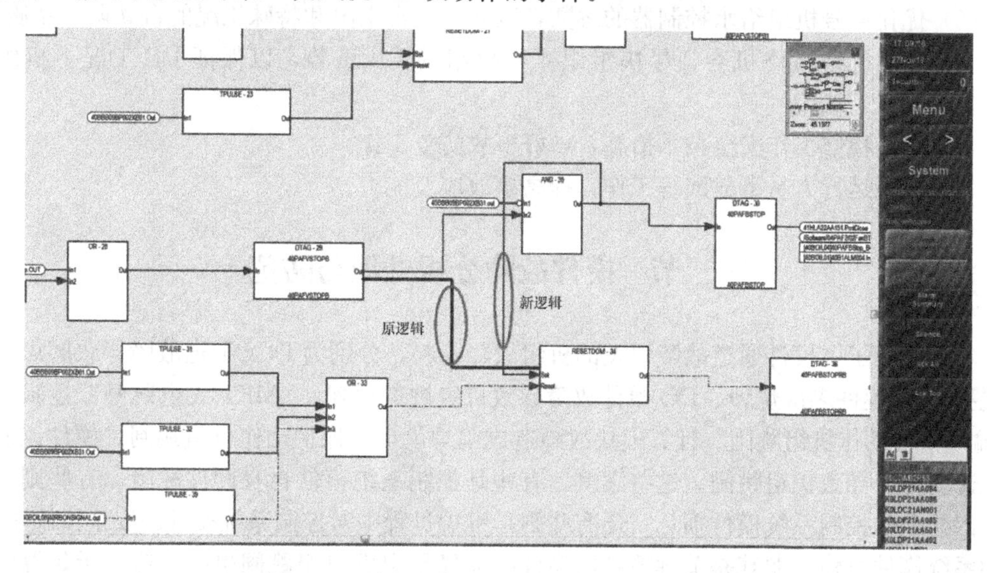

图3-4　4号机组一次风机RB触发条件逻辑图

2. 事件原因分析

根据上述检查，分析本次锅炉MFT原因，是给水泵汽轮机低压调节门开度持续减小造成给水流量低低引起。

（1）给水泵汽轮机低压调节门持续关小的原因为一次风机RB过程中给水泵汽轮机目标转速降幅过大，事故过程中长时间停留在3000r/min，导致给水泵汽轮机转速设定值（目标转速限速后的值）持续下降，直至MFT动作时仍未达到目标转速值，给水泵汽轮机低压调节门在转速控制作用下持续关小。

(2) 给水泵汽轮机目标转速降幅过大的原因为给水控制器参数设置不当，仅能适应正常工况，缺少特殊工况下自动变参数的功能，给水控制器同时缺少抗积分饱和功能。

(3) 触发一次风机RB的原因为RB逻辑存在漏洞，在工频方式下运行时没有自动屏蔽RB触发条件中“变频器重故障”信号。事故前B一次风机在工频方式下运行，维护人员更换B一次风机变频器控制卡时触发了“变频器重故障”信号，导致一次风机RB误动作。

3. 暴露问题

(1) 4号机组RB逻辑存在漏洞，需要系统性地排查隐患。

(2) 自基建期至今一直未进行4号机组的RB试验，RB功能未得到检验，相关MCS调节品质得不到保障，不能保证事故情况下机组的安全稳定。

(3) 检修工作安全技术措施不到位，不能采取有效手段避免事故的发生。

(4) 运行人员事故应变能力有待提高。在本次事故过程中，当运行人员发现给水流量接近危险值且给水泵汽轮机低压调节门下降趋势未改变时，应当机立断将给水泵汽轮机切换为阀控方式运行，保持给水泵汽轮机低压调节门开度不变（或适当提高开度），能有效终止给水流量下跌的趋势，并保持给水流量的稳定，最终避免给水流量低低保护动作。

(三) 事件处理与防范

(1) 尽快组织人员系统排查4号机组的RB逻辑隐患，并完善相关的逻辑。

(2) 优化4号机组给水控制器的参数，以兼顾正常工况和特殊工况的自动调节品质。

(3) 利用机组检修机会，尽快组织4号机组的RB试验，以保证RB工况下机组的安全。

(4) 落实检修工作安全技术措施，做好事故防范工作。

(5) 加强运行人员事故演练工作，提高事故应变能力。

第二节　模件故障分析处理与防范

本节收集了因模件通道故障引发的机组故障6起，分别为DCS通道故障导致磨煤机啮合脱扣、AI模件多次烧毁、DO模件故障导致机组被迫解列、“MFT失电跳闸”逻辑单路DI输入信号动作机组跳闸、计算模块故障造成锅炉风量低保护动作机组跳闸、模件误发汽轮机遮断信号导致机组跳闸。这些案例，有些是控制系统模件自身硬件故障、有些则是外部原因导致的控制系统模件损坏，还有些则是维护过程中对控制系统模件的安全措施不足。控制系统模件故障，尤其是关键系统的模件故障极易引发机组跳闸事故，应给予足够的重视。

一、DCS通道故障导致磨煤机啮合脱扣

某电厂2号机组为600MW燃煤汽轮发电机组，锅炉为亚临界、“W”形火焰、单炉膛、中间一次再热、自然循环、平衡通风、固态排渣、悬吊式燃煤汽包炉，设计燃用山西西山、阳泉的无烟煤和贫瘦煤。制粉系统采用正压直吹式，设有两台50%容量的一次风机，提供一次热、冷风输送煤粉。在前后墙炉拱上共布置了24只点火油枪、12组48只狭

缝式煤粉喷燃器。制粉系统共配有 6 台双进双出筒式低速钢球磨煤机。DCS 采用 ABB 公司的 Symphoney plus 系统。

（一）事件经过

2018 年 8 月 17 日 22 时 28 分，2 号机负荷为 456MW，6 台磨煤机运行，2C 磨煤机一次风量为 15.8kg/s；22 时 28 分 55 秒，2C 磨煤机一次风量大幅波动，2 号机组 2C 磨煤机离合器脱扣；22 时 30 分 20 秒，运行人员手动停运磨煤机电动机（见图 3-5）。事件造成一台 6kV 设备跳闸。

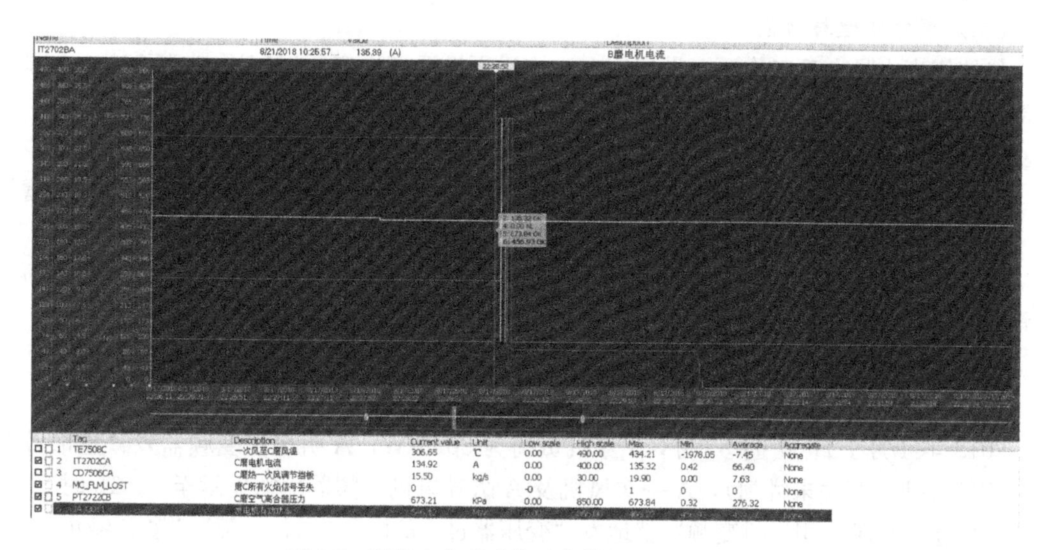

图 3-5 运行人员手动停运磨煤机电机记录曲线

（二）事件原因检查与分析

仪控 DCS 班人员检查趋势发现，在 22 时 28 分，2C 磨煤机热一次风温度 TE7508CA 频繁跳变，2C 磨煤机一次风量同时出现大幅波动。进一步检查控制逻辑为 2C 磨煤机一次风量值经 2C 磨煤机热一次风温度（TE7508CA、TE7508CB 两个温度测点取平均值）补偿计算，其中 TE7508CA 测点从 22 时 28 分开始频繁离线（持续时间为 1s 左右，见图 3-6）。

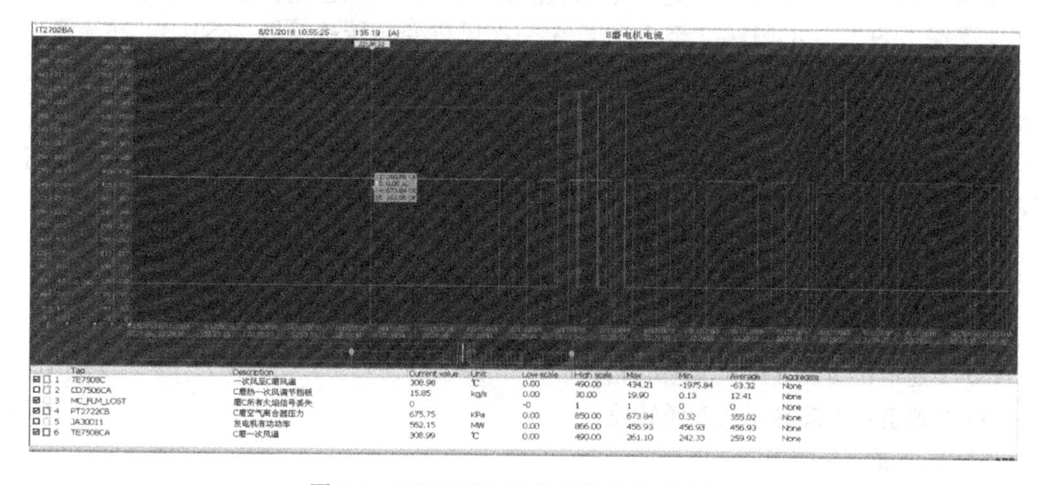

图 3-6 TE7508CA 测点频繁离线记录曲线

由于逻辑设计中当一个温度点品质坏时自动剔除坏点，选择品质好的点参与风量计算，当测点品质变好时自动参与计算。所以当温度测点TE7508CA品质在好坏之间频繁切换，逻辑中品质判断回路存在1s延时，导致风量瞬间计算值出现大幅波动。当2C磨煤机一次风量波动至5kg/s以下时，触发煤火焰检测下限阈值，造成煤火焰检测全部消失，从而导致2C磨煤机离合器脱扣。

根据TE7508CA频繁跳变的情况，检查温度元件正常，判断为该温度测点DCS通道故障引起。

（三）事件处理与防范

仪控值班人员办理工作票，做好安全措施后更换温度通道，温度测点TE7508CA显示正常。8月18日6时15分，2C磨煤机重新启动正常。

防范措施如下：

（1）联系DCS厂家分析逻辑设计存在的缺陷，利用停机机会进行逻辑优化：增加磨煤机一次风量波动至5kg/s触发煤火焰检测下限阈值后5s延时，取消品质判断回路延时。

（2）举一反三，对1～4号机组存在的类似问题逐一进行排查，对查出的问题做好事故预判，利用检修期间逐项排除。

二、AI模件多次烧损

2018年4月7日17时55分，3号机负荷为302MW，A引风机变频器发“重故障跳闸”信号（6kV开关未跳闸），A一次风机及A疏导风机变频器反馈显示至0。18时5分，运行人员检查发现A引风机变频器就地发“变压器过温故障”“通信故障”“紧急停止”“输入保护故障”“控制电源消失”信号且均无法复归，而A一次风机变频器及就地运行正常。

（一）事件经过

检查情况：热控专业检查发现17时55分A引风机变频运行状态丢失，但DCS并没有发出过变频停止指令。经分析逻辑确认因变频运行状态丢失，切工频条件不满足，所以未发出切工频指令；同时引风机未发出跳闸信号，不满足RB动作条件。逻辑动作过程均正确。

进一步检查发现，发现17时55分A引风机变频器停运后，A引风机电流反馈21I01、A一次风机电流反馈22I01、A疏导风机转速反馈变坏点（颜色呈粉色）；同时A引风机变频转速反馈21S01由80%跳变至23%，A一次风机变频转速反馈22S01由76%跳变至5.7%。18时17分21秒，A引风机变频器转速、A一次风机变频器转速、A疏导风机电流均变成坏点。

这些故障点恰恰全部配置在DPU09 1号站A8模件（AI模件）上，确认该模件已经损坏，办理抢修单，更换模件。

模件通道标说明如下：

（1）0通道：A引风机转速。

（2）1通道：A引风机电流。

（3）2通道：A疏导风机变频电流。

（4）3通道：A疏导风机变频转速。

（5）4、5通道：备用。

（6）6通道：A一次风机变频器转速。

(7) 7 通道：A 一次风机变频器电流。

更换模件后，3 号炉 A 疏导风机变频器转速反馈信号（AI 模件 3 通道）仍偏大，且不随指令变化。在 DCS 机柜甩开两路接线，测量电气变频器送来电流信号，分别是 50mA DC。为验证通道正确性，用信号发生器送 4～20mA DC 信号给 DCS，显示结果正常。因此确定变频器反馈板故障。

电气专业检查情况：检修人员赶到现场检查，A 一次风机、A 疏导风机变频器正常运行，发现 A 引风机变频器控制面板显示“紧急停止”（emergency stop）重故障信号首先发出，故障信号就地复位不掉。对 A 引风机变频控制系统进行检测，发现主控箱 CPS 电源模块中的 24V 电源输出为 0V，电源模块中 15V 电源正常，电源模块中 5V 电源正常。判定故障信号就地复位不掉的原因是 CPS 电源模块中的 24V 电源输出不正常引起。

办理抢修单，拆除西门子变频器 CPS 电源模块并更换退役的旧电源模块。送电后故障信号复位，变频器启动恢复正常。

19 点 7 分，热控、电气检修工作结束，终结抢修单。19 点 45 分，将 A 引风机（3 0HNC30 AN001）变频方式启动并列，投入送引风机一次风机自动，联系热控投入“A 引风机联跳 A 送风机”保护，机组恢复正常。

2018 年 4 月 8 日 13 点 4 分，又重复发生 AI 模件故障、引风机变频器电源模块故障问题。

（二）事件原因检查与分析

对于 DCS AI 模件故障、变频器电源模块故障原因，多次组织热控、电气两个专业召开分析会进行了讨论，并联系 DCS 厂家、研究院技术人员来厂进行了分析。

(1) 联系 DCS 厂家来厂对 DCS 模件故障原因进行了分析诊断，检查情况如下：

检查现场未发现异常，送 DCS 厂家检测两块故障模件，其中 1 块模件 1、3 通道切换开关（photoMOS 芯片，隔离电压 400V DC）击穿，另外 1 块模块 3 通道切换开关芯片击穿。更换芯片后恢复正常。

芯片击穿原因分析：

AI 模件采样时，通过切换开关芯片实现通道到 ADC 数模转换模块的连接。由于 3 通道切换开关芯片击穿，导致该路信号与其他通道始终短接在一起，导致所有通道故障。从 1、3 通道切换开关芯片击穿情况来看，应该是 1、3 通道的正端有瞬间高电压进入，造成与其他通道间的共模电压高于 400V DC（如 380V AC），击穿芯片。

(2) 对于引风机变频器故障原因，结合检查情况，组织电气、热控两个专业进行分析如下：

分析为 AI 模件 3 通道（A 疏导风机变频转速）引入瞬间高压电势，造成 3 通道切换开关芯片击穿。原因如下：

DCS 工作电源为 24V，不存在高压电，因此芯片击穿只能是外来电源导致。

4 月 7 日与 4 月 8 日两次模件损坏均击穿了 3 通道（A 疏导风机变频转速）切换开关芯片，且 4 月 8 日第二次损坏前，A 疏导风机变频转速信号（3 通道）多次变成坏点，应该是该通道先出问题；同时追忆运行记录，2017 年 3 月 17 日 16 时，A 疏导风机变频转速信号通道 2，3 月 25 日，故障扩展到整块 AI 模件；热控人员在拆线更换 AI 模件时，曾有强烈的触电感觉。

因此，可以确认是A疏导风机变频转速信号通道有高压电引入造成AI模件通道故障。由于AI模件3通道切换开关芯片击穿，造成模件几个通道连接在一起，进而高压电通过AI模件的引风机变频器转速通道进入引风机变频器，造成引风机变频器电源模件损坏。而对于疏导风机变频器反馈回路高压电引入只有两个途径：

1）回路电缆存在损伤，造成其他电源引入。但经测量绝缘情况，未发现电缆存在问题。

2）A疏导风机变频器24V电源模块故障及输出品质差，有较高的瞬时尖峰电压输出。

为确认高压电来源，26日分析会确定：更换疏导风机变频器至DCS转速反馈电缆和DCS反馈AI通道，以排除电缆原因。28日更换完毕，截至目前未出现异常。

（3）为彻底分析原因，联系研究院电气、热控人员来厂进行分析，初步确认原因为A疏导风机变频器24V电源模块故障，24V电源输出品质差，有较高的瞬时尖峰电压输出，导致DCS模件损坏。

（三）事件处理与防范

本次事件主要发生原因是电气专业变频器24V电源模块故障引起，但热控方面也应采取相应防范措施。

（1）加强DCS系统设备巡检，发现异常及时汇报处理。

（2）加强隐患排查的敏感性，尤其是两次及以上类似故障问题，应会同DCS厂家及相关专业及时对可能的原因逐一进行排查，对查出的问题做好事故预判，利用检修期间逐项排除。

三、DO模件故障导致机组被迫解列

某电厂机组容量为330MW，机组控制使用新华XDPS400控制系统，2004年投产发电，2018年9月11日180MW负荷时，DO模件故障导致机组跳闸。

（一）事件经过

2018年9月11日，机组运行方式正常，负荷为180MW，主蒸汽压力为12.04MPa，主蒸汽温度为531.73℃，再热蒸汽温度为539.27℃，炉膛负压为－86.90Pa，凝汽器真空为－94.00kPa，汽动给水泵运行，A、B、C 3台磨煤机运行，无异常报警。

20时58分17秒，机组锅炉MFT、首出记录“MFT继电器动作”。MFT后续动作正常。运行人员立即按照运行规程进行处理，严格控制机组关键参数。

20时59分33秒，机组负荷为188.2MW，DEH总阀位指令62.99%，运行操作“DEH切手动”按钮，将伺服卡切到手动控制，操作“GV减”指令按钮，DEH总阀位指令缓慢减小，调节门开始关闭。

21时00分45秒，机组负荷为40MW左右，汽轮机调节门手动控制模式下，运行人员操作“GV增”按钮，调节门无反应。切换DEH手动、自动方式操作均无效。

21时14分，热控人员发现DCS系统状态一览中DCS2柜B面8板（DO卡）报警，其余DCS自检正常。

21时43分，经省调调度员同意，机组手动打闸、解列。

（二）事件原因检查与分析

1. 事件原因检查

（1）排查MFT动作前后15min内的参数、报警记录和SOE记录，显示机组振动、发电机定子铁芯、定子及转子绕组温度、电刷温度、低压缸排汽温度均正常，MFT动作前后无异常报警，且只有MFT动作结果的记录，并无其他触发MFT条件的信号发生。

（2）历史记录表明，20时58分17秒，MFT动作，首出记录为“MFT继电器动作”（Y06P102显示16通道动作，即HARDMFT表征的硬跳闸柜动作）。20时59分33秒，运行操作“DEH切手动”，DEH逻辑读取的伺服卡“钥匙自动位”信号由1变为0，表示伺服卡操作权限由DEH系统转交给了手动指令信号。之后操作“GV减”命令，汽轮机关门过程正常。21时00分45秒之后，运行开始尝试发“GV增”命令，但是汽轮机调节门已经无响应。运行尝试将“DEH切手动”切除，但是“钥匙自动位”仍然为0，表示伺服卡操作权限未能转回DEH控制系统。

（3）热控、电控等专业人员检查MFT软逻辑指令输出继电器外观正常，热控电缆绝缘正常，对应DO模件无报警，卡内其他DO通道信号无异常。

（4）检查和测量MFT硬跳闸柜内所有接触器线圈电阻正常，触点正常，外观正常；柜内接线牢固可靠，无异常；接地装置正常；柜内交、直流电源品质正常。通过实际动作试验，表明接触器功能正常对MFT硬继电器柜中的交直流接触器的灵活性和绝缘水平、电源质量、信号电缆绝缘、DCS模件通道等进行一系列的测试、验证，均未发现异常情况。

（5）DCS2柜B面8板（DO卡）报警，而该板就是“DEH切手动”“GV增”“GV减”所在DO输出板，其余DCS自检正常。热控人员更换故障报警的DAS2柜B面8板（DO卡），模件故障报警消除。热控人员对承担MFT保护逻辑的3号机组6/26号DPU进行重启，实现逻辑块按序扫描，DPU跟踪测试正常。

2. 事件原因分析

根据上述检查，专业人员分析认为：

（1）直接原因：DAS2柜B面8板（DO卡）故障，汽轮机调节门切手动后，调节门无法开启，造成机组被迫解列，是本次事件的直接原因。热控人员在现场检查发现DAS2柜B面8板（DO卡）系统报警，而该板就是“DEH切手动”“GV增”“GV减”所在DO输出板，停机之后，通过更换该模件，DEH系统恢复正常。从处理过程和结果来看，DAS2柜B面8板（DO卡）故障导致DEH伺服卡系统控制权丢失。但深层次分析原因，则是控制方案选择问题，汽轮机快减负荷应当在DEH自动模式下，通过操作快速减小总阀位指令来关闭调节门，而不应直接将伺服卡切到手动去操作，这种方式是极端情况的后备操作手段。

（2）间接原因：3号机组MFT信号异常，造成保护误动锅炉灭火，是本次事件的间接原因。通过分析MFT动作前后几秒内的报警信号，只发现有MFT动作结果，无其他可疑的触发MFT信号出现。机组MFT动作条件共16项，将每项保护触发条件与“MFT动作”进行对比分析。通过数据对比发现，除一次风机全停信号在MFT动作2s后有记录，其他信号在整个MFT过程中没有出现。而MFT动作后触发跳一次风机，两者前后相差2s时间，符合MFT联跳一次风机正常动作过程。所以，一次风机全停触发MFT动作也可以排除。

通过分析确认各触发MFT动作条件的可能性，认为“MFT继电器动作”是机组MFT动作的触发条件。从回路及过程分析触发“MFT继电器动作”信号的原因，存在

MFT 指令输出继电器误动、MFT 硬跳闸继电器误动、“MFT 继电器动作”信号对应 DI 通道误动的可能性。

3. 暴露问题

（1）未严格落实公司《安全生产专项行动方案》，对降非停工作重视程度不够，降非停措施不到位。

（2）热控专项提升活动开展不扎实，有关生产部门及领导对机组 DCS 系统设备老化、维护不足存在的风险认识不足，对异常情况下可能导致事故扩大的风险辨识不到位。

（3）隐患排查不到位，风险评估不够深入，DCS 系统运行年限久，针对隐蔽的背板、插槽排查不到位。

（4）检修管理不到位，在机组计划性检修期间，MFT 硬跳闸回路的接线端子检查、紧固、测试等开展组织不到位。

（5）培训工作不到位，针对 DCS 系统模件安装工艺特点的技术培训有待加强。

（6）技术管理工作不到位，运行规程修编不及时、不到位。

（7）缺陷管理不到位，DCS2 柜 B 面 8 板（DO 卡）上午 9 点发出故障信号后，没有得到及时处理。

（8）集控运行人员处理事故汽机快减负荷时，习惯通过“DEH 切手动”完成，操作方式较为单一，存在隐患。

（9）触发 MFT 动作的“MFT 继电器动作”信号、MFT 信号未纳入 SOE，不利于异常分析。

（三）事件处理与防范

（1）利用 3 号机组 B 级检修机会，深入检查 3 号机组 DCS2 柜 B 面 8 板（DO 卡）的插槽、背板、电缆情况。

（2）利用机组检修机会，将 MFT 指令送硬跳闸柜“四取一”单点保护改为（MFT1 与 MFT3）或（MFT2 与 MFT4）。同时更换 MFT 指令输出继电器所对应的 DO 卡。

（3）取消 HARDMFT 信号 DI 通道动作 MFT 单点反跳逻辑，MFT 硬跳闸柜动作触点信号按交、直流回路分别送 SOE，并增加 MFT 动作结果 SOE 记录。

（4）取消直接串入硬跳闸柜保护的四路 DCS 电源柜电源丧失触发 MFT 硬跳闸柜动作接线，降低保护误动风险，并将电源监视信号引入 DCS。

（5）在热机主光字牌页面，增加 DCS 系统模件故障报警。

（6）定期进行 MFT 硬跳闸柜维护和试验。

（7）分析机组快减负荷控制策略，完善相关组态逻辑。

（8）控制系统中 DEH 减负荷控制策略优化后，及时修改运行规程相应内容。

（9）以 DCS 系统模件的维护、安装和指标测试为重点，加强员工技能培训，提高系统维护质量。

四、“MFT 失电跳闸”逻辑单路 DI 输入信号动作机组跳闸

某电厂为 330MW 亚临界燃煤机组，锅炉由北京 B&W 公司设计制造亚临界参数、自然循环、一次中间再热、固态排渣、单炉膛单锅筒锅炉。汽轮机采用上海汽轮机厂生产的中间再热凝汽式汽轮机，机组型号为 N300-16.7/537/537。DCS 系统采用上海新华公司

XDPS 控制系统。

（一）事件经过

2018 年 5 月 24 日 22 时 37 分 43 秒，4 号机组在 200MW 负荷正常运行中，4 号锅炉 MFT 跳闸，FSSS 监控画面跳闸首出条件为"MFT 失电跳闸"，4 号汽轮机及发电机联锁跳闸。

（二）事件原因检查与分析

1. 事件原因检查

机组跳闸后，热控人员立即到场对可能引起"MFT 失电跳闸"动作的有关系统、回路和信号进行了排查：

（1）在线确认 FSSS 系统（DPU17/37）控制器内 MFT 跳闸逻辑，首出条件为"MFT 失电跳闸"。

（2）检查 4 号机组 DCS 系统所有电源均正常，无故障报警。

（3）检查 MFT 硬跳闸回路、FSSS 机柜（DPU17/37）控制器内 MFT 跳闸逻辑无异常。

（4）检查"MFT 失电跳闸"回路与 FSSS 05 机柜（DPU17/37）、机侧 DCS 电源总盘、炉侧 DCS 电源总盘、集控操作台手动 MFT 有关失电跳闸的信号盘间电缆和盘内线绝缘，继电器及接触器，未发现异常。

（5）FSSS 05 机柜（DPU17/37）、机侧 DCS 电源总盘、炉侧 DCS 电源总盘内与"MFT 失电跳闸"动作有关的失电信号模拟试验及报警确认，未发现异常。

（6）FSSS 05 机柜（DPU17/37）内"MFT 失电跳闸"软件跳闸驱动逻辑的 DI 输入信号由单路改为三路 DI 输入信号"三取二"。

在研究院专家现场指导下，又对"MFT 失电跳闸"回路及逻辑进行多次复现模拟试验，更换了 FSSS 05 机柜（DPU17/37）内"MFT 失电跳闸"软件跳闸逻辑的 DI 输入信号端子板及 DI 模件，还更换了该柜内 UPS/EPS 双路电源切换装置，对更换设备进行了试验并确认工作，均正常。

同时检查 4 号锅炉 MFT 系统组成，锅炉 MFT 系统设计原理框图见图 3-7。

4 号锅炉 MFT 系统作为 GE 新华 XDPS-400 系统 FSSS 子系统的组成部分，包括图 3-7 下部虚线框 FSSS 05 机柜（DPU17/37）内 MFT 软件跳闸逻辑和图 3-7 上部虚线框 MFT 硬跳闸机柜内 MFT 硬跳闸回路，软、硬两部分互为冗余。MFT 硬跳闸回路包括直流 DC 回路和交流 AC 回路，两个回路互为冗余。

检查 MFT 软、硬跳闸动作先后时序，图 3-7 中标 X 与 O 的部分是 MFT 软、硬跳闸回路动作先后时序判断设计，也是本次事件的主要排查分析部位。标 X 部分是硬跳闸回路输出至"MFT 失电跳闸"软件跳闸逻辑的 DI 信号通路，标 O 部分是软、硬跳闸动作先后 SOE 时序记录。正常情况下，软件跳闸先动作时间 SOE"1.11.25"通道捕捉时间早于"1.11.26"，其时间间隔约为 28ms；硬跳闸回路先动作时间 SOE"1.11.26"通道捕捉时间早于"1.11.25"，时间间隔超过 200ms。

2. 原因分析

（1）"MFT 失电跳闸"软件跳闸逻辑设计。"MFT 失电跳闸"为 4 号锅炉 FSSS 05 机柜（DPU17/37）内软件跳闸驱动逻辑之一。正常情况下，跳闸首出条件为"MFT 失电跳闸"时表征硬跳闸回路先动作。

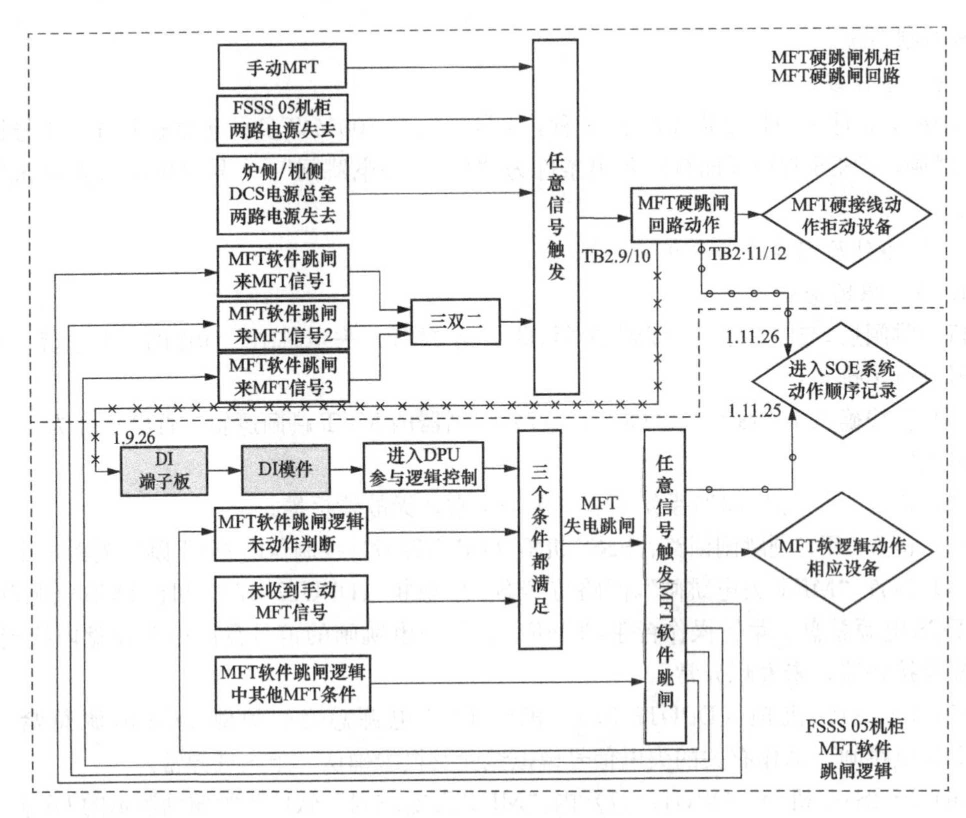

图 3-7　锅炉 MFT 系统设计原理框图

图 3-7 中逻辑设计为单路 DI 输入并经“MFT 软件跳闸逻辑未动作”“未收到手动 MFT 信号”证实。FSSS 05 机柜单路 DI 输入（图 3-7 中 1.9.26 DI 通道）来自 MFT 硬跳闸回路输出扩展接触器常开触点（硬跳闸柜 TB2-9、10 端子）。

图 3-7 中 MFT 硬跳闸回路输出扩展接触器的另一动合触点（硬跳闸柜 TB2-11、12 端子）至 FSSS 05 机柜（DPU17/37）内作为 MFT 硬跳闸回路动作 SOE 记录（图 3-7 中 1.11.26 SOE 通道）。MFT 软件跳闸后，FSSS 05 机柜（DPU17/37）内 DO 模件有一路输出至本柜 SOE 模件作为 FSSS 系统 MFT 软件跳闸动作 SOE 记录。正常情况下，跳闸首出为“MFT 失电跳闸”时 SOE“1.11.26”通道捕捉时刻早于“1.11.25”。

（2）根据跳闸首出条件及复现模拟试验分析跳闸原因。根据 4 号锅炉 MFT 跳闸 SOE 记录所示，22 时 37 分 43 秒 602 毫秒，FSSS 05 机柜 1.11.25 SOE 通道动作（即 MFT 软件跳闸先动作）；随后 FSSS 05 机柜 1.11.26 SOE 通道动作（即 MFT 硬跳闸回路动作），间隔 28ms。根据正常的“MFT 失电跳闸”的时序分析，必须先是 MFT 硬跳闸回路动作，然后 SOE 记录的 1.11.26 SOE 通道动作，待“MFT 失电跳闸”软件跳闸逻辑动作后才是 1.11.25 SOE 通道动作。因本次跳闸首出条件为“MFT 失电跳闸”，但 FSSS 05 机柜 1.11.25 SOE 通道先于 1.11.26 SOE 通道动作，分析可能原因为“MFT 失电跳闸”软件跳闸逻辑原 DI 单点保护误动引起，并作了复现模拟试验。

对“MFT 失电跳闸”软件跳闸逻辑单路 DI 输入（FSSS 05 机柜 1.9.26 DI 通道）进行复现模拟试验。在 DI 端子板信号端子短接，13 时 57 分 48 秒 122 毫秒，FSSS 05 机柜 1.11.25 SOE 通道动作（即 MFT 软件跳闸先动作）；随后 FSSS 05 机柜 1.11.26 SOE 通道动作（即 MFT 硬跳闸回路动作），间隔 29ms。这一动作时序与上 MFT 跳闸 SOE 记录时序一致。

对“MFT 失电跳闸”软件跳闸逻辑单路 DI 输入（FSSS 05 机柜 1.9.26 DI 通道）再次进行复现模拟试验。在 MFT 硬跳闸机柜回路 MFT 跳闸输出接触器动合触点（硬跳闸柜 TB2-9、10 端子）短接，14 时 13 分 2 秒 983 毫秒，FSSS 05 机柜 1.11.25 SOE 通道动作（即 MFT 软件跳闸先动作）；随后 FSSS 05 机柜 1.11.26 SOE 通道动作（即 MFT 硬跳闸回路动作），间隔 27ms。这一动作时序也与 MFT 跳闸 SOE 记录时序一致。

（3）原因确定。根据前述排查分析处理及事件原因分析，本次 MFT 动作系“MFT 失电跳闸”软件跳闸驱动逻辑的单路 DI 输入（FSSS 05 机柜 1.9.26 DI 通道）误动引起。

事件暴露出 4 号锅炉“MFT 失电跳闸”软件跳闸驱动逻辑原设计为单点保护和“MFT 失电跳闸”DI 输入信号端子板及 DI 模件存在老化的薄弱环节；对 4 号锅炉 MFT 主保护逻辑单点保护防范梳理工作存在漏洞。

（三）事件处理与防范

（1）完善 4 号锅炉“MFT 失电跳闸”软件跳闸驱动逻辑的 DI 输入信号。将原单路信号改为三路 DI 输入信号，“三取二”并延时 2.5s。三路 DI 输入分卡布置，三路 DI 输入信号取自 MFT 硬跳闸机柜回路的不同跳闸输出接触器动合触点。

（2）更换 4 号炉 FSSS 05 机柜（DPU17/37）内“MFT 失电跳闸”软件跳闸逻辑原 DI 输入信号端子板及 DI 模件（FSSS 05 机柜 1.9 端子板及模件）。对各机组 DCS 系统的主重要模件按寿命管理评估后进行更换。

（3）检查梳理电厂其他机组“MFT 失电跳闸”逻辑，对各机组 DCS 系统主重要保护的单点逻辑进行梳理。主要包括汽轮机跳闸保护涉及的模件 DI 信号及汽轮机间大联锁的 MFT、汽轮机跳闸、发电机保护跳闸网络点信号的梳理，计划利用最近机组检修机会完善。

五、计算模块故障造成锅炉风量低保护动作机组跳闸

2018 年 10 月 4 日 20 时 55 分，机组负荷为 288MW，12、13、14 磨煤机，11、12 送风机，11、12 引风机，11、12 一次风机运行，11、12 汽动给水泵运行，机组自动保护投入正常。锅炉总风量为 1360t/h。

（一）事件经过

20 时 55 分 37 秒 312 毫秒，1 号机组光字牌“锅炉风量低二值”报警。

20 时 55 分 37 秒 440 毫秒，1 号锅炉 MFT。

20 时 55 分 37 秒 626 毫秒，1 号机组大联锁动作，汽轮机跳闸，发电机解列。

10 月 5 日 2 时 30 分，1 号锅炉点火。

10 月 5 日 4 时 13 分，1 号机组与系统并网，恢复正常运行。

（二）事件原因检查与分析

1. 事件原因检查

机组跳闸后专业人员到场检查，通过趋势检查发现，“锅炉风量低二值”保护信号发出时实际总风量为 1360t/h。在锅炉吹扫期间，炉吹扫通风量为 500t/h，而“锅炉风量低二值”保护信号未复位，同时检查发现 1 号机组保护盘锅炉风量保护模块处于保护动作状态，

初步判断保护回路存在问题。

专业人员对1号机组一次风流量、送风流量变送器进行全面检查，未发现异常（见图3-8）。

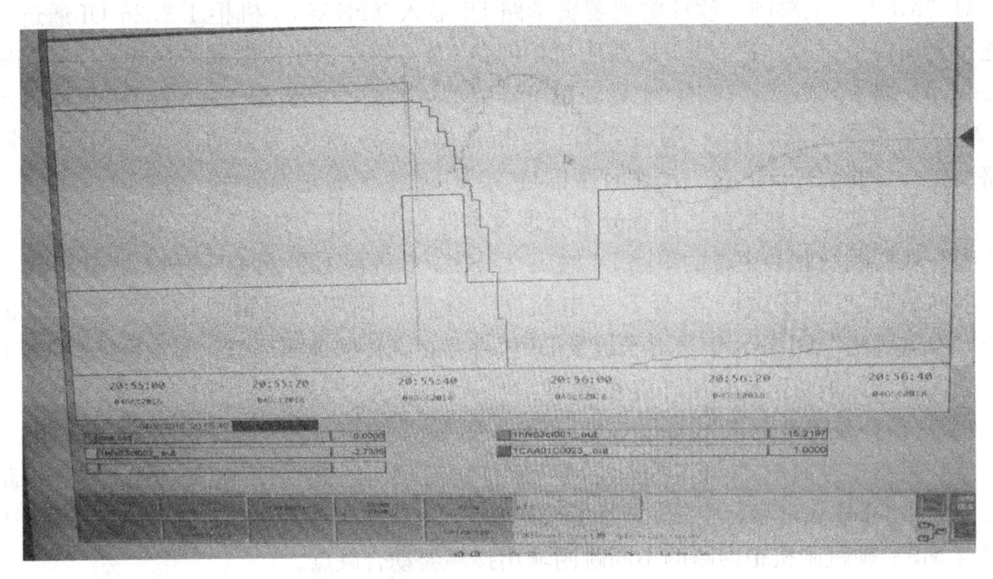

图3-8　跳闸前风量趋势

经专业人员分析，初步判断1号机组故障原因为“锅炉风量低二值”保护误发导致，对锅炉风量测量及保护系统进行检查。

检查送风量计算模块供电电压正常（交流220V），测量供电熔断器无烧损，测量两路送风输入信号正常（单侧送风机3台变送器“三取中”信号）测量模块输出信号为1.71V（此时送风机处于运行状态），所有风机停运后，测量输出模块输出值为1V（正常）。分析送风量计算模块无故障。

检查一次风量计算模块供电电压正常（交流220V），测量供电熔断器无烧损，测量两路一次风输入信号正常（两台变送器输入信号）。在一次风机未运行时测量模块输出信号为0.6V，与正常值偏差较大（风机停运时输出值应为1V），判断其故障。

将停运的2号机组相同模块拆卸，经检查、试验正常后更换至1号机组，更换后测量其输出值为1V，输出正常。

启动锅炉送风机进行传动试验，当总风量达到409t/h时，“锅炉风量低二值”保护信号复位，当总风量将至408t/h时，“锅炉风量低二值”保护信号动作。反复试验2次保护动作均正常（见图3-9）。

2. 事件原因分析

检查逻辑，1号炉总风量为一次风流量与送风流量之和。其中11号、12号一次风机各有一台流量测量变送器，两台变送器测量数值经过温度修正后相加，得出一次风流量；11号、12号送风机各有三台流量测量变送器，采用“三取中”方式测量得出每台送风机流量，11号、12号送风机流量经过温度修正后相加，得出送风流量。

总风量低低信号计算原理：11号、12号一次风机的风量信号分别进入分配器FU001、FU002。分配器FU001，FU002各有两路输出，一路输出进入DCS，另一路输出进入计算

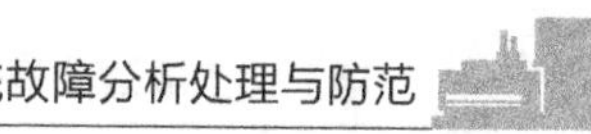

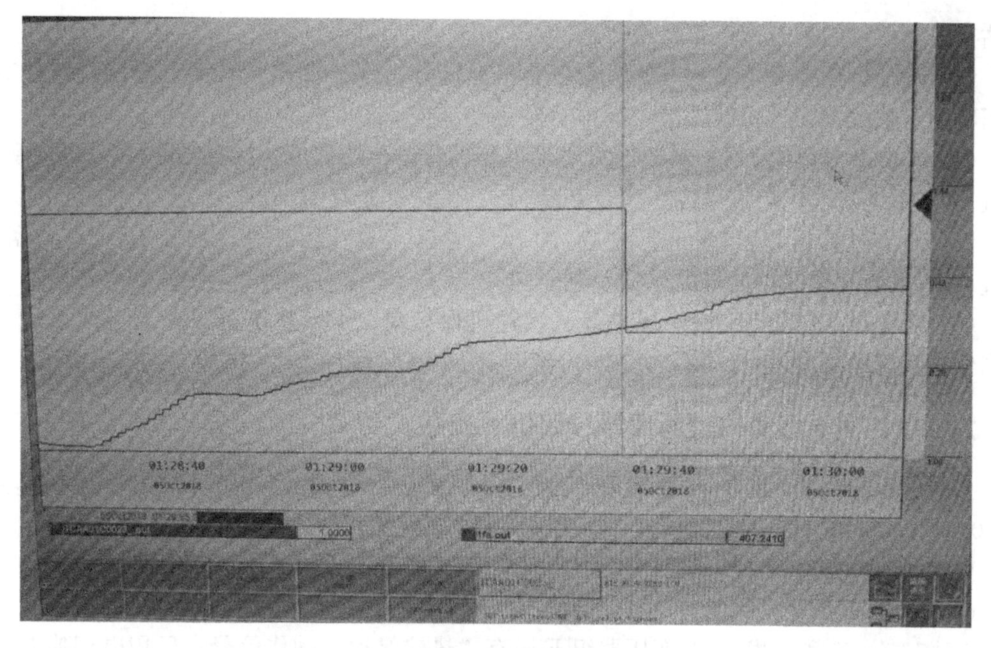

图 3-9　检查试验过程中趋势

模块 FU015（本次事件中故障模块）；11 号、12 号一次风机的出口风温信号分别进入分配器 FU003、FU004。分配器 FU003、FU004 各有两路输出，一路输出进入 DCS，另一路输出进入计算模块 FU015（本次事件中故障模块）。计算模块 FU015 的作用是用 11 号一次风机的出口风温信号修正 11 号一次风机的风量信号，用 12 号一次风机的出口风温信号修正 12 号一次风机的风量信号，再将送风量信号通过加法模块 FU017 与一次风量取和后作为锅炉的总风量信号，最后经过判断模块 FU018 后输出总风量低低保护信号。

因一次风流量计算模块故障，其模块输出值低于量程范围，在加法模块中表现为风量负值，导致与送风量取和后锅炉总风量低于保护定值（370t/h），导致 1 号机组跳闸。

3. 暴露的问题

（1）检修管理不到位。对一次风量计算模块等电子控制产品重视程度不够，对其劣化趋势认识不足，未采取针对性的检修维护措施，导致故障发生。

（2）设备管理不到位。该一次风流量计算模块于 1999 年 12 月投入使用，虽在历次机组检修中进行检查和试验，但由于使用时间较长，设备可靠性降低，设备寿命管理不到位。

（3）技术管理不到位。11 号、12 号送风机各有 3 台变送器测量信号，“三取中”后参与流量计算，设计时由于硬件的限制，一次风流量与送风流量计算都各只有 1 块模块，系统保护可靠性降低，但没有引起专业管理人员的重视。

（4）专业人员风险辨识能力欠缺，对保护装置系统特性掌握不够深入，未辨识出模块故障导致保护触发的风险。

（三）事件处理与防范

一次风量计算模块为日本 YOKOGAWA 生产，1999 年 12 月投入使用至今，现更换 1 号机组一次风流量计算模块，更换后进行检查、试验。同时联系厂家对模块进行相关检测，进一步确认模块具体故障部位，并提出以下防范措施：

（1）对 1 号、2 号机组同类模块进行统计，根据统计清单进行专业分析及可靠性风险评估，根据评估结果进行设备升级改造。

（2）对全厂热控保护系统逻辑进行普查，充分分析保护回路设计的可靠性，对检查出的问题制定整改方案进行处理。

（3）编制2号机组UTP盘改造方案，将变送器输入及各信号计算功能引入DCS系统，通过DCS系统实现保护信号的采集及判断。

（4）对1号机组UTP盘进行改造，将变送器输入及各信号计算功能引入DCS系统，通过DCS系统实现保护信号的采集及判断。

（5）对1号、2号机组锅炉保护盘、汽轮机保护盘、TIS系统进行设备升级改造，以提高保护系统的可靠性。

六、模件误发汽轮机遮断信号导致机组跳闸

某机组容量为600MW，DEH采用西门子T3000系统，2018年2月3日5号机组负荷为500MW，机组AGC方式运行，A、B、D磨煤机组投运。

（一）事件过程

6时11分，汽轮机跳闸，DEH首出“发电机跳闸”保护动作。

6时11分26秒，发电机-变压器组E屏有“热控保护”动作信号，厂用电切换并发出关闭主汽门指令。

11分30秒，C屏程序控制逆功率保护出口动作，主开关5005跳闸。

（二）事件原因检查与分析

1. 事件原因检查

电气检修人员就地检查发现：A屏程序控制逆功率保护未动作，热控DEH至5号发电机-变压器组保护A屏的主汽门触点在热控侧端子排接线松动。经紧固后，A屏显示位置触点正确。

热控人员就地检查发现：5号机DEH（T3000）控制系统中CA011、DA011（ETS系统的故障安全型数字输入模块）两块FDO模件上的SF红灯闪烁（表征模块故障已清除）；查看服务器硬件诊断信息：模件电源（24V直流）输出对地短路或者输出驱动器故障。检修人员及厂家人员结合模件诊断信息和模件说明书对模件供电电压、负载电阻和负载绝缘以及输出信号电缆屏蔽绝缘情况共同进行检查，均未发现异常。

2. 事件原因分析

5号机DEH系统中ETS系统的故障安全型数字输入模块CA011、DA011模件，其中CH4、CH5、CH7三路通道配置为汽轮机遮断信号，分别经扩展继电器后送两组至50CJJ12柜、三组至锅炉MFT、一组至电气发电机-变压器组E屏切厂用电及回跳汽轮机。

CA011和DA011两块FDO保护模件同时故障（可能为两块模件供电异常），触发汽轮机遮断的扩展继电器动作，一组“汽轮机遮断”送至发电机-变压器组E屏导致“热控保护”动作，启动厂用电切换，并发出主汽门关闭信号，导致汽轮机跳闸，随后发电机-变压器组保护C屏启动逆功率、程序逆功率，发电机因程序逆功率保护跳闸。三组“汽轮机遮断”至锅炉MFT的信号，但未造成锅炉跳闸，因为当时主汽门关闭信号未来，汽轮机跳闸后，锅炉MFT动作；两组“汽轮机遮断”至50CJJ12柜的信号，实际未使用。

3. 暴露问题

（1）热控反措检查工作不够细致，设备隐患没有得到有效排查和治理。

（2）专业人员对涉及热控和电气专业保护逻辑交叉影响的部分考虑不足，技术能力有待提高。

（三）事件处理与防范

（1）更改控制电磁阀的输出通道，首先在逻辑中使用高压排汽通风阀电磁阀1、高压排汽通风阀电磁阀2、再热器冷段止回门2电磁阀1和再热器冷段止回门2电磁阀2对应的SOV模块的输出端C _ OPEN信号配置到地址为AE009普通型DO模件输出通道上，具体对应为CH4高压排汽通风阀电磁阀1、CH6高压排汽通风阀电磁阀2、CH8再热器冷段止回门2电磁阀1、CH10再热器冷段止回门2电磁阀2。同时更换电磁阀内部配线，将AE009的CH4、CH6、CH8和CH10 4通道从模件前端子板配线至4个电磁阀对应的扩展继电器，驱动继电器。

（2）更改汽轮机遮断至电气发电机-变压器组E屏信号的输出通道，在逻辑中将汽轮机遮断信号配置到AE009模件的CH13通道，该通道在机柜内配有备用继电器，将至电气发电机-变压器组E屏的保护信号线接到该继电器触点上。

（3）将原FDO模件的CH0、CH1、CH2、CH3通道，连接4个从CJJ13柜拆下的备用继电器，避免FDO模件发断线报警。

（4）在K09B继电器64触点上增加一根电源线至X03：15E。同时为提高另外两组保护模件的可靠性，在K09B继电器44触点上增加一根电源线至X03：13E，在K09B继电器54触点上增加一根电源线至X03：14E，提高3组保护模件供电的可靠性。

同时采取了以下措施：

（1）紧固K07A、K07B、K08A、K08B、K09A、K09B所有接线端子。对X03：13、X03：14、X03：15上所有接线进行拔线检查，保证接线牢固。

（2）修改发电机-变压器组E屏热控保护跳闸出口行为，由原程序跳闸“切换厂用电、关主汽门”修改为“切换厂用电”。

（3）针对本次机组非停在热控专业组织学习，加强对西门子T3000系统的学习，深入研究保护卡硬件功能和保护逻辑。

（4）落实《防止电力生产事故的二十五项重点要求》（国能安全〔2014〕161号）全面排查，重点对防止热控保护失灵等进行逐项排查。

第三节 控制器故障分析处理与防范

本节收集了因控制器故障引发的机组故障事件10起，分别为主DPU离线后备DPU切换不成功导致所辖设备全部失控、直流电源因控制器底座接线松动引起瞬时波动导致机组跳闸、控制器故障重启导致炉膛压力保护动作MFT、PLC控制器离线导致输煤程序控制系统监控信号丢失、输煤控制器失电重启后多点状态翻转、脱硝系统主从控制器运行全停、涉及送风和引风等控制的主控制器CPU故障、控制器故障导致中低压缸连通导管调节阀失控机组解列、新投产机组DCS控制器因电源接线接触不良重启导致机组跳闸、更换DCS系统故障模件时机组跳闸。

控制器作为控制系统的核心部件，虽然大都采用了双冗余配置，然而主控制器的掉线、主副控制器之间的切换等异常却很容易引发机组故障。尤其是重要设备所在的控制器，一旦故障处理不当，导致的将是机组的跳闸。

一、主 DPU 离线后备 DPU 切换不成功导致所辖设备全部失控

某电厂 DCS 控制系统为 LN2000 控制系统，2018 年 2 月发生一起 DPU 离线事件，该事件因处理及时，措施得当，未造成设备停运的不安全事件，定性为异常。

（一）事件经过

2018 年 2 月 4 日 7 时 45 分，某电厂 3 号机组监盘人员发现 A、B 二次风机液力耦合器指令操作不动，检查 DCS 自检系统，7 号、57 号 DPU 出现主站状态与离线站状态互相切换的异常指示，立即联系热控人员进行紧急处理。热控人员到位后，进行 DCS 系统检查，发现 7 号、57 号 DPU 主控状态指示灯（MASTER 指示灯）及通信指示灯（CAN 指示灯）全部熄灭，确认 7 号、57 号 DPU 确已双机离线、DPU 内实时数据已经丢失。随即启动 DCS 故障应急处理预案，进行紧急处理。

（二）事件原因检查与分析

检查系统历史追忆文件（SYSEVENT 文件），发现：

2018 年 2 月 3 日 14 时 44 分 36 秒，备站 57 号 DPU 曾经发生过一次重启；2 月 4 日 7 时 24 分 36 秒，显示“PU 主备站切换、7 号 DPU 离线”；11min 后，在 7 时 36 分 2 秒，发生 7 号、57 号 DPU“推主”现象，两台 DPU 不停切换（见图 3-10），站内数据丢失，所辖设备全部失控。

图 3-10　报警记录

2 月 3 日 15 时 40 分，热控人员在 3 号机组 DCS 巡检过程中，浏览过 DCS 自检画面，57 号 DPU 并未出现重启复位后的“黄色框”初始化指示，因此未能发现 57 号 DPU 已经发生的死机故障。

继续扩大检查范围，发现 SYSEVENT 追忆还记录了 13 号 DPU 发生的疑似同类故障：2018 年 2 月 3 日 1 时 44 分 36 秒，备站 13 号 DPU 离线，经过 11min 的延时后，系统记录“1 时 55 分，PU 备站开始运行”。

发现 13 号站的同类情况后，检查自检画面，13 号 DPU 确无 DPU 复位后的黄色框指示，确定 13 号 DPU 也出现死机、误报正常状态的问题，13 号站由 65 号 DPU 单站运行。

立即对 13 号 DPU 启动应急预案，查明所辖设备区域为 EH 油泵、交直流油泵、汽轮机盘车装置的远程启停控制。做好安全措施后，复位 13 号站，复位后检查状态正常，现场设备在 DPU 切换前后无扰动。

发生故障的外在原因：3 号机组已经持续运行半年多，DPU 装置逐渐进入自重启、自复位频发期。

发生故障的内在原因：LN2000 DPU 内部存在隐患，经过长时间运行，内部进程出现问题使故障暴露。

（三）事件处理与防范

1. 事件处理

按照公司 DCS 系统故障应急预案，对 7 号站数据库、SAMA 图进行逐条梳理检查，确认 7 号站双 DPU 离线复位后，影响到的数据和设备包括：A、B 二次风机 6kV 开关及入口、出口风门执行器、液力耦合器执行器，所有炉膛小二次风门执行器，总风量及送至 FSSS 总风量低 MFT 保护，A、B 二次风机全停信号送至 MFT 保护，A、B 二次风机液力耦合器开度送至炉膛压力自动控制前馈。对上述 5 个系统按顺序分别进行解除联锁遥控措施（一人操作，一人监护），见表 3-3。

表 3-3　　解除联锁遥控操作记录

序号	系统	遥控操作
1	A、B 二次风机全停信号送至 MFT 保护	在 1 号 FSSS 站强制
2	总风量及送至 FSSS 总风量低 MFT 保护	在 1 号 FSSS 站强制
3	所有炉膛小二次风门、启动燃烧风执行器	逐一停电
4	A、B 二次风机液偶开度送至炉膛压力自动控制前馈	炉膛压力自动控制切为手动
5	A、B 二次风机 6kV 开关及入口、出口风门执行器、液力耦合器执行器	6kV 开关运行切就地方式；出口、入口执行器及液力耦合器执行器切为就地。确认切就地前执行器就地控制旋钮在停止位。确认切就地瞬间执行器无动作

安全措施确认执行完毕、对 7 号 DPU 执行手动复位。7 号 DPU 上线瞬间总风量瞬间变为 0、总风量低保护触发，随即复位；小二次风门执行器指令及二次风机液力耦合器指令全部置为 0%，风机联锁、执行器就地位置、FSSS 保护均保持正常状态。确认 7 号 DPU 正常后，复位 57 号 DPU。进行主站拷贝数据至备用站。确认双 DPU 正常后，设备运行方式逐一恢复正常。8 时 50 分，故障处理完毕，7 号、57 号 DPU 系统恢复正常，3 号机组 A、B 二次风机系统恢复正常运行。

2. 防范措施

LN2000 的 DPU 一直存在 DPU 重启、抢主的隐患，专业制定的防范措施为 DCS 逢停必检项目，主要内容为 DPU 全部复位重启，以延缓自动重启的时间，减少正常运行过程中的重启次数。3号机组已连续运行6个月，因DPU长期运行存在进程错误，DPU出现重启、抢主的概率增大，且自检检测错误，备用DPU无法自动备用。

（1）加强DCS巡回检查，根据本次发生的一系列问题，严格执行“SYSEVENT历史追忆加自检画面”关联结合的软件巡检方式。

（2）严格定期执行DCS系统逢停必查项目。

（3）进行DCS系统改造可行性研究。

（4）继续联系厂家，积极寻求解决方案。

二、直流电源因控制器底座接线松动引起瞬时波动导致机组跳闸

某电厂1号脱硫装置于1992年随机组同步建成投运，2012年9月由武汉凯迪进行增效扩容和取消旁路烟道改造。2017年11月进行超低排放改造，并于2018年1月29日机组点火并网。1月30日14时14分56秒，1号脱硫增压风机跳闸触发MFT，机组跳闸。

（一）事件过程

事件前，1号机组正常运行，机组负荷为230MW，4台浆液循环泵运行，脱硫系统入口二氧化硫含量为6197mg/m^3（标准状态），烟囱入口二氧化硫含量为20.7mg/m^3（标准状态），脱硫值班员无设备启停等重大操作。

14时13分25秒，DCS上报警“D1P1B3L4”模件故障，脱硫值班员通知热控人员到现场检查处理。

14时14分56秒，1号脱硫增压风机跳闸，触发1号机组MFT，汽轮机跳闸。增压风机首出信号为“风机运行60s，原烟气挡板未开”，1号脱硫FGD跳闸首出信号为“1号增压风机未运行”。

处理后，15时35分，重新启动1号增压风机，进行增压风机动叶开度动作试验。

17时00分，观察增压风机运行状态稳定，原烟气挡板无位移变化，开关位置信号稳定。

17时35分，机组并网。

（二）事件原因检查与分析

1. 事件原因检查

（1）热控人员从DCS调阅1号脱硫原烟气挡板信号历史曲线：发现14时13分25秒，DCS上报警“D1P1B3L4”模件故障；14时14分54秒，1号脱硫“原烟气挡板开信号2”“原烟气挡板开信号3”两个信号，同时由“1”变“0”；14时14分56秒，1号脱硫增压风机跳闸，触发1号机组MFT，汽轮机跳闸。增压风机首出信号为“风机运行60s，原烟气挡板未开”，1号脱硫FGD跳闸首出信号为“1号增压风机未运行”。

（2）热控人员就地检查原烟气挡板、就地执行器状况、位置开关及接线，沿途检查“原烟气挡板开信号2”的DCS 101-2003电缆、“原烟气挡板开信号3”的DCS 101-2059电缆及其套管等，均无异常。远方关闭、开启动作顺畅无卡塞，就地操作箱无“远方/就地”切换的操作，无任何人员对1号机脱硫系统原烟气挡板进行就地操作。检查“原烟气挡板开信号2”“原烟气挡板开信号3”位置开关，开关型号为XS7C4A1DPG13，工作原理为电磁感应式，开关无锈蚀，触点完好。

（3）检查1号增压风机控制逻辑，本次非停过程中“原烟气挡板开信号2”“原烟气挡板开信号3”同时消失后，1号增压风机本体保护动作发出，1号增压风机跳闸，锅炉

MFT 动作，机组跳闸。

（4）检查 CRL1/51 机柜，发现 D1P1B3L4 模件的 I 灯常亮，表明该模件故障，更换后故障灯消失；检查 1 号控制器 B3 分支底座，发现紧固螺钉有松动，立即对其紧固。

（5）将“原烟气挡板开信号 2”“原烟气挡板开信号 3”两个信号的端子从 DCS 模件测拆开，用绝缘电阻表测量出其绝缘值如下：

1）“原烟气挡板开信号 2”正端对地绝缘电阻为 465MΩ，负端对地绝缘电阻为 378MΩ，两线间绝缘电阻为 276MΩ；

2）“原烟气挡板开信号 3”正端对地绝缘电阻为 523MΩ，负端对地绝缘电阻为 256MΩ，两线间绝缘电阻为 179MΩ。

确认电缆无异常后恢复 DCS 侧接线。

2. 原因分析

根据机组正常运行中，D1P1B3L4 模件故障报警，检查发现 1 号控制器 B3 分支底座松动等情况，综合分析认为故障原因，最大可能是底座之间连接存在虚接，引起该分支直供的直流电源瞬时波动，使得“原烟气挡板开信号 2”“原烟气挡板开信号 3”的开关设备无工作电源，触点断开引起 DCS 侧“原烟气挡板开信号 2”“原烟气挡板开信号 3”同时丢失，2s 后 1 号增压风机本体保护动作，1 号增压风机停止运行，锅炉 MFT 动作，机组跳闸。

3. 暴露问题

（1）隐患排查不到位，3 个原烟气挡板开信号的 I/O 通道设置不合理，“原烟气挡板开信号 2”“原烟气挡板开信号 3”虽然分属不同模件，但是位于同一分支，该分支的电源一旦故障就导致两个信号同时丢失。

（2）热控班组对 DCS 设备管理不到位，在机组检修期间未对使用时间长的重要模件进行通道测试，有问题的模件未及时更换。

（三）事件处理与防范

更换 1 号机组脱硫系统 1 号控制器 D1P1B3L4 故障模件，紧固 1 号控制器 B3 分支底座，同时采取以下防范措施：

（1）对 1 号、2 号机组 DCS 系统其他模件状态进行隐患排查分类，制定专项检查及处理措施。

（2）利用停机机会对 3 个原烟气挡板开信号的 I/O 通道进行调整，实现 3 个原烟气挡板开信号的 I/O 通道位于不同分支、不同模件。

（3）将 1 号脱硫系统增压风机本体保护逻辑修改为在 1 号脱硫原烟气挡板开信号丢失/且增压风机入口压力低于－1500Pa 后触发 1 号增压风机本体保护信号，并及时下装控制器，提高机组保护的可靠性。

三、控制器故障重启导致炉膛压力保护动作 MFT

某电厂 4 号机组为 660MW 超超临界燃煤机组，三大主机均由上海电气供货；DCS 为艾默生 OVATION 系统，汽轮机 DEH 采用西门子 T3000 系统，于 2009 年 12 月 15 日正式投产发电，2018 年 12 月 7 日凌晨 1 时，4 号机组负荷为 400MW 时 MFT。

（一）事件过程

2018 年 12 月 7 日 1 时 00 分，4 号机组负荷为 400MW，机组 AGC 方式运行，设备运行情况正常。1时2分48秒，4号机组发生MFT，运行人员发现艾默生DCS控制器状态异常（均处于Drop off highway或alarm和Failed等方式）。电厂联络热控和相关人员及通知艾默生产厂家技术人员进厂检查分析。

（二）事件原因检查与分析

各方人员连夜检查了DCS报警记录日志、机柜控制器、DCS电源、网络交换机等设备，初步分析发生的过程如下：

1时1分41秒，控制器DROP1/51有TC卡坏点、模件点报警信息，DROP51报网络任务故障等。

1时1分43秒，DROP1控制器报警（闪存卡）发出有关数据读写类出错报警信息至网络，由于信息数量较大，并不断发送，控制器自我判别后采取措施，造成其余控制器离线、故障，甚至几乎所有控制器重启的恶果。

1时2分30秒，由于控制器重启，造成大量的数据跳变，如总风量、煤量、发电负荷等，同时也影响了炉膛压力低保护信号达到保护动作值（drop12已故障，drop62重启）。

1时2分48秒，机组MFT，首出为炉膛压力低。

由于当时3号机组正值调停，目前已换3号机启动，继续分析查找4号机组问题。

（三）事件处理与防范

对导致本次事件的源头，DROP1/51控制器进行更换，重新下装逻辑，对换下控制器继续进行研究分析和送厂家进一步彻查，同时制定以下防范措施：

（1）为提高网络可靠性及结合使用周期，更换网络交换机8台、相应光电转换器4对。

（2）其余控制器全部检查恢复后，重装组态，检测检验。

（3）对全部控制器电源系统进行检查，完成冗余切换等试验。

（4）联系厂家继续分析查找引发网络堵塞原因，以便后续防范。

（5）与厂家协商制定在控制器重启情况下，数据自动保持及恢复的可行方案。

（6）待相关记录等收集完善，并经某研究院审核修改后提交正式分析报告。

四、PLC控制器离线导致输煤程序控制系统监控信号丢失

某电厂配置4×1000MW超超临界机组。锅炉为哈锅生产的超超临界参数、变压运行、垂直管圈水冷壁直流燃煤锅炉。汽轮机由上海汽轮机有限公司和德国西门子公司联合设计制造的N1000-26.5/600/600型超超临界、一次中间再热、单抽、四缸四排汽、双背压、八级回热抽汽、反动凝汽式汽轮机。发电机为上海汽轮发电机有限公司和西门子联合设计制造的水氢氢冷却、无刷励磁汽轮发电机。DCS控制系统采用上海艾默生过程控制有限公司的Ovation系统。2018年3月14日输煤程序控制系统监控信号丢失，控制异常。

（一）事件过程

2018年3月14日，某厂输煤运行人员接班20B斗轮机至码头卸煤B线堆料运行。

17时5分，运行人员通过操作员站监控发现：输煤监控画面所有设备变红，数据全表示为“?”。通过视频监控发现：卸煤线C-23B皮带机、C-21B皮带机、C-04B皮带机、C-03B皮带机停运；C-02B皮带机、C-01B皮带机未联锁跳停，C-01B、C-02B皮带机头溢煤。

17时7分，手动上位机点停C-01B皮带机、C-02B皮带机及按急停按钮均无效，立即

通知码头人员停止放煤，通知码头巡检人员就地拉停 C-01B 皮带机、C-02B 皮带机，联系仪控人员检查。

17 时 7 分 55 秒，C-02B 皮带电动机过负载跳停。

17 时 10 分，巡检人员拉停 C-01B 皮带机。

17 时 50 分，经仪控人员检查初步原因判断输煤程序控制通信故障，造成 CPU 离线。

（二）事件原因检查与分析

1. 事件原因检查

操作监控画面下发指令不成功及监控到不真实运行状态，C-03B 皮带已经跳停，但 C-01B 及 C-02B 皮带没有联锁停止。检查发现 PLC1 主 CPU 处于离线状态，备用 CPU 投运不成功。在把备用 CPU 手动切至运行状态后，短时间内未看到恢复现象，紧急依次切断备用 CPU，主 CPU 电源，再依次启动主 CPU、备用 CPU 电源，发现主 CPU 重启完成后恢复运行状态，备用 CPU 重启完成后也投入到冗余备用状态，PLC1 系统恢复正常，画面监控正常。

检查设备配置：接入 PLC1 的皮带开关柜硬触点有 C03A/B 皮带、C04A/B 皮带、C11A/B 皮带、C12 皮带、C24 皮带、C13A/B 皮带、C14A/B 皮带、C15A/B 皮带、C21A/B 皮带、C22A/B 皮带、C23A/B 皮带、C25A/B 皮带、C26A/B 皮带、C27A/B 皮带 C33 皮带；接入 PLC2 的皮带开关柜硬触点有 C01A/B 皮带，C02A/B 皮带；接入 PLC3 的皮带开关柜硬触点有 C28A/B 皮带。

2. 事件原因分析

(1) 通过软件追溯查得诊断记录 PLC1 的主 CPU 通信报故障，导致 CPU 停止运行 [见图 3-11 (a)]。通过诊断器查看 CPU 在 17 时 5 分 50 秒，发生主 CPU 离线，操作员站记录的通信故障报警时间为 17 时 5 分 55 秒。分析认为 PLC1 在经过由运行变为停止后最终出现离线状态，导致监控完全失去 [图 3-11 (b)]。

(2) CPU 版本检查。使用的 CPU 相关版本比较陈旧，为 2.1 版本，目前最新 CPU 版本已为 3.5。之前软件监测也连续出现 MEM 报红（见图 3-12）。查阅相关说明代表为 CPU 记忆碎片内存使用已占 70%以上。输煤 PLC 的网络结构为 3 套 PLC 间各自网络通信共同构成系统集成，PLC1 承担主导作用。

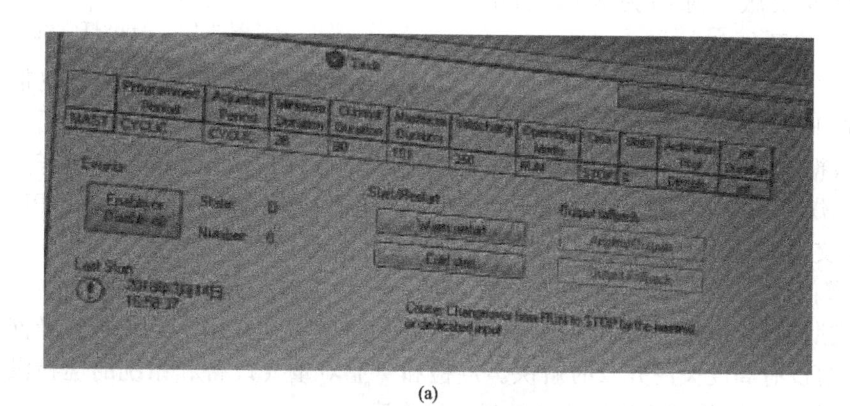

(a)

图 3-11　诊断记录（一）

(a) CPU 异常停止

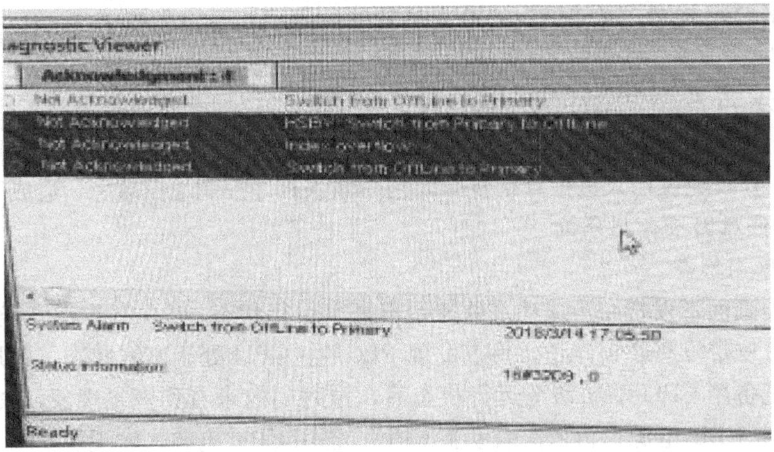

(b)

图 3-11 诊断记录（二）

(b) CPU 出现离线

图 3-12 软件在线监测出现 MEM 报红

(3) 网络模块状态显示有 Appl 灯红亮（见图 3-13），代表为网络模块有崩溃记录，网络模块离线同样导致操作员站失去监控。对 PLC 网络进行在线读取诊断日志，描述为模块出现崩溃：CRASH in task DeviceMgr：W:/noe/vxWorks_gen/../DeviceMgr/DeviceMgr. cpp LINE＝943 CODE＝0x3 at 230 seconds after power-on。并有多条此记录文件。

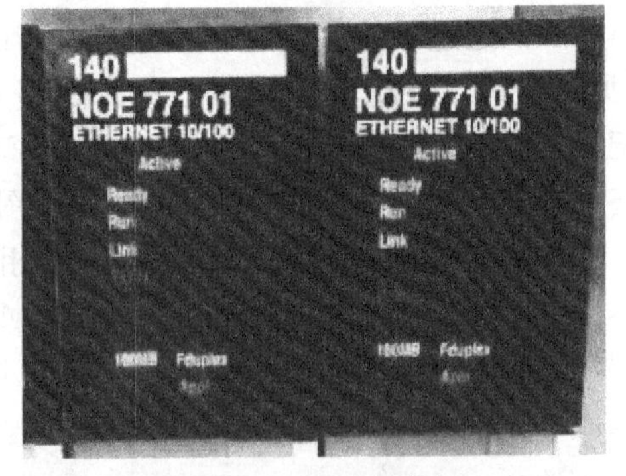

图 3-13 Appl 灯常红

以太网模块版本陈旧为 3.6，目前最新为 6.8，使用年代已久。

(4) PLC1 故障停止时 PLC1 所带皮带跳停，由于 C-01A/B、C-02A/B 皮带实际开关柜硬接点在 PLC2 机柜，通过 I/O 映射来实现通信操作输出，当 PLC1 停止后，映射功能停止收发数据，因此 C-01B、C-02B 无法响应跳停，停不下来，直接导致堵煤发生。综合分析认为输煤 PLC1 通信故障，造成 CPU 离线，导致上位机无法正常操作；PLC1 无法与 PLC2 数据交换，导致无法联锁跳停 C-01B、C-02B 皮带。

3. 暴露问题

(1) 定期工作不到位，巡回检查不仔细，对软件监测出现的 MEM 报红及网络模块出现的 Appl 灯没有高度关注并及时解决。点检和专业对重要设备和系统的巡检没有落到实处，对输煤程序控制系统瘫痪造成的后果认识不清。

(2) 工作人员技能水平不高，对网络模块状态显示有 Appl 红灯亮，代表为网络模块有崩溃记录，未引起重视。点检和专业对维护班组的日常培训工作监督不到位，且自身的

检修技能尚需提高。

（3）逻辑隐患排查不到位，PLC1 承担整个输煤逻辑，而网络结构上由 3 套 PLC 共同下发指令，对于 PLC1 停运无法联锁跳停皮带，此安全隐患没有及时发现并消除。

（4）对于电子元器件老化问题，没有开展针对性排查工作，特别是控制系统已运行 10 年，对于控制其没有安排计划逐步更换。

（5）热控维护规程编制不完善，缺少针对控制器定期切换、存储清零的具体要求和周期。

（三）事件处理与防范

（1）PLC1 更换新的 CPU，更换新的以太网模块 NOE77101，保证设备性能最佳的状态运行。

（2）每半年时间对 PLC 进行内存初始化清空处理，防止过多碎片垃圾占用 CPU 内存，影响 CPU 运转性能。对 PLC 半年一次冗余热备切换实验，确保 CPU 冗余正常。

（3）在 PLC 程序方面对逻辑进行优化，急停信号同时发送到 3 个 PLC，直接驱动皮带控制点线圈。对 PLC1 逻辑进行拆分，3 个 PLC 分别管理自身设备，即将 C-01A/B 皮带、C-02A/B 皮带的程序控制逻辑移致 PLC2，确保即使 PLC1 死机，也能通过收到堵煤等保护报警信号跳停皮带。

五、输煤控制器失电重启后多点状态翻转

（一）事件经过

2018 年 12 月 12 日 12 时 3 分 1 秒，某发电厂输煤控制 DCS 失电，交换机、工作站、控制器均掉电离线；12 时 24 分 41 秒，输煤控制 DCS 重新得电后启动。控制器启动后检查发现有 8 个点的状态被强制，其中有 6 个点状态发生翻转。

（二）事件原因检查与分析

输煤 DCS 系统只有单路 UPS 电源供电，因此 UPS 失电后，输煤 DCS 系统交换机失电关机，工作站失电关机，控制器失电离线。输煤 DCS 系统 UPS 电源恢复正常工作后，由于电源柜内空气断路器保持在失电前的状态，所以交换机上电启动，控制器上电启动。

交换机正常上电启动时间约为 2min，控制器正常上电启动时间约为 30s，因此输煤 DCS 系统在本次 UPS 重新上电后，控制器和交换机同时得电，控制器启动完成后网络系统还不能正常工作，此时跨控制器引用点无法进行正常逻辑运算。

控制器双停后重新上电时，第一个上线的控制器在启动后执行的第一个控制周期时，无法从对应的冗余控制器获取所需的点信息、参数和控制信息，这时的部分 I/O 输入值还没有被读上来，上游逻辑输出值和状态在内存中是随机的。如果在点定义时中配置过 Period Save 选项，控制器会先从闪存卡的指定区域获取之前最后一次保存的记忆值，如果从未定义过，控制器会直接从内存寄存器读取，这个值和状态是随机的，会造成 I/O 输出值出现跳变，波动或状态改变。

（三）事件处理与预防

（1）DCS 系统正常工作后应保证双路电源正常工作，在日常 DCS 维护中经常检查控制器电源工作状态；在停机检修时进行电源切换试验，确保 DCS 系统电源冗余。

（2）DCS 系统电源非正常丢失后，应及时关闭电源柜到各个控制器电源、网络交换机

的空气断路器，关闭控制器柜内电源进线空气断路器。在电源恢复且供电品质符合要求后按照网络交换机上电、工程师站上电顺序进行，待交换机通信正常和工作站恢复监视功能后，再逐一给控制柜上电。

（3）DCS系统电源丢失后，建议重要设备打到就地状态，如无法打到就地，则拔出该设备对应DO模件的熔断器。

（4）对非正常断电的控制器闪存进行格式化，确保进线电源品质合格后再按照DCS系统上电流程对控制柜上电。控制器重新上线后，观察DO模件的输出状态，在确认就地设备状态和DO模件输出正常后，恢复DO模件熔断器。

（5）双控制器正常停电前，应做好以下操作：

1）对双控制器进行reconcile操作，保证控制器在线数据和服务器数据库的数据完全一致。

2）对双控制器进行load操作，保证双控制器中的在线逻辑和参数的数据完全一致。

3）完整记录系统的强制点清单，在控制器恢复上线后，第一时间核对，确保前后完全一致。

（6）日常运行中，对输入、输出和中间点做过的任何强制操作都要有完备的记录，以备查询。

六、脱硝系统主从控制器运行全停

某电厂为2×300MW国产燃煤机组，采用北京日立控制系统有限公司提供的HICAS-5000M控制系统，投产时间2009年12月。

（一）事件过程

2018年10月10日11时52分，2号机组负荷为280MW，脱硝系统手动运行，投自动时，出现了SCR控制器全停。所有涉及SCR控制器数据，在CRT显示所有都变成蓝点。控制器故障报警：单网运行。

（二）事件原因检查与分析

通过收集错误信息，发现报循环错误；检查操作记录，发现运行人员调整供氨调整门后，出现了CPU死机，见图3-14。

ColumnHeader:Start Time	ColumnHe	ColumnHe	ColumnHe	Column
2018/8/10 10:38	2018-11-	Auto		Remove

ColumnHeader:Tag	ColumnHea	ColumnHeader: Time
\\10.67.204.16\dcs01:F4700	off	2018-10-10 11:15:58
\\10.67.204.16\dcs01:F4700	off	2018-10-10 11:51:38
\\10.67.204.16\dcs01:F4700	on	2018-10-10 11:52:26
\\10.67.204.16\dcs01:F4700	off	2018-10-10 11:53:58
\\10.67.204.16\dcs01:F4700	off	2018-10-10 19:53:55
\\10.67.204.16\dcs01:F4700	off	2018-10-11 3:53:49
\\10.67.204.16\dcs01:F4700	off	2018-10-11 11:53:47
\\10.67.204.16\dcs01:F4700	off	2018-10-11 19:53:39

图3-14　报警记录

检查逻辑也发现，由于采用变比例调节，积分时间为0，投入自动时引起溢出。

（三）事件处理与防范

（1）进行变比例调节，在投入自动时，应检查参数不是最小值。

（2）调整后的自动及时与运行人员进行交底。

七、涉及送风和引风等控制的主控制器 CPU 故障

某电厂 2 号机组于 2010 年投产，其 DCS 控制系统为日立公司的 HIACS-5000M。2018 年 9 月 5 日 11 点左右，2 号机组 DCS 系统光字牌报警“光纤单网故障”。

（一）事件过程

事件前，2 号机组带 550MW 负荷运行，11 时 00 分左右，DCS 系统状态画面报“光纤单网故障”。热控人员立即赶往 2 号机组电子间、工程师站检查确认，发现 MCS3 控制器主 CPU 故障，备 CPU 运行。检查发现 CPU 面板上有 1 处异常指示红灯常亮（表示该 CPU 故障，失去热备用）。

在这种情况下，MCS3 控制器仅剩一个 CPU 在运行，机组由双光纤冗余网络运行变成单光纤网络运行，极有可能随时发生通信阻塞（光纤网络中 MCS3 变成信息孤岛）的危险，进一步直接造成与此控制器相关的设备失去监视，远方无法操作、控制。

（二）事件原因检查与分析

常见的引起 DCS 系统 CPU 故障的原因主要有如下几点：

（1）主、备 CPU 控制器之间切换不成功引发 CPU 控制器故障。

（2）主、备 CPU 通信接口硬件（CPU 网板）故障，导致控制器单向通信或故障不能切至备用运行。

（3）控制器电源切换扰动导致 CPU 死机。

（4）电子元器件老化导致控制器故障。

检查 DCS 系统主、备冗余电源正常，电源模块（交流 220V 转直流 5V）输出电压未见波动。备 CPU 控制器未发生故障，而发生故障的是主 CPU 控制器，也排除了主、备 CPU 切换过程中发生的故障。故推断控制器故障原因是主 CPU 电子元器件老化导致。

（三）事件处理与防范

MCS3 控制器 CPU 在控制逻辑设计中，作为单元机组核心的“大脑”部分，控制器涉及送风机调节系统、引风机调节系统、二次风量、氧量、二次风机挡板等多个系统，若 B-CPU 再出现故障将影响 MCS3 控制器内所有数据无法监视，输入输出指令无法操作，严重影响机组正常安全稳定运行。针对这一特殊情况，为防止处理故障 CPU 时出现其他不可控风险，处理前从两方面着手做好安全技术措施：

（1）考虑本 CPU 控制器内信号，为防止在线更换 CPU 后，恢复正常并进行初始化时相关控制信号异常，导致其控制的 DCS 逻辑、现场设备异常动作，应做好以下安全技术措施：

1）解除机组 AGC 控制，保持负荷稳定。

2）解除运行的制粉系统中的给煤量自动控制。

3）将本控制器相关调节阀切至“就地位”。

（2）考虑与本 CPU 控制器相关的信号，为防止故障 CPU 恢复正常并进行初始化时与其他控制器间逻辑通信点信号（包括 DCS 通信点、机柜间硬接线）跳变，应做好以下安全技术措施：

1）做好相关重要通信点强置（在接收端强置）。

2）运行人员暂时减少其他不重要的操作。

在做好上述预控措施后，成功地进行了控制器更换。

八、控制器故障导致中低压缸连通导管调节阀失控机组解列

汽轮机中低压缸连通导管调节阀通过改变开度调整进入汽轮机低压缸的蒸汽流量，从而改变进入热网加热器的蒸汽流量，当中低压缸连通导管调节阀关闭至零位时进入低压缸的蒸汽为最小值（一般该调节阀关闭至零位仍然会预留一定的机械开度，防止低压缸完全不进汽）。某电厂4号机组有两个中低压缸连通导管调节阀，由一个指令同时控制两个调节阀操作，DCS控制系统49号机柜2号控制器中实现远程控制，控制器采用冗余配置，型号为ABB公司INFI-90系列MFP02，2009年供热改造后投入使用。

2017年5月4号机组进行小修，对4号机组DCS控制系统进行控制器切换试验，换试验结果合格。

（一）事件经过

2018年10月16日14时50分，4号机组协调控制方式，中间4套制粉系统运行，机组负荷为270.68MW，主蒸汽压力为9.49MPa，总煤量为167.08t/h，主蒸汽温度为536℃，再热蒸汽温度为530.8℃，蒸汽流量为842.91t/h，四抽压力为0.31MPa，汽轮机中低压缸连通导管调节阀开度为98.1%、96.3%，两台汽动给水泵运行，电动给水泵备用，供热系统未投入。

14时51分，机组负荷由270.68MW降至160.45MW，汽包水位快速上涨，OIS上检查发现中低压缸连通导管调节阀关闭，立即手动开启中低压缸连通导管调节阀无反应，就地检查发现4号机组汽轮机导汽管法兰大量漏汽，该连通导管安全门启座。汽轮机侧打掉3号汽动给水泵，用4号汽动给水泵控制汽包水位，启电动给水泵备用；炉侧投A、B层油枪锅炉稳燃。就地确认中低压缸连通导管调节阀未开，在就地操作仍无法开启该调节阀，值长下令要求热控专业停止中低压缸连通导管调节阀控制电源、汽轮机专业就地将控制油压卸掉，均无法将中低压缸连通导管调节阀开启。

15时58分，低压缸排汽温度逐渐升高到70℃，仍有继续上涨趋势，汽轮机导汽管法兰漏气量增大。

16时10分倒厂用电，16时15分发电机与系统解列。

（二）事件原因检查与分析

1. 事件原因检查

现场检查，汽轮机导汽管内压力过大，造成4号机组中压缸至低压Ⅱ缸导汽管法兰漏泄。

检查SOE事件记录显示，2018年10月16日14时46分17秒—51分23秒，无49号机柜2号控制器故障或离线事件记录。14时51分24秒，记录下的事件显示，49号机柜2号控制器初始化，主控器故障，备用控制器切换未成功，两个控制器均离线。

历史趋势曲线见图3-15，显示14时48分57秒开始4号机组中低压缸连通导管调节阀所在的49号机柜2号控制器离线，显示坏质量。14时51分24秒，49号机柜2号控制器自动恢复在线状态，在自动恢复在线状态过程中，控制器自动初始化为0%，导致4号机组中低压缸连通导管调节阀指令复归为0，调节阀关闭至零位。

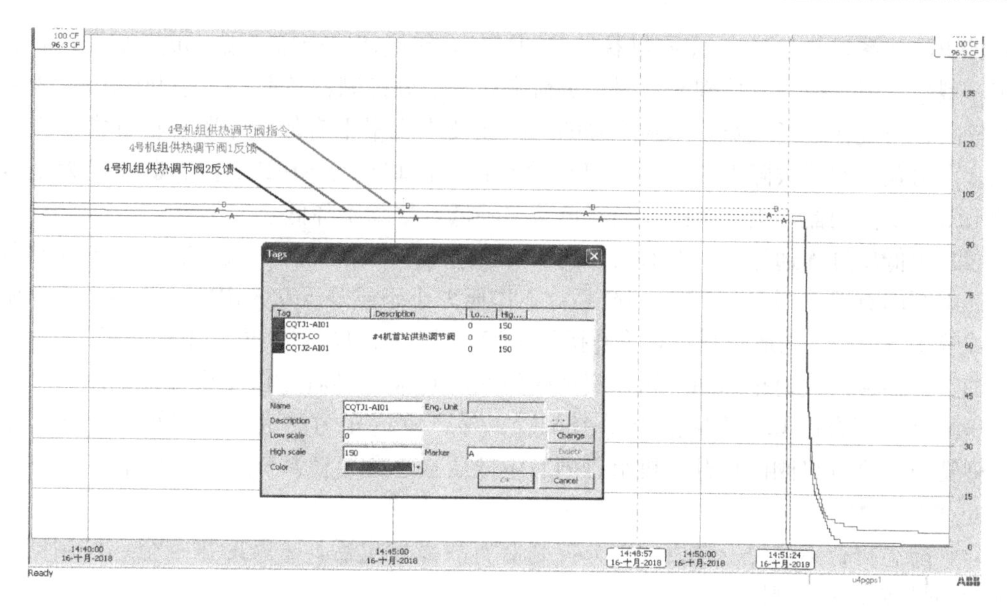

图 3-15　历史趋势曲线

机组控制器报警检查：查阅趋势及组态，4 号机组 49 号机柜 2 控制器未设置控制器离线报警输出，控制器离线时无法发出报警信号。

机组中低压缸连通导管调节阀检查：关闭前后压力趋势曲线见图 3-16，显示 4 号机组中低压缸连通导管调节阀关闭前中压缸排汽压力为 0.4MPa，热网供热快关阀处于关闭状态（未进入供热控况），调节阀关闭后中压缸排汽压力达到 1.15MPa。

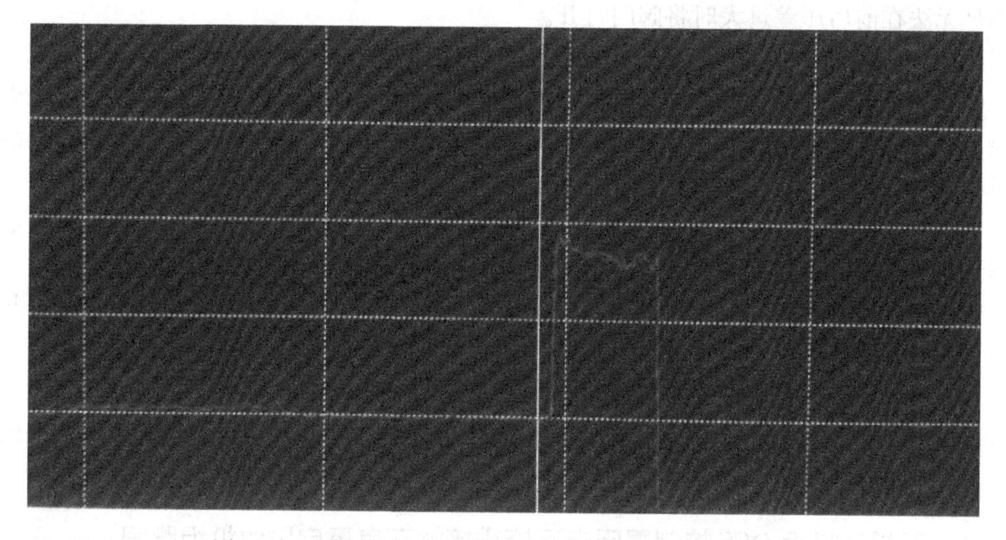

图 3-16　中低压缸连通导管调节阀关闭前后压力趋势曲线

事后，对 4 号机组 DCS 控制系统 49 号机柜 2 号控制器进行检查，控制器安装、接线、状态均无异常。控制器切换试验正常，当主从控制器均离线或故障时，复位后控制器初始化，中低压缸连通导管调节阀控制指令复归为 0，与事故发生的现象相吻合。

2. 事件原因分析

（1）控制器离线原因分析。4 号机组 DCS 控制系统 49 号机柜 2 号控制器型号为 ABB

公司 INFI-90 系列 MFP02，此控制器为 20 世纪 90 年代初期产品，投入市场至今已有二十余年，型号老旧，控制器处理能力弱，负荷率高，部分控制器负荷率大于 90%，故障率也相对较高，与现在市场上新技术新型号的产品在技术水平上有较大差距。在日常巡视检查中也多次出现控制器故障现象，利用停机检修机会已将部分 MFP02 控制器更换为型号较新的 BRC300 控制器，更换后的控制器负荷率降低，故障率降低。

（2）中低压缸连通导管调节阀无法打开原因分析。4 号机组中低压缸连通导管调节阀采用江南阀门有限公司 QTKD 系列产品，工作压力小于或等于 0.8MPa（8bar），工作温度小于或等于 350℃，就地控制箱有快开操作按钮，快开时电磁阀失电，主油路插装阀打开，油从油缸经插装阀快速排油回油箱，实现阀门快开功能。事后分析无法打开是由于 4 号机组中压缸排汽压力由 0.4MPa 涨至 1.15MPa，导汽管内压力过大，大于阀门正常工作压力，弹簧力不足以将阀门打开，机组打闸后中低压缸连通导管调节阀随即打开。

3. 暴露问题

（1）隐患排查不到位。在发现部分控制器有故障发生后，未及时排查全部控制器，并更换为型号较新的控制器。

（2）机组报警系统不完善。在 4 号机组 DCS 控制系统组态中未做 49 号机柜 2 控制器离线报警信号，控制器离线后无法及时发现。

（3）制度执行不力，未按公司要求："停备 3 天后，对 DCS、DEH、TSI、ETS 等所有控制系统进行一次电源切换试验、主副控制器切换试验、冗余网络切换试验。停备时间超过 1 个月的，每 2 个月至少做一次。"

（4）4 号机组中低压缸连通导管调节阀靠阀门本身的弹簧力实现阀门开启，阀门弹簧力不足无法在前后压差过大时将阀门打开。

（三）事件处理及防范

（1）加强隐患排查力度，利用停机机会对 4 台机组全部控制器进行切换试验，并做好记录，对型号老旧的控制器进行更换，升级为新型号新版本的控制器，申请对 DCS 系统整体进行升级改造。

（2）查 4 台机组 DCS 系统各控制器报警系统是否完善，利用停机机会对缺少报警的控制器增加报警输出信号。

（3）按照公司《火电机组停运管理指导意见》定期进行控制器切换试验，并做好相应记录、验收工作。

（4）限制 4 号机组中低压缸连通导管调节阀阀门开度，将阀门留有一定开度，防止导汽管内前后压差过大，造成阀门无法开启。同时建议更换工作压力更大、弹簧力更强的阀门，保证异常情况下阀门能够及时开启。

九、新投产机组 DCS 控制器因电源接线接触不良重启导致机组跳闸

某电厂 2 号机组为燃煤火力发电机组，额定容量为 630MW，DCS 采用上海西屋控制系统有限公司的 OVATION 系统，于 2007 年 11 月 2 日投产。2018 年 6 月 17 日 19 时 30 分 27 秒，2 号机组负荷为 467MW，锅炉 MFT 动作，发电机跳闸。

（一）事件经过

2018 年 6 月 17 日 19 时 10 分，2 号机组负荷为 473MW，A、B、C、D、E 5 台磨煤机

运行，机组在手动方式，主蒸汽压力为 21.63MPa，主蒸汽温度为 572℃，给水流量为 1461t/h，减温水总流量为 90t/h。

19 时 15 分，运行人员监盘发现，2 号机组所有 DCS 操作员站涉及 DROP1/51 站的制粉系统、过热器系统、再热器系统，部分风烟系统画面显示故障，且无法操作，给水流量无法监视及调整，其余画面显示正常。运行人员立即通知热控值班人员。

19 时 25 分，热控值班人员到现场检查发现 DROP1/51 控制器处于重故障离线状态，无法进行监测运算及本站测点的强制，立即汇报热控专业主管，并随即到 DROP1/51 站控制柜检查，发现控制器的电源指示灯闪烁，故障指示灯常亮，初步判断为电源或通信故障，之后马上联系厂家，进一步咨询故障的原因，厂家判断回复为控制器的电源或网络故障可能性较大，随后热控人员检查电源模块及网络连接，未发现异常现象。

19 时 27 分，机组负荷为 467MW，主蒸汽压力 21MPa，汽动给水泵侧出口流量为 1640t/h，为尽快恢复 DROP1 站参数监控，热控人员对 DROP1/51 站进行软重启复位，控制器仍然处于故障状态，机组保持运行状态。

在控制器无法恢复正常运行的情况下，热控人员对 DROP1 进行 load 操作，下装完成后，进行软重启复位，控制器仍报故障，并处于 failed 状态。此时热控人员尝试对 DROP51 进行 load 操作，下装完成后，进行软重启复位，控制器仍报故障，并处于 failed 状态。

热控人员对 DROP1/51 进行 clear 操作后下装，DROP1/51 恢复正常工作。

19 时 30 分 27 秒，2 号机组锅炉 MFT 动作，首出为临界火焰丧失，发电机跳闸。

（二）事件原因检查与分析

1. 事件原因检查

2 号机组 DROP1/51 站电源分配板（见图 3-17）输出到 DROP1/51 控制器电源接线固定螺钉滑丝，造成 DROP1/51 控制器瞬间失电后又重新上电，DROP1/51 控制器开始初始化，因 DROP1/51 控制器内部存在两页同名逻辑及重复的算法块，造成 DROP1/51 控制器初始化后发生 failed 故障，DROP1/51 控制器离线。

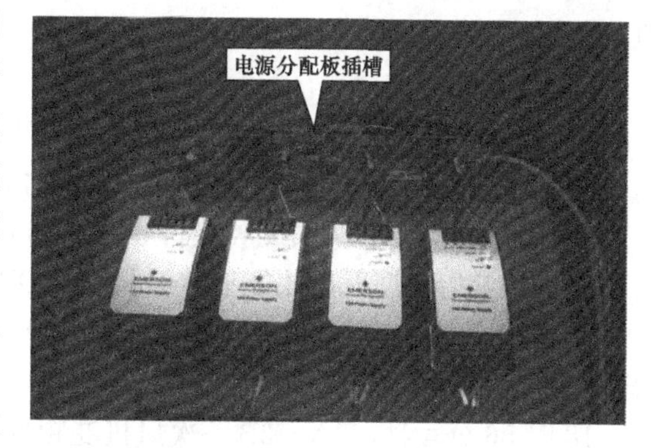

图 3-17　DROP1/51 电源柜内部

根据厂家现场调查和分析，发现 DROP1/51 控制器内均存在 16. svg 逻辑页，该页是导致 DROP1/51 控制器初始化后发生 failed 故障的原因。16. svg 为 DROP1/51 控制器 3 号任务区的［21 WTRFLOW CONTROL 2］逻辑页，该任务区中存在另外两页同名逻辑，其内容完全一致。热控人员对 DROP1/51 控制器进行了 clear 下装操作，在 DROP1/51 控制逻辑初始化的过程中，DROP1/51 控制器内所有 MASTATION 模块初始化切为手动模式且初始化设定值为零，造成相关 AO 通道输出为零。

DROP1/51 控制器控制 A、B、D 3 台磨煤机容量风门的控制指令及反馈、给水流量反馈等重要参数。对 DROP1/51 控制器进行 clear 下装、初始化过程中，A、B、D 磨煤机容量风门 AO 输出指令置“0”，容量风门关闭，A、B 磨煤机一次风量小于 30t/h 且一次风压小于6kPa保护输出，A、B磨煤机跳闸。触发锅炉临界火焰保护动作，锅炉MFT。D磨煤机因一次风量未低于30t/h，保护未触发。

2. 暴露问题

(1) DCS系统故障应急预案不完善，未明确针对故障情况下的具体处理流程和方法。

(2) DCS逻辑的修改和下装工作不规范、不严谨。

(3) 培训力度不够，未进行有针对性的DCS系统紧急事故处置能力培训。

(4) DCS系统升级改造后，未对DCS系统电源及其他重要设备的附属组件的定检工作引起足够的重视。

(5) 控制器电源分配板电源插槽接线滑丝，安装工艺不符合要求。

(三) 事件处理与防范

(1) 每次机组停运时都要对DCS系统控制柜内各类设备的接线进行彻底排查，及时发现问题并消除接线的隐患。

(2) 规范DCS控制系统逻辑修改和在线下装流程，认真检查和确认无误后，才能进行逻辑的编译和下装工作。

(3) 完善DCS控制系统故障情况下的紧急处理流程和措施，在控制器故障情况下应先分析控制器所管辖的重要设备，对重要设备进行隔离、退出保护或采取措施后再进行复位和初始化，并定期开展应急演练工作。

十、更换DCS系统故障模件时机组跳闸

2018年2月21日，某电厂（2×300MW超临界供热）机组运转正常。18时56分，2号机组AGC方式运行，AGC指令230MW，实发功率为228.16MW，主蒸汽压力为23.358MPa，炉膛负压为−115.38Pa。热控人员更换AO模件后，炉膛负压低保护动作，机组跳闸。

(一) 事件经过

18时27分，运行人员发现再热器减温水调节门反馈信号故障，同时再热烟气挡板3、4、5门故障。热控人员检查发现9号DPU站G3模件故障、显示灯全灭。

18时50分，热控人员更换模件，当新的G3模件重新插入后，9号DPU站的DPU及所有模件通信指示灯灭，并处于离线状态，DPU重启，9号DPU站所控制的设备（包括2A、2B一次风机入口调节风门控制指令，2A、2B一次风机变频器转速给定指令等设备信号）失去控制。

18时56分4秒，2A、2B一次风机变频指令降至20Hz，2A、2B一次风机入口调节风门指令降至0，炉膛负压持续降低至-3071Pa，延时2s后，于18时56分34秒，触发炉膛负压低Ⅱ值保护动作。

18时56分34秒，锅炉MFT，机组跳闸。

(二) 事件原因检查与分析

1. 事件原因检查

(1) 19时20分24秒，拔出原9号DPU站G3模件，DCS显示G3模件故障；插入原9号DPU站G3模件后，DCS画面显示9号DPU和69号DPU同时为主站，20s后9号DPU、69号DPU、9号站下所有模件全部离线，失去通信，所控制设备全部失去控制。

就地观察结果：插入原 DPU9 G3 模件 2s 后，所有模件 COM 灯（通信口）灭，9 号 DPU、69 号 DPU CFS 灯亮，DPU 重新读取数据。初步判断为 G3 模件故障，导致 9 号站 DPU 故障重启。同时检查 12 号和 6 号站没有发生此类现象。

（2）19 时 33 分 20 秒，插拔 9 号 DPU 站模件，同时测量 9 号站输入电压为 224V AC，测量 DPU 输入电源端子为 23.99V DC 正、负波动 0.01V DC，电压正常，排除电源问题影响 9 号站 DPU 重启。为排除原 G3 模件底座原因影响整个 9 号站 DPU 工作，对 G3 及其相邻模件底座进行更换。

（3）20 时 34 分 6 秒，插拔原 G3 模件 3 次，均发生 9 号 DPU、69 号 DPU 离线现象，3 次结果均不一致。将旧 DPU9 G3 模件底座更换至 DPU9 G4 位置处，将原 G3 模件分别在 G3、G4 底座进行插拔，情况与跳机时一致，9 号站仍然离线。

（4）随后将 DPU9 G2 模件底座、DPU9 G4 模件底座更换为新底座，此时 G2、G3、G4 模件底座均为新底座，重新插拔 G3 模件（新模件）至 G3 底座，9 号站恢复正常工作。再次插入旧 G3 模件，此时，G3 模件所有灯不亮，模件已损坏，重新插入新模件，再次出现跳机时结果，9 号站 DPU 重启。基本确定故障点除 G3 模件外，DPU 同时可能存在故障。对 9 号 DPU、69 号 DPU 进行人工切换，切换正常，判断 DPU 硬件应无故障，软件可能存在问题，随后对软件进行试验。

（5）22 时 15 分 29 秒，对 69 号 DPU 系统进行重装（DIS），重新插拔新 G3 模件多次，9 号 DPU 及全部模件离线，但 69 号 DPU 在线。22 时 20 分 37 秒，对 9 号 DPU 系统进行重装（DIS），重新插拔 G3 模件多次，9 号 DPU、69 号 DPU 及所有模件均正常，DPU 未重启或离线。随后，对 9 号站进行 DPU 切换试验、模件插拔试验，结果正常，事件处理完成。2018 年 8 月 22 日 5 时 48 分，2 号机组并网。

2. 事件原因分析

（1）9 号 DPU 控制站自动重启，使得一次风压变频指令丧失；燃料无法进入炉膛，最终炉膛负压保护动作。DCS 厂家研发人员到厂，对整个过程进行分析，将故障模件带回试验室测试，确定 G3 模件为“共模电感”损坏，是造成 G3 模件故障的直接原因。

（2）电厂 DCS 系统为新研发版本，操作系统为中标麒麟 Linux 系统，此系统功能存在缺陷。按照设计原理，DCS 系统 DPU 站下层网络不能影响上层网络，所有模件支持在线插拔，但 G3 模件故障后影响 9 号站 6 号、69 号 DPU，致使主、辅 DPU 重启，不符合设计原理。该 DCS 系统是 DCS 厂家新开发的控制系统，产品不成熟，9 号 DPU 内部程序存在重大安全漏洞，G3 模件插拔时会造成 DPU 重启，是导致 MFT 动作停机的直接原因。

（3）热控人员在处理缺陷时，未做好风险预控，按照常规设计思路，未考虑故障模件会影响 DPU 运行，是造成此次事件的次要原因。

3. 暴露问题

（1）厂家基于中标麒麟 Linux 系统研发的控制系统，存在安全隐患，系统漏洞多，功能存在缺陷。

（2）热控人员对新系统了解不足，在以往定期试验时，未能及时发现此项功能缺陷、系统漏洞，在处理缺陷时设备风险预控不到位，未考虑各类安全风险，没有针对性预防措施。

（三）事件处理与防范

事件后，DCS 生产厂家进行了控制软件升级后，热控人员进行了多次在线热插拔，没有发生异常，目前控制系统运行稳定，未发生DPU重启现象。此外针对本次事件，提出以下防范措施：

（1）与DCS厂家沟通，针对此次事件，除提出预防措施外，为防止程序升级前因模件故障再次发生跳机事件，同时要求厂家安排专职人员跟踪本厂问题，随时发现并解决存在的问题。

（2）热控专业梳理自调试以来DCS系统存在的漏洞提交DCS厂家，同时DCS厂家（承诺）成立隐患排查专项小组，2018年与热控专业一起对电厂DCS系统进行全面安全隐患排查，对所有问题实现闭环专项整改。

（3）要求DCS厂家外请专家对该DCS系统的逻辑、编码、系统漏洞、功能缺陷进行全面诊断，彻底解决程序错误、抗干扰能力差、死机、卡涩、硬件产品质量等系列问题，以提高新系统在电厂使用的可靠性。重新梳理研究DCS系统分散控制模块划分合理性等设计理念问题，必要时作相应调整。

（4）做好风险预控，加强提高热控人员DCS系统维护水平和消缺行为规范的培训，与DCS厂家沟通，安排热控人员到DCS厂家进行技术学习。

（5）明确要求各类DCS模件设施故障后，不得再次进行使用，所有DCS系统设备设施消缺需采用新备件。

（6）未来主机的控制系统升级，采用成熟产品。高科技对未来生产有强烈的促进作用，但不成熟的技术则有可能给电厂埋下严重的隐患。不成熟的控制系统产品，应限制其应用范围（B级及B级以下控制系统中）。

第四节　网络通信系统故障分析处理与防范

本节收集了因网络通信系统故障引发的机组故障2起，分别为控制器下的FF总线模件进程中止导致再热器保护动作MFT、转换通信（ATS）模件故障导致脱硫系统画面死机。

网络通信设备是作为控制系统的重要组成部分，但其设备及信息安全容易被忽视。这些案例列举了网络通信设备异常引发的机组故障事件，希望能提升电厂对网络通信设备安全的关注。

一、控制器下的FF总线模件进程中止导致再热器保护动作MFT

某电厂2号机组容量为660MW，于2014年12月投产。锅炉型号为HG-1968/29.3-YM7，由哈锅设计制造。汽轮机型号为N660-28/600/620，由上海汽轮机有限公司设计制造。发电机型号为QFSN-660-2，由上海电气电站设备有限公司制造，水-氢-氢、隐极式、三相交流同步汽轮发电机。控制系统为艾默生过程控制有限公司的Ovation 3.5系统，DEH与DCS一体化配置。

2018年6月4日00时00分接班，机组负荷为535MW，AGC运行方式，B、C、D、E、F磨煤机运行，省煤器入口给水流量为1466t/h，炉侧主蒸汽压力为25.3MPa、再热蒸汽压力为4.0MPa，汽轮机侧蒸汽压力为23.0MPa、再热蒸汽压力为3.8MPa。

（一）事件经过

2018年6月3日23时52分，2号机组AGC方式下减负荷。

2018年6月4日00时16分8秒，2号机组负荷为489MW。

00时19分00秒，机组负荷为435MW，与AGC指令455MW出现偏差。省煤器入口流量为1466t/h，汽动给水泵入口流量为1112t/h，炉侧主蒸汽压力A侧为25.3MPa、再热蒸汽压力为4.0MPa，汽轮机侧主蒸汽压力为20.49MPa、再热汽压力为3.06MPa。

00时19分30秒—22分30秒，机组负荷由430MW降至370MW，汽轮机侧主蒸汽压力由19.53MPa降至18.87MPa，省煤器入口流量为1466t/h，汽动给水泵入口流量由1085t/h降至689t/h后回升至903t/h。

00时23分00秒，值班员手动退出AGC模式，机组CCS模式。

00时22分30—25分21秒，炉侧主蒸汽压力为25.3MPa，再热蒸汽压力为4.0MPa，汽轮机侧主蒸汽压力由19.0MPa降至18.2MPa、再热蒸汽压力由2.5MPa降至2.27MPa，DEH阀门控制器控制再热器调节门由100%开度关闭至0，机组负荷由330.8MW降低至55MW。

00时25分24秒，机组MFT，首出为再热器保护动作。

（二）事件原因检查与分析

2号机组跳闸后，检查DCS Error Log记录，19时35分，DCS 14号控制器与该控制器下4块总线模件内部通信丢失（现场检查DCS 14号控制器及该控制器下4块总线模件各指示灯均正常，无报警），造成省煤器给水流量、炉侧主/再热蒸汽压力等保持通信丢失前的参数值。因机组工况稳定，主要参数无较大波动。23时52分，机组在AGC控制方式下减负荷过程中，给水泵入口流量下降，由于省煤器入口流量不能刷新，保持减负荷前的参数值，引起汽动给水泵实际入口流量快速下降，机组负荷同时快速下降，机侧主/再热蒸汽压力也同步下降。机侧主/再热蒸汽压力低于设定值，DEH主蒸汽压力自动控制回路动作导致汽轮机主/再热蒸汽调节门关闭，机组再热器保护动作（总燃料量高且再热蒸汽主汽门或调节门关闭，旁路阀关），锅炉MFT。

艾默生过程控制有限公司服务工程师到厂后对DCS系统进行了全面检查，确认为14号控制器与该控制器下的FF总线模件进程中止造成数据不能刷新。类似进程中止问题国内尚属首次，进程中止原因不明，服务工程师将14号、64号控制器及相关数据带回艾默生公司总部进一步检测分析通信中止原因。

暴露问题如下：

（1）控制器与FF总线模件进程中止造成数据不能刷新，DCS系统设备可靠性有待完善。

（2）控制器与FF总线模件失去通信后无光字牌报警。

（3）运行监盘人员未能及时发现机组参数更新情况。

（三）事件处理与防范

（1）更换2号机组14号、64号控制器进行更换，由现场服务工程师返厂进行检测分析。

（2）将2号机FF卡模件点重要故障报警信号接入画面光字牌，优化报警提示功能，以便监盘及时发现并及早干预。

（3）梳理FF总线设备清单，针对FF总线卡与控制器通信故障，运行部、检修部分别编制应急处置操作卡，开展应急处置演练，提高异常情况下的应急处置能力。

（4）举一反三，对1号机组进行相应的检查和报警设置。

（5）加强运行管理，开展运行培训，提高运行人员判断处置能力。

二、转换通信(ATS)模件故障导致脱硫系统画面死机

某电厂2×640MW机组脱硫DCS系统采用上海福克斯波罗有限公司的I/A Series产品。2006年投产，51F操作站、工程师站与CP60控制器通过Nodebus网络连接运行。2017年因超低排放改造增加设备，对DCS系统部分网络及设备进行升级。目前整个脱硫DCS系统包括2台51F工程师站、3台51F操作员站、2台H92工程师站、1台H92历史站和1台H92操作员站、9对CP60控制器和4对FCP270控制器。网络结构是2路Nodebus直连的网络通过一对ATS（地址转换器）连接到1对Mesh网络交换机上，这样就构成了CP60、FCP270、51F工作站和H92工作站并存的复合型网络控制系统。

（一）事件经过

2018年3月17日9时00分，脱硫DCS系统操作站和工程师站画面全部死机，参数无法监视，5min后画面自动恢复正常，但响应速度较慢。检查DCS系统，各控制器及ATS运行正常，无硬件报警。报警信息显示ATS网络异常，复位报警后，DCS系统恢复正常运行。同时通过报警记录分析是ATS通信中断，导致网络参数无法监视。初步判断是DCS系统内长期遗留下的错误链接无法检索到，循环检索错误链接引起脱硫DCS系统网络堵塞。随后，专业人员将DCS逻辑中错误的链接全部查找出来删除，处理后系统反应速度变快，网络报警暂时未出现。但2018年3月21日10时00分，脱硫DCS再次出现全部画面死机，参数无法监视。复位报警后网络恢复正常，查看报警记录与前次基本一致。确认主ATS模件故障，无法切换至从ATS模件运行导致通信中断，网络异常，参数无法监视。

某机组2018年12月13日21时50分，脱硫DCS系统操作站和工程师站部分画面参数间接性无法监视。工程师站显示部分CPU离线，检查CPU、交换机、ATS等均无硬件报警。通过对网络系统进行逐项排查，最后判断也是主ATS故障。一对主从ATS中主ATS重启不自检，确认是主ATS故障导致整个网络异常。

（二）事件原因检查与分析

2017年进行超低改造时，对脱硫部分DCS系统进行了升级改造，升级后的系统既有原来的Nodebus网络，也有新的Mesh网络，两种不同的网络通信协议之间通过新增一对ATS（地址转换器）连接转换通信。ATS如图3-18所示。

查看报警记录，发现网络升级后DCS系统中时常出现ATS报警，报警内容为ATS（地址转换器）A路通信异常，但ATS卡硬件报警灯从未亮过。DCS出现网络异常时的报警记录说明A路主ATS检索设配时出现负荷量过高，超负荷长时间运行造成网络堵塞，引发网络报警。进而造成数据无法传输，画面参数无法监视。因此判断是A路ATS故障，且无法自动切换至B路ATS运行。

检查故障的ATS模件，发现生产日期是2007年（故障模件的铭牌：其中序列号S/N中第三～六个数字代表生产日期是2007年第22周）。确认是模件存放时间过长，内部元件损坏。ATS模件铭牌如图3-19所示。

图 3-18　ATS（地址转换器）

图 3-19　ATS 模件铭牌

（三）事件处理与防范

2018 年 3 月 21 日 10 时 30 分，在线更换主 ATS 模件（生产日期：2016 年）后，报警消失，DCS 系统运行正常。同时针对此事件原因，采取以下防范措施：

（1）针对 DCS 系统网络结构存在的问题进行优化，再增加一对 ATS 通信卡，1 号、2 号脱硫分别通过一对 ATS 进行转换通信。这种优化方案在目前这种 Nodebus 网和 Mesh 网混合网络运行的情况下，可以大大提高设备的可靠性。新的 DCS 网络结构如图 3-20 所示。

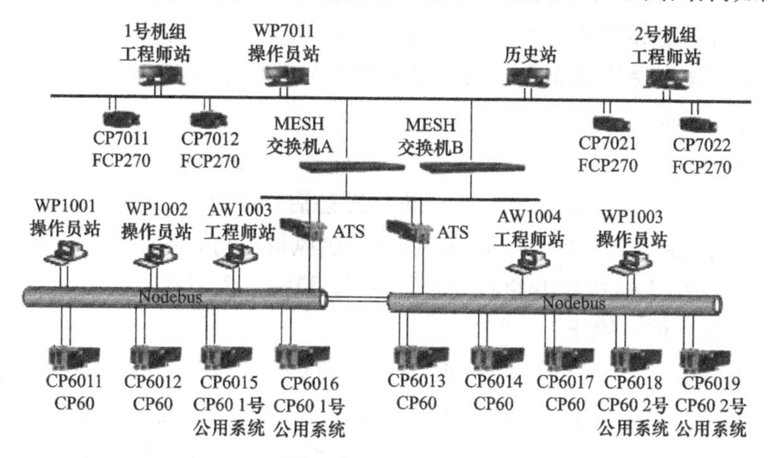

图 3-20　新的 DCS 网络结构图

（2）每日巡检查看 IA 系统中的报警信息，当 SYSTEM 界面发出报警后及时处理。

（3）FOXBORODCS 系统 CP60、51F 操作站及 ATS 都已停产，目前都是库存时间长或者翻新产品，可能会存在质量问题。因此在硬件的采购上要严把质量关，重点关注上海福克斯波罗公司授权，序列号和生产日期应经上海福克斯波罗确认，防止翻新利用。

（4）做好脱硫 DCS 系统网络结构的升级计划，尽早将老旧的 Nodebus 网络升级至 Mesh 网络，取消 ATS，以保证整个脱硫 DCS 系统的稳定运行。

第五节　DCS 系统软件和逻辑运行故障分析处理与防范

本节收集了因 DCS 系统软件和逻辑运行不当引发的机组故障 10 起，分别为煤燃烧器有火判定逻辑功能块设置错误导致失去火焰信号触发 MFT、炉膛调节闭锁增减逻辑设计缺陷导致炉膛负压低低MFT、抽汽压力DCS量程与就地仪表量程设置相反造成压比保护误动跳机、引风机润滑油泵逻辑不合理导致机组RB、允许条件设置不当导致磨煤机器主辅电动机联锁异常、火焰失去过多MFT逻辑判据不当导致机组跳闸、封装模块内部数据流计算顺序错误导致机组跳闸、“三选中”模块参数设置不合理引起凝汽器水位突降导致凝结水泵跳闸、机组DCS逻辑错误导致磨煤机液压油站油箱温度高。

2018年将在所有事故案例中非热控责任，但通过优化逻辑组态来减少或避免故障的发生或减少故障的损失的列入本节。因此2018年度的相关案例较2017年增加。这些案例主要集中在控制参数整定不当、组态逻辑考虑不周、系统软件稳定性不够等方面。通过对这些案例进行分析，希望能加强对机组控制品质的日常维护、保护逻辑的定期梳理和系统软件版本的管理等工作。

一、煤燃烧器有火判定逻辑功能块设置错误导致失去火焰信号触发MFT

某电厂为2×600MW超临界“W”炉机组，每台锅炉配6台双进双出磨煤机。机组控制系统采用南自美卓MaxDNA系统。锅炉MFT保护中“失去全部火焰”逻辑为A、B、C、D、E、F所有煤层无火，A、B、C、D、E、F所有油层无火，且B、E磨煤机少油燃烧器无火。煤燃烧器火焰检测设备配置为煤燃烧器火焰检测每台磨煤机4支共计24支，油燃烧器火焰检测每台磨煤机4支共计24支，少油燃烧器B、E磨煤机每台4支共计8支。煤层无火逻辑为3/4煤燃烧器无火，油层无火逻辑为4/4油燃烧器无火，少油层无火逻辑为2/4少油燃烧器无火。

（一）事件过程

2018年5月7日8时1分23秒，1号机组冷态启动后并网。锅炉、汽轮机手动运行方式，A、B空气预热器，A、B引风机/送风机/一次风机运行，B、C、D、E磨煤机运行。

9时59分00秒，1号机组升负荷至290MW，D1、D2、D4油枪投入，煤火焰检测火焰强度均超过60%，信号稳定。

9时59分10秒，运行人员开始退出油枪；10时3分00秒，当最后一只油枪D2退出后，“失去全部火焰”信号发出，锅炉MFT动作，首出为“失去全部火焰”。

2018年5月7日12时2分14秒，1号机与系统重新并网，正常运行。

（二）事件原因检查与分析

1. 事件原因检查

经调取历史趋势，证实“失去全部火焰”信号发出时B、C、D、E磨煤机火焰检测有火信号均正常（如图3-21、图3-22所示），确认为保护误动。

现场检查，通过对“失去全部火焰”逻辑进行梳理，发现A、B、C、D、E、F磨煤机燃烧器各有火判定逻辑中“AND”功能块输入信号取反参数“InvIn4”缺省值均为True（如图3-23所示）。因In4未使用默认为1，当取反参数“InvIn4”为True时，该通道输入变为0（如图3-24所示）。造成该“AND”功能块输出为0，故各煤燃烧器有火信号始终判定为“False”，始终保持煤层无火信号误发状态。此次启动中，锅炉转干态运行稳定后，开始逐步撤出油枪运行，当退出全部油燃烧器时，所有煤层无火且所有油层无火（且B、E磨煤机少油燃烧器无火，本次开机未投少油），满足“失去全部火焰”保护条件，触发锅炉MFT，机组跳闸。

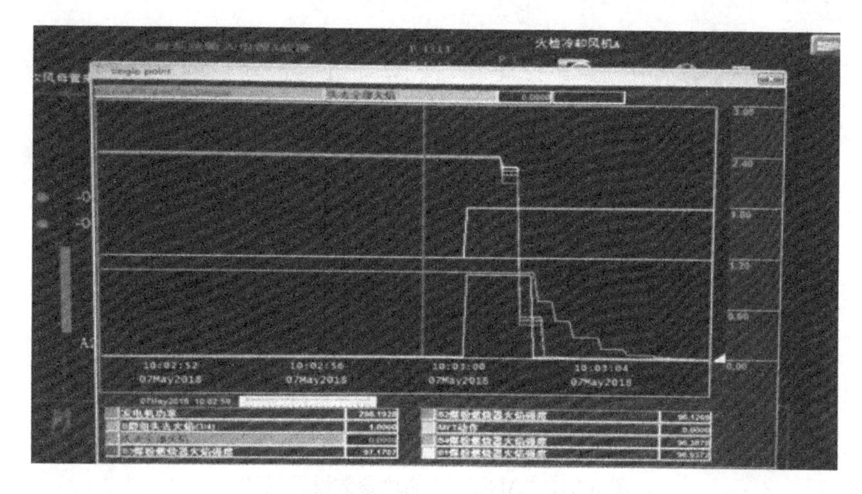

图 3-21 MFT 动作曲线图

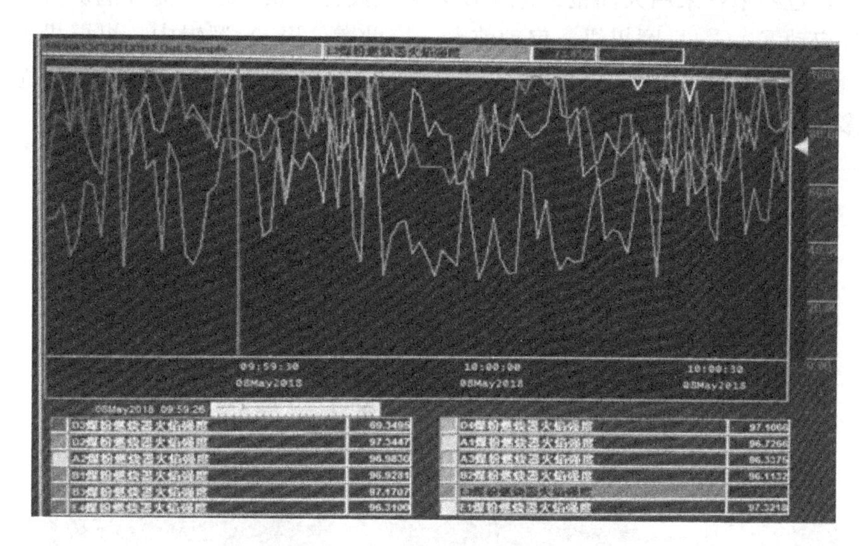

图 3-22 火焰检测模拟量曲线

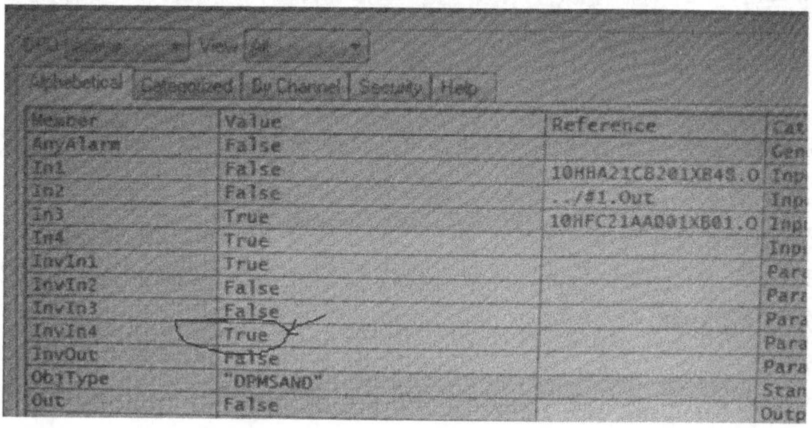

View All

Alphabetical | Categorized | By Channel | Security | Help

Member	Value	Reference	Cat
AnyAlarm	False		Gen
In1	False	10HHA21CB201XB48.O	Inp
In2	False	../#1.Out	Inp
In3	True	10HFC21AA001XB01.O	Inp
In4	True		Inp
InvIn1	True		Para
InvIn2	False		Para
InvIn3	False		Para
InvIn4	True		Para
InvOut	False		Para
ObjType	"DPMSAND"		Stan
Out	False		Outp

图 3-23 “AND”功能块设置错误

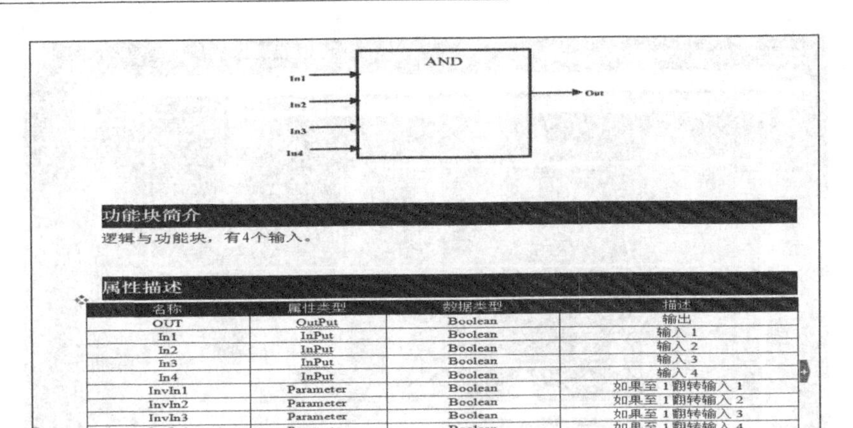

功能块简介

逻辑与功能块，有4个输入。

属性描述

名称	属性类型	数据类型	描述
OUT	OutPut	Boolean	输出
In1	InPut	Boolean	输入 1
In2	InPut	Boolean	输入 2
In3	InPut	Boolean	输入 3
In4	InPut	Boolean	输入 4
InvIn1	Parameter	Boolean	如果至 1 翻转输入 1
InvIn2	Parameter	Boolean	如果至 1 翻转输入 2
InvIn3	Parameter	Boolean	如果至 1 翻转输入 3
InvIn4	Parameter	Boolean	如果至 1 翻转输入 4
InvOut	Parameter	Boolean	如果至 1 翻转输出

图 3-24 “AND”功能块参数设置描述

此次启动过程中，采用大油枪助燃+B 磨煤机投粉启动，逐步提升锅炉参数，机组并网后，逐步启动 E、C、D 磨煤机，启动前大油枪助燃。FSSS 逻辑中，煤层投入点火能量判据为：“负荷大于 300MW”或“油枪 3 支及以上”。启动过程中燃料运行过程如图 3-25 所示，最多时投入 10 支油枪。

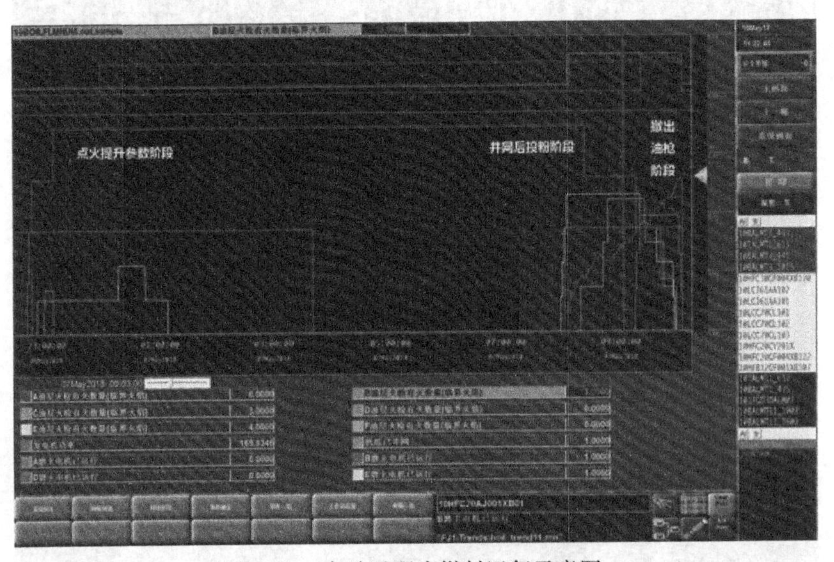

图 3-25 启动过程中燃料运行示意图

为适应“W”炉投粉初期燃烧稳定性、火焰检测不稳的情况，解除所有磨煤机煤火焰检测 3/4 无火跳磨联锁条件（如图 3-26、图 3-27 所示）。

对原逻辑错误处进行修改，将“AND”功能块参数“InvIn4”缺省值修改为 False，确认输入管脚“In4”缺省值为 True，核对煤燃烧器有火信号传送正常。经调度批准，机组于 12 点 2 分与系统并网。

2. 原因分析

10 时 2 分 50 秒，机组负荷为 300MW，炉膛燃烧稳定，运行人员逐步退出全部油枪，当最后一支油枪 D2 退出后，由于 DCS 煤燃烧器有火判定逻辑有误，造成“失去全部火焰”保护误动，锅炉 MFT，机组跳闸。经查：

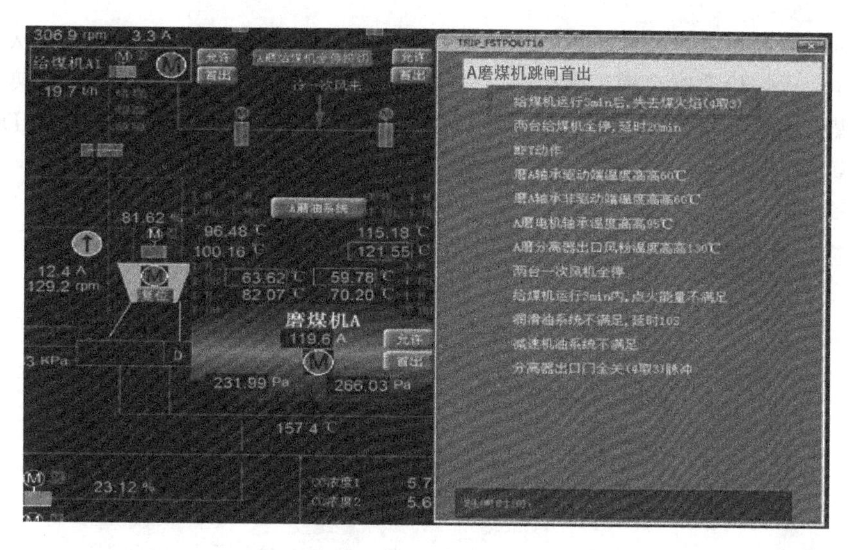

图 3-26　磨煤机跳闸条件

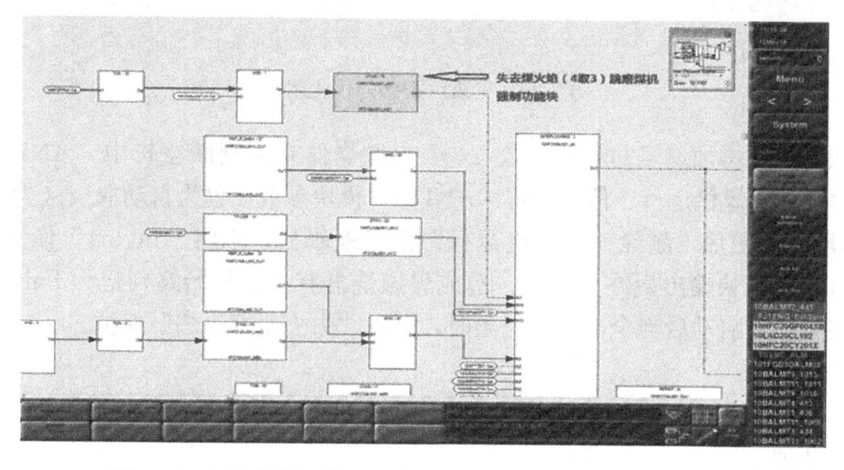

图 3-27　解除磨煤机煤火焰检测 3/4 无火跳磨联锁条件示意图

（1）2018 年 3 月 26 日，维护部下发了关于 1 号炉 FSSS 系统煤燃烧器有火信号逻辑优化技术联系单，于 4 月 24 日机组停运后安排班组执行。

实施：对各煤燃烧器有火判定逻辑“AND”功能块输入管脚“In4”连接所属磨煤机主电机停止信号，取反参数“InvIn4”缺省值由 False 修改为 True（如图 3-28 所示）。

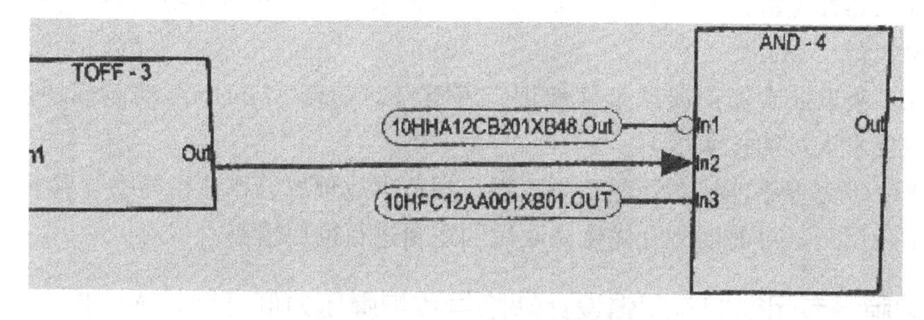

图 3-28　首次逻辑修改逻辑处

（2）执行后监护人及验收人发现该逻辑优化不全面，仅能屏蔽火焰检测有火开关量信号，无法屏蔽火焰检测有火模拟量信号。现场分析论证后，决定将原逻辑优化变更为：单独增加磨煤机主电动机停运（燃烧器入口快关门全关“或”磨煤机停运，通过DO输出至火焰检测模块）至煤火焰检测屏蔽信号（如图3-29所示）。

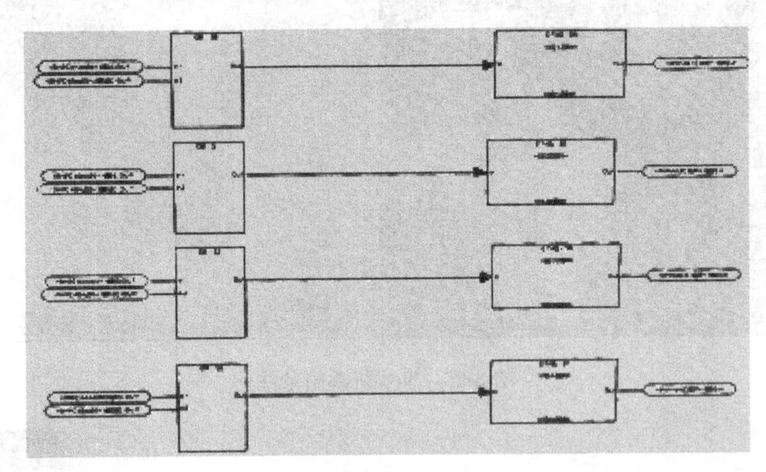

图3-29 更改后正确的优化逻辑

（3）执行人在增加逻辑过程中，在24个煤燃烧器有火判断逻辑中“AND-4”模块，“In4”处增加“磨煤机运行”信号并将“AND-4”模块参数设置为自动取反（“InvIn4”设置为TRUE）；变更后，删除“磨煤机运行”信号逻辑后，未将“InvIn4”恢复为False，造成“AND-4”模块输出始终为“0”，造成煤燃烧器有火信号始终判定为False，煤层无火信号误发，机组启动后当全部油枪退出时，触发“失去全部火焰”保护。

3．暴露问题

（1）逻辑优化技术联系单主办人员，未能提前全面分析制定合理方案，以致后期发生变更，为事故埋下隐患。

（2）逻辑优化执行人员技能水平不足，对南自美卓MaxDNA系统中“AND”功能块的应用理解不够深入，在方案变更后，仅对原修改部分逻辑进行删除，未对功能块内部进行置位恢复，是造成本次保护误动的直接原因。

（3）热控技术管理不到位是造成本次保护误动的间接原因。

（三）事件处理与防范

（1）加强热控逻辑异动管理，提前制定详细技术方案，并在虚拟机系统修改，仿真试验无误后再执行。

（2）深刻吸取此次保护误动事件教训，着重针对美卓MaxDNA功能模块进一步加强对现有热控技术人员的技术培训。

（3）进一步完善热控技术管理相关流程，规范事故预想、作业指导书、验收制度等。

（4）举一反三，对前期所有优化修改后的逻辑进行彻底清查、核对。

二、炉膛调节闭锁增减逻辑设计缺陷导致炉膛压力低低锅炉MFT

某电厂6号机为300MW燃煤发电机组，设计煤种为山西神木煤，锅炉由德国巴高克

(BABCOCK) 公司制造，锅炉型号为 BLK-1025，10 号、30 号磨煤机对应 1 渣室；20 号、40 号磨煤机对应 2 渣室。与 C307/250-16.7/0.4/538/538 汽轮机（上海汽轮厂与美国西屋公司联合制造）配套使用。锅炉型式为亚临界、一次中间再热、直吹式制粉系统、双燃烧室（“W”形火焰）、100%飞灰复燃、液态排渣、塔式直流炉。DCS 控制系统为西门子 T3000 系统。引风机、一次风机变频调节。

2018 年 5 月 8 日，6 号机组负荷为 200MW，两列风机运行，10 号、20 号、30 号磨煤机运行，40 号磨煤机检修。由于 2 号渣口捕渣屏结渣，投 42 号、43 号、44 号油枪，总煤量为 18.7kg/s，总油量为 1.14kg/s。炉膛压力低低小于－1500Pa“三取二”保护触发，锅炉 MFT 保护动作。

（一）事件经过

5 月 6 日 16 时 30 分，6 号炉 20 磨煤机给煤量为 9kg/s 左右，巡检人员发现 6 号炉 2 号渣口有轻微正压现象，检查炉膛负压正常（－100Pa）。

17 时 00 分，三值班发现渣口正压情况加剧，就地观察有喷火现象，检查炉膛负压仍然正常，判断为捕渣屏结渣所致，随即调整 2 号渣室配风，减少二、三次风量。

19 时 00 分，机组增加负荷，2 号渣口正压情况加剧，渣口喷火严重。立即联系市调降负荷至 220MW，采取降低 20 磨煤机煤量至 6.0kg/s，投 3 支油枪增大燃烧室热负荷，熔化捕渣屏结渣，观察情况并未好转，经专业商定并汇报生产领导，降低炉膛负压值。

21 时 00 分，联系热控人员对炉膛负压设定点低限值放宽至－500Pa，运行人员将负压设定值逐渐降低至－400Pa，就地观察 2 号渣室正压现象有所缓解，喷火现象逐渐消失，仍有正压漏烟气现象。向调度申请维持运行现状，继续采取投油枪等捕渣屏熔渣措施。

5 月 7 日 6 时 35 分，6 号炉 2 号渣室流出大量浮渣，正压现象消失，判断堵渣情况可控，停止油枪运行，共烧油 47t。

7 时 00 分，6 号机涨负荷至 300MW，2 号渣室仍无正压现象。

8 时 00 分，逐渐恢复炉膛负压设定值至－200Pa，就地观察 2 号渣室流渣情况基本正常，但流渣口偶尔出现轻微跑正漏烟气现象，保持炉膛负压设定值－200Pa 不变，并继续采取调整配风等捕渣屏熔渣措施。

22 时 8 分，6 号机 AGC 指令降至 150MW，联系调度申请负荷 220MW，维持捕渣屏熔渣措施，调度未同意，2 号渣室停止运行。

5 月 8 日 11 时 20 分，6 号炉涨负荷至 200MW，启动 20 号磨煤机，给煤量控制为 9kg/s。就地检查 2 号渣室渣口再次出现正压喷火现象，情况较 5 月 6 日晚更为严重，为控制喷火情况，继续采取 5 月 6 日相同措施，立即减小 20 号磨煤机磨煤量至 6.0kg/s，同时减少二、三次风量并逐渐降低负压设定值，投 3 支油枪增大热负荷熔化捕渣屏结渣，就地观察 2 号渣室渣口喷火情况有所好转，但依然存在喷火现象。

13 时 15 分，运行人员将设定值由－400Pa 改为－450Pa，2 号渣室渣口喷火情况没有变化；13 时 18 分，运行人员将设定值由－450Pa 改为－500Pa，运行人员把炉膛压力设定值先后设为－400Pa、－500Pa，经炉膛压力 PID 自动调节，引风机变频指令逐渐增大，炉膛压力下降，至炉膛压力闭锁增值－300Pa，引风机变频操作器闭锁增。但由于炉膛设定值与炉膛压力的偏差，PID继续调节，PID输出增大至最大值50Hz。在炉膛燃烧、送风机调节的作用下炉膛压力升高，高于－300Pa，操作器闭锁增消失，PID输出指令50Hz置入操作器，导致引风机出力突然加大，炉膛压力由－293Pa一直降到－2000Pa（最大量程），炉膛压力低低小于－1500Pa“三取二”保护触发，锅炉MFT保护动作。

（二）事件原因检查与分析

1. 事件原因检查

事故过程记录曲线见图3-30。

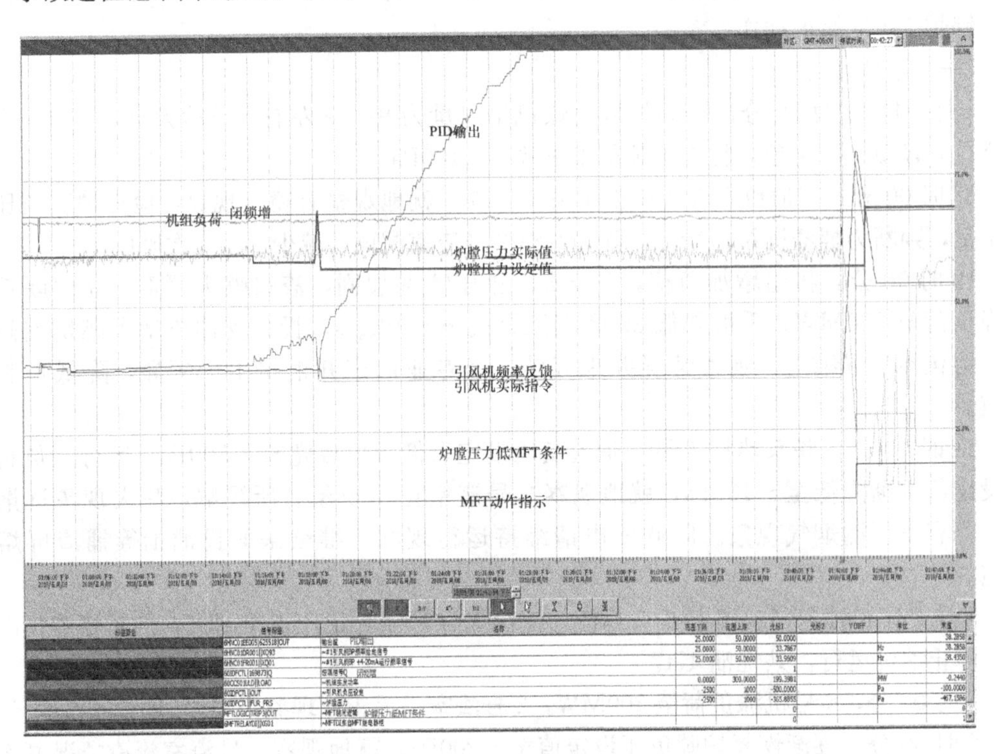

图3-30　事件过程记录曲线

2. 事件原因分析

根据上述过程分析，炉膛压力闭锁增条件只作用在引风机变频操作器，而没有对炉膛压力PID调节同时进行闭锁增。导致在闭锁增条件出现和消失时指令突变，导致负压大幅波动。引风机闭锁逻辑见图3-31。

3. 暴露问题

（1）炉膛负压调节闭锁增减相关逻辑设计存在缺陷，不能实现在任何情况下的无扰切换。热控逻辑梳理和隐患排查不彻底。修改炉膛负压设定值限值时，未对相关逻辑进行仔细检查和分析，未发现此设计隐患及修改相关定值。

（2）由于6号炉40磨煤机检修备件未及时到位，导致40磨煤机较长时间处于检修状态，从而导致2号渣室长时间单台磨煤机运行，暴露出对磨煤机备件管理不到位。

（3）对炉膛渣室单台磨煤机长期运行导致燃烧室热负荷较低，造成捕渣屏积渣逐渐增多情况认识不足。

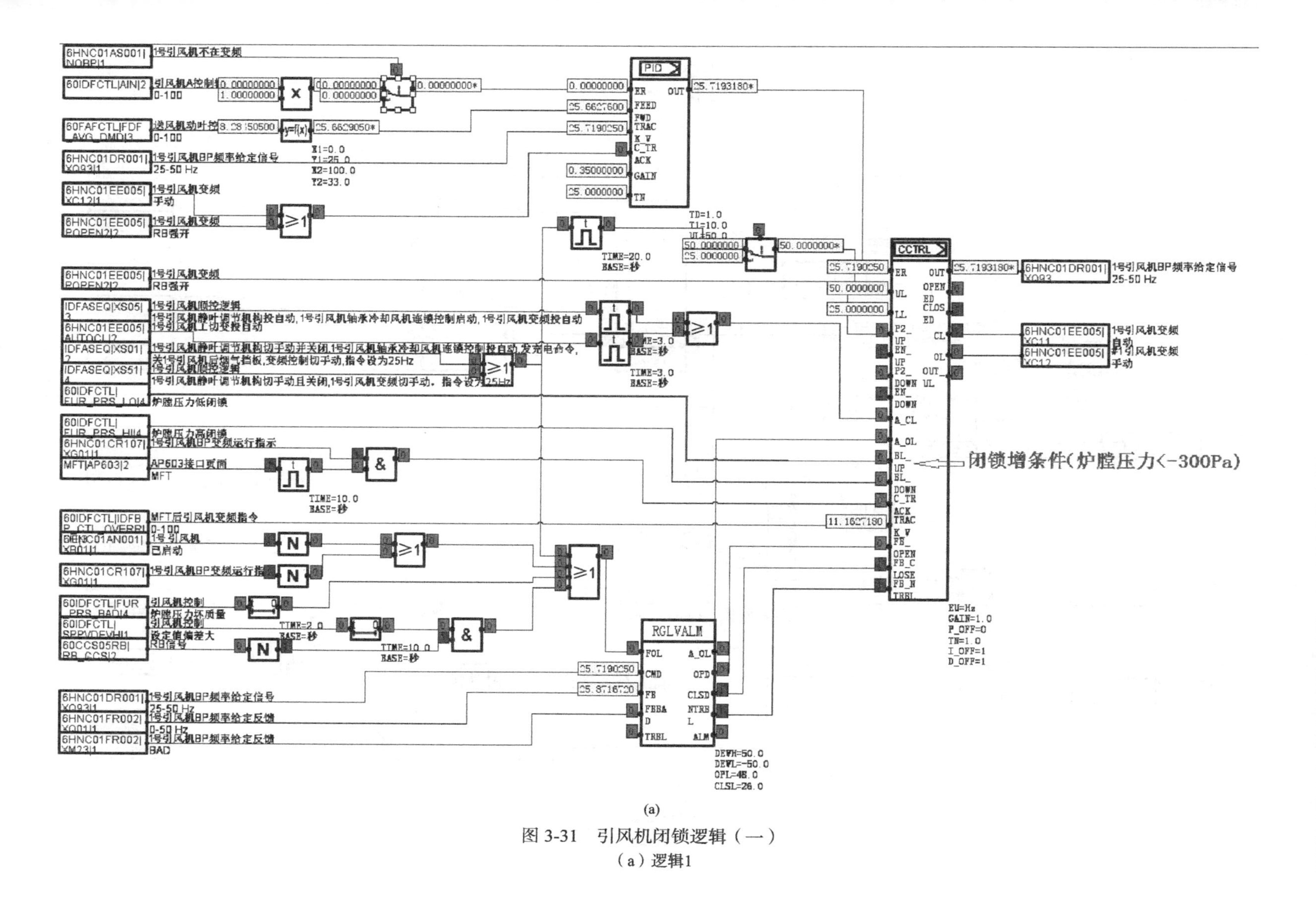

(a)

图 3-31　引风机闭锁逻辑（一）

（a）逻辑1

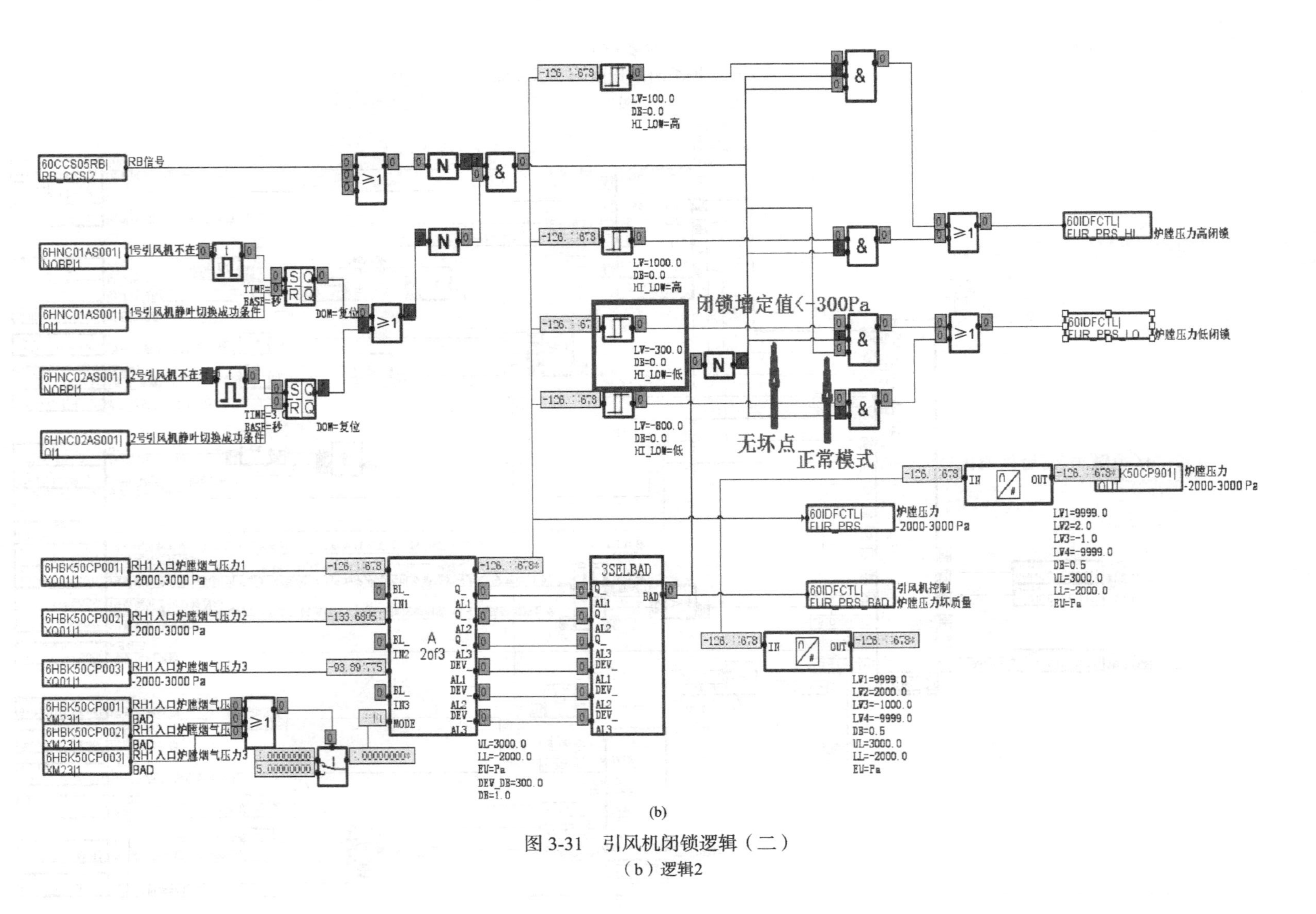

(b)

图 3-31 引风机闭锁逻辑（二）

（b）逻辑2

（4）5月7日6时35分，6号炉2号渣口正压现象消失，判断捕渣屏积渣已融化，即停止油枪运行；7时00分，涨负荷后降低炉膛负压设定值，6号炉2号渣室又出现正压漏烟气现象，暴露出5月7日对捕渣屏积渣熔渣情况过于乐观，停止油枪运行过早，未能意识到捕渣屏积渣未完全融化情况。

（5）5月7日22时8分，调度指令6号机组负荷降至150MW，未积极申请保持当前负荷及采取相应防范措施，即停止2号渣室运行，对停渣室后温度降低导致捕渣屏积渣恶化情况认识不足，导致5月8日11时20分6号炉增加负荷启动20磨煤机时，2号渣室渣口再次出现正压喷火现象，而且较之前更为严重。

（三）事件处理与防范

（1）立刻修改炉膛负压调节闭锁增减逻辑，并举一反三，排查所有闭锁逻辑，发现类似隐患及时整改，并增加所有闭锁增减光字牌报警。

（2）继续按公司要求对保护逻辑进行梳理检查，发现隐患，及时整改。

（3）做好磨煤机备件管理工作，梳理磨煤机备品备件储备情况，保证磨煤机大修前及时采购检修备件并到位，保证磨煤机大修施工工期，避免长时间单渣室单台磨煤机运行。

（4）梳理本次捕渣屏积渣原因过程及有效熔渣措施，针对三期机组液态排渣炉，形成单渣室单台磨煤机运行捕渣屏积渣防控措施，避免类似事件发生。

三、抽汽压力DCS量程与就地仪表量程设置相反选成压比保护误动跳机

某电厂4号机组于1999年投产，装机容量为350MW，锅炉为英国巴布科克公司生产的亚临界中间再热式自然循环汽包锅炉，汽轮机为西门子公司制造。DCS控制系统为西门子TXP控制系统。

2019年3月15日开始结合机组B级检修，对DCS系统进行整体改造为西门子T3000控制系统，由某研究院负责设计、逻辑组态及调试等工作。5月16日，4号机组DCS改造施工工作完成后向调度申请启动，进行DCS调试试验、送风机RB试验、引风机RB试验、一次风机RB试验、给水泵RB试验、磨煤机RB试验、汽轮机阀门活动性试验、一次调频试验；5月17日23时8分27秒，4号机组与系统并列；5月18日，进行DCS改造后首次并网的动态逻辑等调试试验。

（一）事件经过

5月18日13时48分59秒，机组负荷为249MW，主蒸汽温度为528℃，主蒸汽流量为208kg/s，运行投入协调方式。14时10分，负荷由250MW升至280MW，准备稳定后进行主保护逻辑测试及送风机RB试验：

14时26分6秒487毫秒，40LBS50CP005 | XH54 P TAP 5 1号 LOW W 报警。

14时26分20秒488毫秒，40LBS50CP007 | XH54 P TAP 5 3号 LOW W 报警。

14时26分40秒488毫秒，40LBS50CP006 | XH54 P TAP 5 2号 LOW W 报警。

14时30分4秒489毫秒，40LBS50CP005 | XH52 P TAP 5 1号 TRIP A 报警。

14时30分8秒589毫秒，40LBS50CP007 | XH52 P TAP 5 3号 TRIP A 报警。

14时30分11秒791毫秒，40LBS50EZ110 | XK11 A5/A6 压比保护动作。

14时30分11秒841毫秒，汽轮机跳闸，锅炉MFT动作，机组跳闸曲线见图3-32。

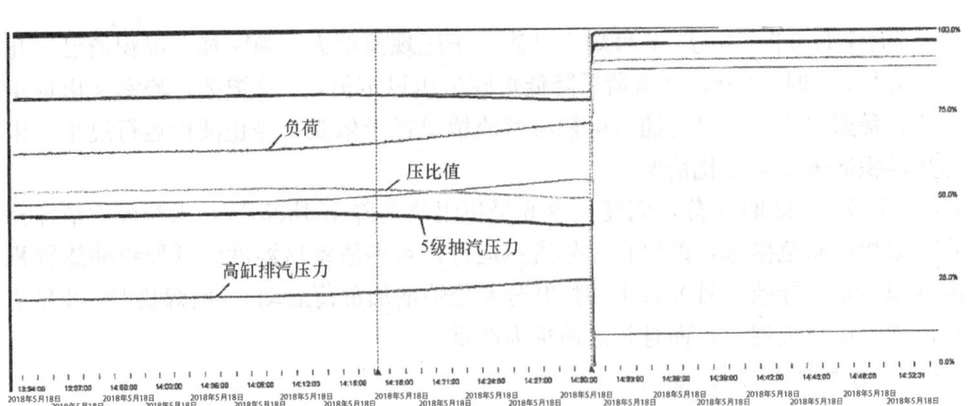

图 3-32　机组跳闸曲线

14 时 30 分 12 秒，在进行主保护逻辑测试过程中发生汽轮机跳闸，锅炉 MFT。经排查为汽轮机 A5/A6 压比保护动作，消除隐患后机组于 17 时 08 分重新并网，继续进行相关试验。

经过原因分析和故障消除后，并经调度同意，于 5 月 18 日 17 时 8 分重新并网，停运 2.6h。

（二）事件原因检查与分析

1. 事件原因检查

（1）现场检查。检查 4 号机组汽轮机 5 级抽汽压力 3 个测点 40LBS50CP005、40LBS50CP006、40LBS50CP007 和高压缸排汽压力 3 个测点 40LBC11CP005、40LBC11CP006、40LBC11CP007 的现场变送器的量程与 DCS 侧逻辑设置量程均为－0.1～1.6MPa，对应输出电流为 20～4mA，均与检修前设置一样。

对比 3 号机组 5 级抽汽压力 3 个测点变送器的量程与 DCS 侧逻辑设置的量程为正向设置，即－0.1～1.6MPa 对应输出电流 4～20mA。

（2）逻辑检查。汽轮机 A5/A6 压比保护逻辑为 5 级抽汽压力 3 点分别与高压缸排汽压力 3 点的中值对应的函数值进行比较判断后，再进行“三取二”判断，延时 3.2s 后保护动作。

2. 事件原因分析

从压力测点量程设置检查来看，由于 4 号汽轮机 5 级抽汽压力 DCS 侧逻辑量程设置与就地压力变送器的量程设置相反，当机组负荷上升时 5 级抽汽压力上升，压力变送器的输出电流下降，DCS 侧 5 级抽汽压力测量值随着减小，而高压缸排汽压力现场变送器与 DCS 侧逻辑量程设置一致，机组负荷上升压力上升，DCS 侧高压缸排汽压力测量值上升，使得 5 级抽汽压力测量值与高压缸排汽压力测量值之差逐渐减少，导致压比值达到保护动作值，最终导致汽轮机跳闸，锅炉 MFT。

因此，本次事件的直接原因是 5 级抽汽压力信号 DCS 侧逻辑量程设置错误造成。

3. 暴露问题

调试单位逻辑组态排查不够细致。

4 号机组 DCS 改造的逻辑组态采用在移植 3 号机组（DCS 已改造）优化后的逻辑基础上，对照 4 号机组原逻辑进行差异化修改，要求包括逻辑结构、定值、参数设置、信号量程等全面梳理，消化差异原因，逐一修改。改造开工后研究院还应要求两次进行全部逻辑差异排查，但未能在逻辑排查、调试时及时发现逻辑量程设置错误问题。

（三）事件处理与防范

（1）由研究院和电厂专业人员分组搭配，重新进行逻辑排查。

（2）对现场变送器量程的全面核查，查找反向设置的变送器，并与 DCS 侧进行核对。

（3）按照机组并网 168h 试验的管理要求，继续进行全面细致的逻辑排查，找出差异，并进行消化整改。

四、引风机润滑油泵逻辑不合理导致机组 RB

2018 年 5 月 8 日，某电厂 2 号机组 CCS 方式下负荷 491MW，主蒸汽压力为 21.911MPa，给水流量为 1340t/h，总燃料量为 232.4t/h，总风量为 1992t/h，炉膛负压为 −391.14Pa，6 台风机运行，磨煤机 A、B、C、D、E 5 台运行。

（一）事件经过

17 时 49 分 58 秒，2A 引风机润滑油压力由 0.266MPa 突降至 0.016MPa，2A 引风机润滑油压力低低 1、2、3 开关动作。

17 时 50 分 8 秒，2A 引风机跳闸，联锁跳闸 2A 送风机，2A 引风机 RB 动作。2D 磨煤机跳闸，首出条件为机组 RB，B 微油层投入稳燃。

17 时 50 分 13 秒，2A 引风机 B 润滑油泵联锁启动，油压恢复至 0.269MPa。

17 时 50 分 18 秒，炉膛压力下降至最低值−1194Pa，24s 后炉膛负压上升至−169Pa，并快速收敛到正常范围内。

（二）事件原因检查与分析

现场检查发现 2A 引风机 A 润滑油泵联轴器梅花垫损坏，导致金属爪盘断裂，A 润滑油泵瞬间无出力。2A 引风机润滑油压力突降，压力低低 1、2、3 开关动作后延时 10s 跳闸 2A 引风机，此时 2A 引风机已经因润滑油压力低低跳闸，2A 引风机跳闸 5s 后 2A 引风机 B 润滑油泵才联锁启动将油压维持在正常范围。存在逻辑不合理问题，润滑油压力低低后应当优先启动备用泵建立油压，油压建立失败后再触发润滑油压力低低跳闸保护。

（三）事件处理与防范

（1）将风机润滑油压低低跳闸引风机延时时间由 10s 改为 30s，取消引风机润滑油供油压力低联启备用润滑油泵时间的 15s 延时。

（2）仔细梳理 DCS 逻辑，严格按照定值清册核对逻辑，将 DCS 逻辑和定值清册不同点做记录，提交讨论后办理异动进行修改。

（3）尽快完成仪控联锁保护试验卡讨论及审批，检查逻辑不合理的地方并召集相关专业进行讨论并优化。

（4）检查其他重要辅机油泵联锁逻辑是否存在不合理现象，记录后进行讨论。

五、允许条件设置不当导致空气预热器主辅电动机联锁异常

某机组锅炉为哈锅制造单炉膛、一次再热、平衡通风、露天布置、固态排渣、全钢构架、全悬吊结构 Π 型布置直流锅炉，锅炉型号为 HG-1890/25.4-YM4；汽轮机采用哈汽与三菱公司联合设计、生产的 CLN600-24.2/566/566 型超临界、一次中间再热、单轴、三

缸、四排汽凝汽式汽轮机；分散控制系统为福克斯波罗公司的 I/A serise 系统。

（一）事件经过

2018 年 7 月 21 日 20 时 12 分，3 号机组负荷为 550MW，压力为 24.2MPa，正常运行中，A 空气预热器辅助电动机跳闸，主电动机未联启，空气预热器联锁跳单侧送风机、引风机，触发 RB 保护动作，机组 RB 动作正常；20 时 19 分，机组负荷稳定在 290MW。

（二）事件原因检查与分析

3 号机组 A 空气预热器辅助电动机跳闸时，主电动机启允许条件并不满足，导致主电动机联锁启指令未发出。进行空气预热器启允许条件历史曲线检查，发现空气预热器火灾与转子停转热电偶故障信号发出，导致 A 空气预热器主电动机启允许条件不满足。该故障信号发出是因为空气预热器内温度到达报警值。A 侧空气预热器全停后，空气预热器内温度降至正常，故障报警自动复位，A 空气预热器主电动机启允许满足。由于 DCS 系统无温度模拟量测量显示，只能通过曲线推测实际温度值偏高。

（三）事件处理与防范

（1）对空气预热器启允许条件重新进行优化，删除空气预热器火灾与转子热电偶故障、空气预热器火灾报警、空气预热器转速低报警和空气预热器传感器故障 4 个允许启动条件。

（2）对全厂所有冗余备用配置的设备允许条件进行梳理检查，尽量减少单点信号参与启动允许条件设置，重要信号可进报警系统，故障时能够及时提醒。

六、火焰失去过多 MFT 逻辑判据不当导致机组跳闸

某电厂 2 号机组于 2011 年 11 月 18 日投产。三大主机均为上海电气电站集团生产，超临界参数，容量为 350MW。2018 年 4 月 19 日，2 号机组负荷为 180MW，主蒸汽流量为 502t/h，主蒸汽压力为 14.6MPa，主蒸汽温度为 566℃，再热蒸汽温度为 562℃；主给水流量为 505t/h，2A、2B 汽动给水泵运行；总燃料量为 75t/h，2B、2C、2D 磨煤机运行；脱硫 2B、2C、2E 浆液循环泵运行。

（一）事件经过

13 时 37 分 40 秒，2E 浆液循环泵，2C、2D 给煤机跳闸，C、D 层火焰检测丧失。2B 密封风机，2B 火焰检测风机，2B EH 油泵，2B 定冷水泵，2C、2D、2E 磨煤机润滑油泵，厂用 4 号、5 号空气压缩机，2C 氧化风机，2 号湿磨煤机等多台高低压设备跳闸或切换备用设备。2 号机 6kV 工作二段电压降低。

13 时 37 分 55 秒，投入 AB2 油枪；9s 后，投入 AB4 油枪；之后，先后投入 CD4 油枪，投入 CD3 油枪，投入 CD2 油枪，检查未着火。

13 时 38 分 25 秒，恢复 2D 给煤机跳闸状态，立即启动 2D 给煤机。

13 时 38 分 30 秒，恢复 2C 给煤机跳闸状态，立即启动 2C 给煤机。

13 时 38 分 32 秒，MFT 动作，动作首出为全炉膛火焰丧失，汽轮机跳闸，发电机跳闸。

（二）事件原因检查与分析

1. 事件原因检查

经检查发现 2E 浆液循环泵电动机保护装置报“电流速断保护”动作，就地电动机处有放电痕迹和烟味，初步判定为电动机短路故障。

查看2号机组故障录波器录波图，短路导致6kV工作二段母线电压降低（最低至44.10V×600=2.64kV），持续77.24ms，同时拉低该侧380V系统电压，致使给煤机就地交流控制柜中的接触器失压脱扣，2C、2D给煤机跳闸。

事后对2E浆液循环泵电动机进行抽转子解体检查，转子驱动端内冷却风扇断裂，驱动端端部定子绕组损坏严重。绕组端部喇叭口（定子铁芯端部处）短路击穿放电，线棒严重变形，电动机内部发现大量绝缘材料碎末，出现大面积烧黑痕迹。

查看DCS记录，首出为“全炉膛火焰丧失”保护，进一步检查确认为该保护子项“火焰失去过多MFT”保护触发。2号锅炉MFT和2C、2D给煤机电流等趋势图见图3-33。

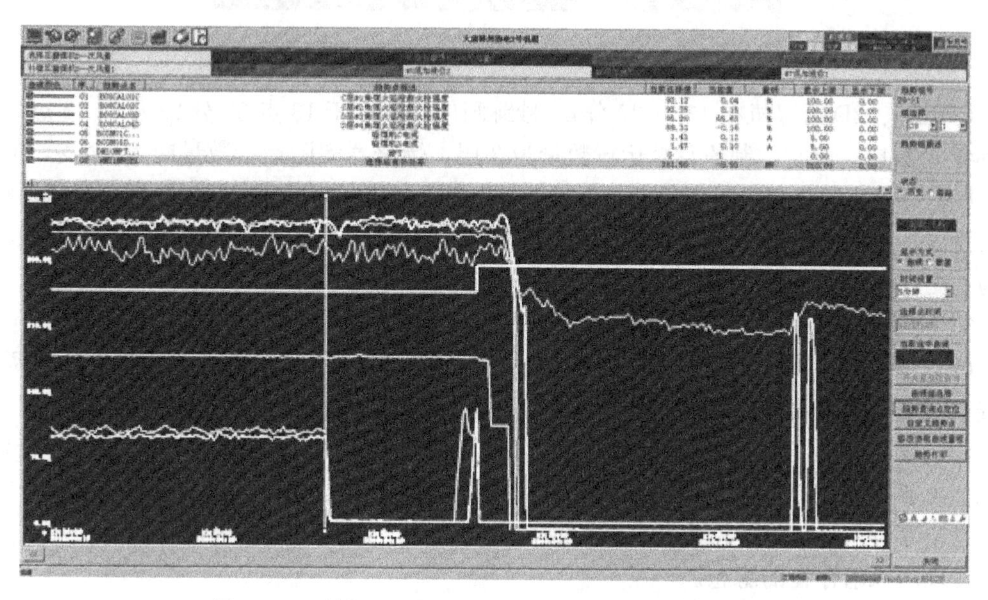

图3-33　2号锅炉MFT和2C、2D给煤机电流等趋势图

逻辑检查发现“火焰失去过多”保护触发条件为燃烧器着火数量小于投运燃烧器数量的一半，是“全炉膛火焰丧失”保护的子项。而单个燃烧器运行的判定条件为“该角燃烧器有火5s后”“磨煤机电动机运行”及“给煤机电动机运行60s后”3个条件相与。

该保护依据DL/T 1091—2008《火力发电厂锅炉炉膛安全监控系统技术规程》中5.5.1总燃料跳闸（MFT）动作条件：中“（t）失去临界火焰（适用于直吹制或半直吹制系统）：至少三层煤投运且运行的煤粉燃烧器中部分火焰失去（四角切圆燃烧锅炉，其定值推荐为50%；‘W’形火焰锅炉，其定值推荐为50%）”（可选保护）条款设置。

2. 事件原因分析

根据上述检查分析：本次事件是2E浆液循环泵电动机故障，同时“火焰失去过多MFT”保护逻辑隐患造成保护触发导致机组跳闸，其中：

（1）2E浆液循环泵电动机驱动端内风扇存在金属缺陷没有被及时发现（见图3-34），加上电动机频繁启停振动影响，导致电动机内部风扇内外圈断裂，扫到定子绕组端部线棒，造成电动机相间短路，6kV工作二段母线电压瞬时降低。

（2）6kV工作二段母线电压降低（最低至2.64kV，额定电压的41.9%），持续77.24ms，同时拉低该侧380V系统电压，致使给煤机就地控制柜中的交流接触器失压脱扣，2C、2D给煤机跳闸。

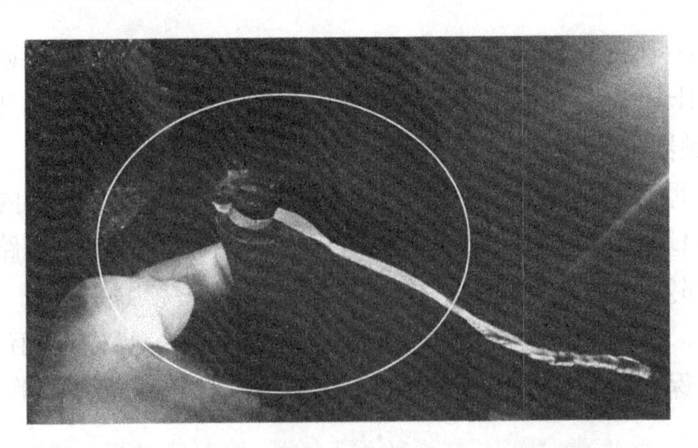

图 3-34 2E 浆液循环泵电动机内风扇断裂情况

(3) 2C、2D 给煤机在 13 点 37 分 40 秒跳闸后，分别于 13 点 38 分 23 秒和 13 点 38 分 29 秒手动重启，此时，制粉系统运行数量为 3 层，燃烧器实际运行数量应为 12 支，但 C、D 层煤燃烧器由于对应给煤机手动重启后运行时间不够 60s，导致 C、D 层煤燃烧器运行状态没发出，保护逻辑判断运行的燃烧器数量为 5 支（B 磨 4 支煤燃烧器，2 支油燃烧器等效为 1 支煤燃烧器），满足触发条件，MFT 动作。

3. 暴露问题

(1) “两防”管理不到位。电动机多次出现故障，未能够真正吸取事故教训，“两防”排查不彻底，没有发现内风扇存在的隐患。

(2) 设备隐患排查深度不够。2018 年 2 月该电动机外风扇脱落，电动机送修，进行电动机全面解体检查、风扇加工、真空浸漆、电动机预试等工作。2 月 27 日，进行修后试验，设备专责人参与设备检查及试验验收，但未对电动机转子内风扇进行金相检测，未能及时发现内风扇存在的隐患。

(3) “火焰失去过多 MFT”保护逻辑是机组投产时调试院组态，此保护之前从未动作过，专业人员对存在的燃烧器运行数量判据和有火判据时间差可能造成保护误动后果认识不足，致使该保护从机组投运以来一直存在安全隐患。

(4) 技术培训工作流于形式，未能将技术培训与重要热控保护、自动调节逻辑学习及隐患排查相结合，培养更加专业的技术人才。

(5) 专业管理不严不细不实，机组投入生产后隐患排查不彻底，未能吃透重要热控保护、自动调节等逻辑，未能发现逻辑中存在的重大隐患。

（三）事件处理与防范

(1) 严格落实高压电动机设备管理相关要求，结合 1 号机组 C 修和 2 号机组浆液循环泵设备轮换机会，对其余 9 台浆液循环泵电动机进行抽转子检查，对转子风扇等焊接部位进行金相探伤检测，按照 6kV 高压电动机检修标准，进行详细排查，消除隐患。

(2) 修改“火焰失去过多 MFT”保护逻辑中燃烧器运行数量判据和有火判据存在的时间差问题，增加 90s 延时，修改该保护名称为“临界火焰丧失”，设置为独立于“全炉膛火焰丧失”的独立保护。

(3) 举一反三，重点排查热控保护及自动方面存在的隐患并整改，确保保护动作可靠。

(4) 根据机组运行方式，调整 2E 磨煤机电源由 6kV 工作二段改至 6kV 工作一段，同时调整 2E 磨煤机油站油泵电动机动力电源和 2E 给煤机电动机动力电源至相应段下的 380V 段。

七、封装模块内部数据流计算顺序错误导致机组跳闸

某电厂机组容量为300MW，2018年12月19日机组负荷为281MW，主蒸汽流量为868t/h，主蒸汽压力为19.8MPa，主蒸汽温度为567℃，再热蒸汽温度为565℃；主给水流量为835t/h，2A、2B汽动给水泵运行；总燃料量为132t/h，2B、2C、2D、2E磨煤机运行时机组跳闸，锅炉MFT。

（一）事件经过

9时35分，机组汽轮机油箱油位1为−148.78mm，油位2为−145.84mm，油位3为750mm，系统判断油位3为坏点（运行值班人员在8时13分发现缺陷并登陆在缺陷系统）。

9时35分23秒，运行人员发现2号机组跳闸，锅炉MFT，发电机-变压器组解列；ETS首出为DEH跳闸，检查DEH保护动作首出为主油箱油位低跳闸。2号机组动作曲线见图3-35。

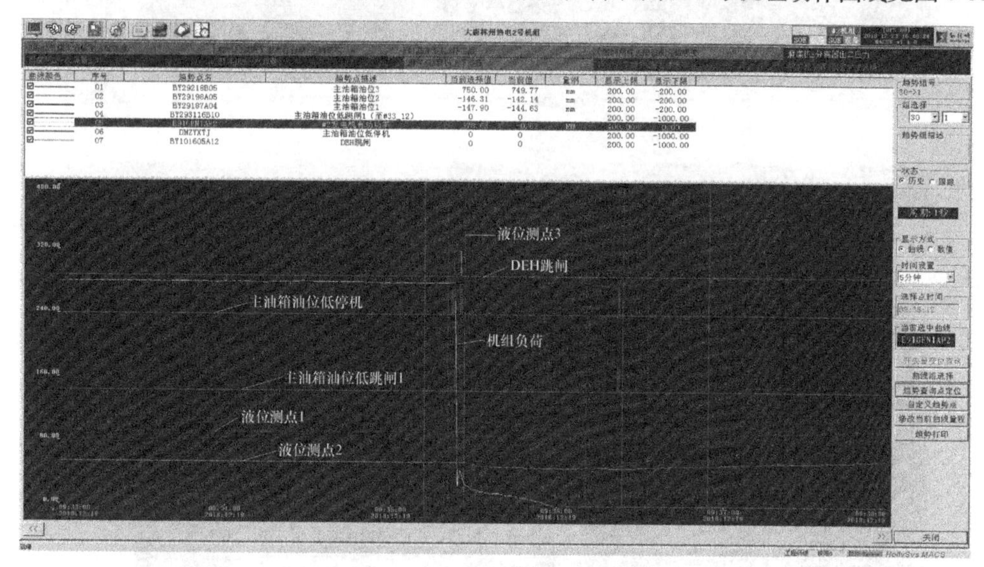

图3-35　2号机组动作曲线

（二）事件原因检查与分析

1. 事件原因检查

（1）就地检查2号机主油箱导波雷达液位计3表头显示“*Status*　EOP High”故障（见图3-36），联系厂家到厂进行检测，未发现具体原因，已发往原厂进行全面检测分析。

（2）检查历史趋势。主油箱油位低保护动作时液位1和液位2显示正常，没有出现跳变现象，液位3由750mm跳变至−826mm又变为−597mm，见图3-37。

（3）逻辑检查。主油箱液位保护逻辑和模拟量“三取二”MSL3SEL2封装块原逻辑见图3-38。（MSL3SEL2封装块实现功能：三个测点均好，三取二；一个测点坏，另两个测点二取一；两个测点坏，另一个测点一取一；三个坏质量保护不动作）该MSL3SEL2封装块

图3-36　主油箱导波雷达液位计3故障显示

说明显示“2011 年 7 月 8 日版本，数据流排序已完成”。查 2011 年、2013 年、2015 年 DCS 系统备份文件，该封装块逻辑和数据流与当前所用相同。

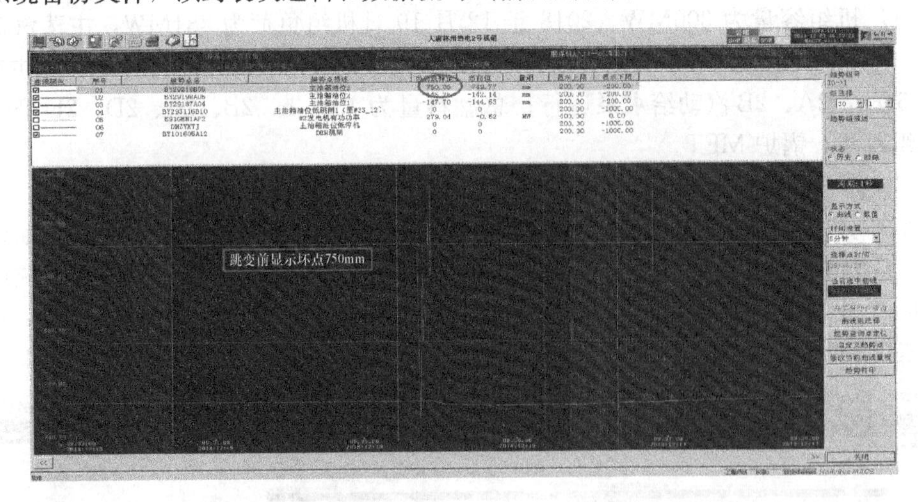

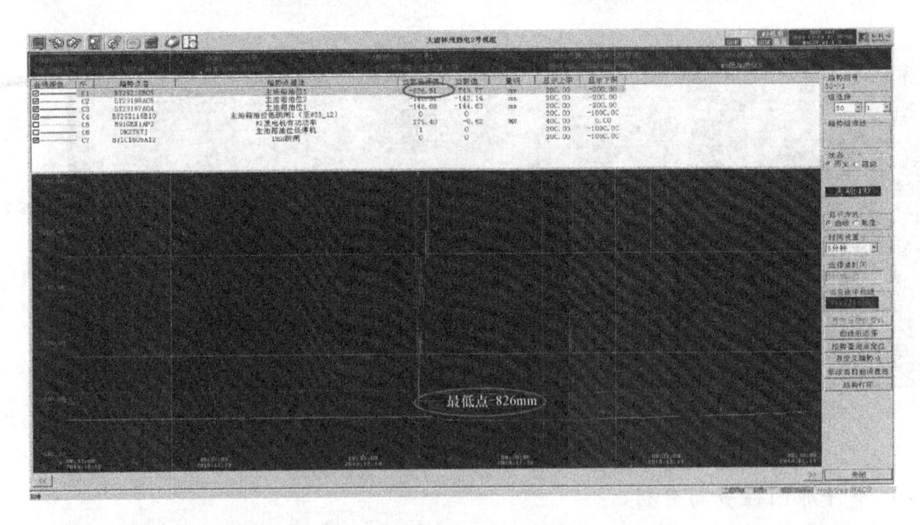

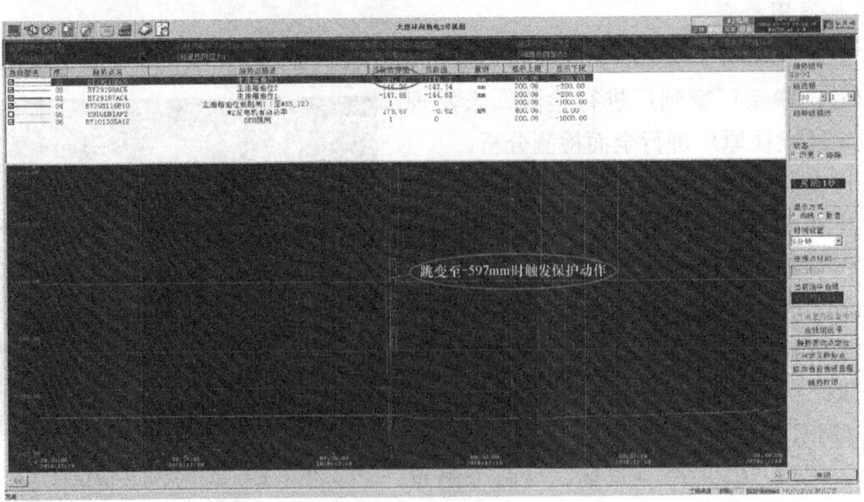

图 3-37　机组停机过程中相关测点历史曲线

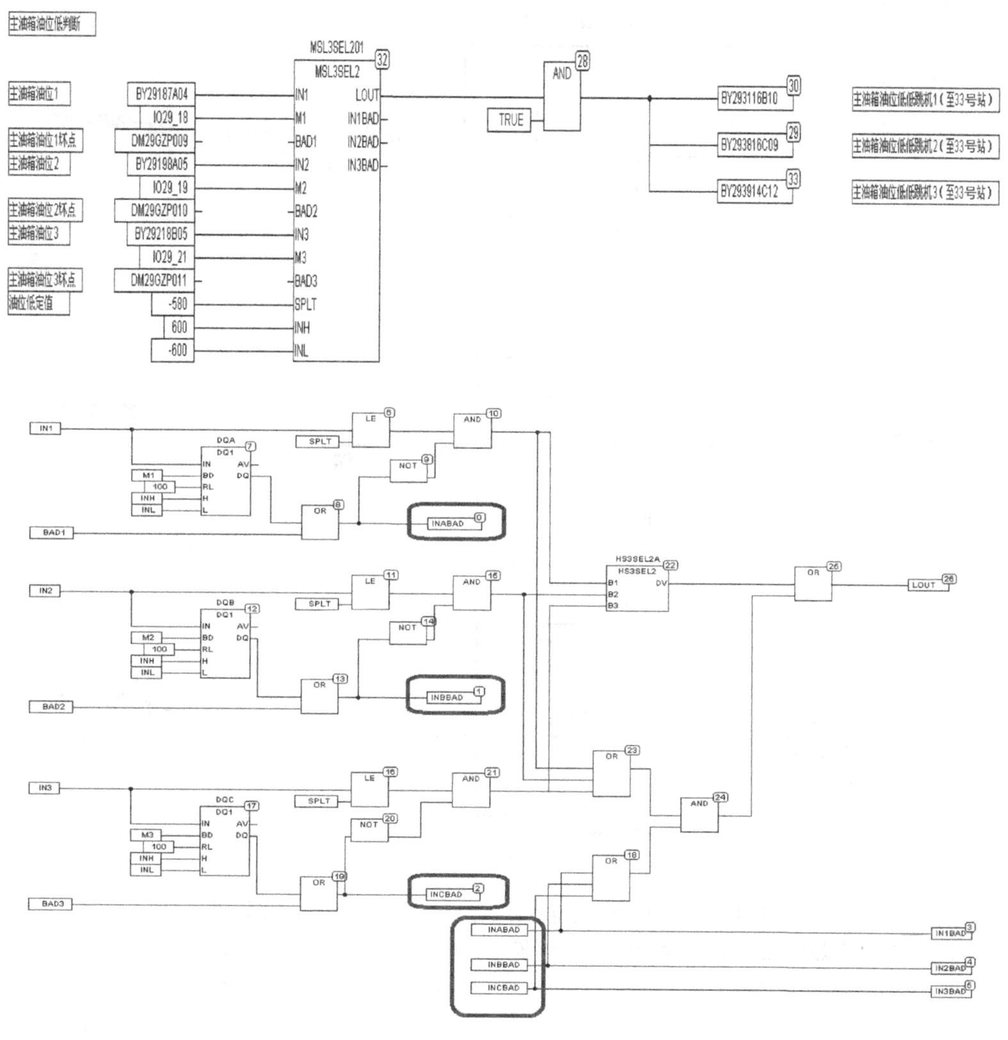

图 3-38　主油箱液位保护逻辑和模拟量“三取二”MSL3SEL2 封装块原逻辑

检查发现封装逻辑算法块存在时序问题。封装逻辑的 3 个中间变量执行顺序号分别为 0、1、2，任一坏质量算法块“OR”执行顺序号为 18，存在时序问题。正确的执行顺序号应将 3 个中间变量及“OR”算法块的执行顺序分配在现有的 21～24 号之间。按现有算法顺序，当测点 3 超量程坏质量后，“OR”块会输出“1”；当测点 3 恢复正常且超限保护动作时，由于“OR”先执行，质量判断在后，输出并不会被及时更新为“0”，仍会保持上一个扫描周期的结果“1”。当 21、23 等算法正常输出“1”时，坏质量闭锁功能会失效，造成保护误动。

2. 模拟试验

发现封装块内部数据流顺序有问题后，对封装块进行模拟试验，确认当单个液位由高低限外的液位值跳变至高低限内并且跳变至保护动作设定值－580mm 以下时，该保护会动作。对现有封装块内部数据流顺序和正确排序的数据流进行了模拟对比试验，试验情况如图 3-39、图 3-40 所示。为进一步探究数据流产生错误的原因，对系统的“按数据流排序”功能进行了对比试验，试验结果如图 3-41、图 3-42 所示。

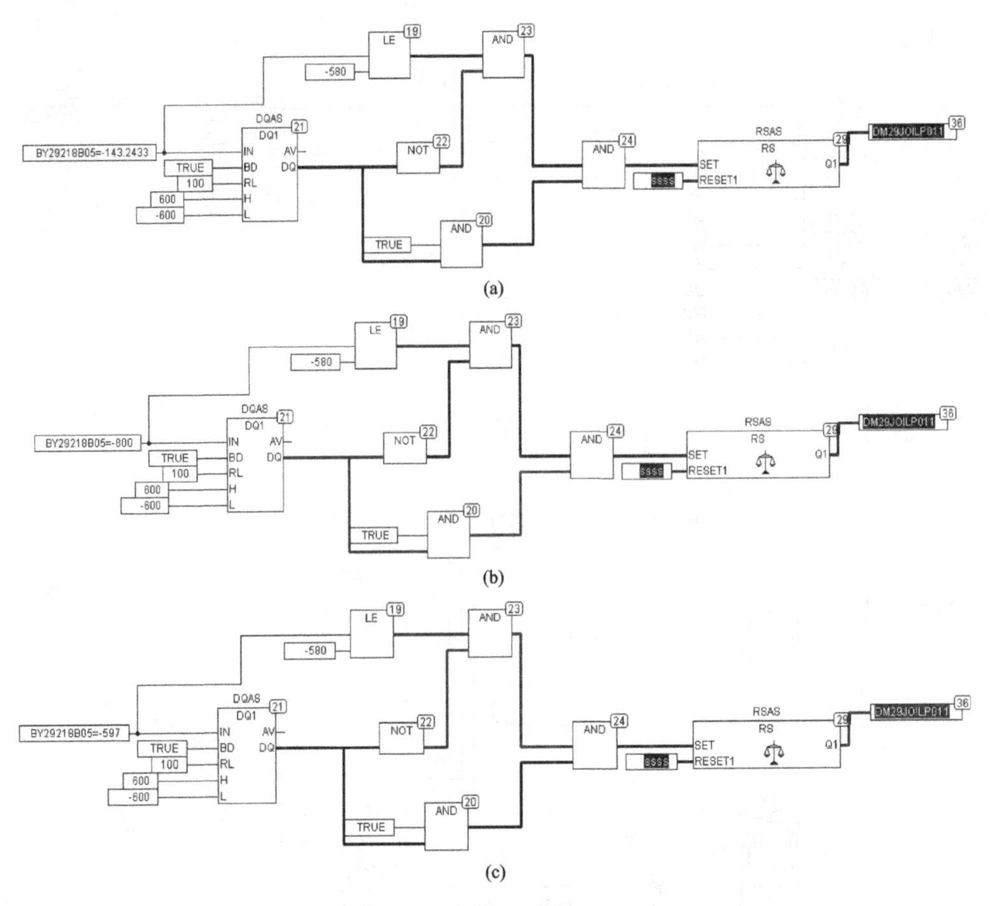

图 3-39　验证现有算法执行顺序（异常时）保护动作规律

(a) 模拟测点正常状态，功能正常；(b) 模拟－800mm 工况状态，坏质量闭锁功能正常；

(c) 模拟－800mm 跳变至－597mm 工况状态，坏质量闭锁功能异常

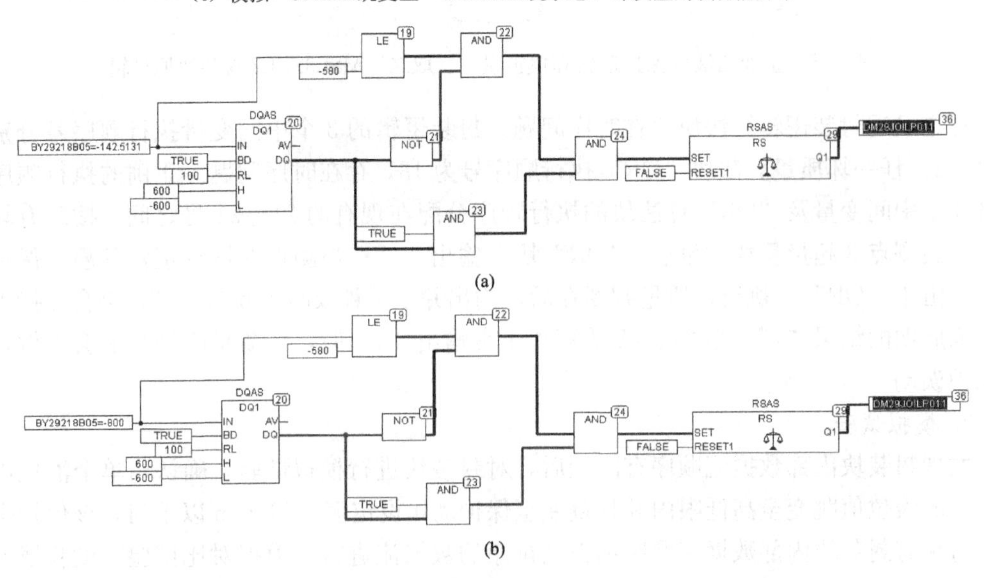

图 3-40　验证改进后的算法执行顺序（正常时）保护工作规律（一）

(a) 模拟测点正常状态，功能正常；(b) 模拟－800mm 工况状态，坏质量闭锁功能正常

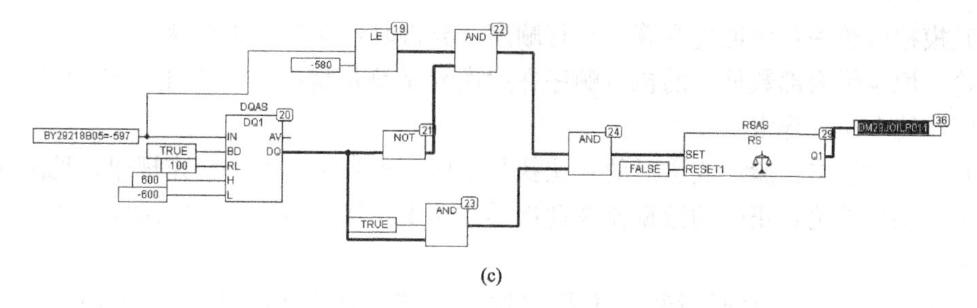

(c)

图 3-40　验证改进后的算法执行顺序（正常时）保护工作规律（二）

（c）模拟－800mm 跳变至－597mm 工况状态，坏质量闭锁功能正常

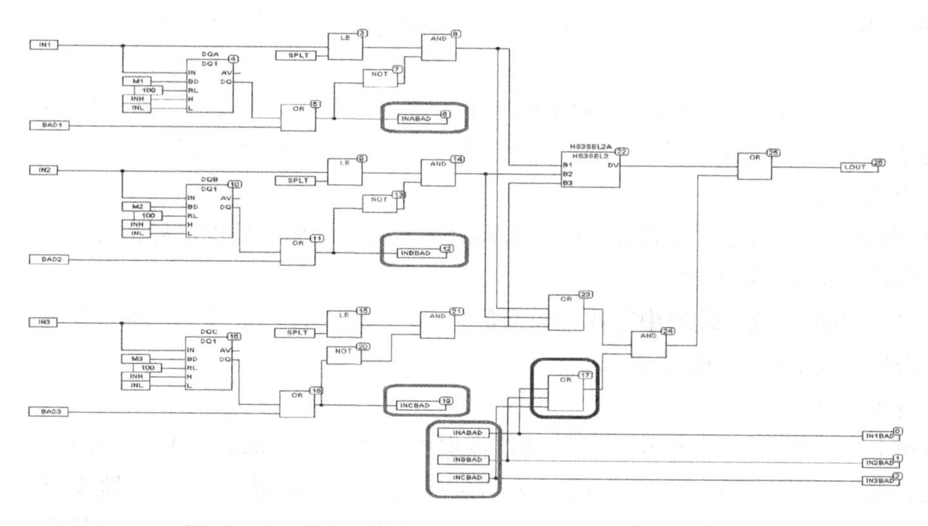

图 3-41　按数据流排序后的封装块逻辑图，含中间变量

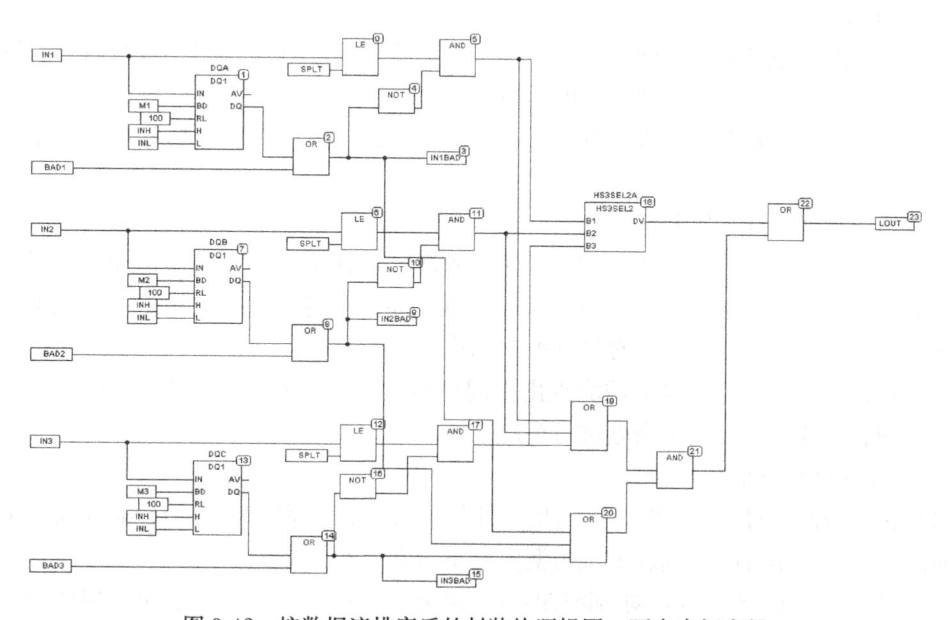

图 3-42　按数据流排序后的封装块逻辑图，不含中间变量

（1）模拟试验一：验证现有算法执行顺序（异常时）保护动作规律。

结论：原逻辑内部数据流的执行顺序在此次异常测量情况下会发出保护动作信号，坏质量闭锁功能会出现异常。

（2）模拟试验二：验证改进后的算法执行顺序（正常时）保护动作规律，见图3-40。

模拟试验二结论：正确的数据流在此次异常工况下不会导致保护误动，坏质量闭锁功能均正常。

（3）模拟试验三：对原封装块进行“按数据流排序”（此功能为该DCS系统自带功能），排序结果见图3-41，进行试验发现仍会导致保护信号误发。分析后发现：封装块内的中间变量可能造成数据流排序功能异常。虽然3个中间变量序号正确，但17号“OR”块序号分配小于测点3的坏质量判断算法块，仍会造成坏质量闭锁功能失效。

（4）模拟试验四：将封装块内的中间变量删除，对原封装块进行“按数据流排序”，排序结果见图3-42，算法序号分配正常，进行试验后未出现保护信号误发现象。

试验总结论：

1）当测点从坏质量恢复到好点时，若同时触发保护动作，数据流异常会造成坏质量闭锁功能失效，导致保护误动。

2）当和利时系统封装块中存在中间变量时，数据流排序功能并不能保证序号分配完全正确，需进行人工复查和试验确认。

3. 事件原因分析

根据上述检查分析，2号机主油箱液位低保护逻辑中“三取二”MSL3SEL2封装块设计存在缺陷，当主油箱液位3测点信号发生跳变，液位3测点由－826mm跳变至－597mm（液位低定值为－580mm），MSL3SEL2封装块内部数据流计算顺序错误，信号误发，导致机组跳机。

4. 暴露问题

（1）热控人员隐患排查不彻底，2号机组DCS逻辑MSL3SEL2封装块存在设计缺陷，从基建期到机组运行至今未发现潜在的隐患。

（2）热控专业重要保护参数检测装置可靠性差，投入运行2年左右便出现测量异常的问题。

（3）热控管理提升工作开展不扎实，控制逻辑内部隐患排查工作不细致。

（4）热控人员技术水平欠缺，对重要保护的逻辑设计认识不足，在增加2号机组主油箱液位低保护时直接引用原有的封装块，未模拟全部异常情况进行逻辑验证，未考虑增加跳闸延时信号防范测点的测量异常导致的误动作。

（5）热控人员对机组重要保护测点出现问题后重视程度不够，2号机主油箱液位3测点出现问题后未及时采取安全措施进行消缺工作。

（三）事件处理与防范

（1）讨论修改1号、2号机组汽轮机主油箱油位低保护逻辑，增加延时模块，适当增加延时时间，防止出现时序问题或油位测点测量异常导致信号误发。

（2）排查全厂DCS系统，对MSL3SEL2封装块及相关类型的封装块使用情况进行排查，并根据排查情况采取防误动措施；利用停机机会进行改装，重新梳理内部数据流问题，

确保数据流排列正确。

(3) 全面排查此型号液位计的测量使用问题，及时更换有问题的液位计。

(4) 加强热控人员技术培训工作，强化分析问题和处理问题的能力。

(5) 加强管理，保证重要信号故障或重要参数异常时，能及时消除缺陷或制定可靠的安全措施。

八、“三选中”模块参数设置不合理引起凝汽器水位突降导致凝结水泵跳闸

机组配置一套390MW单轴联合循环机组，包括一台GE公司9FA燃气轮机，一台与之相配的汽轮发电机组，一台杭州锅炉厂的无补燃三压、再热蒸汽循环余热锅炉。控制系统采用GE的MARK Ⅵe一体化控制系统。2018年6月7日，2号机组330MW运行中凝汽器水位突降造成凝结水泵跳闸，机组降负荷。

（一）事件经过

2018年6月7日，某电厂2号机组负荷330MW，2B凝结水泵运行，热井水位为550mm；10时12分，热井水位突降到50mm左右，低于凝结水泵跳泵水位（152mm），导致2B凝结水泵跳泵，同时也闭锁2A凝结水泵启动。运行当即联系调度减负荷至280MW，联系工程师站热控人员强制（取消）热井水位闭锁凝结水泵启动信号，启动两台凝结水泵向低压汽包进水，并适当减少高、中压给水流量，同时启动两台凝结水输送泵向热井补水，操作过程中派运行人员至现场核对凝汽器热井水位。

10时15分，热控检修人员强制信号后，凝结水泵顺利启动。

10时50分，各水位经调节后恢复，机组正常运行。

事件发生后，热控检修人员立即对相关逻辑进行检查、强制，顺利开启凝结水泵，协助运行人员恢复机组正常运行。

（二）事件原因检查与分析

1. 事件原因检查

事件后，热控人员检查发现，事件发生时3个热井水位一直处于正常状态（从历史曲线上分析，分别是546mm、558mm、559mm），但经过“三选中”模块后，输出信号异常（50mm左右），由于该信号用于联锁凝结水泵跳闸，导致2B凝结水泵跳泵，2A凝结水泵无法启动，只有强制后才能启动。

上述50mm的热井水位属于信号传输、运算、显示异常，实际水位未发生较大变化。由于“三选中”模块对输入信号的品质时刻进行质量可靠性评估计算，当其中或全部输入信号不可信时，输出预先设置的计算方案或预先设置的数值。由于当时，该模块预先设置的数值是“0”，所以当该模块评估输入信号不可信时（全部），便输出“0”水位的信号，由于显示下降数值有延时速率因素，所以运行人员当时监视到的数值是50mm左右。

2. 暴露问题

事件暴露出对新系统I/O采样甄别功能及“三选中”模块计算功能理解不够，对输入信号品质造成的影响未能充分预想，有关参数设置不合理，相关逻辑有待与GE沟通。

MARK Ⅵe控制逻辑的“三选中”模块或三信号输入优选模块，对输入信号进行信号

可靠性评估，并根据评估结果重新选择输出信号或根据预先设置的数值输出信号，该功能在 2 号机组首次使用；所以设计、设置参数时，未考虑周全，未设置一个合理的预先数值（当输入信号不可信或可信度下降时）。

（三）事件处理与防范

（1）对 2 号机组所有 I/O 信号品质判断及冗余信号决选模块进行排查，修改组态或参数，提高信号传输有效率；对信号优选等逻辑进行优化，降低信号故障时对系统造成的影响；完善报警系统，当故障发生时及时反应给监盘运行人员。

（2）进一步检查该功能模块，与 GE 公司沟通，查明导致输入信号品质下降的原因；优化逻辑，消除输入信号品质下降时，输出错误信号。

九、机组 DCS 逻辑错误导致磨煤机液压油站油箱温度高

某电厂 1 号机组为燃煤火力发电机组，额定容量为 350MW，DCS 采用和利时公司生产的 MACS 6 分散控制系统，于 2016 年 10 月 27 日投产。2018 年 3 月 9 日 9 时，1 号炉 A 磨煤机液压油站油温最高上升至 73℃。

（一）事件过程

2018 年 3 月 8 日，1 号机组停运，制粉系统油站均未启动。8 时 12 分，运行人员在 1 号机组 4 号操作员站投入 1 号炉 A 磨煤机液压油站加热器联锁，油箱温度为 15℃（低于 20℃定值），满足加热器自启动条件联启，1 号炉 A 磨煤机液压油站油箱油温上升。3 月 9 日 9 时 00 分，运行人员发现 1 号炉 A 磨煤机液压油站油温最高上升至 73℃，手动停运 1 号炉 A 磨煤机液压油站加热器，油温逐渐下降。

（二）事件原因检查与分析

1. 直接原因

（1）运行人员将 1 号炉 A 磨煤机液压油站加热器投入联锁，交接班未交待清楚，且长时间无人监盘，造成油温过高。

（2）1 号炉 A 磨煤机液压油站电加热器联锁投入后，油箱油温达到 35℃时，电加热联锁退出逻辑错误（温度测点品质判断未取反）导致油温高时加热器未自动停运。

2. 间接原因

（1）运行操作管理不规范，交接班管理存在漏洞。

（2）热控逻辑组态存在错误未及时发现，逻辑检查核对及逻辑传动环节存在漏洞。

（三）事件处理与防范

（1）运行人员认真监视停运设备参数、抄表及巡回检查。

（2）热控专业要认真审核油站加热器逻辑，逐一排查误逻辑。

第六节　DEH/MEH 系统控制设备运行故障分析处理与防范

本节收集了和 DEH/MEH 控制系统运行故障相关的案例 6 起，分别为 DEH 通道异常引起汽包水位低低保护动作 MFT、DEH 控制站 DO 模块老化误发信号导致机组跳闸、DEH 输出误发“振动大”信号导致机组跳闸、DPU 硬件故障误发转速故障信号导致机组跳闸、DEH 通信卡异常加上逻辑设计缺陷导致机组跳闸、DEH 中 DI 模件异常造成主汽门

快关。

这些案例与 DEH 系统相关，DEH 系统由于其控制周期短、控制设备重要等因素，任何小故障都可能直接引发机组跳闸事件，因此加强对 DEH 系统设备的日常维护管理显得格外重要。

一、DEH 通道异常引起汽包水位低低保护动作 MFT

某公司 1 号机组容量为 135MW，DEH 控制系统采用上海 Foxboro 公司生产的 I/A Seris 控制系统，操作系统为 UNIX 系统，控制软件为 ICC 语言式组态逻辑，实现汽轮机的冲转、并网及负荷控制功能。DCS 控制系统采用杭州和利时自动化有限公司的 HOLLiAS-MACS-V 型控制系统。

（一）事件经过

2018 年 3 月 3 日 13 时 59 分，1 号机组负荷为 72MW，各项运行参数正常，AGC 方式投入，负荷由 AGC 自动控制。2018 年 3 月 3 日 13 时 59 分 51 秒，CCS 协调汽轮机主控自动解列，AGC 方式退出，负荷由 DCS 自动控制转为 DEH 阀位控制，DEH 阀位指令瞬间变为 0，机组负荷在 28s 后由 72MW 降低至 0MW，汽包水位无法控制，10s 后“汽包水位低三值保护动作”，机组解列停运。

（二）事件原因检查与分析

1. 事件原因检查

（1）历史数据检查。

1）经过调取 DCS 历史数据发现：

13 时 59 分 51 秒，DEH 允许遥控方式退出。

14 时 00 分 19 秒，发电功率降为 0MW，主蒸汽压力为 8.28MPa，汽包水位为－182mm，见图 3-43。

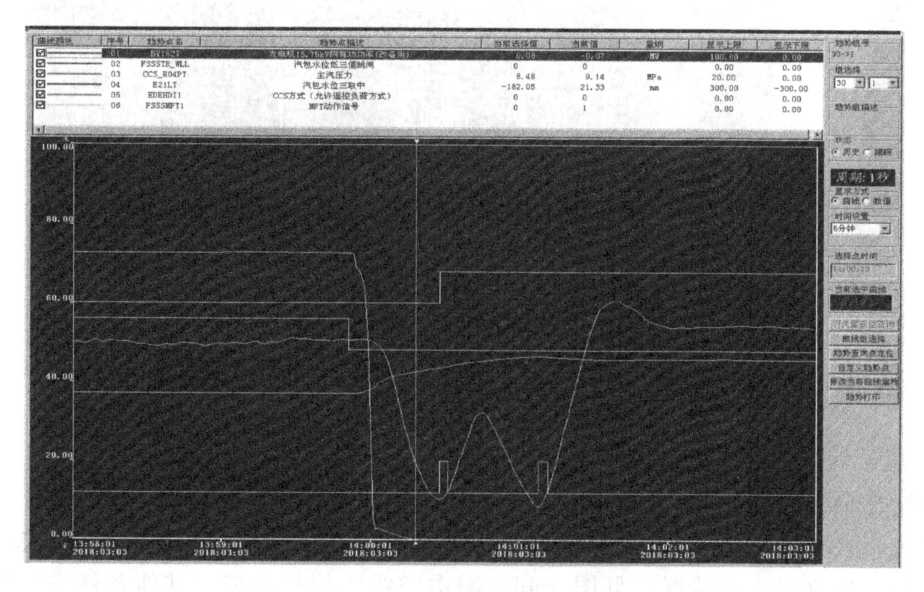

图 3-43　主要参数记录曲线

14 时 00 分 29 秒，汽包水位低三值（−238.44mm）触发 MFT 动作，见图 3-44。

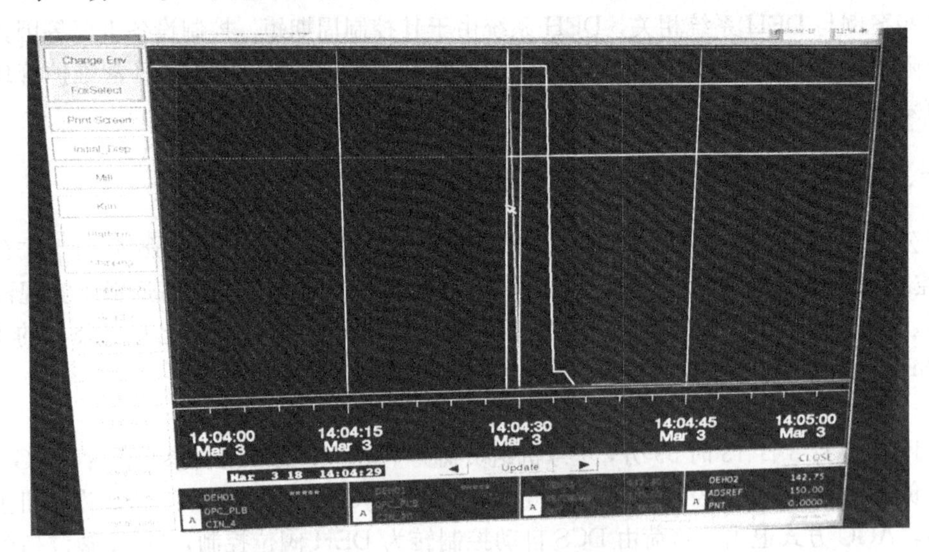

图 3-44　关联信号记录曲线

2）现场调取 DEH 历史数据显示：

14 时 4 分 29 秒，DEH 至 DCS 的负荷反馈信号（REFDMDAO）变为 0。同时，发电机并网开关（OPC _ PLB. CIN _ 4、OPC _ PLB. CIN _ 20）由故障状态（虚线）恢复正常（实线），见图 3-44。

14 时 4 分 32 秒，DCS 至 DEH 的 CCS 指令信号变为 0，见图 3-45。

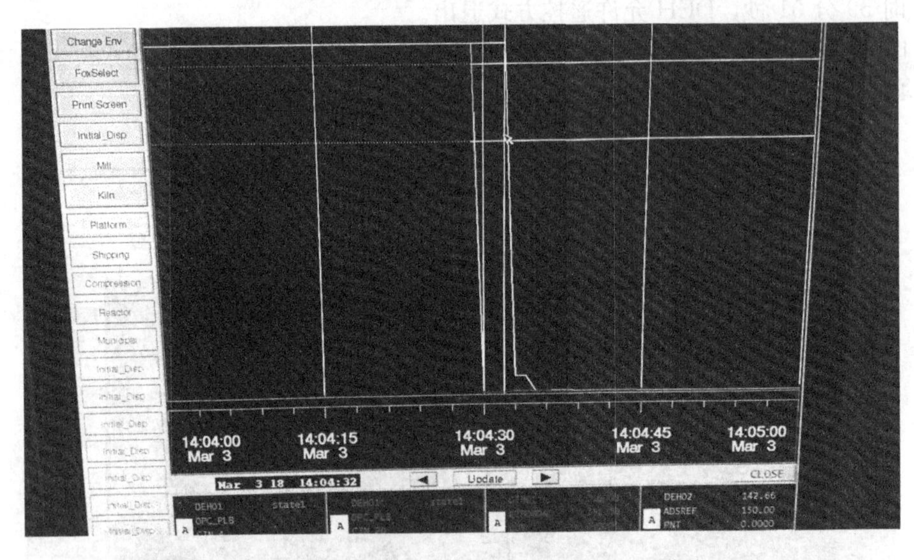

图 3-45　DCS 至 DEH 的 CCS 指令信号记录曲线

经检查 DCS 与 DEH 时钟相差 4min 39s。

经过调阅历史数据，发现 3 月 3 日 13 时 54 分 14 秒，发电机出口开关闭合信号，在跳机前就出现数据故障情况，见图 3-46，图中虚线为信号故障。其他条件未发现异常情况。

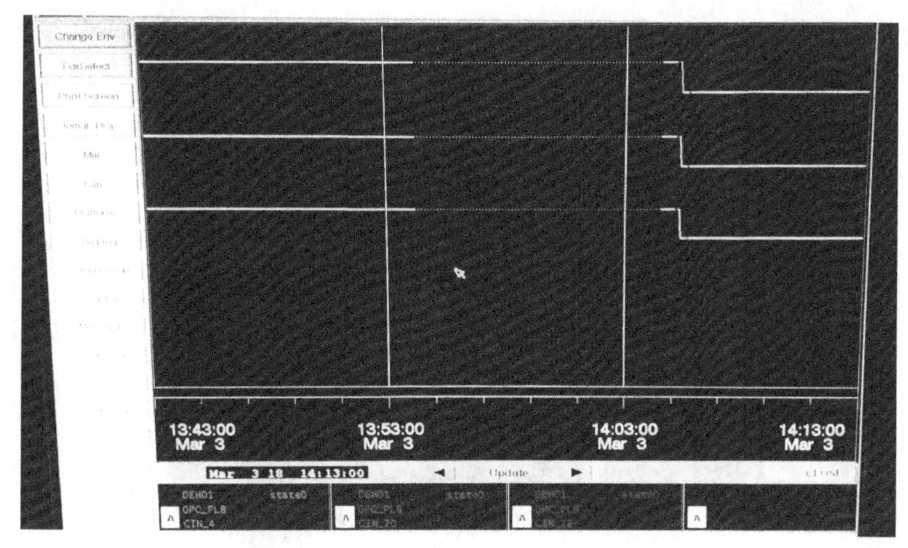

图 3-46　发电机出口开关闭合信号记录曲线

（2）逻辑检查。检查 DEH 遥控允许退出的条件如下：

1）运行人员手动退出。

2）发电机出口开关断开（即发电脱网）。

3）汽轮机调节门在自动状态。

4）DCS 来的遥控负荷指令品质坏。

5）DCS 遥控请求退出。

从逻辑检查发现只有发电机出口开关断开才能使 DCS 来的负荷指令瞬间切换为 0，如图 3-47 所示（BRA 为发电机并网信号，当并网信号为“0”时，选择 M11＝0 输出设定值），同时发电机出口开关断开也会使 DEH 遥控允许信号退出。

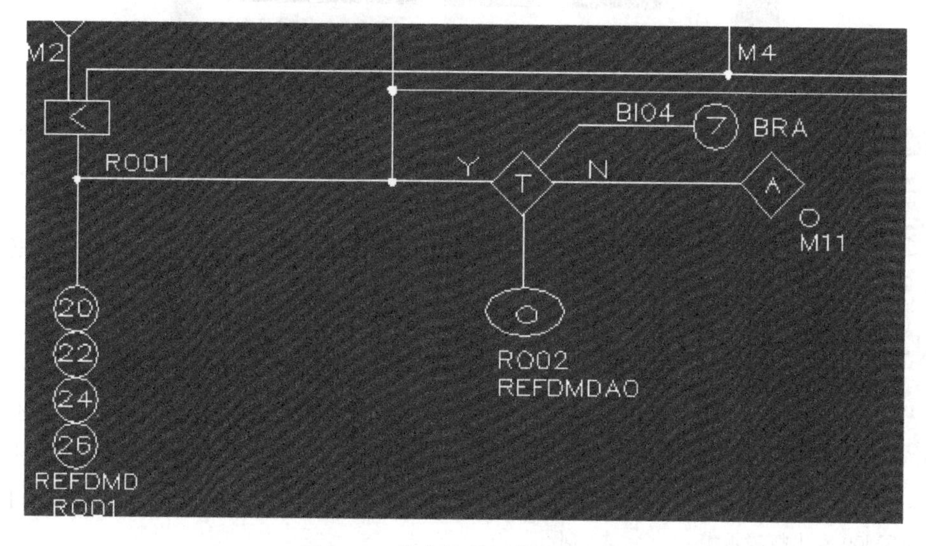

图 3-47　发电机并网信号逻辑图

（3）现场检查情况。

1）现场发现 DEH 两块状态卡存在报警现象，见图 3-48。经过与专业人员沟通，图中红色报警是事故后的第二天发现。调阅历史曲线发现两块卡的故障报警时间为 2018 年 3 月 4 日 7 分 9 秒，之后一直处于故障状态，见图 3-49。

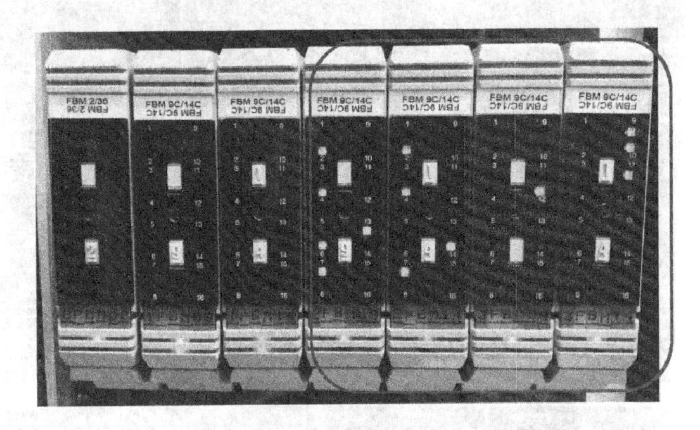

图 3-48　DEH 两块状态卡报警

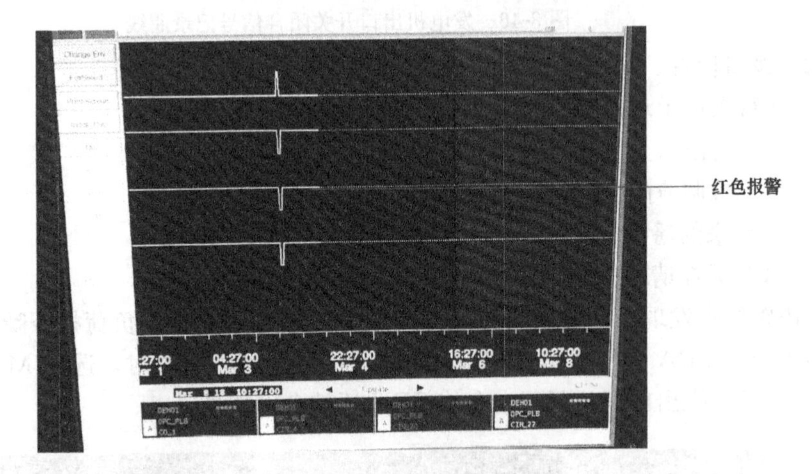

图 3-49　两块卡故障历史记录曲线发现

2）查阅 3 月 3 日运行工作票，未发现有动火工作和其他异常工作活动，端子版接线牢固，无强电串入情况。

3）从 2 号停备机组模拟模件故障发现，更换 FBM14 模件时，模件 FBM09 会受到影响，发出故障红色报警，见图 3-50。

图 3-50　更换 FBM14 模件时 FBM09 发出故障报警

4）电气设备记录检查未发现异常报警。

2. 事件原因分析

(1)“汽包水位低三值保护动作”是造成机组 MFT 的直接原因；造成机组汽包水位低三值的原因是 DEH 调门快速回关，导致压力波动大，使得汽包水位难以控制。

(2) 1 号机组运行期间，在 AGC 控制方式下，因为 DEH 系统中，DEH 允许遥控信号异常消失，导致 DCS 协调方式退出，DEH 控制切回阀控方式，阀位指令直接由 143 变成 0，造成机组负荷由 72MW 在 28s 后降低至 0MW。此项为造成机组非停的主要原因。检查

逻辑发现只有发电机出口开关断开信号来，才能让机组负荷指令快速归零。

(3) 因历史库数据不全面，没有直接的证据表明发电机出口开关闭合信号消失，但是从现有数据调查情况看，DEH 的发电机出口开关状态采集卡，在 13 时 54 分 13 秒存在间断的历史数据异常，结合控制逻辑推断 DEH 的发电机并网信号采集卡在故障时段内，有可能存在非常短暂的信号翻转，使逻辑中机组的 DEH 负荷设定指令归零，高压调节门回关；同时，造成 DEH 允许遥控信号退出，使得 DCS 至 DEH 的负荷指令切换至跟踪 DEH 负荷设定（0 值）。导致主蒸汽压力快速升高，汽包水位难以控制，触发 MFT 保护动作。

3. 暴露问题

(1) FBM14 和 FBM09 数据采集卡不能独立完成状态监视，1 个卡上出现信号故障会造成正常模件监视异常，不能保证模件独立工作。

(2) 未对 DEH 模件进行规范的功能测试工作，仅是专业自己组织的一般性检查。

(3) 设备监护不到位，在机组运行期间，系统报警发出时，未及时发现设备异常报警信息。

(4) 设备故障期间，监督平台信息同时中断。

（三）事件处理及防范

(1) 制定详细的安全措施，对故障模件进行更换，及时消除隐患。

(2) 梳理 DEH 系统中的关键中间点信息，完善 DEH 历史数据库信息，将重要点全部增加至历史数据库中，便于后期的数据分析。

(3) 制定整改计划，对发电机出口并网开关和汽轮机挂闸信号进行 3 路独立模件信号采集改造，确保信号的各自独立性。

(4) 制定详细的管理制度，严格保证监督平台信息的数据传输可靠。

二、DEH 控制站 DO 模块老化误发信号导致机组跳闸

某电厂 4 号机组为 145MW 高背压供热机组，配套 465t/h 循环流化床锅炉，DCS 系统采用北京华能自动化工程公司 PineControl 分散控制系统，2002 年上电运行，共包括 11 个控制站（CCS 机组协调控制系统、BMC 锅炉侧模拟量控制系统、TMC 汽轮机侧模拟量控制系统、FSSS 锅炉自动燃烧控制系统、SOOT 锅炉吹灰控制系统、INTE 发电机组联锁保护与电气控制系统、SEQB 发电机组锅炉侧辅机程序控制系统、SEQT 发电机组汽轮机侧辅机程序控制系统、DEH 汽轮机数字电液控制系统、PIOP 热控测量与公用控制系统及远程 IOP 系统、SNCR 脱硝系统）。2016 年对主要控制站 DPU 及电源模块进行了更换。

（一）事件经过

2018 年 12 月 21 日 8 时 18 分，4 号机负荷为 90MW，床温为 924℃，氧量为 3.9%，给煤量为 56t/h，主蒸汽压力为 9.08MPa，主蒸汽温度为 539℃，再热蒸汽温度为 542℃，床压为 8.9kPa，A/B 一次风机、A/B 二次风机、A/B 引风机运行。汽轮机单阀运行状态，EH 油压为 14.2MPa。

8 时 18 分，4 号机组运行中跳闸，锅炉 MFT，首出信号“发电机保护动作（逆功率保护）”，SOE 记录首出发信号“汽轮机主汽门关闭”。

10 时 30 分，热控人员查明故障原因，完成故障处理，对主汽门关闭控制回路继电器及电缆进行阻值和绝缘测试，均合格。

10时45分，汽轮机冲转；10时57分，全速；11时2分，机组并列。

锅炉MFT，床温大幅下降，旋风分离器入口烟气温度低，脱硝效率低，造成NO_x 8时00分—9时00分均值超标1h。

（二）事件原因检查与分析

1. 事件原因检查

（1）现场检查。

1）检查4号机组电子间DEH控制柜，控制站DO输出模块2-2及2-3无异常灯亮；检查DO012（1号高压主汽门开关电磁阀）、DO013（2号高压主汽门开关电磁阀）、DO029（1号中压主汽门开关电磁阀）、DO030（2号中压主汽门开关电磁阀）继电器指示灯均点亮，说明已经动作；从控制站DO模块2-2及2-3的输出端子处拆除以上4个继电器接线后继电器灯熄灭，恢复正常，排除继电器故障的可能。

2）对DO模块2-2及2-3的其他输出通道进行测量检查，发现2-2模块第8点及2-3模块第7点已经接通，而模块相应指示灯未点亮，判断DO模块故障。

3）10时20分，热控人员将以上两DO模块更换备品，恢复接线，模块指示灯及关联的继电器均无信号发出，测量模块输出均正常，与模块指示灯显示对应。

（2）调看历史曲线。

1）8时25分，热控人员赶到4号工程师站查看SOE记录：8时18分43秒，主汽门关闭；8时18分45秒，发电机跳闸。图3-51所示为4号机组异常停运阀门误关曲线。

2）查阅机组跳闸后，DEH系统首出信号为"发电机跳闸"，MFT首出信号为"汽轮机跳闸"，查看DCS状态图无异常报警；检查DEH控制站主汽门控制回路逻辑，其DO控制信号未发出。

3）机组异常环保NO_x超标曲线如图3-52所示。

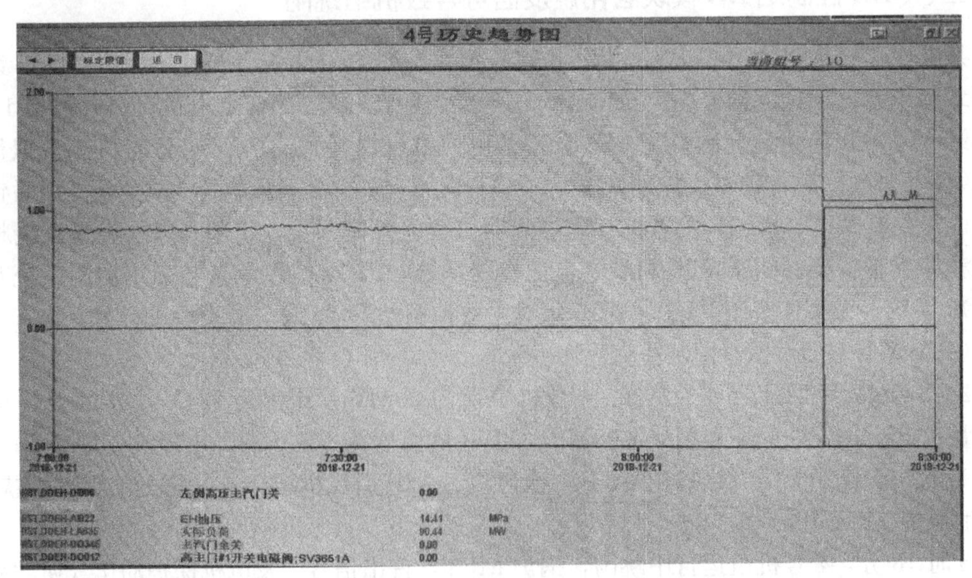

(a)

图3-51　4号机组异常停运阀门误关曲线（一）

(a) 曲线1

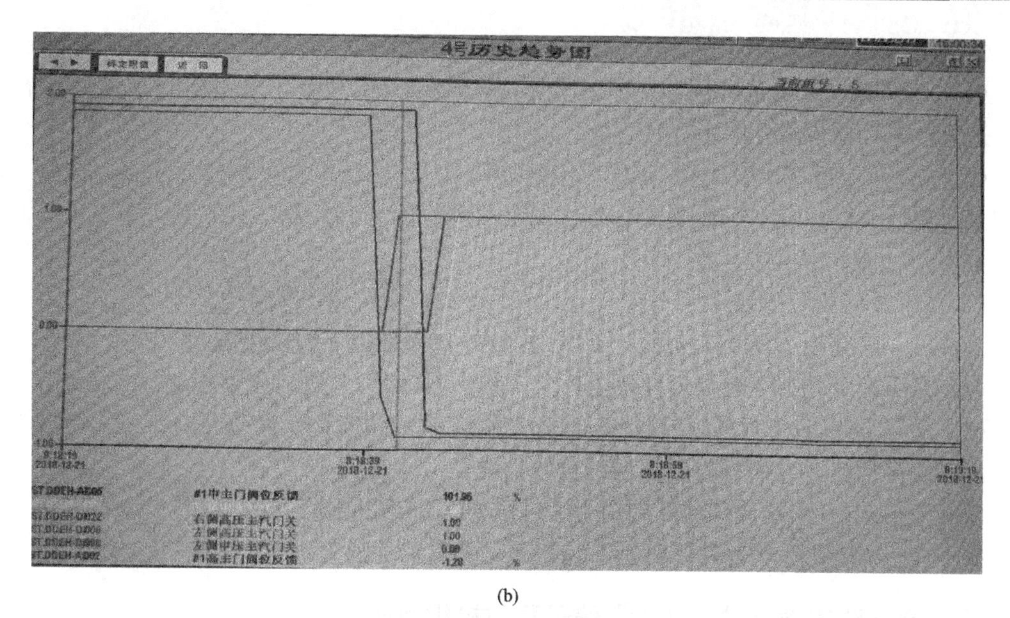

(b)

图 3-51　4 号机组异常停运阀门误关曲线（二）

（b）曲线 2

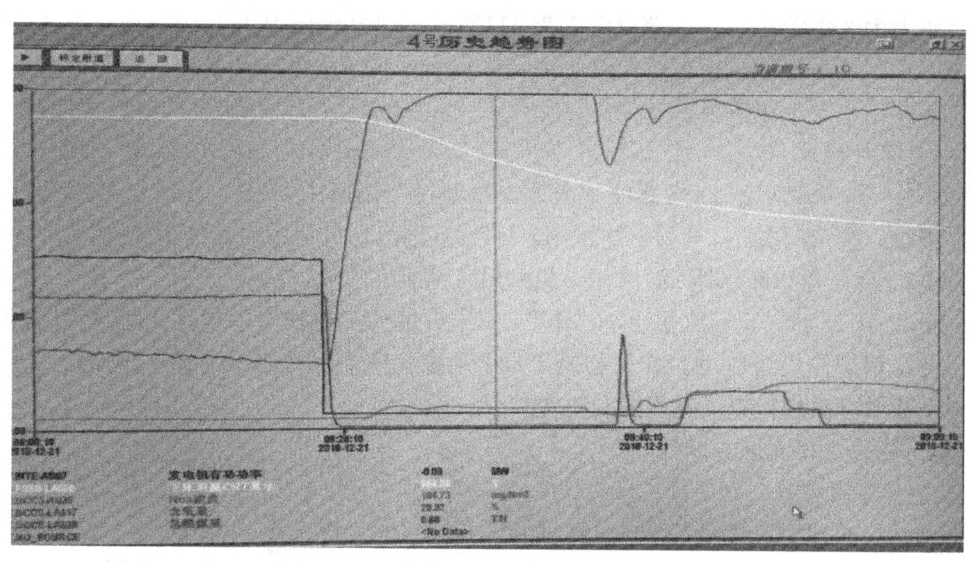

图 3-52　4 号机组异常环保 NO_x 超标曲线

根据曲线分析，锅炉 MFT 后，氧量大幅升高，造成 NO_x 折算浓度大幅升高，同时床温大幅下降，旋风分离器入口烟气温度低至脱硝反应温度以下，脱硝效率低，造成 NO_x 8 时 00 分—9 时 00 分均值超标 1h。

2. 事件原因分析

综上所述，4 号机组跳机原因是 DEH 控制站 DO 模块老化误发信号，造成汽轮机主汽门关闭。

（1）主汽门全关信号，送至电气逆功率保护回路触发发电机保护动作。

（2）触发锅炉 MFT 后，氧量大幅升高，造成 NO_x 折算浓度大幅升高，同时旋风分离器烟气温度降低至脱硝反应温度以下，脱硝反应效率降低，造成 NO_x 均值超标 1h。

3. 暴露问题

(1) 对超期服役设备的风险辨识不足。DCS 系统从 2002 年上电运行，连续运行 16 年，造成电子元器件老化、可靠性下降。

(2) 隐患排查不到位，2016 年仅对主要控制站 DPU 及电源模块进行更换，未对 DCS 系统进行整体检测评估，对重要 I/O 模件发生故障的隐患和后果估计不足，重要的 I/O 模块未更换。

(三) 事件处理与防范

事件后，除更换 DEH 控制站故障 DO 模件外，采取以下防范措施：

(1) 将更换下的 DO 故障模件发至厂家（福大自动化），进行硬件检测。

(2) 加强 DCS 日常巡检，在 DCS 改造实施之前增加巡检次数至每日 2 次，尤其注意查看故障报警信息，以便及时发现系统异常情况。

(3) 申报 2019 年更改项目，对 4 号、5 号机组 DCS 进行升级改造。

(4) 机组 MFT 后及时进行恢复，提高旋风分离器处温度水平至脱硝反应温度以上。

三、DEH 输出误发“振动大”信号导致机组跳闸

2018 年 1 月 18 日，3 号机组正常运行中，机组负荷为 140MW，主蒸汽温度为 534℃，主蒸汽压力为 8.12MPa，再热蒸汽温度为 511℃，再热蒸汽压力为 1.47MPa，A 磨煤机运行，A/B 引风机和送风机运行，A 给水泵变频运行，B 给水泵工频备用。B 凝结水泵变频运行，A 凝结水泵工频备用。

(一) 事件经过

5 时 39 分，3 号机组 DCS 系统“本体安全监视”画面中 ETS 主保护信号汽轮机“振动大”报警，主汽门关闭，3 号机组跳闸，ETS 首出汽轮机“振动大”。程跳逆功率保护动作，发电机-变压器组断路器 DL 跳闸，机组甩负荷到 0MW。

5 时 39 分 12 秒，运行人员手动 MFT，3 号炉熄火。检查发电机-变压器组联动正常，汽轮机侧、锅炉侧设备联动正常。检查 DEH 系统、DCS 系统画面上汽轮机轴振、瓦振、偏心显示正常，就地检查汽轮机振动正常。

(二) 事件原因检查与分析

1. 事件原因检查

接到运行通知后，热控专业人员到现场，开展以下工作：

(1) 5 时 53 分，热控专业人员接值长通知，赶到现场检查。查看 DCS 工程师站“本体安全监视”画面有汽轮机“振动大”“ASP2 动作”“主汽门关闭”3 个信号报警，查阅汽轮机轴振、瓦振历史趋势未见异常。在线查看 DEH 工程师站的汽轮机轴振、瓦振测点参数正常。查看 3 号机组电子设备间 TSI 控制柜系统工作正常。ETS 控制柜系统工作正常，首出汽轮机“振动大”，振动大、ASP2、主汽门关闭信号报警。运行人员 3 次对 ETS 系统进行复位均失败，确认汽轮机“振动大”信号一直存在，初步判断热控保护误动。

(2) 6 时 13 分，经值长批准同意，值班人员屏蔽 ETS 控制柜入口汽轮机“振动大”信号，ETS 系统复位成功。

(3) 核查 3 号汽轮机轴承振动保护逻辑及定值设置，未见异常。汽轮机各轴承振动数据经 TSI 采集，送 DEH 进行逻辑判断，DEH 逻辑判断后送 ETS 作为汽轮机主保护条件。

汽轮机“振动大”逻辑为：任一同轴承振动 X 向、Y 向达到跳机定值且瓦振达到报警值时联锁跳闸汽轮机；X 向、Y 向跳机定值为 260μm，瓦振报警定值为 80μm。

(4) 2018 年 1 月 23 日，北京 ABB 公司技术工程师到现场，对 3 号机组 DEH 系统进行检查，初步判断为设备 2005 年投运至今已 13 年，此次跳机可能与系统老化有关系。

(5) 2018 年 1 月 25 日，更换 3 号机组 DEH 系统 M7 控制器所在的模件安装单元、数字输出子模件 IMDSO14 及出口继电器端子板、数字输入子模件 IMDSI14、模拟量输入子模件 IMFEC12，重新铺设 3 根 DEH 至 ETS 信号控制电缆，保护信号传动试验正常。

2. 事件原因分析

(1) 机组跳闸原因分析。

查看 SOE 记录（见图 3-53）及调取 DCS 首出报警曲线（见图 3-54），1 月 18 日 5 时

2018/1/18 5:39:51	64	1	437	21	YAETS_DCS10 ETS来振动大停机
2018/1/18 5:39:51	64	1	441	21	YAETS_DCS14 ETS来ASP2开关压力过低
2018/1/18 5:39:51	66	1	124	21	YAMFT11_SOE MFT动作到SOE_DAS
2018/1/18 5:39:51	78	1	80	22	YA1FB_DI2 发电机-变压器组断路器DL跳闸位置
2018/1/18 5:39:51	82	1	81	22	YA1FB_DI15 灭磁开关跳闸位置
2018/1/18 5:39:51	82	1	24	23	YA21B_DI2 6kV3A段工作分支ADL跳闸位置
2018/1/18 5:39:51	83	1	25	23	YA21B_DI6 6kV3B段工作分支BDL跳闸位置
2018/1/18 5:39:51	83	0	26	23	YA21B_DI10 6kV3A段备用分支0ADL跳闸位置
2018/1/18 5:39:51	83	0	27	23	YA21B_DI14 6kV3B段备用分支0BDL跳闸位置
2018/1/18 5:39:51	83	1	52	23	YA21B_DI9 6kV3A段备用分支0ADL合闸位置
2018/1/18 5:39:51	84	1	53	23	YA21B_DI13 6kV3B段备用分支0BDL合闸位置
2018/1/18 5:39:51	84	0	98	23	YA61B_DI2 3号电除尘工作变6kV开关673跳闸位置
2018/1/18 5:39:51	84	0	99	23	YA61B_DI4 电除尘380V3A段开关373跳闸位置
2018/1/18 5:39:51	85	1	163	23	YA61B_DI6 电除尘380V3B段工作电源进线开关374跳闸位置
2018/1/18 5:39:51	85	0	160	23	YA46B_DI2 2号检修变压器6kV开关695跳闸位置
2018/1/18 5:39:51	85	0	161	23	YA60B_DI2 2号检修变压器380V开关395分闸位置
2018/1/18 5:39:51	85	1	96	23	YA44B_DI4 3号机照明总盘工作电源进线开关393跳闸位置
2018/1/18 5:39:51	86	1	120	23	YA44B_DI2 3号低压照明变6kV开关693跳闸位置
2018/1/18 5:39:51	86	1	260	16	YA36M03_ZR 交流润滑油泵运行
2018/1/18 5:39:51	86	0	261	16	YA36M03_ZS 交流润滑油泵跳闸
2018/1/18 5:39:51	92	1	268	16	YA36M05_ZR 高压启动油泵运行
2018/1/18 5:39:51	99	0	269	16	YA36M05_ZS 高压启动油泵跳闸
2018/1/18 5:39:51	99	0	157	15	YA09MV01_ZC 事故放水门1关
2018/1/18 5:39:51	101	0	159	15	YA09MV02_ZC 事故放水门2关

图 3-53 SOE 记录

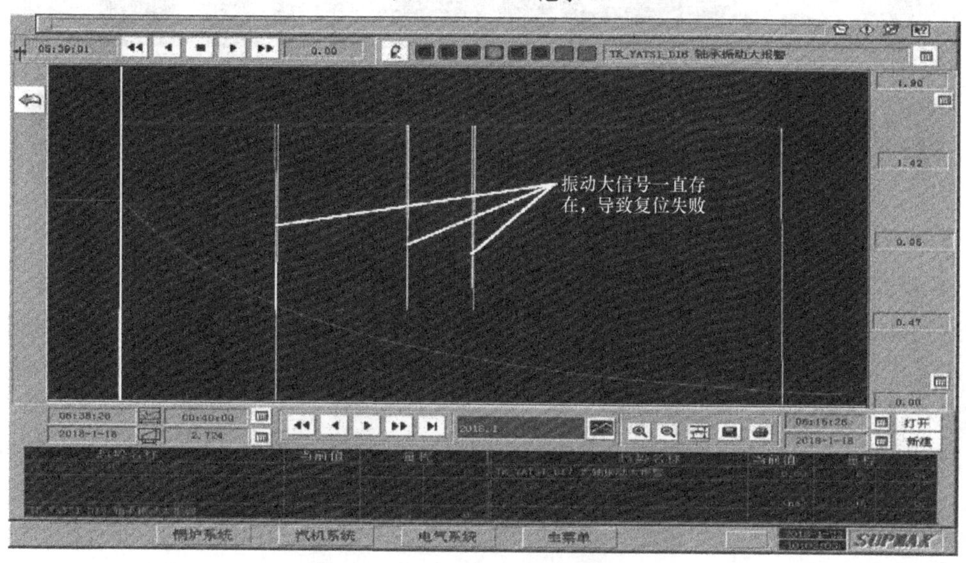

图 3-54 DCS 首出报警曲线

39 分 00 秒，3 号机组汽轮机跳闸首出为汽轮机“振动大”，锅炉 MFT 首出为“手动停炉”（无机跳炉保护，基建时取消），发电机-变压器组首出“程序逆功率”，由于机组实际振动正常，未达到跳闸条件，确认汽轮机“振动大”为热控误发信号。

说明：DEH 系统无历史趋势记录功能，仅有部分重要输入信号及系统状态报警，机组主要报警功能均在 DCS 系统中实现，由于 SOE 系统存在问题，此次跳机时间以 DCS 为准，SOE 时间比 DCS 时间快了 51s，DEH 时间比 DCS 时间慢了 59min 39s。

（2）汽轮机“振动大”信号误动原因分析。振动模拟量信号通过 TSI 系统送至 DEH，汽轮机“振动大”保护逻辑在 DEH 系统中实现，逻辑关系为同一瓦 X 或 Y 向跳闸值（260μm）同瓦振报警值（80μm）相与，送出一路信号至 ETS 系统继电器隔离回路，隔离回路动作后送至 ETS 系统输入采集板，ETS 系统逻辑判断后分别输出至 AST 跳闸回路和 DCS 系统报警记录。同时 TSI 系统送出两路开关量信号（报警值和跳机值）至 DCS 系统报警。汽轮机“振动大”跳闸回路中主要模拟量信号输入环节、DEH 系统、信号电缆、隔离回路及 ETS 系统可能导致信号误动。

1）排除汽轮机实际振动大及振动模拟量信号受干扰可能。查看历史曲线（见图 3-55），机组跳闸前后，振动无明显变化，DCS 中无 TSI 振动大报警，同时值班人员确认汽轮机“振动大”保护触发时 DEH、DCS 监视画面振动信号无异常，DEH 工程师站在线查看各轴承振动模拟量信号均正常，就地检查汽轮机振动正常，因此排除汽轮机实际振动大可能。

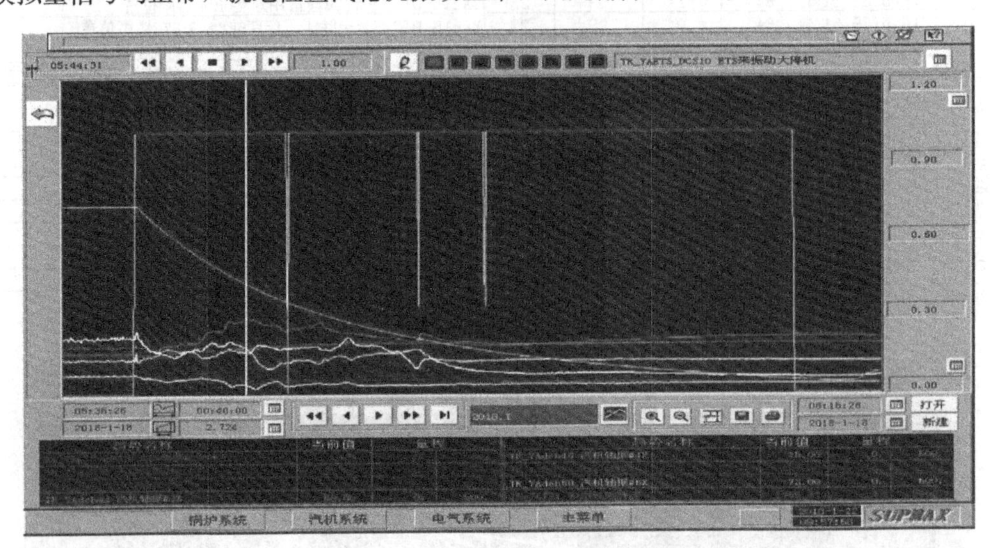

图 3-55　机组跳闸前后振动曲线

2）排除 ETS 系统故障可能。2017 年对 ETS 系统进行了改造，在 ETS 系统输入采集板前增加隔离装置（见图 3-56），其驱动电压为 48V，提高了系统抗干扰能力，且机组跳闸时，检查人员确认汽轮机“振动大”跳闸回路继电器灯亮，说明汽轮机“振动大”跳闸信号真实存在，故排除 ETS 系统故障可能。

3）排除电缆受干扰及质量不可靠问题。现场检查发现，“振动大”“DEH 失电”“DEH 停机（DEH 超速、汽机转速信号故障等）”信号共用一根电缆，跳机前后，另外两个信号均未翻转（见图 3-57）；现场对电缆进行绝缘测试，均符合要求；在振动大跳机回路中串入交流分量干扰，未发现任何异常；“振动大”信号一直存在 30min 左右（见图 3-58），与受干扰现象不符；跳机前后无大设备启停，各系统无异常报警；ETS 隔离回路（见图 3-59）48V 电源负端浮空，跳闸信号任意一端接地都不能形成回路，故排除电缆受干扰及质量不可靠可能。

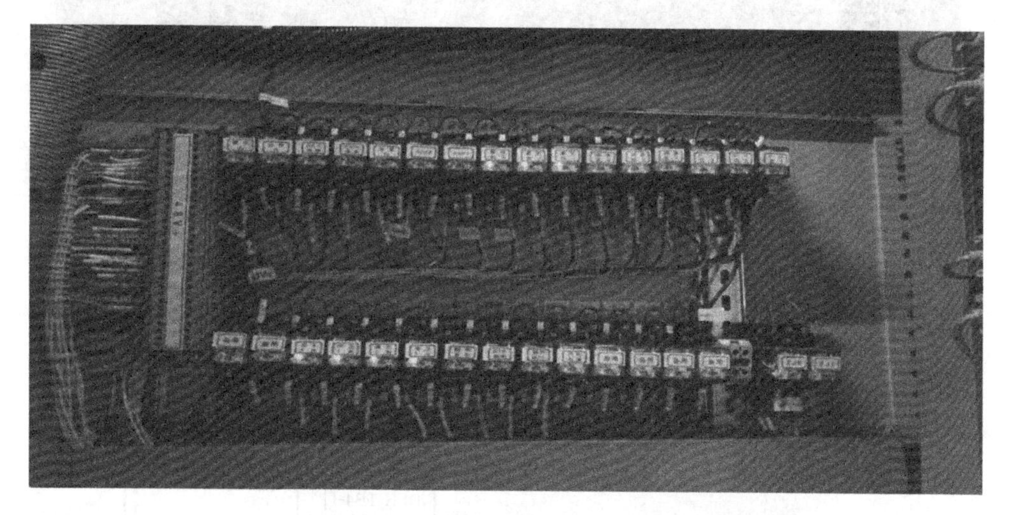

图 3-56　ETS 系统隔离装置（左上 1 为振动大隔离继电器）

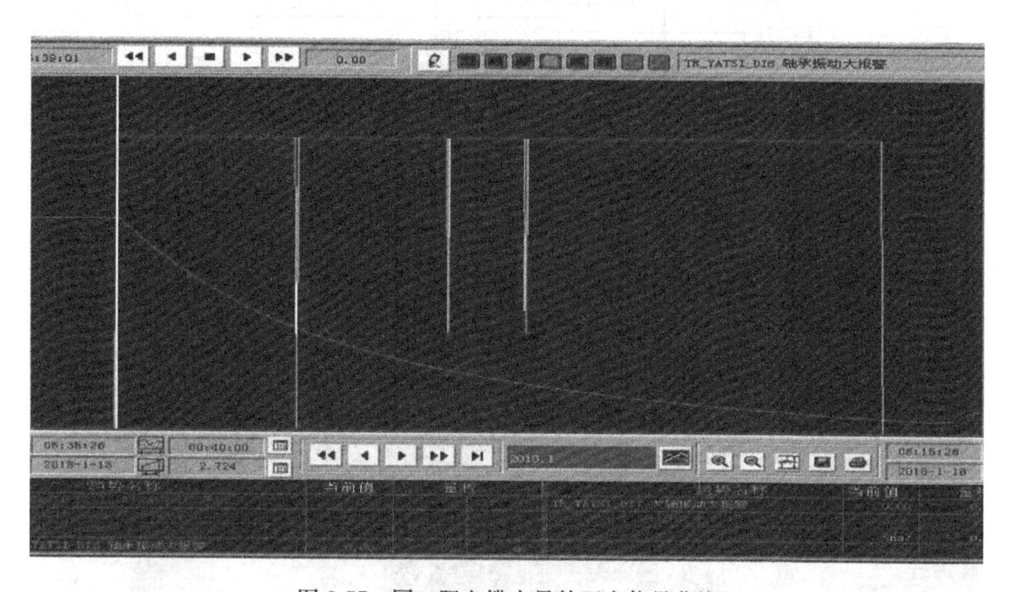

图 3-57　同一跟电缆中另外两个信号曲线

通过排除机组实际振动大及模拟量信号受干扰、电缆受干扰或质量不可靠、ETS 系统故障等可能影响因素，初步怀疑 DEH 系统数字量输出系统故障导致误发信号。

（3）DEH 数字量输出系统故障导致“振动大”信号误发原因分析。

1）DEH 系统跳闸时发 DO 卡故障报警。查阅 DEH 报警记录，在主汽门关闭 10s 后，DEH 报 7 号 DO 模件（“振动大”输出信号所在模件，此控制器内仅有一块 DO 卡,）故障报警（DO 卡离线），且 DO 模件报警几乎与振动大信号同时存在 30min 后同时消失（见图 3-60）。

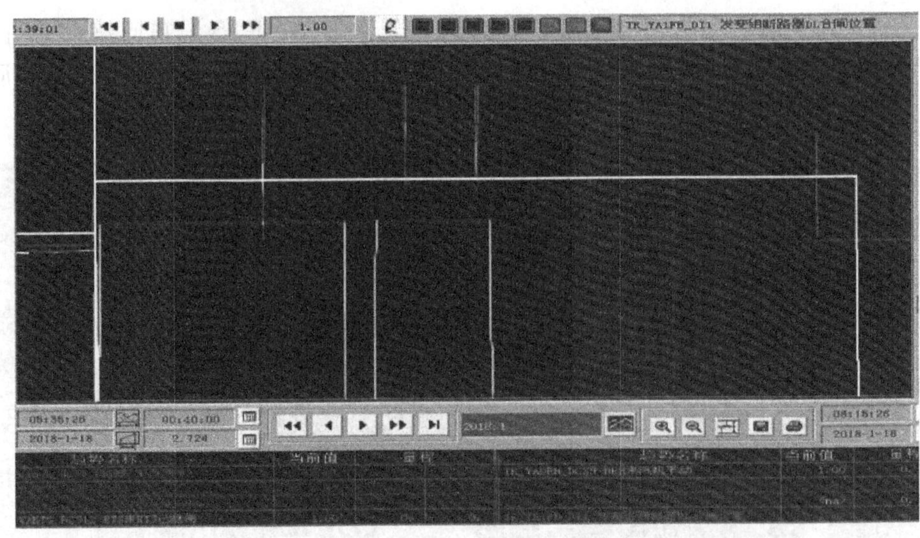

图 3-58　振动大跳闸信号曲线

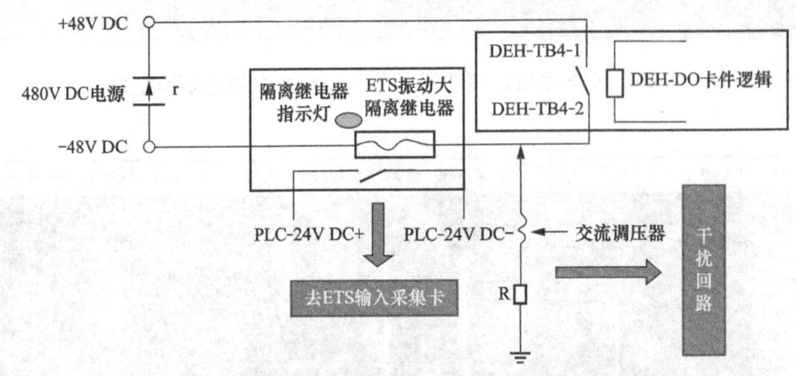

图 3-59　ETS 隔离回路及串入交流干扰分量示意图

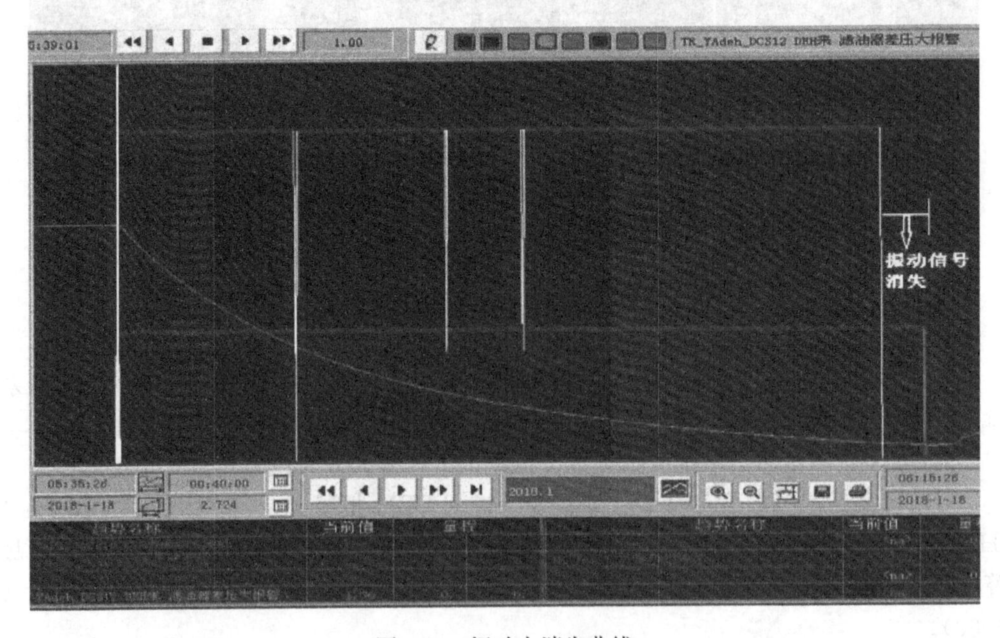

图 3-60　振动大消失曲线

2）DO 卡信号异常问题。通过排查整个 DO 卡控制信号中，另外有两个信号（汽轮机手动、滤油器差压大报警）在 DCS 中有记录发生翻转，但比振动大信号晚 2s（见图 3-61），且差压大信号触发几秒就消失了，同时通过试验验证，如果整个模件同时发信号，3 个报警信号将同时出现（见图 3-62），不会有 2s 延时，因此排除 DO 卡全部通道故障可能。DO 卡设置通信中断保持默认数据，而不是保持当前状态，默认值为 0（通过拔插 DO 卡模拟通信中断，振动大信号未动作），但当 DO 模件故障报警过程中，DO 卡中的汽轮机手动信号一直保持长信号 1，并未按照设置变成 0。

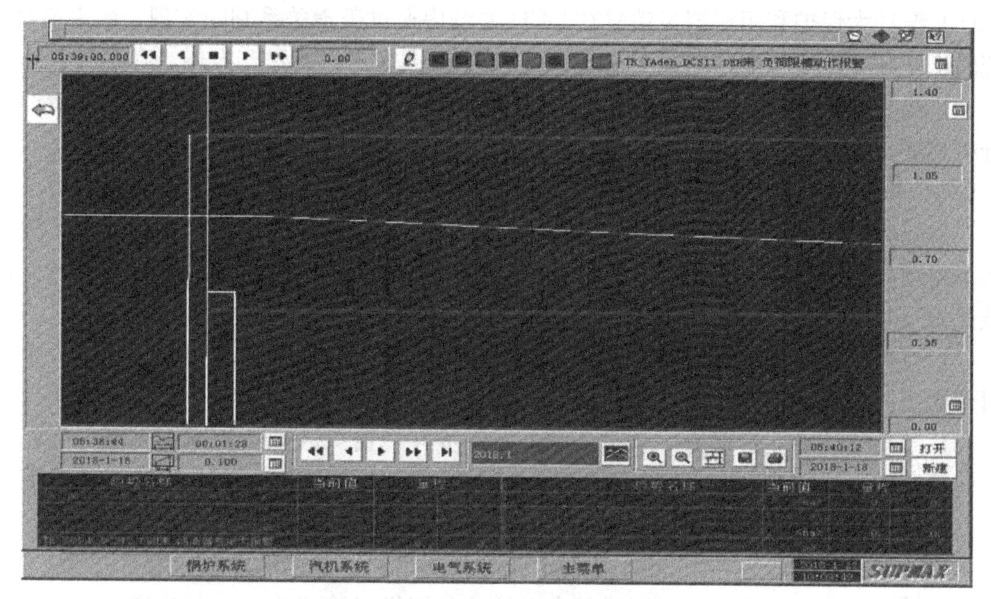

图 3-61　7 号 DO 卡信号跳机曲线

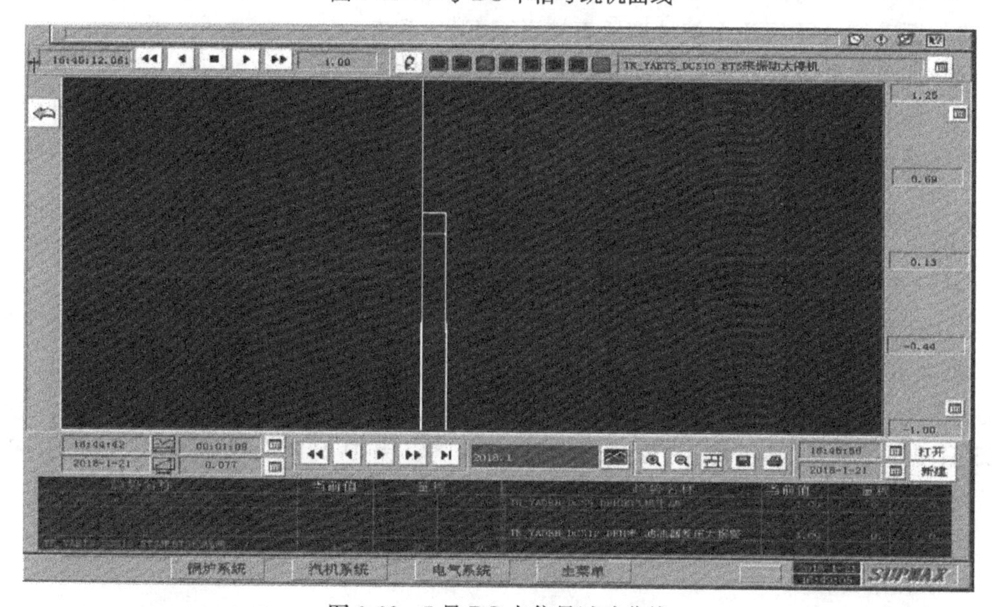

图 3-62　7 号 DO 卡信号试验曲线

由上述分析：事件原因是 3 号机组 DEH 系统从 2005 年投运至今已 13 年，系统已老化，导致 DEH 系统数字量输出系统故障误发汽轮机“振动大”信号，机组跳闸。

3. 暴露问题

（1）热控主要控制系统时钟不同步，SOE系统不可靠，不利于事故原因查找。

（2）DEH系统无历史记录功能，报警系统不完善，重要信号缺少报警监视。

（3）热控ETS系统部分跳闸信号未实现冗余配置及分散布置，重要保护信号共用一根电缆，热控保护系统存在安全隐患。

（4）热控重要保护信号DO卡设置不合理，通信中断设置为保持默认值，而未设置保持当前值，易造成保护误动。

（5）振动大保护利用模拟量信号在DEH系统内通过逻辑关系判断实现，而未通过TSI系统输出的开关量信号直接送至ETS系统，且振动大保护设置过于严谨，存在安全隐患。

（6）热控值班人员事故处理能力不足，未准确记录机组异常时的关键信息，增加了事故分析难度。

（三）事件处理与防范

（1）综合DEH系统版本落后、备件难以购买、系统功能不全，ETS系统保护配置不完善等问题，建议开展DEH、ETS系统综合升级改造的可行性研究，条件允许时尽快实施技改。

（2）对热控时钟不同步问题及SOE系统不可靠问题进行处理，实现全公司主要控制系统时钟同步，恢复SOE系统正常事故记录功能。

（3）结合热控专业管理提升攻坚活动，进一步开展重点区域热控隐患排查工作，对发现的问题制定专项整改方案，同时对重要保护信号未实现冗余配置、分散布置及共用一根信号电缆等问题进行处理。

（4）全面排查DEH系统DO卡故障时参数设置情况，根据信号实际情况进行设置。

（5）尽快与汽轮机厂家核实逻辑的合理性，利用机组检修机会，更改汽轮机振动大保护回路，振动信号经TSI系统处理后直接送至ETS系统。

（6）加强人员培训，提高热控值班人员事故处理能力。

（7）为避免故障再次发生，建议更换3号机组DEH系统M7控制器所在的模件安装单元、数字输出子模件IMDSO14，重新铺设3根DEH至ETS信号控制电缆。

四、DPU硬件故障误发转速故障信号导致机组跳闸

（一）事件经过

1号机组正常运行，负荷为165MW，主蒸汽温度为539℃，主蒸汽压力为11.23MPa，AGC投入运行，1A、1B引风机、送风机、一次风机运行，B、C、D磨煤机运行，A、E磨煤机备用，1A、1B汽动给水泵运行，电动给水泵备用，机组无运行操作和检修作业。7月25日9时29分，运行人员发现1号机组跳闸，锅炉MFT，发电机-变压器组解列。ETS跳闸首出为主汽门关闭。

（二）事件原因检查与分析

1. 事件原因检查

（1）对就地手动打闸按钮进行检查，未发现人为操作痕迹，隔膜阀正常，未出现隔膜泄漏导致安全油泄压，调阅历史曲线（见图3-63），检查汽轮机润滑油压（0.16MPa）、EH油压（14.7MPa）正常，检查TSI无异常信号，排除汽轮机就地安全油失压导致主汽

门关闭的可能。

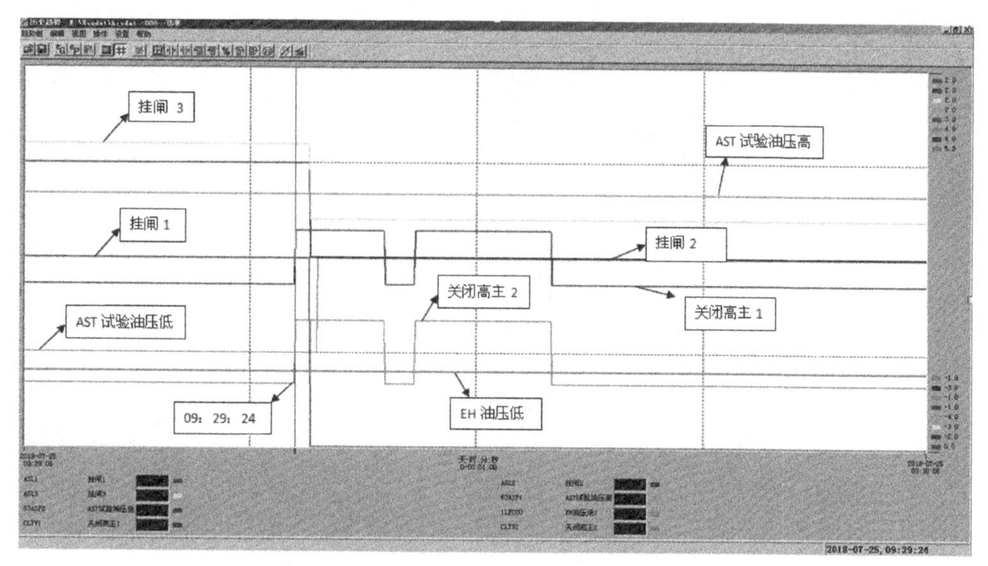

图 3-63　油压及挂闸信号历史曲线图

（2）对 DEH 控制柜电源进行检查，电源电压正常；对机柜模件进行检查，机柜模件无故障报警信号。

（3）查 DEH 历史报警记录和历史曲线，9 时 29 分 24 秒，发“汽轮机转速信号故障”。进一步检查 DEH 控制柜（BTC）报警信号，发现“主汽压力信号故障、调节级压力信号故障、汽轮机转速信号故障、第一级汽压传感器故障、主汽压传感器故障、发电机功率信号故障”报警，曲线见图 3-64。

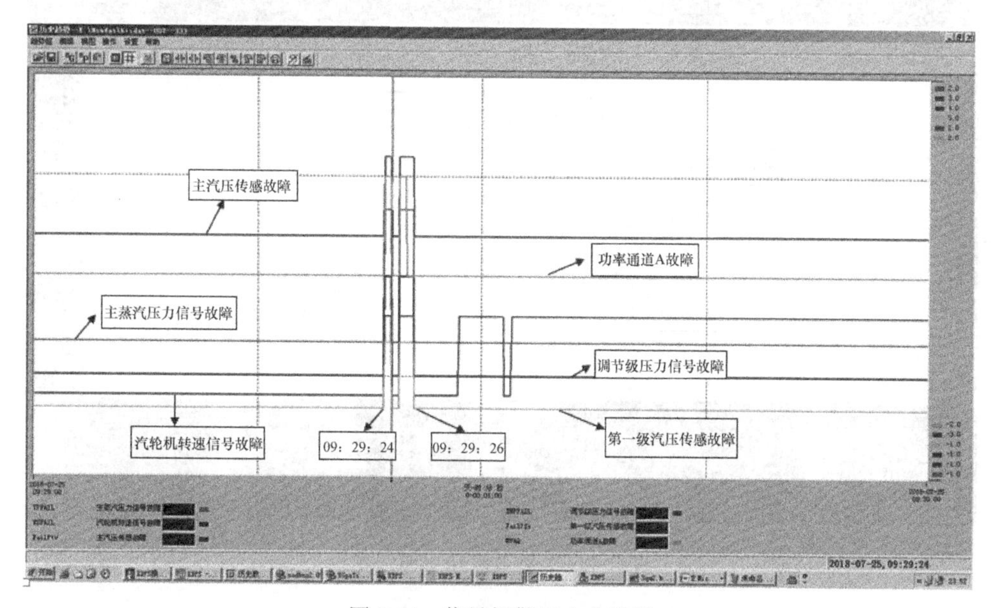

图 3-64　信号报警历史曲线图

同时发现，DEH 控制柜（BTC）DPU 发生切换，切换前 A DPU 为主控状态，B DPU 为副控状态，9 时 29 分 24 秒，B DPU 切换为主控状态，出现 A DPU 与 B DPU 同时为主控状态并持续运行 2s，曲线见图 3-65。

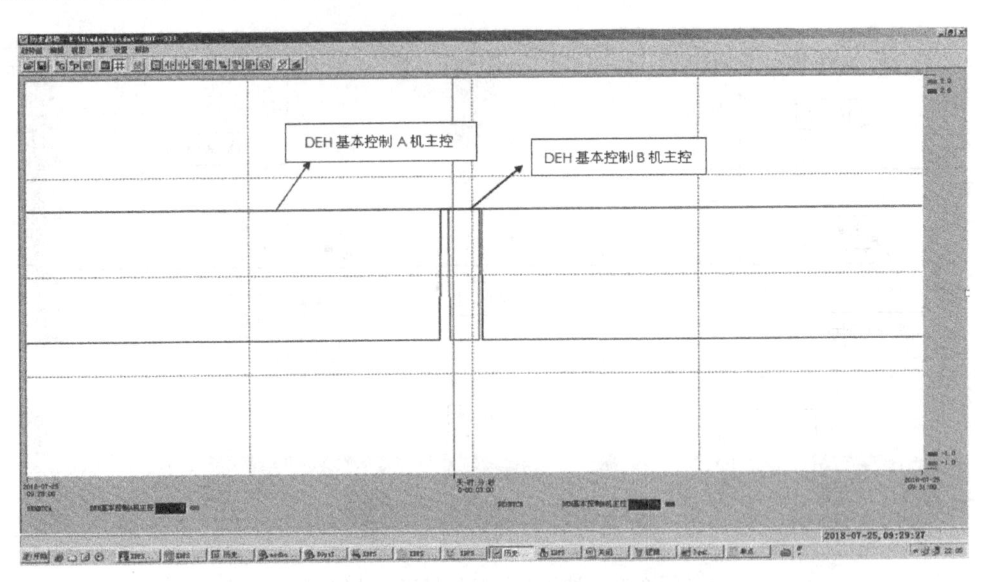

图 3-65　控制器切换历史曲线图

（4）导致转速输入信号通道 TQ 品质判断故障的原因共 3 种：就地转速信号异常、I/O 模件故障、DPU 无法与 I/O 模件进行通信。通过历史报警和历史趋势的分析，排除就地转速信号异常；通过对 DEH 机柜模件检查，模件无报警信号，排除 I/O 模件故障的可能性，见图 3-66。

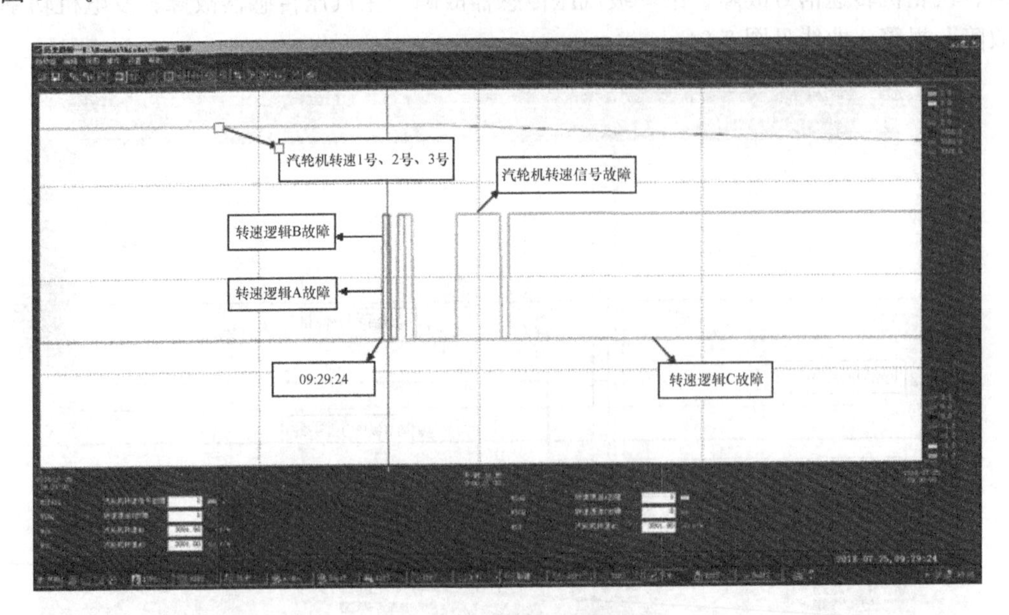

图 3-66　3 种故障历史曲线图

（5）检查 DEH 逻辑（见图 3-67 和图 3-68），“汽轮机转速故障”“三取二”为 DEH“逻辑跳机”条件之一，其动作过程为“汽轮机转速故障”“三取二”触发逻辑跳机后，DEH 发出高中压主汽门关闭指令，通过主汽门控制电磁阀关闭高中压主汽门，主汽门关闭后触发 ETS 跳机。

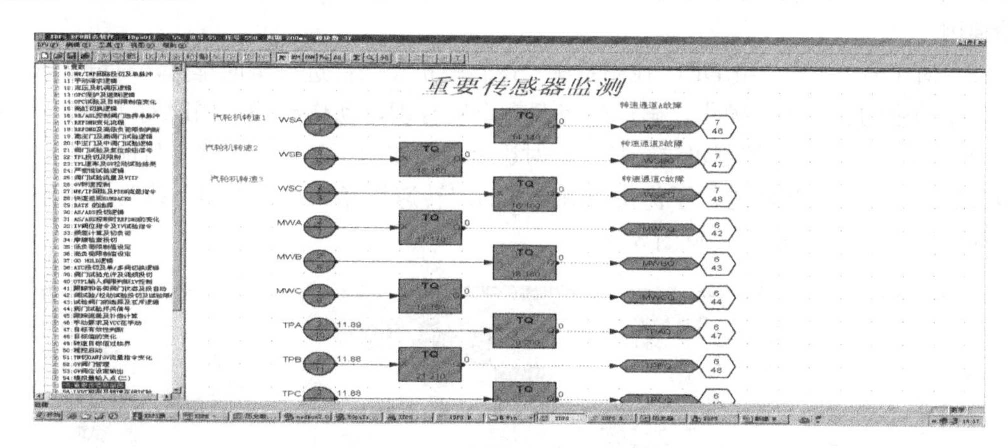

图 3-67 转速传感器监测逻辑

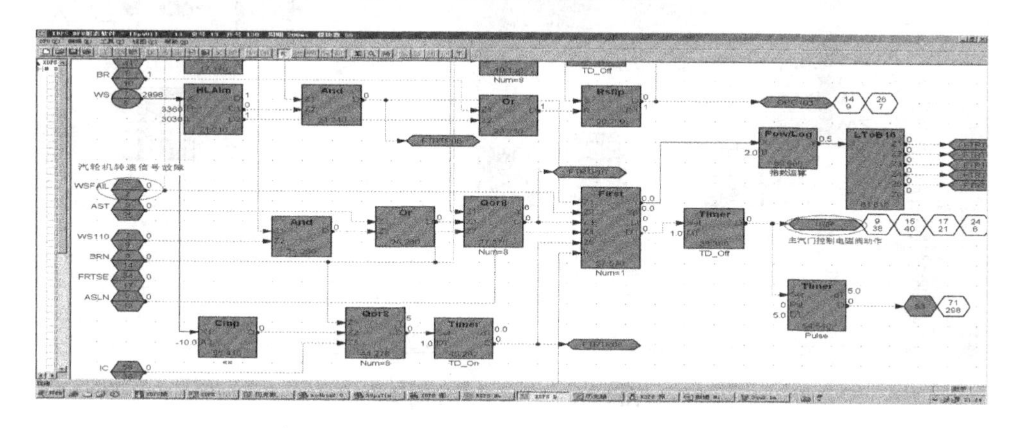

图 3-68 转速信号判断逻辑

2. 事件原因分析

根据上述检查分析，备用主控在工作主控正常的情况下，异常切为主控，导致备用主控和工作主控同时工作，通信网络无法识别主控，使通信中断，控制器转速输入信号通道 TQ 品质判断故障，导致保护动作。1 号机组 DEH 系统“转速故障‘三取二’直接关闭主汽门”逻辑设置不完善，也是间接导致事件发生的原因。

3. 暴露问题

（1）隐患排查不全面、不彻底，在 DEH 已运行近 10 年的情况下，对 DEH 系统核心硬件设备劣化分析不够，控制系统的可靠性未得到有效保证。

（2）保护逻辑核查工作不到位，对 DEH 控制系统“逻辑跳机”条件设置不完善的情况未及时发现。

（3）机组跳闸后分析处理时间较长，暴露出技术培训不到位，人员技术力量差。

（4）热控管理提升工作开展还不够扎实，硬件和控制逻辑隐患排查工作不细致。

（三）事件处理与防范

（1）利用停机机会，对 DEH 系统软硬件开展性能检测和诊断，对 1 号、2 号机组 DEH 控制系统的老化硬件设备进行更换，切实解决 DEH 控制系统存在的隐性问题，确保设备在运行中不出现故障。机组停运后，将故障 DPU 送厂家进行性能检测，进一步确认故障原因。

（2）对 1 号、2 号机组 DEH 控制系统“逻辑跳机”条件进行全面排查，对设置不合理或考虑不周全的逻辑进行优化，确保机组逻辑设置合理，动作准确，同时对 1 号、2 号机组 DCS 系统主、辅机保护逻辑进行核查，对逻辑中存在的不足进行完善。目前已经对“转速故障联关主汽门”逻辑进行了优化，由原来的“转速故障联关主汽门”改为“脱网状态下，转速故障联关主汽门”，见图 3-69。

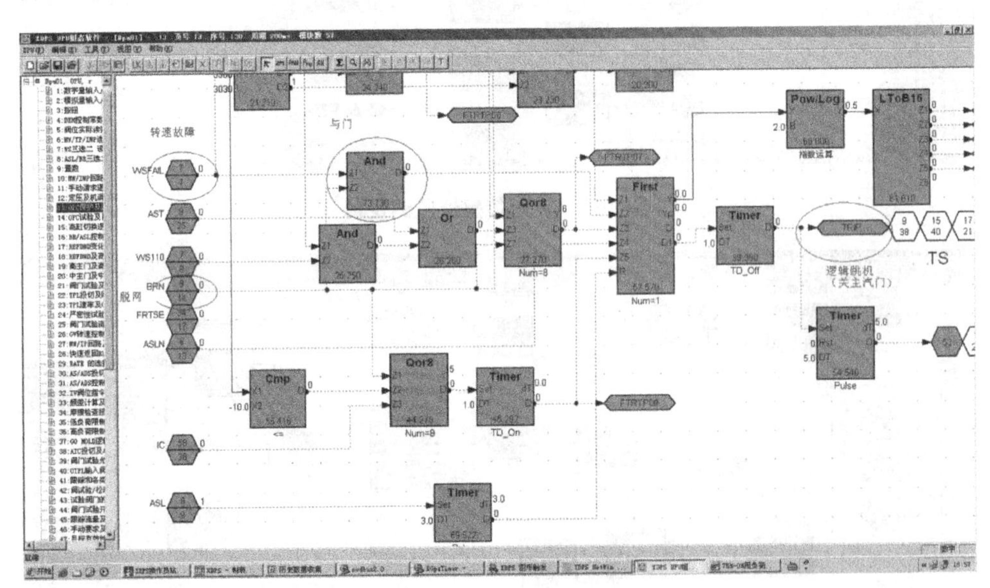

图 3-69　优化后的逻辑图

（3）加强热控人员技术培训，强化分析问题和处理问题能力。重点对热控 DEH、ETS、DCS 的通信可能引起的故障回路进行专题讲座，提高班组技术人员对通信故障的判断能力和处理能力。

（4）进一步扎实开展热控管理提升工作，对热控设备隐患进行排查，控制逻辑隐患进行排查和优化。

五、DEH 通信卡异常加上逻辑设计缺陷导致机组跳闸

某公司 6 号机组为 1000MW 超超临界燃煤汽轮发电机组。东锅设计制造的超超临界参数变压运行直流炉，采用单炉膛、一次再热、平衡通风、露天布置、固态排渣、全钢构架、全悬吊结构、前后墙对冲燃烧方式的 Π 型锅炉。汽轮机由上海汽轮机有限公司和德国西门子公司联合设计制造的 N1000-26.5/600/600 超超临界、一次中间再热、单抽、四缸四排汽、双背压、八级回热抽汽、反动凝汽式汽轮机。发电机为上海汽轮发电机有限公司和西门子联合设计制造的水氢氢冷却、无刷励磁汽轮发电机。DCS 控制系统采用上海西屋控制系统有限公司生产的 Ovation 系统，DEH 系统采用西门子公司的 TXP-3000 系统，由 3 对控制器组成。AS61 控制器负责转速、负荷、阀门控制，ETS 和阀门试验；AS62 控制器负责顺序控制 SGC、应力监视、汽轮机本体监视及保护；AS63 控制器负责汽轮机水、氢、油辅助系统控制。机组于 2009 年投产。2018 年 7 月 2 日，6 号机组 697MW 负荷正常运行中跳闸。

（一）事件经过

2018年7月2日8时10分，机组负荷为680MW，AGC方式，协调运行。磨煤机6B、6C、6E、6F运行，引风机6A、6B、6C运行，一次风机6A、6B运行，送风机6A、6B运行，炉膛负压控制自动，汽动给水泵组6A、6B运行，凝动给水泵6A变频运行。闭式泵6B变频运行，背压机6A/6B运行，空气压缩机67A、67D、67F、67G运行，循环水泵6A运行，其余辅机正常运行，厂用电运行正常。

8时19分47秒，机组负荷为697MW，汽轮机跳闸，延迟0.3s触发锅炉MFT，联锁跳两台汽动给水泵、两台一次风机、4台运行磨煤机。

（二）事件原因检查与分析

1. 事件原因检查

停运后专业人员检查画面及逻辑，发现ETS无首出，查看DEH系统SOE显示：

8时19分47秒923毫秒，DEH系统触发通信故障信号。

8时19分48秒114毫秒，触发汽轮机跳闸保护动作。

8时19分48秒425毫秒，锅炉MFT保护动作。

确认DEH系统触发MON ST PROC/COMMUN信号，触发汽轮机保护动作，触发跳闸保护的为FAILSAFE COMM FAULT TO TRIP，该保护是用于检查DEH控制器61号柜与62号柜之间的通信中断的保护，MON ST PROC/COMMUN信号表征61号柜与62号柜之间通信中断故障，持续时间为59s（见图3-70）。

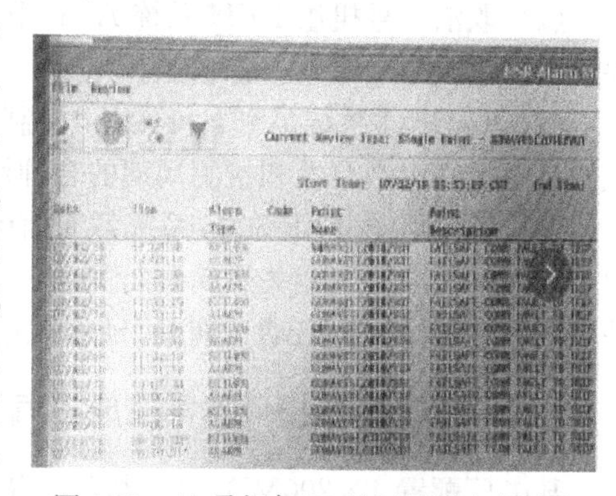

图3-70　61号柜与62号柜通信中断检查

该通信故障判断逻辑设计由硬件监视和软件监视两种：硬件监视由62号柜的3个DO模件分别送1个开关量信号到61号柜的3块F型DI卡中，这3个信号每隔20min依次翻转（发一个2s脉冲），若在1h内发生下列任一条件：3个开关信号全部为1或在3s内2个信号同时为1则ETS动作。软件监视由62号控制器通过通信方式发送1s周期脉冲送给61号控制器，61号控制器通过通信方式返回至62号控制器，若在10s内，62号控制器没收到61号控制器返回的脉冲信号，触发MON ST PROC/COMMUN信号，并触发汽轮机保护，其逻辑图如图3-71所示。

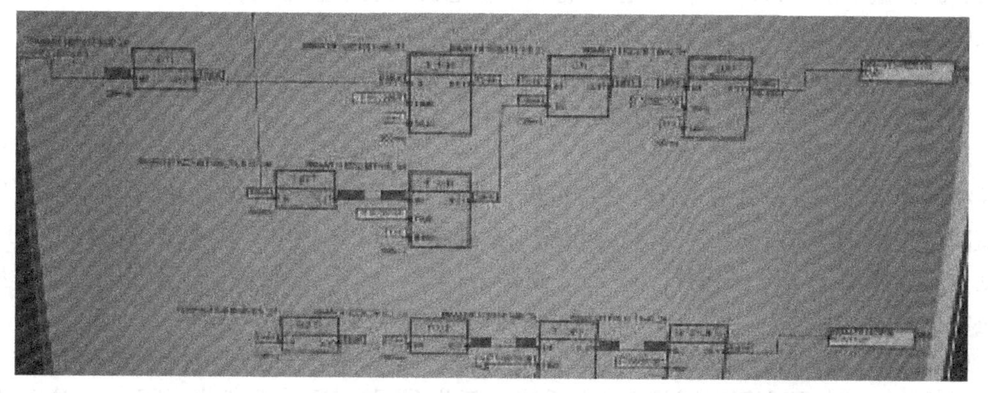

图3-71　通信中断检查逻辑

通过西门子技术服务人员根据故障报警及逻辑分析，认为AS61控制器RACK0的通信卡存在故障，并更换通信卡（但只有一块通信卡故障应该不会造成事件的扩大）。ETS无首出原因，分析为是由于61号柜点容量有限，保护信号分别在两个控制器中，61号控制器负责转速、负荷、阀门控制，ETS和阀门实验功能，62号控制器负责应力监视，本体监视及保护等，在采集信号时，由于柜间通信以及逻辑时序的原因，保护动作信号未能第一时间采集，需对逻辑等进行优化处理。经上汽热控技术人员讨论评估后，将DEH系统AS61和AS62控制器之间通信中断故障信号（MON ST PROC/COMMUN）跳闸汽轮机保护取消，改为一级硬报警；随后的机组启动过程中，在汽轮机运行3000r/min工况下，对AS61、AS62控制器的主备进行了在线冗余切换，试验结果正常，FAILSAFE COMM FAULT TO TRIP不再间歇性触发。

2. 事件原因分析

DEH系统设计存在问题，当运行通信卡轻微故障时，不会进行控制卡和通信卡的主备切换，造成一块通信卡故障时，AS61和AS62控制站之间通信中断故障信号触发，导致汽轮机跳闸保护动作，并延迟0.3s触发锅炉MFT。

（三）事件处理与防范

事件后，更换6号机组DEH系统AS61控制站RACK0位置的通信卡。取消6号机组DEH系统AS61和AS62控制站之间通信中断故障触发跳闸汽轮机保护逻辑，改为一级硬报警功能。同时待机组停运时，采取以下防范措施：

（1）取消7号机组DEH系统AS61和AS62控制站之间通信中断故障触发跳闸汽轮机保护逻辑，改为一级硬报警功能。

（2）对DEH系统AS61和AS62控制站之间硬跳闸通道，I/O检测回路故障触发跳闸汽轮机保护逻辑必要性和检测周期的合理性进行评估，并对相关逻辑进行完善。

（3）对西门子TXP-3000系统各通信中断故障监控信号的必要性进行评估，并在机组检修期间对三期机组相关逻辑进行完善。针对西门子TXP-3000系统界面不友好、可靠性差的现状，考虑尽快启动三期DEH系统进行改造工作。

六、DEH中DI模件异常造成主汽门快关

某电厂配置4×200MW燃煤机组，锅炉为东锅DG670/140-8型超高压、一次中间再热、自然循环汽包式锅炉；汽轮机为北京重型电机厂生产的超高压、一次中间再热三缸三排汽、凝汽式N200-130/535/535型汽轮机；发电机为北京重型电机厂生产的QFQS-200-2型发电机。DCS系统采用和利时MACS控制系统，DEH系统采用新华XDPS系统。2018年8月31日6号机组148MW正常运行中，DEH模件异常造成机组减负荷。

（一）事件过程

2018年8月31日3时12分，某厂6号机组负荷148MW正常运行中，DEH系统触发汽轮机快速减负荷。DEH侧CCS遥控退出，汽轮机开度关至26.2%，机组负荷按预设目标值减至100MW左右。3时50分，热控人员现场检查确认为DEH侧RB2信号（DI点）误动引起，该端子实际未接线。将RB2强制为“0”，DEH汽轮机RB复归，机组逐步恢复正常运行。

（二）事件原因检查与分析

经检查，事件的主要原因是DEH系统（新华公司）DI模件老化，DI模件中的RB2

通道故障造成信号误动，引起机组误发快速减负荷。记录曲线，见图 3-72；更换了故障模件，见图 3-73、图 3-74，对 RUNBACK 逻辑进行了修改。

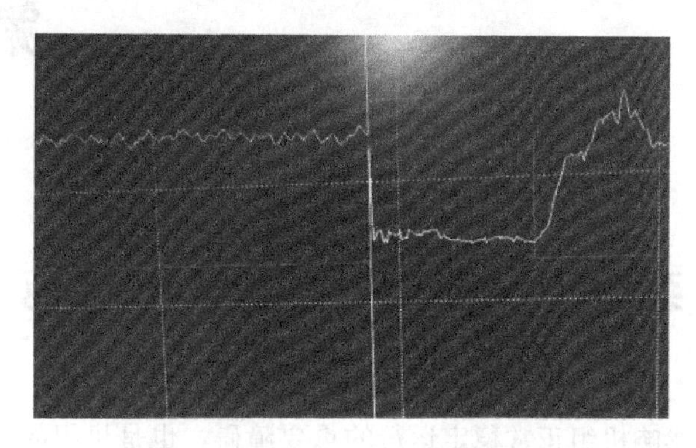

图 3-72　汽门快关相关信号曲线

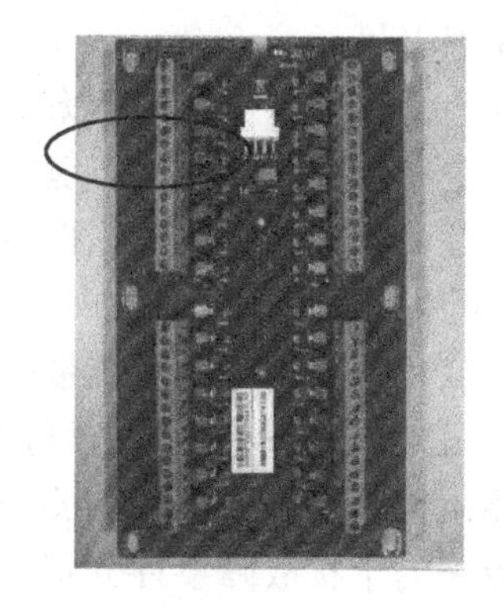

图 3-73　故障 DI 模件

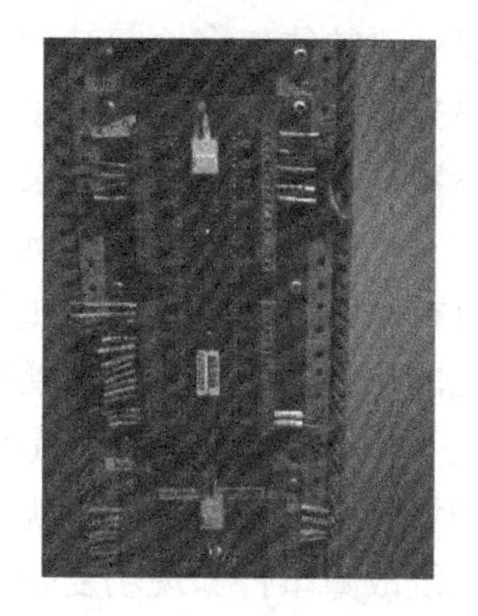

图 3-74　更换后的 DI 模件

（三）事件处理与防范

（1）暂将 DROP1 控制器 RB2 信号强制为 0，停机后删除该条件。

（2）待机组检修时更换 DI 模件。

（3）对同类型或批次的重要输入信号模件性能进行评估，必要时进行更换；对 DEH 系统的逻辑组态中实际不必要的单点联锁保护输入条件进行完善。

第四章

系统干扰故障分析处理与防范

热控系统干扰是影响机组正常稳定运行的重要障碍，也是机组故障异常案例中最难定量分析的一类障碍现象，具有难复现、难记录、难定量和难分析等特征。因此对于找不到原因的机组故障事件，往往较多地归结为干扰原因引起。

干扰往往与热控系统接地不规范或接地缺陷有关。除本书收录的案例外，现场还有不少由于干扰引起参数异常的事件没有收录，但是这些干扰现象遇到环境影响随时有可能上升为事故。因此，对于热控系统干扰案例，尤其是可以确定原因的热控系统干扰故障案例一定要进行深入分析，举一反三，提高热控系统的抗干扰能力。

机组热控系统的干扰来源很多，包括地电位变化、雷击时对系统带来的干扰、现场复杂环境带来的干扰等。这些干扰中有些是可防不可控的，有些是可防可控的。随着电厂异常事件记录能力的增强，越来越多的干扰事件能被记录下来并进行相关分析。本章中将就地电位干扰引起系统故障事件和现场复杂环境带来的干扰故障事件分别进行介绍，并专门就干扰事件的分析方法进行讨论。希望借助本章案例的分析、探讨、总结和提炼，能减少机组可能受到的干扰，并提高机组的抗干扰能力。

第一节　地电位干扰引起系统故障分析处理与防范

本节收集了因地电位变化对DCS控制系统产生干扰引发的机组故障2起，分别为地电位干扰引起发电机故障信号误发导致机组跳闸、接地虚接引起高压排汽温度跳变导致停机。地电位变化，往往与控制系统接地接触不良或接地不当引起，应从提高系统的抗干扰能力出发来避免此类事件的再次发生。

一、地电位干扰引起发电机故障信号误发导致机组跳闸

（一）事件经过

某机组正常运行中汽轮机主汽门关闭，经查DCS系统SOE事故记录，发电机故障停机信号触发汽轮机ETS保护动作，汽轮机跳闸。发电机-变压器组保护C柜报“热控保护跳闸”，发电机-变压器组保护A、B柜无报警。汽轮机跳闸后由于逆功率保护未动作，运行人员重新挂闸后保持机组继续运行。当时电气二次值班人员正在3号机保护C柜处理3号机直流接地故障。

（二）事件原因检查与分析

1. 事件原因检查

事件发生后，通过检查现场和各设备无明显故障点。测试3号机组发电机-变压器组A、B、C柜至ETS柜电缆绝缘和A、B、C柜内部至ETS柜的继电器输出相间绝缘，均合格。用万用表电阻挡模拟ETS 24V电源正极（3140K02）接地时ETS无动作，模拟负极（3140K04）接地时出现一次ETS保护动作的情况，但再模拟多次未再出现ETS动作现象。检查3号机组ETS 24V电源为浮空配置（分别测量24V正与地，24V负与地，电压呈脉动变化型）。改在4号机组进行试验，当ETS 24V电源正极接地时ETS保护动作。检查4号机组ETS 24V电源接地系统配置（分别测量24V正与地，24V负与地，电压呈稳定型）。

2018年1月3日电科院热控与电气继电保护工程师到厂配合进行故障原因的排查与分析：

（1）“发电机故障”信号的分析。“发电机故障”信号在电气侧由多个条件构成，电气保护A柜和B柜送ETS构成“发电机故障1”信号，保护C柜信号送ETS构成“发电机故障2”，“发电机故障1”信号与“发电机故障2”信号在汽轮机ETS侧经转接板端子排进行并联，形成“或”的逻辑关系送入PLC，如果电气侧真实触发“发电机故障”信号则继电器多对节点将奉送“油开关”“励磁系统”等，现在只触发一个“发电机故障”跳汽轮机信号，因此判断信号应为误发。

结论：“发电机故障”信号应属误发，ETS接收到保护信号动作正确。

（2）信号故障复现测试。信号故障排查方向，首先针对电气专业在3号机组停用后，通过万用表电阻挡对地测量触发信号动作进行试验和测试，但经过多次的模拟测量和测试均未发生信号动作情况发生，故障现象均未复现，对汽轮机ETS系统通道进行常规的通断模拟测试均正常动作触发。

结论：信号误发为偶发性事件，ETS系统通道正常。

（3）人员误动因素分析。为了确认故障原因是否为人为误动而导致系统跳闸信号触发，通过调阅3号机组保护间监控视频，核对视频监控系统时间与DCS系统GPS时钟时间一致，查阅了2017年12月27日4时43分10秒—45分10秒间断视频，在此期间虽然无法看到检修人员具体工作内容，但发现期间检修人员处于站立姿态，并结合发电机故障停机信号端子所处的位置，其“发电机故障信号”输出端子在离地1m的位置，而当时处理的直流接地故障的端子位置处于需人仰视的地方，如果要测量“发电机故障信号”输出端子人员需要进行弯腰，实际监控视频画面没有出现这种情况，推断在发电机故障停机信号触发汽机ETS保护动作时，检修人员应该未进行相关的测量工作，因此判断事件不为检修人员误动所致。

（4）系统高电平门槛电压测试分析。为了进一步对故障原因的分析，查找系统存在的潜在安全隐患，本次分析的方向主要针对汽轮机ETS采用AB PLC系统DI卡模件的信号触发高电平门槛电压，通过可调节直流开关电源分别对3号机组及4号机组汽轮机ETS的AB PLC系统DI模件通道门槛高电平电压进行测试，其通道触发动作高电平电压为6.8V DC，电流为3mA。通过查阅AB PLC手册，输入端子内部有光耦，由电流激励光耦，电压差产生这个电流，门槛高电平电压6.8V形成3mA电流，触发高电平信号动作。通过联系AP PLC设备厂家工程师确认其模件的通态电流为10V DC或2mA，即模件开关量信号的查询电源回路电压达到10V DC或输入电流达到2mA时即信号回路高电平接通（见表4-

1)，与实际测试结果基本相吻合。

表 4-1　　　　1756-IB161 技术指标

项　目	指　标
输入点数	16（独立绝缘）
模块位置	1756 ControlLogix 机架
背板电流	在 5.1V DC 时 100mA 及在 24V DC 时 3mA（背板总功率 0.58W）
最大功耗	在 60℃下 5W
热耗	5W
通态电压范围	10～30V DC
正常输入电压	24V DC
通态电流	在 10V DC 最小值 2mA，在 30V DC 最大值 10mA
最大断态电压	5V DC
最大断态电流	1.5mA
最大输入阻抗在 30V DC	3kΩ

专业人员分析认为：系统高电平门槛电压偏低，电源抗干扰性能差。

(5) 系统接地及抗干扰测试。为了进一步分析信号误发的原因，利用直流开关电源，将电源电压分别调节在 24V/15V/10V/5V，将直流开关电源负端进行接地，利用电源正端先点住汽轮机 ETS 系统的发电机故障信号 2 的 3140K02 端子几秒钟后，然后再用电源正端触碰汽轮机 ETS 系统的发电机故障信号 2 的 3140K04 端子，结果信号触发动作，同理将电源正端接地，负端进行 3140K02 端子的充电，3140K04 端子的放电同样会触发信号动作，此时直流电源达到 5V 左右就可以出现这种情况，且利用同样的测试方式在 4 号机组的 ETS 系统中进行测试也出现了同样的结果。为了进一步确认此现象的原因，后来又补充作了一个相关试验，试验方法是不进行外加电源，利用短接线先对 3140K02 端子进行短接接地 10s 以上，然后利用短接线对 3140K04 端子进行触碰接地，同样会触发信号动作。

2. 事件原因分析

根据以上的故障原因排查及模拟试验情况，结合 AB PLC 开关量 DI 模件通道原理结构、AB PLC 通道电气原理图（见图 4-1）及发电机故障信号通道接线电气原理图（见图 4-2），分析认为，因汽轮机 ETS 系统 AB PLC 查询电源系统采用浮空不接地的 24V DC 电源，当用外接直流电源接地时或对 3140K02 直接接地时，因为受对地电位差的影响造成 AB PLC 通道通道中的电容充电，当用外接直流电源接地时或对 3140K04 直接接地时，回路中的电容进行瞬间放电，电流经电容-光电二极管-单向二极管形成放电电流，导致光耦导通信号触发。

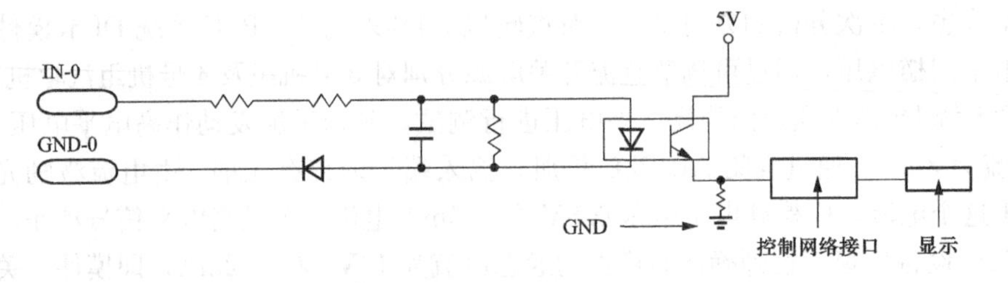

图 4-1　AB PLC 通道电气原理图

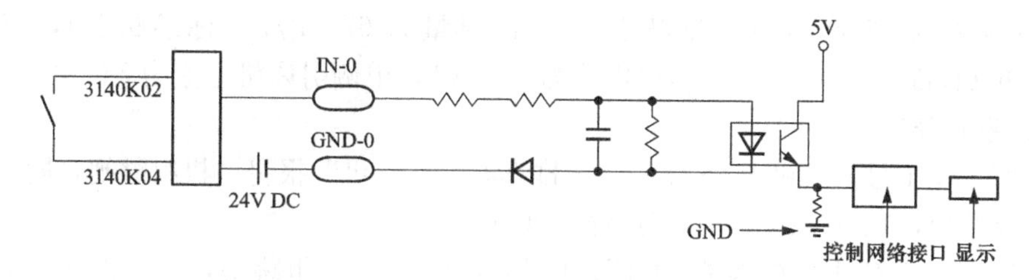

图 4-2 发电机故障信号通道接线电气原理图

因此本次事件原因，分析认为在悬空电压对地电位差较大的情况下，因静电等环境因素导致了保护误动作引起。

（三）事件处理与防范

(1) 在进行发电机-变压器组保护 A、B、C 柜故障检查处理过程中，检修人员应先进行身体静电释放，并在保护柜中配置防静电手环，检修人员在做任何操作前应规范佩戴防静电手环。

(2) 在进行涉及机组主辅机电气、热控保护回路检查测试中，原则上禁止使用电阻挡进行相关的测量和测试工作，防止造成保护信号误动。

(3) 由于“发电机故障 1”信号与“发电机故障 2”信号在汽轮机 ETS 侧经转接板端子排进行并联，形成“或”的逻辑关系送入 PLC，存在较大的误动风险，建议对发电机故障跳汽轮机回路进行优化，见图 4-3。在电气侧将发电机-变压器组 A、B、C 保护柜至汽轮机 ETS 的发电机故障信号（关主气门）进行并联，并增加中间继电器，由发电机-变压器组 A、B、C 保护柜的发电机故障信号（关主气门）的并联信号触发中间继电器，由中间继电器分别取两个开触点信号作为“发电机故障信号 1”和“发电机故障信号 2”，再取中间继电器一开触点作为“发电机故障信号”SOE 信号接入 DCS 系统；在热控侧对汽轮机 ETS 系统中的“发电机故障”控制逻辑进行优化，在 PLC 中新增一点“发电机故障 2”信号通道，与原“发电机故障”信号通道做“与”的控制逻辑关系，并分别电气侧中间继电器扩展的“发电机故障信号 1”和“发电机故障信号 2”分别接入两通道，来提高保护的可靠性。

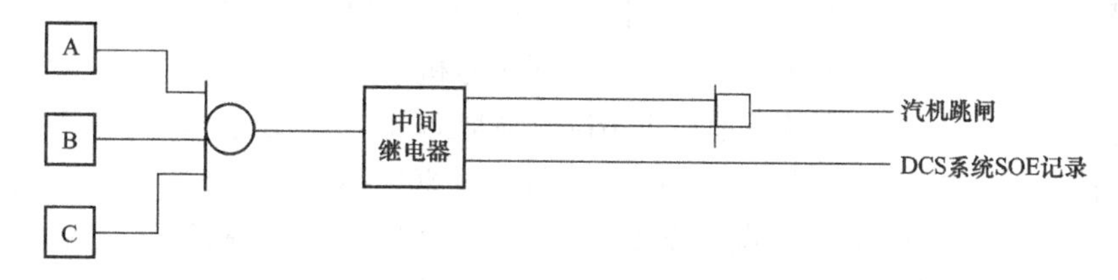

图 4-3 逻辑优化原理简图

二、接地虚接引起高压排汽温度跳变导致停机

2018 年 3 月 28 日 9 时 35 分，1 号机组有功功率为 298MW，1 号炉蒸发量为 950t/h，主给水量为 1062t/h，总给煤量为 180t/h，主、再热蒸汽压力为 16.73MPa、3.2MPa，主、再热蒸汽温度为 541℃、542℃，真空为−76kPa，汽包水位为−13mm，炉膛负压为−107Pa，床压为 8.0kPa，平均床温为 932℃，氧量为 3.2%、3.0%，总风量为 1000m³/h（标准状

态），一次风量为 325m^3/h（标准状态），二次风量为 676m^3/h（标准状态），流化风量 27.97m^3/h（标准状态），乙侧引风机电流为 351.8A，甲侧引风机电流为 337.8A。

（一）事件经过

9 时 37 分，1 号汽轮机 ETS 发“高压排汽温度高停机”报警，机组跳闸，同时交、直流润滑油泵联启，1min 22s 后，手动停直流润滑油泵。

9 时 50 分，复位 1 号炉锅炉“BT”；1 号发电机-变压器组跳闸，发电机有功至 0MW，汽轮机转速下降。

10 时 18 分，变频启动甲二次风机，2min 后启动甲一次风机，22min 后启动乙一次风机。

10 时 31 分，复位 1 号炉锅炉“MFT”；开启过热器 PCV 阀，对空排汽门，动作过程见图 4-4。

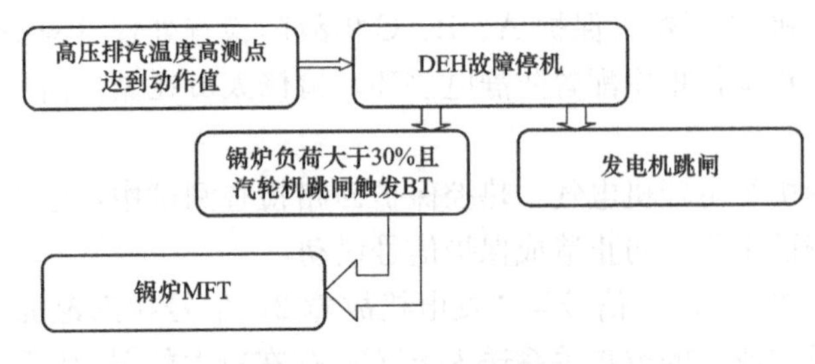

图 4-4　保护动作情况

15 时 28 分，1 号汽轮机重新冲转，21min 后 1 号汽轮机定速为 3000r/min。

16 时 28 分，1 号机组并网成功。

（二）事件原因检查与分析

1. 事件原因检查

（1）跳机后设备动作情况。跳机后交、直流润滑油泵联启正常，润滑油压为 0.3596MPa（正常），高、中压主汽门、调节门、高压排汽止回门、各抽汽止回门、电动门关闭，供热蒸汽管路液动蝶阀关闭，BDV（汽轮机事故排放阀）、VV 阀（高排通风阀）联开，高中低压疏水门联开，甲、乙一次风机跳闸，甲、乙二次风机跳闸，乙引风机跳闸，联关过热器、再热器减温水总门、电动门，跳闸所有给煤机、冷渣器，联停石灰石系统、吹灰系统、脱销系统，厂用快切动作正常，断开 1 号机灭磁开关。

（2）相关运行曲线的调取及就地检查情况。调取 SOE 与历史趋势，2018 年 3 月 28 日 9 时 32 分 57 秒，机侧主蒸汽温度测点由 533.7℃跳变至 666.7℃，持续时间为 9s（见图 4-5）。

9 时 36 分 13 秒，高压排汽温度测点 2 温度值为 324.3℃，高压排汽温度测点 1 由 324.2℃跳变至 562.15℃，持续时间为 1s，达到高压排汽温度高停机保护动作值 420℃，保护动作正确（见图 4-6）。

9 时 36 分 17 秒，高压调节阀外壁金属温度由 467.9℃跳变至 490.5℃，持续时间为 3s。

检查 DCS 机柜高压排汽温度测点 1、机侧主蒸汽温度、高压调节阀外壁金属温度所在模件，接线无松动现象，模件运行正常。就地一次元件牢固，接线箱干燥、箱内接线无松动现象，调取高压排汽温度测点 1 的历史曲线，从历史曲线观察，测点曲线平滑，无毛刺，稳定。

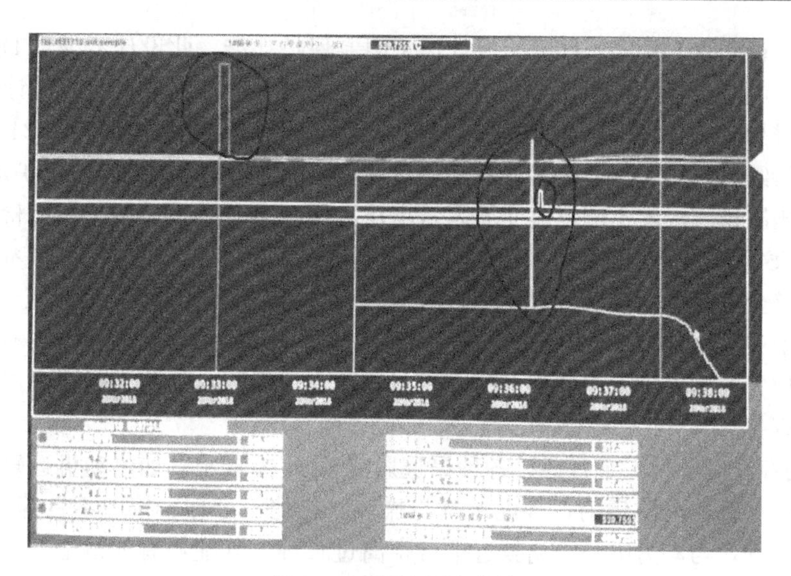

图 4-5 变测点历史曲线

图 4-6 高排温度 1 跳变

(3) 扩大检查范围。该电厂热电偶模件为南自美卓 IPO30 模件，不具备防抖功能，就地热电偶为宁波奥崎仪表公司生产的 K 型热电偶，元件经过转接盒由 K 型补偿导线引出后直接进入电缆槽盒，送至 DCS 电缆夹层。此次跳变的 3 个测点在同一机柜的不同模件上，调取三块模件的其他通道测点均无异常，调取电子间摄像记录，查阅电子间进入登记记录本，跳机期间均无人员进入。

检查 DEH 系统停机保护，除高排温度高保护外无异常。

查阅保护传动记录，最近的一次汽轮机保护试验时间为 2017 年 12 月 8 日，高压排汽温度高停机保护的传动方法为就地加信号，但试验方法中未给出具体的操作流程和注意事项。

2. 事件原因分析

(1) 跳机首出原因。高压缸排汽温度高，触发 DEH 故障停机。经查阅 DCS 逻辑发现，DCS 高压缸排汽温度高保护为“二取高”保护，逻辑中已做测点的质量判断，但无速率限制模块。询问东汽厂家，回复未设计速率限制保护功能。此设计不满足 DL/T 5428—2009《火力发电厂热控保护系统设计规定》5.2.1 规定：热控保护系统的设计应有防止误动和拒动的措施。因此，9 时 36 分 12 秒，高压排汽温度测点 1 由 324.2℃ 跳变至 562.15℃，持续时间为 1s，达到高压排汽温度高停机保护动作值 420℃，保护动作。

（2）高压缸排汽温度 1 测点跳变原因。高压缸排汽温度测点共两个，经检查元件、接线端子及 DCS 系统正常，模件工作正常，调取高压排汽温度测点 1、机侧主蒸汽温度、高压调节阀外壁金属温度前 10 天的历史曲线，曲线平滑无异常，调取跳变后至今的曲线无异常，现场 3 个一次元件测点安装位置接近，自 9 时 32 分 57 秒—36 分 17 秒，连续 3 个不同模件、不同位置的测点发生不同程度的跳变，排除人为原因，认为干扰造成温度跳变，进行以下分析查找。

1）现场存在的干扰：干扰通过各种渠道影响 DCS 的指示。如电动机运转及启动时的噪声，无线电干扰；电磁辐射，静电干扰与噪声，接地不合理、接地不良等引起的干扰。大功率用电设备，与动力电缆距离较近平行距离过长等。其他还有如雷击、空气温度与湿度的影响等。

a）测温元件侧的干扰：经检查测温元件侧安装牢固，接线箱干燥、箱内接线无松动现象，电缆屏蔽层未在测温元件侧接地，跳变期间测点附近无大功率用电设备启停，空气温度较热但不会引起温度跳变。

b）信号传输过程中的干扰：经检查测点电缆所走桥架无接地，不满足 DL/T 5182—2004《火力发电厂热工自动化就地设备安装、管路及电缆设计技术规定》中关于“金属电缆桥架的端部及电缆桥架层间，均应用导线牢固连接，且在沿电缆桥架长度方向，宜每隔 10～15m 良好接地一次”的规定要求，容易导致电缆桥架内的控制电缆受到干扰。

c）DCS 机柜侧的干扰：经调取电子间摄像记录，查阅电子间进入登记记录本，跳机期间均无人员进入，排除人为误动和携带对讲机、电话引起的干扰。

检查跳变的温度测点所在机柜屏蔽地接地铜排，发现引出至夹层总接地铜排导线虚接，不满足 DL 5190.4—2012《电力建设施工技术规范》8.4.12.2：“全线路屏蔽层应有可靠的电气连续性”的规定要求。机柜内个别电缆屏蔽层引出线断线，没有引至柜内接地铜排，不满足 DL/T 1083—2008《火力发电厂分散控制系统技术条件》6.8.3.3 中：“各电子机柜中应设有独立的安全地、屏蔽地以及相应接地铜排。每套 DCS 可采用中心接地汇流排的方式，实现系统的单点接地”的规定要求。屏蔽层断线电缆无接地，容易引起干扰。

2）机组投产后，DCS 系统未做过性能试验，不满足 DL/T 659—2016《火力发电厂分散控制系统验收测试规程》和《防止电力生产事故的二十五项重点要求》（国能安全〔2014〕161 号）中 9.1.1 的规定，抗射频干扰能力测试，不能准确掌握 DCS 控制系统的健康状况，不能做到有重点的、有针对性的进行检修维护工作。

3）综上情况引起高压排汽温度 1 测点跳变原因为接地不良引起的干扰。

（3）甲侧引风机未跳闸原因。逻辑中 BT 后跳闸一台出力大的引风机，另一台引风机保持运行且动叶开度关至 0%，跳机时乙侧引风机电流为 351.8A，甲侧引风机电流为 337.8A，因此，甲侧引风机未跳闸。

综上分析，本次非停的原因为 DCS 系统接地不良，引起温度跳变，由于 DCS 汽轮机保护逻辑中无速率限制模块，导致事件发生。事件致因过程如图 4-7 所示。

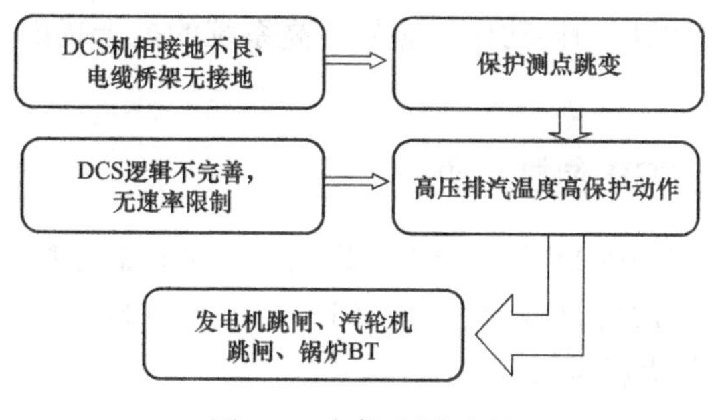

图 4-7　事件致因过程

3. 暴露问题

（1）东汽未按相关标准设计速率限制保护功能，导致机组跳机。

（2）机组保护传动试验卡内容不规范。

（3）电厂专业技术人员对热控主保护功能认识不够，未及时发现问题隐患，并采取有效的防范措施。

（4）对技术标准、规程、规范掌握不全面，未严格执行相关标准。

（5）电厂机柜、电缆桥架接地不符合规范要求。

（6）DCS 系统未定期进行性能试验。

（三）事件处理与防范

（1）对逻辑保护进行优化增加速率限制模块，增加延时模块，进行信号防抖，防止干扰造成机组非停。

（2）重新检查温度元件、紧固接线端子。全面排查电子间接地情况，确保系统接地完好。

（3）强化标准规范的学习，针对此问题重点开展隐患排查工作，特别是主保护系统，明确排查分工、标准，制定整改措施、计划，加强监督，确保工作质量。

（4）运维人员加强设备的巡检和监控，加强设备的维护力度。

（5）规范运行管理，严格执行各项规程和反措要求，完成启机前的相关设备的逻辑保护传动试验。规范试验方法和试验项目，对主保护试验要做真实做全面。加强人员培训，提高事故处理能力；提高运行人员监盘质量，对机组重要参数出现异常时能够及时发现并分析处理。

（6）开展 DCS 系统性能试验，提高机组运行安全可靠系数。

（7）牢固树立并积极践行“零非停”理念，深刻认识“零非停”理念精髓。坚持“四不放过”，高度重视设备管理及降非停工作，营造降非停工作氛围，举一反三，强化教训汲取和责任落实。

第二节　现场干扰源引起系统干扰故障分析处理与防范

本节收集了因现场干扰源引发的机组故障 9 起，分别为电源干扰引起 FGD 参数波动、循环水泵出口蝶阀自动关闭、轴承温度波动导致机组跳闸、静电干扰导致汽轮机振动大跳机、外部干扰引起 AST 压力开关误发信号导致机组跳闸、电荷累积造成送风机电动机后轴承温度高跳闸 RB 动作、并网信号瞬间消失导致 OPC 保护动作、燃气轮机燃料调节门扰动导致机组跳闸、给水泵汽轮机控制柜电源电缆受干扰造成供汽调节门全关。这些案例中均是由于外界干扰导致机组保护的误动作，应从提高系统的抗干扰能力出发来避免此类事件的再次发生。

一、电源干扰引起FGD参数波动

某电厂装机容量为2×300MW国产燃煤机组，脱硫控制系统为福大自动化的IAP系统，投产时间为2009年12月。故障时间为2018年5月24日12点10分左右，当时脱硫1号吸收塔以及CEMS参数大幅度波动。

（一）事件经过

2018年5月24日12点10分左右，脱硫1号吸收塔及CEMS参数大幅度波动，就地CEMS小室内数据正常，逐一排查干扰源，最终检查发现由于石灰石浆液去1号吸收塔浆液电动阀内部进入浆液，通过反馈线路串入约100V的交流电，干扰DI通道的查询电压，影响了FGD11节点的24V直流电源，导致数据异常；至21时15分，系统恢复正常。

（二）事件原因检查与分析

检查通信系统，发现一网络状态灯指示不对，将交换机网线重新插拔后，指示灯显示正常，数据仍波动，排除通信故障。

因波动数据均为4～20mA模拟量，故对AI模块进行在线热插拔，无效后进行物理热插拔（因软件功能限制，物理热插拔只能进行一块，不可同时进行），以排除单个板件故障或者单独通道的异常，但插拔后现象仍在，故排除此类故障。

对主柜机架进行停电再送电操作，清除累积错误以及对CPU和网络模块进行重启，排除死机的问题。

对CPU进行主备切换，将主CPU停运，备用CPU运行正常，确认“RUN”灯亮起，同步后再次进行CPU主备切换后也运行正常，排除CPU内部故障。

将AI卡端子板全拔下，所有数据显示成0，判断CPU没问题，干扰源为外部引入，最后对每个端子板每个通道进行拆接，发现干扰都来自压力、液位变送器等内供电设备，从而确定干扰源来自现场变送器或者机柜内部电源回路。

对DC24V双电源模块进行切换分别供电以及外接24V DC电源后均无效，排除24V DC电源模块故障引起电源品质的变化。

同时拆开AI模块的接线和端子排现场来的线后，数据不波动，接上AI模块端子板的线后数据波动，而且拆接现场来的模拟量信号线时发现有交流电，从而确定为机柜内24V DC电源回路问题。

将24V电源母排的正极通过电源模块的稳压电容进行接地，干扰情况消失，可以确认干扰源为此回路的交流分量导致模拟量信号波动。对主柜和从柜的正、反面24V DC母排进行隔离，确认干扰源来自从柜背面的开关量信号。

对从柜背面继电器一一进行排查，发现石灰石浆液去1号吸收塔石灰石浆液电动阀反馈继电器烧毁。现场检查发现电动门内部流入浆液，造成阀门反馈线路串入约100V的交流电，干扰DI通道的查询电压影响系统24V DC电源品质，导致4～20mA模件不能正常工作。

（三）事件处理与防范

（1）将脱硫供浆电动门法兰连接处加装5mm左右垫圈，增加电动头与门体间隙，防止浆液沿着门杆流入电动头内，同时对有同类型问题的电动头进行普查、整改。

（2）从柜内增加两路24V DC电源，分别对模拟量、开关量供电，避免互相影响。

二、循环水泵出口蝶阀自动关闭

某电厂1号机组为300MW亚临界机组，1995年投产，水冷机组配有两台循环水泵，出口门为液动执行机构，控制设备为西门子400系列PLC系统，上位机采用IFIX图形操作软件，完成控制及显示相关信息和参数的功能。

（一）事件经过

2018年10月20日17时00分，4号机负荷为220MW（加负荷过程中），真空93.7kPa迅速下降，4B真空泵联动，检查发现4B循环水泵出口门联锁位自动全关，DCS显示循环水压力为0.104MPa，立即启动4A循环水泵，停止4B循环水泵，真空最低降至73kPa开始上涨。17时3分，真空恢复正常，断开4B循环水泵出口门联锁，关闭4B循环水泵入口门，联系汽轮机、热控、电气检查4B循环水泵出口门；汇报值长。

（二）事件原因检查与分析

1. 历史曲线、报警及操作记录检查

（1）17时15分54秒，4B循环水泵出口门油站压力为6.41MPa；16分4秒，油压降至0MPa，持续过程10s。

（2）17时16分4秒，4B循环水泵电动机电流为144A，开始下降；16分44秒，电流降至126A。

（3）17时16分54秒，4B循环水泵出口压力为0.14，开始上升；17分4秒，压力升至0.25（测点取自出口门前）。

（4）17时19分8秒，4A循环水泵合闸命令发出；20分37秒，4B循环水泵分闸命令发出。

（5）17时20分47秒，联锁关4B出口门指令发出。

（6）监控录像检查，事件发生后2s左右出口门关闭。

经查询历史曲线和操作记录，事件发生时没有联锁关闭和单操关闭4B出口门的指令发出。

2. 事件发生时现场检查

事件发生时，电气、汽轮机、热控检修人员先后赶到现场，检查油系统及管路无漏泄情况，但重锤没有锁定销而无法实现锁定功能，就地控制箱指示灯状态未检查。

3. 试验情况

检查历史曲线和操作记录，PLC未发出关门指令，排除人为操作和联锁关门情况，根据设备说明书，对电控部分进行分析，其示意图见图4-8，电气原理图见图4-9。

正常运行时，当阀门开到全开位置时，若液压系统轻微泄漏，油压下降，将至一定压力时，蓄能器上行程撞块压下XK2，使油泵电动机工作，给蓄能器补油，补到额定压力后，撞块压下XK3补油停止。当泄漏严重和发生事故时，无法保持油缸油压，故重锤会往下掉，当重锤一离开全开位置2°时，XK4 3-45（实际应为41）闭合，J3通电发出报警信号，灯XD5亮，补油停止，同时锁定销伸出，以保证重锤不掉下来，此时现场维护人员进行修理后，按下JKA，液压系统油压建立，锁定销退回，重锤上升至全开位置，恢复蝶阀正常运行。

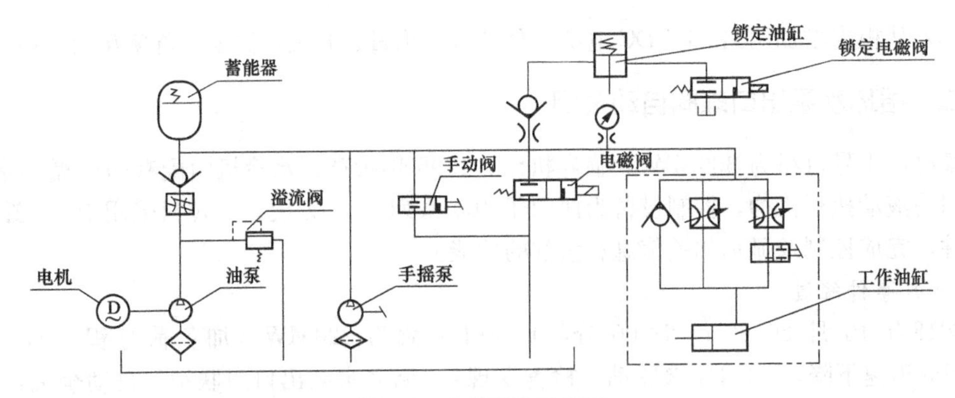

图 4-8　电控部分示意图

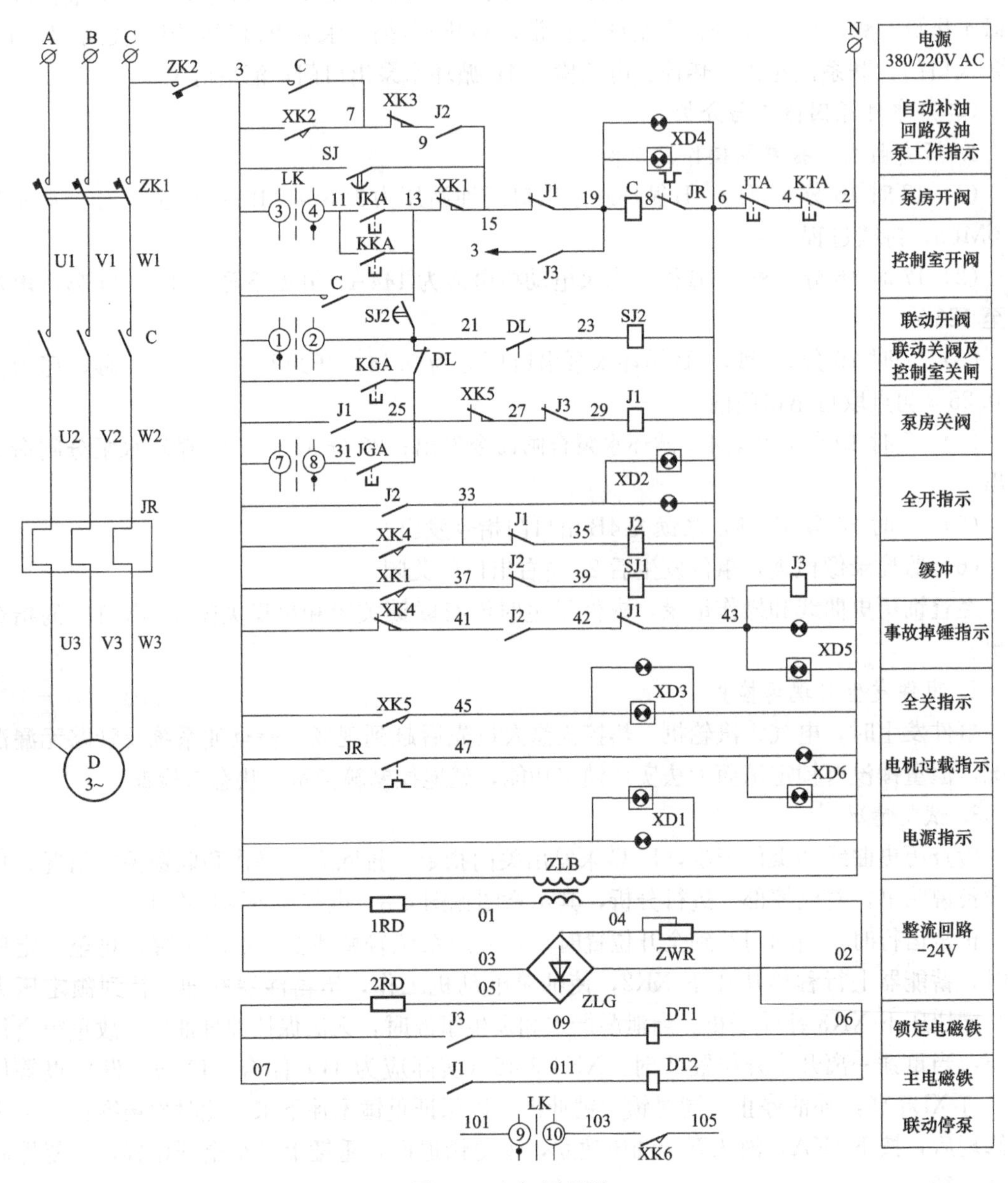

图 4-9　电气原理图

为复现当时的情况，经生产技术部协调和批准，汽轮机分场、热控分场、电气分场又进行了如下试验。

(1) 模拟 XK2 失效情况。人为解除 XK2 自动补油开关，手动泄压，压力降到 3MPa 时，重锤开始回落，随后油泵运行，阀门开启。与说明书补油停止不符，查电气原理图，除 XK2 自动补油外，事故掉锤时，也自动补油，说明即使 XK2 补油功能失效，事故掉锤补油功能也会启动油泵，不会造成阀门关闭。

油压曲线为直线下降，中间无压力回升，结合此试验可排查 XK2 松动，油泵不运行，造成阀门关回。

(2) 模拟关阀继电器 J1 不动，主电磁铁带电情况。人为短接 07—011（继电器 J1 触点）主电磁铁 DT2 带电，系统泄压，油泵电动机运行，系统油压迅速降到 0.0MPa（第二次降到 0.54MPa），关到位时就地控制箱上全开指示灯亮，全关指示灯亮，上位机画面出口门显示全开状态，断开 07—011（继电器 J1 触点），阀门自动开启。

油压曲线直线下降，中间无压力回升，解除短接后阀门自动开启，且就地阀门全关时，上位机中画面阀门显示全开位置。故障时上位机画面中阀门全关，可排除主电磁铁及回路电缆干扰误动情况。

(3) 模拟关阀继电器 J1 动作。在上位机画面操作关门，阀门迅速关闭，油压很快降为 0MPa。就地控制箱上全关指示灯亮，全开指示灯灭，上位机画面中阀门显示全关状态。此情况与事故时现象一致。

(4) 关阀继电器 J1 性能测试。测试继电器 J1 动作电压及动作电流，确定干扰信号能否使其动作。测试继电器 J1 动作电压为 180～190V AC。

4. 原因分析

通过以上检查和试验，分析认为，PLC 输出继电器和至就地控制箱电缆没有屏蔽层，虽测量输出指令电缆没有关门指令，但存在交流电压波动使回路受到干扰的可能，引起静电荷存储和集聚，当累计能量超过驱动 J1 启动能量时，造成关门继电器 J1 误动，阀门全关（在 2016 年 9 月 25 日 3A 循环水泵也发生过类似事件，虽经多方检查，未查明原因，但之后 2 年未出现过类似事件）。

(三) 事件处理与防范

(1) 增加 PLC 关门继电器及就地控制箱关门继电器 J1 状态监测，将 PLC 关门指令输出继电器和 J1 继电器备用触点引入 PLC 的 DI 模件，作为历史记录点。便于以后再出现类似分体的分析处理。

(2) 增加循环水泵运行过程中油站压力低、出口门全开信号消失报警，做到循环水画面中醒目位置，便于发生故障时，保证运行人员及时发现并进行处理。

(3) 恢复锁定销，保证锁定功能正常。

(4) 2 台机组全停时，更换控制回路电缆，未更换前每月利用设备定期轮换机会将控制电缆对地进行放电，防止干扰积累，并对循环水泵房热控、电气控制柜的接地进行检查和测试。

三、轴承温度波动导致机组跳闸

某电厂 2 号机组为 660MW 超超临界机组，2014 年 12 月投产，控制系统采用艾默生公司的 Ovation 3.5 系统。2018 年 11 月 21 日 20 时 12 分 58 秒，2 号机组负荷为 302.6MW，主蒸汽温度为 591.4℃，主蒸汽压力为 14.02MPa，给水流量为 109t/h，总煤量为 121.4t/h，协调方式下运行，AGC 投入。

（一）事件经过

20 时 13 分 24 秒，2 号机组负荷由 302.6MW 开始突降。

20 时 13 分 28 秒降至 0MW，机组停运。在 DCS 画面上监视到汽轮机 ETS 保护动作，引起锅炉 MFT 保护连锁动作，汽轮机跳闸首出为“轴承温度高”。

（二）事件原因检查与分析

1. 查阅历史曲线

11 月 21 日 20 时 13 分 24 秒，2 号机组汽轮机 8 号轴承左前下部温度 B（20MKD21CT114B）稳定保持在 75.4℃，8 号轴承左前下部温度 A（20MKD21CT114A）上升到 113.24℃，满足“8 号轴承左前下部温度 A 高于 107℃”且“8 号轴承左前下部温度 A 与 8 号轴承左前下部温度 B 偏差大于 10℃”的保护动作条件，触发“8 号轴承温度高”保护，汽轮机 ETS 保护动作。

8 号轴承左前下部温度 A 测点从 11 月 21 日 20 时 10 分开始在 80～106℃之间多次波动，呈现逐渐爬升的过程；20 时 13 分 24 分，超过保护动作值后，仍多次上升到 107℃以上。

2. 现场检查

2 号机组跳闸后，对汽轮机 8 号轴承左前下部温度 A 测点接线回路进行全面检查。检查就地温度测点接线端子，端子接线紧固，未发现接线松动（后 2019 年春节机组检修时解体对测温元件进行检查，测温元件正常）；检查该温度测点所在的 DCS 模件，模件插入牢固，模件上端子接线紧固，模件运行正常；机组跳闸前后该测点所属控制器未发生切换。

3. 事件原因分析

从 8 号轴承左前下部温度 A 在机组跳闸前发生波动，机组跳闸后立刻恢复正常的现象分析为现场存在干扰或静电累积造成温度信号异常。

4. 暴露问题

汽轮机轴承温度保护逻辑不完善、热控逻辑梳理和隐患排查工作存在薄弱环节。

（三）事件处理与防范

（1）完善 2 号机组汽轮机 6～8 号轴承温度保护逻辑。举一反三，对 1 号机组进行相应的整改。

（2）2 号机组停运后，全面检查 8 号轴承左前下部温度 A 测点接线回路电缆，更换温度元件，根据发现的问题对其他温度测点进行整改。

（3）对汽轮机轴承温度高保护的逻辑优化组织专题讨论，确定更加可靠的保护逻辑方案，并在机组停运时修改实施。

四、静电干扰导致汽轮机振动大跳机

某电厂 1 号机组为 660MW 超超临界燃煤机组，TSI 采用 VM600 系统，轴承绝对振动测量采用 CA202 压电式加速度传感器和 IPC704 电荷放大信号前置器。正常运行中机组因汽轮机瓦振大信号误发跳机。

（一）事件经过

2018 年 11 月 30 日，1 号机组负荷为 346MW，1A、1B、1C、1E 制粉系统运行，润滑

油压力 0.45MPa，3 号轴承回油温度为 67℃，3 号轴承绝对振动 A/B 为 1.44mm/s/1.48mm/s。

14 时 26 分 48 秒，1 号机组 3 号轴承绝对振动 A/B 由 1.5mm/s/1.7mm/s 突升至 12mm/s/12.6mm/s，汽轮机跳闸，锅炉 MFT，发电机解列，ETS 首出为“轴承绝对振动高”。

（二）事件原因检查与分析

现场检查 3 号轴承前置器接线盒内绝对振动和相对振动的前置器接线，未发现有松动现象，TSI 振动测量回路绝缘检查无异常。

经调取现场录像发现当时 3 号轴承处有维护人员巡检，经确认维护人员当时使用化纤毛掸对 3 号轴承前置器接线盒进行了清扫。后经现场模拟使用化纤毛掸对 3 号轴承前置器接线盒进行反复清扫，与跳闸时 3 号轴承振动跳变现象一致，同时对 1～7 号轴承前置器接线盒进行清扫，模拟试验轴承振动跳变均超过跳闸值，见图 4-10。

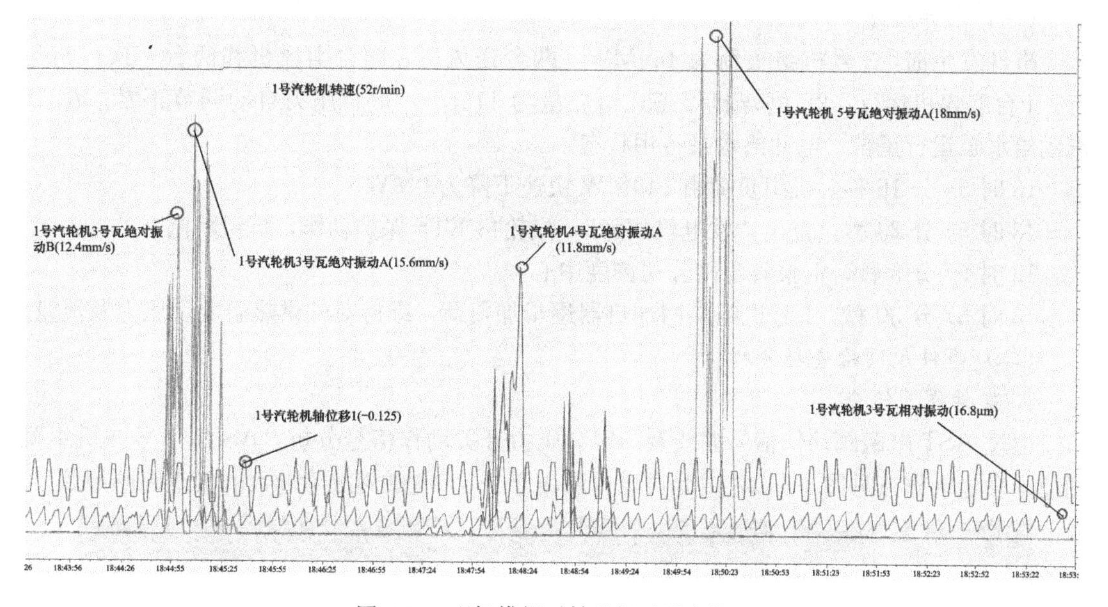

图 4-10　现场模拟时轴承振动跳变情况

根据上述检查与试验，分析本次事件原因，认为由于西北气候干燥的特点，加之化纤毛掸与塑料材质的轴承振动前置器接线盒相互摩擦产生静电，对轴承振动前置器放电，轴承振动前置器接线盒为聚氨酯材质，静电荷未有效释放造成信号受干扰跳变，导致 3 号轴承绝对振动信号跳变，高于跳闸值 11.8mm/s，是汽轮机跳闸的直接原因。

（三）事件处理与防范

现场讨论并咨询专业人员意见后，将汽轮机跳闸条件中“轴承绝对振动高”跳闸延时时间由 1s 修改为 3s，并在现场临时张贴警示标识后机组启动。事件反映了专业技术管理不到位，对重点区域保洁管理规定未细化，未采取可靠的防误动措施。本事件后采取了以下防范措施：

（1）强化人员培训，定期开展技术培训和技术交流讲课，切实提高人员技术水平。

（2）立即要求维护单位禁止用化纤类工器具对电仪设备（控制柜、配电柜、保护屏、接线盒等）进行保洁工作。

（3）梳理并完善生产区域保洁管理规定，对可能导致设备误动的保洁工作制定有效的防护措施。

（4）利用机组停机检修机会将汽轮机振动接线盒更换为金属材质并加装接地，改造完成后进行抗干扰测试。

（5）与上汽及 VM 厂家探讨和论证取消电荷放大信号前置器的可行性，方案成熟后进行技术改造。

（6）将汽轮机跳闸条件中“轴承绝对振动高”跳闸延时时间由 1s 修改为 3s。

五、外部干扰造成 AST 压力开关误发信号导致机组跳闸

2018 年 11 月 7 日，某热电厂 1、2 号机组运行，1 号机组负荷为 148MW，2 号机组负荷为 149MW，各参数显示正常，无异常报警。

（一）事件经过

事件发生前，2 号机组负荷为 149MW，两台送风机、两台引风机和两台一次风机运行，4 台磨煤机运行，2E 磨煤机停备，给煤量为 115t/h，炉膛压力自动调节正常。A、B 汽动给水泵运行正常，电动给水泵备用状态。

13 时 54 分 16 秒，机组负荷由 149MW 快速下降为 0MW。

13 时 54 分 23 秒，首出“发电机故障”，汽轮机 ETS 保护动作，机组跳闸。

13 时 57 分 5 秒，汇报省电网公司调度中心。

13 时 57 分 30 秒，1 号机组热网加热器逐步加负荷，维持对外供热温度、压力及流量。

（二）事件原因检查与分析

1. 事件原因检查

通过 AST 电磁阀动作信号曲线及 ASP2 压力开关动作信号分析，ASP2 信号在机组跳闸前未发生动作（见图 4-11），由此可以排除由于 AST 电磁阀故障导致的机组跳闸原因。

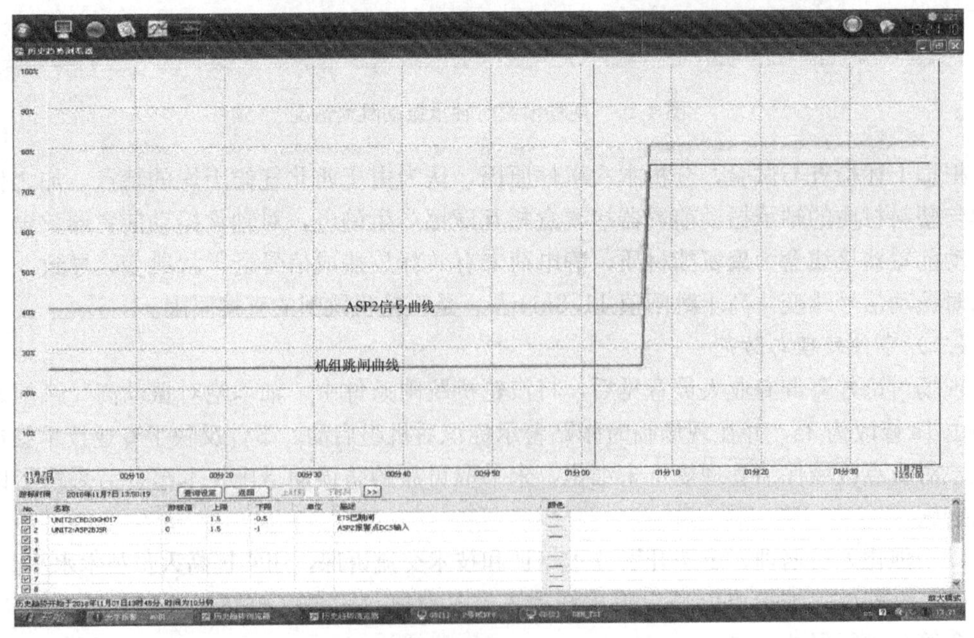

图 4-11　机组跳闸前 ASP2 信号曲线

检查ETS历史数据曲线发现，13时54分13秒，AST1压力开关量信号动作，随即DEH系统向汽轮机全部主汽门及调节门发出关闭指令，所有主汽门及调节门随之关闭。

检查启动油泵、润滑油系统、EH油系统管路无异常，且机组挂闸后安全油压正常，可以排除低压安全油系统泄漏情况。

机组AST压力开关在机组跳闸前，发生两次动作情况，且AST压力开关动作后瞬间恢复，排除人为误碰打闸手柄可能。

机组13时56分13秒跳闸时，机组转速为3000r/min（见图4-12），未达到机械超速转速，且AST母管油压未下降，排除机械超速原因。

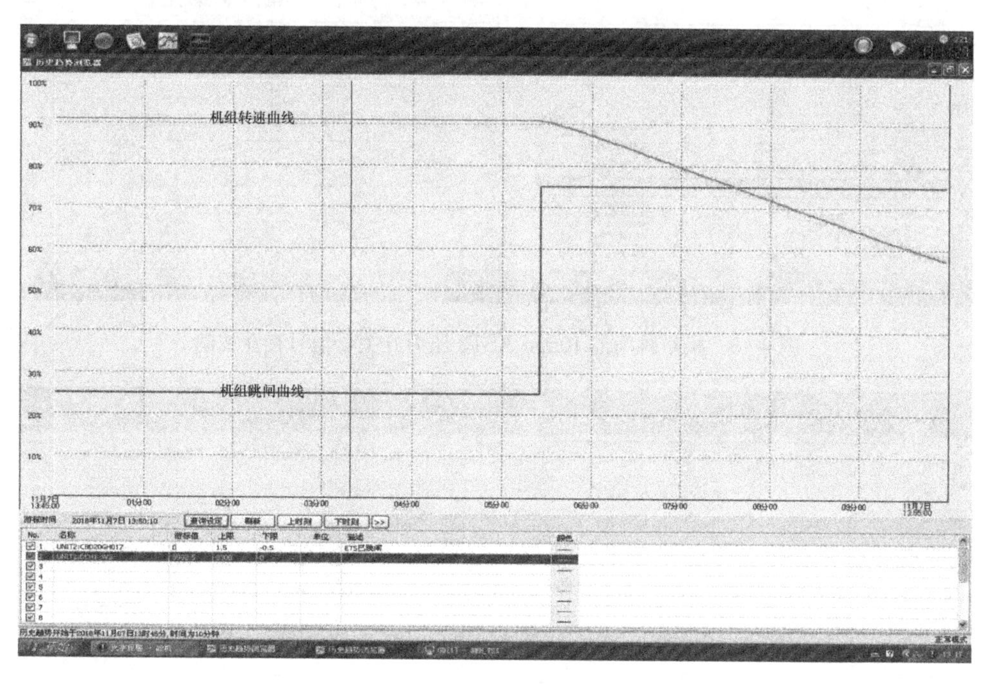

图4-12　机组跳闸前转速曲线

机组跳闸后，现场人员对薄膜阀上腔低压安全油压进行检查，发现低压安全油压为0.3MPa，如危急遮断器动作，低压安全油压将下降至0，由此证明危急遮断器未动作。

2. 事件原因分析

根据上述检查分析，可以排除AST油压波动或失压，引起开关动作的可能。从现场调取的曲线中发现，13时44分7秒（机组跳闸前10min），AST3压力开关触发一次动作信号，随即动作信号消失，机组未跳闸（见图4-13）。

13时54分13秒，AST3压力开关触发一次动作信号，随即动作信号消失，机组跳闸（见图4-14）。通过分析对比两次AST油压开关量信号波动确定，AST压力开关量信号因外部干扰，误发信号至DEH，导致机组跳闸。

3. 暴露问题

（1）专业技术及管理人员设备治理忧患意识不强，未能提前发现AST压力开关量信号外部干扰隐患。

（2）专业技术及管理人员面对设备异常时，判断、分析能力不足，现仍未排查到AST压力开关量信号外部干扰源。

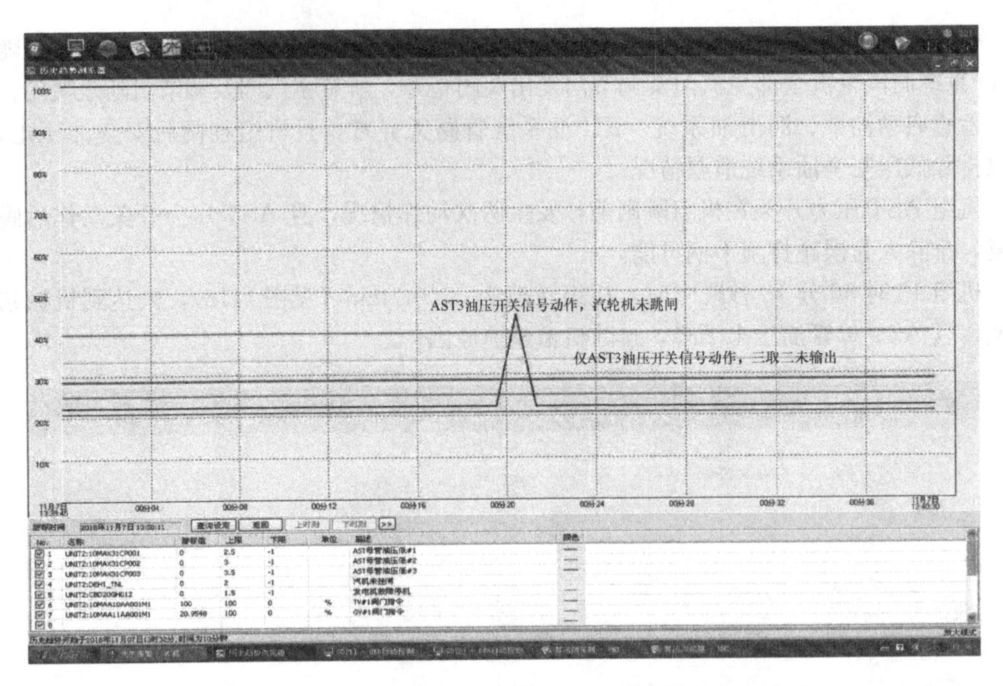

图 4-13 机组跳闸前 10min AST3 压力开关量信号存在波动

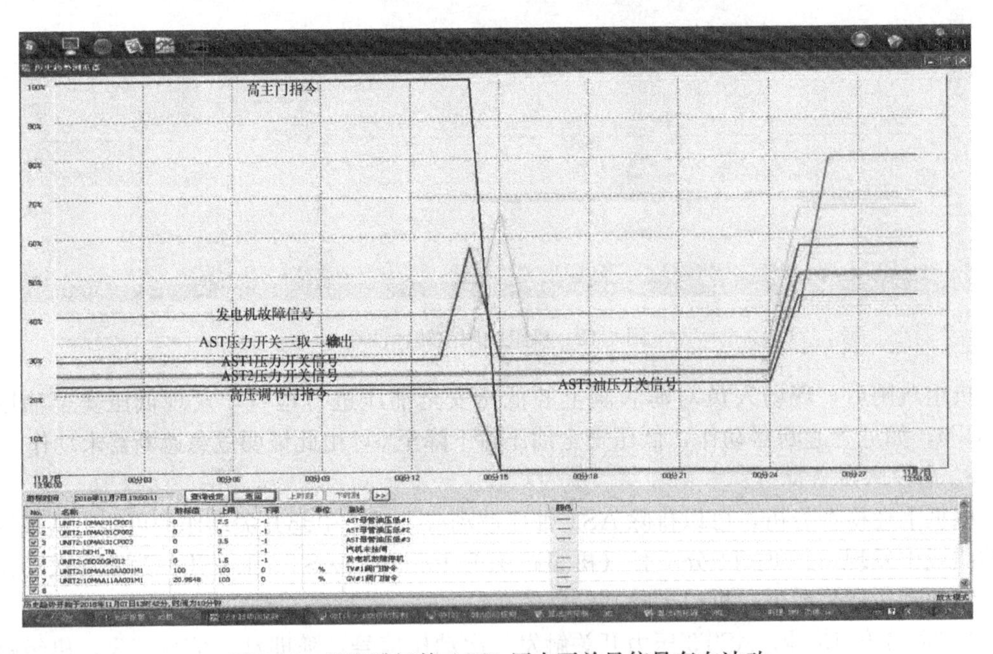

图 4-14 机组跳闸前 AST1 压力开关量信号存在波动

（3）专业技术及管理人员针对调节保安液压及控制系统培训力度不够，导致分析、解决问题能力不足。

（三）事件处理与防范

（1）针对热控、电气主保护定值及装置，开展专项检查，及时消除其他类似保护误动隐患。

（2）利用机组停备，将重要热控保护电缆更换为双绞双屏蔽型。

（3）3 个 AST 油压开关信号增加光字牌报警功能，及时发现并消除 AST 压力开关量信号瞬时波动导致机组跳闸隐患。

（4）对隔膜阀压力缩短巡检至每 1h 一次，并准确记录，跟踪监视隔膜阀压力等情况。

（5）对机组跳闸前的运行操作、检修作业等进行排查，找到 AST 油压开关信号干扰源。

（6）对 AST 模件、端子排、电缆等进行检查及测试，消除模件、端子排、电缆等因绝缘问题引发的信号干扰隐患。

（7）利用机组停备，对调节保安液压及控制系统进行全面检查，消除其他可能存在的隐患。

（8）针对调节保安液压及控制系统等，开展专项技术培训。

六、电荷累积造成送风机电动机后轴承温度高跳闸 RB 动作

某电厂配置 4×660MW 超临界燃煤机组，锅炉采用北京巴威公司制造的北京 B&W 公司 B-1903/25.40-M 超临界、中间再热螺旋炉膛直流锅炉。汽轮机采用阿尔斯通厂生产的 N660-24.2/566/566 中间再热凝汽式汽轮机。DCS 系统采用北京 ABB 公司制造的 Symphony 控制系统。2018 年 6 月 25 日，3A 送风机电动机后轴承温度高跳闸 RB 动作。性质为主辅机跳闸。

（一）事件经过

2018 年 6 月 25 日，某电厂 3 号机组运行负荷为 540MW。13 时 46 分 10 秒，3A 送风机电动机后轴承温度由 66℃开始上升；13 时 53 分 10 秒，温度上升至 95℃，达到保护动作值，延时 2s；13 时 53 分 12 秒，3A 送风机因电动机后轴承温度高跳闸，触发 RB 动作，3A 引风机跳闸，3E 制粉系统跳闸，目标负荷为 330MW。

（二）事件原因检查与分析

引风机停运后，检查热电阻接线无松动，测量热电阻线间阻值为 120.5Ω，约为 50℃，与远方显示偏差较大，拆接线后，DCS 系统温度显示 48℃，恢复正常。从 DCS 曲线分析（见图 4-15）：DCS 显示温度非跳变式上升，排除温度实际升高，应是由于电荷累积所致，而拆接温度元件接线和测量电阻的操作，对累积的电荷进行了释放，所以温度恢复了正常显示。

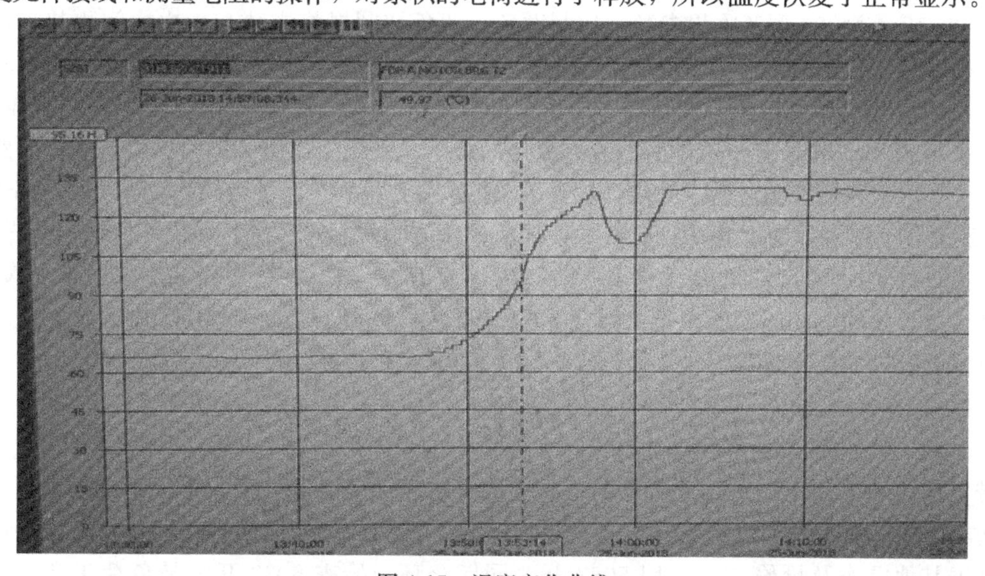

图 4-15　温度变化曲线

现场热电阻采用三线制接线法，普遍采用平衡电桥电路原理，见图4-16。

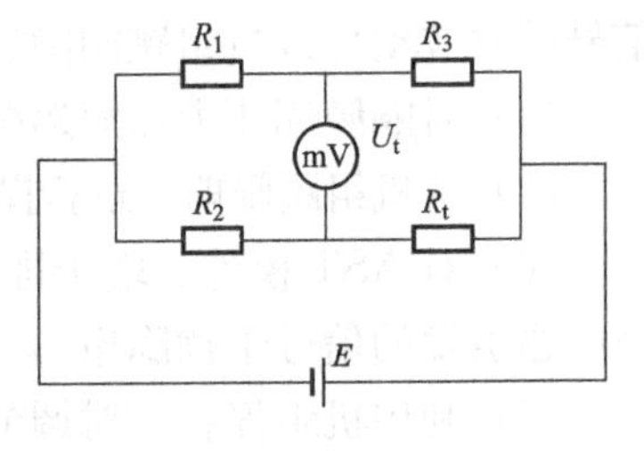

图4-16 非平衡电桥测量铂电阻电路

桥路的非平衡电压U_t能反映出桥臂被测电阻R_t的变化，电路中精密桥臂电阻R_1、R_2、R_3和电源的输出电压E一定时，非平衡电桥桥路的输出电压U_t，温度改变时，U_t随着热电阻R_t的改变而改变，因此，通过U_t值可以确定R_t温度值，即

$$U_t = E\left(\frac{R_1}{R_1+R_3} - \frac{R_2}{R_2+R_t}\right)$$

当回路中存在电磁感应干扰，就会影响回路中输出电压U_t的测量，那么被测电阻R_t温度值就会受影响，造成R_t测量偏差。

咨询ABB公司厂家，电荷累积的原因可能有：

(1) 端子板抗干扰性下降。

(2) 电缆接触电阻过大易引起电荷累积。

电荷累积导致3A送风机电机后轴承温度测量偏差，温度显示偏高是此次事件的直接原因。

（三）事件处理与防范

(1) 检查紧固3A送风机轴承温度元件接线及端子。

(2) 将送风机、一次风机的电动机侧及风机侧轴承温度保护由单点保护改为两点保护。

(3) 检修时更换3A送风机电动机后轴承温度端子板，检查六大风机（送风机、引风机、一次风机、密封风机、增压风机、稀释风机）温度测点接线及电缆屏蔽。

七、并网信号瞬时消失导致OPC保护误动作

某电厂3号机组分散控制部分采用GE上海新华控制工程有限公司的XDPS-400控制系统、数字电液控制系统采用ABB公司的Symphony系统；锅炉采用上海锅炉厂生产的SG2028/17.4-M906型亚临界参数、控制循环、四角切圆燃烧方式、一次中间再热、单炉膛平衡通风、固态排渣、全钢架结构、露天布置的Π型汽包炉；汽轮机采用东汽N600-16.7/538/538-1型汽轮机，亚临界、一次中间再热、单轴、三缸四排汽、凝汽式汽轮机；旁路采用35%BMCR容量汽动旁路，高低压两级串联系统，高压旁路为单路，低压旁路为双路；发电机采用东方电机股份有限公司（简称东方电机）生产的DH-600-G型QFSN-300-2-20型；制粉系统采用中速磨冷一次风机正压直吹式制粉系统，采用6台中速磨煤机，燃烧设计煤种时，5台运行，1台备用，煤粉细度$R_{90}=14\%$；给水泵采用1台30%MCR带液力耦合器的电动调速给水泵；两台50%MCR汽动给水泵高、低压旁路系统采用35%MCR的两级串联旁路系统。

（一）事件经过

500kV升压站主接线图见图4-17。事件发生前，电厂1号、3号、4号机组运行，分别带负荷440MW、470MW、480MW。2号机组备用，500kVⅠ母、Ⅱ母运行，甲线、乙线运行。电厂执行“3号主变压器5033TA更换后启动方案”，期间升压站及机组涉网设备未开展其他操作及检修工作。用5033开关同期合环，检查5033开关带负荷正常，检查

5033TA 极性正确。断开 5032 开关准备增加负荷进一步核对 5033CT 极性。

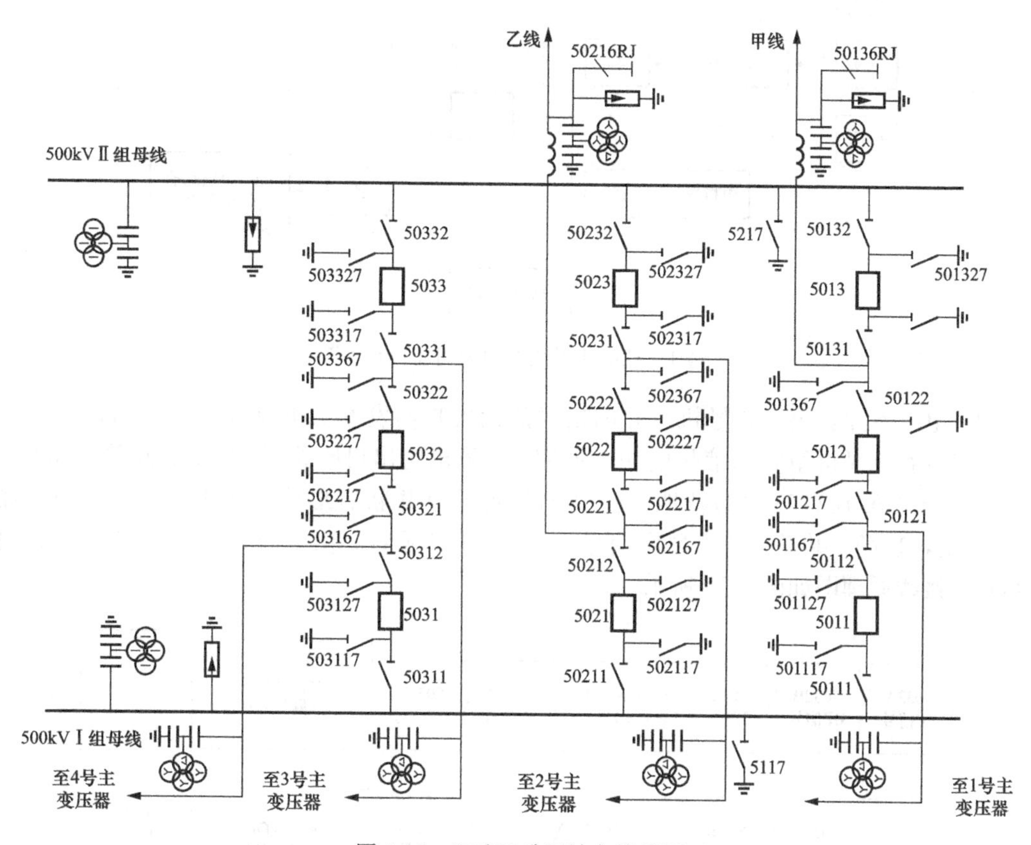

图 4-17　500kV 升压站主接线图

18 时 29 分，3 号机组汽轮机调节门关闭，机组甩负荷 480MW，2s 后汽轮机调节门重新开启，负荷升至 198MW，受 3 号汽轮机负荷冲击，汽轮机轴向位移从（－0.56/－0.57mm）上升到（－1.73/－1.66mm），汽轮机轴向位移保护动作，主汽门关闭，机组失去动力源转而向系统吸收有功率，发电机-变压器组保护 C 柜接收到汽轮机保护联跳信号，发电机-变压器组程序跳闸逆功率保护动作，发电机-变压器组解列灭磁，5033 开关跳闸。机炉电联锁动作正常。

（二）事件原因检查与分析

1. 事件原因检查

本次机组跳闸涉及热控、电气专业，因此事件排查主要从这两个专业着手开展：

（1）热控专业。从现场实际动作情况，可以初步判断是数字电液控制系统（DEH 系统）汽轮机转速保护（OPC）动作造成跳调节门关闭。触发 OPC 保护，造成调节门关闭的条件有两个：

1）汽轮机转速超过 3090r/min 以上；

2）机组并网信号消失时汽轮机中压缸排汽压力大于额定负荷的 15%。

具体逻辑图见图 4-18。

事件发生时汽轮机无超速现象，汽轮机转速信号稳定在 3000r/min，调取动作时刻的历史趋势，3 号机并网信号存在瞬间消失情况，可能触发 OPC 保护动作，因此事件调查的重点集中在查找并网信号消失的原因。

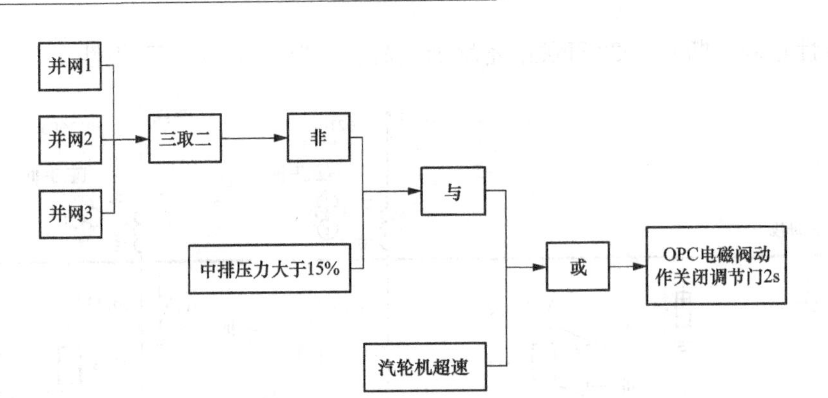

图 4-18 DEH 系统调门关闭逻辑示意图

（2）电气专业。由于 3 号机组并网信号的消失是诱发本次机组跳闸事件的直接原因，因此重点排查 3 号机组并网信号的相关回路。3 号机组出口断路器为 5032 开关、5033 开关，每个开关 A/B/C 三相的就地常开辅助位置节点并联后形成一个并网信号送至热控 DEH 系统，现场一共送了 3 个并网信号至热控 DEH 系统，由 DEH 系统做“三取二”逻辑判断，接线原理图如图 4-19 所示。

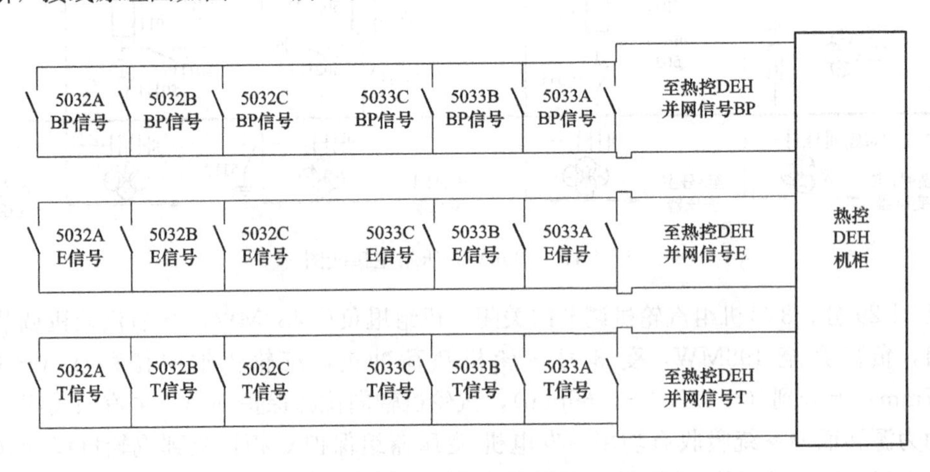

图 4-19 并网信号接线原理图

根据图 4-19，按“三取二”逻辑，3 号机组并网信号消失至少需要两个开入回路的 12 个辅助触点全部断开。重点排查从 500kV 升压站送至热控 DEH 的这 3 路并网信号的可靠性，排查中分别检查了 5032 开关、5033 开关机构箱和汇控箱的二次接线，检查了升压站至热控 DEH 的二次电缆，检查发现 18 对触点及二次接线无异常，触点对地和断口绝缘都大于 100MΩ，二次电缆绝缘大于 10MΩ。

检查中发现 3 号机组从 500kV 升压站送至热控 DEH 的 3 路并网信号为同一热控信号电缆。

为验证 5032 断路器的操作是否对 3 号机组的并网信号有影响，在 3 号机组跳闸后，在向调度部门申请并得到许可后将 5032、5033 断路器转为冷备用状态，将 5033 断路器的 3 对并网信号引入 3 号机发电机-变压器组故障录波系统，先合 5032 断路器、再合 5033 断路器，最后分开 5032 断路器（5033 断路器保持在合位），监测 3 号机并网信号 12h 未发生变化。

2. 事件原因分析

从整个事件初步的排查结果分析，造成本次 3 号机组跳闸的直接原因在于 5032 开关断开后，5033 开关送至 3 号机组 DEH 系统的并网信号短时消失，造成 DEH 系统 OPC 动作，调节门关闭。因此查找 3 号机组 DEH 系统接收到的 3 号机组并网信号消失的原因是本次事件调查的核心部分。

DEH 通道并网信号输入到 TPS 模件，模件的原理图如图 4-20、图 4-21 所示。

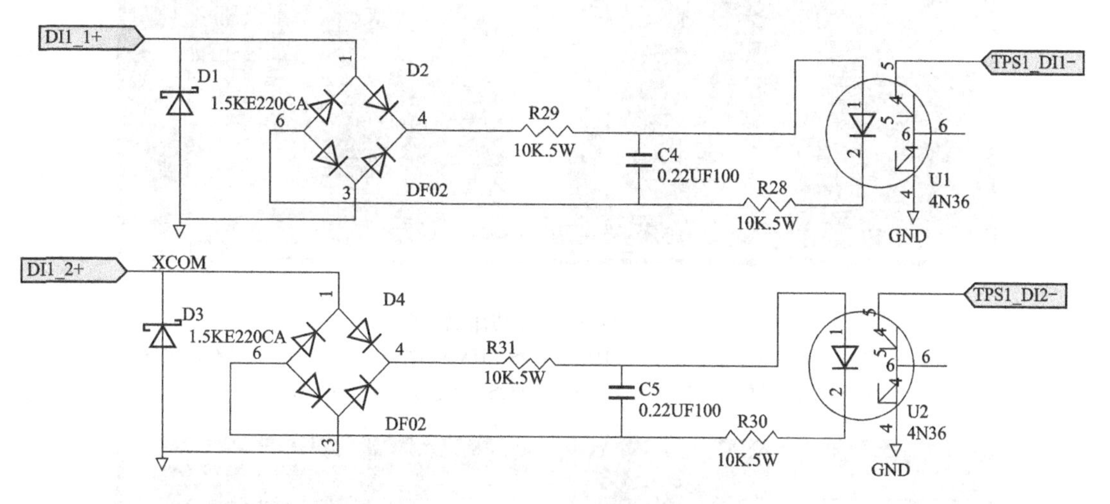

图 4-20　TPS 模件原理图

从图 4-20 上看，并与 TPS 模件厂家核实确认，该模件的开关量输入信号采用光电隔离模式。从图 4-22 DEH 系统动作趋势图上看，并网信号只消失了一路，热控 DEH 系统对并网信号采用的是“三取二”原则的处理逻辑，即三个并网信号中至少需要消失两个并网信号，系统才会认为是并网信号消失。

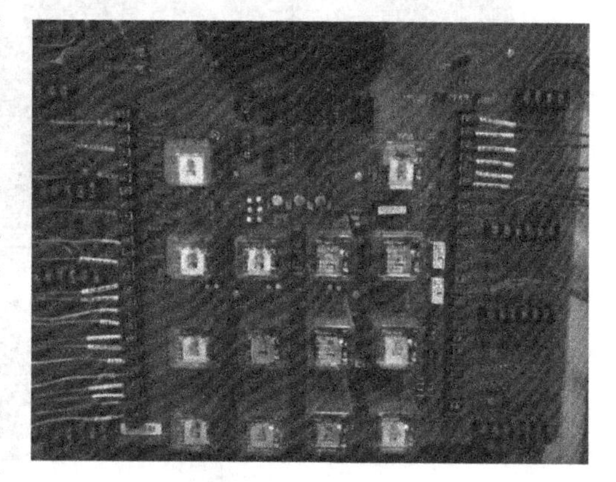
图 4-21　TPS 模件

在 DEH 系统针对 OPC 动作设计有两路触发通道，一路是固化在 TPS 板卡上的通道（简称硬逻辑），一路是 DEH 系统内部的软件（简称软逻辑），其中硬逻辑通道的扫描周期为 12ms，软逻辑通道的扫描周期为 160ms，从通道扫描周期这个角度上看，OPC 保护硬逻辑的灵敏度要大于软逻辑。从图 4-22 趋势记录上看到的所有历史数据都是 DEH 系统 OPC 保护软逻辑记录的，推断本次 3 号机组 OPC 保护动作是由于并网信号瞬时消失，触发了 OPC 保护硬逻辑出口，造成 3 号机组调节门关闭。而 OPC 保护软逻辑由于扫描周期较长，未能采集到并网信号消失，所以在趋势图上没有留下相关的证据。

为了验证这一推论，在 3 号机组 DEH 系统上重新进行了模拟试验，重现当时 3 号机组跳闸的过程。现场利用保护校验仪模拟进入 DEH 系统的三路并网信号，在同一时刻并网信号 1 断开 2s，并网信号 2 断开 20ms，并网信号 3 保持完好，成功触发了 DEH 系统 OPC 动作，动作趋势见图 4-23。

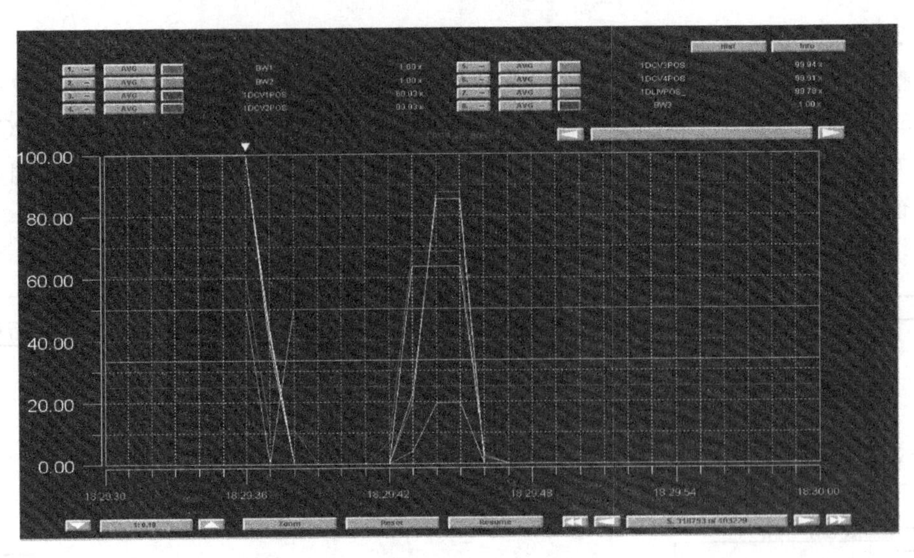

图 4-22　DEH 系统动作趋势图

注：BW1、BW2、BW3 为机组并网信号，1DCV1POS、1DCV2POS、1DCV3POS、1DCV4POS 为 4 个高压调节门位置反馈信号，1DLV1POS- 为左侧中调位置反馈信号。

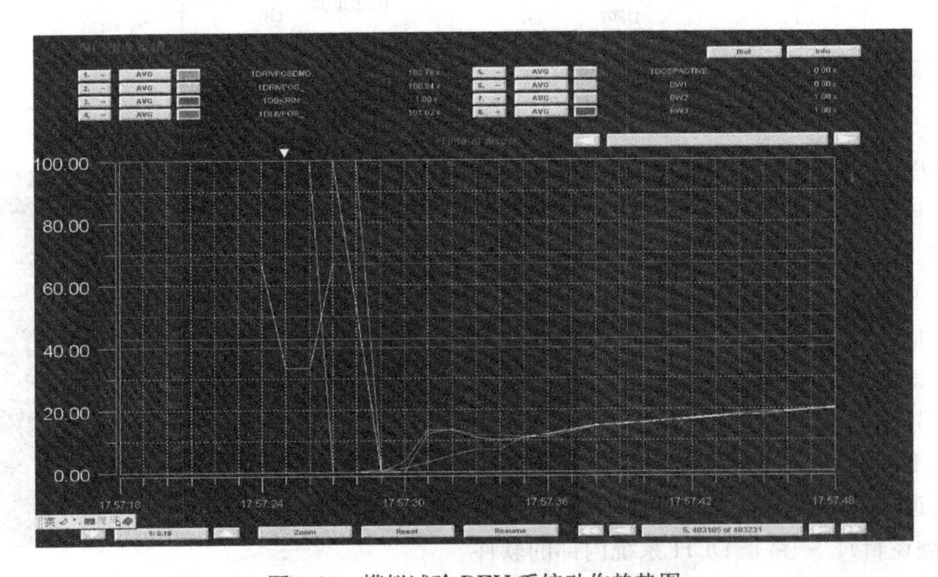

图 4-23　模拟试验 DEH 系统动作趋势图

从模拟试验 DEH 系统动作趋势图中可以明显看出，DEH 系统软件只采集到了并网 1 信号的消失，未采集到并网 2 和并网 3 信号的翻转，但是调节门关闭，因此可以证实是 OPC 硬逻辑动作。

OPC 保护软逻辑对于短脉冲的并网信号采集存在一定的随机性，经过现场测试验证，只有当并网信号的脉冲宽度在 300ms 以上时，OPC 保护软逻辑才能正确采集；当脉冲宽度低于 300ms 时，OPC 保护软逻辑信号采集的数据呈现不规则分布。

DEH 通道并网信号查询电压为 24V DC，利用电阻箱改变电阻对 3 号汽轮机 DEH 通道进行校验，发现并网 1、并网 2 两个并网信号接入通道闭合状态下的噪声容限值偏高。校验数据如表 4-2 所示。

表 4-2　　噪声容限值校验数据

信号	噪声容限值（V DC）
并网 1	16.24
并网 2	14.01
并网 3	8.34

以上测试可以证实 3 号机组跳闸的原因是由于 5033 开关并网信号瞬时消失造成的。接入 3 号机并网信号的 DEH 模件有两个 24V DC 通道在 5032 开关断开后无法完全过滤干扰电压，造成 DEH 系统误判机组脱网，关闭高、中压调节门，在高、中压调节门调整过程中，汽轮机轴向位移保护达到动作定值，造成了 3 号机组跳闸。

3. 暴露问题

(1) DEH 系统并网信号采集 TPS 模件电压等级为 24V DC，该信号来自 500kV 升压站，在升压站电磁环境发生变化时易受到影响，造成热控保护误动作。

(2) 机组从 500kV 升压站送至热控 DEH 系统的 3 路并网信号为同一电缆，汽轮机电子设备间 DEH 机柜距离 500kV 升压站 500m 左右，虽然在热控逻辑上做了“三取二”的冗余处理，但是当电缆受到外力损坏时容易造成 3 个重要信号同时受影响，直接引起机组跳机。

(3) 随着机组服役年限的增加，控制系统硬件老化，通道噪声容限值升高，可靠性降低，在受到干扰时，容易造成信号失真，导致保护误动，危及机组的安全稳定运行。

（三）事件处理与防范

(1) 目前 DEH 系统采集的并网信号电压等级较低为 24V DC，存在较大隐患。应对所有机组 DEH 系统并网信号回路进行改造，以达到提高 DEH 系统并网信号的抗干扰能力的目的。

(2) 热控系统进行检查，对不满足热控系统要求的模件立即更换，提高控制系统的可靠性。

(3) 机组送至热控 DEH 系统的 3 路并网信号为同一电缆，存在一定的隐患。在机组停机期间重新敷设 500kV 升压站至各台机组的并网信号电缆，保证 3 个并网信号通过不同的电缆送至机组 DEH 系统，信号电缆应通过不同的电缆沟进入厂房，保证重要信号的独立性。

八、燃气轮机燃料调节门扰动导致机组跳闸

某电厂 1 号机组为燃气-蒸汽联合循环热电联产机组，燃气轮机负荷 42.10MW，汽轮机负荷 19.19MW，全厂汽轮机及辅助系统控制采用艾默生 ovation3.5 控制系统，燃气轮机控制系统为 GE 公司 MKVIe 控制系统，于 2017 年 12 月 9 日投产。2018 年 6 月 7 日 7 时 46 分 21 秒，燃气轮机跳闸，联跳汽轮机。

（一）事件经过

2018 年 6 月 7 日，1 号机组正常运行，主蒸汽温度为 535.16℃、主蒸汽压力为 5.72MPa、燃气轮机负荷为 42.10MW，汽轮机负荷为 19.19MW。

7 时 46 分，燃气轮机负荷为 42.10MW，运行人员正常监盘，机组无异常操作。

7 时 46 分 21 秒，燃气轮机跳闸，联跳汽轮机。1 号燃气轮机首出“L4T”和

“L86GCV1TKHH _ ALM”报警，燃气轮机控制逻辑判断燃料阀 GCV1 跟踪故障，燃气轮机主保护动作，燃气轮机跳闸。

（二）事件原因检查与分析

1. 事件原因检查

经过排查机组跳闸报警及曲线（见图 4-24）可知，机组跳闸前燃料阀 GCV1 阀门未动作，控制系统出“GCV1 Tracking Fault-High High Error Trip”报警，即阀门指令反馈偏差大，燃气轮机跳闸。检查逻辑设置，见图 4-25。

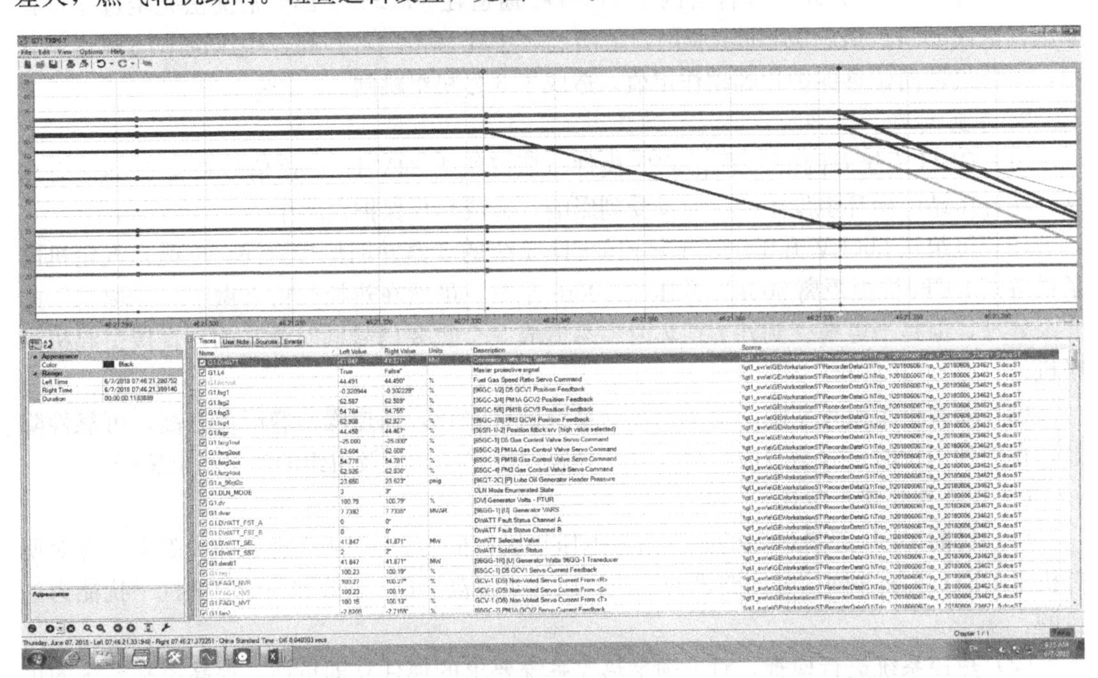

图 4-24　阀门曲线

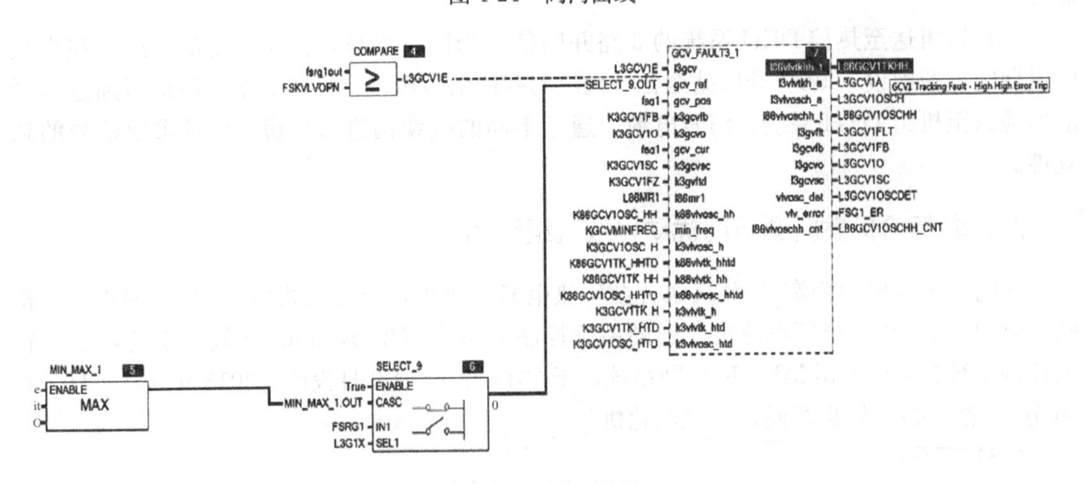

图 4-25　逻辑设置

现场检查阀门指令和反馈接线，无松动；活动试验阀门，开关正常；经排查信号电缆进入燃气轮机控制盘前存在与动力电缆平行走线间隙近现象，且距离控制盘距离较近，存在因干扰造成阀门信号波动或控制系统信号误发，机组跳闸的可能。因机组热用户正处于生产阶段，急需恢复热用户供热，遂立即汇报中调和股份公司值班室后，8 时 52 分，1 号燃气轮机启动；9 时 14 分，1 号燃气轮机并网；9 时 20 分，1 号汽轮机启动；9 时 29 分，1 号汽轮机并网，10 时 00 分，1 号机组恢复供热。

2. 事件原因分析

专业人员根据上述查找和分析，初步判断事件原因：燃气轮机 GCV1 阀门回路电缆受干扰阀门信号波动误发阀门指令与反馈偏差大信号，导致燃气轮机跳闸。

（三）事件处理与防范

（1）完善防非停措施，有针对的检修维护计划，做到全覆盖无死角，进一步提高设备可靠性。

（2）结合日常设备巡检维护工作，扎实开展好隐患排查治理工作。

（3）全面排查控制系统电缆间隙小现象并予以整治；加强人员风险意识教育，以老带新，强调危险事件及分析。

（4）制定相关管理制度，对现场包含电子间，配电室内、外的重点区域禁止使用移动通信设备。

九、给水泵汽轮机控制柜电源电缆受干扰造成供汽调节门全关

（一）事件经过

2018 年 10 月 27 日 11 时 45 分 20 秒，运行人员在热网系统操作时发现 3 号给水泵汽轮机供汽调节门 2 反馈故障，供汽调节门 1 全关。

（二）事件原因检查与分析

1. 事件原因检查

11 时 50 分 7 秒，热控检修人员赶到到场，检查 3 号给水泵汽轮机供汽调节门 1 屏幕显示“ERR3（开向运行电动机堵转，检查阀门是否卡死）”，小范围手摇阀门无卡涩，面板按钮操作无效，手动复位无效；3 号给水泵汽轮机供汽调节门 2 屏幕显示“ERR3（开向运行电动机堵转，检查阀门是否卡死）”，小范围手摇阀门无卡涩，面板按钮操作无效，手动复位无效。测量 2 个阀门供电电源正常，输入指令准确，无反馈电流输出。

检查 3 号给水泵汽轮机控制柜电源电缆与 2 号疏水泵电源电缆都布置在同一电缆沟内，且热网 3 号给水泵汽轮机执行器电源与 2 号疏水泵电源都取自热网 PC B 段。联系运行人员进行试验，执行器状态正常情况下启动 2 号疏水泵后，供汽调节门 1 开始开关摆动，停运 2 号疏水泵后，调节门 1 停止动作；阀位反馈显示故障，显示屏报“ERR3”故障，与之前现象一致。

2. 原因分析

根据上述查找，本次事件确认为 3 号给水泵汽轮机控制柜电源电缆在电缆沟内部与 2 号疏水泵动力电缆平行布置，2 号疏水泵启动时电流干扰了调门控制与反馈。

（三）事件处理与防范

由于电缆沟内电缆很难敷设更改，核对脱硫 UPS 电源容量足够，从脱硫 UPS 柜拉一根电缆至 3 号给水泵汽轮机控制柜作为控制电源，拆除原先的电缆。

第五章

就地设备异常引发机组故障案例分析与处理

如果把DCS比作为机组控制的大脑，各就地设备则是保障机组安全稳定运行的耳、眼、鼻和手、脚。就地设备的灵敏度、准确性以及可靠性直接决定了机组运行的质量和安全。而就地设备往往处于比较恶劣的环境，容易受到各种不利因素的影响，其状态也很难全面地被监控，因此很容易因就地设备的异常而引起控制系统故障，甚至导致机组跳闸事件的发生。

本章统计了42起就地设备事故案例，按执行机构、测量取样装置与部件、测量仪表、线缆、管路和独立装置进行了归类。每类就地设备的异常都引发了控制系统故障或机组运行故障。异常原因涵盖了设备自身故障诱发机组故障、运行对设备异常处理不当造成事故扩大、测点保护考虑不全面、就地环境突变引发设备异常等。

对这些案例进行总结和提炼，除了能提高案例本身所涉及相关设备的预控水平外，还能完善电厂对事故预案中就地设备异常后的处理措施，从而避免案例中类似情况的再次发生。

第一节　执行部件故障分析处理与防范

本节收集了因执行机构异常引起的机组故障14起，分别为控制板卡故障造成磨煤机连续3次跳闸、高压调节门卡涩引起机组跳闸、燃气轮机安全油电磁阀故障造成机组跳闸、一次风机变频器故障造成机组非计划停运、一次风机动叶拐臂脱落导致MFT、高压排汽通风阀异常开启引起机组降负荷、变频器模块故障且RB逻辑中偏差参数设置不当间接导致机组跳闸、燃气轮机辅助截止阀故障造成燃气轮机组跳闸、高压调节门跳闸电磁阀故障引起调节门关闭、引风机出口门执行器控制板故障导致机组RB、高压旁路电磁阀卡涩引发机组功率振荡、一次风机动叶连接拉叉脱落导致机组跳闸、机组调节门特性曲线不符实际导致开机过程手动打闸、给水泵跳闸触发锅炉MFT。

这些案例都来自就地设备执行机构、行程开关的异常，有些是执行机构本身的故障，有些与安装维护不到位或参数设置不合理相关，一些案例显示执行机构异常若处置得当，本可避免机组跳闸。

一、控制板卡故障造成磨煤机连续3次跳闸

某电厂8、9号机组12台给煤机为上海发电设备成套设计研究院（上海新拓电力设备

有限公司）生产的 SPERI 型电子称重式给煤机，2018 年 1 月连续发生 3 次给煤机跳闸事件。

（一）事件经过

2018 年 1 月 26 日 12 时 20 分，8 号机组开机启动 F 给煤机过程中，F 给煤机故障停机。更换电源板后启动给煤机正常运行。

1 月 28 日 9 时 6 分，8 号炉 F 给煤机故障停机，更换 8 号机组随机备品 CPU 电脑板后启动给煤机正常运行。

1 月 29 日 15 时 22 分，8 号炉 F 给煤机故障停机。由于给煤机跳闸前给煤量逐渐下降到 0t/h，但断煤信号未发送，怀疑皮带秤重不准，校验皮带秤正常，给煤机恢复备用。

1 月 30 日，厂家技术人员到厂现场检查后，更换厂家带来的 CPU 电脑板、测速传感器，皮带称重标定后；19 时 15 分，运行启动磨煤机，启动给煤机正常运行。

（二）事件原因检查与分析

1. 事件原因检查

（1）1 月 26 日 12 时 20 分，8 号炉 F 给煤机故障停机，检修人员就地启动给煤机，发现皮带驱动电机转动正常，但无转速显示，随后 F 给煤机故障停机。检查皮带驱动电动机测速探头（磁阻式）无磨损，测试阻值正常（324Ω），信号电缆正常。更换 A2 转速控制模件，故障现象依然存在。判断电源板故障，更换电源板后启动给煤机正常运行。

（2）1 月 28 日 9 时 6 分，8 号炉 F 给煤机故障停机，检修人员会同厂家技术人员就地启动给煤机，检查故障现象同 1 月 26 日一致，由于 A2 测速板和电源板均为新更换的备件，怀疑 CPU 电脑板故障，更换 8 号机组随机备品 CPU 电脑板后启动给煤机正常运行。

（3）1 月 29 日 15 时 22 分，8 号炉 F 给煤机故障停机。由于给煤机跳闸前给煤量逐渐下降到 0t/h，但断煤信号未发送，怀疑皮带秤重不准，校验皮带秤正常，给煤机恢复备用。

（4）1 月 30 日，厂家技术人员到厂后现场检查，检查电脑板内部就地控制转速参数设置为 1000r/min（变频器输出应为 33Hz）。联系运行就地启动给煤机试转，就地控制面板电动机转速显示 900r/min（变频器输出为 50Hz），设定值和显示值对应不上，判断 CPU 电脑板程序设置与测速齿轮齿数（18 齿）不匹配。更换厂家带来的 CPU 电脑板、测速传感器；19 时 15 分，运行启动磨煤机，启动给煤机正常。皮带称重标定后给煤机运行正常。

2. 事件原因分析

该电厂 8 号、9 号机组 12 台给煤机为上海发电设备成套设计研究院生产的 SPERI 型电子称重式给煤机，配套来的 8 号机组给煤机随机备品 CPU 计算机程序设置与测速齿轮数不匹配，导致运行时电动机转速补偿无效，造成速度偏差一直累积，最终转速故障，给煤机跳机。

26 日、28 日换下的电源板、电脑板，因制造质量差损坏导致 F 给煤机故障停机。

给煤机厂家配套来的随机备品功能与现场实际不符，备品材料验收不到位。

检修人员业务技术不足，对给煤机控制、故障处理掌握不全面。

（三）事件处理与防范

（1）将 660MW 机组给煤机换下的板卡以及 CPU 电脑板随机备品发回厂家更换。

（2）采购电脑板备品时注明测速齿数要求。

（3）利用停机机会将备品更换至现场进行功能测试验收。

（4）坚持做好典型缺陷的分析总结，进行给煤机技术培训讲课，加强班组人员业务技能培训。

二、高压调节门卡涩引起机组跳闸

某电厂1号机为超超临界二次再热凝汽式发电机组，容量为660MW，三大主机采用哈汽-东锅-东方电机配置，锅炉型号为HG1938-32.45-605/623/623-YM1。汽轮机型号为N660-31-600/620/620。汽轮机正常运行由两个超高压调节阀节流调节控制负荷，调速系统采用高压抗燃油DEH控制。

汽轮机旁路采用美国CCI公司生产的40%BMCR容量的高、中、低三级串联旁路装置，旁路具有快开及快关调节汽压功能。

制粉系统配置6台MPS200-HP-2型中速磨煤机，给水系统配置1×100%容量汽动给水泵，两台机组共用一台30%容量的电动启动给水泵。

（一）事件经过

2018年1月8日，1号机组C修后启动；6时6分，并网。1月8日11时33分，机组负荷升至602MW，接中调令机组投入AGC运行。主蒸汽压力为27.12MPa，主蒸汽温度为600℃，总燃料量为234t/h，给水流量为1672t/h，1A、1B、1C、1D、1F磨煤机运行。

11时41分4秒，机组负荷突降至421MW，主蒸汽压力从25.59MPa突增至28.6MPa。

11时41分37秒，汽轮机高压旁路减压阀自动开到61.9%，CCS自动退出，汽轮机主控及锅炉主控自动退出，机组运行方式切至BM方式。

11时42分2秒，值班员手动关闭高压旁路减压阀。

11时43分2秒，负荷336MW，主蒸汽压力为34.13MPa，锅炉PCV阀自动开启。

11时43分32秒，值班员手动开启高压旁路减压阀（指令40%），但高压旁路只能开至6%。

11时44分1秒，负荷297MW，主蒸汽压力为33.03MPa，锅炉PCV阀自动关闭。

11时44分20秒，值班员手动开大超高压调节门阀位指令（68%→77%）。

11时44分53秒，给水泵汽轮机进汽压力由0.60MPa降低至0.55MPa，给水压力与主蒸汽差压由原来的5MPa降至1MPa。给水流量降至555t/h，联系邻机开启辅助蒸汽母管联络门，提高小汽轮机汽源压力，手动增加给水流量。

11时45分13秒，手动急停1F磨煤机。11时46分13秒，手动急停1D磨煤机。

11时49分38秒，手动急停1C磨煤机。11时50分17秒，手动急停1B磨煤机。

11时50分26秒，后烟道后墙入口联箱温度高高（535℃），锅炉MFT动作，汽轮机跳闸，发电机解列。

（二）事件原因检查与分析

1. 调阀历史曲线分析

历史曲线显示，1号机组6时6分并网后，从8时59分起（负荷360MW），超高压调节阀2（VHPCV2）开始偶尔出现卡涩现象；11时38分48秒，超高压调节阀1（VHPCV1）、调节阀2（VHPCV2）指令均为29%，而实际开度分别为29%、61%；随着AGC负荷指令下降，VHPCV2开度指令随之减小至26.6%，但是阀门一直卡在61%的开度。11时41分4

秒，该阀门突然关至指令值26%，引起机炉之间的大幅度扰动，负荷快速下降128MW（从549MW降至421MW），炉侧蒸汽压力快速升高至34.2MPa，锅炉给水量迅速从1485t/h下降至598t/h，高压旁路自动开启后值班员手动关闭操作过快。此阶段尽管值班员连续急停两台磨煤机，但由于燃料总操未切至手动方式，锅炉总燃料量由204t/h仅减至177t/h，速度较慢，煤水比不匹配。引起后烟道后墙入口联箱温度快速上升，"后烟道后墙入口联箱温度高高"保护触发MFT动作，因此事件原因是超高压调节阀2（VHPCV2）伺服阀卡涩，加上运行人员操作经验不足导致。

2. 现场检查

超高压调节阀2（VHPCV2）伺服阀卡的原因，经检查是油路存在局部死角导致油质变差等原因引起伺服阀卡涩失灵，导致超高压调节阀2（VHPCV2）开度跟不上指令变化。

3. 暴露问题

（1）设备维护管理有待加强。超高压调节阀2（VHPCV2）伺服阀存在问题，导致阀门调节卡涩、开关不灵。

（2）运行人员操作经验不足。汽轮机阀门突关，锅炉压力快速上升，给水量减小后，运行人员虽紧急停运两台磨煤机（1F、1D），但未能及时退出总煤量自动，造成煤水比失调，锅炉后烟道后墙入口联箱温度上升至保护动作值，导致锅炉MFT动作。

（3）运行人员对旁路功能熟悉不够。在事故处理过程中，不当操作退出高压旁路自动，关小高压旁路减压阀的速度太快（61%→0%），引起锅炉蒸汽压力加剧升高，造成给水流量进一步减少。

（4）在机组启动后，忙于升负荷等操作，运行人员分工不明确，导致巡查DCS画面不及时（如汽轮机进汽阀门开度显示画面），未能及时发现汽轮机调节门卡涩等问题。

（5）热控逻辑保护梳理有待优化完善，没有设置汽轮机进汽阀指令值与实际反馈值偏差大触发报警的功能。未能及时提醒运行人员发现阀门卡涩情况。

（三）事件处理与防范

（1）加强对EH油系统的管理。严格控制EH油的黏度。EH油箱的油温尽量控制精准（40～42℃），冬季EH供油管加伴热带；尽快改换EH油箱电加热方式，防止油箱内电加热表面油质碳化；加强滤油、定期化验等工作保证油质合格。

（2）加强设备维护管理，在机组检修期间将油动机和伺服阀返厂清洗油路，提高EH油系统的清洁度，避免因油管死角等处积存的微小颗粒被冲出影响伺服阀的正常运行。

（3）增加汽轮机所有进汽阀门"指令与反馈偏差大"的报警信号，便于运行人员及时发现问题。增加任一超高压调节门"指令与反馈偏差大"切除CCS的逻辑，防止因调节门卡涩造成负荷大幅度波动。

（4）强化责任意识，加强运行监盘管理，规范监盘巡查画面频率、确保监控无死角，并将此工作列入日常运行管理考核内容。

（5）加强运行技术培训及事故预案管理，提高运行人员处理异常事件的能力与水平。结合此次事件教训，对所有集控运行人员有针对性的开展事故演练，由部门在仿真机上逐个验收（含值长），并严格考核直至全员合格。

三、燃气轮机安全油电磁阀故障造成机组跳闸

某M701F4燃气-蒸汽联合循环发电机组，2017年投产。燃气轮机为M701F4型分轴

一拖一单转子、双轴承、预混低氮燃烧器。汽轮机为LC156/116-13.4/1.5-566/566双缸、再热、抽汽凝汽式。余热锅炉为NG-M701F4卧式、水平烟气流、汽包炉。燃气轮机采用三菱DIASYS Netmation控制系统，联合循环包括汽轮机、DEH、余热锅炉等采用南京科远NT6000控制系统。

（一）事件经过

2018年12月21日，运行一值（0时00分—8时00分），3号燃气轮机带负荷为214MW，4号汽轮机带负荷92MW，1时16分，3号燃气轮机控制系统TCS发“燃气轮机安全油压低”报警，3号燃气轮机跳闸，联跳4号汽轮机，二套机组解列。

故障处理后，7时56分，并网，4号机8时59分并网，9时30分投入4号机对外供热。

（二）事件原因检查与分析

事件后，运行人员现场查3号燃气轮发电机-变压器组保护柜“热控保护”动作，就地检查安全油系统无泄漏。热控人员现场检查3号燃气轮机挂闸电磁阀，测量挂闸电磁阀线圈阻值为325kΩ（正常阻值为700Ω左右），确认挂闸电磁阀线圈故障损坏，造成挂闸电磁阀失电打开，3号燃气轮机跳机。

将挂闸电磁阀更换，系统试验，3号燃气轮机挂闸成功，3号燃气轮机重新启动。

该电磁阀线圈是12月1日才更换的新电磁阀，更换前检测正常，至线圈故障发生共运行10天，本次电磁阀故障的原因为厂家质量问题。

（三）事件处理与防范

更换故障电磁阀，同时采取以下防范措施：

(1) 由于挂闸电磁阀为单点控制逻辑，需立即与厂家协调进行逻辑改造，确保其中任一电磁阀故障不会引起误跳机（修改方案未得到厂家确认）。

(2) 为确保电磁阀质量，对备用电磁阀进行通电试验，在实验室内加正常工作电压运行1个月，确认质量稳定后可安装使用。

(3) 在挂闸回路改造之前，增加定期工作；燃气轮机停机后及开机前，热控专业应检查挂闸电磁阀回路。

四、一次风机变频器故障造成机组非计划停运

某厂1号机组于2010年6月投产发电，机组容量为300MW。DCS采用和利时分散控制系统。

（一）事件经过

2018年8月16日15时55分，DCS报“变频器重故障”跳闸信号，2号1一次风机跳闸，联关2号1一次风机进、出口挡板门，一次风机联络门联开正常。2号炉左侧一次风量降至0m^3/h（标准状态），右侧一次风量降至83m^3/h（标准状态），一次风量低低信号发出，锅炉MFT动作。运行人员立即手动调整2号2一次风机变频器至84%，将右侧一次风调节门关小至20%，将左侧一次风调节门维持在100%，启动左侧所有冷渣器转速至66%排渣。

17时28分，2号1一次风机故障模块更换完成后，启动2号1一次风机，2号机组负荷为10MW，左/右侧床温为563/558℃，左/右侧风室压力为8.79/5.53kPa。左/右侧一次风量43/53m^3/h（标准状态），风机启动后左右侧一次风量75/82m^3/h（标准状态），左/

右侧风室压力为8.9/6.8kPa，停运左侧冷渣器运行。

19时44分，2号机组负荷为150MW，左/右侧床温为924/924℃，左/右侧一次风量为133/132m^3/h（标准状态），左/右侧氧量为4.2%/3.2%，调整恢复至事故前工况。

（二）事件原因检查与分析

1. 事件原因检查

锅炉MFT后，专业人员就地检查，发现2号1一次风机变频器A1、A2、A3功率模块"过压"报警、B5功率模块"驱动故障"报警，并确认B5功率模块故障。检查一次风机变频器DCS逻辑，发现未设计一次风机变频器自动切工频逻辑和一次风机RB逻辑。

2. 事件原因分析

根据检查，专业人员分析确认，一次风机跳闸原因为一次风机变频器功率模块故障引起。但一次风机变频器DCS逻辑不完善，未设计一次风机变频器自动切工频逻辑和一次风机RB逻辑，也是本次非停事件的间接原因。

解体功率模块检查发现IGBT和电容器烧坏，同时造成周围控制板及其他元器件烧毁。由此确认功率模块故障原因，为功率模块中的IGBT和电容器质量不过关造成。

3. 暴露问题

（1）检修策划不完善，检修管理存在执行不到位，质量验收不严。检修时未拆开每只功率模块外壳对内部电子元件进行全面清扫，也未对功率模块内部电子元件性能开展测量分析工作，未严格执行检修标准化和检修文件包。

（2）技改项目设计不完善。功率模块未设计旁路功能，一个功率模块故障就需设备停运。

（3）运行人员事故处置不当。在一次风机跳闸后，运行人员降低二次风量不够迅速，造成锅炉床温下降速度过快，同时存在事故处理时人员分工不合理，无变频器故障时应急处置预案，暴露出运行优化调整及事故处理存在不足。

（4）未设计一次风机变频切工频功能和一次风机RB功能。

（三）事件处理及防范

安全措施落实后，专业人员更换B5功率模块，启动2号1一次风机，恢复机组正常运行，同时采取以下防范措施：

（1）检修时拆开每只功率模块外壳对内部电子元件进行全面清扫，学习变频器功率模块内部元器件检查试验方法，定期开展功率模块性能检查。严格执行检修标准化和检修文件包，进一步加强检修管理。

（2）运行部编制变频器故障时应急处置预案，并定期组织演练，提高事故处理能力和水平；同时在一次风机跳闸后，做好人员分工，运行人员迅速降低二次风量，保持锅炉床温、床压。

（3）加强一、二次风机的巡检、点检工作，按规定的部位、时间、项目进行巡检。加强运行及检修人员一、二次风机变频器操作维护培训，掌握变频器相关知识，提高操作和维护技能。每天对风机变频器功率模块开展红外成像测温工作并做好记录。

（4）增加风机变频切工频功能，在事故状态下实现自动切换，提高风机运行的安全稳定性。研究设计一次风机RB功能，避免发生单侧一次风机跳闸引起机组非停事件的发生。

五、一次风机动叶拐臂脱落导致MFT

某机组为660MW超临界参数燃煤凝汽式发电机组。汽轮机为上海电气集团有限公司制造的一次中间再热、单轴、三缸四排汽、双背压、八级回热抽汽、凝汽式汽轮机，型号为N660-24.2/566/566；锅炉为东锅制造的超临界参数、变压运行直流锅炉，一次中间再热、单炉膛平衡通风、露天布置、固态排渣、全钢构架、全悬吊结构Ⅱ型锅炉，采用三分仓回转式空气预热器；发电机为上海电气集团股份有限公司生产的QFSN-660-2三相同步汽轮发电机。DCS控制系统采用和利时有限公司生产的MACS6.5.2控制系统。

2018年10月6日20时50分，机组负荷为530MW，稳定运行，机组CCS方式，一次风机、送风、引风自动调节投入，AGC投入。A、C、D、E、F磨煤机运行，B磨煤机备用，总煤量为232t/h，水煤比为6.84，氧量为2.6%，一次风压为7.5kPa，炉膛压力等参数正常。

（一）事件经过

2018年10月6日20时51分24秒，1号机组负荷为530MW，1A一次风机动叶开度为24.88%，电流为120A；1B一次风机动叶开度为30.64%，电流为109A，一次风压力设定值为7.42kPa，一次风母管压力为7.59kPa。此时送风机、引风机调节均正常，1A引风机动叶开度为58%，1B引风机动叶开度为60%，炉膛压力为－53Pa，A、C、D、E、F磨煤机运行。

20时51分26秒，1A一次风机在动叶开度没有变化的情况下，电流由118A快速上升，一次风母管出口压力和炉膛压力也开始上升。

20时51分34秒，1A、1B一次风机自动因压力设定值和实际值偏差大（定值2kPa）由“自动”自切为“手动”状态。

20时51分54秒，运行监盘人员发现了1A一次风机电流异常情况，对1A一次风机进行了操作，在6s内将动叶由14.06%下调到9.06%，但1A一次风机电流并没有发生变化。

20时52分20秒，机组MFT，首发“炉膛压力低低”。

问题处理结束后，10月7日00时00分，冲转至3000r/min；00时15分，分并网成功。

（二）事件原因检查与分析

1. 事件原因检查

（1）查看历史曲线。事件后，热控人员查找历史记录与曲线，见图5-1。

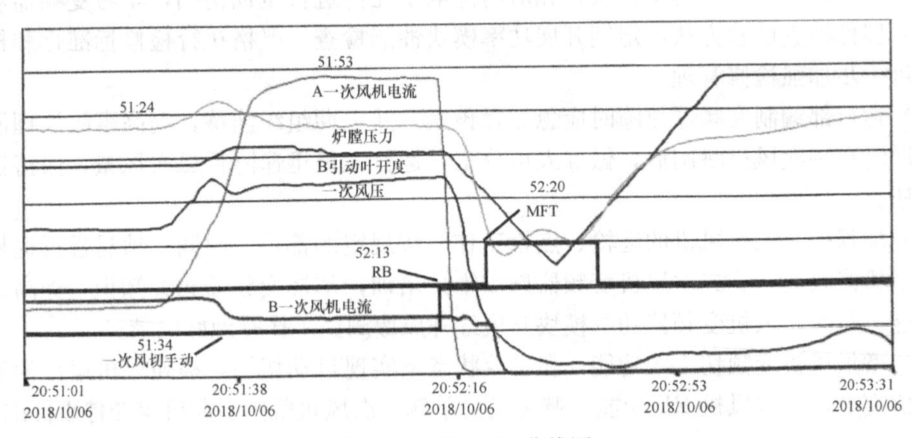

图5-1 机组MFT曲线图

20时51分34秒，一次风机电流上升至260A，一次风母管压力由7.56kPa上升到9.88kPa，炉膛压力上升至407Pa，1A、1B一次风机动叶在自动调节下分别下调到14.06%和

19.29%，1B一次风机电流为111A；1A、1B引风机开度也随着炉膛压力的升高而调节，分别上调到60%和61%的开度。

20时51分34秒，1A、1B一次风机自动因压力设定值和实际值偏差大（定值2kPa）由“自动”自切为“手动”状态。

20时51分53秒，1A一次风机电流达最大值510A。

20时51分54秒，运行监盘人员对1A一次风机进行了操作，在6s内将动叶由14.06%下调到9.06%，但1A一次风机电流并没有发生变化。

20时52分13秒，1A一次风机动叶开度“显示值”为8.06%，电流为504A；1B一次风机动叶开度为19.29%，电流为81A，一次风机出口母管压力为9.75 kPa；1A引风机动叶开度为59.3%，1B引风机动叶开度为63%，炉膛压力为-63Pa。

20时52分13秒，1A一次风机因堵转保护动作跳闸（堵转动作电流定值为425A，堵转保护开始计时后35s发跳闸信号），一次风机RB发出。一次风压由10.07kPa快速下降，炉膛压力也随之快速下降，1A、1B引风机动叶快速调节炉膛压力。各层一次风速也快速下降。

20时52分13秒，RB动作后A磨煤机跳闸，5s后一次风压降至5.49kPa。

20时52分20秒，一次风母管压力降至3.3kPa，炉膛压力快速下降至-1570Pa，1A引风机动叶自动调节至51%，1B引风机动叶自动调节至53%。

20时52分20秒，机组MFT，首发“炉膛压力低低（-2000Pa）”。

(2) 现场检查。检修人员到就地检查，发现1A一次风机动叶伺服执行机构输出拐臂脱落，连杆的自重造成动叶油缸滑阀移动动叶全开，导致1A一次风机电流和一次风母管压力突增（见图5-2）。

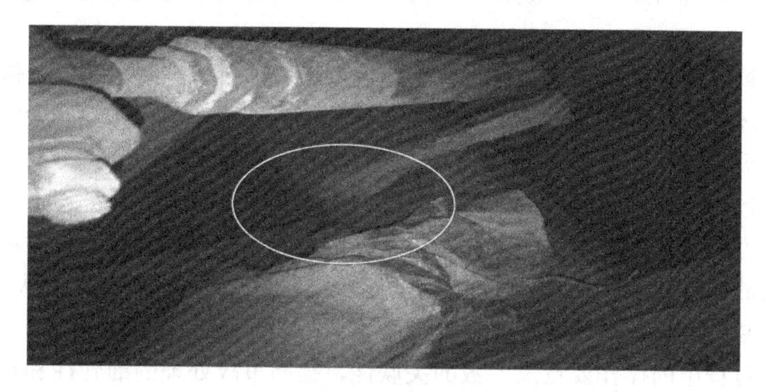

图5-2　1A一次风机动叶伺服执行机构输出拐臂脱落

2. 事件原因分析

根据上述检查，判断本次事件原因是1A一次风机动叶执行机构输出拐臂脱落，连杆的自重造成动叶油缸滑阀移动动叶全开，导致1A一次风机堵转保护动作跳闸，同时一次风机RB动作，联跳A磨煤机（一次风RB跳磨顺序A、D、B，时间间隔为7s），由于B一次风机已处于手动状态，未能在1A一次风机跳闸后及时回调一次风压，一次风母管压力由9.56kPa急速下降至最低3.3kPa（5s），运行中的4台磨煤机粉管因一次风压下降过快，吹入炉膛内的煤粉大幅度减少，炉膛内火焰快速收缩，炉膛压力快速下降，此时引风机调节已经无法维持炉膛压力在正常范围内，至20时52分20秒，锅炉因“炉膛压力低低”MFT。

3. 暴露问题

(1) 点检、检修、运行人员日常巡检不到位，未能及时发现一次风机动叶执行机构输出轴拐臂螺栓松动，暴露出对隐蔽部位设备巡视质量不高。

(2) 隐患排查治理不彻底，自机组投产以来虽多次开展隐患排查工作，但均未发现动叶执行机构拐臂存在脱落风险，暴露出隐患排查工作不彻底。

(3) 设备检修时检修质量不高，检修时仅对执行机构进行检查，对行程、反馈进行校验，未对执行机构和动调连接部分进行全面检查。

(4) 运行专业技能培训工作不到位，运行人员紧急情况下的应急处置能力有待提高。

(三) 事件处理与防范

检修人员安装紧固后，进行动叶全行程开关试验，指令和反馈均正常（同时对 1B 一次风机，1A、1B 送风机执行机构拐臂检查无异常）。通知运行人员 1A 一次风机动叶处理调试结束，运行人员相继开启引风机、送风机、一次风机，启动 F 磨煤机运行，1 号炉点火成功。MFT 后 3h20min 并网成功。

针对本次事件，经专业人员讨论后，制定以下防范措施：

(1) 加强设备巡检工作，尤其是对隐蔽部位设备的巡视检查，提高巡检质量，针对隐蔽部位设备的巡查运行人员每班至少 2 次；点检及检修人员每天至少巡查 1 次，并做好巡检记录以及巡检发现问题的汇报、联系及处置情况。

(2) 针对此次执行机构拐臂脱落问题立即开展隐患排查工作，全面排查所有执行机构连接部分是否存在松动脱落的安全隐患，发现问题及时处理，对于运行设备中类似隐患处理起来会对辅机或机组运行造成威胁的，由厂部召开专题会确定处理方案进行处理，彻底消除隐患。

(3) 规范检修策划和检修工艺管理，细化设备检修项目，进一步完善检修作业指导书。对送风机、引风机、一次风机动叶执行机构拐臂的检查、紧固以及发现问题的处置要求等工作设置质量见证点，严格设备检修质量过程管控及验收把关。

(4) 强化运行专业技能培训，提高事故处置能力。通过对运行人员“导师带徒”“以考促培”等培训方式，开展针对性的事故预想、技术讲课、仿真机实操、事故案例剖析培训，强化仿真机事故操作演练，提升各岗位人员异常分析及事故处理的能力。认真组织编写机组重要参数异常、重大辅机跳闸等事故处理案例，下发至各岗位人员学习，确保运行人员掌握异常处理过程中的操作要点及参数的关联性，提高事故处理的准确性和及时性。

六、高压排汽通风阀异常开启引起机组降负荷

某电厂配置 4×1000MW 超超临界机组。锅炉为哈锅生产的超超临界参数、变压运行、垂直管圈水冷壁直流燃煤锅炉。汽轮机由上海汽轮机有限公司和德国西门子公司联合设计制造的 N1000-26.5/600/600 型超超临界、一次中间再热、单抽、四缸四排汽、双背压、八级回热抽汽、反动凝汽式汽轮机。发电机为上海汽轮发电机有限公司和西门子联合设计制造的水氢氢冷却、无刷励磁汽轮发电机。DCS 控制系统采用上海艾默生过程控制有限公司的 Ovation 系统。2018 年 4 月 8 日 4 号机组 830MW 运行中，4BUPS 故障造成机组设备控制异常。4 月 25 日 2 号机组 720MW 负荷运行中，高压排汽通风阀异常开启，造成降负

荷异常事件。

（一）事件经过

4 月 25 日 2 号机组 720MW 负荷运行中，DEH 汽轮机高压排汽通风阀异常开启报警。检查机组真空由－95.94kPa 下降至－95.55kPa，全面检查其他参数未见明显异常。巡检就地检查发现高压排汽通风阀实际开启，检查仪用气压力正常（约 0.6MPa），远方复位报警后试关失败。向省调申请退出 AGC 手动减负荷至 500MW，降低主蒸汽温度至 550℃，开启低旁三级减温水、低压缸喷水。

（二）事件原因检查与分析

1. 事件原因检查

热控人员检查高压排汽通风阀逻辑功能正常、电磁阀指令回路正常、就地电磁阀动作正常，检查发现气缸上下缸内漏导致阀门无法关闭（高压排汽通风阀为单作用气闭式阀门，失气开），解体高压排汽通风阀气缸确认膜片破裂、膜片固定钢圈断裂（见图 5-3）。

(a)

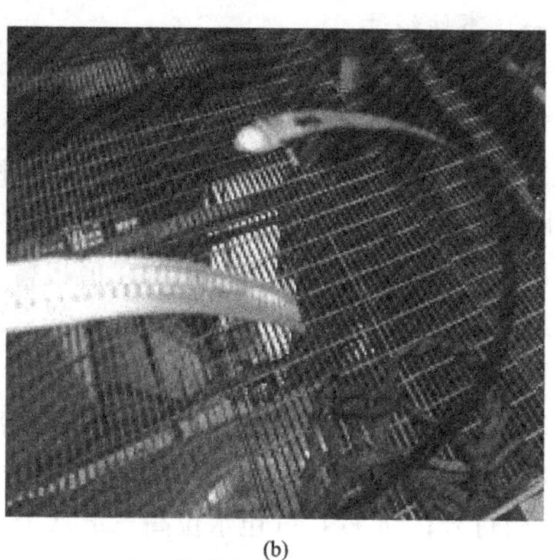
(b)

图 5-3　高排通风阀解体检查情况

（a）通风阀；（b）膜片固定钢圈断裂

高压排汽通风阀的作用是高压缸内蒸汽流量较低时，由于转子旋转产生的鼓风效应会使高压缸排汽温度升高，通过高压排汽通风阀的开启可以增加高压缸内的蒸汽流量，将鼓风效应产生的热量带走，避免造成高压叶片和高压排汽温度过高。

2. 原因分析

根据现场检查，初步排除膜片老化原因。分析认为，膜片因安装等因素先磨损，造成上下缸开始漏气，漏点处振动导致膜片磨损加剧、固定钢圈因长期振动断裂。

3. 暴露问题

2014 年 6 月 3 日，2 号机组高压排汽通风阀曾发生过同类故障，对隐患排查不彻底、不仔细，未能查明膜片破裂、固定钢圈断裂原因。热控专业缺乏维护气缸设备知识，存在技术短板。

（三）事件处理与防范

23 时 30 分，许可开工《2 号机高排通风阀（20LBC41CG051B）阀门气缸膜片更换》。更换 2 号机组高压排汽通风阀执行机构气缸膜片、膜片固定钢圈后，2 号机组高压排汽通风阀正常关闭。同时制定以下防范措施：

（1）进一步加强对现场运行条件恶劣的部位热控气源管路及电磁阀等专项检查，避免类似事件发生；进一步讨论在高压排汽通风阀前增加阀门的条件，以防止运行中高压排汽通风阀误开。

（2）对高压排汽通风阀执行机构气缸膜片破裂、固定钢圈断裂原因进行分析，进一步排查隐患。

七、变频器模块故障且 RB 逻辑中偏差参数设置不当间接导致机组跳闸

2018 年 11 月 20 日 18 时 00 分，某厂 1 号机组 BLR 方式运行，电负荷在 175～185MW 之间波动，电热折算总负荷为 227MW，主蒸汽流量为 664t/h，给水流量为 652t/h，A 磨煤机备用，B、C、D、E 磨煤机运行，A、B 一次风机变频方式运行，A、B 汽动给水泵运行、电动给水泵备用，锅炉的总煤量为 132t/h，机组运行正常。

（一）事件经过

11 月 20 日 18 时 00 分 23 秒，1 号机组 A 一次风机跳闸，触发 RB 保护动作；18 时 00 分 24 秒，E 磨煤机联锁跳闸。

18 时 00 分 34 秒，D 磨煤机联锁跳闸，机组以 50MW/min 速率降至 150MW；46 秒，汽包水位低一值报警（−100mm）；55 秒，A、B 汽动给水泵异常报警。

18 时 01 分 00 秒，汽包水位低二值报警（−200mm）；04 秒，主值投入 BC 层 1 号角油枪稳燃；16 秒，汽包水位升至−100mm；25 秒，机组长开启 A 磨煤机入口快关门，启动 A 磨煤机。

18 时 02 分 23 秒，汽包水位高一值报警（+100mm）；29 秒，汽包水位高二值报警（+125mm），汽包水位达+150mm 后汽包紧急放水第一道门联开至 37%报过力矩故障，第二道门打开；54 秒，汽包水位高三值（+250mm）。

18 时 2 分 57 秒，锅炉 MFT；58 秒，汽包水位高四值（+280mm），联跳汽轮机。

（二）事件原因检查与分析

1. 事件原因检查

A 一次风机变频器模块故障，风机跳闸，机组 RB 保护动作。

调看历史曲线（见图 5-4），1 号机组 A 一次风机故障跳闸后，触发 RB 保护动作联跳 E、D 磨煤机，汽包水位快速下降，给水流量上升至 857t/h，当汽包水位降至−186m 时，与汽包水位设定值−26mm 偏差大于 150mm，A、B 汽动给水泵异常报警，给水自动切除，此时主蒸汽流量为 525t/h，给水流量高于主汽流量为 331t/h，汽包水位快速升高至高三值+250mm，锅炉汽包水位高保护动作，触发 MFT，汽包水位继续升高至高四值+280mm，炉跳机保护动作，汽轮机跳闸。

汽包水位为+150mm，汽包紧急放水第一、二道电动门联开，但第一道电动门卡涩至 37%（电动门报过力矩故障），在汽包水位快速上升期间不能有效降低汽包水位。

2. 事件原因分析

根据上述检查分析，A 一次风机变频器模块故障、风机跳闸，机组 RB 保护动作，是诱发此次事件的间接原因；运行人员在处理 A 一次风机 RB 中，未能及时发现给水自动切除，给水流量大于主汽流量约 331t/h，持续 90s 左右，汽包水位持续上升，最终导致锅炉

灭火、汽轮机跳闸。汽包紧急放水第一道电动门卡涩至37%（电动门报过力矩故障），在汽包水位快速上升期间不能有效降低汽包水位。

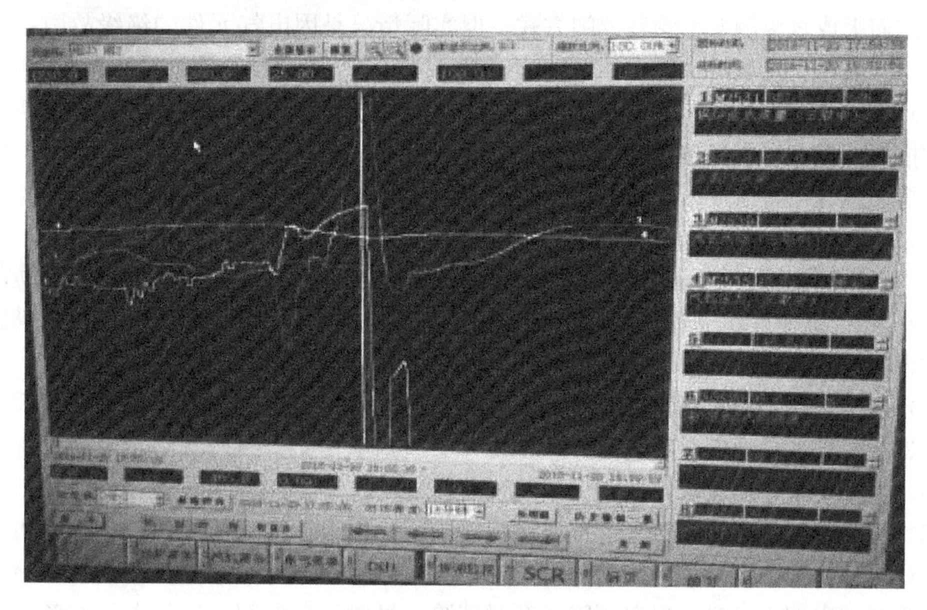

图5-4　RB后相关参数记录曲线

3. 暴露问题

（1）根据热控专业管理提升专项活动现场督查专家的建议："自动调节需设置合理的测量信号偏差大报警定值及切自动功能；设置需考虑RB发生时，将自动控制系统偏差大切除自动或闭锁指令等逻辑的偏差限值适当放宽，必要时可以解除。"在2018年4月1号机组停备时，热控根据上级下发的检查通报和相关会议纪要进行了给水自动调节的逻辑修改，但对专家建议没有充分理解且切除给水自动逻辑定值未与发电部专业充分论证，设置定值也未充分考虑多台给煤机频繁断煤、炉膛掉焦、RB保护动作、供热切除等异常情况的相关要求，只是热控专业臆断150mm的定值足以躲开各类工况的扰动，同时未按照设备异动管理的规定，履行相应的设备异动手续并交发电部留存。

（2）运行人员惯性思维严重，监盘质量低。历次机组RB动作过程中，均未发生过汽包实际水位与设定水位偏差大切除给水自动的情况，在本次RB保护动作后运行人员忙于点油枪、启动备用磨煤机，未能及时发现光字牌及"软光字"发出的汽动给水泵异常、汽包水位报警，造成异常处理过程出现重大疏漏。

（3）事故预想不充分，运行人员处理机组RB过程中主次不分，分工混乱，无人监视调整汽包水位，未及时发现给水自动切除，造成短时间内汽包水位迅速上升，机组跳闸。

（4）电气专业技术人员对变频器内部运作机理、故障成因受制于厂家技术壁垒和自身技能水平限制，掌握不够深入；对变频器的隐性故障缺乏检测手段，对曾经发生过的设备故障分析仅依靠厂家的判断和报告，未主动作为，采取有力措施予以消除，暴露出电气专业技术人员在高压变频设备技术管理上的无力。

（5）为了治理变频器老化，提高设备可靠性，该变频器于2018年9月进行了返厂大修并通过了厂家出厂试验，2018年9月28日投入运行，目前运行不足两月便出现问题，暴露出检修质量、验收环节上存在欠缺。

(6) 变频器保护与其他同类厂家设计对比存在欠缺，过压保护设置为重故障，保护不启动旁路而采取直接触发变频器掉闸方式，但实际情况是因电气元件的绝缘故障，常伴随瞬时过压，而单元模块的过压故障设计为停机故障，造成变频器可靠性严重降低。

(7) 隐患排查不彻底，设备可靠性差。汽包紧急放水是防止汽包水位高的一项重要联锁保护措施，但在本次汽包水位为+150mm时分析两道门开启存在不同步的现象，导致流量和力矩发生变化，造成第一道电动门未能完全打开，为故障扩大埋下隐患。

(三) 事件处理与防范

(1) 考虑锅炉结焦、断煤等客观因素易导致水位波动异常，将水位偏差解自动定值放宽至250mm；梳理重要调节自动解除条件控制逻辑，排查类似隐患制定合理防范措施；停机时加入在RB保护动作时，将给水偏差大切除自动逻辑闭锁。

(2) 规范设备异动管理。设备异动审批单须经设备部、发电部专业、主管副部长、总工程师签字，设备异动发生后及时办理设备异动通知单移交手续；对已发生的设备异动进行梳理，检查设备异动通知单使用、学习、掌握情况。

(3) 提高监盘质量、加强异常报警监视、确认。机组正常运行期间，至少每两分钟查看并确认“软光字”及光字牌发出的每一项报警，通过DCS系统参数分析、就地检查、联系设备人员鉴定等方式确定报警原因并及时消除；异常处理期间，运行人员对各类报警重点监视，分析报警原因，避免遗漏重要报警信息。

(4) 深入剖析此次异常处理中暴露的运行问题，组织各运行值进行仿真机专项培训，重点培训异常处理关键点、分工和配合处置能力，在机组启停和异常处理过程中，指定专人负责汽包水位调整。

(5) 提升专业技术人员的技术水平。通过加强与厂家的沟通，认真分析厂家出具的检测报告及故障分析资料，加强与兄弟电厂专业人员的技术交流，积累经验，增强自身的技术储备；设备返厂维修时安排专业人员鉴证出厂性能试验，严格按照项目标准逐条严格验收，并做好合格证、检测报告等资料的归档管理；与变频器厂家沟通，确认“过压故障”触发停机的合理性，并确认是否能够实现将“过压故障”触发停机改造为触发单元旁路而不停机。

(6) 将汽包紧急放水电动门执行器力矩值由80%调整到100%，保证执行器力矩输出可靠；锅炉水压试验或机组停机过程中，做一下带压情况下的实际放水试验，若电动门过力矩故障报警则更换为大力矩执行器。

八、燃气轮机辅助截止阀故障造成燃气轮机组跳闸

某电厂配置两套390MW单轴燃气-蒸汽联合循环机组，分别包括一台GE公司9F级燃气轮机，一台与之相配的汽轮发电机组，一台哈锅生产的无补燃三压、再热蒸汽循环余热锅炉。燃气轮机-汽轮机采用MARK VIe控制系统，电气及余热锅炉、其他工艺系统等由OVATION分散控制系统实现控制。2018年7月27日，11号燃气轮机280MW负荷运行中，辅助截止阀故障关闭，天然气中断，造成机组跳闸。

(一) 事件经过

2018年7月27日，某厂9F11号机组负荷为280MW，天然气p_2压力为2.813MPa，

速比阀开度为 54.44%；IGV 开度为 61.4%。运行过程中，20 时 27 分 54 秒 729 毫秒，报出 L33VS4 _ ALM 报警信号，辅助截止阀故障；随后在 20 时 27 分 56 秒 049 毫秒，报出 L28FDT _ ALM 报警信号，SOE 记录显示“失火焰保护动作”机组跳闸（见图 5-5）。

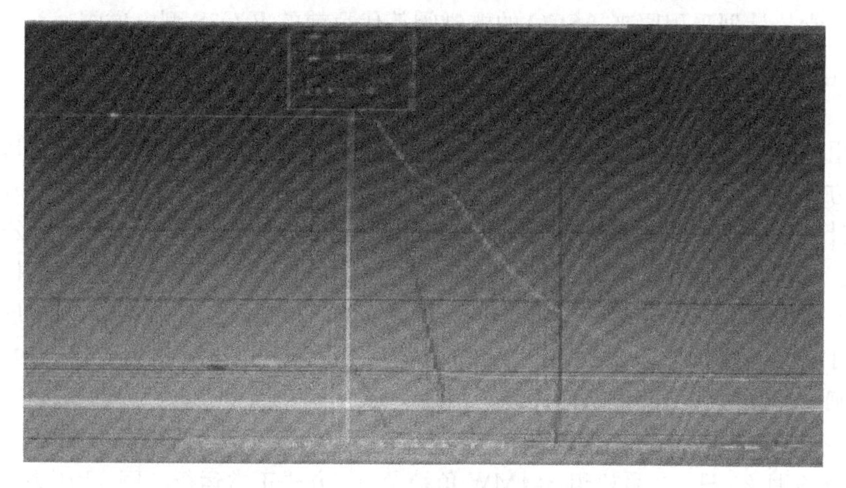

图 5-5 机组运行工况

（二）事件原因检查与分析

整个事件发生时间较短，辅助截止阀在运行中关闭导致天然气中断，失火焰跳机，跳机后按停机过程处理。辅助截止阀设计了单电磁阀单回路控制，电磁阀故障将引起辅助截止阀误关闭，但经与 GE 公司沟通，不同意对该阀门进行双回路双电磁阀控制改造。因此当辅助截止阀线圈烧毁后，阀门失去仪用空气，阀门关闭，开信号和关信号同时触发速比阀（见图 5-6），两个阀门都关闭，致使机组失去火焰跳机。

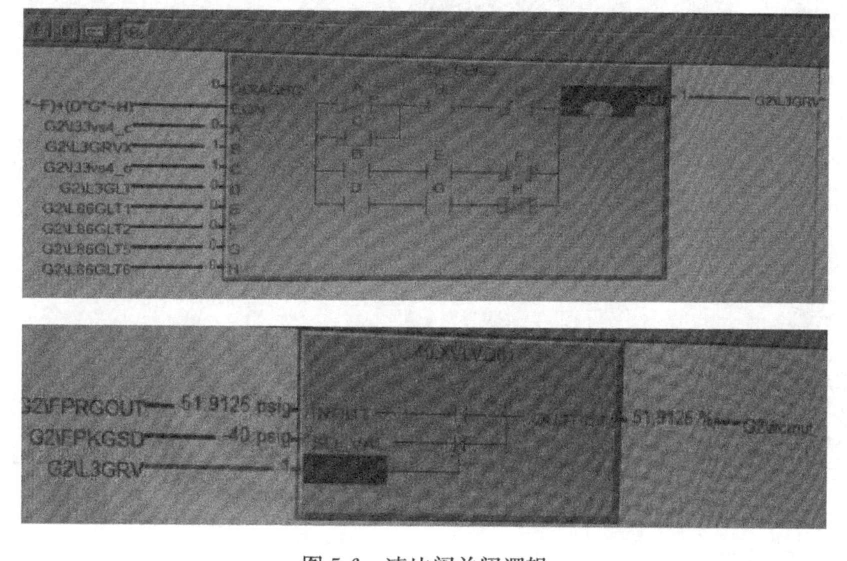

图 5-6 速比阀关闭逻辑

2017 年 5 月，该机组 2.6＋燃烧系统改造，点火运行时间为 3408h，控制电磁阀在短时间内就出现线圈烧毁，分析认为存在质量问题（MAXSEAL 厂家生产的 ICO3S 型号的电磁阀）。

（三）事件处理与防范

（1）与GE公司沟通，对辅助截止阀采用双回路双电磁阀控制。

（2）开展同类型电磁阀排查工作。改造前该阀门采用的电磁阀为ACSO厂家生产的，一直运行正常。计划采用原来ASCO的电磁阀替代目前的ICO3S型电磁阀。

九、高压调节门跳闸电磁阀故障引起调节门关闭

某机组锅炉为超超临界参数变压运行螺旋管圈直流炉，单炉膛、一次中间再热、四角切圆燃烧方式、平衡通风、Ⅱ型露天布置、固态排渣、全钢架悬吊结构，由上海锅炉厂有限公司设计制造，型号为SG-2031/26.15-M623。汽轮机采用上海汽轮机有限公司制造的超超临界、一次中间再热、单轴、三缸四排汽、高中压合缸、反动凝汽式汽轮机，机组型号为N660—25/600/600。DCS采用ABB公司制造的Symphony控制系统，DEH采用的是西门子的T3000控制系统。2018年8月25日某厂3号机组344MW负荷运行中，3A高压调节门跳闸电磁阀故障引起调节门关闭，负荷突降。

（一）事情经过

2018年8月25日，3号机组344MW负荷AGC方式正常运行。DEH压力控制在“限压方式”，高压旁路跟随模式。5时6分59秒，3A高压调节门突关至零，3A、3B高压调节门指令逐步上升，最高升至56%；5时7分5秒，AGC、协调及一次调频自动撤出，DEH压力控制切至“初压方式”，机组负荷突降（最低至309MW）后又缓慢恢复正常。主蒸汽压力突升（最高至14.7MPa）一次，高压旁路动作（高压旁路最高开至28.5%，1min后快关，高压旁路阀后温度最高至418℃，见图5-7），DEH中“HP ESV/C TRL VALV1 1 PASSOUT”报警，但3A高压调节门跳闸电磁阀1显示仍得电。

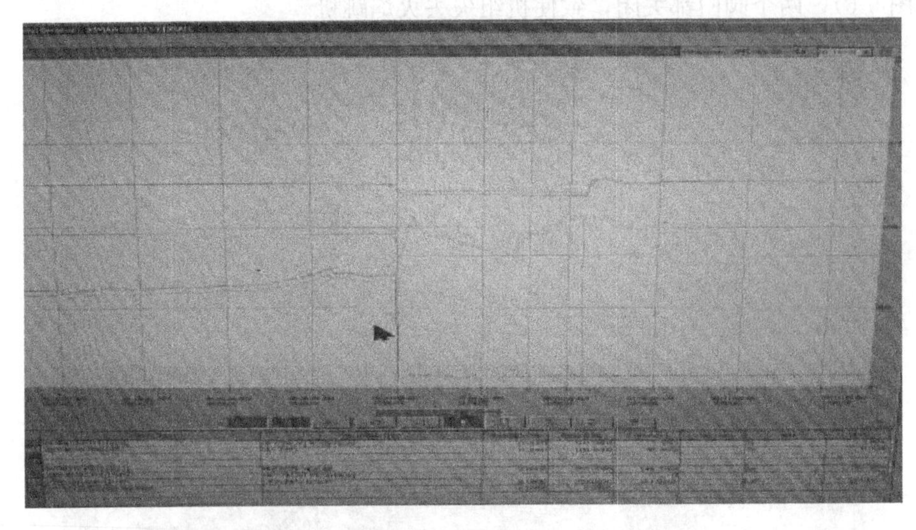

图5-7 3号机组动作相关参数记录曲线

（二）事件原因检查与分析

1. 事件原因检查

调阅历史记录曲线，汽轮机3B EH油泵电流由22.3A上升至61.8A，汽轮机EH母管油压最低降低至14.89MPa。5时8分，就地确认3A高压调节门在关闭状态，联系维护

人员到场。

5时9分16秒，3A高压调节门指令自动由55.9%关至0，3B EH油泵电流由61.8A恢复至22.3A，EH油母管油压恢复至15.8MPa。

5时9分30秒，3A高调跳闸电磁阀1显示失电。运行人员手动将3A高压调节门阀位设0，投入机组协调。

更换跳闸电磁阀1线圈，检修处理结束，复归“FAIL SAFE ANY CHANANEL ALM”报警。通过阀限设定缓慢开启3A高压调节门，检查3B高压调节门同步关小，机组负荷、压力、振动等参数维持稳定。加负荷确认相关系统运行正常，投入3号机组AGC远控。

2. 事件原因分析

(1) 高压调节门信号保护置零动作原因：即当跳闸电磁阀1、2均得电，阀位指令大于8%，调节门处于关闭位置且EH油母管压力小于15MPa（实际有±1死区）延时10s，则发指令将调节门置零。故实际要EH油母管压力小于14.9MPa（逻辑正常）。

(2) 断线硬接线保护未动作原因：任一调节门跳闸电磁阀失电，硬接线保护使伺服阀输出最大负电流而关闭调节门，由于本次电磁阀从线圈故障到完全失电有个过程，故硬接线保护未动作。

综合检查分析认为3号机3A高压调节门跳机电磁阀1线圈损坏，导致跳机电磁阀失电动作，引起3A调节门关闭，造成机组带负荷能力降低。

（三）事件处理与防范

(1) 结合机组大小修，对主汽门、调节门等的跳闸电磁阀线圈测量电阻值，做好记录，发现不合格的线圈及时更换。

(2) 待停机时增加“任一主汽门/调节门关闭”大屏报警，便于运行人员监视。高压调节门信号保护置零动作延时时间由10s改为延时5s。

(3) 在高负荷时，若发生主汽门、高压调节门突发关闭时应及时快速将机组负荷减至450MW以下。建议采用手动拉磨触发燃料RB实现。

十、引风机出口门执行器控制板故障导致机组RB

某电厂配置4×1000MW超超临界机组。锅炉为哈锅生产的超超临界参数、变压运行、垂直管圈水冷壁直流燃煤锅炉。汽轮机由上海汽轮机有限公司和德国西门子公司联合设计制造的N1000-26.5/600/600型超超临界、一次中间再热、单抽、四缸四排汽、双背压、八级回热抽汽、反动凝汽式汽轮机。发电机为上海汽轮发电机有限公司和西门子联合设计制造的水氢氢冷却、无刷励磁汽轮发电机。DCS采用上海艾默生过程控制有限公司的Ovation系统。2018年8月6日，2号机组正常运行中，2B引风机出口门故障导致机组RB动作。

（一）事件经过

2018年8月6日10时9分，某厂2B引风机跳闸造成机组触发RB，RB动作正常。2B引风机跳闸首出为2B引风机出口门关。

（二）事件原因检查与分析

1. 检查情况

DCS检查2B引风机出口门“开”“关”状态同时存在，就地检查2B引风机出口门实际处于全开位，电动头显示屏报“!”故障报警（图 5-8、图 5-9 是 2B 引风机出口门异常与正常执行器状况对比图）。

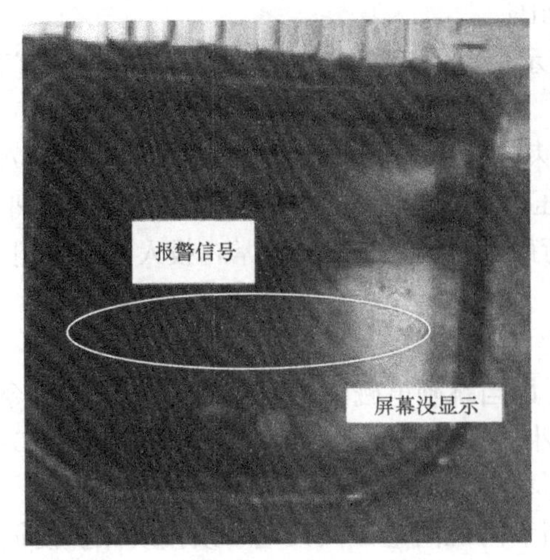

图 5-8　2B 引风机出口门异常信息

图 5-9　执行器正常显示状态

通过 DCS 历史曲线及现场核对，确认 2B 引风机出口门“关”信号误发，检查历史曲线发现 2B 引风机出口门关反馈异常跳变。出口门发关反馈信号且引风机运行延时 5s 后，触发 2B 引风机保护跳闸。

确认该情况后，暂时将 2B 引风机出口门“开”反馈强制为 1、“关”反馈强制为 0，并将该电动门断电，且用手动葫芦固定，恢复 2B 引风机运行。

2. 执行机构现场检查

（1）外观检查未见异常，断电送电后下部面板显示花屏，就地开关操作正常。

（2）控制板外罩壳拆开后发现积水（见图 5-10），电动机外罩壳拆开后发现大量积水，电机腐蚀严重（见图 5-11），同时发现电子板件固定螺钉锈蚀。内部积水的水质清澈，水底无杂质，判断应为冷凝水。

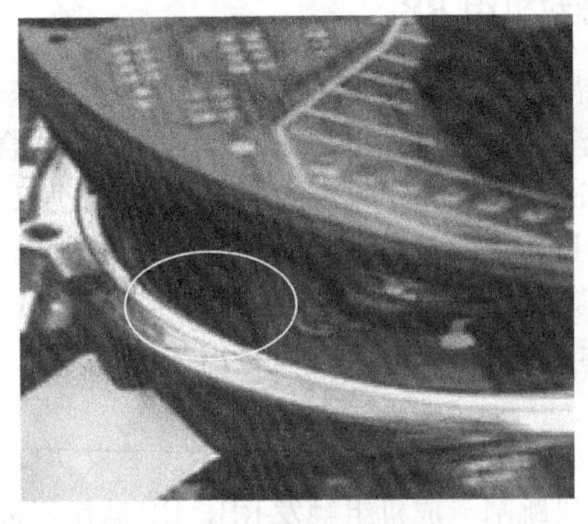

图 5-10　控制板安装盒凹槽积水

图 5-11　电机内部积水

（3）打开接线端子罩壳未见水迹，电缆套管内无水迹、走向正确，可排除电缆口进水影响。

（4）进一步检查发现此故障电动执行器外罩壳为塑料材质，接口处有凹槽，端盖止口较短。对比发现同类型的进口电动执行器为铝制，接口处平实，端盖止口较长（见图 5-12）。国产外罩壳凹槽处有多处飞灰痕迹（见图 5-13），判断密封不严，存在缝隙。

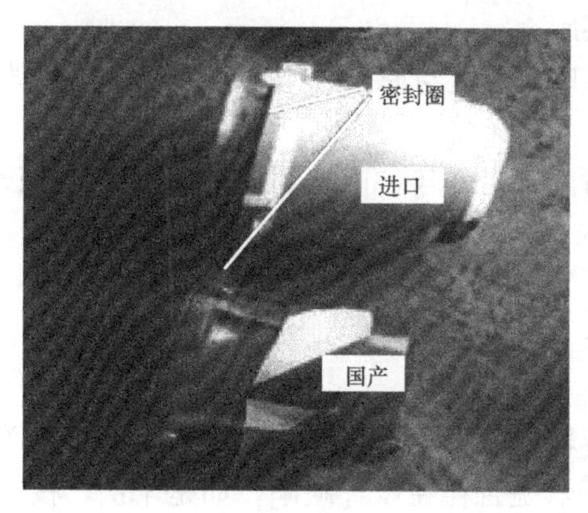

图 5-12　进口执行机构外罩对比

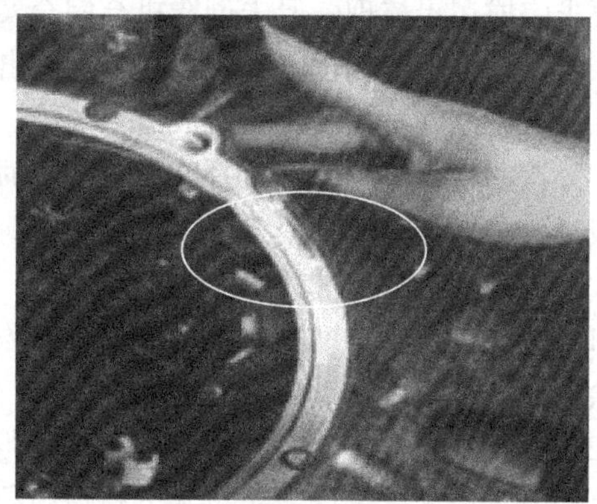

图 5-13　凹槽处有多处飞灰痕迹

（5）对 4 台机组引风机出口门进行梳理排查，检查情况见表 5-1。

表 5-1　　引风机出口门对比排查

机组	设备型号	品牌	出厂日期	面板显示情况
1 号机组 A 侧	IQ-25-F14-B4（原装进口）	ROTORK IQ	2016	正常
1 号机组 B 侧	IQ-25-F14-B4（原装进口）	ROTORK IQ	2016	正常
2 号机组 A 侧	IQC-20-F14-B4（国内组装）	ROTORK IQC	2015	正常
2 号机组 B 侧	IQC-20-F14-B4（国内组装）	ROTORK IQC	2015	“!” 报警
3 号机组 A 侧（两台执行器）	IQ-25-F14-B4（原装进口）	ROTORK IQ	2006	电池报警
3 号机组 B 侧（两台执行器）	IQ-25-F14-B4（原装进口）	ROTORK IQ	2005	电池报警
4 号机组 A 侧	IQC-20-F14-B4（国内组装）	ROTORK IQC	2016	正常
4 号机组 B 侧	IQC-20-F14-B4（国内组装）	ROTORK IQC	2016	正常

通过对比，4 台机组设备配置存在不一致的情况，1 号、2 号、4 号机组每台风机出口门配置 1 台执行器，3 号机组原配置 2 台执行器；1 号、3 号机组采用英国进口执行器，2 号、4 号机组配置国内组装执行器。

3. 事件原因分析

通过检查情况及 2B 引风机出口电动门显示屏报警信息及显示状况，确认为执行器控制板故障，因控制板故障导致 2B 引风机出口电动门误发关反馈，连续超过 5s，触发 2B 引风机保护跳闸。

该执行器标称防护等级 IP68，理论上可完全防止外物、粉尘侵入、设备无限期沉没在指定水压下，可确保设备正常运行。经与厂家联合解体检查，初步锁定执行器因本体采用铝合金材质、罩壳采用塑料材质，因膨胀系数不同，造成结合面易产生缝隙（纯进口罗托克执行器整体采用铝合金材质）。国产执行器端面止口短，罩壳端有大凹槽，缝隙处气流易产生冷凝水，长期造成执行器内部积水。

4. 暴露问题

（1）热控专业技术管理不到位，“防误动”工作重视程度不够。对重要设备和系统特别是涉及保护的单系统设备未能从不同角度及时发现深层次的安全隐患并通过改造、优化等手段及时加以改进。该厂要求对重要辅机单设备信号通过逻辑判断防止误动。目前已根据通知要求完成逻辑梳理，但未创造机会完全实施。

（2）技改管理不到位。4台机组引风机出口门配置与原设计不一致，暴露出技改过程没有认真分析改动对系统是否造成潜在风险。

（3）该执行器2015年10月安装，至今时间不足3年，尚未到设备使用寿命，设备防护等级标称为IP68，实际达不到产品设计要求。

（三）事件处理与防范

（1）防止其他同类型罗托克电动执行器发生同样状况，安排对端盖处密封圈、电池撑盖处涂抹硅胶。

（2）排查其他风机国产罗托克同型号执行器使用情况。（经排查未发现异常，相关措施已恢复）要求厂家继续深一步技术分析该执行器是否存在设计缺陷，如是个例，核实出厂验收手续是否齐全。

（3）根据“防误动”逻辑排查情况，将逻辑优化措施优化工作利用机组停机机会修改下装。举一反三，对其他重要单点保护进行梳理，进行“防误动”逻辑优化。加强保护逻辑优化管理，利用停机机会尽快整改。

十一、高压旁路电磁阀卡涩引发机组功率振荡

某电厂4号机组为燃煤火力发电机组，额定容量为1000MW，DCS采用艾默生公司的OVATION系统，于2016年9月4日投产。2018年5月19日6时51分至6时54分，由于高压旁路打开导致中压调节阀在灵敏区运行，直接参与功率调节，4号机组功率在434～605MW之间波动。

（一）事件经过

2018年5月19日6时40分，4号机组负荷为560MW，无功为－20Mvar，机组投CCS方式，给水流量为1650t/h。4B、4C、4E磨煤机运行，4A、4B送风机和引风机运行，4A、4B汽动给水泵运行，励磁电流为3007A，发电机定子电压为27.33KV，频率为49.98Hz。

6时45分35秒，接调度令加负荷至600MW，在启动4D磨煤机过程中，检查发现4B磨煤机进口一次风量由134t/h降至93t/h，出口风压由2.1kPa下降至1.3kPa，发现4B磨煤机有堵磨现象。

6时47分12秒，降低4B磨煤机给煤量开大磨煤机一次风冷风门进行吹通磨煤机处理。

6时48分36秒，停运4B磨煤机给煤机，停运给煤机检查发现4B磨煤机液动换向阀无法关闭，磨辊处于自由状态，磨辊无法提升。

6时51分25秒，4B磨煤机瞬间吹通后主蒸汽压力由15.0MPa上升至16.7MPa。

6时51分31秒，由于磨煤机吹通过程中，机前压力与高压旁路压力设定值偏差大于2.4MPa，导致A2、B1高压旁路阀保护全开，再热器压力从3.0MPa急剧上升至3.85MPa，中压缸进汽量增大。机组实际负荷从563MW升至612MW，此时负荷设定值从572MW下降至560MW，机组开始调节，汽轮机总流量指令从67％下降至63％。

6 时 51 分 39 秒，由于再热器压力偏高导致低压旁路阀开始打开，机组负荷保持不变，汽轮机总流量指令从 63%继续下降至 56%，高压调节门流量指令为 70%，中压调节门流量指令为 100%，中压调节门开始关闭。至 6 时 51 分 52 秒机组实际负荷开始下降。

6 时 52 分 5 秒，汽轮机总流量指令下降至 50%，高压调节阀流量指令下降至 62%，中压调节阀流量指令下降至 79%，高压调节门开度关至 18.3%，中压调节阀关至 30%。机组负荷从 612MW 下降至 500MW。汽轮机高压排汽温度保护动作，中压调节阀流量指令继续下降，中压调节阀开度由 100%开度关至约 30%（6 时 52 分 10 秒），在此过程中负荷由 612MW 降至 502MW，此时设定负荷值为 527MW，高压调节阀开度为 18.3%。此时高压调节门、中压调节门同时参与负荷调节。6 时 52 分 10—45 秒，负荷由 502MW 升至 523MW，此过程中，汽轮机总流量指令从 50%上升至 60%，高压调节门流量指令从 62%上升至 70%，高压调节门由 18.3%开至 20.8%；中压调节阀流量指令从 79%升至 80.4%，中压调节门从 29.7%开至 31%。

6 时 52 分 45 秒—53 分 2 秒，机组负荷突然从 523MW 上升至 601MW，高压调节阀基本没变化，中压调节门开度由之前 31%快速关至 23.3%，此时负荷开始波动，负荷最大波动至 605MW，最小至 434MW，至 6 分 54 分 00 秒，高压调节门开度为 21%，中压调节门开度为 52%，负荷波动现象消失，见图 5-14。励磁电压、励磁电流调整随有功波动曲线见图 5-15。

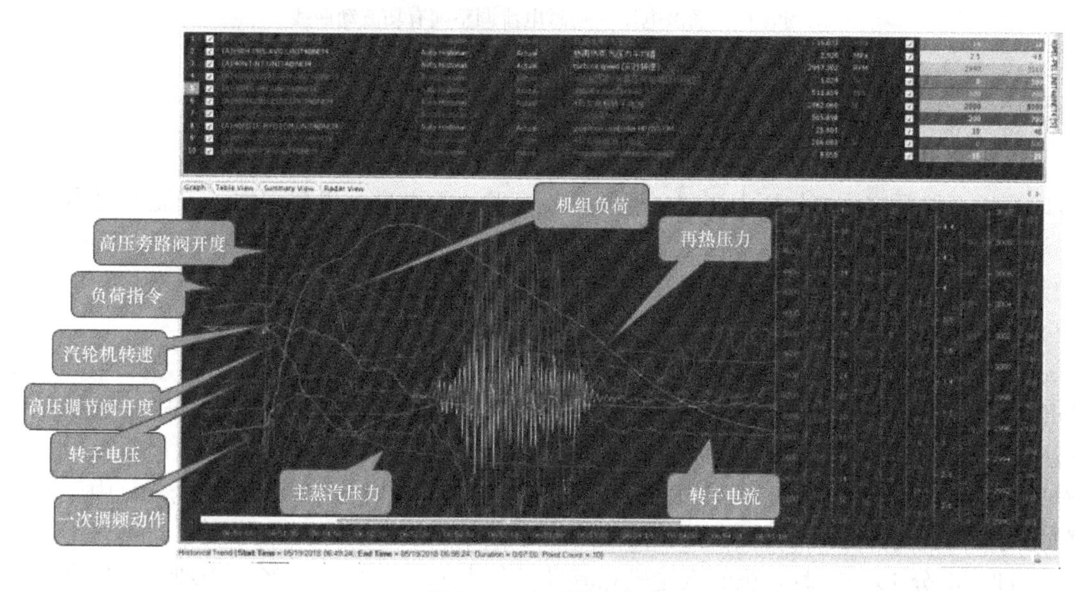

图 5-14　功率波动曲线

6 时 55 分 35 秒，启动 4A 磨煤机停运 4B 磨煤机，4 号机负荷维持在 505MW。

7 时 13 分 12 秒，4 号机组稳定后投入机组协调恢复至正常运行方式。

4 号发电机负荷波动过程中，4 号机有功波动，励磁电压、励磁电流随之波动但未达低励限制动作。AVR 投自动（恒机端电压）模式运行无异常，自动调节发电机中压调节门励磁电流，维持机端电压。厂内自动化设备调整正常，无异常报警及动作，发电机-变压器组保护无动作。机组频率无波动，在 49.936～50.024Hz 之间，与电网频率一致。500kV 母线电压在 535.43～541.14kV 之间，正常范围内，负荷波动恢复后各参数恢复正常平稳。

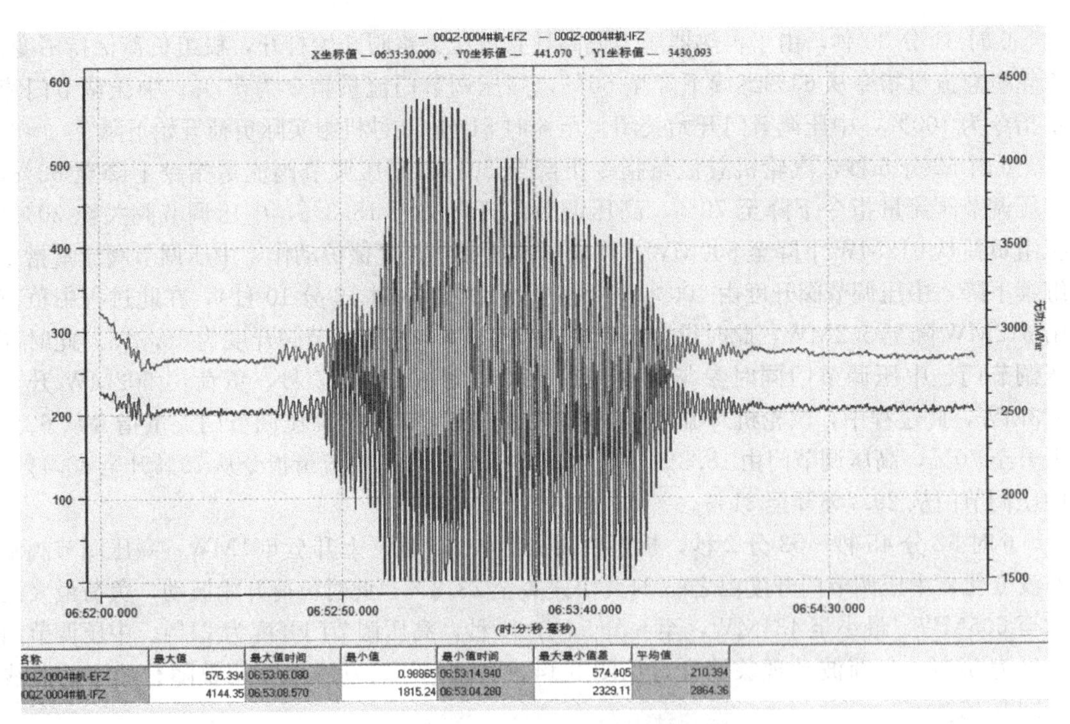

名称	最大值	最大值时间	最小值	最小值时间	最大最小值差	平均值
0QZ-0004#机-EFZ	575.394	06:53:06.080	0.98865	06:53:14.940	574.405	210.394
0QZ-0004#机-IFZ	4144.35	06:53:08.570	1815.24	06:53:04.280	2329.11	2864.36

图 5-15　励磁电压、励磁电流调整随有功波动曲线

（二）事件原因检查与分析

1. 直接原因

由于磨煤机吹通过程中，机前压力与压力设定值（滑压曲线对应压力）出现正偏差，此时高压旁路阀应该参与压力调整，但因高压旁路比例电磁阀出现卡涩，未能及时参与压力调整，使得压力偏差进一步增大至大于 2.4MPa，造成高压旁路阀保护全开（高压旁路快开是通过快开电磁阀快速卸掉油压打开），再热器压力上升，高压缸进汽量减少，中压缸出力增大而高压缸出力减少，机组负荷大幅变化。

机组调节方式为汽轮机控制负荷，机组负荷从 563MW 升至 612MW，为了减负荷，DEH 开始调整，汽轮机总流量指令减少，当流量指令减至 56%时，中压调节门开始关闭。(注：机组流量特性：当总流量指令为 0%时，高压调节门开始打开，为 80%时高压调节门全开；总流量指令为 16%时，中压调节阀开始打开为 56%时，中压调节门全开）中压调节门关闭后，负荷开始大幅下降至 500MW。

6 时 52 分 10—45 秒，虽然汽轮机总流量指令从 50%上升至 60%（按理说流量指令达到 56%中压调节门应该全开），但由于汽轮机高压排汽温度保护的作用，中压调节门实际流量指令仅为 80.4%，此时中压调节门仍在调节灵敏区内。

经过咨询上汽厂家及分析高压、中压调节阀特性曲线得知，中压调节门开度在 30%以下调节特性较为灵敏，对负荷影响较大，高压调节门开度在 40%以下调节特性较为灵敏，对负荷影响较大。6 时 52 分 10—45 秒负荷由 523MW 升至 601MW，高压调节门由 18.3%开至 20.8%，中压调节门由 29.7%开至 31.0%，由于此时高、中压调节阀均在调节灵敏区内，偏离正常工况（正常工况下机组负荷的调节是依靠高压调节门调节，中压调节门全开不参与调节），在调节门灵敏区内负荷控制过调，导致负荷波动。

之后当中压调节阀开度在50%时已经脱离其敏感区，机组负荷控制稳定，不再波动。

2. 间接原因

在加负荷过程中，由于4B磨煤机堵煤，磨辊无法抬起，在处理磨机堵磨吹通过程中运行人员操作不当，造成机前压力大于高压旁路设定压力的异常情况出现，造成高压旁路动作。接着再热器压力偏高导致低压旁路打开，同时机组负荷出现异常，汽轮机总流量指令下降，中压调节门处于调节灵敏区时，运行人员未能及时解除机组协调控制。

（三）事件处理与防范

（1）建议调整机组运行参数，避开汽轮机中压调节阀在灵敏区运行。

（2）将高压旁路阀纳入定期工作，进行定期在线活动性试验，防止高压旁路比例电磁阀卡涩。将高压旁路油质化验纳入定期工作，发现油质异常时及时更换。

（3）在磨煤机吹堵过程中将燃料控制切换到手动控制模式，避免磨煤机吹通时造成煤水失调。

十二、一次风机动叶连接拉叉脱落导致机组跳闸

2018年6月25日，2号机组负荷为480MW，AGC撤出，协调控制系统，6台磨煤机运行，锅炉六大风机运行，密封风机2台运行，汽动给水泵组2A/2B运行，凝结水泵2B变频运行，循环水泵2台运行。

（一）事件经过

20时50分，运行人员在从480MW加负荷至600MW过程中，发现2A一次风机电流与动叶开度趋势不一致，立即停止加负荷，就地检查动叶执行机构外部动作正常。

21时31分，2A一次风机电流自行持续上升，运行人员将2A一次风机动叶撤至手动进行干预无效，两台一次风机电流偏差不断增大。

21时35分，2A一次风机电流升至172A（正常电流在90A左右，额定电流为150A，过流保护定值为174A）。运行人员判断2A一次风机故障，于21时35分9秒，拍停2A磨煤机；1分2秒后，拍停2E磨煤机。

21时45分15秒，拍停2A一次风机，同时拍停2D磨煤机。

21时45分，2号机组MFT，首出原因为“炉膛负压低低”。

（二）事件原因检查与分析

1. 事件原因检查

机组MFT后，现场检查发现2A一次风机旋转油封小室内动叶连接拉叉脱落，风机动叶开度实际到达了100%全开位置。

2. 事件原因分析

风机设备厂家设计不合理，拉叉固定螺栓无防松装置，运行中螺栓松动，最终脱落导致拉叉脱开，动叶在弹簧力的作用下自行全开至100%。2A一次风机拍停前动叶实际在全开位置，当时一次风量主要由2A一次风机提供，2B一次风机实际处于失速状态。2A一次风机拍停后，导致磨煤机一次风量不足，锅炉燃烧率快速下降，炉膛负压低低跳闸。

3. 暴露问题

（1）新设备验收把关不严，没有及时发现设备厂家设计不合理，拉叉固定螺栓无防松装置。

（2）设备安装工艺差，关键验收点辨识不足，缺少必要的质量验收。

（三）事件处理与防范

（1）针对拉叉固定螺栓无防松装置，对一期机组新增的4台一次风机固定螺栓进行焊接固定。

（2）完善检修作业文件包，明确涉及风机动叶连接件的检修工艺为质检点。

（3）完善运行规程，明确风机动叶故障或电流异常时的具体操作要求。

（4）后续技改项目实施过程中，要加强设备出厂、到货和安装的验收工作，加强对设备投运后运行状态的跟踪。

十三、机组调节门特性曲线不符实际导致开机过程手动打闸

某电厂4号机组容量为660MW，超临界二次再热；机组配置一台100%容量汽动给水泵组。2018年6月14日168h试运结束。2018年11月7日，4号机组按照省调要求启动。

（一）事件经过

15时50分，机组负荷为293MW，投入AGC后负荷逐步加到439MW，4A、4C、4D、4F磨煤机运行，主蒸汽压力达到22.2MPa；给水流量为1152t/h，总煤量为203t/h，过热度为23℃，滑压目标值为22.8MPa。

16时27分，运行人员发现机组控制系统出现异常，负荷快速下降，汇报省调同意，申请机组解列停机处理。

16时31分，机组负荷到零，运行人员手动打闸，锅炉MFT，发电机解列。

11月8日00时45分，重新并网；14时20分，投入AGC，机组正常运行。

（二）事件原因检查与分析

1. 事件原因检查

停机后从DCS调阅运行参数，同时调阅事件顺序记录SOE，机组在升负荷过程中，主蒸汽压力跟不上主蒸汽压力定值的变化，与滑压曲线目标压力偏差增大。当压力偏差达到1.5MPa后，机组方式自动切换为DEH控压模式。在调节汽门持续关闭过程中，机组负荷也快速下降，打闸停机。

进一步检查发现，在DEH关闭调节阀的过程中，中间点温度控制系统也在减小给水流量，以达到提高中间点温度的目的；随着DEH调节主蒸汽压力的进行，DEH通过$f(x)$函数，按设计参数同步关闭超高压调节门、高压调节门、中压调节门。停机前几分钟，中压调节门前压力有明显的上升现象（其他调节门前没有类似现象）；对比抽汽压力，发现抽汽压力同步快速下降。即由于中压调节门关闭过快，导致给水泵汽轮机进汽压力迅速下降，给水流量无法得到有效维持，导致机组负荷异常下降。

2. 事件原因分析

（1）未及时发现上汽提供的调节门特性曲线及逻辑定值与机组实际运行工况的差异。DEH中主蒸汽压力调节回路中各参数之间不匹配，中压调节门关闭过快，导致给水泵汽轮机进汽压力迅速下降。

（2）锅炉主蒸汽调节回路（或AGC回路）调节品质较差，在升负荷过程中锅炉主蒸汽压力波动，机组CCS协调控制不能维持主蒸汽压力，长时间无法纠正压力偏差，在机组协调方式控制方式下主蒸汽实际压力较设定压力偏低1.5MPa，自动切为DEH控压模式，

机组超高压调节阀、高压调节阀、中压调节阀控制逻辑不能改善当时工况，无法实现压差小于 1.5MPa，调节汽门持续关闭，负荷持续下降。

3. 暴露问题

(1) 基建过程，协调控制系统调试后，没有认真试验与验收。

(2) 控制系统在主蒸汽压力远远低于设定值时，没有闭锁中间点温度调节回路，在一定程度上，助推了本次事件的发生。

(三) 事件处理与防范

联系上汽，对汽轮机调节门特性曲线进行核实，对机组调节逻辑重新检查梳理，防止类似现象发生。在上海汽轮机厂未拿出解决办法前，采取以下控制措施：

(1) 闭锁逻辑修改：原协调 CCS 控制逻辑主蒸汽实际压力较主蒸汽设定压力偏低至 1.5MPa 时，协调内部发主蒸汽压力闭锁增信号，机组负荷保持不变、调节门维持开度不变，此时锅炉煤量根据主蒸汽实际压力与主蒸汽设定压力偏差进行煤量调节。修改为：当 CCS 控制逻辑主蒸汽实际压力较主蒸汽设定压力偏低至 1.3MPa 时发声光报警，闭锁汽轮机侧主蒸汽压力和汽轮机主控负荷定值信号，并协调内部发主蒸汽压力闭锁增信号，机组负荷保持不变、调节门维持开度不变，此时锅炉煤量根据主蒸汽实际压力与主蒸汽设定压力偏差进行煤量调节。

(2) DEH 内部逻辑修改：原 DEH 启动控制画面中主蒸汽实际压力较主蒸汽设定压力偏低至 1.5MPa 时，DEH 内部阀门指令由负荷控制改为压力控制回路，关小汽轮机侧超高压调节门、高压调节门、中压调节门直至主蒸汽实际压力较主蒸汽设定压力偏差小于 1.5MPa 时，再自动切回负荷控制回路。修改为 DEH 启动控制画面中主蒸汽实际压力较主蒸汽设定压力偏低至 2.0MPa 时，DEH 内部阀门指令由负荷控制改为压力控制回路，关小汽轮机侧超高压调节门、高压调节门、中压调节门直至主蒸汽实际压力较主蒸汽设定压力偏差小于 2.0MPa 时，再自动改为负荷控制回路。

(3) 协调 CCS 逻辑修改：原协调 CCS 控制逻辑主蒸汽实际压力较主蒸汽设定压力偏差±3.0MPa 时，CCS 自动解除切为基本方式。修改为协调 CCS 控制逻辑主蒸汽实际压力较主蒸汽设定压力偏差±1.85MPa 时发声光报警，CCS 自动解除切为基本方式。

(4) 运行人员采取的措施：当中压、高压调节门关闭过程出现参数指标异常时，运行人员应迅速解为手动基本模式进行调节；当中压、高压调节门关闭到小于 30%或者负荷波动在 50MW 以上时应迅速解为手动基本模式进行调节；解除协调后，与热控人员一起查找原因，恢复协调需与热控人员一起进行，防止出现异常；当实际压力与设定压力低于 0.3MPa 时投入 CCS 协调控制。

(5) 联系汽轮机厂家，提供合理的解决方案。

十四、给水泵跳闸触发锅炉 MFT

某电厂 3 号机组容量为 660MW，超临界二次再热；机组配置一台 100%容量汽动给水泵组。2018 年 4 月 15 日 168h 试运结束。

(一) 事件经过

2018 年 8 月 24 日 9 时，机组负荷为 335MW，主蒸汽压力为 20.52MPa，主蒸汽温度为 593.77℃，给水量为 859t/h，给水泵汽轮机转速为 3464r/min。其他各项参数均正常。

9时6分36秒，给水泵汽轮机跳闸；

9时6分39秒，锅炉MFT动作。MFT首出条件为给水泵汽轮机跳闸。

（二）事件原因检查与分析

1. 事件原因检查

停机后，调阅事件顺序记录SOE，主要信息按顺序如下：

9时6分36秒785毫秒，给水泵汽轮机主汽门全开信号消失，全关信号到。

9时6分36秒885毫秒，给水泵汽轮机速关油压低信号状态为1。

9时6分37秒458毫秒，给水泵汽轮机停机电磁阀1、2状态为0（失电）。

9时6分37秒539毫秒，给水泵汽轮机已停机信号触发。

9时6分39秒667毫秒，锅炉MFT，首出给水泵跳闸。

该给水泵汽轮机及汽动给水泵组跳闸条件共18项，这18项均无导致跳闸的异常变化。另外，发现给水泵汽轮机跳闸时，SOE记录无保护输出。即机组跳闸的初始条件是给水泵汽轮机跳闸，但找不到给水泵汽轮机跳闸保护动作的记录。

速关油压系统只设计就地压力开关和就地压力表，无法查阅速关油压的连续变化趋势，因此，也无法确定油压下降与电磁阀动作的先后顺序，但分析给水泵汽轮机跳闸原因存在4种可能：

（1）控制回路故障或是停机电磁阀及速关电磁阀故障。给水泵汽轮机跳闸回路设置有一个速关电磁阀，两个停机电磁阀，驱动电压均为110V DC。正常运行期间，速关电磁阀为失电状态，两个停机电磁阀为带电状态；当任意一个阀门动作，将快速泄掉系统油压，给水泵汽轮机停机。

事后对给水泵汽轮机控制柜内部模件、继电器到就地电磁阀回路中各个部件、接线端子、电缆、电源等进行全面检查，DPU模件、I/O模件运行正常，控制柜、接线盒各接线端子紧固无松动，电缆线间绝缘、对地绝缘均合格，供电回路电压均正常，DCS机柜接地检查正常。

（2）给水泵汽轮机速关阀组存在故障。对两个停机电磁阀、速关电磁阀及相关油口进行拆开检查。厂家技术人员到场对上述3个电磁阀阀芯进行检验，未发现异常；同时，对电磁阀通道进行冲洗，未发现内部有明显杂质，通道畅通无堵塞，机组打挂闸试验正常。对电磁阀进行带电失电试验，其阀芯动作正常无卡涩，带电及失电状态下电压均正常；用仪用空气检查其密封正常。拆开组合阀，取出充液阀内节流孔，内部畅通无堵塞。对止回阀进行吹扫，检查其严密性，也正常。检查给水泵汽轮机调速油进油滤网及润滑油回油滤网，检查滤网干净、无明显金属杂质。

（3）给水泵汽轮机调门错油门油路故障。拆开错油门，检查转盘的射流小孔通畅。阀芯表面正常且旋转和移动均活动自如，错油门腔室内无异物。且机组重新挂闸，一切正常；故排除错油门异常使二次油压降低并导致速关油压低而跳机。

（4）人员误动。查阅视频监控并询问运行及维护人员，未发现人员手动或误动打闸手柄现象，同时该手柄设有防误动装置。

2. 事件原因分析

根据上述查找与分析，事件的直接原因是给水泵汽轮机跳闸电磁阀或速关电磁阀动作。间接原因是给水泵汽轮机跳闸电磁阀、速关电磁阀、控制控制回路和DO卡中有一环节故障。

此外，给水泵汽轮机的安全油系统设计不合理，导致其停机速关电磁阀、停机电磁阀

及其控制回路的任一环节故障给水泵汽轮机将立刻跳闸。加上没有设计远程监控速关油压力的变送器，为故障分析带来困难。

（三）事件处理与防范

考虑到未排除停机电磁阀及速关电磁阀线圈内部有故障的可能，在厂家技术人员的指导下对以上3个电磁阀进行了更换，同时在控制回路中增加电源监视，以便及时发现回路电源异常情况。同时采取以下防范措施：

(1) 更换电磁阀DO模件：限于检查手段局限性，不能排除控制模件瞬间故障，故更换所有相关的DO模件。

(2) 增加电磁阀电压监测装置，及时发现电压波动。

(3) 在速关油系统增加一路压力变送器，对压力变化进行实时监控。

(4) 参考1号机组“H”形双通道电磁阀的安全油系统，对给水泵汽轮机的安全油系统及其控制系统进行改进，列入技改计划。

(5) 在就地增设监控探头及安装防误动防护罩，预防人员误动就地停机装置。

第二节　测量仪表及部件故障分析处理与防范

本节收集了因测量仪表异常引起的机组故障15起，分别为汽轮机振动探头故障引发机组跳机、轴振误发信号导致机组跳闸、转速测量探头故障导致机组跳闸、传感器老化误发振动大信号保护动作跳机、汽轮机轴振信号误发导致机组跳闸、出口继电器故障导致再热器保护动作触发机组跳闸、汽轮机变压器B相温度信号故障导致机组跳闸、热电偶元件故障造成燃气轮机排气分散度高触发机组跳闸、EH油温信号异常引起TAB指令快减导致机组跳闸、水塔融冰同时真空开关定值漂移导致机组跳闸、温度元件失准导致机组跳闸、磁翻板液位计误动作发EH油位低导致机组跳闸、煤量信号异常同时运行操作不当造成主蒸汽温度突降手动跳炉、主油箱油位开关因安装调试不规范误发信号机组跳闸、主油箱油位开关安装位置不当导致机组跳闸。

这些案例收集的主要是重要测量仪表和系统部件异常引发的机组故障事件，包括了振动、温度、TSI底板、继电器和液位开关等。机组日常运行中应定期重点检查这些与联锁保护相关的测量仪表装置及部件。

一、汽轮机振动探头故障引发机组跳机

某电厂机组容量为600MW，为哈锅生产的亚临界锅炉、东汽生产的汽轮机、DCS为Ovation系统，投产时间为2006年。

（一）事件经过

2018年5月19日，1号机组负荷为500MW，AGC投入，主蒸汽压力为15.8MPa，主蒸汽温度为530℃，背压为11.7kPa，锅炉双侧风烟系统运行，1号、2号、3号、4号、5号、6号、7号制粉系统运行，8号制粉系统备用，1号、2号给水泵运行，3号给水泵备用。

17时40分，1号汽轮机跳闸，ETS跳闸首出为“汽轮机振动大”，发电机“逆功率”保护动作跳闸，锅炉MFT。经检查发现，2号瓦轴承X向振动测点探头故障，更换探头后，于5月20日8时45分申请网调1号机组并网。

（二）事件原因检查与分析

1. 事件原因检查

调阅历史曲线，见图 5-16，发现 1 号机组跳闸前，负荷稳定在 500MW 左右，汽轮机润滑油压力为 0.251MPa，保持稳定，汽轮机各轴瓦润滑油供、回油温度正常稳定，机组其他运行参数正常。

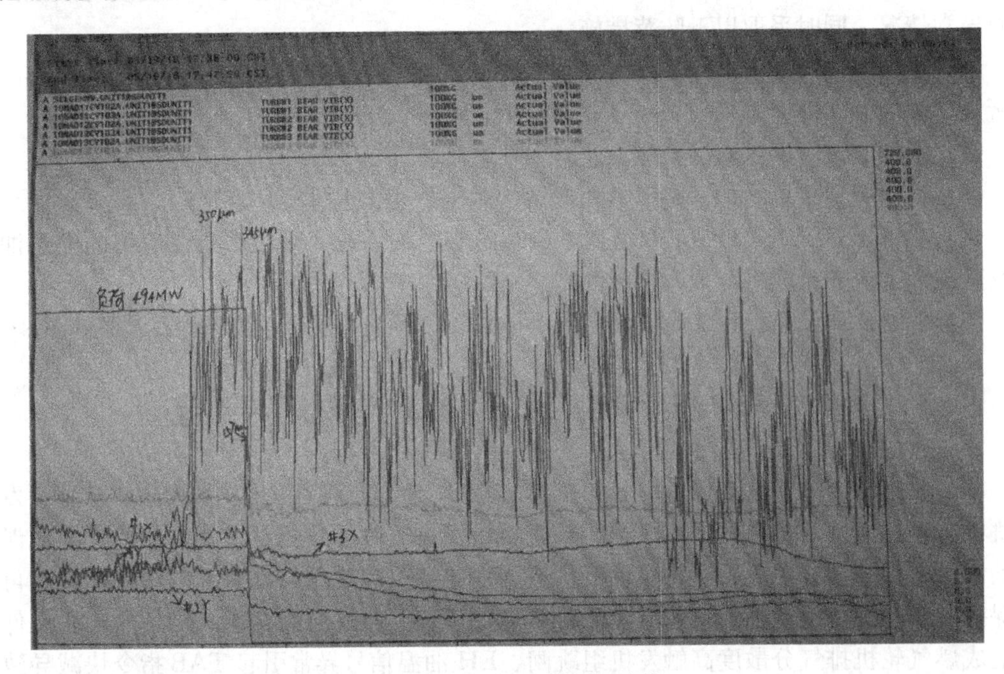

图 5-16 1～3 号瓦轴承振动值

检查记录各轴承振动参数变化如下：

17 时 39 分 33 秒，1 号瓦轴承振动：X 方向为 90μm，Y 方向为 63μm；2 号瓦轴承振动：X 方向为 76μm，Y 方向为 44μm；3 号瓦轴承振动：X 方向为 81μm，Y 方向为 119μm；4～8 号瓦轴承振动均在 80μm 以下，且保持稳定（运行过程中，1 号瓦轴承 X 方向振动值及 3 号瓦轴承 Y 方向振动值偏大）。

17 时 39 分 51 秒，2 号瓦轴承 X 方向振动开始大幅度变化。

17 时 40 分 30 秒，1 号瓦轴承振动：X 方向为 96μm，Y 方向为 61μm；2 号瓦轴承振动：X 方向大幅度摆动最大至 350μm，Y 方向为 44μm；3 号瓦轴承振动：X 方向为 79μm，Y 方向为 157μm。

17 时 40 分 33 秒，1 号机组振动大保护动作跳闸。

2. 保护逻辑检查

检查 1 号机组汽轮机振动大保护跳闸条件为：8 个轴承中任一轴承 X 或 Y 方向振动超过保护定值（≥250μm）与其他 7 个轴承中任一个轴承 X 或 Y 方向模拟量判断大于 125μm，延时 3s 保护动作。

3. 故障原因分析

根据上述检查，结合现场实际查看，热控人员认为 1 号机组汽轮机 2 号瓦轴承振动 X 方向保护探头故障，X 向轴振值大幅度摆动，由 49μm 上升最大至 350μm，而 3 号瓦轴承

Y 向振动值由 120μm 左右突变为 157μm，达到机组保护动作条件导致机组跳闸。

（三）事件处理与防范

更换故障探头，经试验正常后机组恢复运行。同时针对此事件，采取以下防范措施：

（1）认真核查各台机组主保护，保证各参数，尤其是涉及主保护的参数指示正常，避免因参数指示异常导致保护误动。

（2）利用 1 号机组通流部分改造机会，彻底解决 1 号机组 1 号瓦及 3 号瓦轴承振动大的缺陷，将机组各监测测点送电科院进行检查校验，同时进行隐患排查，将容易出现问题的测点、电缆、支架等进行改造、更换。

（3）举一反三，加强设备隐患排查治理，集中精力解决威胁机组安全的隐患，全面提升设备的健康水平。

二、轴振信号误发导致机组跳闸

（一）事件经过

2018 年 4 月 19 日，4 号机组负荷为 152MW，运行方式正常，参数正常。

17 时 42 分 3 秒，4 号机“轴承振动大”报警，6Y 轴振数值大幅波动，至机组跳闸前，上升至最大值 299.02μm，其余轴承振动参数均平稳正常。

18 时 15 分 21 秒，4 号机组跳闸，ETS 首出“轴承振动大”，发电机组跳闸。汽轮机转速正常下降，过程中各轴承振动、温度均正常，就地测量 6 号轴瓦振动值为 27μm，机组无异常响声。

19 时 8 分，汽轮机转速到零，惰走时间为 53min，盘车电流为 20A，测量大轴弯曲为 15μm。

（二）事件原因检查与分析

1. 事件原因检查

4 月 15 日、16 日 6Y 轴振发报警信号，就地测量轴承振动无异常，另 6X 轴振、6 瓦瓦振及相邻 5 瓦振动数据无异常，判断 6Y 轴振测量装置出现问题。之后，在退出保护的情况下，分别对 6Y 轴振异常缺陷进行了两次处理，分别更换了前置器和探头，现场检查无异常后，按程序机组投保护运行。至 19 日 18 时 15 分 21 秒，4 号机组因 6Y 轴振值达到跳机值，导致机组跳闸。

检查逻辑，4 号机轴振保护逻辑不完善，没有设置软逻辑旁证容错功能，存在误动风险。

2. 事件原因分析

6Y 轴振测量装置测量不准确，测量值不能反映机组真实振动水平。测量值异常达到保护动作值，保护误动是 4 号机振动大跳闸的直接原因。轴振达到报警值，光字牌报警但没有语音报警，运行人员不能及时发现异常。运行人员对机组振动的监视不到位，未及时发现和处理“振动”异常是间接原因。

3. 暴露问题

（1）设备隐患排查治理不彻底，2015 年检查提出“汽轮机主保护系统中轴振为单点保护，建议加入合适的防误动判断条件逻辑”，因资金原因，只完成了 3 号机组 TSI 整改，未持续开展 4 号机组整改，留下安全隐患。

（2）重要缺陷管理不到位。6Y 轴振异常重复发生，连续进行了两次检修，未组织深入分析，对于主要保护测量参数和逻辑异常的管理不重视；未采取成套更换的方式，缺陷处理不彻底，存在管理漏洞。

(3) 热控报警信号管理不到位，轴承振动大只有光字牌报警，没有语音报警，不能给予运行人员明显提示。

(4) 运行人员监盘不认真，运行人员对机组振动的监视不到位，未能及时发现 6Y 轴振异常升高，未能及时发现振动大报警信号，直至机组跳闸。

(5) 对主要保护的管理不重视，未针对 4 号机汽轮机轴振单点保护的隐患制定防范措施；4 月 15、16 日 6Y 两次轴振出现测点异常，虽然及时发现并处理，但对主要保护测量参数异常未组织深入分析，没有引起管理人员重视，没有采取可靠的防范保护误动的措施。

（三）事件处理与防范

(1) 针对 4 号机组 TSI 轴振模件现有实际配置（12 个测点分布于 3 块模件），研究轴振保护旁证信号添加方案，修改保护逻辑。

(2) 制定系统升级方案，增加模件，优化和完善控制逻辑，实现轴振保护防误动判断。

(3) 添加 3/4 号机组轴振、瓦振测点越限语音报警。

(4) 联系检测机构，对更换的 6Y 振动探头组件进行检测，判断是否存在质量问题。加强对 6 号轴承振动参数的监视。

(5) 深化热控专项提升活动，加强热控设备缺陷的管理，进一步增强“靠保护要安全”的理念，规范日常作业行为，严格执行《设备缺陷管理办法》要求，缺陷的原因不明、改进措施不明的，不能关闭，防止因处理不彻底而造成缺陷重复发生或扩大为事故。

(6) 对现有热控重要保护逻辑进行排查，组织专业人员研讨逻辑合理性、安全性，提出整改方案，修订完善逻辑清册。

(7) 对机组报警系统进行清理，针对辅机停备时的报警信号添加必要的判断条件，加强 DCS 报警信号的分级管理，确保一级报警信号具备声光报警功能。

(8) 对涉及跳闸的主保护测点缺陷或异常应制定可靠的安全措施，做好事故预想，防止保护误动、拒动。

(9) 加强运行人员值班管理。对主光字牌闪烁必须立刻检查，对长期不正常闪烁或报警的影响故障判断的光字牌按缺陷处理。

三、转速测量探头故障导致机组跳闸

（一）事件经过

8 月 1 日 9 时 3 分，某电厂 1 号机组负荷为 344MW，AGC 方式运行，主蒸汽流量为 1099t/h，主蒸汽压力为 22.8MPa，主蒸汽温度为 534℃，再热蒸汽压力为 3.92MPa，再热蒸汽温度为 552℃，A、B、C、E 磨煤机运行，总煤量为 156t/h。

9 时 3 分，1 号机组开始减负荷；至 9 时 44 分，负荷降至 175MW。10 时 40 分 28 秒，1 号机组负荷降至 175MW，1 号机给水泵汽轮机 MEH 转速给定 3801r/min，给水泵汽轮机系统转速为 3802r/min，其中，给水泵汽轮机 MEH 转速 1、2、3 的信号值分别为 3802、3803、0r/min。10 时 40 分 33 秒，1 号机给水泵汽轮机 MEH 转速 2 信号值变为 0r/min。10 时 40 分 34 秒，1 号机给水泵汽轮机 MEH 转速 2 信号值由 0r/min 开始上升；9 时 40 分 42 秒，升至 5235r/min。10 时 40 分 44 秒，1 号汽轮机跳闸。首出信号为“MFT 遮断”；

MFT 首出信号为“给水泵跳闸”；给水泵跳闸首出信号为“给水泵汽轮机转速故障”。

（二）事件原因检查与分析

1. 现场检查

（1）给水泵汽轮机停运后，对转速探头 2、3 阻值进行测量，转速 2 的阻值在 1kΩ～50MΩ 不断变化，转速 3 的电阻为 50MΩ。转速探头正常阻值为 1100Ω，通过与厂家沟通后，确认是转速探头故障。

（2）给水泵汽轮机转速作为重要的安全监视参数，其故障报警信息未在 DCS 软光字报警画面配置，当转速信号故障后，不能及时发出报警信息。

2. 逻辑检查

（1）MEH 转速 1、2、3 通过和利时“三取中”模块 HSMEDSEL 处理后形成给水泵汽轮机系统转速，该模块的功能为：3 个转速信号偏差均小于 100r/min 时，取中间值；一个转速与另外两个偏差均大于 100r/min 时，认为该转速故障，取另外两个的平均值；任意两个转速偏差均大于 100r/min 时，保持前一个扫描周期的值。

（2）和利时的 HOLLIAS MACS 6.5.3 系统，测速卡不具备转速信号坏质量判断功能，而 HSMEDSEL 模块仅根据转速信号间的偏差来判断该信号是否故障。

3. 事件原因分析

根据上述检查和调看历史曲线分析，9 时 35 分，转速 3 因探头故障下降至 0r/min，转速 1 为 4316r/min，转速 2 为 4316r/min，此时，给水泵汽轮机处于遥控方式，转速给定值为 4314r/min，给水泵汽轮机系统转速为 4316r/min（转速 1、2 两点取平均值），曲线见图 5-17。

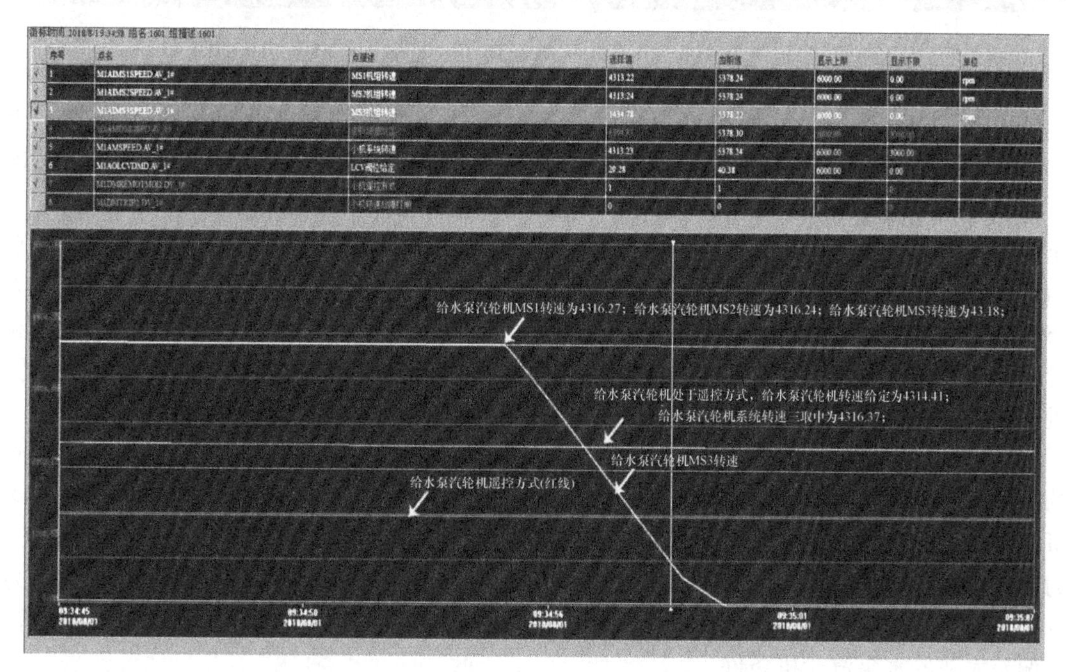

图 5-17 给水泵汽轮机 MEH 转速 3 信号

10 时 40 分 28 秒，给水泵汽轮机处于遥控方式，转速给定值为 3801r/min，转速 1 为 3802r/min，转速 2 为 3803r/min，转速 3 为 0r/min，给水泵汽轮机系统转速为 3802.6r/min（转速 1、2 两点取平均值）。10 时 40 分 33 秒，转速 2 因探头故障从 3802r/min 下降至

3702r/min，MEH 将系统转速保持在 3752r/min，转速 2 继续下降至 0r/min 时，由于转速 2 和转速 3 偏差小于 100r/min，MEH 将系统转速跳变至 0r/min。此时，给水泵汽轮机的控制方式因转速设定值和系统转速偏差大由遥控切至自动，转速设定值跟踪系统转速变为 0r/min，曲线见图 5-18。

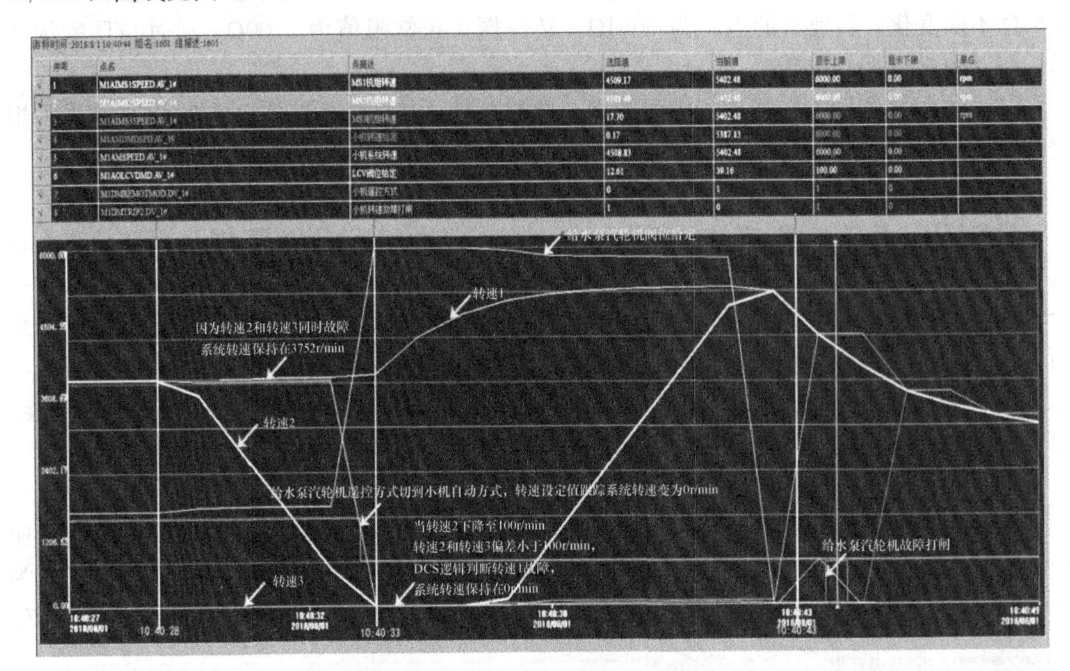

图 5-18　MEH 判断转速 2 信号

10 时 40 分 34 秒，给水泵汽轮机处于自动方式，转速给定值为 0r/min，转速 1 为 3802r/min，转速 2 为 0r/min，转速 3 为 0r/min，给水泵汽轮机系统转速为 0r/min（转速 2、3 两点取平均值）。10 时 40 分 43 秒，转速 2 测量值从 0r/min 上升至 100r/min，由于转速 2 与转速 3 偏差大于 100r/min，MEH 将系统转速保持为 50r/min（转速 2、3 两点取平均值），转速 2 继续上升至 5235r/min，由于转速 1 与转速 2 小于 100r/min，系统转速为 4508r/min（转速 1、2 两点取平均值），此时转速给定保持不变，为 0r/min，系统转速和转速设定值偏差超过 1000r/min，触发给水泵汽轮机转速故障跳闸，延时 2s 后给水泵汽轮机跳闸，引起 MFT 动作，导致机组非停，曲线见图 5-19。

综上，1 号机组 MEH 转速测量探头 2、3 故障，引起转速信号异常波动，由于和利时的 HOLLIAS MACS 6.5.3 系统，测速卡不具备转速信号坏质量判断功能，而 HSMEDSEL 模块仅根据转速信号间的偏差来判断该信号是否故障，当转速 2、3 为 0r/min，转速 1 为 3802r/min 时，HSMEDSEL 模块进行错误的处理，输出为 0r/min，即系统转速为 0r/min；当转速 2 因探头故障跳变时，系统转速随之跳变，进而触发转速设定值与系统转速偏差大跳给水泵汽轮机条件。

4. 暴露问题

（1）设备选型不可靠，质量把关不严。此次事件暴露出热控人员对重要调节系统的测量设备质量把关不严，对单辅机配置中设备可靠性要求认识不到位，对随汽动给水泵配套供货的转速探头在未调研是否可靠的情况下直接投入使用，参与给水泵汽轮机转速的调节，

给安全生产埋下隐患。

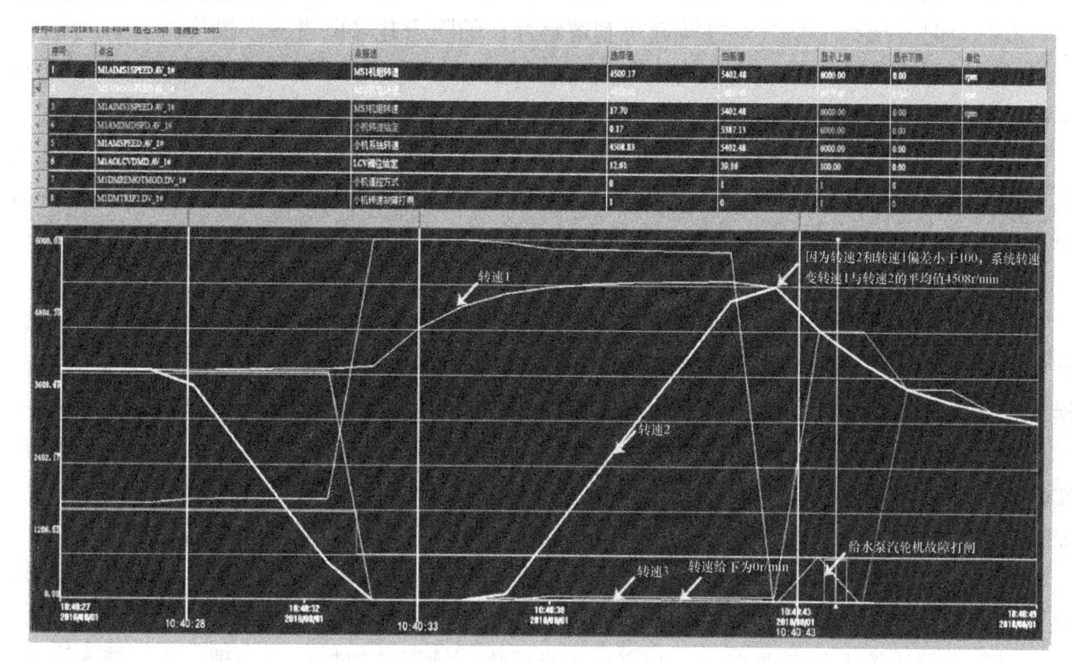

图 5-19　给水泵汽轮机转速故障触发给水泵汽轮机

（2）对单辅机设备重视程度不够。从设备选型、设备运行维护到设备隐患排查，对单辅机设备的重视程度不够，没有按主机对待。

（3）设备巡检不到位。热控人员对 MEH 系统巡检不到位，转速 3 在 2018 年 7 月 30 日出现回零的异常现象，曲线见图 5-20，热控人员未及时发现。

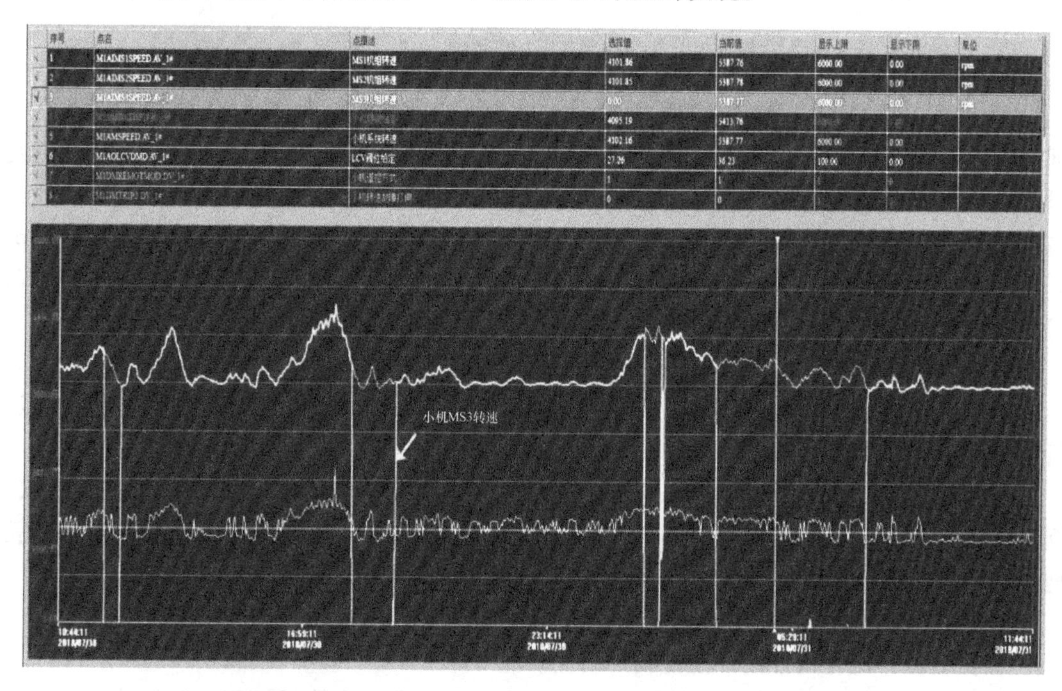

图 5-20　给水泵汽轮机 MEH 转速 3 信号故障

（4）热控人员发现较深层逻辑隐患的能力不足，对关键设备、关键技术的掌握深度不够，没有及时发现给水泵汽轮机转速控制逻辑存在的隐患并采取进一步措施。

（5）运行人员对关键系统和重要参数熟悉程度和掌握深度不够，在监盘时忽视对给水泵汽轮机主画面MEH的主要参数转速的监视。

（6）MEH转速卡因设计原因无转速信号坏质量判断功能，热控技术人员对该固有缺陷可能引起的后果认识不足，未意识到在转速探头同时出故障时会引起系统转速输出错误，对单辅机设备的隐患排查工作不到位。

（三）事件处理与防范

（1）更换转速测量探头。1号机给水泵汽轮机MEH转速测量探头为磁阻式传感器，型号为ZS-1。因该型号探头可靠性差，为了彻底解决问题，将MEH转速探头全部进行换型。

（2）增加转速探头故障报警，消除系统固有缺陷，设备部热控人员增加单点故障报警，实现在任一给水泵汽轮转速信号故障情况下均发声光报警功能，同时与科研院、和利时厂家人员沟通，解决MEH转速卡不具备判断转速信号坏质量功能的固有缺陷。

（3）加强设备巡检工作，单辅机和主机同等对待落实设备管理责任制，对主机和单辅机所有涉及保护和重要控制的设备、逻辑按专责划分，重新修订巡检标准，确保责任到人。

（4）提升热控人员专业水平，制定热控班组培训计划，加强技术管理，通过技术讲课、逻辑组态考试等形式提高人员解决实际问题的能力。

（5）发电部组织运行人员对本次事件进行专题学习，并编制主要监视画面及参数清册，下发运行人员学习执行。

（6）吸取教训，举一反三，热控专业对两台机组同类型测点及逻辑进行隐患排查，集控专业对关键岗位、关键系统加强培训和事故预想。

四、传感器老化误发振动大信号保护动作跳机

2018年11月5日，某电厂1号机组光轴改造竣工；8日18时2分，1号机组与系统并网；11日6时15分，1号机组负荷为130MW，1号、3号、4号、6号磨煤机运行，蒸发量为546t/h，主蒸汽压力为12.59MPa，主蒸汽温度为533℃，再热蒸汽压力为1.74MPa，再热蒸汽温度为523℃，汽轮机振动值：1～7号瓦振动值为15μm、14.5μm、26.7μm、35.9μm、24.1μm、11.7μm、39.9μm，支持瓦温度为58℃、75℃、72℃、75℃、74℃、52℃、51.6℃，润滑油压为0.144MPa，润滑油温为38.8℃，机组稳定运行。

（一）事件经过

6时16分20秒，汽轮机2号轴瓦振动突然有上升趋势，其他各瓦振动值无变化，运行人员立即前往就地检查。

6时16分57秒，2瓦振动为112μm，汽轮机2号轴瓦振动保护动作跳闸，锅炉灭火，锅炉压力为14.46MPa，过热器控制安全门动作；跳闸后2号瓦振动降回至13.71μm，就地实测为14μm，检查各部无异常、无异音；DCS系统内显示2瓦温度为74.7℃。

6时17分10秒，过热器控制安全门回座。

6时18分，汽轮机挂闸，空负荷运行。

6时48分，2瓦振动有爬升趋势，2瓦温度升至92℃，汽轮机打闸，锅炉熄火，发电

机解列。

7时30分，转子静止，盘车系统投入，盘车电流为30A，大轴晃动为0.065mm。

11月15日21时00分，检修作业结束，恢复措施。

11月16日7时7分，1号机组与系统并网。

事件影响供热量7万GJ、发电量1440万kW·h、耗油62t。

（二）事件原因检查与分析

1. 事件原因检查

11月11日9时00分，召开1号机组抢修专题会议，由于机组惰走期间轴瓦振动异常，决定对1号机组1号、2号、3号轴瓦进行翻瓦检查。

11月12日15时15分，1号机组缸温为370℃，投入汽轮机快速冷却装置进行汽缸冷却。

11月14日19时00分，1号机组缸温降至120℃，停止汽轮机盘车及润滑油系统。开始轴瓦解体检修。主要解体数据如下：

（1）1号轴瓦解体瓦顶间隙前侧为0.25mm，后侧为0.30mm。轴瓦紧力为0.02mm，瓦口间隙为0.35～0.45mm。轴颈扬度为前扬1.23mm/m。

（2）2号轴瓦解体瓦顶间隙为0.28mm，球面紧力为0.03mm，轴瓦紧力为0.10mm。瓦口间隙为0.30～0.55mm。轴颈扬度为前扬0.57mm/m。

（3）3号轴瓦解体瓦顶间隙前侧为0.40mm，后侧为0.28mm。轴瓦紧力为0.03mm，瓦口间隙为0.40～0.70mm，轴颈扬度为前扬0.55mm/m。

解体过程中发现，1号机组1号、2号轴瓦下半乌金存在轻微碾磨痕迹，检修人员进行现场刮研修复，同时金属专业分别对1号机组1号、2号、3号轴瓦上、下瓦乌金进行超声检查，未发现明显脱胎缺陷。

11月15日，将1号、2号轴瓦瓦振动测量模件及2瓦测量探头与新瓦振探头备件送当地电力科学研究院检定，未发现问题，检定值在合格范围内。然后，1号机组1号、2号、3号轴瓦开始回装，回装过程中对各轴瓦紧力进行调整，调整后数值如下：

1号轴瓦回装紧力调整为0.15mm，2号轴瓦回装球面紧力调整为0.03mm，轴瓦紧力调整为0.12mm，3号轴瓦回装紧力调整为0.10mm。

11月15日21时00分，检修作业结束，恢复措施。

11月16日7时7，1号机组与系统并网。

2. 事件原因分析

（1）主要原因。2018年11月11日6时15分00秒—16分43秒，2瓦振动显示异常，最高达到跳机值80μm，并且满足延时时间2.5s触发跳机输出。

（2）直接原因。

1）由于1号机组主保护系统为2005年改造，现已连续运行13年，运行时间较长，经事后与北京艾默生技术客服联系确认，告知运行时间长，易发生电子元气件老化，存在测量值发生漂移的风险。

2）推力瓦回油温度异常原因，经事后确认为感应电压叠加到温度测量回路中，使指示异常升高。

3）由于1号机组2号轴瓦瓦振异常前，机组各项参数均正常，且轴瓦解体检查各项数据均满足设计要求，因此判断此次振动异常为探头老化，振动保护误动造成。

4）在1号机组轴瓦解体检修时发现，1号、2号轴瓦下瓦乌金存在轻微碾磨痕迹，经判断为机组停机惰走期间，振动异常造成。

结论：经与电科院有关专家共同确认，造成2号轴瓦振动异常升高的主要原因为探头老化，2瓦振动保护误动。

3. 暴露问题

（1）机组停机检修期间，未针对机组重要保护探头进行全面检查。

（2）未在机组检修计划制定时，针对机组重要保护探头、测点制定专项检查项目，以确保其测量数值准确，保证机组可靠运行。

（三）事件处理与防范

（1）重新更换1号机组2号轴瓦瓦振探头。

（2）利用此次停机机会，全面检查1号机组各轴瓦瓦振探头，对可能存在问题的探头进行更换。

（3）重新修订检修计划，在机组停机检修期间，按规定检定周期及时进行探头、测点等元件的校验、复检，对不合格的测点及时进行更换，提高系统可靠性。

（4）增加重要保护检定频次，将主保护测量装置由大修期间送检改为每年送检一次。

（5）组织重新论证机组振动保护动作的延迟时间，并及时将相关规范下发，监督执行。

（6）重新测试DCS系统接地电阻和检查重要测量信号屏蔽接地，确认系统接地良好。

五、汽轮机轴振误发信号导致机组跳闸

某电厂机组容量为330MW，机组控制采用新华XDPS400控制系统，TSI系统为本特利3500系列。2003年随机组投产运行以来未进行过硬件技改（运行基本稳定），2018年4月19日负荷为153MW时机组跳闸。

（一）事件过程

18时15分00秒，机组协调方式正常运行，负荷为153MW，主蒸汽压力为11.26MPa，主蒸汽温度为536.09℃。无异常报警信号。

18时15分21秒，机组跳闸，ETS首出记忆“轴承振动大”，汽轮机跳闸，锅炉MFT。

（二）事件原因检查与分析

1. 事件原因检查

（1）报警记录检查。

18时14分42秒，振动超过报警值而小于遮断值信号PO5MO3触发并保持，37s后复归。

18时15分21秒，主汽门关闭信号D11P61B触发，锅炉MFT；同时振动超过报警值而小于遮断值信号PO5MO3触发并保持，28s后复归。

（2）DCS记录检查。检查跳闸前负荷、主蒸汽压力、主蒸汽温度、真空、励磁电流无异常显示，但17时42分3秒，6*Y*轴振首次达到125μm报警值，触发“汽轮机振动大”光字牌报警。直至机组跳闸，6*Y*轴振测点明显波动，最大值299.02μm。其余各振动等参数均平稳正常。

（3）现场检查及处理。现场检查使用的探头、延长线和前置器，均为2016年9月机组大修送检合格装置。检查6*Y*轴振探头未见松动迹象，铠装延长线及前置器均连接牢固，

铜插接头牢固。万用表测得前置器端电压为10.6V，前置器对地绝缘正常，底板牢固。

热控人员检查TSI系统各模件状态显示正常，登录TSI组态（本特利3500），发现轴振跳机逻辑为任一轴振测点达到保护值（254μm），延时3s，送跳机指令至ETS。

2. 事故原因分析

（1）直接原因：6Y轴振测点异常并达到保护值254μm后，由于轴振跳机保护逻辑为单点保护没有旁证信号，延时3s触发机组跳闸，是本次事件的直接原因。

（2）间接原因：

1）在4月18日18时00分—21时00分，6Y轴振异常波动达到125μm报警值，多次触发“汽轮机振动大”光字牌报警，运行人员发现但未及时上报，并采取有效措施。

2）在机组跳闸前的半个小时内，6Y轴振异常波动达到125μm报警值，多次触发“汽轮机振动大”光字牌报警，运行人员未及时发现并采取有效措施。

3）轴振故障跳机前较长时间运行过程中，6Y轴振测点多次报故障异常，热控人员对6Y轴振测点设备缺陷没有采取成套更换，而采用了分部更换部件，多次进行缺陷处理，未能彻底消除隐患。

（三）事件处理与防范

根据检查情况，热控人员完成更换6Y轴振成套测量装置。依据讨论审批的异动方案，将轴承振动跳机保护逻辑修改为任一轴承振动大跳机信号和相邻瓦轴振报警信号同时触发时保护动作。同时采取以下防范措施：

（1）TSI系统现有配置发生误动的风险较大，不满足热控可靠性配置的要求，将吸取本次事件教训，加强技改管理，制定更新改造计划，并针对TSI轴振模件现有实际配置，讨论轴振保护旁证信号和机组轴振、瓦振测点越限语音报警添加方案，通过申请审批完成修改，确保设备的安全可靠性。

（2）针对替换的6Y振动探头，尽快联系检测工作，在没有准确结论之前，暂退出6X/6Y保护，防止现场可能存在的其他因素诱发造成保护误动。并排查机组热控主保护系统现场干扰因素，确保屏蔽措施良好。

（3）加强设备缺陷的管理，对现有热控重要保护逻辑进行排查，编写逻辑清册，联系相关部门研讨逻辑合理性、安全性，针对问题提出整改报告或计划。并严格按照公司的有关要求，制定、执行重要设备的缺陷管理标准，落实制度和责任，以降低安全风险。

（4）加强TSI系统设备备品备件管理，规范重要保护设备检修作业活动，成套设备整套送检，整套更换。

（5）4号机组TSI系统轴振模件未完全独立配置，在新的轴振大保护逻辑（任一轴振大跳机信号与上相邻瓦轴振报警信号）中存在轴振保护拒动的风险。尽快向集团申请技改经费，参照3号机组TSI系统完成4号机组TSI系统轴振模件冗余改造。

六、出口继电器故障导致再热器保护动作触发机组跳闸

某电厂配置2×1000MW超超临界燃煤机组，锅炉采用东锅制造的DG3100/28.25-II1型超超临界参数变压直流本生型锅炉，一次再热、单炉膛、前后墙对冲燃烧方式，尾部双烟道结构采用挡板调节再热蒸汽温度，固态排渣、全钢构架、全悬吊结构，平衡通风、露天布置。汽轮机采用上海汽轮机有限公司制造的N1000-26.25/600/600型超超临界、单

轴、四缸四排汽，一次中间再热、高中压合缸、反动纯凝汽式汽轮机。DCS系统采用艾默生过程控制（上海）有限公司的Ovation系统。2018年1月9日2号机组621MW运行中，再热器保护动作机组跳闸。

（一）事件经过

2018年1月9日，2号机组负荷为621MW，AGC方式正常运行，申请撤出AGC进行ATT试验。12时37分28秒，开始1号高压调节门ATT试验，1号高压调节门逐渐关小，2号高压调节门由于调节作用逐渐开大。12时47分37秒，1号高压调节门开度到2%。12时47分49秒，再热器保护动作，锅炉MFT，汽轮机跳闸。

（二）原因查找与分析

1. 再热器保护逻辑检查

检查再热器保护逻辑，如图5-21所示。针对本次高压调节门ATT试验，对应部分逻辑说明如下：

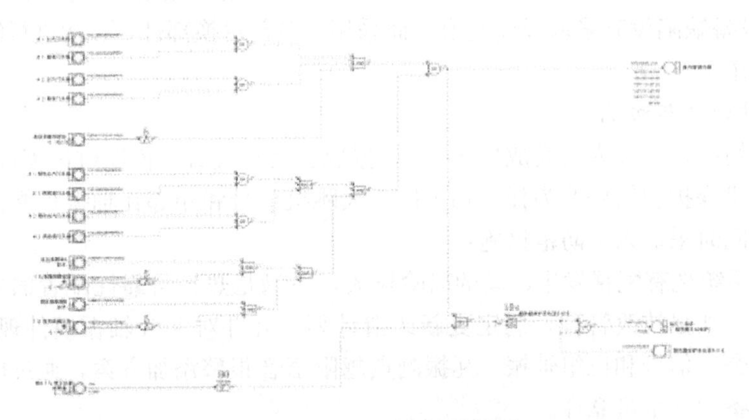

图5-21 再热器保护逻辑图

以下条件为“与”逻辑（4个条件都为“1”时）则延时10s触发再热器保护动作。

（1）1号高压主汽门或高压调节门关闭（正常运行时，此信号状态为0）。

（2）2号高压主汽门或高压调节门关闭（正常运行时，此信号状态为0；本次试验前，由于继电器故障，此信号状态已变为1）。

（3）高压旁路阀阀位小于5%（正常运行时，此信号状态为1）。

（4）燃料量大于80t/h（正常运行时，此信号状态为1）。

逻辑中涉及“1号高压主汽门或高压调节门关闭”“2号高压主汽门或高压调节门关闭”4组信号，均由DEH控制系统经对应阀门模拟量反馈值组态成开关量信号（当模拟量反馈小于3%时出“1”），再通过继电器经硬接线送至DCS侧生成DCS侧调节门关闭信号，实现上述逻辑功能。

2. 现场检查

热控人员检查再热器保护逻辑回路，发现DEH送往DCS侧“2号高压调节门关闭”信号自11月18日2号机组重新启动时一直为1。

检查DEH送往DCS侧“2号高压调节门关闭”信号对应通道继电器，发现其内部磁铁脱落，造成常开触点一直处于闭合状态。DEH送往DCS侧“2号高压调节门关闭”信号一直为1，见图5-22。

图 5-22 正常继电器与故障继电器比较

3. 事件过程分析

汽轮机 ATT 试验要求每月进行一次。2017 年 11 月，因 2 号机停机，未执行 ATT 试验。同年 12 月，因年底保发电，ATT 试验等定期工作暂停执行。

试验前，DEH 侧 1 号、2 号高压调节门模拟量指示均正常。1 号、2 号高压调节门阀位反馈均为 44%，高压调节门阀限设置为 95%。

1 号高压调节门 ATT 试验时，1 号高压调节门逐渐关小，12 时 47 分 39 秒，当 1 号高压调节门模拟量反馈为 2.8%时，DEH 侧“1 号高压调节门关闭”信号触发，同时 DCS 侧“1 号高压调节关闭”信号变为 1。

此时，由于组成再热器保护动作的 4 个条件中：

(1) 高压旁路阀阀位小于 5%信号（正常运行时此信号状态已为 1)。

(2) 燃料量大于 80t/h 信号（正常运行时，此信号状态已为 1)。

(3) 1 号高压主汽门或高压调节门关闭信号（由于做 1 号高调节门 ATT 试验时，随着调节门的关闭此信号状态由“0”变为“1”)。

(4) 2 号高压主汽门或高压调节门关闭信号（调节门开度大于 3%，此信号状态应为“0”)；本次试验前及试验过程中，虽然 2 号高压主汽门或 2 号高压调节门未处于关闭状态，但由于继电器故障，此信号状态已变为 1。

所以，随着 ATT 试验中 1 号高压调节门关闭信号出“1”时，触发再热器保护逻辑的 4 个条件均出“1”，保护动作条件满足，延时 10s，再热器保护动作，锅炉 MFT，汽轮机跳闸。

再热器保护动作过程曲线如图 5-23 所示。

对 DEH 侧“2 号高压调节门关闭”信号所对应通道的继电器更换后，进行仿真试验，故障现象消失，信号恢复正常。

因此，分析认为由于“2 号高压调节门关闭”信号对应通道继电器的质量原因，其内部磁铁脱落，造成常开触点一直处于闭合状态，导致信号误发，是此次保护误动的主要原因。

（三）事件处理与防范

(1) 利用停机机会，对相同型号继电器进行外观检查，更换缺陷继电器并进行记录。向艾默生厂家反馈继电器情况，明确继电器故障原因及处理意见。

(2) 增加重要柜间信号状态监视画面，并定期检查柜间信号状态一致性。增加重要柜间信号状态大屏报警，及早发现并处理硬接线输出信号和接收信号不一致的情况。

(3) 完善、优化再热器保护逻辑。

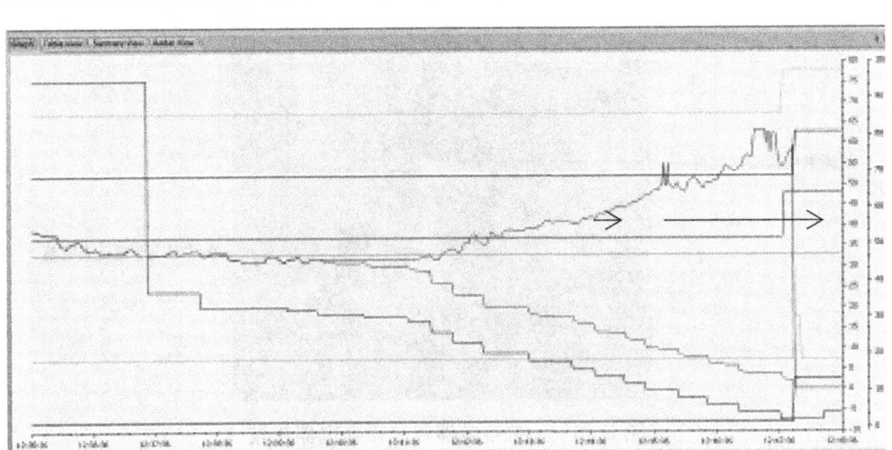

图 5-23　再热器保护动作曲线

（4）梳理定期工作，进行有跳机风险的定期试验前，由运行人员确认机组运行工况正常，相关设备状态显示正确；热控人员检查逻辑图信号正确，确保重要信号状态准确。

七、汽轮机变压器 B 相温度信号故障导致机组跳闸

某电厂 4 号机组于 2009 年 12 月投产。锅炉是东锅设计制造的 DG2060/26.15-Ⅱ2，超超临界直流炉、一次中间再热、前后墙对冲燃烧方式、固态排渣煤粉炉。汽轮机是东汽引进日立技术生产制造 660MW 超超临界压力、一次中间再热、三缸四排汽、凝汽式汽轮机。每台机组给水系统布置两台 50%的汽动给水泵，无电动给水泵。2018 年 3 月 2 日 2 时 43 分，锅炉 MFT 动作触发机组跳闸，首出信号“给水泵全停”。

（一）事件过程

2018 年 3 月 2 日 2 时 30 分，4 号机组负荷为 340MW，机组 AGC 协调方式运行，4A、4B 汽动给水泵运行。4A、4B 引风机、送风机、一次风机运行，4A、4B、4D、4E 磨煤机运行。4A 给水泵汽轮机 A 润滑油泵运行、B 泵备用；4B 给水泵汽轮机 A 润滑油泵运行、B 泵备用；其中两台给水泵汽轮机 A 润滑油泵电源均接自保安 PC 4A 段、两台给水泵汽轮机 B 润滑油泵电源均接自保安 PC 4B 段。

2 时 42 分 4 秒，运行人员监盘发现 4 号机组发 4A 汽轮机变温度高光字牌报警，检查发现变压器温度测点跳变，值长安排电气运行人员到现场检查，准备通知检修电气值班人员前往 4A 汽轮机变压器进行处理。

2 时 43 分 38 秒 974 毫秒，4 号机组负荷为 349MW，主给水流量为 937.22t/h；4 号机组发 4A 汽轮机变压器 6kV 侧断路器跳闸，汽轮机 PC 4A 段失电。保安 PC 4A 段供电电源正常由汽轮机 PC 4A 段切换至锅炉 PC 4B 段供电。

2 时 43 分 39 秒 281 毫秒，4A 给水泵汽轮机 A 油泵跳闸；2 时 43 分 39 秒 987 毫秒，4A 给水泵汽轮机润滑油压力低联启 B 油泵；2 时 43 分 40 秒 424 毫秒，4A 给水泵汽轮机润滑油压力低跳闸 4A 给水泵汽轮机。

2 时 43 分 39 秒 298 毫秒，4B 给水泵汽轮机 A 油泵跳闸；2 时 43 分 39 秒 986 毫秒，4B 给水泵汽轮机润滑油压力低联启 B 油泵；2 时 43 分 40 秒 236 毫秒，4B 给水泵汽轮机润滑油压力低低跳闸 B 给水泵汽轮机。

2 时 43 分 41 秒 606 毫秒，锅炉 MFT 动作（首出：给水泵全停），4 号机组跳闸。

经检修检查确认：4 号机组 4A 汽轮机变跳闸原因为 B 相温度超限动作跳闸。退出 4 号机组 4A 汽轮机变温度高跳变压器保护。

4 号机组重新启动，于 7 时 1 分并网，8 时 00 分机组负荷接带至 300MW。

（二）事件原因检查与分析

1. 事件原因检查

（1）4 号机组跳闸原因。直接原因为 4A、4B 汽动给水泵全停，触发锅炉 MFT 保护动作（延时 1s）引起，跳机时段参数曲线见图 5-24。而 4A、4B 汽动给水泵跳闸原因为润滑油压力开关低低信号（定值低于 0.10MPa，经“三取二”逻辑判断后无延时）保护动作引起（见图 5-25 和图 5-26）。

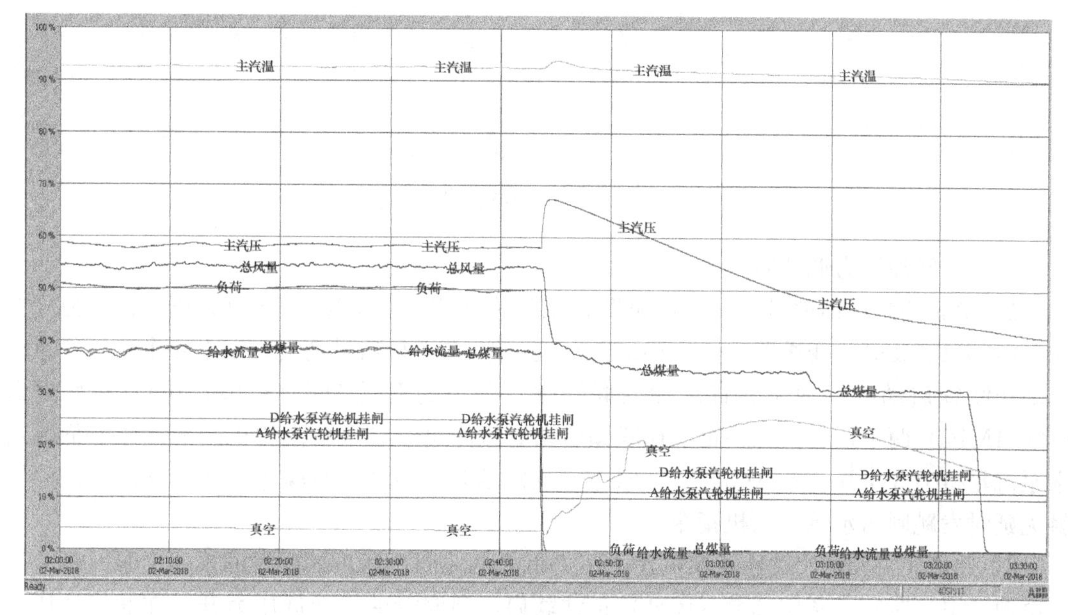

图 5-24　跳机时段参数曲线

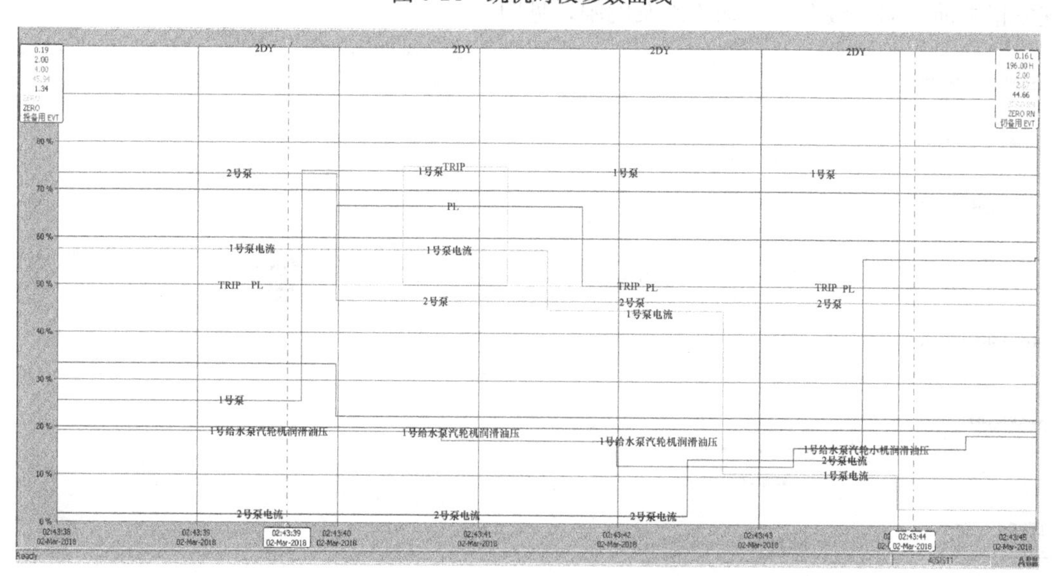

图 5-25　4A 给水泵汽轮机跳闸曲线

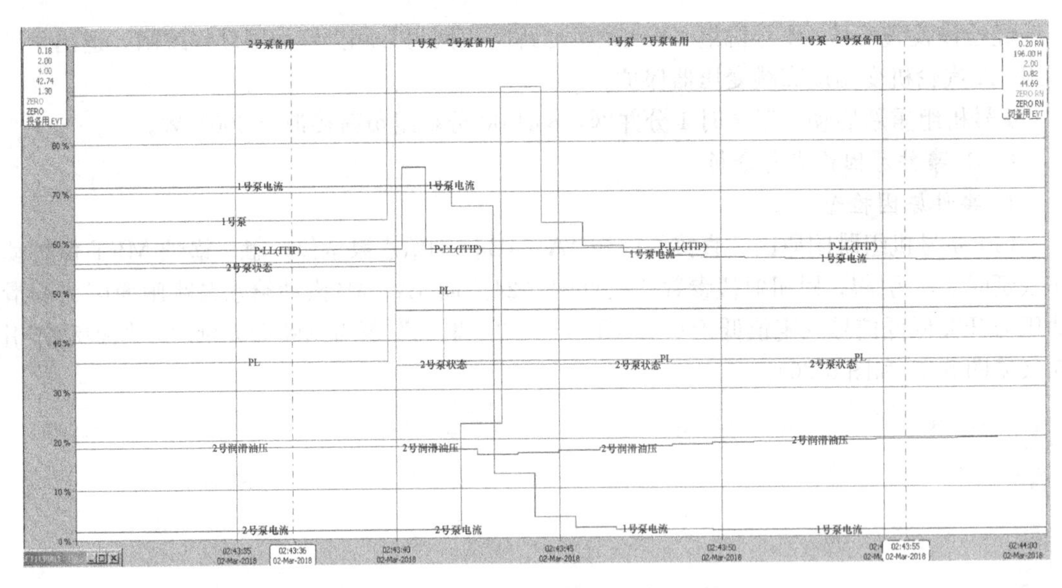

图 5-26　4B 给水泵汽轮机跳闸曲线

（2）润滑油压力低低原因分析。

1）检查油泵联锁逻辑：交流油泵联锁信号为压力开关 302（<0.15MPa）、压力开关 303（<0.13MPa）、变送器（<0.13MPa）、运行油泵运行信号消失，以上 4 个信号任意一个动作联锁启动交流油泵。直流油泵联锁信号为压力开关 304（<0.1MPa）和变送器（<0.1MPa）两个信号任意一个动作联锁启动直流油泵。给水泵汽轮机润滑油压低低跳给水泵汽轮机为 3 个压力开关 305、306、307（定值均为 0.1MPa），任意两个低信号满足，触无延时发跳闸给水泵汽轮机指令。

2）造成 4A、4B 汽动给水泵润滑油压力低低的原因：运行的润滑油泵（A 泵）失去动力电源低电压跳闸，备用油泵（B 泵）正常联启，但润滑油压低低压力开关在润滑油压力恢复正常前已动作致两台汽动给水泵跳闸，见图 5-27。

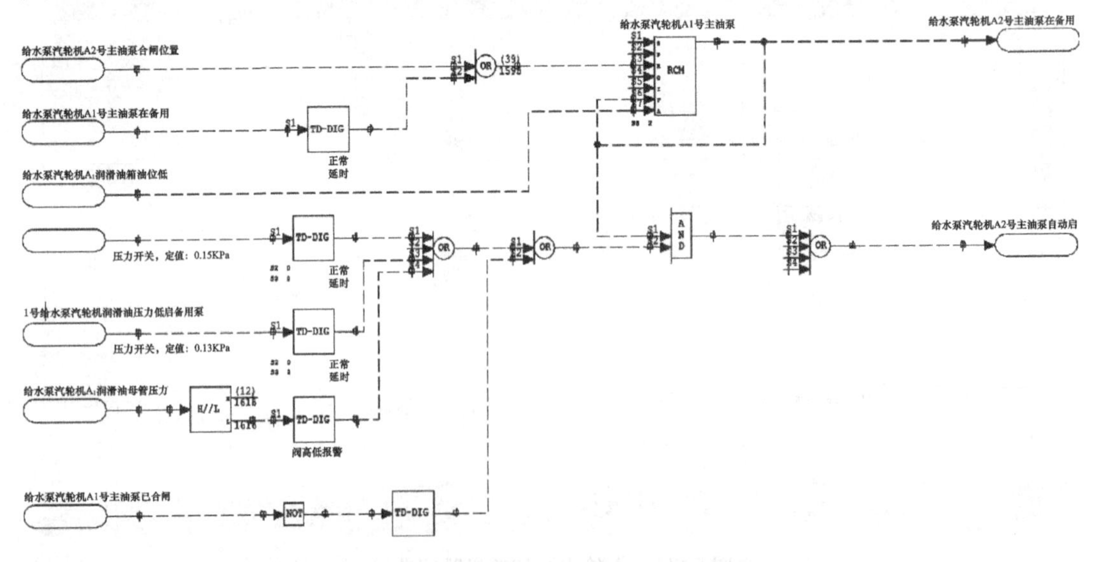

图 5-27　给水泵汽轮机油泵联锁辅助逻辑图

(3) 定期试验情况。4A、4B汽动给水泵润滑油系统均为A油泵运行。检查油泵定期倒换工作：给水泵汽轮机油泵按照定期倒换规定安排表进行设备轮换，每月11日安排进行给水泵汽轮机油泵定期切换工作，专工到场监护。倒换操作电流曲线见图5-28。

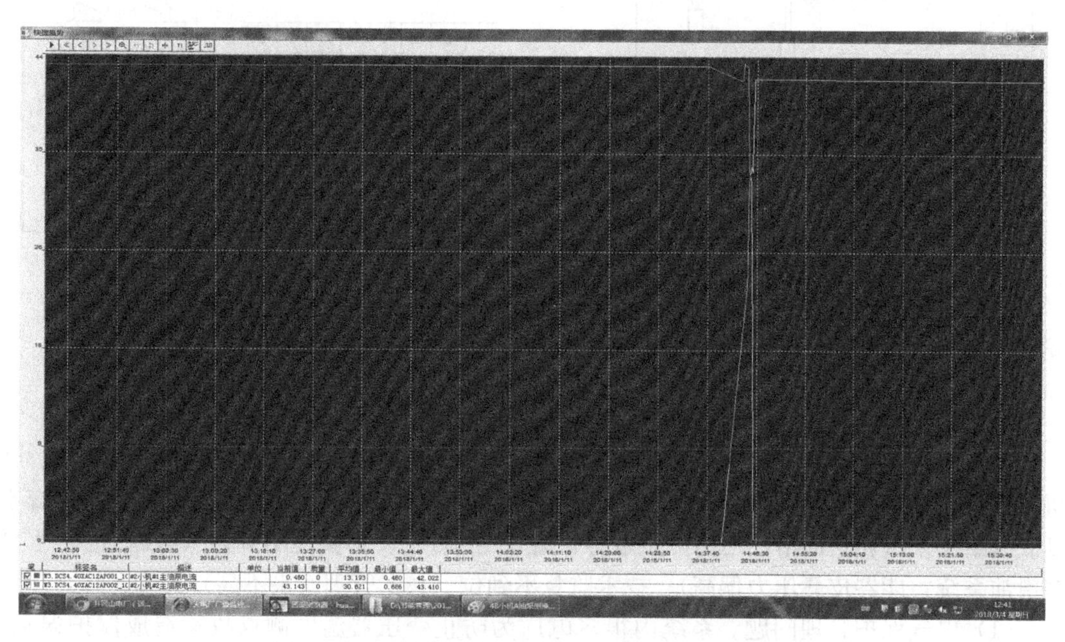

图5-28　4B给水泵汽轮机B油泵倒换操作电流曲线

电厂4号机组春节期间调停转备用，机组调停备用时间为2月8—22日，于2月23日8时15分并网运行。4号机组2月21日（启机前）安排进行了给水泵汽轮机油泵切换试验。由于运行人员在开机完成后未仔细核对4号机组2台汽动给水泵润滑油泵运行方式，致使2台汽动给水泵润滑油泵均运行在4号机组保安PC A段。

(4) 润滑油泵（A泵）失去动力电源原因。4号机组A汽轮机变压器跳闸，引起4号机组汽轮机PC 4A段失电，造成保安PC 4A段上用户失去动力电源低电压跳闸（保安PC 4A段正常由汽轮机PC 4A段供电）；保安段电源切换首先是检测保安段电压失压（需低电压继电器动作），根据厂用电切换导则延时0.5～2s，经电气、热控人员再次确认自联锁启动延时时间设置为0.5s。

(5) 汽轮机变压器跳闸原因。汽轮机变温度保护是在变压器上安装了一个温控器，在变压器三相每个线圈中埋一个测点，接到温控器上，且各相循环显示，温控器上设置130℃报警、150℃跳闸，报警、跳闸都是通过硬接线，从温控器引出，任一相温度报警都会在集控光字牌上报警，跳闸接点引入汽轮机变压器高压侧开关控制回路起动跳闸。温控器上有3相温度显示，其中B相通过4～20mA引到DCS显示。图5-29所示为汽轮机变温度控制器接线图。

4号机组4A汽轮机变跳闸原因：4A汽轮机变B相温度测点超限动作跳闸。汽轮机变温度高保护跳闸连接片投入（保护动作整定值：150℃）。经就地检查温控器上A相温度显示54℃、C相温度显示55℃且稳定，B相温度显示75～160℃跳变，DCS记录B相温度最高达到168.78℃，判断为B相温度造成保护误动作。

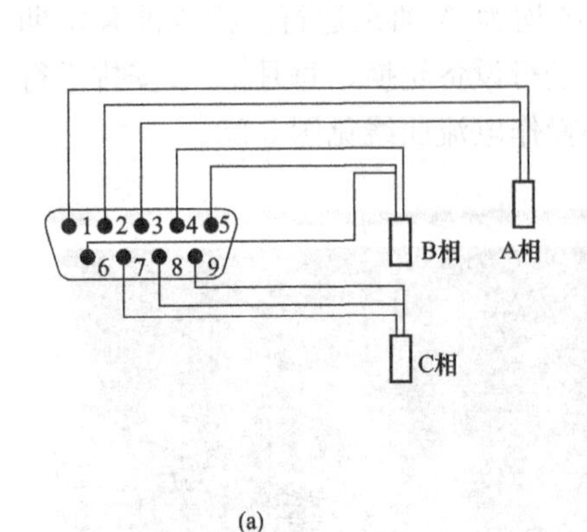

(a)

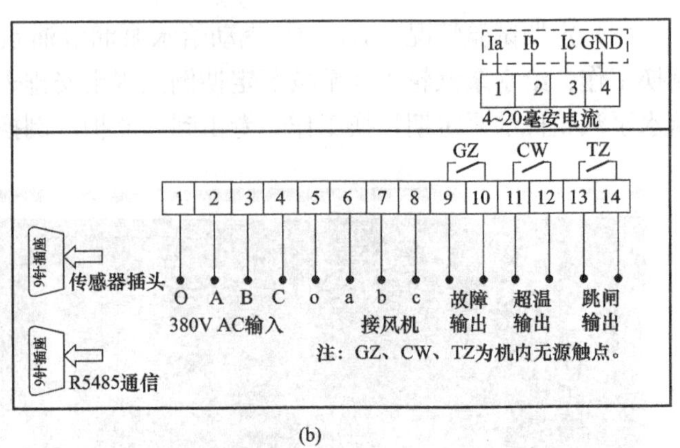

(b)

图 5-29 汽轮机变温度控制器接线图

(a) 电气连接图；(b) 端子接线示意图

2. 暴露问题

此次机组非停事件主要暴露了保护管理问题（干式变压器温度保护投入方式不当）、辅机运行方式不合理（两台汽动给水泵汽轮机的润滑油泵均在 A 侧运行）、热控隐患排查不彻底（给水泵汽轮机润滑油压力测点取样位置不合理）、设备管理不到位（4A 汽动给水泵润滑油系统蓄能器皮囊压力偏高）、技术监督不到位（技术管理水平不高）等问题。

（1）电气保护管理问题。系统内很多电厂为防止变压器温度测点故障造成保护误动，将干式变压器温度保护信号退出。但电厂干式变压器温度保护自投产以来一直在投入跳闸位置运行，未对温度测量元件可靠性进行评估，电气保护隐患排查不到位，为此次事件的最初原因。

1）4 号机组 4A 汽轮机变压器 B 相温度高引起汽轮机变压器跳闸，暴露出机组主要变压器温控器维护不到位（汽轮机变压器温控器为山东济宁科宏电子科技有限公司生产的 BWD-3K306 型干式变压器智能温控器）。

2）在实际运行中温度测点故障率高，易造成保护误动，但电厂干式变压器温控保护均在投入跳闸位，容易由于测点故障导致保护误动，现场风险分析不到位。

（2）辅机运行方式不合理。4 号机组两台汽动给水泵的润滑油泵均为 A 油泵运行，A 油泵电源均接自保安 PC 4A 段，在保安 PC 4A 段失电后导致两台给水泵汽轮机运行油泵均跳闸，同时切换，是事故扩大的直接原因。

（3）热控隐患排查不彻底。4 号机组汽动给水泵润滑油运行油泵跳闸，备用油泵正常联启后仍发生润滑油压低低跳闸，原因在于润滑油油压取样点位置引接不合理所致。

1）汽动给水泵润滑油压取样管路与给水泵汽轮机盘车喷油管路小支管共用一路，均取自 13m 层润滑油母管和盘车油路共用的一根取样管上，给水泵汽轮机润滑油压力取样管示意图如图 5-30 所示。

正常运行中盘车齿轮需喷油润滑，在润滑油压波动时，不能真实反映润滑油母管油压。此次给水泵汽轮机运行润滑油泵跳闸后，出现母管油压快速下降，在备用油泵正常联启时，仍出现润滑油压低低，原因在于润滑油压取样管路因盘车齿轮喷油加速了测点压力快速下降。

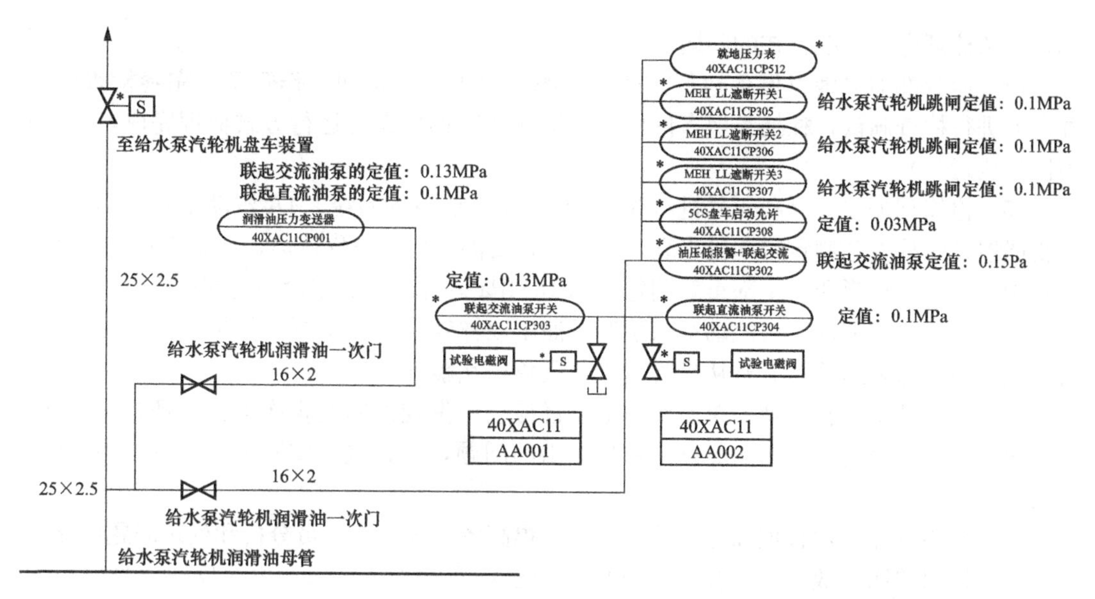

图 5-30　4 号机给水泵汽轮机润滑油压力取样管示意图

2）本次事件中保安段先失压造成运行油泵失去动力电源，导致油压提前下降，低电压继电器动作后备用油泵再联启，相当于延迟了备用油泵启动时间，这与正常传动试验工况不同（正常切换没有低电压的延迟时间）。

（4）设备管理不到位。4 号机组 4A 汽动给水泵润滑油系统母管运行工作压力为 0.18～0.20MPa，现场检查蓄能器充氮压力为 0.5MPa，高于润滑油母管工作压力 0.18～0.20MPa，冲氮压力不合理，致使蓄能器在系统油压波动情况下未起到稳定系统油压的作用。

4 号机组 4A 给水泵汽轮机润滑油系统在 13.7m 层安装了成都天人压力容器厂生产的蓄能器，设计参数：容量为 3×100L、气囊式。（原设计无，在 2014 年 4A 汽动给水泵润滑油系统增设，4B 未增加）。现场对 4A 给水泵汽轮机润滑油蓄能器皮囊压力进行检测，充氮压力为 0.5MPa，高于润滑油母管工作压力为 0.18～0.20MPa，冲氮压力偏高，判断为该压力下蓄能器未起到稳定系统油压的作用。

（5）技术监督不到位。干式变压器温度保护为防止温度测点故障误动作，电气继电保护专业已提出要求投信号位，但在电厂的历次技术监督检查中未及时发现干式变压器温度保护投入方式不合理的问题，也未能及时落实专业会议要求，说明电厂专业技术监督管理工作存在落实不到位，专业技术管理水平有待提高。

（6）技术管理水平不高。此次事件暴露出专业技术人员技能水平不高，培训工作不到位，如取样管路存在安装问题，保护投入方式不当，未能及时发现存在的安全隐患。

（三）事件处理与防范

（1）生产管理部、检修部加强机组设备管理，加强变压器温控器日常检查维护工作，落实继电保护技术监督会议精神，对全厂干式变压器进行逐台梳理，将干式变压器温度信号改投监视报警。

（2）机组检修期间，检修部对 4A 汽轮机变压器温控器及 B 相温度测点进行检查处理，找出故障原因并消除。

（3）电气、热控人员加强隐患排查，根据公司继电保护、热控保护及逻辑隐患排查导则，逐条梳理电厂可能存在的问题。

(4) 运行部加强辅机设备运行方式、电源供电方式、定期工作管理，完善检查清单，并定期进行检查确认，杜绝类似事件再次发生（全厂辅机设备运行方式梳理完成，并分置不同母线运行）。

(5) 检修部加强3号和4号机组3A汽动给水泵润滑油系统、4A汽动给水泵润滑油系统蓄能器日常检查并制定定期检查表，定期检查蓄能器皮囊氮气压力，调整为0.12MPa正常范围（蓄能器皮囊压力全部重新调整为0.12MPa运行，并制定设备定期检查卡）。

(6) 机组检修期间，对汽动给水泵润滑油压取样管路和给水泵汽轮机盘车喷油管路进行优化改造，将两路管路分开从母管引接，避免相互影响。

(7) 加强技术监督管理，对历次技术监督检查中发现的问题再次进行梳理核查，并针对公司技术监督报告（含专业会议要求）提出的问题，结合电厂实际举一反三，确保整改落实到位。

(8) 加强专业技术管理和专业技术培训，提高各层级技术人员分析和处理问题的能力。

(9) 按照“四不放过”的要求，立即组织全厂生产人员学习，举一反三，吸取教训，查找问题，落实机组防非停的技术措施。

八、热电偶元件故障造成燃气轮机排气分散度高触发机组跳闸

某电厂配置1×300MW燃气-蒸汽联合循环机组，采用S209E联合循环方式，共装有两台GE公司生产的PG9171E型重型燃气轮机，并配套两台采用比利时CMI公司生产的余热锅炉和一台GE公司生产的汽轮机。采用Mark Ⅵe一体化控制系统。2018年1月10日，2号燃气轮机85MW运行中，排气分散度高造成机组跳闸。

（一）事件经过

2018年1月10日，2号机负荷从75MW升至95MW过程中，燃烧切换预混不成功，转为贫贫扩展燃烧，减负荷至70MW。8时26分，第二次将负荷设定为95MW。

8时29分，出现排气分散度高跳机，跳机时2号机负荷为85MW。

（二）事件原因检查与分析

调阅历史记录曲线，发现在2号燃气轮机第二次进行模式切换的过程中，6号排气热电偶数值由1040℉跳跃到0℉，造成排气分散度高报警。

分析认为在燃烧模式切换过程中，燃烧室一区4只有火焰探测器检测出火焰信号，排气热电偶元件故障是造成此次排气分散度高申请停机的直接原因。燃气轮机燃烧器一次喷嘴出现回火，造成燃气轮机燃烧模式切换不成功。

（三）事件处理与防范

(1) 基于停机后3h内相继发生其他热电偶元件故障，故将24支排气热电偶全部更换。

(2) 运行期间尽量减少燃气轮机排气温度的大范围变化；加强对排气热电偶的检查次数，有异常及时处理。

(3) 在1号燃气轮机停运期间检查其排气热电偶有无异常。

(4) 联系燃气轮机厂家GE公司进行燃烧不稳定的原因分析。

九、EH油温信号异常引起TAB指令快减导致机组跳闸

某电厂装机容量为660MW，控制系统使用Ovation分散控制系统；2015年投产，

2018年7月16日，负荷为387MW时机组跳闸。

（一）事件过程

5时43分50秒，某电厂1号机组负荷为387MW，主蒸汽压力为16.3MPa，主蒸汽温度为600℃，高压调节门开度为31%，中压调节门开度为100%，无异常参数报警。

5时46分00秒，MFT动作，汽轮机跳闸，发电机解列。首出信号是“为再热器失去保护”。

（二）事件原因检查与分析

1. 事件原因检查

查看DCS历史数据，记录如下：

5时42分28秒，EH油温由52℃开始上涨。

5时43分58秒，EH油温涨至61℃，并突升至75℃，EH油温大于70℃后引起汽轮机自动启动顺序控制指令（TAB）减少，高压调节门开度有所减少。

5时44分18秒，EH油温下降到69℃，TAB指令停止减少，此时TAB指令已由125%降至67.5%，负荷控制指令为69%，压力控制指令为87%，经DEH小选逻辑判断后，DEH流量指令跟踪TAB指令68%，这时高压调节门开度为29%，负荷为381MW。DEH负荷控制为了缩小负荷指令与机组负荷之间的差值，运算增大了负荷控制指令，但不起作用，因为此时TAB指令为67.5%，为三者最小，所以DEH流量指令等于TAB指令，机组负荷已经不受DEH负荷控制。

5时45分45秒，EH油温突升至70.5℃，TAB指令继续快速减少。

5时45分57秒，当TAB指令减少到58%时，中压调节门由100%关至0%，高压调节门由29%关至0%。

5时46分00秒，两侧高压调节门或中压调节门全关后延时3s触发再热器丧失保护动作，导致锅炉MFT，汽轮机跳闸，发电机解列。

查看SOE记录，动作顺序为再热器失去保护动作、锅炉MFT、汽轮机跳闸、发电机并网断路器分闸。

2. 事件原因分析

通过上述分析，造成本次跳机事故的原因是EH油温测点异常波动达到门槛值引起汽轮机自动启动顺序控制（TAB）指令快减，造成DEH流量指令逐渐降低，导致中压调节门和高压调节门在机组并网带负荷运行中关闭，触发再热器失去保护动作，锅炉MFT，最终汽轮机跳闸和发电机解列。

（三）事件处理与防范

（1）取消EH油温参与汽轮机自动启动顺控，避免同样的事情再次发生。

（2）利用机组停机机会，进一步检查热电阻测点信号突变不变坏点原因。

（3）开展热控保护隐患排查，查找热控系统中的薄弱环节。

十、水塔融冰同时真空开关定值漂移导致机组跳闸

2019年2月7日，3号机组正常运行，负荷为201MW，真空为−86kPa，1号真空泵运行电流为245A。

（一）事件经过

3时51分，循环水出口温度为1.6℃，运行值班员开水塔旁路门融冰；4时19分32

秒，循环水出口温度为7.57℃，凝结水出口温度为27.48℃，真空开始下降。

4时35分36秒，循环水出口温度为10.34℃凝结水出口温度为41.47℃真空为-81.39kPa。

4时36分9秒，真空泵电流由245A直线下降到210A。

4时36分52秒，电流上升为255A。

4时37分，真空为-79kPa。

4时41分3秒，真空泵电流恢复到248A。

4时41分7秒，因凝汽器真空低机组跳闸，此时真空为-77kPa，给水泵汽轮机真空为-70.45kPa。

（二）事件原因检查与分析

1. 事件的主要原因

（1）水塔融冰，从历史趋势看，每次水塔融冰，真空都有下降，降幅为3kPa左右。

（2）真空下降过程中，真空泵电流出现两次大幅度波动（真空泵电流下降约40A），致使真空加速下降。

2. 事件的次要原因

（1）真空泵B在真空-77.5kPa时未联启，原因是热控联泵开关定值漂移，但是在4时36分，真空泵电流大幅下降时真空就已经从-86kPa降到-79kPa，运行人员没有人为干预。

（2）变送器真空显示偏高。

事件暴露出热控重要表计的定期校验工作不到位。

（三）事件处理与防范

拆回1号、2号真空泵联泵开关和凝汽器真空变送器，经室内校准（其中1号真空泵联泵开关定值漂移，变送器准确）。

利用停机小修期间，定期校验重要联锁保护开关、变送器。

十一、温度元件失准导致机组跳闸

2017年12月15日—2018年1月5日，1号机组按计划开展C级检修，按照检修项目，检查发现锅炉后墙床温测点1、2、7、8磨损严重，对其进行了更换。2018年1月6日7时，1号机组锅炉点火，于22时55分并网，机组正常带负荷。2018年1月7日13时50分，1号机组负荷为180MW，给水流量为515t/h，主蒸汽流量为516t/h，主/再热蒸汽压力为18.6/1.86MPa，机侧主/再热蒸汽温度为567/560℃，10台给煤机运行，总给煤量为174t/h；A/B汽动给水泵运行，电动给水泵备用。中间点过热度为14.35℃，左/右侧平均床温为717℃/723℃；后墙床温测点1、2、3、4、5、6、7、8分别为575/545/800/799/806/789/553/532℃；前墙床温测点1、2、3、4、5、6、7、8分别为692/773/780/770/770/783/787/766℃。

（一）事件过程

13时50分59秒，1号机组负荷为186MW，给水流量为546t/h，主蒸汽流量为550t/h，后墙床温测点1～8分别为574/543/804/801/811/793/552/530℃，1号炉MFT保护动作，首出为“锅炉床温低于550℃且未投油且给煤机运行”，10台给煤机全部跳闸，协调控制自动切除，切为阀控方式。运行人员判断为床温测点故障，立即联系热控人员强制床温保护，

同时立即安排巡检人员就地启动给煤机并快速降负荷以维持锅炉压力。

13 时 53 分 44 秒，机组负荷降至 180MW，主蒸汽流量为 517t/h，A/B 汽动给水泵自动调节，转速降至 3897/3909r/min，再循环门开度为 0/15%，给水流量降至 522t/h，启动给煤机给煤总量加至 10t/h。

13 时 54 分 42 秒，机组负荷降至 145MW，主蒸汽流量为 372t/h，A/B 汽动给水泵自动调节，转速降至 3741/3790r/min，手动调整再循环门开度为 0/25%，给水流量降至 399t/h，总给煤量为 19t/h。

13 时 57 分 9 秒，机组负荷降至 117MW，主蒸汽压力为 14.37MPa，主蒸汽流量为 332t/h，A/B 汽动给水泵自动调节，转速降至 3593/3616r/min，手动调整再循环门开度为 0/28.4%，给水流量降至 364t/h，总给煤量降至 116t/h。同时调整 A 汽动给水泵再循环门指令 5%、10%、15%、20%、25%、30%，此时 A 汽动给水泵再循环门反馈未跟踪，开度为 0（此时中间点温度将至 3℃，运行人员判断再循环门开度未及时跟踪开启，为防止 A 汽动给水泵入口流量低跳闸，8s 内调整再循环门指令由 5%～30%）。

13 时 57 分 34 秒，机组负荷降至 117MW，主蒸汽压力为 14.12MPa，A/B 汽动给水泵转速为 3567/3609r/min，入口流量为 208/244t/h，再循环门开度反馈自动跟踪到 40%/35%（见图 5-31），主蒸汽压力为 14.12MPa，给水泵出口母管压力为 14.8MPa，锅炉给水流量降至为 261t/h，满足“锅炉给水流量低于 282t/h（对应床温 550℃）延时 3s”条件，锅炉 BT 保护动作，汽轮机跳闸，发电机解列，厂用电切换正常，机组安全停机。

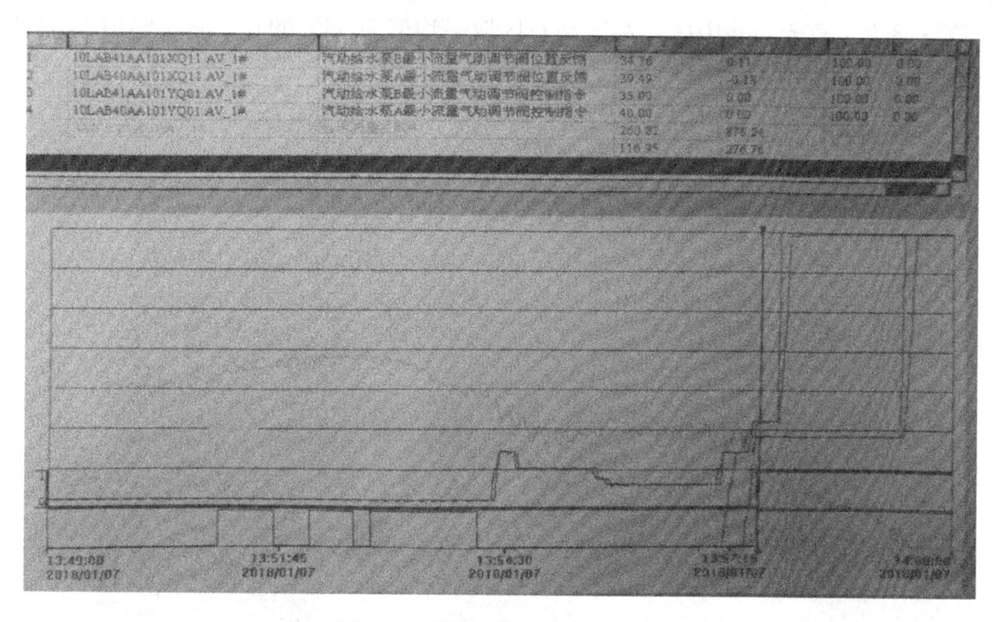

图 5-31　再循环调节阀指令反馈

16 时 20 分，更换后墙床温 1、2、7、8 热电偶，温度显示与其他测点一致（见图 5-32）。

17 时 10 分，机组恢复启动，于 22 时 28 分并网。

（二）事件原因检查与分析

1. 事件原因检查

热控人员经查询逻辑锅炉床温低于 550℃且未投油且给煤机运行设置为 1 点、2 点、3 点

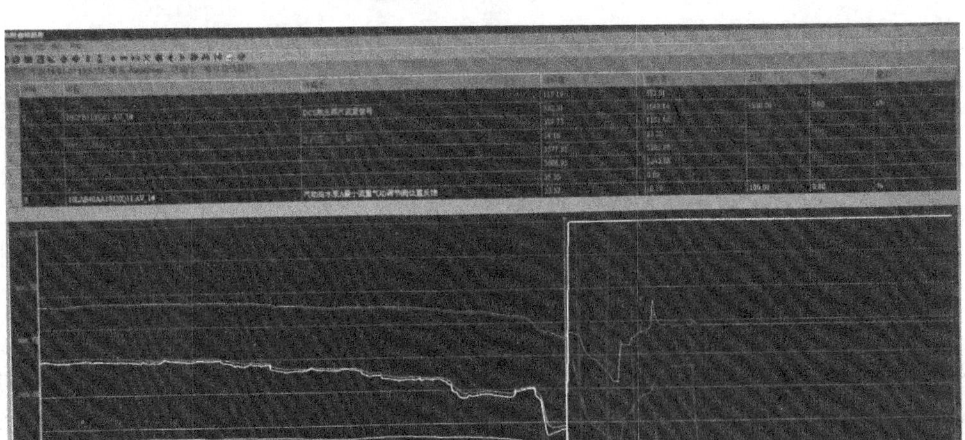

图 5-32　后墙床温 1、2、7、8 热电偶温度

取中为左区，4 和 5 点取平均为中区，6 点、7 点、8 点取中为右区，同时温度偏差大于 100℃，切除与其他两个点偏差大的测点。保护动作时，左区第 3 点切除，第 1 和 2 点平均值为 559.01℃；中区平均值为 806.33℃；右区第 6 点切除，第 7 和 8 点平均值为 540.97℃；3 个区首先切除中区，左区和右区取平均值为 549.99℃，满足锅炉 MFT 保护动作条件（见图 5-33）。

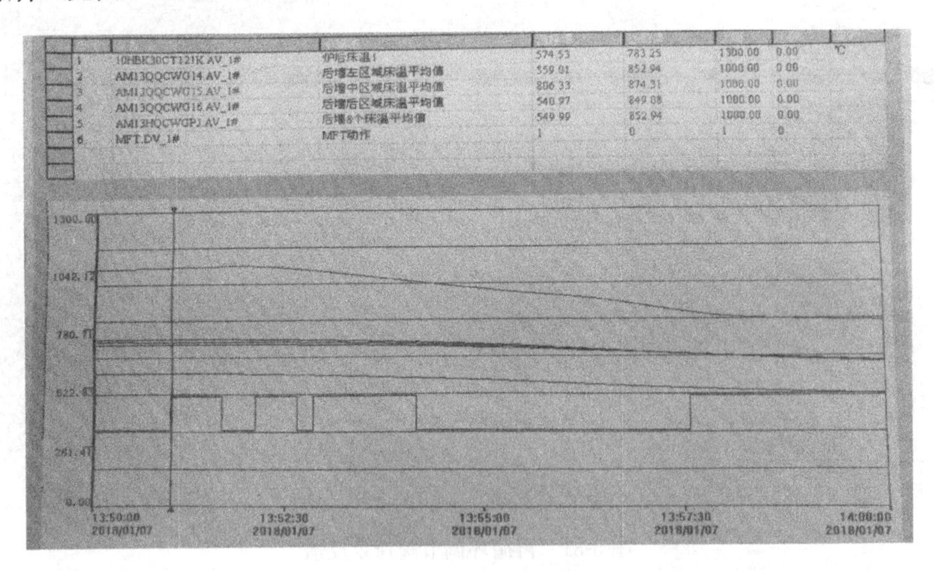

图 5-33　床温平均温值

2. 事件原因分析

（1）锅炉 MFT 动作后，机组降负荷过程中运行人员调整汽动给水泵再循环门开度经验不足，13 时 57 分 9 秒，A 汽动给水泵再循环门指令由 5%开至 30%，14s 内 A 汽动给水泵再循环门反馈未跟踪；13 时 57 分，29A 汽动给水泵再循环门指令开至 40%，锅炉给水流量快

速下降；13时57分34秒，锅炉给水流量降至261t/h，满足“锅炉给水流量低于282t/h（对应床温550℃）延时3s”条件，汽轮机跳闸，发电机解列，是本次机组非停的直接原因。

（2）本次C修中对未经校验合格的温度元件直接使用，造成测量误差大，机组点火启动开始至机组跳闸前，后墙床温1、2、7、8比其他测点偏低240℃左右，各级人员未对床温显示偏低认真组织分析，导致锅炉MFT保护动作，同时处理不当造成机组跳闸，是本次机组非停的根本原因。

（3）机组DCS画面未设置锅炉床温低于550℃保护值的测点显示，同时未设置报警值，是本次非停的诱因。

3. 暴露问题

（1）安全生产管理基础薄弱，安全生产责任制未真正落实：机组启动重大操作，专业人员到岗不到位，未对机组重要参数进行监控，未及时发现锅炉床温测点低，反映出到岗到位管理要求不严肃，安全生产责任制落实不到位。

（2）运行基础管理薄弱，技术管理、培训管理不到位：公司发生多起给水流量低保护动作事件，电厂未能认真分析汲取教训，运行风险预控、异常分析不到位，技能培训针对性不强，没有落到实处。运行人员对锅炉床温低没有认真分析原因，习惯性认为床温低是由于煤质差引起，暴露出部分运行人员对设备系统异常现象、处理方法不清楚，安全风险意识淡薄，安全风险预控管理开展不到位，日常运行异常分析工作不到位。

（3）检修质量管理不到位：检修过程中未严格执行检修工序卡，将未经校验基建遗留的四支不合格热电偶（随机备件）安装至锅炉后墙1点、2点、7点、8点位置，各级人员对锅炉重要保护床温测点异常未引起高度重视，未组织专业技术人员进行风险分析辨识，未制定针对性的预控措施，造成锅炉MFT保护动作，同时运行人员操作技能欠缺，应急处置能力不足，造成事件扩大，机组发生非停事件。

（4）专业技术管理深度不足，隐患排查不到位：DCS报警设置不合理，机组参数达到跳闸值前，没有相关报警提醒，未能吸取公司内同类事件的经验教训，报警系统存在的隐患未能及时发现。

（三）事件处理与防范

（1）针对此次非停事件，从制度、流程、管理、培训、事故处理等全面查找问题和不足，提出改进措施。

（2）完善检修作业文件包，明确检修工艺质量标准，合理设置质检点，各级验收人员强化责任心，对发生的检修质量事件严格实行责任追溯考核，提高检修质量管理水平。

（3）开展热控保护逻辑梳理与排查，严格按照逻辑说明书进行深入的逐一排查保护设置；完善报警系统，在DCS中设置锅炉床温低报警。

（4）深刻汲取事故教训、开展事故预想、应急演练专项培训：提高运行人员在设备发生异常后的处理能力，应对各类风险的控制能力和应急处置能力。

（5）提高运行人员的异常分析能力。结合设备运行状况开展有针对性分析并制定相应措施，组织运行人员学习并做好事故预想，运用仿真机开展有针对性的演练培训。

（6）梳理到岗到位管理制度，严肃各级人员到岗到位管理并合理安排人员，制定到岗到位管控流程，强化监督问责机制，严格执行到岗到位责任追究，提高各级人员履职尽责能力。

十二、磁翻板液位计误动作发 EH 油位低导致机组跳闸

2018 年 11 月 8 日 7 时 40 分，1 号机组正常运行，负荷为 430MW，CCS 方式，A、B、C、D、E 磨煤机运行。1A 抗燃油泵运行，电流为 29.5A，1B 抗燃油泵备用，泵出口母管油压为 11.4MPa。

（一）事件经过

7 时 42 分，集控值班员发现 1A 抗燃油泵跳闸，1A/1B 抗燃油泵启动不允许，EH 油箱油位低二值报警。运行人员赶到就地启动抗燃油泵，两台泵均未能启动。

7 时 46 分，抗燃泵出口母管油压降到 8MPa 以下，汽轮机跳闸，首出为“抗燃油压低”，1 号锅炉灭火，1 号发电机解列。

8 时 22 分，抗燃油油箱油位低二值误发缺陷消除。

9 时 49 分，1 号锅炉点火；11 时 33 分，汽轮机挂闸冲转，12 时 3 分，发电机并网成功。

（二）事件原因检查与分析

1. 事件原因检查

停机后现场检查，发现 EH 油箱磁翻板液位计靠近低二值液位开关的浮子，从红色变成白色。使用磁铁外刷磁翻板液位计，浮子翻转恢复正常，液位开关动作正常。判断为磁翻板液位计浮子误翻，导致低二值液位开关动作。

2. 事件原因分析

EH 油箱磁翻板液位计浮子误翻，导致 EH 油箱油位低二值液位开关动作。液位开关信号断开抗燃油泵控制回路电源，抗燃油泵跳闸；同时闭锁远方/就地油泵启动。

3. 暴露问题

（1）EH 油泵的启动回路、控制回路存在设计缺陷，仅油位低二值报警就发生油泵跳闸。

（2）磁翻板液位计上带热控保护、联锁设备存在误动的风险。

（三）事件处理与防范

（1）完善抗燃油泵就地控制回路，杜绝液位开关误动造成油泵跳闸。

（2）利用停机机会对 EH 油箱油位测量系统进行改造，加装模拟量测量装置和独立于磁翻板的液位开关，保证测量信号可靠。

（3）对现场所有磁翻板上带液位开关的信号进行排查、处理，避免同类事件再次发生。

十三、煤量信号异常同时运行操作不当造成主蒸汽温度突降手动跳炉

2018 年 11 月 17 日，14 号机组为 CCS 模式，机组负荷为 280MW，供热为 70t/h、主蒸汽流量为 977t/h、主蒸汽压力为 23.3MPa、主蒸汽温度为 565℃、再热蒸汽压力为 3.9MPa、再热蒸汽温度为 565℃、A/B/D/E 制粉系统运行、A/B 给水泵自动投入、A 引风机/B 引风机/送风机/一次风机运行。

（一）事件经过

17 时 16 分，就地检查发现 B 磨煤机振动大，电流大幅波动，最高电流升至 89A。

17 时 26 分 30 秒，启动 C 磨煤机运行，1min57s 后，停止 B 磨煤机运行，此时总煤量为 120t/h。

17 时 29 分 30 秒—36 分 58 秒，C 给煤机给煤量由 20t/h 调整至 30/h，一次风量及入

口一次风温在正常范围内，出口一次风温由92℃上涨至115℃。

17时37分，C磨煤机跳闸，主蒸汽压力下降至21.68MPa，电负荷下降最低至198MW，分离器出口过热度降低至2℃，燃水比自动跳至手动，给水流量为940t/h，总给煤量为108t/h。

17时38分9秒，为稳定14号机组主蒸汽压力，保证供热不中断，运行人员手动关小汽轮机阀位至70%。47s后过热器一级减温水A/B侧调节门均由零位快速开至100%。

17时39分39秒，机前主蒸汽温度由528℃开始快速直线下降。1min51s后机前主蒸汽温度降至456℃，按照10min内突降超过50℃，运行人员手动打闸停机。

（二）事件原因检查与分析

1. 事件原因分析

B磨煤机振动大需停运进行倒磨操作，启动C磨煤机后，C给煤机实际给煤量与显示不符，致使C磨煤机经调整无效后，因出口风温高跳闸。同时由于虚假给煤量造成燃水比失调，致使给水流量增大。

运行人员为保证14号机组供热不中断，进行14号机组主蒸汽压力调整过程中，调整幅度偏大，引起汽水分离器出口压力理论计算出的饱和蒸汽温度值与实际值在临界范围内（干湿临界），触发过热器一级减温水调门事故控制逻辑（手动控制已无效）。

过热器一级减温水调节门事故控制逻辑设置不合理，致使一级减温水调节门持续连开，造成主汽温度急剧下降。

2. 暴露问题

（1）生产规章制度执行不到位，监督管理存在缺失现象，在C给煤机皮带秤计量不能真实反映实际下煤量情况下，运行人员未能通过参数判断出煤量虚假，在启动给煤机初期未能及时就地检查发现异常。

（2）技术监督管理存在缺失，逻辑隐患排查工作不深入，热控逻辑功能验证执行不到位，热控人员对过热器一级减温水事故控制逻辑实际作用效果理解不透彻，未能发现逻辑不合理。

（3）常培训工作不到位，检修及运行人员对14号机组一级减温水调节门事故控制逻辑不熟悉。

（三）事件处理与防范

（1）加强对所有给煤机传动装置及皮带秤计量装置的日常校验维护工作，运行人员在启停设备时应进行全面检查和分析，及时发现异常情况并处理。

（2）加强技术监督管理，优化和完善设备的控制逻辑，对现有机组控制逻辑合理性进行清查，逐条分析机组逻辑合理性，保证逻辑完善正确。

（3）强化培训，加强运行及检修人员逻辑学习，提升专业素养，在处理操作上做到规范化，提高事故处理的能力。

十四、主油箱油位开关因安装调试不规范误发信号机组跳闸

某机组2006年投运，机组控制采用HOLLiAS-MACS-SM型DCS系统，汽轮机危机跳闸系统（ETS）由上海汽轮机发电有限公司配套供货，美国GE公司生产的90-70程序控制器（PLC）。新增加的主油箱油位低低保护，选用Endress＋Hauser（E＋H）厂家生产的Levelflex FMP51导波雷达变送器与开关一体的设备，共计3套。2018年4月13日安装，4月

16 日 12 时调试完成，4 月 17 日机组启动，4 月 18 日保护投入使用（瞬间机组跳闸）。

（一）事件经过

2018 年 4 月 18 日 00 时 47 分，1 号机组负荷为 71.6MW，主蒸汽压力为 8.53MPa，主蒸汽温度为 513.9℃，给水流量为 230.7t/h。4 月 18 日 00 时 48 分 00 秒，值长要求投入主油箱油位低保护，保护投入瞬间，机组跳闸，负荷到 0MW，ETS 首出显示主油箱油位低保护动作。

（二）事件原因检查与分析

1. 事件原因检查

（1）逻辑和曲线检查情况。现场查阅 ETS 系统首出画面图片，确认本次机组跳闸为主油箱油位低低保护动作（见图 5-34）；查阅 ETS 保护动作逻辑为就地主油箱油位低低开关动作“三取二”逻辑判断。

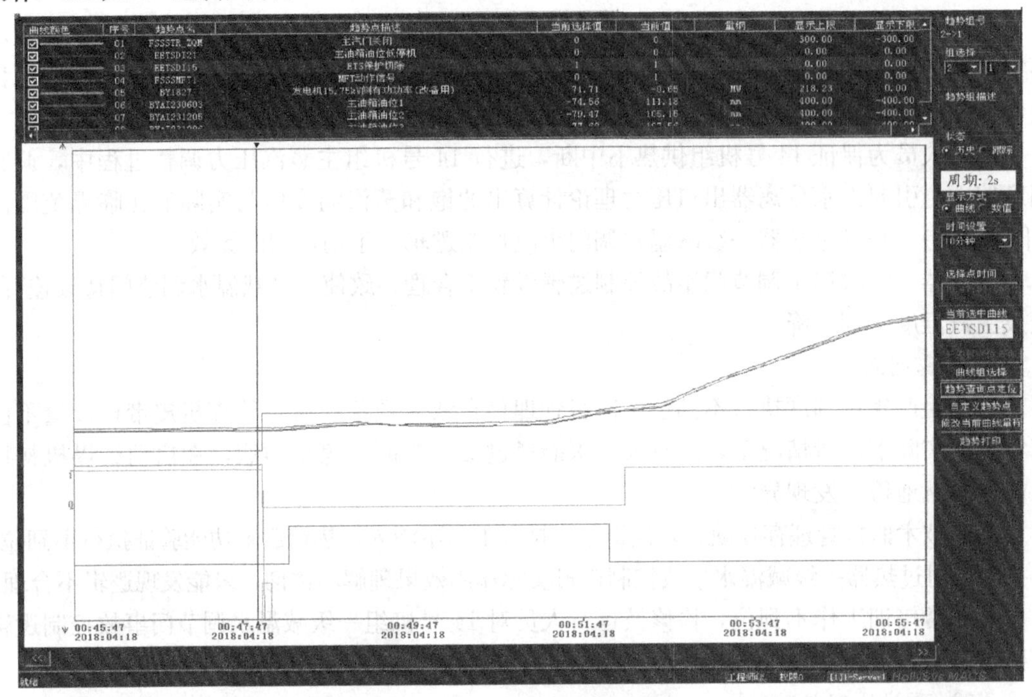

图 5-34 机组跳闸曲线

检查发现当 ETS 保护柜的主油箱油位低低保护投入的情况下，主油箱油位低低逻辑触发汽轮机跳闸保护。由曲线发现，3 路模拟量输入中 3 路正常，均显示为－72mm、－74mm、－74mm（量程为±400mm），无波动。

查阅 SOE 记录发现，ETS 动作输出的主油箱油位低低保护滞后于机组跳闸事件 18s。现场进行 SOE 信号测试，发现 SOE 信号输入点滞后于 DCS 曲线时间 18s。

（2）设备检查。检查 ETS 保护柜的主油箱油位低低保护开关投退开关为“一拖三”（当保护切除时，3 个开关回路 24V DC 均消失）。检查直接引入 ETS 保护系统的主油箱油位低低保护开关节点，3 个主油箱油位低低开关分别存在 3.5kΩ、3.5kΩ、9.8kΩ 阻值。分析认为该开关节点与 ETS 输入端干接点要求不匹配，不能直接引入 ETS 系统。查阅厂家说明书（见图 5-35），发现 E+H 厂家提供的 Levelflex FMP51 开关输出节点为三极管连接回路，当开关带 24V DC 电源后，会引起三极管导通，ETS 判断节点闭合。如果要接入 ETS 保护系统，需要串联一个继电器或者上拉电阻，才能实现该功能。

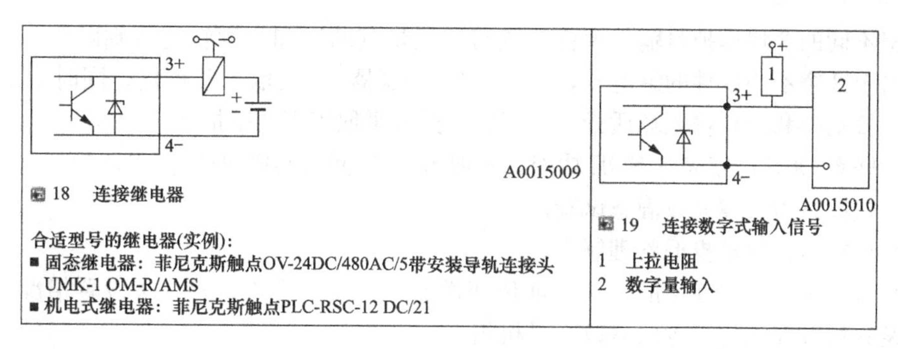

图 5-35　厂家开关安装要求

检查就地 Levelflex FMP51 导波雷达变送器与开关一体的 3 套设备设定情况，发现期中一套 DCS 显示为坏点是因为就地设备内部参数增加了滤波功能曲线，将该功能删除（4月 18 日 8 时显示坏点），DCS 显示正常为－75mm；开关量定值根据逻辑定值修改申请单设定为－300mm。

检查 DCS 输入的 3 个主油箱油位模拟量信号，布置在两块 DCS 模件，其中一块模件布置了 2 个输入测点，另一块模件布置 1 个测点。

检查 ETS 系统新增主油箱油位低保护逻辑方案，未见新增保护的联锁试验单。

2. 事件原因分析

经上述检查与分析，可以确认汽轮机跳闸原因为“主油箱油位低”保护误动作；主油箱油位低低保护误动原因是热控人员不了解厂家开关输出节点性能，没有按照厂家说明书要求安装与调试新增加的主油箱油位低低保护开关；且安装与调试后没有进行主油箱油位低低联锁保护试验传动。3 路油位计开关输出在保护投切开关投入瞬间，直接触发保护误动作。

DCS 曲线中主油箱油位低低 SOE 信号滞后于汽轮机跳闸和负荷消失，原因为 SOE 系统时间与 GPS 时间不一致。

3. 暴露问题

（1）热控设备采购管理不严，未签署技术协议，未明确设备应具备功能，误认为开关量节点都是干接点。

（2）主保护热控设备的安装、调试工作缺失，未安装厂家说明书进行安装调试，不了解开关结构与性能，直接送入 ETS 系统的保护开关节点与 ETS 系统输入要求不匹配。

（3）参与主保护热控设备投入后，机组启机前的联锁保护试验过程缺失。

（4）机组启动过程，现场没有联锁保护投/退记录。

（5）SOE 与 DCS 对时不统一，不利于事故分析。

（6）热控人员配合厂家调试不到位，一变送器存在设置多余项，使用过程中出现坏质量。

（7）保护逻辑方案不详细，没有指定具体的试验方案；且未按照 ETS 系统新增主油箱油位低保护逻辑方案进行联锁保护试验。

（三）事件处理及防范

事件后，热控人员修改主油箱油位低低保护逻辑：将引入 DCS 的 3 路变送器独立布置于同机柜不同的3块模拟量输入模件，进行“质量判断”和“逻辑定值判断”，“三取二”动作输出至3个不同模件的继电器，送至ETS控制器，“三取二”跳机。同时增加模拟量定值低报警功能和测点输入坏质量一级报警。此外采取以下防范措施：

(1) 联系DCS厂家完善SOE功能，确保SOE时间与GPS时间同步。

(2) 按照试验方案完成静态试验。

(3) 严格执行保护投退管理制度。

(4) 排查2号机组新增的主油箱油位变送器、开关一体的3套设备设置情况。根据1号机组逻辑修改建议进行逻辑修改2号机组。

(5) 排查2号机组SOE功能，确保SOE时间与GPS时间同步。

十五、主油箱油位开关位置安装不当导致机组跳闸

(一) 事件经过

2018年11月26日17时50分，2号机组负荷为126.17MW，2A、2B、2C制粉系统运行，机组参数无异常报警。

21时00分15秒，机组突然跳闸，锅炉灭火。检查ETS系统首出记忆“油箱油位低”，检查FSSS系统，首出记忆为“汽轮机跳闸”。

(二) 事故原因查找与分析

1. 事件原因检查

“主油箱油位低”逻辑：两台就地液位开关和1台导波雷达液位计模拟量判断转开关量“三取二”逻辑判断输出，油位定值：－180mm报警，－260mm跳闸，跳机时主油箱油位DCS显示为－102.59mm，未到达跳机定值，核查历史曲线趋势主油箱油位低跳闸为两台就地液位开关动作导致。检查历史纪录发现“主油箱油位低1”从10月29日开始经常跳变，检查SOE记录发现跳变时间在1s内，直到11月26日17时50分58秒，“主油箱油位低2”跳变至1，“三取二”跳闸逻辑成立，汽轮机跳闸，跳机时主油箱油位DCS显示为－102.59mm，现场检查液位正常，检查就地液位开关，根据定值传动正常，液位开关接点无卡涩，电缆检查无问题、无破损，ETS中LP50模件通道正常，检查完回装开关后未出现跳变现象。

2. 事件原因分析

经检查发现油箱油位开关安装在油箱回油区域，机组运行时主油箱内润滑油时刻循环导致液位开关浮球一直被冲刷，油位不稳定，进而导致油位开关误动。实验验证：利用钢管绑扎的空矿泉水瓶在液位开关安装位置测试，水瓶受力偏向远离回油落油位置，插入深度越深，受暗流影响偏离越大。机组主油泵工作后，液位开关频发动作信号。

(三) 事件处理与防范

(1) 完善并明确热控维护人员日常巡视检查项目及要求，要求热控人员每天巡视检查主保护信号的SOE记录，及时发现重要保护信号的异常情况。

(2) 在主油箱油位改造前，暂时退出1号、2号机组主油箱油位低保护，并在DCS画面上增加油位低的声光报警功能，防止保护误动。

(3) 将主油箱运行油位从负－100mm，调至负－50mm以上。协调哈汽给出主油箱油位保护改造方案，通过可靠性论证后，择期进行整改，恢复主油箱油位低保护。

第三节　管路故障分析处理与防范

本节收集了因管路异常引起的机组故障9起，分别是磨煤机一次风风量测量异常引发入炉总风量低MFT、循环水泵出口电触点压力表管堵塞导致机组凝汽器真空低跳闸、沉积物堵塞导致机组真空低跳闸、二次风量测量装置积灰引发锅炉MFT、变送器接头泄漏造成汽包水位高高跳闸、液压油管路存空气造成速比阀过开导致燃机启动失、高旁快开电磁阀气源管接头断裂导致手动打闸停机、仪表管结冰引起汽包水位低保护动作停机、高旁压力取样管受冻导致机组跳闸。

这些案例只是比较有代表性的几起，实际上管路异常是热控系统中最常见的故障，相似案例发生的概率大，极易引发机组故障。因此热控人员应重点关注并举一反三，深入检查，发现问题及时整改。

一、磨煤机一次风风量测量异常引发入炉总风量低MFT

12月3日13时21分，某电厂1号机组正常运行，机组负荷为398MW，AGC、一次调频、CCS均正常投入，汽动给水泵A/B运行，给水自动投入，磨煤机C/D/E/F运行，送风机、引风机、一次风机运行正常，A侧空气预热器进出口差压为1.47kPa，B侧空气预热器进出口差压为1.08kPa，机组运行工况稳定。

（一）事件过程

13时21分56秒，E磨煤机一次风量为94t/h，热一次风调节挡板指令为69%，反馈为65%；3s后E磨煤机一次风量为38t/h并继续降低至0，热一次风调节挡板指令升至83%后因风量设定值与实际值偏差大切手动。

13时22分14秒，E磨煤机入口一次风风量异常降低至65t/h以下，并持续15s，触发“磨煤机E入口一次风量小于65t/h延时15s”保护，E磨煤机跳闸，联锁关磨煤机E1～6出口粉闸门、热风调整门及热风隔绝门。

13时22分25秒，锅炉入炉总风量为1286t/h，其左侧二次风风量为332t/h，右侧二次风风量为323t/h，之后二次风量出现下降趋势；送风机A、B电流为64A、63A，送风机A、B调节阀阀位为9.3%、9.7%，送风机A、B出口压力为0.53kPa、0.50kPa；引风机A、B电流为215.6A、207.2A，引风机A、B调节阀阀位为32.6%、36.6%，引风机A、B出口压力为−2.53kPa、−2.46kPa，炉膛压力为8Pa。

13时22分27秒，E磨煤机一次风量达最大值164t/h（3s后下降至0）。22分29秒，锅炉左右侧二次风风量均迅速下降至0。其中左侧二次风1、2、3均到0，右侧二次风2、3到0，右侧二次风1风量为295t/h，E磨煤机热一次风风量为142t/h；锅炉总风量为1047t/h。

13时22分36秒，因锅炉总风量计算点小于600t/h并超过3s，触发“锅炉风量小于25%”保护，锅炉MFT，汽轮机、发电机联跳，1号机组跳闸，相关保护联锁及厂用电快切动作正常，按照机组跳闸后处理。因是单机运行跳闸，利用机组余汽供辅助蒸汽进行机组恢复，16时17分，锅炉点火；22时14分，机组并网。

（二）事件原因检查与分析

1. 事件原因检查

（1）磨煤机E跳闸原因。13时22分，E磨煤机入口一次风风量异常降低至65t/h以

下（最低到0），并持续15s，触发“磨煤机E入口一次风量小于65t/h延时15s”保护，E磨煤机跳闸。此时间段中，各粉管风速及火焰检测测量无变化，判断该时间段内E磨煤机入口一次风风量实际未降低，为测量故障。1号机组跳闸后，对E磨煤机入口一次风风量测量系统进行检查，发现测量装置（多点矩阵式取样装置）引压管出口处风道存在数条裂缝，对测量装置的稳定性产生影响，导致测量失真，数据波动直至到0，共用此测量装置的3台风量变送器（“三取二”冗余配置）风量测量数据同步下降（见图5-36），导致E磨煤机跳闸。

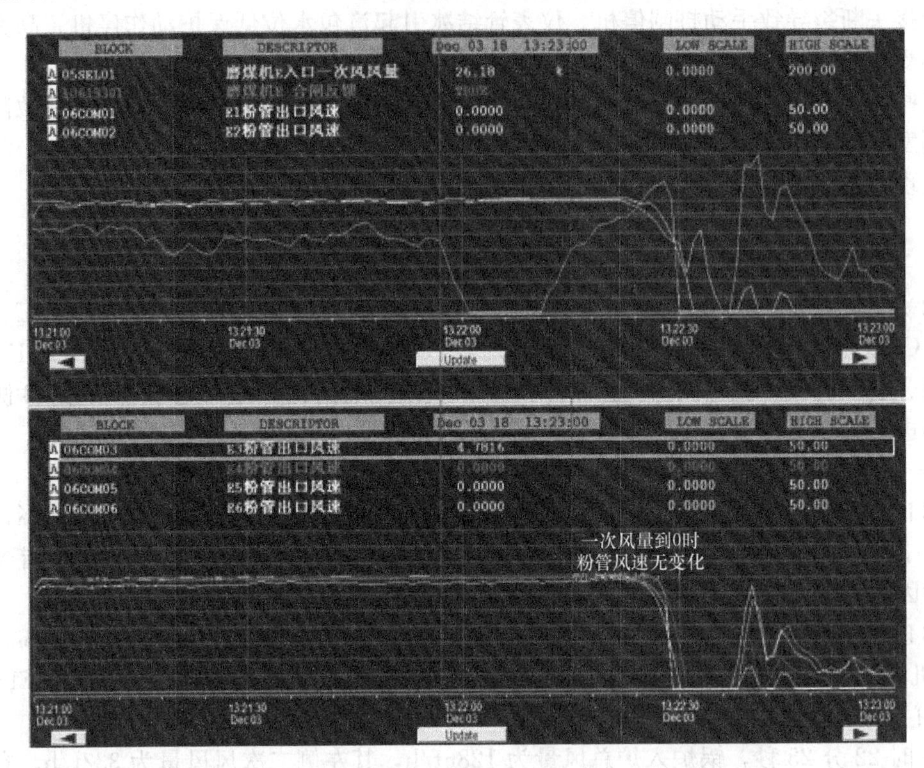

图5-36　共用测量装置的三点风量参数记录曲线

（2）锅炉MFT动作原因。

1）E磨煤机跳闸前，E磨煤机入口一次风风量显示突然异常降低，导致总风量数值降低（实际风量并没有下降），送风指令上升，锅炉入炉总风量增加，炉膛压力上升。

2）E磨煤机跳闸后，因热风调整门在83%开度不能快速关闭，E磨煤机实际风量未迅速降低，E磨煤机进入吹扫，大量煤粉进入炉膛，而随着磨煤机E跳闸，给煤机C、F在自动状态，煤量、风量开始增加，进入炉膛的实际燃料量增加，炉膛压力上升。

3）E磨煤机跳闸后，磨煤机出口闸板门关闭过程中入口一次风量显示逐步恢复，导致总风量数值升高，送风机指令在最高达到12.8%转入持续下降趋势。13时22分25秒，H送风机出口压力出现持续下降趋势，相关参数记录曲线见图5-37。

4）引风自动在送风前馈的影响下，指令略有下降。之后炉膛压力升高，送风机出口压力明显下降，二次风在极短时间内出现无法进入二次风大风箱中（巴威锅炉设计采用的大风箱，具有流通截面大、风箱内热空气的流速极低、流动阻力和动压很小、各支燃烧器入口风压差别很小的优点，给燃烧器调整带来了极大的方便，但是也存在二次风箱与炉膛压力基本接近的实际情况），导致左右二次风流量瞬间到 0，锅炉入炉总风量（各磨煤机一次风量＋左二次风量＋右二次风量＋左 NO_x 风量＋右侧 NO_x 风量）小于 600t/h，延时 3s，锅炉 MFT 动作。

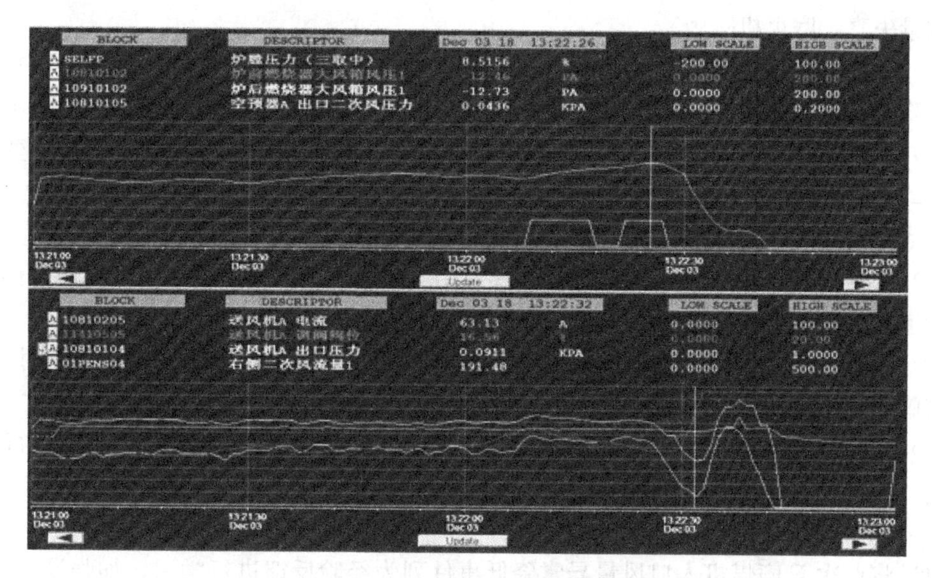

图 5-37　相关参数记录曲线 1

5）空气预热器存在堵塞现象，导致在低负荷状况下，锅炉风烟系统特性发生变化，送风及炉膛负压调节存在滞后现象，见图 5-38。

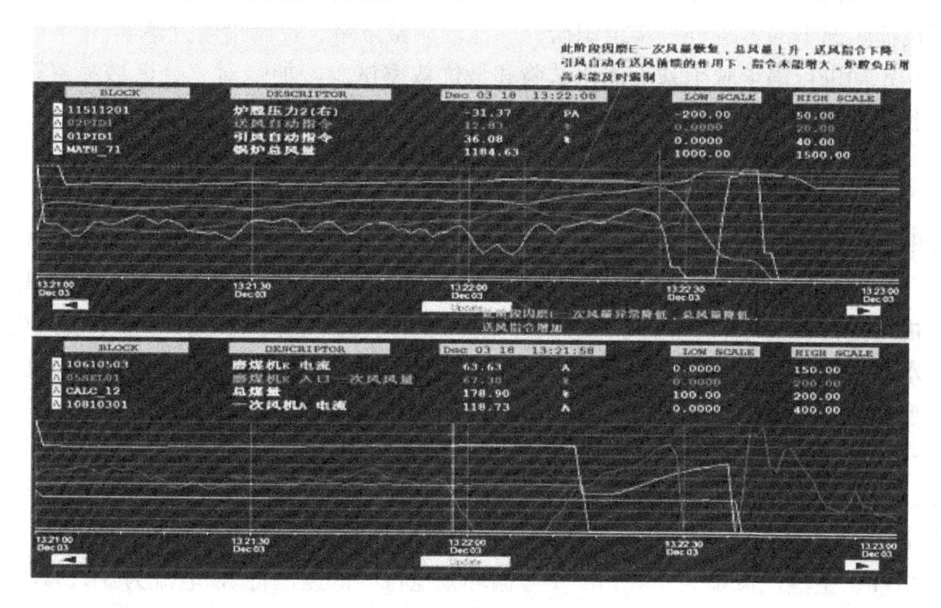

图 5-38　相关参数记录曲线 2

2. 事件原因分析

（1）磨煤机 E 因入口一次风风量测量异常跳闸，是本次事件的诱发原因。

（2）D 层、F 层磨煤机因燃烧器烧损，一次风量较正常运行值偏大，二次风风量占比下降，E 磨煤机突然跳闸的扰动造成左、右侧二次风风量瞬间到零，导致总风量大幅下降，是本次机组跳闸事件的直接原因。

3. 暴露问题

（1）未及时发现E磨煤机入口一次风风量测量装置引压管出口处风道存在数条裂缝，导致测量失真、磨煤机跳闸。

（2）2D层、F层部分燃烧器烧损，一次风量提高，对由此造成的锅炉总风量中二次风量占比降低，在低负荷工况下的风险评估分析及预控措施制定针对性不强、有效性不高。

（3）空气预热器进出口压差高，二次风大风箱压力低，锅炉风烟系统特性发生变化。

（三）事件处理与防范

1. 技术措施

（1）加强磨煤机相关风量测量装置检查力度，在停机检修时，对风量、风压取样装置、取样管道及安装的可靠性进行检查处理。

（2）跟踪燃煤煤种变化，调整锅炉燃烧一、二次风配风，发现锅炉燃烧异常时，及时采取措施，提高机组低负荷工况下锅炉设备运行安全。

（3）利用机组停运机会，及时修复受损的燃烧器，对空气预热器换热装置进行清洗、检查。

2. 管理措施

（1）将此次E磨煤机入口风量异常降低事件列为经验反馈进行学习，加强设备巡检维护、及时发现隐患。结合机组检修，完善对类似风量测量系统的检修项目设置，修订升级检修文件包。

（2）落实锅炉配煤掺烧技术措施，对未使用过的煤种燃烧对锅炉安全稳定运行，特别是在低负荷工况下的影响进一步组织研究，梳理调整策略、控制措施并落实。

（3）定期进行锅炉脱硝系统优化试验和最优效率试验，加强对“分区域喷氨”技术的研究和收资，减缓机组运行中的空气预热器堵塞程度，保证锅炉风烟系统运行正常。

二、循环水泵出口电触点压力表管堵塞导致机组真空低跳闸

某电厂4号机组容量为110MW，1996年3月投产。锅炉型号为WGZ-410/9.8-10，武汉锅炉厂生产；汽轮机型号为N（C）110-8.83，型式为双缸、冲动、供暖、冷凝式，北京重型电机厂生产；发电机型号为SQF-110-2，双水内冷发电机，北京重型电机厂生产。1号循环水泵型号为G48sh-22A，扬程为18.5m，流量为10000t/h，配套双速电动机；22循环水泵型号为1400sh-21，扬程为22.3m，流量为17000t/h，配套双速电动机。

（一）事件经过

2018年11月5日16时17分，4号机组负荷为100MW，水塔水位为1.82m，循环水温度为16℃，真空为−96.48kPa，主蒸汽压力为9.18MPa，主蒸汽温度为536℃，给水流量为360t/h、主蒸汽流量为403t/h。1号循环泵运行（低速运行），电流为84.3A，出口压力为0.15MPa，凝汽器排水压力为0.1MPa，1、3、5、6号制粉系统运行，6号给水泵运行，2、4号制粉系统，7号给水泵备用。

16时17分7秒，运行人员发现机组真空由96.2kPa开始快速下降，通知锅炉监盘人员快速减负荷，由100MW减到71MW，同时启动备用1号射水泵运行，立即检查DCS各监控画面，检查1号循环水泵仍处于运行状态，1号循环水泵电流由84.3A瞬间下降至

53A，并基本保持不变，立即通知辅控人员到就地检查 1 号循环水泵滤网（两道滤网）是否堵塞，副值班员就地检查真空和轴封系统。1 号循环水泵就地电触点压力表至机组跳闸后仍在正常值（0.14MPa），未发生变化。

16 时 20 分 34 秒，凝汽器真空降至－60kPa，机组跳闸，首出原因“凝汽器真空低”。

机组跳闸后，全面检查发现 1 号循环水泵负荷侧泵轴断裂，1 号循环水泵就地电触点压力表仍在正常值（0.14MPa），分析可能是仪表管堵塞，其他无异常。

16 时 26 分，启动 2 号循环水泵；17 时 5 分，重新点火；17 时 35 分，冲转；18 时 00 分，全速；18 时 9 分，并列；18 时 5 分，投入脱硝系统；19 时 2，NO_x 合格；19 时 45，切换厂用电；20 时 00 分，参数额定。

（二）事件原因检查与分析

1. 现场检查

机务人员检查发现 1 号循环水泵负荷侧轴断裂（见图 5-39）、轴瓦损坏，就地 4 号立井（循环水泵入口）溢水；检查循环水泵两道滤网未堵塞。

热控人员查阅 SOE 记录，见图 5-40；调阅 4 号机组停机历史曲线，见图 5-41。

图 5-39　1 号循环水泵轴照片

实时/历史事项一览 AlmHist

节点:*, 名称:*, 优先级:0, 特征字:*.*.*.*, 报警组:*.*.*.*

记录时间	设备时间	测点名	描述	命令	值	事件类型
2018/11/05 16:19:02.096	2018/11/05 16:19:01.161	DI2B410	1号射水泵停止	SOE复归	0	SOE报警
2018/11/05 16:19:02.096	2018/11/05 16:19:01.165	DI2B409	1号射水泵运行	SOE报警	1	SOE报警
2018/11/05 16:19:03.251	2018/11/05 16:19:02.190	DI6T825	1号射水泵出口压力低	SOE复归	0	SOE报警
2018/11/05 16:19:40.254	2018/11/05 16:19:38.881	DI6T828	2号循环泵出口压力低	SOE报警	1	SOE报警
2018/11/05 16:19:43.249	2018/11/05 16:19:36.221	DI6T921	后缸排汽温度高	SOE报警	1	SOE报警
2018/11/05 16:20:34.246	2018/11/05 16:20:32.898	DI6BA05	主汽门关闭ETS来(DI)	SOE报警	1	SOE报警
2018/11/05 16:20:34.246	2018/11/05 16:20:32.788	DI6BB00	主汽门关闭ETS延时复位来(DI)	SOE报警	1	SOE报警
2018/11/05 16:20:34.246	2018/11/05 16:20:32.788	DI6T126	真空跳机(ETS来)	SOE报警	1	SOE报警
2018/11/05 16:20:34.246	2018/11/05 16:20:33.253	DI6T821	三段抽汽压力高0.7MPa	SOE复归	0	SOE报警
2018/11/05 16:20:34.246	2018/11/05 16:20:32.899	DI6TA04	主汽门关闭(ETS来)SOE/DI	SOE报警	1	SOE报警
2018/11/05 16:20:34.246	2018/11/05 16:20:32.778	DI6EA16	ETS-PLCA跳机报警	SOE复归	0	SOE报警
2018/11/05 16:20:34.246	2018/11/05 16:20:32.779	DI6EA17	ETS-PLCB跳机报警	SOE复归	0	SOE报警
2018/11/05 16:20:34.246	2018/11/05 16:20:33.874	DI6T024	锅炉MFT(ETS来)	SOE报警	1	SOE报警
2018/11/05 16:20:34.246	2018/11/05 16:20:33.873	DI6T011	锅炉MFT跳机(ETS来)	SOE报警	1	SOE报警
2018/11/05 16:20:34.402	2018/11/05 16:20:33.543	DI3B729	主汽门关闭	SOE报警	1	SOE报警
2018/11/05 16:20:34.402	2018/11/05 16:20:33.557	DI3B719	发电机-变压器组保护装置告警	SOE报警	1	SOE报警
2018/11/05 16:20:34.652	2018/11/05 16:20:32.818	ASL1	挂闸1	SOE复归	0	SOE报警
2018/11/05 16:20:34.652	2018/11/05 16:20:32.822	ASL2	挂闸2	SOE复归	0	SOE报警
2018/11/05 16:20:34.652	2018/11/05 16:20:32.819	ASL3	挂闸3	SOE复归	0	SOE报警
2018/11/05 16:20:35.088	2018/11/05 16:20:34.199	DI2B225	4号炉3号磨煤机运行	SOE复归	0	SOE报警
2018/11/05 16:20:35.088	2018/11/05 16:20:34.204	DI2B226	4号炉3号磨煤机停止	SOE报警	1	SOE报警
2018/11/05 16:20:35.088	2018/11/05 16:20:34.413	DI2B212	4号炉2号磨煤机运行	SOE复归	0	SOE报警
2018/11/05 16:20:35.088	2018/11/05 16:20:34.416	DI2B213	4号炉2号磨煤机停止	SOE报警	1	SOE报警
2018/11/05 16:20:35.088	2018/11/05 16:20:34.202	DI2B312	4号炉5号磨煤机运行	SOE复归	0	SOE报警
2018/11/05 16:20:35.088	2018/11/05 16:20:34.209	DI2B325	4号炉6号磨煤机运行	SOE复归	0	SOE报警
2018/11/05 16:20:35.088	2018/11/05 16:20:34.212	DI2B326	4号炉6号磨煤机停止	SOE报警	1	SOE报警
2018/11/05 16:20:35.088	2018/11/05 16:20:34.204	DI2B313	4号炉5号磨煤机停止	SOE报警	1	SOE报警
2018/11/05 16:20:36.087	2018/11/05 16:20:34.495	DI2B119	4号炉5号给煤机停止	SOE报警	1	SOE报警
2018/11/05 16:20:36.087	2018/11/05 16:20:34.496	DI2B118	4号炉5号给煤机运行	SOE复归	0	SOE报警
2018/11/05 16:20:36.087	2018/11/05 16:20:34.501	DI2B104	4号炉3号给煤机运行	SOE复归	0	SOE报警
2018/11/05 16:20:36.087	2018/11/05 16:20:34.502	DI2B105	4号炉3号给煤机停止	SOE报警	1	SOE报警

第1/3页

图 5-40　SOE 记录拷贝

现场检查发现 1 号循环水泵出口电触点表管堵塞（就地疏通压力表管）。同时检查 1、2 号循环水泵仅在各自的出口管道上安装有一只电触点压力表，但未安装远传至 DCS 的压力变送器；两循环水泵间有联通管，但未装设测量表计。本次 1 号循环水泵发生断轴后，

1 号循环水泵出口压力低信号因仪表管堵塞未触发，随着压力的降低，2 号循环水泵出口压力低信号发出报警（该信号用于 2 号循环水泵运行时，出口压力低，联启 1 号循环水泵）。

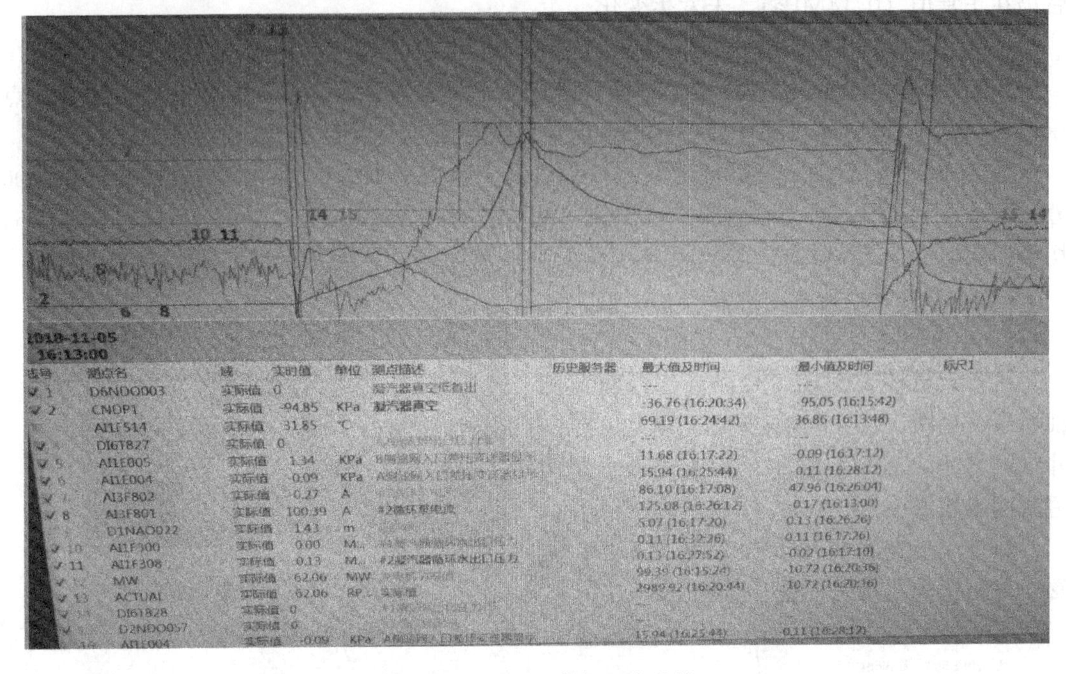

图 5-41　4 号机组停机历史曲线

2. 逻辑检查

（1）检查 4 号机组真空低跳机逻辑：真空低于 60kPa，机组跳闸（压力开关信号“三取二”）。

（2）检查 4 号机组 2 号循环水泵联锁逻辑，下述条件均满足时自启动：

1）2 号循环水泵投入“备用”位。

2）1 号循环水泵“跳闸”信号来或 1 号循环水泵出口压力低信号来。

3）2 号循环水泵未运行。

3. 事件原因分析

根据上述检查，分析认为 1 号循环水泵泵轴发生断裂，电动机未跳闸，而 1 号循环水泵出口电触点压力表管堵塞低水压信号未发出，2 号循环水泵未自启，造成循环水中断，凝汽器真空下降至跳机值，真空低保护动作，机组跳闸。

4. 暴露问题

（1）风险辨识不到位。对未纳入技术监督管理范围内的泵轴，检修中仅进行了表面宏观检查，泵轴内部存在缺陷不能及时发现。

（2）隐患排查不彻底。尽管机组检修时对仪表管路进行过疏通，但循环水水质差、杂质较多（泥沙较多），未考虑有堵塞仪表管的风险。

（三）事件处理与防范

（1）待泵轴的断裂原因分析明确后，制定相应的防范措施。结合现在正在进行的机组检修，对重要辅机大轴轴颈处进行全面检查。

（2）机组检修时，将现有的循环水泵出口压力 $\phi14$ 仪表管更换为 $\phi18$ 的不锈钢仪表管，减轻堵塞。

（3）将测量循环水泵出口压力的电触点压力表更换为智能型带就地数显的压力变送器，提高测量一次元件可靠性，便于实时压力在线监视。

（4）完善循环水泵联启逻辑，低水压联启备用泵的条件修改为“1号循环水泵出口压力低”或“2号循环水泵出口压力低”任意条件满足联启备用泵。

（5）DCS中增加1、2号循环水泵出口压力长时间数值不变报警（弹出窗口），便于及时发现并处理仪表管路的堵塞；增加循环水泵电流突变速率报警（弹出窗口），便于运行人员及时发现循环水泵设备异常。

（6）对热控报警按照分级原则重新梳理并完善，对于重要辅机、重要参数的报警设置弹出窗口报警。

（7）举一反三，排查其他可能发生堵塞的重要压力仪表管，制定防范措施。

（8）强化各重要设备滤网的定期检查和清理工作。

（9）优化机组补水方式，优先补充水质好的再生水，其次补充水质较差的地表水。

三、沉积物堵塞造成FGH温控阀控制气源压力降低导致机组降负荷

某M701F4燃气-蒸汽联合循环发电机组，2017年投产。燃气轮机由东汽提供M701F4型分轴1拖1单转子、双轴承、预混低氮燃烧器。汽轮机为由东汽提供LC156/116-13.4/1.5-566/566型双缸、再热、抽汽凝汽式。余热锅炉为杭州锅炉集团股份公司提供NG-M701F4型卧式、水平烟气流、汽包炉。燃气轮机采用三菱DIASYS Netmation控制系统，联合循环包括汽轮机、DEH、余热锅炉等，采用南京科远NT6000控制系统。

（一）事件经过

2018年9月21日，一套机组带负荷为424MW（1号燃气轮机负荷为286MW，2号汽轮机负荷为128MW），仪用气母管压力为0.655MPa。13时57分，1号燃气轮机TCS报警，显示“天然气温度低限制负荷”，1号燃气轮机FGH出口温度降至119℃，并缓慢下降，解除一套机组AGC，降负荷最低至210MW。

（二）事件原因检查分析

1. 事件原因检查

控制系统TCS上检查天然气温控阀指令在100%，巡检人员就地检查发现1号燃气轮机天然气温控阀（三通）经加热器的实际开度约为20%，旁路开度（未经加热器）约为80%；联系热控人员现场检查，发现1号燃气轮机FGH温控阀仪用控制气源压力降至0.25MPa（正常工作范围为0.26～0.30MPa），断气闭锁装置动作。提高仪用控制气源进气压力至0.3MPa后阀门动作正常。14时40分，一套机组恢复正常带负荷，后检修对控制气源回路进行了疏通，使温控阀调节正常。

2. 事件原因分析

1号燃气轮机FGH天然气温控阀正常工作范围为0.26～0.30MPa，因控制气含油含水沉积异物堵塞，油气分离器后控制气源压力下降至0.26MPa，引起断气闭锁装置动作，FGH出口温度下降，导致1号燃气轮机限负荷。

3. 暴露问题

热控专业巡查不到位，未及时发现温控阀控制气源压力低，造成1号燃气轮机FGH

温控阀断气闭锁。

（三）事件处理与防范

将温控阀控制气源压力调高至0.34MPa，扩大控制气源工作范围。同时采取以下防范措施：

（1）每季度对FGH减压阀、断气闭锁阀进行清洗，去除油污。

（2）每年度对仪用空气质量进行检测。

（3）加装高效油气分离器。

四、二次风量测量装置积灰引发锅炉MFT

2018年1月3日4时25分，2号机组负荷为195MW，A、B、C、D制粉系统运行，AGC模式，入炉煤量为96t/h，总风量为735t/h，其他各项参数正常。

（一）事件经过

4时27分7秒，2号机组运行中总风量低于25%，锅炉MFT动作、汽轮机跳闸、发电机解列，立即按照规程规定执行停机各项操作。

检查跳闸首出信号：MFT首出为总风量低于25%，值长立即通知相关专业、部门及领导，并向省调中心、集团调度中心汇报。

1月3日22时35分，2号炉吹扫完成后重新点火。

1月4日10时16分，2号机与系统并列。

（二）事件原因检查与分析

1. 事件原因检查

热控专业调取运行操作记录，机组跳闸前30min无重大操作；检查工程师站SOE记录，首发信号为总风量低于25%，锅炉MFT，汽轮机跳闸，发电机程序逆功率跳闸。随即组织锅炉、热控专业人员查找分析总风量低原因，其中热控人员：

（1）对二次风量仪表、电气回路、信号屏蔽及DCS模件、控制器、电源进行检查，均未发现异常；对一次风量仪表、测量装置进行检查，未发现异常；对二次风量测量管路进行吹扫，发现测量管路有轻微堵塞，吹扫后正常；与锅炉人员一起检查送风机、引风机动叶及执行器，进行传动试验，未发现异常。

（2）检查二次风量控制：二次风量的给定值为燃料量主控函数及氧量校正后计算得出，运行人员可通过偏置微调定值。回路手动时，自动计算偏置，使设定值跟踪被调量，实现手/自动无扰切换；检查煤量对应总风量函数配置符合现场工况要求。

（3）逻辑检查及分析

1）检查DCS逻辑。其中：

a）总风量计算逻辑中，总风量计算公式为

总风量＝A侧二次风量3个测点平均值＋B侧二次风量3个测点平均值＋5台磨煤机一次风量总和。

b）送风自动切手动条件排查，切手动之前总风量指令为737t/h，反馈为457t/h，偏差280t/h，未达到送风被调量与设定值偏差大于300t/h切手动条件。

2）对二逻辑进行分析，发现存在以下问题：

a）送风被调量与设定值偏差设置（300t/h）偏大，不能在异常工况下及时切除自动。

b）二次风量 3 个测点取平均值，应改为取中值较为合理。

c）送风指令至引风自动前馈过小，引风自动调节过缓。

2. 事件原因分析

（1）锅炉 MFT 原因分析。MFT 首出为锅炉总风量小于 25%BMCR，其判断逻辑为风量小于 25%BMCR1、25%BMCR2、25%BMCR3“三取二”，定值为 310t/h，延时 3s。通过查询 SOE 记录，本次事件直接原因为锅炉总风量小于 25%BMCR，触发锅炉 MFT，联跳汽轮机、发电机。

（2）锅炉总风量小于 25%BMCR 原因分析。检查就地二次风量测量装置，见图 5-42。查阅锅炉 MFT 动作前 4min 送风机、引风机动叶开度、炉膛负压、总风量曲线，发现风量调节、炉膛压力调节异常，总风量出现 300～1000t/h 波动，炉膛压力出现－1000～200Pa 波动。

图 5-42 就地二次风量测量装置

风量调节、炉膛压力调节异常原因分析如下：

04 时 23 分，A 送风机动叶开度为 38.2%，B 送风机动叶开度为 31.3%，系统出现轻微波动，总风量实际值低于设定值，送风机进行正常调节，引风机叠加送风机前馈作用参与负压调节。

04 时 23 分 16 秒，实际风量达到设定值，送风调节开始回调，总风量出现不减反增的现象，为减小风量偏差，送风机继续减小开度，总风量减小速度迟缓。

04 时 24 分，实际总风量减至设定值以下，送风机开始回调，增加动叶开度，总风量出现不增反减的现象，为维持风量，送风机继续开大，随即风量、炉膛压力调节出现超调，并逐渐发散。

04 时 26 分 43 秒，运行人员发现炉膛负压波动大，立即切除 A/B 引风自动，随即 AGC、CCS 联锁退出，送风自动联锁切为手动，A 送风机此时开度为 19.2%，B 送风机此时开度为 15.3%，总风量波动至 1000t/h 后急剧下降到 300t/h 左右；炉膛负压最大波动至－1283Pa，送风机出口风压、空气预热器出口二次风压变为负值，二次风量快速到 0，一次风量保持稳定，导致总风量急剧下降。

04 时 27 分 7 秒，锅炉 MFT 动作，首出为“锅炉总风量小于 25%”。送风机和引风机动叶开度、炉膛负压、总风量曲线如图 5-43 所示。

1 月 4 日 9 时 00 分，现场召开专题分析会，各专业汇总排查情况，讨论后初步认为原因是二次风量测量装置积灰、微堵，送风机调节过程中，总风量变化滞后，出现调节系统发散，风量调节、炉膛压力调节异常，造成总风量低于25%，MFT动作，机组跳闸。风量取样管路吹扫后，检查无异常，决定并网。

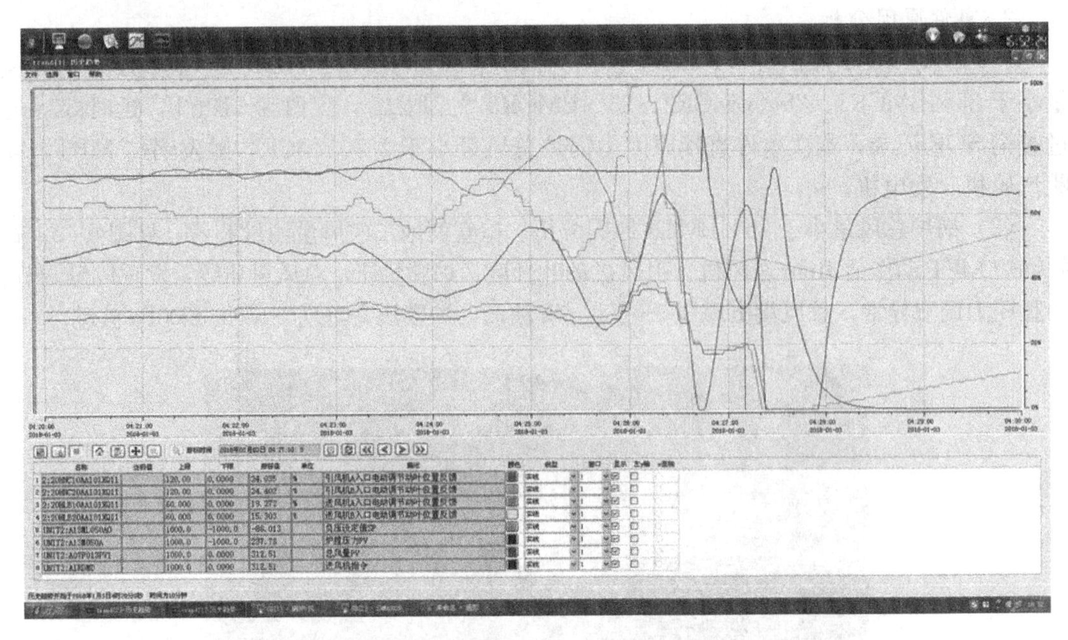

图5-43 送风机和引风机动叶开度、炉膛负压、总风量曲线

（3）管理原因分析。

1）应加强风量测量装置吹扫，发现测量系统异常应缩短吹扫周期。本次事件虽表现出自动调节系统出现超调、发散，但是根本原因是二次风测量装置反应迟缓，不能快速响应，导致送风、引风自动调节发散，最终造成总风量低保护动作。

2）对自动调节系统隐患排查不彻底，需进一步优化。在逻辑排查过程中，二次风量3个测点取平均值不合理，应改为取中值；送风被调量与设定值偏差大于300t/h时自动切手动，设定偏差值较大，不能在异常工况下及时切除自动。

3）热控专业人员需要进一步加强培训，对问题的排查、分析经验欠缺，同时对自动调节系统不熟悉，没有及时发现测量系统、自动系统存在的隐患。

根据上述检查分析认为导致本次机组跳闸的原因为二次风量取样管路积灰、微堵，总风量测量数据变化迟缓、滞后，引起风量调节、炉膛压力调节异常发散，最终导致总风量低于25%，MFT动作，机组跳闸。

3. 暴露问题

（1）二次风量管路内积灰，引起测量出现较大偏差，导致自动调节系统超调、发散。

（2）送风自动切手动限值过大（300t/h），不能在特殊工况下提早切除自动。

（3）二次风量3个测点取平均值不合理，需修改为取中值。

（4）送风指令至引风自动前馈过小，使引风自动调节过缓。

（5）隐患排查不彻底，未及时发现重要设备自动参数存在隐患。

（三）事件处理与防范

（1）检修人员加强对重要测量设备日常巡检，继续加强定期工作管理，运行发现参数

异常报警，及时联系专业人员分析处理。

（2）通过现场扰动试验，优化送风、引风自动切手动限值、引风前馈及 PID 参数，优化风量测点取值方式。举一反三，对其他重要自动逻辑进行排查、优化。

（3）为保证风量测量装置准确性，调研、选型高精度和可靠性高的风量测量装置，增加自动吹扫设备，利用机组检修机会进行改造。

（4）加强设备管理，继续开展热控测量系统隐患排查，确保类似事件不再发生。

（5）加强专业技术培训工作，全力提升生产人员技能水平。

（6）加强对集团公司非停通报的学习，举一反三，查找存在的安全隐患，及时整改，提高机组的可靠性。

五、变送器接头泄漏造成汽包水位高高跳闸

电厂二期机组配置 4×57MW 级抽汽背压式燃煤供热机组。锅炉采用杭州锅炉集团股份有限公司生产的高压、无再热、自然循环、固态排渣、露天布置、全钢构架、全悬吊结构Ⅱ型煤粉锅炉。汽轮机采用杭州汽轮机股份有限公司生产的 EHNG71/63 型 57MW 级高温高压抽汽背压式汽轮机。发电机采用山东济南发电设备厂有限公司的全空冷发电机。DCS 分散控制系统采用的是南京科远自动化集团股份有限公司生产的 NT6000 系统。机组于 2017 年投产。2018 年 1 月 6 日，5 号机组电负荷为 49.77MW，水位变送器接头泄漏，汽包水位高高，造成锅炉跳闸。

（一）事件经过

2018 年 1 月 6 日，某厂 5 号机组电负荷为 49.77MW，5 号机组对外供汽总流量为 324t/h（中压为 162t/h，低压为 162t/h），5 号炉汽包水位投自动。4、5 号机组母管制运行，主蒸汽母管压力为 8.6MPa。23 时 40 分 52 秒 5 号炉汽包水位 1 从 0.23mm 开始跳变至 619.35mm，汽包水位 2、汽包水位 3、汽包水位 4 分别为 12.03mm、－2.17mm、－3.78mm。23 时 41 分 4 秒，汽包水位 1 高信号触发（由汽包水位 1 模拟量大于 220mm 判断），随后汽包水位 3、汽包水位 4 缓慢上升。1 月 7 日 00 时 12 分 37 秒，汽包水位 1、汽包水位 2、汽包水位 3、汽包水位 4 数值分别为 675.46mm、－61.59mm、244.17mm、199.56mm，汽包水位 3 高（由汽包水位 3 模拟量大于 220mm 判断）信号触发。00 时 12 分 47 秒，5 号炉 MFT 动作（汽包水位高于 220mm，“三取二”），首出为“汽包水位高高”。

（二）事件原因检查与分析

经现场检查发现，汽包水位 1 变送器高压侧接头泄漏，有蒸汽喷出，使汽包水位 1 数值瞬间变成最大值。蒸汽喷至汽包水位 3、汽包水位 4 仪表管路，影响汽包水位 3、汽包水位 4 两点数据缓慢增大至保护动作值 220mm，满足“汽包水位 1、汽包水位 2、汽包水位 3 高 220mm‘三取二’，延时 10s MFT”汽包水位高高保护。

经拆开变送器接头发现，原变送器垫片基建期采用的是聚四氟乙烯垫片，不符合 DL 5190.4—2012《电力建设施工技术规范　第 4 部分：热控仪表及控制装置》垫片材质的选用标准。

事件暴露出基建期变送器垫片选用不当，汽包水位变送器取样管路上安装的是塑料王垫片，一旦管路接头上有漏点，耐温不满足会加剧泄漏；大屏报警只有汽包水位高和汽包水位自动退出报警，缺少汽包水位偏差大报警；3 个汽包水位变送器在同一保温保护箱柜

内，存在单一取样泄漏影响其他变送器的风险。

（三）事件处理与防范

（1）更换汽包水位1、汽包水位2、汽包水位3、汽包水位4垫片为紫铜垫片；更换被蒸汽冲刷的汽包水位2、汽包水位3变送器。

（2）对高温高压管道测点上的变送器垫片进行排查梳理。

（3）对汽包水位变送器箱柜进行分离，同时对并列仪表管进行物理位置隔离处理。

（4）增加汽包水位偏差大大屏报警。

六、液压油管路存空气造成速比阀过开导致燃气轮机启动失败

机组配置1台100MW级GE的9E燃气轮发电机组、1台余热锅炉和1台50MW级汽轮机。2014年由燃油机组改造为燃气机组。采用GE公司的MarkVIe控制系统。2018年2月5日，5号燃气轮机启动过程中，速比阀过开导致启动失败。

（一）事件经过

2018年2月5日7时5分53秒，某厂5号燃气轮机运行人员点启动令。

7时7分13秒163毫秒，报LOAD LOWER-SRV OR GCV MAX OPEN（速比阀或燃料控制阀开度大于95%）。

7时7分13秒443毫秒，报STARTING MOTOR PROTECTIVE LOCKOUT（启动电动机保护动作）。

7时9分21秒883毫秒，报STARTING MEANS DEVICE TRIP（启动设备跳闸）。

（二）事件原因检查与分析

1. 事件原因检查

5号燃气轮机检漏过程分为A和B两个阶段，A段检测速比阀（SRV）是否泄漏，B段检测燃料控制阀或放散阀（GCV/VENT）是否泄漏，如图5-44所示，A段检测VSR-1是否泄漏，B段检测VGC-1/2/3和VA13-15是否泄漏。

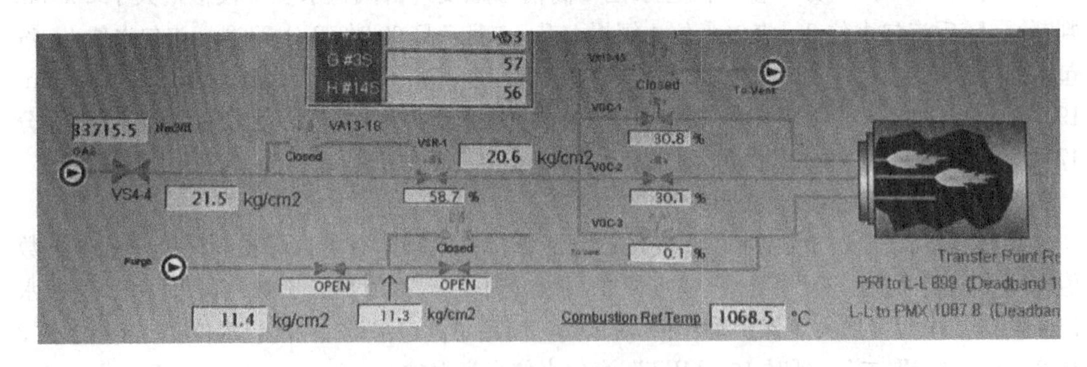

图5-44 检漏过程示意图

检漏试验开始时，首先开速断阀（VS4-4），关速比阀后放散阀VB13-15（VB13-15在启动时已关闭），速断阀打开10s后如果速断阀后压力$p_1<2.13$MPa，则退出检漏试验，在L3GLT置1后的30s内，若速比阀后压力$p_2>0.69$MPa，则L4PRET置1，机组遮断闭锁，并发A段检漏试验失败（L86GLTA）；若L3GLT置1后的30s内，速比阀后压力$p_2\leqslant0.69$MPa，则A段检漏试验通过，进行B段检漏试验。

A段检漏试验通过后，速比阀瞬间打开1s后关闭，并同时关闭速断阀，在此后10s内检测p_2<0.85倍B段试验前p_2，则L4PRET置1，机组遮断闭锁，并发B段检漏试验失败（L86GLTB）；若p_2≥0.85倍B段试验前p_2，则B段检漏试验通过，打开发散阀VA13-15，A、B段试验都通过后，延时120s退出检漏试验程序。检漏试验逻辑见图5-45。

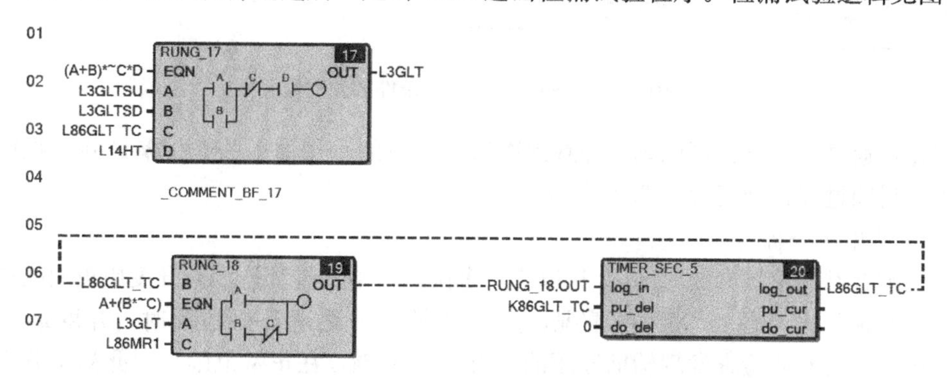

图5-45　检漏试验逻辑

此次启动失败发生在检漏试验的第二个阶段B段，通过查找历史数据和历史曲线，发现导致启动失败的原因为启动马达保护动作，引起启动马达保护动作的原因为主逻辑L4由1变为0。导致主逻辑L4由1变为0的原因为L94AX（自动停机）条件触发，通过分析逻辑发现在此阶段触发L94AX的条件为L94AX _ AUX（速比阀和燃料控制阀开度大于95%），如图5-46所示。

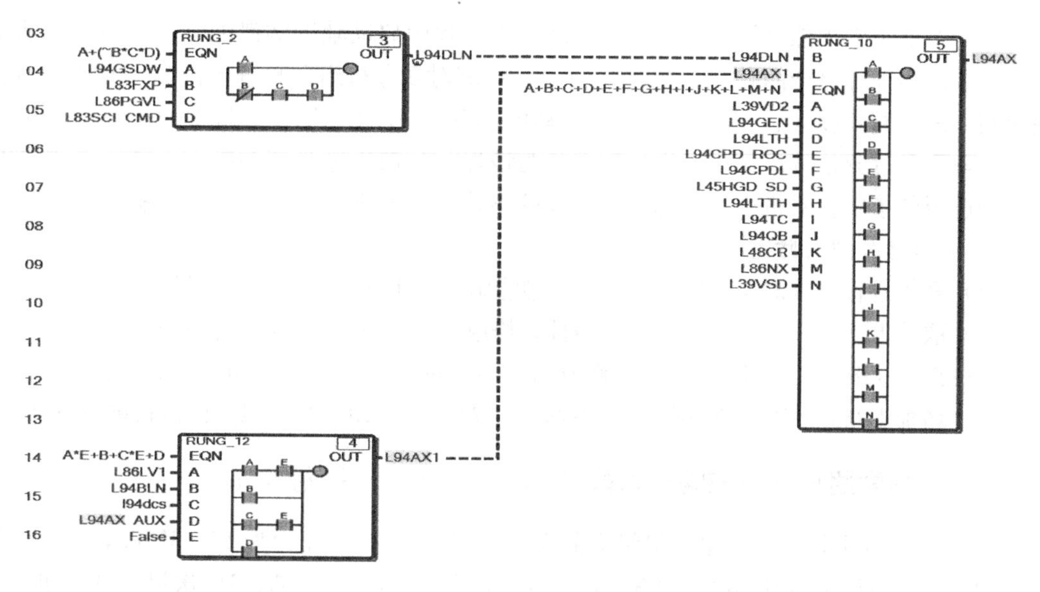

图5-46　自动停机逻辑

触发L94AX _ AUX的条件为速比阀、燃料控制阀1、燃料控制阀2和燃料控制阀3其中有一个开度大于95%，如图5-47所示。通过查找速比阀、燃料控制阀1、燃料控制阀2和燃料控制阀3的历史曲线发现在检漏的B段中，当速比阀瞬间打开1s的过程中，阀门开度为96.2%，超过了95%，触发了L94AX _ AUX。

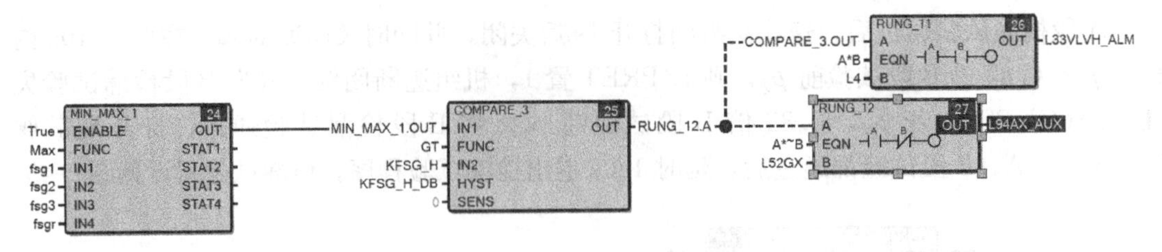

图 5-47　L94AX _ AUX 条件触发逻辑

因此，通过以上分析可以确定导致此次启动失败的直接原因为在检漏试验过程中，速比阀阀门瞬间过开，开度大于 95％所致。

2. 事件原因分析

事后配合燃气轮机专业对 2017 年以来，多次开机检漏过程速比阀开度历史曲线进行梳理分析，发现并未有超过 95％的情况，并且 2 月 6 日热态开机检漏时，开度最大只有 83％，燃气轮机专业检查发现辅助液压油压力为 11MPa，在正常范围。因此初步分析导致 2 月 5 日冷态开机时，速比阀过开的主要原因为机组长期停运后，液压油管路尤其是速比阀油缸内积累少量空气，导致速比阀 1s 内瞬间到全开位置。

自动停机条件 L94AX _ AUX 为 2016 年为防止在停机过程中当天然气压力低时，机组不会发停机令，导致润滑油泵无法启动时增加的一个条件，目前已对润滑油泵自启动逻辑进行优化，停机过程中润滑油泵启动条件已不需要 L94AX _ AUX 作为判断依据，因此经过专业研究讨论后，决定取消此自动停机条件。

3. 暴露问题

由于之前发生天然气压力低时，机组在停机过程中启动辅助润滑油泵，辅助润滑油泵不能自启。为处理这个问题，2016 年 7 月 1 日厂家对 5 号机组逻辑进行修改，增加解列后速比阀、燃料阀开度大于 95％，机组发自动停机令 L94AX _ AUX。针对以上自动停机条件，专业人员过分依赖厂家的操作处理，认为该保护的触发条件不包括并网前，忽视了对该保护逻辑的核实。对机组极冷态开机工况的不熟悉，未能及时开展防范措施。

（三）事件处理与防范

（1）开机过程中临时将 COMPARE _ 3 功能块中 KFSG _ H 由 95 强制为 100。

（2）取消 L94AX _ AUX 自动停机条件，修改 L33VLVH _ ALM 报文名称，将 LOAD LOWER-SRV OR GCV MAX OPEN 修改为 SRV OR GCV OPEN>95％ ALM。

（3）增加 L33VLVH _ ALM 延时 3S 报警，对其他自动停机逻辑条件进行梳理优化。

七、高压旁路快开电磁阀气源管接头断裂导致手动打闸停机

2018 年 6 月 1 日，某发电厂机组负荷为 600MW，主蒸汽压力为 16.65MPa，1A、1B、1C、1D、1E、1F 磨煤机运行，1A、1B 一次风机工频运行，1A、1B 送风机手动控制，1A、1B 引风机自动控制运行，机组负荷为 472.47MW，高压旁路全关位置，高压旁路调节阀控制方式在手动，阀后压力为 2.85MPa，阀后温度为 276.6℃，仪用气源压力为 0.68MPa，；其余辅助系统按正常方式运行。

（一）事件经过

9 时 8 分 52 秒左右，汽轮机侧突然传出异常声音，检查发现 4 号机高压旁路后温度开

始上升，高压旁路阀位反馈1.5%无变化，机组负荷突升至483MW，判断为高压旁路误开，汽包水位波动大，立即手动调节汽包水位，紧急降低机组负荷运行，现场检查发现高压旁路后压力测点（LBF10CP203）一次门前取样管与管座处断裂，蒸汽泄漏，无法进行隔绝处理，高压旁路后温度元件（LBF10CT002、LBF10CT003）甩出；9时18分31秒，高压排汽温度快速上涨至422℃（432℃跳机值），运行人员手动打闸汽轮机，关闭两个主蒸汽水压试验电动堵阀，热控人员关闭高压旁路阀门控制气源，高压旁路阀门关闭，检查机、炉、电联动正常，调整锅炉负压进行吹扫，吹扫结束后停运送风机、引风机，关闭各风机进口风门挡板，锅炉保温保压。汽轮机人员处理高压旁路阀门后压力取样管漏点，热控人员检查就地高压旁路阀门控制装置发现快开电磁阀气源管断裂，恢复气源管接头，更换高压旁路阀门定位器。

（二）事件原因检查与分析

经现场检查，高压旁路阀快开电磁阀气源管接头断裂，导致高压旁路阀门打开；由于高压旁路定位器反馈通道坏，高压旁路无反馈显示，导致高压旁路喷水隔离阀未联开（大于4%联开高喷隔离阀），高压旁路后温度急剧上升，高压旁路管道剧烈振动，导致高压旁路后压力取样管桩断裂，是本次事故的直接原因。

同时由于高压旁路全开后，高压排汽压力上升，高缸排汽受阻，高压排汽金属温度急剧上升，为确保机组安全，手动打闸停机处理。高压排汽金属温度高是本次手动打闸停机的主要原因。

事件出暴露问题如下：

（1）高压旁路快开电磁阀阀体与气源管路连接接头直径小，强度不足，在发生振动情况下易发生断裂，且由于其结构特殊，发生裂纹后不易被发现。

（2）高压旁路定位器反馈通道故障，高压旁路无反馈显示，导致高压旁路喷水隔离阀未联开。

（3）压力取样管与高压旁路阀后母管直接焊接在一起，存在较大焊接应力，在2017年5月16日进行渗透检验正常，但遇高压旁路剧烈振动时，管桩在外力作用下断裂。

（三）事件处理与防范

（1）更换高压旁路快开电磁阀管路接头，重新加工接头，加粗气源管，保证其强度满足要求。

（2）将高压旁路定位器、电磁阀气源管接头检查作为定期工作执行。

（3）将高压旁路定位器返厂查找反馈通道故障原因，由定位器厂家重新更换新定位器。

（4）根据火力发电厂焊接技术规程及金属技术监督规程的要求，对主、再热蒸汽高温高压取样管进行排查，对不符合规范的列出整改计划，结合机组检修方式实施。

（5）鉴于1～4号机高压旁路后压力测点主要为监视作用，在高压旁路与高压排汽母管连接位置已设置有压力取样，可以满足监视要求，故取消1～4号机组高压旁路后压力测点，对原取样孔进行封堵。

（6）把高压旁路储气罐排气阀改接至汽轮机6.9m平台，对运行人员进行培训，使其熟知高压旁路快开后就地关闭高压旁路的应急操作。

（7）为防止高压旁路定位器反馈故障情况下，高压旁路与高压喷水之间联锁丧失，增加高压旁路后温度高（用高压旁路后温度LBF10CT002、LBF10CT003相与）联开高压喷水隔离阀逻辑，保护定值确定为370℃。

八、仪表管结冰引起汽包水位低保护动作停机

某发电厂装机容量为2×200MW，配有两台东方锅炉厂制造的超高压、自然循环、一次中间再热、平衡通风、固态排渣、运转层以上砖墙封闭、运转层以上露天、炉顶设轻型屋盖布置、全钢构架的循环流化床汽包蒸汽锅炉。

2号锅炉配备给水流量差压变送器3台，由重庆横河川仪有限公司生产，型号为EJA130A。配备汽包水位差压变送器4台（汽包两端各两台，其中3台用于保护，1台用于监视），由重庆横河川仪有限公司生产，型号为EJA130A。

（一）事件经过

跳闸前2号机组负荷为188.75MW，主蒸汽压力为12.15MPa，汽包水位（三选后）为−279mm，锅炉主控指令为43.96%，主蒸汽温度为530.07℃，机组非协调方式运行。

2018年1月29日5时23时38秒，2号机组汽包水位低三值动作，锅炉MFT、汽轮机跳闸。FSSS首出为汽包水位低三值，汽轮机跳闸首出为锅炉主燃料跳闸。

机组跳闸时3个汽包水位分别为−279mm、−281.65mm、−290mm，3个锅炉给水流量分别为842.95t/h、0t/h、842.58t/h。

查明并处理2号炉锅炉给水流量缺陷后，机组重新启动，于1月29日8时12分并网。

（二）事件原因检查与分析

1. 历史数据检查情况

查SOE日志、锅炉给水流量及汽包水位历史曲线，1月29日4时30时00秒，锅炉给水流量测点3由609t/h瞬间上升至842.35t/h，锅炉给水流量测点1为620.68t/h，锅炉给水流量测点2为611.46t/h；汽包水位测点1为−49.90mm，汽包水位测点2为−7.33mm，汽包水位测点3为−2.76mm。

5时3分36秒，锅炉给水流量测点1由572.22t/h瞬间下降至0t/h，锅炉给水流量测点2为587.10t/h，锅炉给水流量测点3为842.60t/h；汽包水位测点1为−45.88mm，汽包水位测点2为−1.03mm，汽包水位测点3为−14.84mm。

5时20分24秒，锅炉给水流量测点1由0t/h上升至459.15t/h，锅炉给水流量测点2为568.57t/h，锅炉给水流量测点3为842.55t/h；汽包水位测点1为−43.02mm，汽包水位测点2为13.09mm，汽包水位测点3为−2.76mm。

5时21分36秒，炉给水流量测点1上升至842.93t/h，锅炉给水流量测点2降为0t/h，见图5-48，锅炉给水流量测点3为842.59t/h；汽包水位测点1为−85.80mm，汽包水位测点2为−46.12mm，汽包水位测点3为−55.38mm。

5时23分38秒，机组跳闸，见图5-49。

检查水位光子牌报警定值下限为−76mm，下下限为−250mm，上限为76mm，上上限为175mm，光子牌报警正常。4时30时50秒，给水流量3因被冻故障，信号值变最大，给水流量偏差大软光字报警发出；5时4分，给水流量1因被冻故障；5时21分36秒，汽包水位低报警软光字报警发出。跳机后检查语音报警逻辑，发现DCS 15号站语音播报异常，未及时发出语音提示。

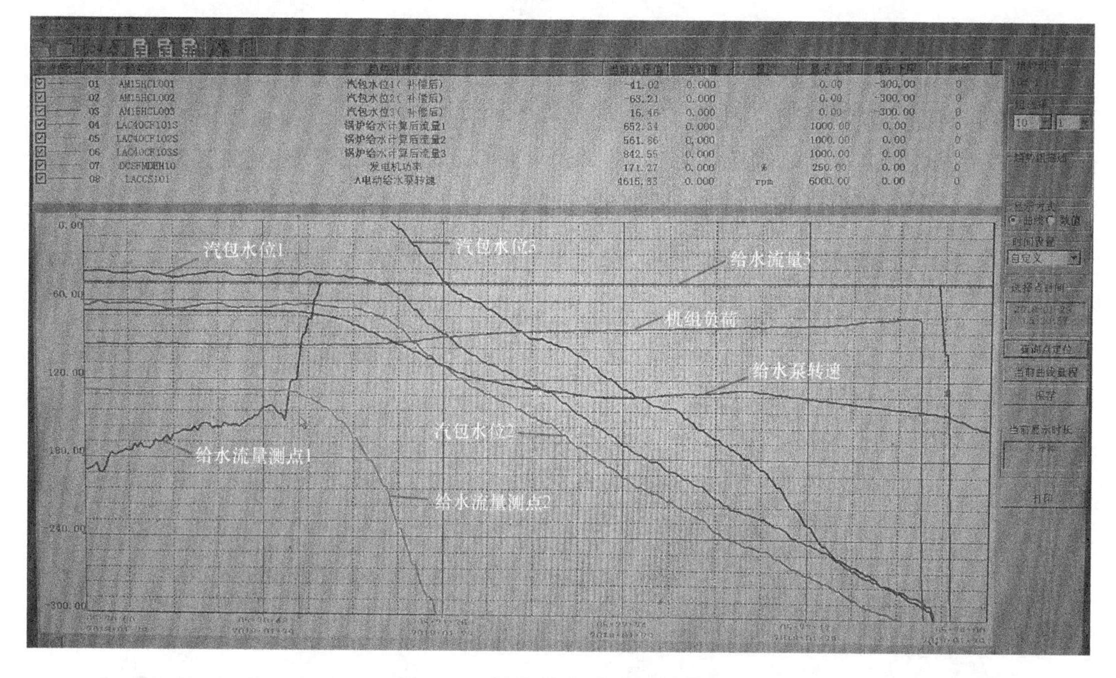

图 5-48 锅炉给水流量记录曲线

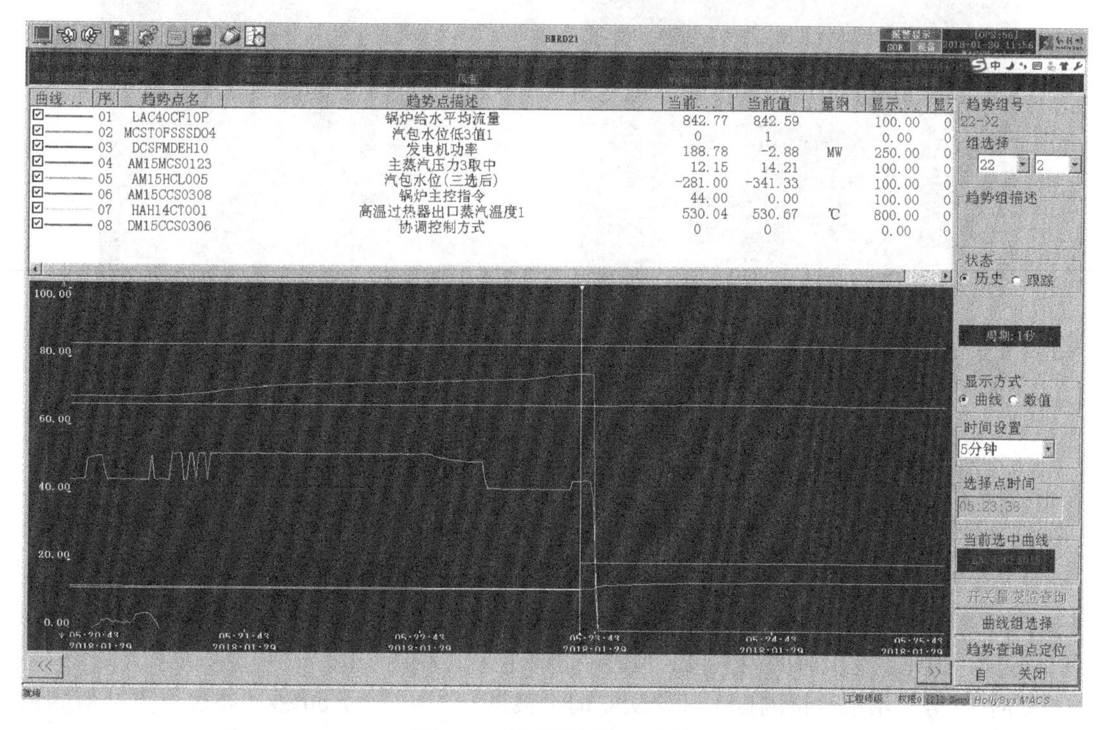

图 5-49 机组跳闸记录曲线

汽包水位保护动作值为−280mm，逻辑为 3 个模拟量水位分别经定值判断后输出 3 个开关量保护信号，3 个开关量信号“三取二”后至 FSSS、ETS 系统，实现锅炉 MFT、汽轮机跳闸，本次机组跳闸保护动作正确。

2. 现场检查情况

现场检查给水流量变送器取样管从BC框架主汽管和给水管夹层引出，穿过C排墙后到锅炉10m变送器柜，变送器柜和C排墙外保温伴热正常投入。C排墙内取样管无保温伴热，给水和蒸汽管道穿墙处缝隙大，见图5-50～图5-52，造成BC框架夹层温度低，用喷灯烘烤C墙内穿墙处取样管，给水流量恢复正常。

图5-50　给水和蒸汽管道处理前

图5-51　给水和蒸汽管道处理后进行了伴热保温

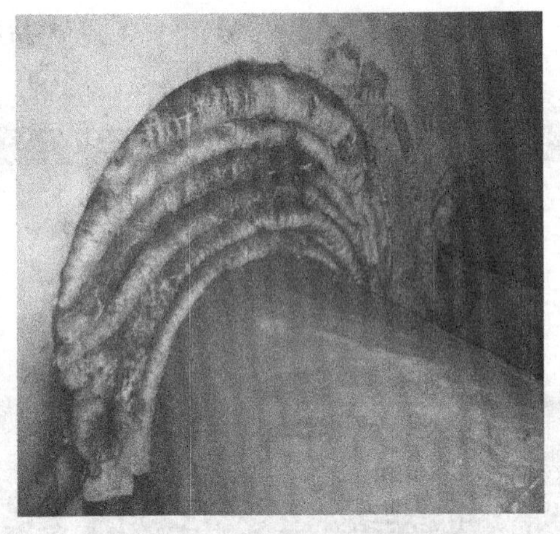

图5-52　给水和蒸汽管道处理后主蒸汽管道与BC框架墙封堵

3. 事件原因分析

4时30分，水流量3故障，信号到最大；5时4分，给水流量测点1故障，信号到最小，汽包水位调节系统所用给水流量信号是“三取中”信号，取用的是正常的给水流量测点2信号，因此，这段时间内汽包水位控制仍然正常，见图5-53。

5时19分，给水流量测点1开始从0向上波动；5时20分56秒，超过测点2值到最大，这时开始，汽包水位调节系统取用的是故障的给水流量信号，该信号值大于实际给水流量，汽包水位三冲量调节系统根据故障信号错误调节使给水泵转速减小，汽包水位低保护动作致使机组跳闸。

因此本次事件原因是仪表管结冰，导致给水流量测量信号异常而引起汽包水位低保护动作引起。

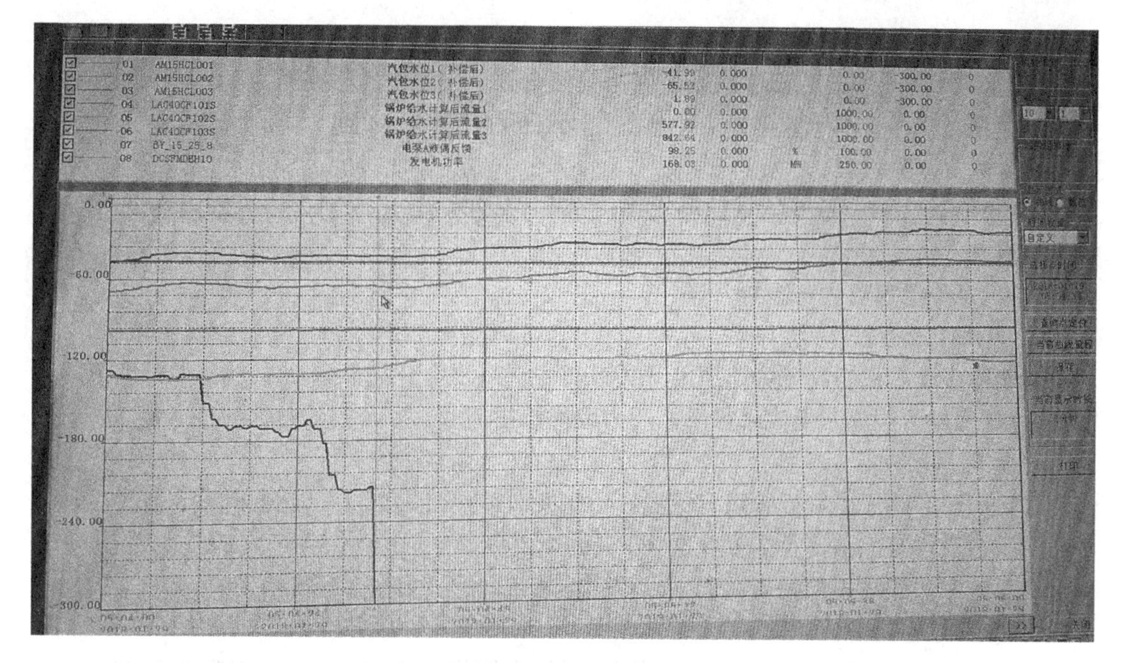

图 5-53　汽包水位记录曲线

4. 暴露问题

（1）规程执行不到位，运行管理不严。运行人员监盘不认真、责任心不强，4 时 30 分，给水流量测点 3 已经异常并报警，运行人员未及时发现。

（2）设备隐患排查不细，防冻检查工作不到位。只是简单检查已有的保温伴热是否工作正常，未检查取样管穿墙处是否有伴热和保温，未检查 BC 框架内的取样管是否有保温伴热，未检查给水管和蒸汽管道穿墙处缝隙漏风，未检查到重要信号的语音报警不能正常发出。

（三）事件处理与防范

（1）封堵给水管道、蒸汽管道穿墙处的缝隙，使此处不再漏风，保持 BC 框架夹层内的温度。对给水流量变送器取样管在 BC 框架内的管段和穿墙处加装保温和伴热。举一反三，对其他类似仪表管道进行检查处理。

（2）查出声音报警不能发出的原因，在下次停机时处理。

（3）完善重要自动系统在参与调节的信号异常时退出自动控制并发报警信号的控制逻辑。

（4）严格运行人员管理，提高运行人员工作责任心，运行设备参数异常时及时分析处理。

（5）加强运行人员的技能培训，提高对系统运行参数的掌握程度和应急处理技能。

（6）发电部制定出措施明确、责任到人的运行人员监盘、抄表、巡检的管理办法。

九、高压旁路压力取样管受冻导致机组跳闸

2018 年 12 月 29 日 9 时 35 分，1 号机组有功功率为 329.7MW，A、B、C 制粉系统运行，A、B 侧送风机、引风机、一次风机运行，机组协调投入，主蒸汽压力为 18.9MPa，主蒸汽温度为 586.5℃，再热蒸汽压力为 2.45MPa，再热蒸汽温度为 569℃，给水量为 826.87t/h，总风量为 1135.74t/h。

（一）事件经过

9时30分43秒，1号机组高压旁路阀突然全开，主蒸汽压力突降为11.7MPa。

9时37分1秒，高压旁路阀又关回，主蒸汽压力升至14.62MPa，给水流量为430.8t/h。如此反复两次开关过程。

9时37分41秒，给水流量低触发锅炉MFT保护，首出原因为“给水流量低”，1号机组跳闸。

（二）事件原因检查与分析

1. 事件原因检查

就地检查1号机组高压旁路压力开关，其中一只压力开关显示23MPa，另外两只显示0MPa，打开排污阀泄压无汽水排出，压力取样管被冻住。

2. 事件原因分析

（1）高压旁路压力取样管虽有保温，但未安装伴热带，当日气温为−6℃，气温低使高压旁路压力取样管冻结，是造成此次MFT的主要原因。

（2）防寒防冻措施检查有漏洞，未查到伴热带问题，安全管理有缺失。

3. 暴露问题

（1）防寒防冻措施检查落实存在漏洞，对压力取样管冻结导致高压旁路误动的危害因素辨识不全。

（2）当班值长，监盘运行工程师在高压旁路误动后，对机组安全运行的风险辨识不到位，异常处理经验不足。

（3）汽水系统工程师对运行人员培训不到位，监盘运行工程师操作不熟练，高压旁路故障处理经验不足。

（4）汽水系统运维手册未制定针对高压旁路误动的事故处理预案。

（三）事件处理与防范

（1）全面对仪表管路伴热带、保温进行梳理，逐一对照整改完善。

（2）汽水系统举一反三，立即制定完善高、低压旁路运行技术措施和事故处理预案。

（3）汽水系统工程师、汽子系统工程师对运行人员加强技术培训，提高运行人员事故处理能力。

第四节　线缆故障分析处理与防范

本节收集了因线缆异常引起的机组故障18起，分别是电缆绝缘低导致润滑油压低信号误发机组跳闸、变送器航空插头接线柱处接线松动导致EH油压低停机、油枪供油电磁阀电缆烧损导致机组停机、低压旁路快开电磁阀控制电缆短路导致机组跳闸、电缆接地导致主汽门全关信号误发导致MFT、电缆绝缘故障引起“汽轮机轴承振动大”保护动作跳闸、温度信号接线端子接触不良造成汽轮机防进水保护动作机组跳闸、发电机密封油系统油位开关电缆短路导致油氢系统异常、启动中的给煤机因接线松动跳闸导致锅炉MFT、低压缸胀差前置器电源线芯断脱造成保护误发机组跳闸、AST油压开关信号线接地引起机组跳闸、MFT至ETS保护信号因电缆绝缘损坏误发MFT信号导致机组跳闸、高压旁路阀因电缆损伤误开导致机组跳闸、电缆破损造成轴承温度高信号误发导致机组跳闸、OPC电磁

阀正端电源线脱落碰地引起机组跳闸、导线裸露碰绑扎线接地误发信号导致机组跳闸、振动信号电缆着火导致机组跳闸、信号线和屏蔽层间浸油造成机组胀差大导致机组跳闸。

线缆管路异常是热控系统中最常见的异常，导致机组跳闸案例时有发生，应是热控人员重点关注的问题。

一、电缆绝缘低导致润滑油压低信号误发机组跳闸

8月2日8时21分，2号机组负荷为234.6MW，总煤量为160t/h，主蒸汽流量为693t/h，给水流量为792t/h，主蒸汽压力为15.37MPa，主蒸汽温度为531℃，再热蒸汽压力为2.38MPa，再热蒸汽温度为519℃，润滑油压为0.12MPa。

（一）事件经过

8月2日8时21分，运行人员发现2号机组负荷突然由234.6MW下降到零，汽轮机跳闸、锅炉MFT、发电机跳闸，厂用电切至启动备用变压器带，同时声光报警发出。检查ETS汽轮机保护中润滑油压低保护动作，DCS画面润滑油压显示为0.11MPa，运行人员手动启动汽轮机润滑油交流油泵。

8时22分，检查机头润滑油压就地压力表指示0.11MPa。全面检查DCS汽轮机画面轴承温度均正常，判断润滑油压低保护为误动作。立即联系热控检修查找原因。

8时27分，启动1号顶轴油泵，各瓦顶轴油压均在7.5MPa以上。

9时20分，转子转速到零，投入连续盘车，盘车电流正常。

14时1分，事件原因查明处理完毕，并全面检查无异常后，锅炉点火，16时2分，机组并网。

（二）事件原因检查与分析

事件发生后，热控分场全力组织人员排查润滑油压低信号误发的原因，10时13分，检测润滑油压信号电缆绝缘时发现绝缘低，存在线间短路现象，确定由于电缆绝缘低误发润滑油压低信导致ETS保护动作跳机。

原因分析认为，润滑油压低信号电缆从12.6m机头左侧至6.3m夹缝处电缆槽盒封闭不严，加上基建时电缆预留较长，造成该信号电缆突出电缆槽盒之外，靠近附近高温管路，长期运行导致电缆绝缘老化变脆脱落。因信号电缆突出位置隐蔽不易被发现，且每次机组检修测量绝缘均正常，导致此次突发事件发生。

事件暴露问题：润滑油信号电缆每次检修时只进行绝缘测量，没有对电缆铺设沿线路程进行详细检查，存在检查死角，设备管理上存在疏漏。

（三）事件处理与防范

事件后对该信号电缆重新进行铺设，测试绝缘合格，ETS在线试验合格后，恢复机组运行，并制定了以下技术措施：

（1）利用每次机组等级检修机会，对类似润滑油压低等主保护电缆通道设备进行详细排查，制定并实施整改措施。

（2）定期对热控、电气电缆槽盒进行清理检查，发现松动积粉等问题及时清理封堵，保证排查无死角，设备安全可靠。

（3）对热控原件、电缆槽盒附近有高温管道设备区域进行加强保温措施，并定期测温，以保证保温层外温度符合要求。

（4）二级单位采取措施：高温设备附近电气设备电缆及电缆槽盒，存在因温度高导致绝缘老化问题，应进一步强化电缆设备的隐患排查治理工作。

二、变送器航空插头接线柱处接线松动导致 EH 油压低停机

某公司两台 2×660MW 机组，锅炉为东锅生产的 DG1929.7/28.25-Ⅱ13 型超超临界参数、变压直流炉、对冲燃烧方式、固态排渣、单炉膛、一次再热、平衡通风、露天布置、全钢架悬吊结构 π 型炉（含烟气脱硝装置 SCR）。汽轮机为上海汽轮机厂生产的 N660-27/600/610 型超超临界、一次中间再热、四缸四排汽、单轴、凝汽式反动汽轮机。发电机为上海汽轮发电机有限公司生产的 QFSN-660-2 三相同步汽轮发电机。

DCS 系统采用国电南自 MAXDNA 系统，汽轮机控制（DEH、ETS）装置由上海汽轮机厂配套，采用国电南自 MAXDNA 系统。

汽轮机 EH 油压低跳闸保护逻辑设计为 EH 油压建立（EH 油母管压力大于 15MPa）后，1、2 号 EH 油泵出口压力均低于 10.5MPa，延时 5s，油压低保护动作停机。

（一）事件经过

2018 年 12 月 31 日，1 号机组负荷为 640MW，A、B、C、D、E、F6 台磨煤机、1 台汽动给水泵、1 号 EH 油泵正常运行，电动给水泵、2 号 EH 油泵备用，锅炉侧各辅机运行正常。

16 时 49 分 33 秒，1 号 EH 油泵出口油压显示由 16.1MPa 突降至 4.5MPa（低于联启备用泵值 11.5MPa，低于保护跳闸值 10.5MPa），延时 5s，2 号 EH 油泵未联启；16 时 49 分 38 秒，1 号机组跳闸，ETS 跳闸首出为“EH 油压低低”，锅炉 MFT 动作，发电机解列，相关设备联动正常。查明原因并处理、修改跳闸逻辑后，1 号机组于 19 时 42 分再次并网。

（二）事件原因检查与分析

1. 事件原因检查

为排除系统原因，事件后机务更换了 1 号 EH 油泵，热控同步检查跳闸回路，发现 1 号 EH 油泵出口压力变送器航空插头接线柱处接线松动（见图 5-54）。

(a)

(b)

图 5-54　1 号 EH 油泵出口油压测点变送器航空插头接线柱处接线

（a）接线柱接线图；（b）航空插头连接图

由于接线松动，导致1号EH油泵出口油压测点瞬间由16.1MPa突降至4.5MPa，同时该测点变为坏点，导致油压低（低于11.5MPa），联启备用EH油泵联锁逻辑但未动作（系统逻辑设计为当测点坏点时不输出联启指令），2号EH油泵未联启，见图5-55。

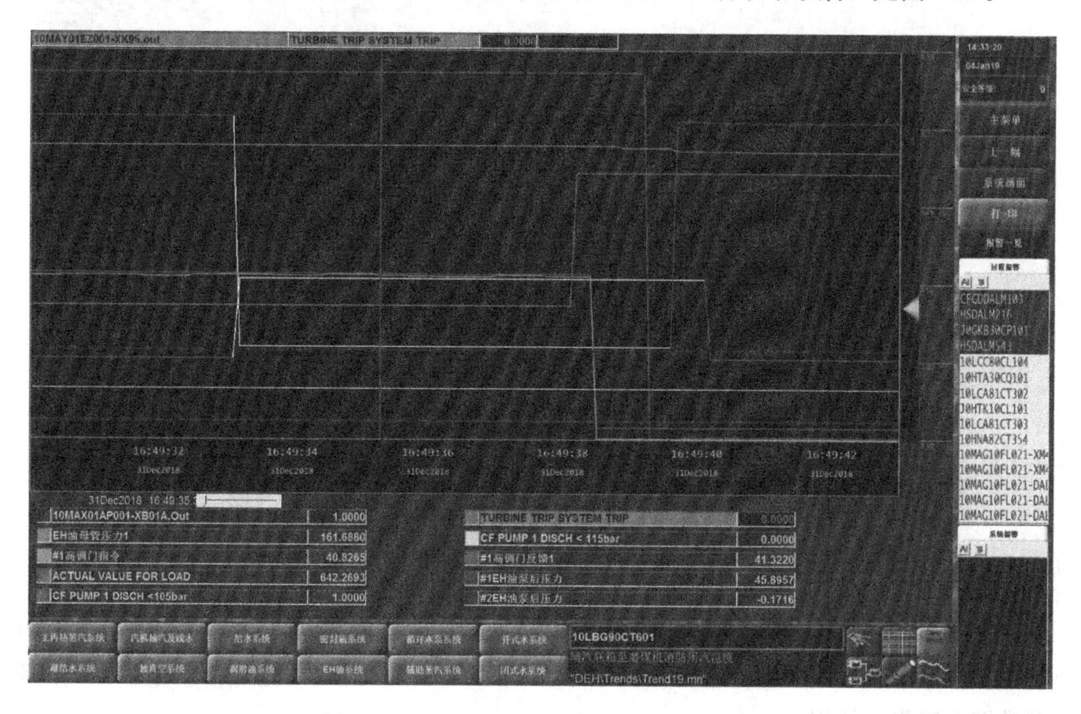

图5-55　1号机组跳闸时的油压等历史曲线

图5-55显示，在整个过程中EH油泵出口母管压力未发生波动，且汽轮机高压调节门在机组跳闸前未明显关小，证明1号EH油泵出口压力并未实际突降，压力参数突降为信号波动所致。

经查看热控保护逻辑，EH油母管压力、1号EH、2号EH油泵出口压力均为单点设计。汽轮机EH油压低跳闸保护逻辑设计为当EH油压建立（EH油母管压力大于15MPa）后，1、2号EH油泵出口压力均低于10.5MPa，延时5s，油压低保护动作停机。在该保护逻辑中，没有油压测点的品质判断逻辑，只要油压低于保护动作设定值，保护即动作。

而2号EH油泵联启的条件为当1号EH油泵出口油压低于11.5MPa，且该测点品质判断为好点时联锁启动2号EH油泵。修改前EH油压低保护跳闸逻辑见图5-56。

2. 事件原因分析

根据上述查找，事件原因是1号EH油泵出口压力变送器航空插头接线柱处接线松动，接触不良导致1号EH油泵出口油压测点瞬间由16.1MPa突降至4.5MPa，导致“EH油压低低”保护动作。同时因该测点品质判断为坏点，造成2号EH油泵未联启（2号EH油泵联启的条件是当1号EH油泵出口油压低于11.5MPa，且该测点品质判断为好点时，联锁启动2号EH油泵）。

3. 暴露问题

（1）公司各级人员对防非停工作重视、落实不够，管理和督促不到位，需继续强化“防非停”专项工作，将各项防非停措施真正落到实处。

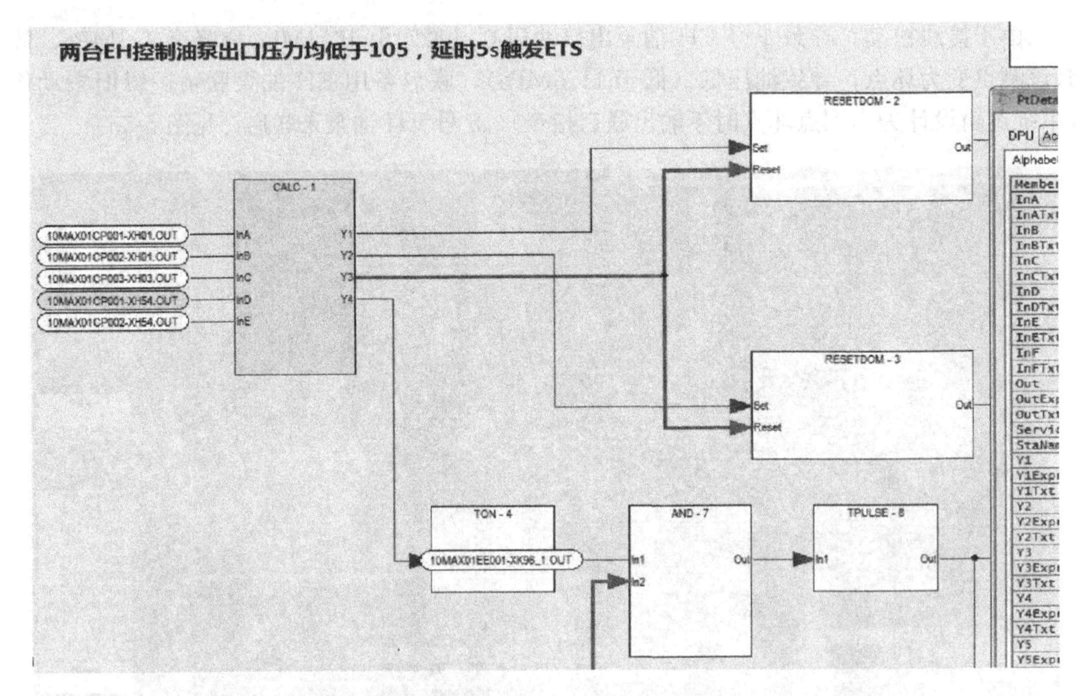

图 5-56　修改前 EH 油压低保护跳闸逻辑

（2）1 号 EH 油泵出口油压变送器航空插头内接线安装不规范，易接触不良，反映出维护人员技术水平不足，对隐蔽性的安全隐患认识不到位，需继续加强技术培训，提高对隐蔽性安全隐患的认识。

（3）热控逻辑联锁、保护存在设计缺陷。

1）1 号机 EH 油压低低跳闸逻辑设计为“母管油压合适且 1、2 号 EH 油泵出口压力均低于 10.5MPa”动作，但实际机组运行时只有一台 EH 油泵运行，另一台泵出口压力始终低于 10.5MPa，逻辑设计存在严重隐患。

2）在 EH 油泵出口测点故障时，油压低联启备用泵逻辑失效，存在很大风险，应继续检查相关保护回路，优化完善逻辑，并举一反三查找类似问题。

（三）事件处理与防范

事件发生后，编制公司防非停管理办法，强化防非停组织管理，制定年度“防非停”计划，并组织各生产部门人员学习，严格落实相关措施，同时：

（1）对全厂航空插头类保护测点接线进行排查，制定整改计划，条件具备时，逐一对内部接线进行焊接，防止因接触不良导致的设备异常。

（2）开展联锁、保护可靠性排查工作，全面梳理机组主要主、辅机保护，列出存在的问题及后续解决计划。

（3）为提高 EH 系统运行可靠性，增加两个 EH 油母管压力测点，与原有的 EH 油母管压力测点组成“三取二”保护的逻辑，提高保护动作可靠性；修改备用 EH 油泵联启逻辑，当运行 EH 油泵出口压力低于 13.5MPa 时，无论油压测点品质好坏，均联启备用 EH 油泵，见图 5-57。

（4）加强技术培训，结合本次事件组织专业会议，总结经验教训，提高检修维护人员及专业管理人员技术水平和安全隐患风险认知。

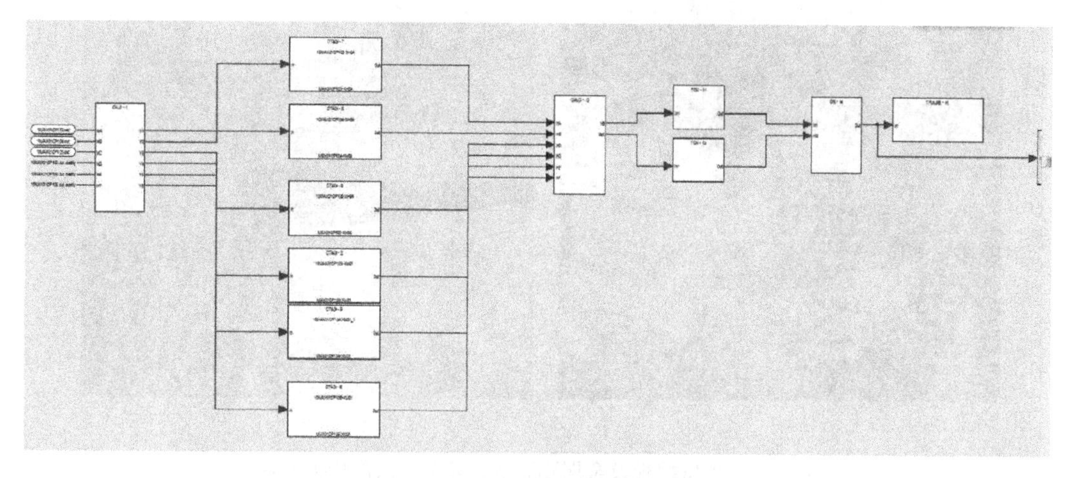

图 5-57　修改后 EH 油泵保护跳闸逻辑

（5）根据 2018 年技术监督检查要求，在操作员控制画面增加 EH 油泵运行电流测点。

三、油枪供油电磁阀电缆烧损导致机组停机

某机组容量为 600MW，东汽生产的汽轮机，哈锅生产的亚临界锅炉，DCS 为 ovation 系统，2006 年投产。

2018 年 3 月 16 日上午 8 时 00 分，1 号机组负荷为 550MW，主蒸汽压力为 15.9MPa，主蒸汽温度为 540℃，1、2、3、4、5、6、8 号制粉系统运行，1 和 2 号送风机、引风机、一次风机运行，机组运行正常。

（一）事件经过

8 时 00 分，接班发现 1 号磨煤机入口风温上升到 430℃，检查 1 号磨煤机参数均正常，立即派巡检员就地检查。

8 时 8 分，就地巡检在锅炉 0m 检查后汇报，炉 7m 小燃烧室风道处漏风，并有火星掉落，立即降负荷。

8 时 16 分，紧急停运 1 号制粉系统，减负荷至 450MW，同时增派人员就地检查炉 7m 小燃烧室。经进一步检查发现，小燃烧室热风管道出口挡板与金属膨胀节连接处漏风严重，并伴有火星冒出，泄漏的热风吹至小燃烧室斜上方电缆桥架上导致电缆烧损。1 号机组打闸停机。

3 月 20 日 7 时 22 分，并网发电。

（二）事件原因检查与分析

1. 事件原因检查

1 号炉小燃烧室 2 号小油枪供油电磁阀电缆绝缘损坏，导致短路误开（DCS 未发开指令）；因炉 7m 小燃烧室供油手总门、4 支小油枪手动分门均在开位，造成燃油进入风道后燃烧，燃烧室内温度上升，风道内出口挡板及金属膨胀节处无法覆盖耐火材料，出口挡板与金属膨胀节连接处钢板受热，在风压的作用下崩开漏风，漏出的热风吹至电缆桥架上将电缆烧损，见图 5-58。

2. 暴露问题

（1）运行人员监盘不认真，没有及时发现 1 号磨煤机入口温度、小燃烧室出口温度异常升高，导致油枪长时间投入，风道受热崩开，漏出的热风将周边电缆烧损。

(a)

(b)

图 5-58 出口挡板及金属膨胀节处外部、内部烧损照片
(a) 外部；(b) 内部

(2) 炉 7m 小燃烧室供油手动总门及 4 支小油枪手动分门，在机组启动后应及时关闭，运行人员应经常检查油系统阀门状态。事件发生后，经查以上阀门均在开位，暴露出在运行管理方面存在较大漏洞。

(3) 热控人员对所辖设备管理不善，2 号供油电磁阀短路误开，暴露出日常隐患排查不彻底、不深入。

（三）事件处理与防范

烧损的电缆进行了更换，同理采取以下防范措施：

(1) 运行部加强人员管理，提高监盘及巡回检查质量，发现参数及就地设备异常，及时分析原因并采取果断措施进行处理。

(2) 在每次机组启动后，将小燃烧室供油手动总门及分门全部关闭，部门专业管理人员要对操作结果进行检查。

(3) 热控检修队在机组启动后，将小燃烧室各油枪供油电磁阀做断电措施，避免发生误动、拒动现象。

(4) 电气、热控检修队对新更换的电缆重新做好防火措施。

(5) 运行、检修人员加强风道漏风检查，发现漏风点及时处理，避免热风泄漏烧损附近设备。

四、低压旁路快开电磁阀控制电缆短路导致机组跳闸

2018 年 11 月 29 日，某电厂 1 号机组负荷为 656MW，主蒸汽压力为 26.8MPa，主蒸汽温度为 601℃，再热蒸汽温度为 610℃，1A、1B、1C、1D、1F 制粉系统运行，总燃料量为 269t/h，给水流量为 1864t/h。

（一）事件经过

12 时 20 分，1 号机组低压旁路突然全开，DCS 中报“低压旁路油站故障”，运行人员就地检查发现低压旁路油站控制柜报“油压低”，两台油泵均停运。运行人员就地复位，DCS 及就地控制柜报警消失，两台油泵自启后油压正常，低压旁路阀自动关闭，期间负荷最低降至 373MW。

13时18分，1号机组低压旁路阀再次自动开启至100%，DCS中未发指令。就地检查发现低压旁路油站控制柜报“油压低”，两台油泵均停运。运行人员就地复位，低压旁路油站两台油泵自启动后油压仅为6.7MPa，油压无法建立，20s后两台油泵均跳闸。操作员迅速将给水指令由1830t/h提高至1940t/h，此时发现给水流量无明显变化，手动将燃料量由267t/h快速降至240t/h。低压旁路开启后汽轮机中压缸进汽量减少，此时再热蒸汽压力下降至3.14MPa，四抽压力降低至0.663MPa，给水泵汽轮机流量指令升至100%，给水泵汽轮机低压调节阀全开，高压调节阀指令发出但实际阀门未开启，冷再无法补充供汽。

13时25分，给水泵汽轮机转速指令上升至5348r/min，实际转速则因进汽量不足降至4348r/min，给水泵汽轮机因转速指令与反馈偏差大于1000r/min切手动；至13时26分43秒，给水泵汽轮机转速降至4049r/min，给泵出口压力降至25.293MPa，此时过热器出口压力为24.585MPa，给水流量低至346t/h，触发1号机组给水流量低MFT保护，汽轮机跳闸，发电机解列，见图5-59。

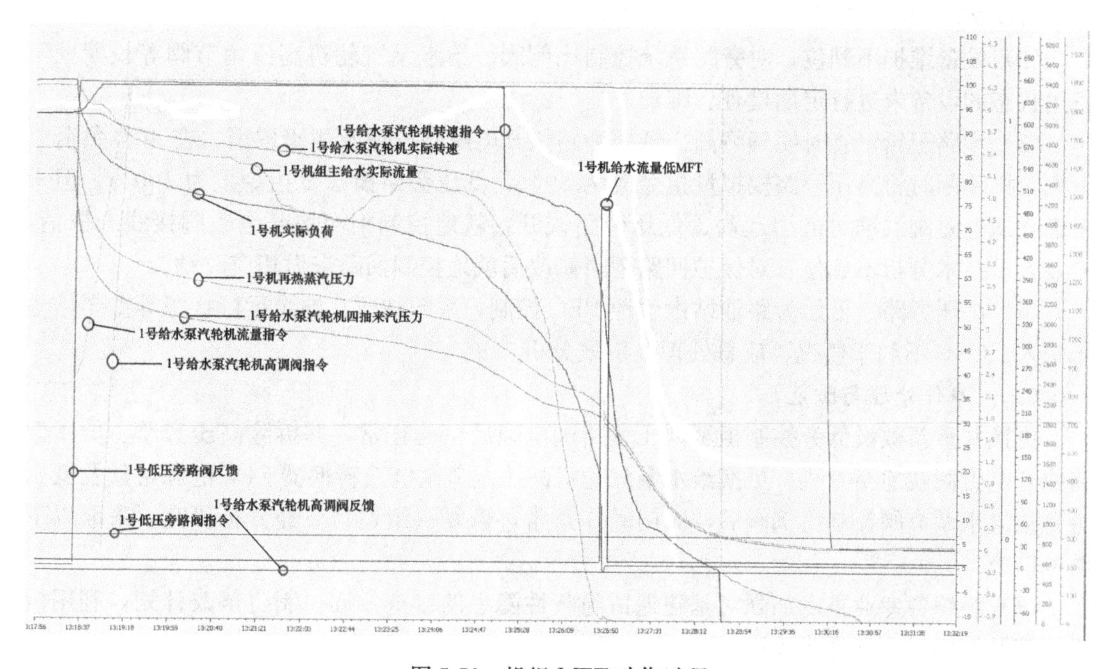

图5-59　机组MFT动作过程

（二）事件原因检查与分析

1. 事件原因检查

（1）1号机低压旁路自动开启，经检查确认为低压旁路阀控制电缆与阀体距离过近，电缆过热受损，低压旁路阀快开指令线（＋）端与阀门LVDT电源（＋）端短路，快开电磁阀得电引起。低压旁路控制电缆受损情况见图5-60、图5-61。

（2）1号机给水泵汽轮机高压调节阀未开启，检查确认为给水泵汽轮机高压调节阀电液转换器24V电源熔丝熔断导致。

（3）1号机低压旁路油压无法建立，经检查确认为低压旁路减温水调节阀液压系统控制比例阀卡涩，低压旁路油站进回油导通引起。

图 5-60　低压旁路控制电缆受损情况照片

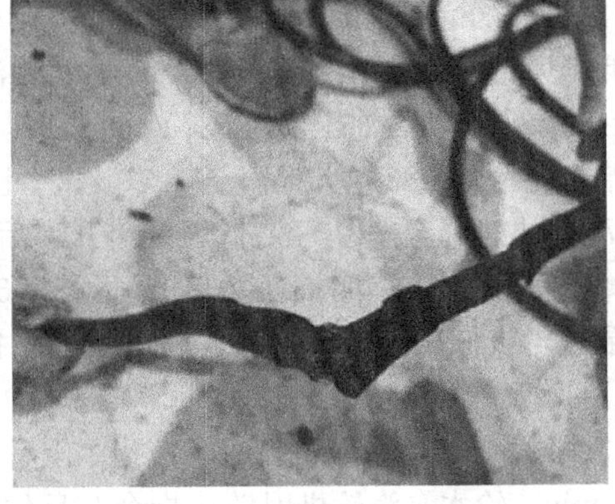

图 5-61　低压旁路控制电缆受损情况局部

2. 暴露问题

（1）隐患排查不到位，低压旁路阀电缆选型不合理、敷设不规范及 MEH 机柜中 24V 电源熔丝熔断无法判断等隐蔽性隐患未能及时发现并消除。

（2）设备维护不到位，对旁路系统控制比例阀、给水泵汽轮机高压调节阀等长期处于备用状态的设备未进行定期检查、维护。

（3）旁路逻辑审查时明确将高、低压旁路快开电磁阀按钮及逻辑取消，在 40%负荷以下汽轮机跳闸时将高压旁路模拟量指令置为 30%，低压旁路模拟量指令置为 100%。但未考虑就地电磁阀误动可能引起高、低压旁路误开，就地控制柜至快开电磁阀接线未取消，专业人员技术分析不到位，对保护回路逻辑修改后就地控制回路未做相应改动。

（4）高压旁路、低压旁路油站由就地 PLC 控制，系统油压、油泵运行状态等重要信号未送入 DCS，不利于监视、应急处理及事故分析。

（三）事件处理与防范

更换并重新敷设低旁控制柜至低压旁路阀电缆后试验正常，并拆除高压旁路、低压旁路快开电磁阀就地指令线。更换给水泵汽轮机高压调节阀电液转换器 24V 电源熔丝及低压旁路减温水调节阀控制比例阀后，阀门动作正常，恢复机组运行。经分析研究，采取以下防范措施：

（1）组织各专业重点加强对基建遗留隐蔽性隐患的排查，逐一制定整改计划，利用机组调停及检修机会处理或改造。

（2）对全厂重要设备（DCS、DEH、MEH、TSI 等系统）的熔丝进行排查，建立重要保护回路熔丝台账，将工作状态无法监视的熔丝全部更换为有状态指示的熔丝；在未更换前，每次停机必查熔丝状态，发现故障及时更换。

（3）对全厂高温、易燃区域电缆、桥架、槽盒及穿线管布置进行全面排查，确保与高温管道及阀门保持足够距离。

（4）制定旁路控制比例阀等长期备用设备定期维护计划，做到逢停必查。

（5）依据奎克厂家技术标准做好高压旁路、低压旁路油站油质酸值、水分、颗粒度及运动黏度的定期检测，检测不合格时及时联系维护人员进行滤油处理，酸值超过 8mg/g（以 KOH 计）时进行换油处理。

（6）编制四抽供汽不足及给水泵汽轮机高压调节阀无法开启的防范措施并以技术通知

单形式下发。

(7) 对已经执行的保护逻辑修改进行全面梳理，排查是否存在保护逻辑已修改但就地回路未作相应改动的情况，利用停机机会进行整改。

(8) 利用检修机会将高压和低压旁路油站系统油压、油泵运行信号等重要信号引入DCS，并调研改造取消就地PLC的可行性。

五、电缆接地造成主汽门全关信号误发导致MFT

某机组汽轮机是N300－16.7/538/538型汽轮机，锅炉（SG-1025/18.3-M837）是上海锅炉厂引进CE公司技术制造的亚临界、一次中间再热、控制循环、钢球磨中间储仓制粉和乏气送粉，四角切向燃烧、单炉膛倒U形露天布置、全钢架悬吊结构、摆动喷嘴调温、平衡通风、固态排渣煤粉炉。机组控制系统为和利时HOLLIAS MACS V6.5.1计算机监控系统。

（一）事件过程

2018年4月24日，某机组负荷为265MW，AGC方式运行，各参数显示正常，无报警信号。

00时00分37秒，机组突然解列，锅炉MFT首出为“汽轮机跳闸”，汽轮机ETS系统首出为“锅炉MFT动作”，由于有两个首出原因，运行人员未能第一时间确认机组跳闸原因，联系设备部及设备维修部相关人员到厂进一步查找发现A侧主汽门行程开关电缆接地，导致主汽门全关信号误发，触发机炉主保护联锁动作。经处理后，机组于9时3分并网运行。

（二）事件原因检查与分析

1. 事件原因检查

现场检查发现A侧主汽门处行程开关电缆从行程开关处引出向下穿入金属盖板，因外护金属软管破裂，同时人员走动挤压，造成电缆破损（见图5-62）接地，汽轮机主汽门全关继电器绕组得电动作。A侧主汽门处行程开关电缆绝缘破损接地（靠“汽轮机主汽门全关继电器”负极侧接地，同等于A、B主汽门全关行程开关闭合），汽轮机主汽门全关继电器绕组得电动作，导致主汽门全关信号误发。

图5-62 电缆破损照片

检查“汽轮机主汽门全关”逻辑，其信号判断条件为A侧主汽门两支行程开关并联，B侧主汽门两支行程开关并联，两者再串联，驱动“汽轮机主汽门全关”信号继电器，见图5-63，由于靠汽轮机主汽门全关继电器负极侧接地，同等于A、B主汽门全关行程开关闭合，热控保护逻辑不完善，异常情况下保护信号的判断和保护动作逻辑存在漏洞。

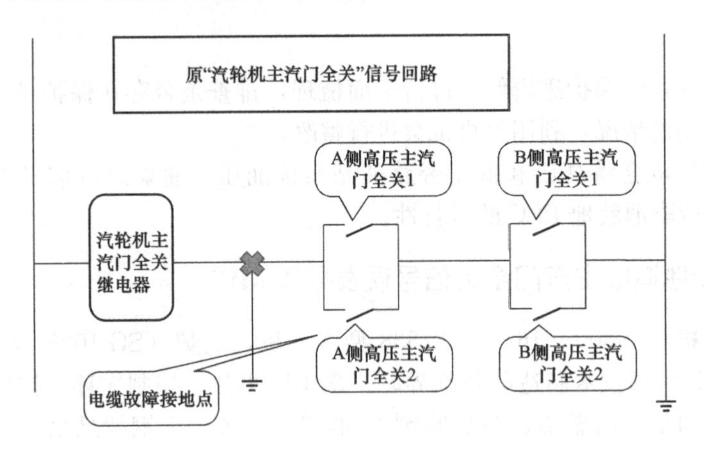

图 5-63 “汽轮机主汽门全关”判断

2. 事件原因分析

根据上述检查分析，此次事件的原因是 A 侧主汽门行程开关电缆接地，导致主汽门全关信号误发，此时 ETS 系统无跳闸条件存在，而锅炉 FSSS 系统接收到“汽轮机主汽门全关”信号，MFT 动作，首出记录为“汽轮机跳闸”；MFT 动作后输出至 ETS 系统，汽轮机跳闸并首出记录为“锅炉 MFT 动作”。

3. 暴露问题

（1）设备管理不到位。定期工作浮于表面，设备巡回检查不认真，未及时发现 A 侧主汽门行程开关电缆破损；设备劣化跟踪不到位，电缆逐步老化、破损未被发现，造成运行中电缆接地。反映出设备管理存在人员缺位、失责现象。

（2）隐患排查不彻底。对“汽轮机主汽门全关”信号驱动回路风险认识高度不够，未充分意识到电缆接地带来的误动风险。多次进行隐患排查、机组检修工作，但未能发现隐患，热控专项提升工作也未能深入梳理，存在严重误动风险的重要回路。技术监控工作不到位，反映出安全意识不强，反措执行不彻底。

（3）技能培训不到位。与热控保护相关的从业人员、管理人员技能水平不足，对保护逻辑存在的风险，未能按规程和反事故技术措施要求，及时消除设备缺陷，改进设备状况，保持设备应有的健康水平。反映出技术管理、技术培训存在严重缺陷。

（三）事件处理与防范

确认故障后，紧急施放临时电缆，更换故障电缆后，机组恢复运行。同时采取以下防范措施：

（1）对重要设备及类似场所进行排查，检查各控制设备和电缆外观，测量绝缘等指标，对有破损的及时处理，不合格的予以更换，对有外部误碰和伤害风险的设备做好安全防护措施。

（2）严格执行定期工作和大小修检修验收标准，做好三级验收工作，做实技术管理工作。

（3）加强专业技术管理，完善保护回路。临时修改“汽轮机主汽门全关”信号驱动逻辑（见图 5-64），增加两个中间继电器，分别为“A 侧汽轮机主汽门全关”和“B 侧汽轮机主汽门全关”，由 A 侧主汽门两支行程开关并联和 B 侧主汽门两支行程开关并联分别驱动，再由这两个中间继电器驱动“汽轮机主汽门全关”信号，避免出现单一点接地造成“汽轮机主汽门全关”信号误发。并计划结合 5 号机组 9 月大修完善保护改造：就地 A、B 侧主汽门两侧行程开关，通过独立的电缆送入DCS系统不同的DI卡，每侧主汽门关闭信号经判断后进行“与”运算，送出一路主汽门全关信号通过硬接线送至电气保护屏；另外就地两侧行程开关通过硬接线串联直接送至电气保护屏，两路信号均通过电气程序逆功率或逆功率保护跳发电机。

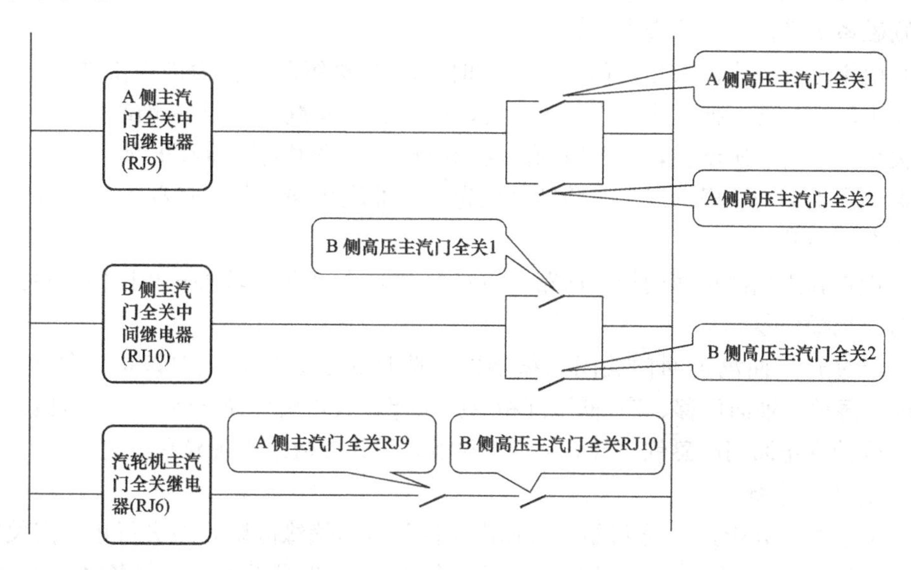

图5-64　修改后“汽轮机主汽门全关”判断

（4）做好技术监控日常工作，全面开展隐患排查工作，结合规范热控保护技术管理，加强对存在风险的问题进行排查，对设备可能存在的隐患，排查到位，制定完善的预防措施，及时处理，将风险问题消除在萌芽状态，切实保证设备安全。

（5）举一反三，扎实开展热控专项行动。加强热控保护逻辑优化和热控设备劣化分析，逐条梳理检查保护回路，并与机组实际逻辑设置进行核对，对涉及机组所有主保护的测点配置、安装情况、逻辑组态进行全面排查。防止热控主保护失效、误动。对在热控专项提升活动中发现的保护系统冗余配置及分散布置方面的问题，及时制定切实可行的治理措施，并在措施实施前做好防范预控措施，避免事故扩大造成保护误动。真正做到“向保护要安全，向自动要效益”。

六、电缆绝缘故障引起“汽轮机轴承振动大”保护动作跳闸

2018年11月26日11时6分，某电厂11号机组负荷为87MW，机组带工业抽汽流量为130t/h，锅炉主蒸汽流量为410t/h，总煤量为52t/h，乙、丙、丁磨煤机运行。

（一）事件经过

11月26日11时00分，运行人员进行11号机组一、二、四、五段抽汽止回门关闭试验定期工作。11时5分，开始试验，一、二、四段抽汽止回门关闭试验正常。11时6分27秒，在关闭五段抽汽止回门后，11号机突然跳闸，首出为“汽轮机轴承振动大”。汽轮机惰走过程中，就地检查汽轮机无异声，振动正常。11时6分35秒，11号发电机程跳逆功率保护动作，发电机解列。厂用联动成功。立即投油稳燃，停丙、丁磨煤机，调整汽包水位正常，维持11号炉运行。11号机组跳闸后，将工业抽汽100t/h热负荷转移至1、2号

机组，30t/h 热负荷转移至 12 号机组，保持全厂对外供热短时间不受影响。

（二）事件原因检查与分析

1. 事件原因检查

（1）经对汽轮发电机组各轴瓦及本体、发电机氢气系统、TSI 机柜及探头、二次回路接线、励磁系统进行全面检查未见异常。

（2）由于进行五段抽汽止回门活动试验时，11 号机组跳闸，为进一步进行原因分析，现场决定重新进行五段抽汽止回门关闭试验，确认五段抽汽止回门关闭试验与振动突升有无因果关系。经过 3 次试验，在五段抽汽电动门打开，关闭五段抽汽止回门时，11 号机组各轴承振动发生突增。根据以上试验结果认为五段抽汽止回门关闭过程中因电信号干扰会导致机组振动突升。

（3）检查五段抽汽止回门控制回路，检查发现 11 号机组五段抽汽止回门电磁铁电缆正极线芯对地绝缘为零。

（4）经过五段抽汽止回门关闭与振动的关联性试验，发现只要该电磁铁电缆带电，TSI 系统的振动、轴向位移、高/低压缸相对膨胀等参数均出现异常波动；随后检修人员重新敷设五段抽汽止回门电磁铁电缆，第四次试验，TSI 参数未出现异常波动。

2. 事件原因分析

根据上述检查分析，11 号机组 5 段抽汽止回门电缆绝缘故障，在进行止回门关闭试验时，造成直流 220V 系统接地，经 TSI 接地系统对 TSI 造成干扰，引起各轴瓦振动上升，造成“汽轮机轴承振动大”保护动作。

3. 暴露问题

（1）运行监盘不认真。经调阅 10 月 26 号 11 号机组抽汽止回门定期活动试验 DCS 曲线发现，11 号机组各轴瓦振动测点在五段抽汽止回门关闭时有瞬间波动，且 5X、6X 均超过动作值（未超过 2s 延时，所以未动作），但运行人员对于汽轮机主要参数异常未能及时发现。

（2）运行事故预想不到位。对于定期工作可能存在的风险预判不足，未能充分意识到可能带来的跳机风险。

（3）检修质量及检修管理不到位。虽然检修公司 9 月在 11 号机组 C 级检修中对五段抽汽止回门进行了检修，但未发现五段抽汽止回门电磁铁电缆绝缘故障，检修工艺质量不到位，三级验收流于形式，检修管理不到位。

（4）隐患排查不到位。日常的隐患排查走过场，未能排查出 TSI 系统接地可能受到干扰，进而影响 TSI 参数的隐患。

（5）本次由于止回门电缆故障引起机组主保护动作，说明热控保护排查流于形式，活动开展不扎实。

（三）事件处理与防范

（1）利用 11 号机组检修或机组停备，会同本特利厂家、调试所对 11 号机组 TSI 系统所有接地进行全面排查，排除接地不可靠、不规范引起的电磁回路干扰的隐患。

（2）利用 11 号机组检修或机组停备，对 11 号机组汽轮机保护柜内 1～4 段抽汽止回门及保护调节阀电磁铁电缆进行耐压试验，排除电缆绝缘隐患。

（3）严肃执行机组检修质量三级验收制度，检修班组、检修专工、设备部按照机组检修导则进行现场验收，检修完成后按照检修质量事件进行追责管控。

(4) 举一反三，根据11号机组发生的异常情况，利用机组检修或停备，对12号机组一至五段抽汽止回门及保护调节阀电磁铁电缆进行全面检查。

(5) 热控专业针对本次非停事件，人人手写“四不放过”和反思，结合热控管理攻坚提升活动夯实专业管理基础。

(6) 发电部重新梳理排查机组定期工作，凡是牵涉机组主保护逻辑或可能威胁到机组稳定运行的定期工作，对定期工作进行扩大化风险分析，制定可靠的防范措施，提高监护等级，确保定期工作执行正常。

七、温度信号接线端子接触不良造成汽轮机防进水保护动作机组跳闸

(一) 事件经过

2018年11月3日，某热电厂“一拖一”机组运行，其中5号燃气轮机负荷为230MW、4号汽轮机负荷为101MW，机组总负荷为331MW，主蒸汽压力为8.36MPa，主蒸汽温度为560℃，热网供水流量为2650t/h。5时22分30秒，4号汽轮机“防进水保护”动作，4号汽轮机跳闸。旁路系统动作正常，5号燃气轮机降负荷运行。

(二) 事件原因检查与分析

1. 现场检查

(1) 查询历史趋势，汽轮机中压排汽下半汽缸内壁金属温度测点的测量值发生跳跃式波动，与汽轮机中压排汽上半气缸内壁金属温度的偏差值大于56℃，造成汽轮机防进水保护动作（见图5-65）。

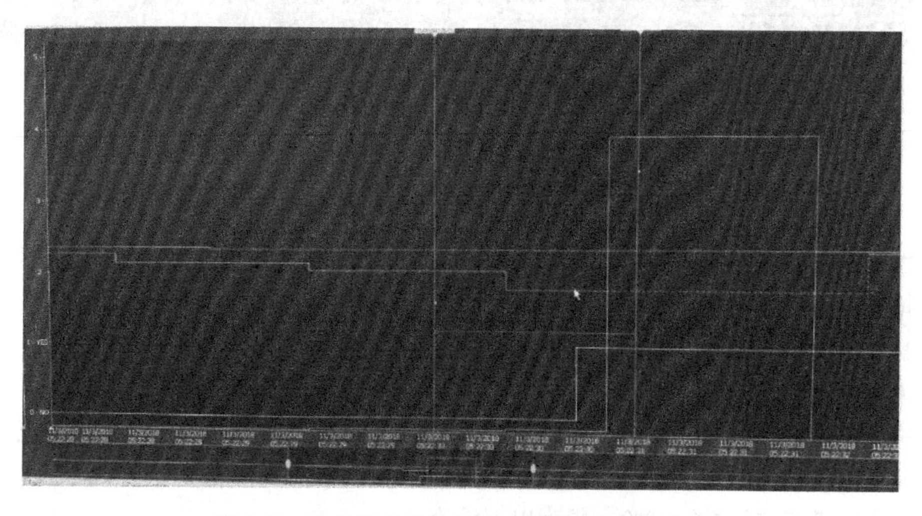

图5-65　汽轮机防进水保护动作时温度趋势曲线

(2) 检查汽轮机中压排汽下半汽缸内壁金属温度的接线方式为压接式（见图5-66），对该测点的引线进行检查时，拨动接在19端子上的引线，测点的指示值发生波动，在4s时间内，由279℃波动至192℃，与跳机时的现象一致（见图5-67）。对测点的电阻进行检查，该测点为双支热电偶，测量工作测点与备用测点的内阻均为7.5Ω，进行线路甩线，模拟热电偶断线的工况，逻辑中未触发防进水保护。

图 5-66　汽轮机中压排气下半汽缸内壁金属温度连接方式

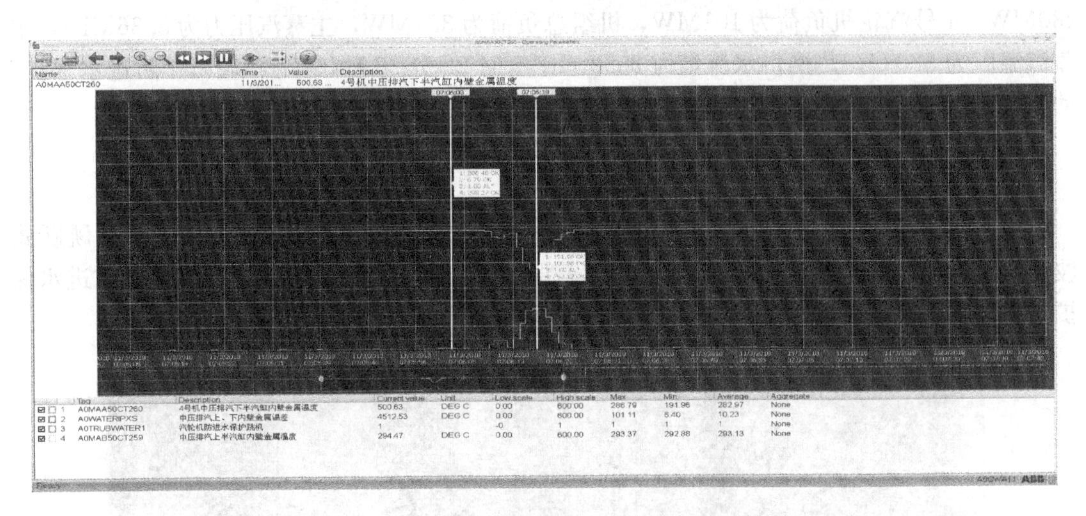

图 5-67　对测点进行线路检查时出现的波动情况

检查汽轮机防进水保护的逻辑，汽轮机中压排汽下半汽缸内壁金属温度测点的测量值与中压排汽上半气缸内壁金属温度的测量值的差值作为保护条件，当差值高于 56℃时，无延时，触发防进水保护动作。

2. 模拟试验

理论上汽轮机中压排汽下半汽缸内壁金属温度的波动值在 3s 内由 275℃突降至 219℃，已满足速率限制条件，应该被逻辑剔除，但实际触发了防进水主保护。

经过实际模拟信号进行试验，得到以下结论：

（1）如果测点断线或大幅度波动后恢复至原始值，通过速率限制逻辑与品质判断逻辑可以将该测点的异常值剔除，屏蔽保护条件。

（2）如果测点显示值波动，超出速率限值后，会在 3s 内闭锁，3s 后，如果温度波动值小于限制值，测点恢复显示，但由于此时显示值未变品质坏点，维持在一个异常的温度值上，会触发温差大引起防进水主保护误动。该逻辑动作与 4 号汽轮机防进水保护误动时的情况一致。

3. 事件原因分析

根据上述检查分析，因4号汽轮机中压排汽下半汽缸内壁金属温度接线端子处接触不良，产生测量值波动，导致与4号汽轮机中压排汽上半气缸内壁金属温度的偏差值大于56℃，造成4号汽轮机“防进水保护”动作。另外4号汽轮机防进水保护逻辑虽设置了速率限制与品质判断功能块，但该逻辑仅能避免线路断线或干扰跳变的情况，不能躲过由于接触电动势变化引起测量值失真的工况，是造成4号汽轮机跳闸的间接原因。

4. 暴露问题

（1）安全生产标准不高，管理不严不细。在隐患排查、设备管理、技术管理、检修管理出现纰漏，对“一拖一”机组检修管理修前策划、修中管控、修后验收各个环节，整体管控不力，要求不严不细、执行环节打折扣，导致“一拖一”机组检修后发生非停事件。

（2）隐患排查不到位。热控专业在对所有主保护进行梳理过程中，已发现防进水保护为单点保护，但浅显的认为具有速率限制与品质判断功能，能够起到避免误动的作用，在逻辑传动过程中，仅试验了断线工况，没有考虑到“温度波动并保持后仍然保持好点”的特殊情况；同时，对温度测量系统采用压接端子的连接方式存在接触不良的情况认识不足，造成未能及时发现ABB公司逻辑功能块缺陷和压接端子接触不良的严重问题，暴露出隐患排查不全面、不深入，埋下了安全隐患。

（3）技术管理不到位。在4号机C级检修中，中压排汽下半汽缸内壁金属温度安装在高压缸下层保温层中，未进行保温拆除，仅通过拉拽引线的方法对引线进行接触检查，暴露出对于参与主保护的测点重视程度不足。且检查中没有明确回路检查标准及检修工艺要求，检测手段单一，仅靠传动检查回路，缺少有效的技术手段进行验证，致使回路存在的隐患没有及时被发现。

（4）专业技术培训不到位。未能对逻辑中每一个功能块进行深入研究，专业人员对品质判断逻辑理解不透彻、掌握不全面，对未知风险辨识不清，对故障发生的可能性认识不全面。

（三）事件处理与防范

（1）提升思想认识，提升专业管理，强化工作中的执行力，组织全员学习非停分析报告，深刻吸取事件教训，杜绝问题的重复发生。

（2）提升安全生产管理标准，将安全生产管理工作做细做实，强化机组日常维护、检修管理中的各个环节，加强安全管理、技术管理的力度。

（3）从设备系统、装置原理入手，全面学习掌握所有保护、自动装置的逻辑和原理，与现场实际对比进行隐患排查，发现问题立即整改。定期组织生产人员进行专业考试，巩固培训效果。组织全员学习我厂及系统内非停事件汇编，吸取事故教训，对照进行自查整改，消除隐患。

（4）结合热控管理提升活动，继续深入开展设备与逻辑隐患排查，制定具体的排查计划，主要针对现场设备及逻辑设置，检查现场存在隐患的点，明确到具体的测点、接线端子。梳理DCS系统中其余使用到品质判断的逻辑，梳理目前DCS系统、TCS系统中存在的单点保护等薄弱环节，形成专项报告，与主机厂家协商优化方案。

（5）对3、4号汽轮机防进水保护逻辑进行优化，根据发现的逻辑问题，与主机厂家、ABB公司、研究院联系，制定逻辑优化的方案，对现有逻辑进行优化，避免温度异常波动时造成主保护误动。

（6）规范热控巡检与检修内容，根据热控管理提升中梳理的清单，对设备进行分级管理，做到将参与到保护与调节的测点、设备作为一级设备加强管理，在检修中全覆盖，对于涉及保护测点的消缺与维护，记录在档案中。按照要求开展相关的逻辑及现场隐患排查工作，发现问题及时消除或制定切实可行的措施。

八、发电机密封油系统油位开关电缆短路导致油氢系统异常

某电厂机组为600MW亚临界燃煤机组，锅炉采用北京巴威公司制造的亚临界、中间再热、自然循环单锅筒锅炉，汽轮机采用东汽生产的中间再热凝汽式汽轮机，机组型号为N600-16.7/538/538-1。DCS系统采用ABB公司制造的Symphony控制系统。2018年5月8日3号机组正常运行中发电机密封油系统油位故障异常。

（一）事情经过

2018年5月8日13时44分32秒，该厂3号机组发电机密封油真空箱油位高瞬时报警，密封油真空泵跳闸。13时44分42秒，密封油真空箱油位3LT3705L低报警，交流密封油泵A跳闸，备用密封油泵B闭锁自启，事故直流油泵自启，大屏密封油系统故障报警。密封油压（压力信号取自油氢差压调节阀后）由0.59MPa下降至0.55MPa，油氢差压3PDS3701L低报警。就地检查油氢差压已经由正常50kPa下降至不足20kPa，检查发现3号发电机盘车装置处冒烟，发电机接地电刷有明火。

紧急降低氢压处置，并检查确认密封油箱油位正常后强启交流密封油泵，维持汽轮机油氢差压正常，3号机组维持300MW负荷稳定运行。

（二）事件原因检查与分析

经现场检查，发现3号发电机密封油真空箱液位高开关就地电缆对接处短路误动作，导致密封油真空泵跳闸，真空扰动引起密封油真空油箱油位剧烈波动，触发油位低开关动作，发电机密封油交流油泵跳闸。液位低开关动作后，因元件老化未复归，导致备用交流密封油泵闭锁自启，并且闭锁操作员手动启动交流密封油泵，事故直流油泵自启。

3号机密封油直流油泵存在磁套部分失磁，导致出口压力偏低的情况。在交、直流油泵切换过程中差压瞬时下降，发电机漏氢，3号发电机电刷处的火星点燃漏出的氢气，引起短暂明火（10s）。

（三）事件处理与防范

（1）申报密封油真空油箱液位计及液位开关，待备品到后更换。

（2）待停机时对3、4号机组密封油真空油箱，增装雷达导波液位计和音叉开关。

（3）完善保护逻辑，将导波雷达模拟量信号、原模拟量信号、新增音叉开关量信号进行“三取二”判断，油位低时自启直流密封油泵；将导波雷达模拟量信号、原模拟量信号进行与逻辑判断，油位高时自启密封油真空泵；取消3、4号机组真空油箱油位低，自动停交流密封油泵逻辑。

（4）增加油氢差压变送器，差压低时大屏报警。试验确定定值后增加备用交流密封油泵和直流密封油泵的自启条件。

（5）增加交流密封油管道压力变送器，压力低时自启备用交流密封油泵和直流密封油泵。

（6）优化缩短交流密封油管道压力低自启备用交流密封油泵和直流密封油泵的延时时间。

九、启动中的给煤机因接线松动跳闸导致锅炉 MFT

某机组锅炉为哈锅生产的超超临界参数、变压运行、垂直管圈水冷壁直流燃煤锅炉。汽轮机由上海汽轮机有限公司和德国西门子公司联合设计制造的 N1000-26.5/600/600 型超超临界、一次中间再热、单抽、四缸四排汽、双背压、八级回热抽汽、反动凝汽式汽轮机。发电机为上海汽轮发电机有限公司和西门子公司联合设计制造的水氢氢冷却、无刷励磁汽轮发电机。DCS 控制系统采用上海艾默生过程控制有限公司的 Ovation 系统。2018 年 6 月 1 日，4 号机组启动中 4A 给煤机跳闸，造成全燃料丧失，机组 MFT 动作。

（一）事件经过

当日该机组开始启动，7 时 14 分 7 秒，启动 4A 给煤机。

7 时 14 分 22 秒，4A 给煤机跳闸，因油枪未投运，全燃料丧失触发锅炉 MFT 动作。

（二）事件原因检查与分析

1. 事件原因检查

检查 DCS 给煤机跳闸首出为“就地跳闸”，查历史曲线给煤机启动后无转速；就地检查给煤机控制器报“检测不到转速”“测速转速与变频转速偏差大”（见图 5-68）。

针对给煤机控制器报警“检测不到转速”“测速转速与变频转速偏差大”情况，检查转速探头固定到位，探头间隙正常；检查转速探头至测速模件各接线，未见松动。测量转速放大器电源电压为 12V，测速放大器信号端与地端电压为 0.7V（正常应为 12V 左右），通过更换测速放大器及测速探头，电压仍未达到 12V，排除探头及放大器故障问题。

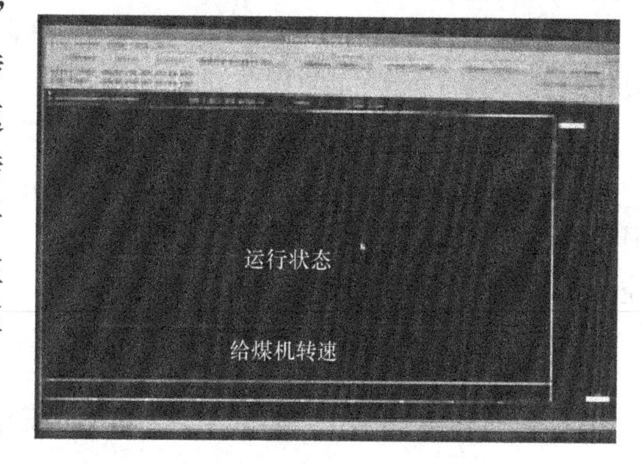

图 5-68　DCS 曲线

检查给煤机控制柜点接线，发现 12V 电源“＋”端至测速放大器供电端子 FX01 处有虚接。该端子上连接两根导线，两根导线线径有区别，一根线径为 0.75mm，另一根为 0.5mm。将两根导线线头重新制作，压在一个线鼻子内，重新接线后，电源供电正常，启动 4A 给煤机运行正常。

2. 事件原因分析

12V 电源“＋”端至测速放大器供电端子 FX01 上两根导线线径不一致，紧固端子时未压紧（见图 5-69）。给煤机控制柜内转速测量回路 12V 供电电源“＋”端 FX 端子上连接两根导线，一红一黄，该两根导线线径不一致，一根 0.75mm，另一根为 0.5mm。

机组检修后期，对该控制柜进行过清扫并紧线，清扫过程造成 FX01 端子内两根导线受力，出现松动，但紧固端子时，因该端子内线径不同，只压紧了较粗的 0.75 的黄线，0.5 的红线只是端子红色绝缘部分卡得较紧，无法拔出（见图 5-70，无法通过轻拉端子等手段检测）。认为该端子接线已紧固，但实际金属部分并未压紧，存在虚接现象，在机组启动点火期间出现检测不到转速情况。

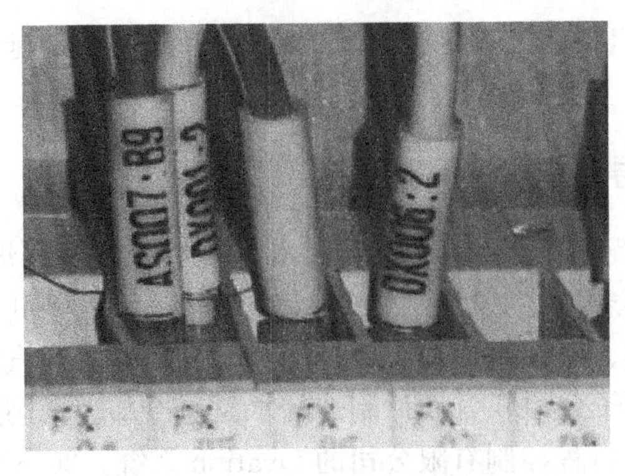

图 5-69 两根不同线径的导线

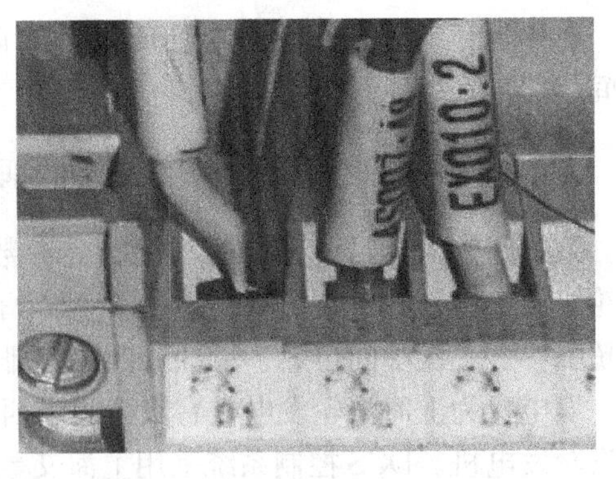

图 5-70 红色绝缘芯线未卡紧

排查 5 月 29 日、5 月 30 日给煤机试运时的启动和转速曲线，检查测速信号正常。由此判断，在试运之后的紧固接线时，可能触碰到该端子使原本虚接的部分断开，最终导致机组启动时 4A 给煤机测不到转速跳闸。

给煤机控制柜就地工作结束后，未重新进行紧线确认，导致该缺陷未及时发现。

3. 暴露问题

（1）给煤机控制柜检修维护不到位。未及时检查发现端子松动情况，导致给煤机启动时测不到转速跳闸。

（2）检修工作管理管控不到位，未明确制定线径不一致的导线接线方法与检查手段。未针对此类端子接线问题规范建立设备台账，日常检查不到位。

（三）事件处理与防范

（1）停磨时全面检查该就地控制柜内部的控制回路，排查一个端子内是否存在连接多根导线情况，线径不一致的重新制作线鼻子，进行接线紧固。检查其他同批改造的给煤机控制系统是否存在类似的问题并进行处理。

（2）对此类端子接线设备做好台账记录，进行重点分析，防止此类问题再次发生。

十、低压缸胀差前置器电源线芯断脱造成保护误发机组跳闸

2018 年 7 月 13 日 19 时 29 秒，2 号机组负荷为 357MW，主蒸汽温度为 543℃，再热蒸汽温度为 531℃，主蒸汽压力为 12.2MPa，真空为－90.98kPa，轴向位移为 0.15mm，高压缸胀差为 0.45mm，低压缸胀差为 11.04mm，低压缸胀差位置的轴承振动 6*X* 数值为 24mm/s，轴承振动 6*Y* 数值为 29mm/s，运行参数平稳，机组 AGC 方式运行。

（一）事件经过

19 时 31 分 32 秒，2 号汽轮机跳闸，2 号机组负荷由 357MW 降为 0，首出为“汽轮机低压缸胀差大”，DCS 操作画面上低压缸胀差数据变紫（坏质量），查看轴向位移、缸温、主蒸汽温度、高压缸温度和振动等参数正常。

20 时 40 分，TSI 检测装置隐患处理完成，热控、汽轮机专业及相关管理人员现场检查，确认设备无异常。

21 时 32 分，2 号机组启动并网。

事件导致停机时间 2h28s，损失电量约 50 万 kW·h，耗油 15.03t。

（二）事件原因检查与分析

1. 事件原因检查

机组跳闸后，热控值班人员查看相关参数历史趋势，见图 5-71，调取 SOE 记录和跳闸首出，确认机组跳闸原因为低压缸胀差保护动作，见图 5-72。

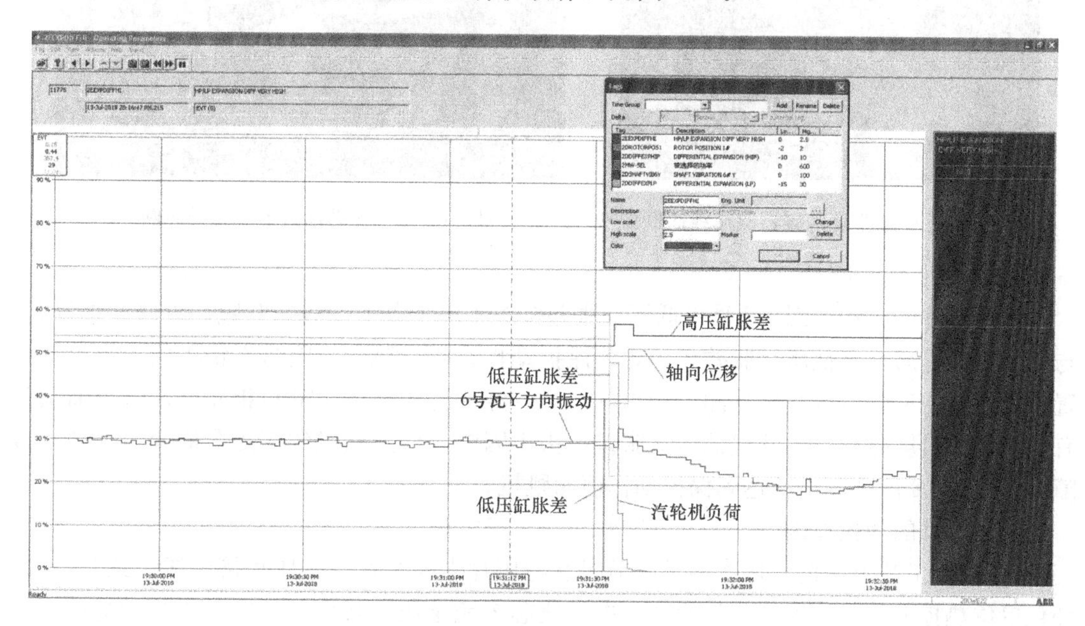

图 5-71　相关参数历史趋势

LYJ-SOE - Summary SOE

	TIME	TAGNAME	DESCRIPTION	STATUS	QUAL.
5	13-Jul-18 19:31:32.2	SOE-3460304-10SO	低压缸胀差非常高	ONE	OK AL EN
6	13-Jul-18 19:31:32.2	20ETSSOE14SO	胀差非常高停机	ONE	OK AL EN
7	13-Jul-18 19:31:32.2	20TURBTRP1SO	汽轮机跳闸1	ONE	OK AL EN
8	13-Jul-18 19:31:32.2	20ETSSOE01SO	旁路阀故障停机	ONE	OK AL EN
9	13-Jul-18 19:31:32.2	SOE-20ASTACT	ETS跳闸继电器动作	ONE	OK AL EN
10	13-Jul-18 19:31:32.3	SOE-3460302-1SO	右高压主汽门全关	ONE	OK AL EN
11	13-Jul-18 19:31:32.4	SOE-3460304-5SO	左中压主汽门全关	ONE	OK AL EN
12	13-Jul-18 19:31:32.4	SOE-3460301-4SO	右中压主汽门全关	ONE	OK AL EN
13	13-Jul-18 19:31:32.4	20CHA00EH521SO	1发电机定子热工保护	ONE	OK AL EN
14	13-Jul-18 19:31:32.4	20CHA00EH103SO	1发电机保护装置报警	ONE	OK AL EN
15	13-Jul-18 19:31:32.6	SOE-3460303-1SO	左高压主汽门全关	ONE	OK AL EN
16	13-Jul-18 19:31:32.7	20MFTDI005SO	MFT已动作1	ONE	OK AL EN
17	13-Jul-18 19:31:32.7	20MFTRLYPWRFAISO	MFT直流回路1电源故障	ONE	OK AL EN
18	13-Jul-18 19:31:32.7	20MFTDI006SO	MFT已动作2	ONE	OK AL EN
19	13-Jul-18 19:31:32.7	20MFTRLYPWRFISO	MFT直流回路2电源故障	ONE	OK AL EN
20	13-Jul-18 19:31:32.7	SOE-3460301-3SO	锅炉主燃料跳闸1	ONE	OK AL EN
21	13-Jul-18 19:31:32.7	SOE-3460302-3SO	锅炉主燃料跳闸2	ONE	OK AL EN
22	13-Jul-18 19:31:32.8	20ETSSOE08SO	主汽阀入口汽温过低停机	ONE	OK AL EN
23	13-Jul-18 19:31:32.8	20HFC20AJ001TPSO	磨煤机B停止2	ONE	OK AL EN
24	13-Jul-18 19:31:32.8	20HFE10AN001TPSO	一次风机A停止2	ONE	OK AL EN
25	13-Jul-18 19:31:32.8	20HFC40AJ001TPSO	磨煤机D停止2	ONE	OK AL EN

图 5-72　SOE 记录

检查 TSI 模件，初步判断为低压缸胀差探头 1 故障。19 时 37 分，热控人员现场检查 2 号机低压缸胀差装置就地接线箱，发现低压缸胀差探头 1 前置器电源线芯断脱。松开前置器接线端子，发现电缆线芯与压片未完全对位（见图 5-73）。20 时 10 分，热控人员对 2 号汽轮机本体其他 TSI 检测装置进行全面检查，发现 3Y 振动探头存在类似隐患（见图 5-74）。

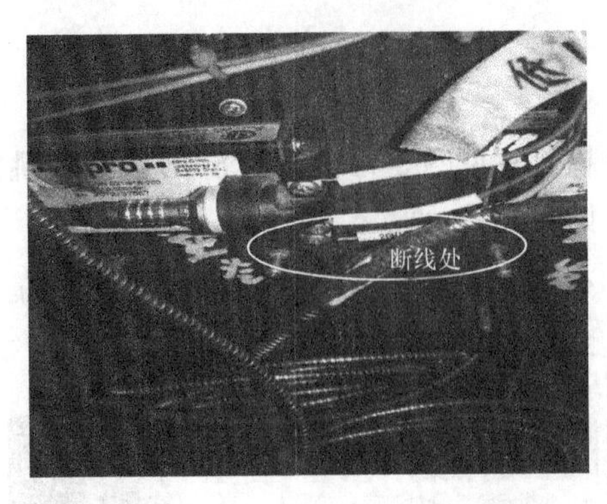

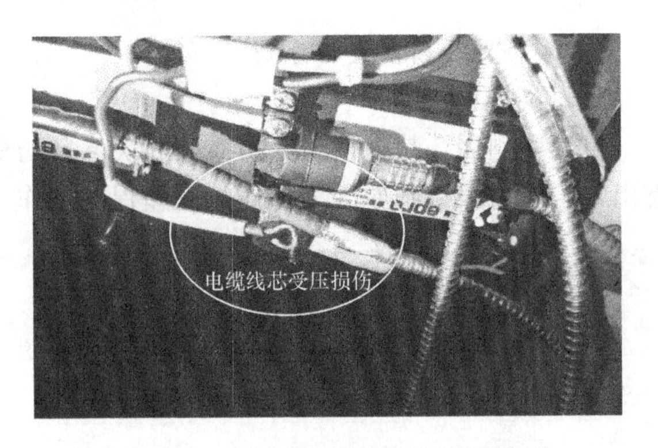

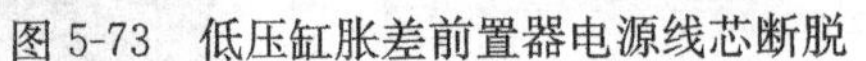
图 5-73　低压缸胀差前置器电源线芯断脱

图 5-74　3Y 振动前置器电源线芯断脱

2. 事件原因分析

（1）事件的直接原因：2 号机低压缸胀差探头 1 前置器电源线芯断脱，检测数据异常，与探头 2 计算后输出低压缸胀差大，导致保护动作，机组跳闸。因为汽轮机低压缸胀差设置两个独立通道，由两套独立测量探头（1、2）经前置器送至 TSI 机柜模件，每个通道设有断线保护自屏蔽功能。此次低压缸胀差探头 1 因电源线芯断脱致使测量值变为负值（故障），与探头 2 计算输出值达到保护动作值而跳机。

（2）事件的间接原因：

1）安装工艺不规范，接线端子电缆线芯与压片未完全对位，压片挤压线芯致其受损，外包单位热控人员在开展接线作业时，电缆线芯未完全压入弧型压片内，压接时金属压片边缘挤压线芯，致使电缆线芯受损。

2）安装质量验收把关不严，未对低压缸胀差探头线芯的压接工艺进行检查，未发现低压缸胀差探头 1 线芯损伤隐患。

3. 暴露问题

（1）电缆接线的安装工艺和验收执行不到位，未按照 DL/T 5210.4—2009《电力建设施工质量验收及评价规程　第 4 部分：热控仪表及控制装置》要求落实电缆接线的安装工艺和验收要求。

（2）检修作业文件包不完善，《汽机 TSI 装置检修文件包》未设置电缆接线的工艺和验收标准。

（3）风险辨识不到位，对汽轮机保护装置安装、调试过程中潜在的保护误动或拒动风险未充分辨识并采取控制措施。

（三）事件处理与防范

热控人员对损伤的电缆线芯进行重新制作、握圈压接，重新对接线端子压片与电缆线芯进行接线整治。同时采取了以下防范措施：

（1）对 1、2 号机组现场所有 TSI 装置接线端子、线芯、固定螺栓及连接件进行全面清查，整改隐患。

（2）参照行业标准完善检修作业文件包及质量控制文件，明确关于电缆接线等检修工艺要求，明确质量见证点及验收要求；完善施工作业风险辨识及控制措施。

（3）调研汽轮机低压缸胀差装置故障及断线的防范措施，并采取有效措施防止误动。

（4）开展电缆接线的安装工艺和验收培训，提高从业人员技能。

十一、AST 油压开关信号线接地引起机组跳闸

2018 年 9 月 26 日，某电厂 2 号机组在 AGC 控制模式下运行，机组负荷为 224MW，机前主蒸汽压力为 16.06MPa，中压缸排气压力为 0.28MPa；汽轮机处于顺序阀模式下，其中 1 号和 2 号高压调节阀开度为 65%，3 号高压调节阀开度为 13%，4 号高压调节阀开度为 0%，两个中压调节阀的开度均为 100%；各辅机运行正常。

（一）事件经过

14 时 12 分，2 号汽轮机各进汽调节阀突关，各主汽阀保持在全开位，机组负荷由 224MW 突降到零，主蒸汽压力突升，锅炉蒸汽安全门动作。

14 时 13 分，运行人员手动 MFT，机组跳闸。

16 时 34 分，2 号汽轮机挂闸冲转；17 时 8 分，机组并网。

（二）事件原因检查与分析

1. 事件原因检查

（1）事件发生后，热控人员查阅历史曲线，见图 5-75。

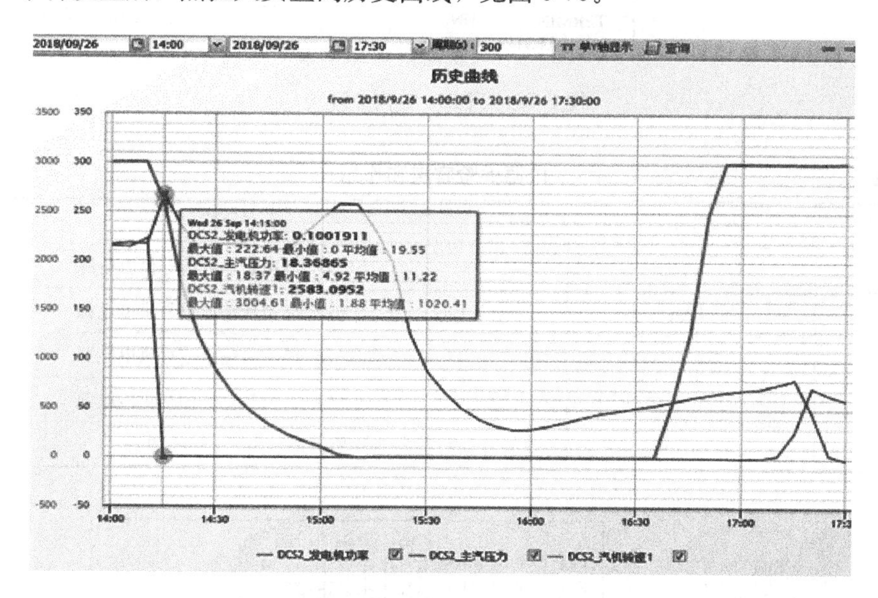

图 5-75　运行人员手动 MFT 机组跳闸曲线

（2）检查相关设备和系统。机组 DEH 控制系统采用的是 ABB 公司的 Symphony 分散控制系统。DEH 配有 3 块相互独立的 TPS02 汽轮机保护卡，3 块汽轮机保护卡通过它们共用的一块 TPSTU02 端子板，分别单独接收来自现场的汽轮机转速、发电机有功功率、中压缸排汽压力等模拟量信号，以及发电机主开关和汽轮机高压保安油（AST）压力开关状态等开关量信号，构成三重冗余输入信号配置，并通过 DEH 的扩展总线将其各自单独接收到这些信号，以及由其各自处理生成的功率不平衡信号等分别单独传至 DEH 控制器。结构原理图见图 5-76。

在 TPSTU02 端子板上设有 F1～F6 等 6 个供电电源熔断器，其中 F5 和 F6 对应的模拟量输出供电回路未使用。各电源熔断器的容量和作用见表 5-2。电源保险布置图见图 5-77。

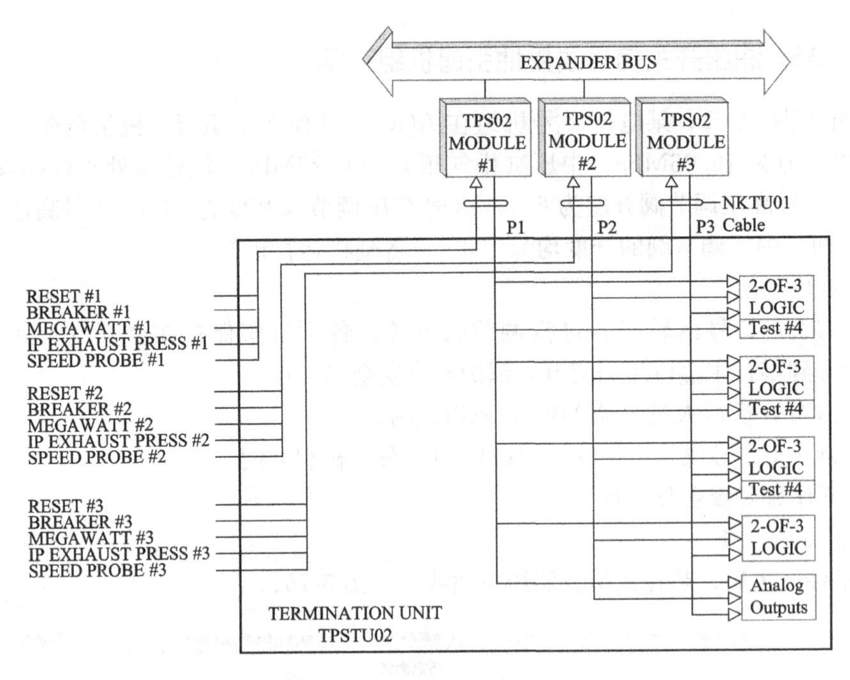

图 5-76　TPS02 结构原理图

表 5-2　　电源保险容量和作用

熔断器	容量	保护回路
F1	1/4Amp	－15V DC 模拟量输入信号供电电源
F2	1/4Amp	＋15V DC 模拟量输入信号供电电源
F3	3Amp	＋24V DC 模拟量输入信号供电电源
F4	1/4Amp	＋24V DC 开关量输入信号供电电源
F5、F6	1/16Amp	模拟量输出信号供电电源

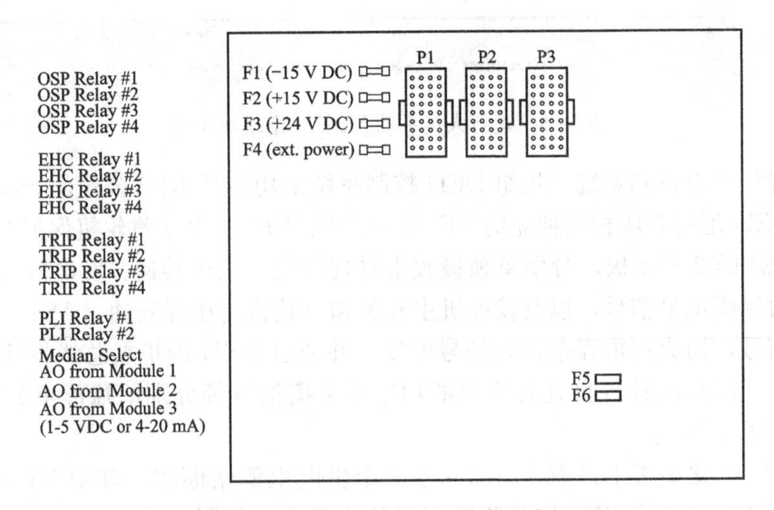

图 5-77　TPSTU02 板电源熔断器布置图

电源保险 F4 同时带有 3 路 AST 油压开关触点信号和 3 路发电机油开关触点信号，共计 6 个开关量输入信号。

（3）现场检查分析。检查发现汽轮机保护卡 TPSTU02 端子板上的开关量输入查询电源熔断器熔断，致使 DEH 的发电机掉闸信号误发，触发汽轮机超速限制 OPC 动作，造成汽轮机调节阀全关。

进一步检查发现：在接入 TPSTU02 端子板的 6 路汽轮机 AST 油压开关量输入信号中，油压开关 3 触点信号线有接地现象，就地接引导线金属护线软管内，有一根聚四氟乙烯绝缘软导线的绝缘层有破口，导线碰触到其外部的金属护线软管，致使该油压开关的接点状态信号线接地，造成 TPSTU02 端子板上的开关量输入查询电源熔断器 F4 熔断，见图 5-78 和图 5-79。检查其他 AST 油压开关触点接引软导线正常。

(a)

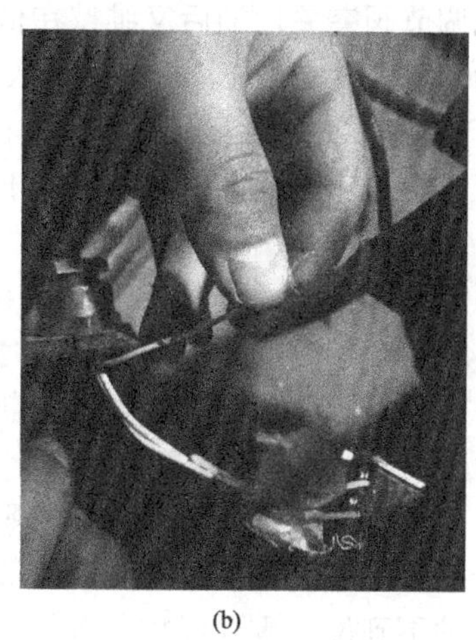
(b)

图 5-78 检查接线

（a）接线布置图；（b）连接线检查

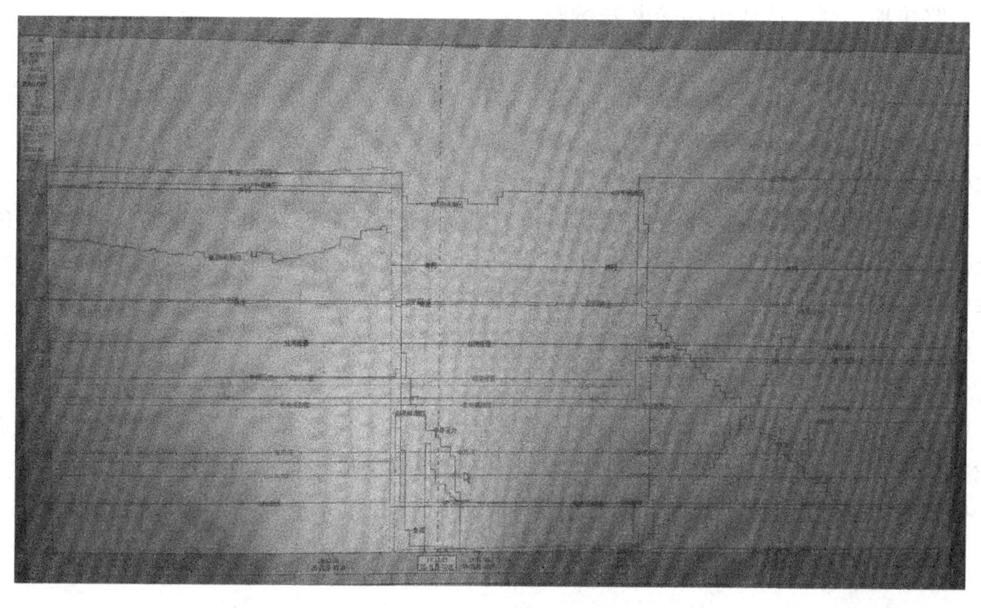

图 5-79 相关参数记录曲线

2. 事件原因分析

（1）直接原因：AST油压开关3触点信号线的绝缘层受到机械损伤接地，造成TPSTU02端子板上的开关量输入查询电源熔断器F4熔断，导致3块TPS02保护卡分别接收到的3路发电机油开关状态信号由闭合状态转为断开状态，经DEH控制器"三取二"处理后生成发电机解列掉闸信号，而此时汽轮机中压缸排压力大于其额定压力的15%，从而触发了汽轮机超速限制OPC动作，造成汽轮机调节门突关，机组负荷降至0MW，DEH自动解除遥调，但保持在本地自动位。

在OPC动作2s后，OPC动作结束。由于DEH控制器误判发电机解列，因此在OPC动作结束后，汽轮机进入转速自动控制模式，汽轮机调节阀在低开度下，控制汽轮机转速维持在3000r/min。

由于汽轮机调节阀突关，随后又维持在低开度下，造成主蒸汽压力突升，锅炉蒸汽压力高，安全阀动作，14时13分，机组运行人员手动MFT，机组跳闸。

此外，3块汽轮机AST油压开关的触点在油压低时闭合，汽轮机挂闸后断开；在汽轮机跳闸后，由于开关量输入查询电源熔断器F4熔断，导致DEH监视画面上显示为汽轮机处于挂闸状态。

（2）间接原因：ABB公司的Symphony系统的汽轮机TPS02保护卡共用的TPSTU02端子板的一路24V DC开关量查询电源，同时为6路开关量输入回路供电，存在风险集中的设计缺陷，一旦某一回路异常，致电源熔断器熔断，就会导致所有开关量信号异常。

3. 暴露问题

（1）安装位置不合理：带有AST电磁阀、AST油压开关等重要保护装置的汽轮机保安油集装块的安装位置靠近主汽门、调节门等热体，存在长期受热老化隐患。

（2）成品保护不到位，重要保护装置AST油压开关在检修期间未做专门的有效防护措施，在机务施工过程中，存在AST油压开关触点信号接引导线受外力冲击损伤的可能。

（3）汽轮机保护卡有设计缺陷：6路开关量输入回路共用1个电源熔断器，任意1个信号回路接地，就会造成电源熔断器熔断。

（三）事件处理与防范

更换绝缘层破损的软导线；在测试接入TPSTU02板的各开关量信号线绝缘正常后，更换了熔断的电源熔断器；在上电核实相关信号回路及状态正常后，于16时34分，2号汽轮机挂闸冲转。采取的防范措施如下：

（1）研讨在A级计划检修时把带有AST电磁阀、AST油压开关等重要保护装置的汽轮机保安油集装块迁移到汽轮机12.6m运转层的方案；如果不能移位，则为现有保护装置制作保护隔离设施。

（2）在检修时，将AST油压开关触点信号接引导线的金属保护软管，改换为塑料保护软管，降低护线管对导线的损伤程度。

（3）在计划检修时，换型改造TPS02保护卡的端子板。与DCS厂家联系，购置新型汽轮机保护卡的端子板，解决其供电电源风险过于集中的问题。

（4）检查、完善与本次事件相关的控制逻辑。

十二、MFT至ETS保护信号因电缆绝缘损坏误发MFT信号导致机组跳闸

某热电厂配置容量2×350MW超临界直流炉。每台机组配备两台50%容量的汽动给

水泵，两台机组公用用一台30%容量电动给水泵用于机组启动和事故处理。

（一）事件经过

2018年8月20日，1号机组负荷为215MW，给煤量为151t/h，主蒸汽压力为16.1MPa，主蒸汽温度为564℃，再热蒸汽压力为2.39MPa，再热蒸汽温度为557℃，真空为−92.1kPa，C、D、E制粉系统运行，天气暴雨。

8时53分12秒，1号机组跳闸，汽轮机ETS首出为MFT停机。

（二）事件原因检查与分析

1. 事件原因检查

检查SOE记录，机组MFT前无异常报警信号。根据MFT时的动作顺序，确认汽轮机ETS保护首先接收到的是锅炉MFT1信号。检查炉膛跳机逻辑为“二取一”。热控人员检查MFT1信号到ETS之间回路中各个环节，发现由MFT1继电器触点至ETS数据采集模件之间的信号电缆芯线对地绝缘和线间绝缘均为0Ω；由此判断锅炉MFT1信号因传输线缆短路导致。

2. 事件原因分析

暴雨天气室外槽盒进水，MFT1送至汽轮机ETS保护信号电缆绝缘破损，导致进水短路，ETS保护误动。

3. 暴露问题

（1）电缆竖井封堵不好，导致槽盒内进水，反映隐患排查不细。电缆施工工艺不良，电缆绝缘层破损。

（2）未按要求，将“二取一”保护逻辑改为“三取二”保护逻辑。

（3）电缆敷设不规范。两对跳闸信号，公用一根6芯电缆。

（三）事件处理与防范

（1）重新敷设信号电缆，将1号机组MFT送至ETS信号电缆按单信号独立敷设，确认电缆绝缘合格后恢复该保护。

（2）利用检修期间，对1、2号机组重要保护信号的电缆绝缘进行检查，及时发现并消除设备隐患。

（3）利用机组检修期间完善MFT跳闸汽轮机的保护信号，将目前“二取一”改为“三取二”逻辑，确保保护信号的可靠性。

十三、高压旁路阀因电缆损伤误开导致机组跳闸

2018年7月24日，2号机组负荷为541MW，主蒸汽压力为25.2MPa，主蒸汽温度为592℃，再热蒸汽压力为4.52MPa，再热蒸汽温度为597℃，背压为14.4kPa，总煤量为208t/h，2A、2B、2D、2E、2F制粉系统运行，CCS方式运行，PSS投入，AVC投入，AGC投入。

（一）事件经过

1时52分45秒，2号机高压旁路阀油压为18.7MPa，光字报警发“高压旁路阀位控制箱电源故障”“高压旁路阀安全保护功能动作报警”，2A高压旁路阀全开，随即高压旁路阀油压逐步降低，油站1、2号液压油泵联启。

1时53分29秒，高压旁路阀油压低至8.8MPa后，2B高压旁路阀逐渐开启，17s后2B高压旁路阀全开。

1时53分47秒，高压旁路阀油压降至0MPa。1时54分3秒，机组跳闸，锅炉MFT动作（首出为“省煤器入口流量低低”）。

（二）事件原因检查与分析

1. 事件原因检查

停机后就地检查2号机组高压旁路阀就地控制柜时，发现2A高压旁路阀快开电磁阀控制模块MT5356电源空开（−1F2）处于断开位置，经确认2A高压旁路阀快开电磁阀3航空插头前30cm处蛇皮保护套管内的控制电缆存在信号裸露短路现象，进一步检查发现安装在2A高压旁路阀就地控制箱连接的信号电缆均有不同程度的烫坏现象。

2. 事件原因分析

2A高压旁路阀快开电磁阀就地控制电缆因长期处于高温环境中严重老化短路，控制电源空气断路器（−1F2）跳闸，导致2A高压旁路阀快开电磁阀失电，油路导通，2A、2B高压旁路阀全开，大量的蒸汽由旁路排出，使省煤器入口流量低，导致机组跳闸。

3. 暴露问题

（1）专业人员日常开展隐患排查工作不彻底。历次隐患排查均未能发现重要控制回路存在的重大隐患，未能发现高压旁路阀控制箱安装在高压旁路阀上存在高温加速老化控制电缆的隐患。

（2）设备管理不到位。定期工作浮于表面，设备点巡检检查不认真，未发现2A高压旁路阀高温区域控制电缆破损；设备劣化跟踪不到位，电缆逐步老化、破损未被发现，造成运行中电缆短路。

（3）2号炉炉顶区域温度高的现象，未得到相关负责人足够的重视，炉顶区域高温问题迟迟未得到解决。

（三）事件处理与防范

（1）将1、2号机组安装在高压旁路阀上的高压旁路阀就地控制箱转移安装至附近温度较低支架上，更换远程控制柜至就地接线箱之间电缆。目前2号机组2A、2B高压旁路已完成整改，利用1号机组停运计划对1A、1B高压旁路相同部位进行整改。

（2）开展高温区域设备隐患排查专项培训，提高专业人员隐患排查水平和思想意识，避免类似设备异常事件再次发生。对重要设备及类似场所进行排查，检查各控制设备和电缆外观，测量绝缘等指标，对有破损的及时处理，不合格的予以更换，对有外部误碰和伤害风险的设备做好安全防护措施。

（3）对炉顶高温区域立项整改，优化1、2号机组炉顶区域通风冷却系统，彻底消除炉顶温度高的隐患。

（4）做好技术监控日常工作，全面开展隐患排查工作，结合热控管理提升整改工作，强化责任心，规范热控保护技术管理，加强对存在风险的问题进行排查，对设备可能存在的隐患，排查到位，制定完善的预防措施，及时处理，将风险问题消除在萌芽状态，切实保证设备安全。

十四、电缆破损造成轴承温度高信号误发导致机组跳闸

2018年11月18日，1号机组负荷为550MW，主蒸汽压力为23.5MPa，主蒸汽温度为586℃，再热蒸汽温度为599℃，总煤量为330t/h，A/B/C/D/E制粉系统运行。

（一）事件经过

19时10分，1号发电机集电环转子7号轴承温度1、3测点同时由69℃跳变至119℃（保护定值107℃），汽轮机跳闸，首出7号轴承温度高保护动作，锅炉MFT，发电机跳闸。

（二）事件原因检查与分析

经检查发现1号发电机集电环7号轴承测点接线的接线盒卡套外部边缘接触面成锐角，测点线缆在安装时预留长度不足，引起接触压力大在长期振动的状态下磨损绝缘层，导致线芯和接线盒金属卡套接触，形成回路。

由此判断，事件原因分析是1、3号温度测点在振动、碰撞等因素下线缆破损线芯外露，3号温度负极和1号温度正极通过金属接线盒形成回路，造成1、3号测点温度异常跳变。

事件暴露出以下问题：

（1）对接线盒安装部位、环境、电缆线预留长度不合要求、与通道有交叉等隐患未采取有力措施，定期检查不到位。

（2）测点保护在“三取二”方式的状态下未设置温度测点速率判断逻辑。

（3）DEH系统报警功能单一，只有温度显示变色警示、没有声光报警提示，不能及早提醒运行人员采取措施。

（三）事件处理与防范

（1）加强设备隐患排查和检修验收工作，对排查的设备隐患立行立改，严把验收质量关。

（2）立即排查热控重要测点接线盒电缆磨损情况，对磨损部位进行绝缘处理和热缩套保护。对全厂所有测点接线盒及线路进行全面排查。

（3）将接线端子盒移至人员不易触碰位置，线缆引出点处采取防护措施防止产生摩擦。

（4）增加温度测点速度率判断，同时添加变动速率报警功能。

（5）添加DEH系统光字报警、弹屏等功能，以便提醒运行人员尽早采取措施。在增加声光报警前，在监盘画面上增加实时曲线，加强监视。

十五、OPC电磁阀正端电源线脱落碰地引起机组跳闸

某热电厂，装机容量为2×350MW，锅炉为超临界直流炉。每台机组配备两台50%容量的汽动给水泵，两台机组公用一台30%容量电动给水泵用于机组启动和事故处理。

（一）事件经过

2018年1月27日，2号机组协调控制方式运行，负荷为209.8MW，主蒸汽流量为791t/h，主蒸汽压力为19.3MPa，主、再热蒸汽温度为563℃、562℃，五段抽汽与高、低压旁路路并列运行，供暖抽汽流量为230t/h，工业供汽流量为20t/h。

00时48分，2号机负荷由210MW突降3MW，机组协调切除，主蒸汽压力急剧升高，DEH画面显示高、中压调节门均关闭，ETS画面无保护首出；60s后，发电机逆功率主保护动作，发电机解列，ETS保护动作，油泵联启正常。锅炉因高、低压旁路路投入，不触发MFT动作，运行人员手动MFT，停止风机。

（二）事件原因检查与分析

1. 事件原因检查

事故发生后，检修人员检查DEH调速系统控制逻辑、测试DEH控制输出的模件、继电器，均正常；对OPC控制逻辑及事故前后历史追忆进行检查，未见OPC动作指令输出；

对 OPC 电磁阀控制回路进行检查，未见异常，对 OPC 电磁阀控制电源芯线进行绝缘测试，芯线对地、线间绝缘均大于 1000MΩ，无接地问题；测量 OPC 电磁阀线圈电阻为 731Ω，无短接、接地问题。

再次将 OPC 电磁阀电源回路恢复，检查发现在 OPC 指令无输出情况下，1 号 OPC 电磁阀处于通电状态。打开电磁阀接线插座（见图 5-80），发现 OPC 电磁阀正端电源线脱落。

图 5-80　电磁阀接线座检查

由于电源正端线头绝缘皮剥开过长，裸露的铜芯线将电磁阀线圈引出脚与电磁阀接地脚短接，引起电磁阀线圈引出脚接地。由于电源与大地之间没有隔离措施，负向直流电压（现场对地测量为－58V）经线圈上至接地，形成了一个完整的电流回路，OPC 电磁阀动作，汽轮机高中压调节汽阀被动关闭。由于短接一直存在，因此 OPC 电磁阀持续作用。

2. 事件原因分析

根据上述检查，事件的原因是接线工艺不够严谨，电源线接头的裸露铜芯太长，接地造成 OPC 电磁阀回路故障导通，导致主、再热蒸汽调节阀关闭。

3. 暴露问题

隐患排查不到位，未及时发现接线松动；检修不彻底，未发现电磁阀内存在接地端子。

（三）事件处理与防范

（1）将 2 号机组全部 OPC、AST 电磁阀的接线座打开检查，将接线铜芯裸露较长的电线重新处理后，再拧紧。

（2）将 1 号机组 OPC 电磁阀接线座打开检查，消除类似隐患。

（3）机组检修期间，对 1、2 号机组 OPC、AST 电磁阀的引出线进行局部更换，将硬接线改为柔性耐振的耐高温多芯铜线。

（4）切除电磁阀插头接地端子，消除事故再次发生可能性。

（5）严格执行检修验收制度。加强检修过程监督与质量验收管理，特别是对于涉及主保护、主要调节系统的设备检修，要求检修人员工作细致到位，各级验收严格把关，并对关键点严格执行现场确认管理。

十六、导线裸露碰绑扎线接地误发信号导致机组跳闸

2018 年 9 月 25 日，某电厂 4 号机组运行正常，负荷为 194.9MW、主蒸汽压力为 13.23MPa，主蒸汽温度为 539.3℃，再热蒸汽压力为 2.20MPa，再热蒸汽温度为 531.5℃，1 号和 2 号一次风机、送风机、引风机运行，1、2 号空气预热器运行，2 号火焰检测冷却风机运行，2 号密封风机运行，1、2、3、5 号制粉系统运行，4 号制粉系统备用。

（一）事件经过

9 时 17 分 5 秒，4 号机组跳闸，ETS 首出信号为“电气故障停机”，MFT 首出信号为“汽轮机跳闸”。

（二）事件原因检查与分析

1. 事件原因检查

检查 SOE 记录按顺序为发电机-变压器组程序逆功率保护跳闸、电气故障停机输出；DCS 报警记录为 4 号发电机-变压器组热控保护动作；DEH 报警记录为 1 号中压主汽门全关、2 号中压主汽门全关、2 号高压主汽门全关。

热控人员检查动作回路，发现 ETS 机柜有跳闸信号线裸露部分较长，槽盒盖胀开，金属绑扎线裸露在导线上方，机组 ETS 停机输出“ETS2”，“ETS2”是由 ETS 系统至 DEH 系统汽轮机跳闸的硬回路，怀疑此处为故障点。

2. 事件原因分析

根据现场检查、调阅相关参数曲线和报警记录，分析原因如下：

（1）电气故障停机原因：程序逆功率保护动作。查 DEH 相关记录内容，在没有接收到任何停机命令时，高压主汽门、低压主汽门同时关闭（据了解 1 号高压主汽门因管道泄漏导致信号电缆损坏，故没有反馈信号），电气保护柜接到主汽门关闭信号后触发程序逆功率保护动作，再同时触发跳机信号。

（2）主汽门关闭原因：分析认为 ETS 机柜跳闸信号线裸露部分较长，同时绑扎槽盒的绑扎线金属部分已经裸露，裸露部分夹在跳闸信号中间，此侧槽盒满槽率较高，绑扎线受力较大，绑扎线碰裸露部分导致“ETS2”跳闸信号短路，使得保护信号误发，汽轮机跳闸，此短路信号不在跳闸保护首出中（见图 5-81～图 5-83）。

图 5-81　裸露导线示意图

图 5-82　槽盒绑线示意图

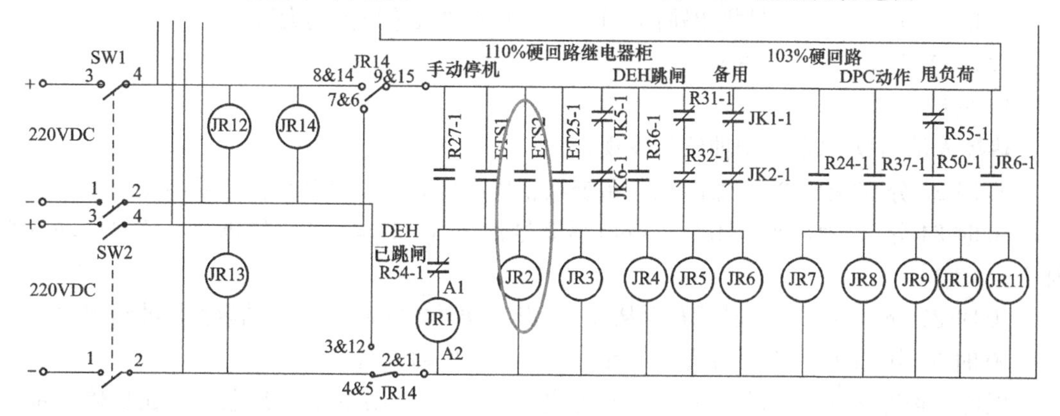

图 5-83　跳闸示意图

综上分析，本次非停的直接原因是槽盒使用金属绑扎线，因槽盒满槽率较高，热控保护信号线裸露过长，造成金属绑扎线短接热控保护信号线，引起汽轮机保护动作。

3. 暴露问题

（1）设备改造、检修管理不到位。4号机组DEH升级后，信号线接线不符合规范要求，裸露部分较长、槽盒绑扎带未使用尼龙扎带，而使用裸露的金属线绑扎，暴露出改造、检修施工、验收等各方面存在问题。

（2）设备管理不规范，日常运维工作不到位。

（三）事件处理与防范

事件后，将端子接线按检修规范要求重新接线。对其他机组槽盒绑扎情况进行了排查，将绑线换为尼龙扎带。同时提出以下防范措施：

（1）加强巡检，重点检查端子接线松动、接线裸露、端子排老化及绑线隐患。

（2）严格检修全过程管理，扎实做好风险作业管控。检修过程要严格执行公司检修全过程管理规定要求，严格各环节工艺把关，严肃检修纪律，对重点区域、重要部位、重点工作进行重点把控加强检修、设备改造过程管控，完善质量标准和管控程序，加强验收管理，尤其是要把好验收关。

（3）牢固树立并积极践行“零非停”理念，深刻认识“零非停”理念精髓。坚持“四不放过”，高度重视设备管理及降非停工作，营造降非停工作氛围，举一反三，强化教训汲取和责任落实。

（4）开展隐患排查工作，明确排查分工、标准，制定整改措施、计划，加强监督，确保工作质量。

（5）加强人员的技术培训工作，针对运行人员年轻职工较多，经验积累少，制定切实可行的培训计划，积极发挥经验丰富员工的传、帮、带作用，提高人员的综合能力。

十七、振动信号电缆着火导致机组跳闸

（一）事件经过

2018年3月2日00时20分，某热电厂3号机组正常运行，机组负荷为120MW，主蒸汽温度、压力正常，A/B磨煤机运行，A/B排粉机运行，A/B引风机、送风机运行，B给水泵变频运行，3号凝结水泵运行。

00时34分21秒，3号机组跳闸，ETS首出为“汽轮机振动大”。

（二）事件原因检查与分析

1. 现场检查

热控人员调取DCS历史曲线，发现：

00时23分00秒，3号机组DCS系统汽轮机本体画面3号轴承瓦振开始摆动。

00时24分35秒，变为坏点，3min后3号轴承X、Y向，4号轴承X、Y向振动变为坏点。

00时32分17秒，4号轴承瓦振从25μm开始摆动，2min后4号轴承瓦振波动到92μm。

00时34分21秒，汽轮机跳闸，首出信号为“振动大”。

现场检查确认3、4号轴承振动信号前置器至单元控制室TSI盘电缆，在缸体下部处冒烟着火。

2. 原因分析

汽轮机3、4号轴承信号电缆穿过缸体下部后送至TSI盘柜，由于汽轮机缸体下部温度较高，电缆长期处于高温状态，引起电缆着火，电缆烧损后，电缆接地，引起振动信号异常，导致汽轮机振动大保护动作。汽轮机保护逻辑为任意轴瓦X轴振动或该瓦Y轴振动达到跳闸值（254μm），且该瓦振达到跳机值（1、2瓦为50μm，3～7瓦为80μm）。3号机组TSI系统为本特利3500系列，振动保护逻辑在TSI系统内实现，本特利TSI系统自身定义单个振动信号坏质量时输出为1，一个逻辑关系内所有信号坏质量，逻辑失效（现场已通过试验验证，信号坏品质时未输出跳闸。某电厂曾经发生过汽机大轴瞬间位移，飞利浦的TSI位移保护超量程拒动情况），故当00时27分时，3号轴承振动均坏质量时，保护未动作。00时27分，4号轴承X、Y向振动变为坏质量；00时34分19秒，4号轴承瓦振达到92μm，保护条件满足，汽轮机“振动大”保护动作，机组跳闸。

（三）事件处理及防范

（1）对已烧损的3、4号轴承振动电缆进行更换，并更改电缆走向。

（2）对该机组其他汽轮机振动信号电缆进行排查。

（3）电缆更换后，重新进行3、4号轴承振动大停机保护传动试验，确保汽轮机振动信号稳定可靠。

（4）加强运行人员巡视检查，发现异常及时联系处理。

十八、信号线和屏蔽层间浸油造成机组胀差大导致机组跳闸

某机组相对膨胀测量探头装置为飞利浦PR6426/000-030型电涡流式胀差测量装置，基于电涡流效应进行工作；此型号胀差测量装置由探头、延伸电缆及前置器组成，胀差探头工作电压为−24V，安装方式为反作用安装方式，−4～−20V对应18～−2mm量程；延伸电缆为同轴电缆，其外部金属屏蔽层即起到屏蔽干扰的作用，又是信号地端参与信号传输。2018年8月24日，机组跳闸前轴向位移、绝对膨胀量、轴振等参数均无异常变化。

（一）事件过程

16时14分11秒，4号机组相对膨胀达到保护动作值16.45mm，ETS（汽轮机跳闸保护系统）动作，此时负荷为185MW，SOE（事故顺序记录系统）信号来“相对膨胀大停机”信号，汽轮机跳闸，发电机解列。

（二）事件原因检查与分析

由于位于4瓦轴承箱内的延伸电缆外部保护层和金属屏蔽层破损，造成信号芯线和金属屏蔽层（信号地）之间浸油，从而使两线之间的阻抗发生变化，引起监测电压下降，检测电压下降导致测量数据往数值变大方向变化至+16.45mm触发保护动作；4号机组相对膨胀保护动作值为+16.45mm、−1.50mm，触发ETS保护动作，导致本次4号机组跳闸停机事件。

（三）事件处理与防范

（1）对延伸电缆破损的低缸胀差测量探头装置进行整体更换，延伸电缆转折处和插子接头处增加一层绝缘保护层。

（2）新探头更换时，由于机组正处于极热态，无法准确定位大轴与缸体间的相对位移零点，探头装置更换后测量的胀差示值存在一定的偏差，机组启动后对零点、报警值、跳

闸值重新进行核定。

（3）运行人员加强对低缸胀差数值进行监视，运行中如果测量数据异常变化，应结合机组负荷、振动、串轴、油温等参数进行综合判断，如低缸胀差测量数据超过保护动作值同时机组发生振动增大等异常现象，立即停机。

（4）利用停机检修机会，排查所有TSI系统测量探头装置是否存在老化、破损现象，避免类似事件再次发生。

第五节　独立装置故障分析处理与防范

本节收集了因独立装置异常引发的机组故障11起，分别为汽轮机保护出口继电器老化造成汽轮机调排比动作跳闸、火焰检测抗干扰能力差造成磨煤机相继跳闸引发锅炉MFT跳闸、火焰检测参数设置不当导致“失去全部火焰”信号触发MFT、ETS端子板故障误发“发电机主保护动作”信号导致机组跳闸、TSI系统超速模件通信故障导致机组跳闸、轴向位移输出模件绝缘降低误发信号导致机组跳闸、轴承绝对振动模件故障引起“轴承绝对振动大”汽轮机跳闸、瓦轴振模件老化误发“轴振动大”信号停机、停机过程机组轴向位移信号故障造成机组跳闸、综合因素超速保护动作、TSI系统继电器模件底板故障造成汽轮机轴振大信号误发停机。

这些重要的独立的装置直接作用于机组的保护，其重要性程度应等同于重要系统的DCS，给予足够的重视。

一、汽轮机保护出口继电器老化造成汽轮机调排比动作跳闸

2018年12月7日12时51分，某厂2号机组功率为290MW，主蒸汽压力为15.3MPa，汽轮机顺序阀控制，磨煤机2A/2B/2C/2D/2E运行，煤量为151t/h。汽动给水泵2A/2B运行，AGC出系，全厂辅汽由2号机组供。

（一）事件过程

12时30分，调度令负荷从270MW加至300MW，煤量逐步加至150t，调节门开至86%，主蒸汽压力为15.5MPa，负荷为290MW，盘面情况正常。12时51分18秒，汽轮机跳闸，光字牌“汽轮机遮断”，“汽轮机OPC动作”，“逆功率Ⅰ/Ⅱ”报警，负荷到0，汽轮机转速下降，电气逆功率保护动作正常，厂用电切换成功，旁路自动开启，锅炉MFT。启动电动给水泵，手动停用汽动给水泵2A/2B，汽轮机润滑油泵自启动正常。14时1分，汽轮机转速到0r/min，主机盘车投用。15时25分，完成故障处理，具备启动条件并报调度，调度通知机组转停机备用。

（二）事件原因检查与分析

1. 事件原因检查

12时51分18秒，“调排比低（第一级压力/高压缸排汽压力小于1.7MPa）且任一旁路开”动作，汽轮机跳闸。2s后发电机跳闸；12时51分59秒，锅炉MFT跳闸。

2. 事件原因分析

现场热控人员调阅第一级压力（三组）及高压缸排汽压力（二组）曲线，信号均正常（见图5-84）。针对汽轮机保护出口继电器回路逐条检查，测量“汽轮机调排比低且任一旁

路开”保护回路的继电器常开触点导通，断开继电器电源后动合触点不回复，判断继电器老化引起保护误动，导致汽轮机跳闸。

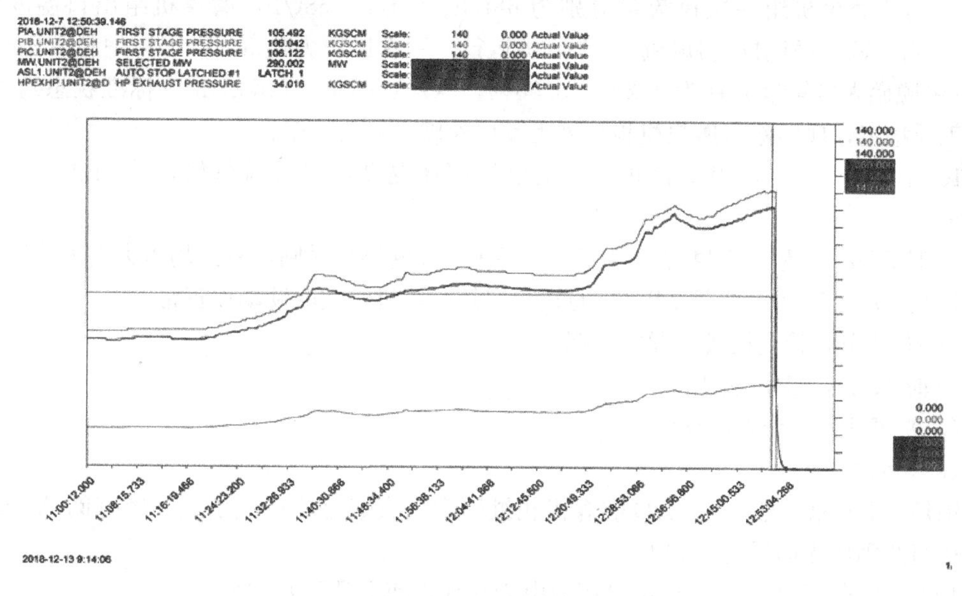

图 5-84　相关参数记录曲线

3. 暴露问题

汽轮机保护回路中“汽轮机调排比低且任一旁路开”保护回路的跳闸继电器误动。

（三）事件处理与防范

（1）更换“汽轮机调排比低+任一旁路开”保护回路的跳闸继电器。

（2）梳理 DCS、ETS、MFT、PRP 等重要控制系统内继电器输出信号，建立台账，并进行风险辨识，开展专项隐患排查工作。

（3）各单位建立 DCS、ETS、MFT 等重要控制系统继电器台账，进行风险辨识。

（4）根据等级检修对继电器的检查和测试情况，制定继电器定期更换方案。

（5）重要信号（含中间继电器状态）引入 DCS 画面监视，并接入报警系统，定期进行巡视检查，便于及时发现和消除状态异常。

（6）要求公司各单位根据机组非停事件查找自身隐患，排查重要控制系统继电器存在的问题，落实整改计划。

二、火焰检测抗干扰能力差造成磨煤机相继跳闸引发锅炉 MFT 跳闸

某电厂 1 号机组发电机额定功率为 350MW，锅炉为亚临界压力、一次中间再热“W”形火焰自然循环辐射式锅炉，配备 4 台直吹式中速磨煤机，2014 年底低氮燃烧器改造后，每台磨煤机配置 5 个浓缩型 EI-XCL 煤粉喷燃器，喷燃器为前后墙拱上布置，底渣处理采用干式除渣系统。设计煤种为 30%阳泉无烟煤+30%寿阳低硫贫煤+40%西山高硫贫煤。

（一）事件过程

5 月 17 日 10 时 57 分，1 号机组 AGC 控制方式，机组负荷为 276MW，稳定运行，主

蒸汽压力为16.7MPa，汽包水位为−20mm，平均天然煤耗约为410g/(kW·h)，总风量为1096t/h；A、C、D磨煤机运行（B磨煤机检修），磨煤机组出力分别为42t/h、26t/h、42t/h，对应磨煤机组一次风流量分别为68t/h、60t/h、68t/h，磨煤机组出口温度均为100℃左右；两侧送风机/引风机/一次风机运行，一次风压力约9.25kPa，炉膛负压60Pa，A、B侧脱硝入口氧量分别为4.2%、3.56%，CO含量约为10mg/m³（标准状态）。机组运行工况稳定，现场除B磨煤机检修外无其他检修、消缺工作。

10时57分47秒，锅炉掉焦，火焰电视图像晃动，二次风母管压力由480Pa升至890Pa。

10时57分51秒，A磨煤机跳闸，1s后C、D磨煤机跳闸，首出均为失去火焰检测。

10时57分53秒，锅炉MFT，首出为黑炉膛，机组大联锁动作正常。

11时51分，检查设备无异常，锅炉点火。

19时10分，机组并网。

（二）事件原因检查与分析

1. 事件原因检查

锅炉MFT原因是A、C、D磨煤机相继因失去火焰检测跳闸引起。经查阅A、C、D磨煤机组跳闸历史曲线记录如下：

10时57分47秒，二次风母管压力由480Pa迅速上升至890Pa。

10时57分47秒，A1火焰检测信号失去；4s后A5、A3、A2火焰检测信号失去（见图5-85），A磨煤机跳闸。

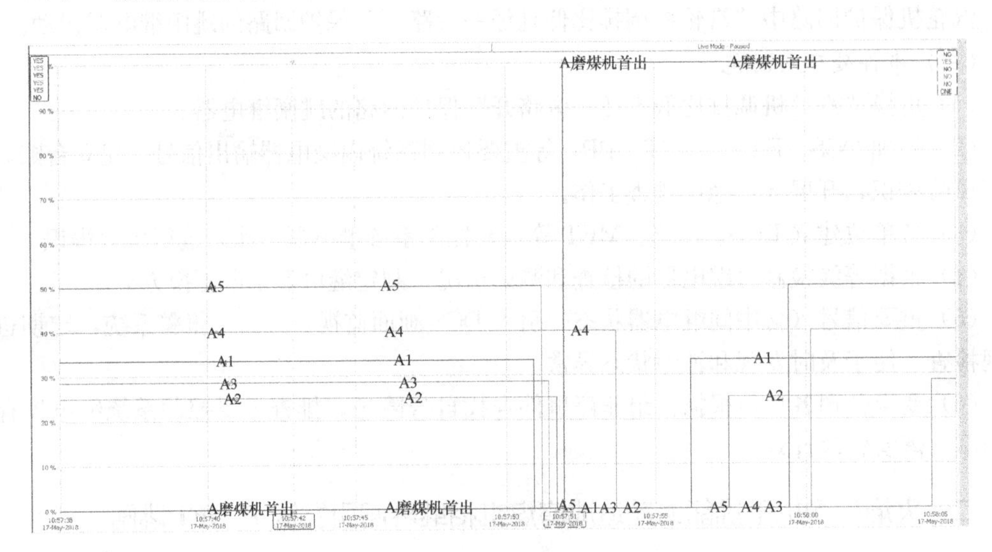

图5-85　A磨煤机火焰检测信号曲线

10时57分51秒，C2火焰检测信号失去；1s后C5、C3、C4火焰检测信号失去（见图5-86），C磨煤机跳闸。

10时57分49秒，D1火焰检测信号失去；2s后D5火焰检测信号失去；再1s后D4、D2火焰检测失去（见图5-87），D磨煤机跳闸。

锅炉喷燃器的布置情况如表5-3所示。

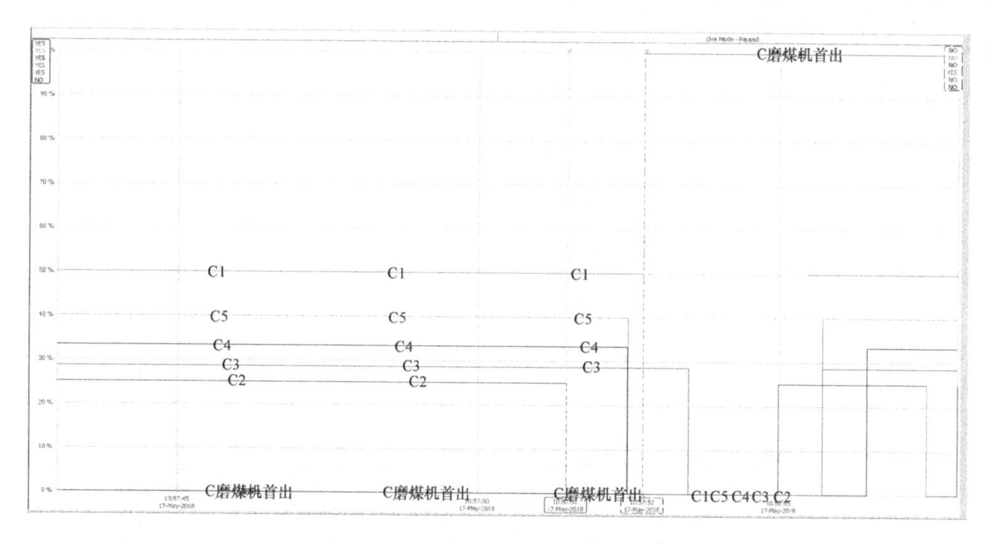

图 5-86 C磨煤机火焰检测信号曲线

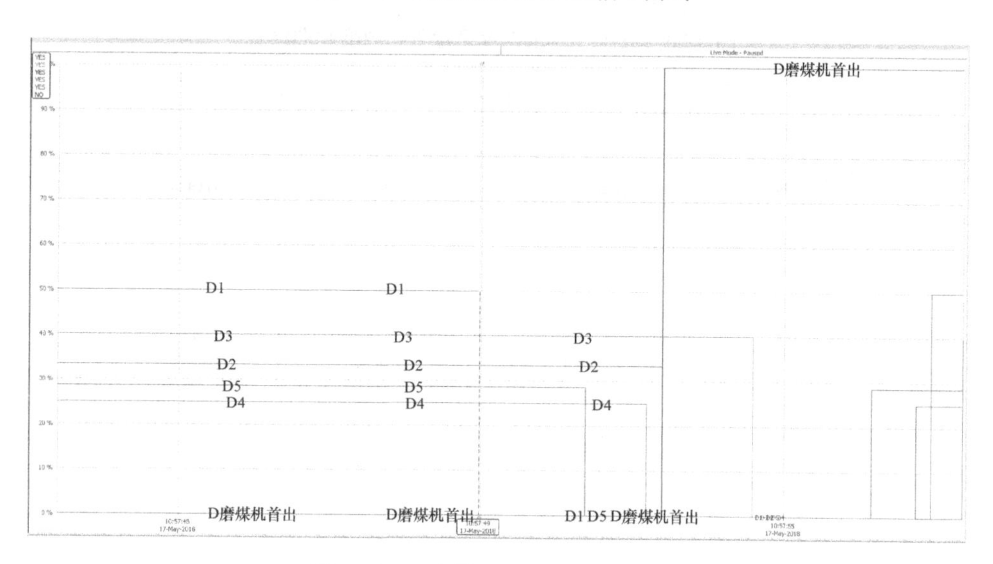

图 5-87 D磨煤机火焰检测信号曲线

注：磨煤机失去火焰检测跳闸逻辑为 4 个及以上火焰检测信号消失触发保护动作。

表 5-3 锅炉喷燃器布置

A5	A4	A1	B5	B4	C3	C2	D1	D3	D2
后墙									
C1	C5	C4	D5	D4	A3	A2	B3	B2	B1
前墙									

2. 事件原因分析

(1) 机组跳闸前，锅炉各项参数稳定，炉膛负压、汽包水位等参数未发生明显变化，主蒸汽压力、锅炉氧量、CO等数据平稳，未呈现燃烧弱化的迹象，锅炉燃烧处于相对稳定状态。锅炉保护动作前主要参数变化曲线见图 5-88 和图 5-89。

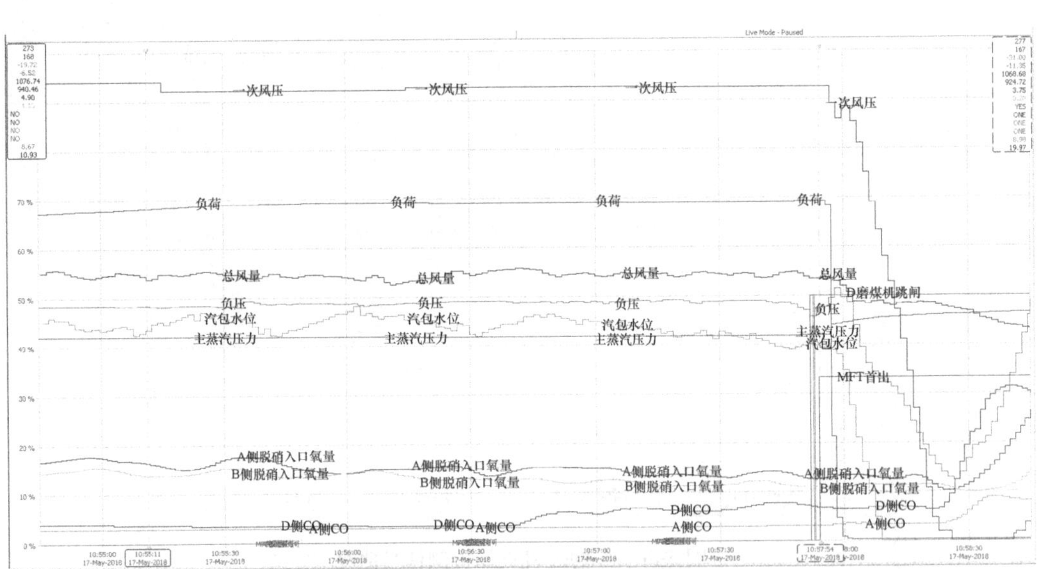

图 5-88　负压、风量以及氧量等参数变化曲线

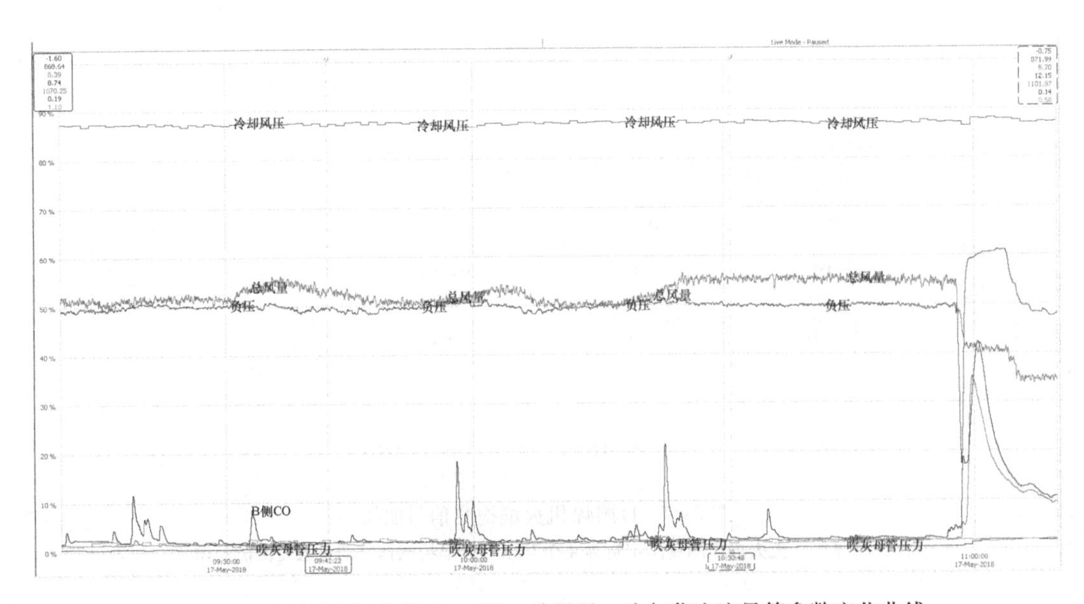

图 5-89　火焰检测冷却风压、CO、总风量、吹灰蒸汽流量等参数变化曲线

（2）查看磨煤机组出口温度、一次风量等参数变化曲线（见图 5-90），在磨煤机组保护动作跳闸前，各项参数稳定，未出现皮带打滑、断煤等造成燃烧系统扰动的问题。

（3）机组跳闸后，对 A/C/D 磨煤机组进行采样，化验数据正常，满足掺配要求。

（4）调取跳闸前操作员站操作记录，没有无关操作。通过现场监控和工作票系统检查，未发现工程师站和喷燃器层火焰检测区域有人工作，可排除人为因素。

（5）机组跳闸后，检查正在定检的 1B 磨煤机各项安全措施执行正常。询问当天工作成员未进行超出工作范围作业，调取炉零米磨煤机组区域监控录像核实，排除现场人员误操作的可能。

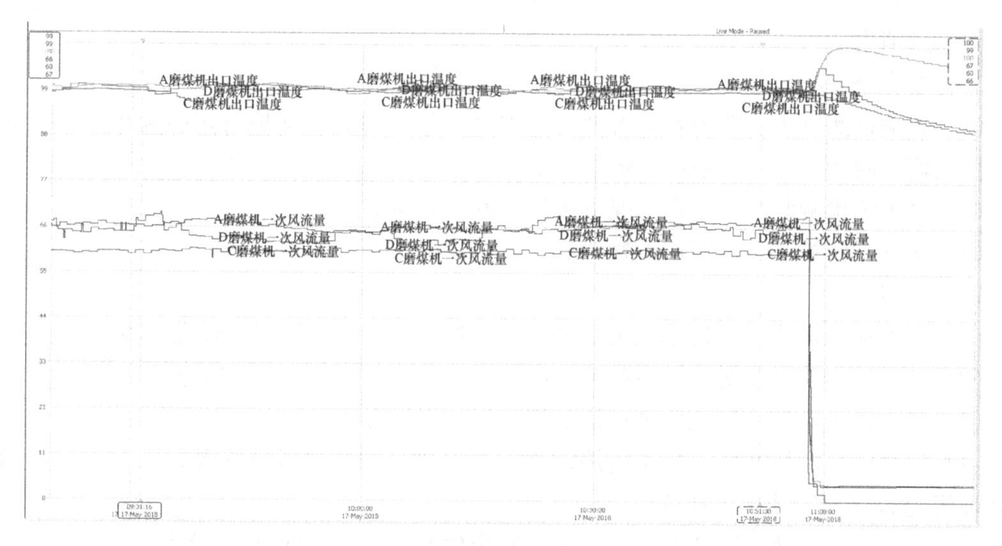

图 5-90 运行磨煤机组出口温度及一次风量变化趋势

(6) 火焰检测探头采用 FORNEY UNIFLAME 一体化探头，探头基于光感红外传感器，对火焰闪烁频率进行检测，将光信号转换为电信号，生成火焰强度和火焰品质值，火焰检测有无火门槛值根据火焰品质值进行设定，一般为默认出厂设置值有火门槛值为 40，无火门槛值为 20，现场确认 1 号炉火焰检测探头门槛值设置均为出厂默认设置，当火焰检测器检测到火焰品质大于有火门槛值时触发继电器带电，发出有火信号，当火焰检测器检测到火焰品质小于无火门槛值时触发继电器失电，发出无火信号，频率和增益设定依据各喷燃器火焰的频率特性进行调试整定。

(7) 进行火焰检测电源系统检查，火焰检测电源取自 UPS，火焰检测开关量信号从各自火焰检测柜以硬接线方式送至 DCS 系统，火焰检测模拟量信号从火焰检测探头送至就地数字智能前端，再通过网线以通信的方式送至 DCS 系统。就地检查火焰检测柜，电源正常，指示灯正常无报警；检查各火焰检测探头工作正常，检查 UPS 电源正常，UPS 电源至就地电源柜电缆绝缘测试合格。对火焰检测柜电源电缆路径进行检查，未发现问题。锅炉点火后各火焰检测反馈信号正常。

(8) 火焰检测电源断电试验。11 时 5 分，1 号锅炉点火后启动 D 磨煤机运行，D 磨煤机粉管阀全开，主火焰检测及油火焰检测正常。在 UPS 间断开 UPS 至就地电源柜的电源，所有火焰检测柜电源失电，此时火焰检测电源失电保护动作，D 磨煤机火检信号由粉管阀开信号代替，所以 D 磨煤机运行正常，无跳闸，D 磨煤机主火焰检测探头反馈的实际煤火焰检测信号在同一时刻失去。这与锅炉跳闸前火焰检测失去、磨煤机跳闸现象不同，所以可以排除电源系统故障。

(9) 调看喷燃器层现场录像，发现 10 时 57 分 46 秒时喷燃器层前后墙东侧锅炉明显晃动；查看火焰电视视频监视录像，发现同一时间东西侧火焰电视画面短时间晃动，跳闸时火焰强度未发生明显变化；调看底渣录像发现 D 斗掉焦（0.5m×0.5m）。

综上所述，通过参数分析、现场检查和试验，跳闸前锅炉燃烧相对稳定，现场无误操作、误碰误动设备的情况发生，目前分析保护动作原因为锅炉落焦引起炉体晃动，对火焰检测产生干扰（火焰综合强度值降低至 20 以下），表征为火焰检测抗干扰能力差，造成火焰检测信号消失。

3. 暴露问题

（1）火焰检测抗干扰能力差。跳闸前锅炉燃烧相对稳定，锅炉落焦引起炉体晃动，对火焰检测器检测产生干扰，造成火焰检测信号消失。

（2）对火焰检测装置在异常工况下测量失准预判不够。

（3）未针对锅炉结焦情况进行燃烧优化。

（三）事件处理与防范

（1）联系火焰检测厂家技术人员，到厂对火焰检测装置的运行状态进一步检查。

（2）联系研究院专家对火焰检测消失的原因进行分析，制定整改方案。

（3）联系锅炉厂家人员到厂进行锅炉掉焦异常工况分析。

（4）加强锅炉燃烧调整，控制锅炉结焦。严格执行《燃料考核管理办法》与《配煤掺烧管理规范》，确保入炉煤品质符合要求。

（5）按照“四不放过”的原则，依据《安全生产考核管理规范》，落实责任追究。

三、火焰检测参数设置不当导致“失去全部火焰”信号触发MFT

某电厂7号机组2016年11月投运，配套锅炉为哈尔滨锅炉厂有限责任公司设计制造的HG-2752/32.87/10.61/3.26-YM1型1000MW级超超临界、二次中间再热、单炉膛、四角切圆燃烧、平衡通风、固态排渣、全钢构架、全悬吊结构、塔式变压直流炉。锅炉共设6套制粉系统，磨煤机为正压直吹式中速磨煤机，每台磨煤机带两层共8只煤粉燃烧器。火焰检测系统采用ABB公司Uvisor火焰检测装置。

（一）事件过程

2018年11月30日1时29分11秒，7号机组负荷为652MW，主蒸汽压力为21.8MPa，主蒸汽温度为590℃，一次再热蒸汽温度为590℃，二次再热蒸汽温度为611℃，炉膛负压为−20Pa，总给煤量为240t/h，总风量为2219t/h，氧量为3.68%，B、C、D、F制粉系统运行（E制粉系统大修），A/B一次风机、A/B送风机、A/B引风机、A/B烟气再循环风机运行，各风门挡板开度正常。

29分27秒，7号炉炉膛负压为−12Pa，此时炉膛负压逐渐下降。

29分36秒，炉膛负压降至为−326Pa，C11、C21、C41火焰信号消失。

29分40秒，C制粉系统因火焰丧失跳闸，此时炉膛负压降至−568Pa。

29分41秒，B制粉系统因火焰丧失跳闸。

29分42秒，D制粉系统因火焰丧失跳闸。

30分15秒，F制粉系统因火焰丧失跳闸。

30分18秒，锅炉MFT保护动作，首出:“失去全部火焰”，汽轮机跳闸，发电机解列，厂用电切换成功，运行执行停机措施。

5时30分，锅炉重新点火；18时20分，汽轮机冲转至3000r/min；19时01分，机组并网。

（二）事件原因检查与分析

1. 事件原因检查

调取DCS运行历史曲线，拷贝事故过程火焰检测信号及炉膛压力、送风机/引风机运行参数曲线见图5-91～图5-95。

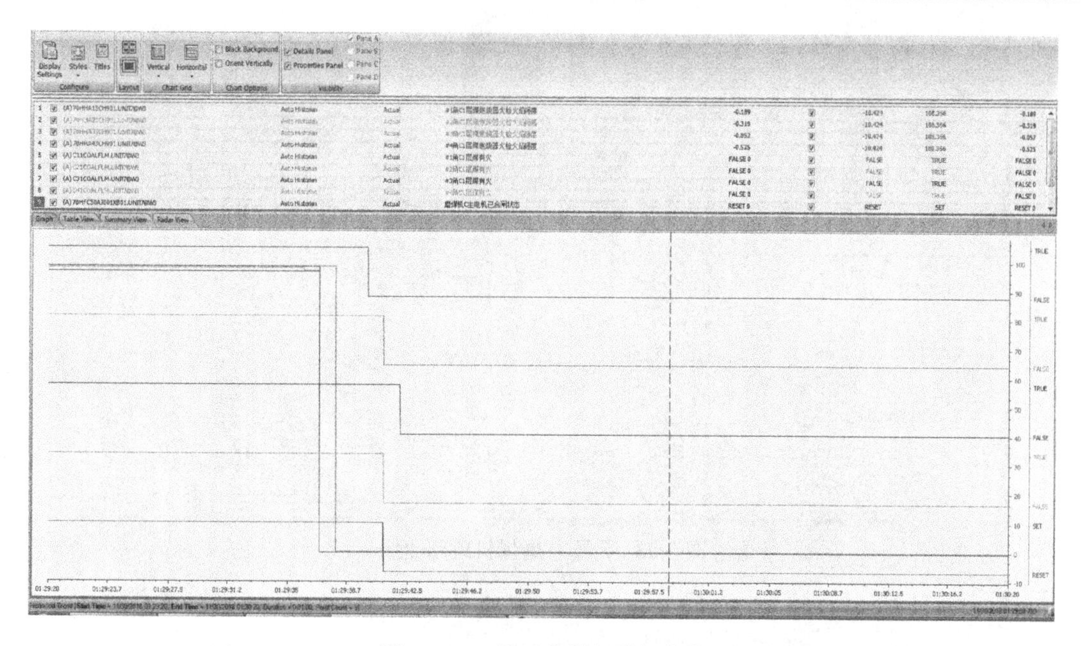

图 5-91　7 号 C 磨煤机跳闸曲线

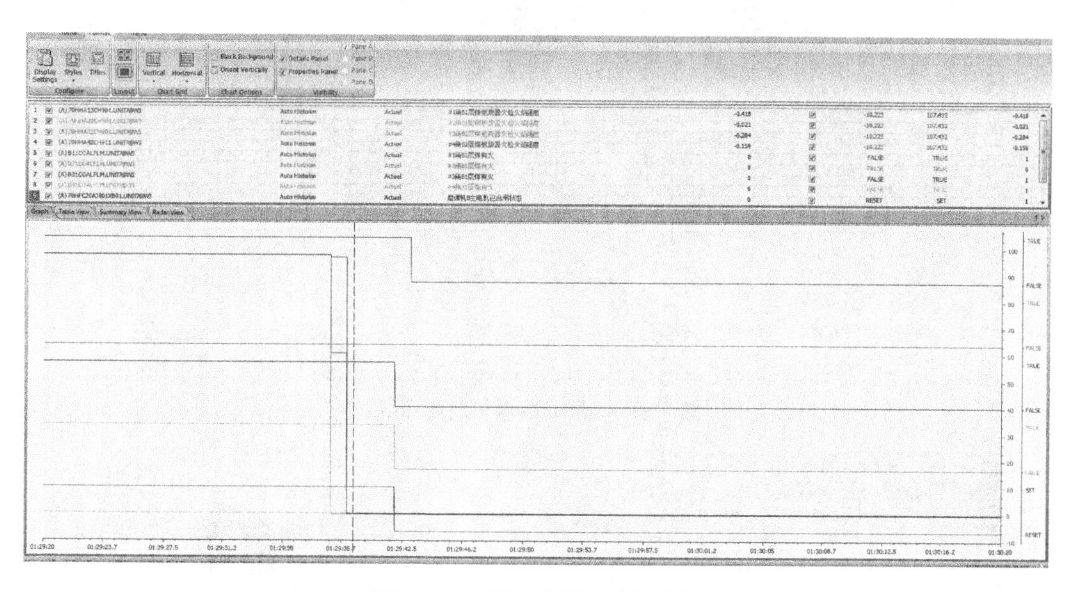

图 5-92　7 号 B 磨煤机跳闸曲线

由图 5-91～图 5-95 可见，随着炉膛负压下降，各层火焰信号逐渐消失，初步判断炉内个别燃烧器有脱火现象。对造成锅炉 MFT 的原因逐项查找：

（1）制粉系统：检查事件前制粉系统设备各项运行参数，一次风管出口风速、温度均正常。可基本排除制粉系统异常造成灭火的可能。

（2）风烟系统：检查事件前各风机设备运行参数正常，炉膛负压下降时引风机、送风机电流及动叶开度未发生突变。可基本排除风烟系统异常造成灭火的可能。

（3）炉底漏风：检查事件前未进行炉底排渣门操作，可基本排除炉底大量漏风造成灭火可能。

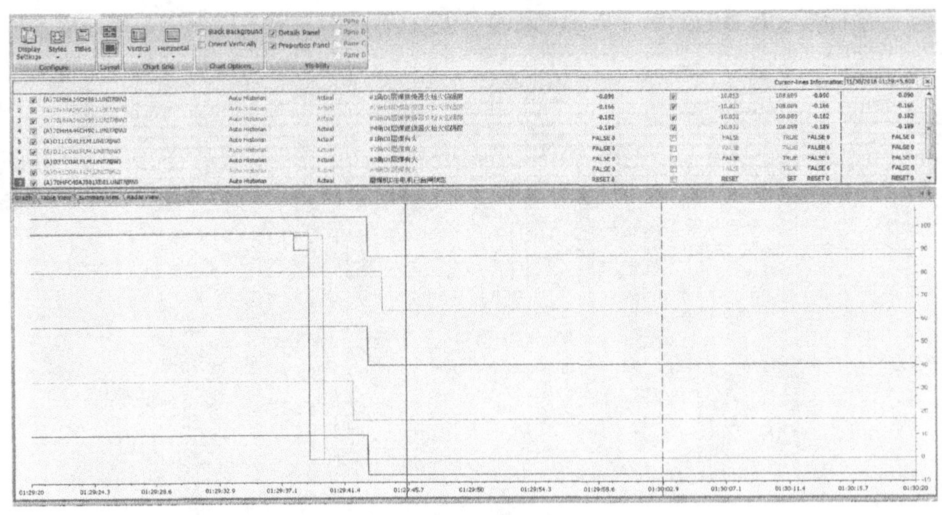

图 5-93　7 号 D 磨煤机跳闸曲线

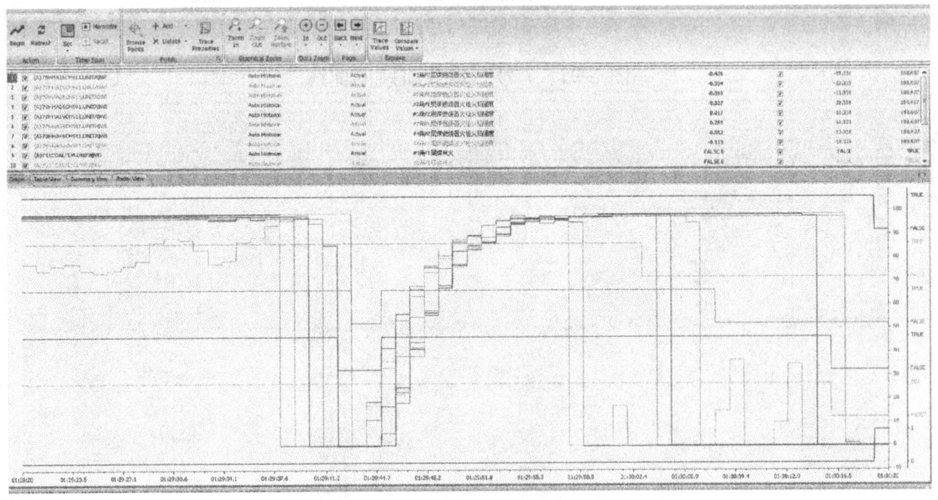

图 5-94　7 号 F 磨煤机跳闸曲线

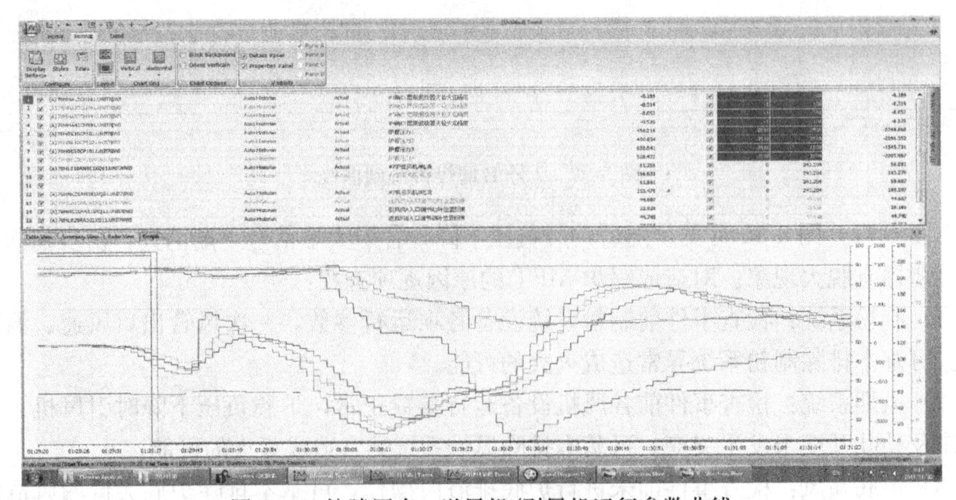

图 5-95　炉膛压力、送风机/引风机运行参数曲线

(4) 炉内大面积塌灰或掉焦：从C磨煤机火焰信号先消失及机组跳闸后干渣机无明显积灰和焦块，可基本排除炉内大面积塌灰或掉焦造成灭火的可能。

(5) 煤质情况：实际煤质情况（事后给煤机取样化验结果）：B仓煤质低位热值为22.81MJ/kg，空气干燥基挥发分为32.38%；C仓煤质低位热值为19.82MJ/kg，空气干燥基挥发分为23.79%；D仓煤质低位热值为20.74MJ/kg，空气干燥基挥发分为27.92%；F仓煤质低位热值为18.97MJ/kg，空气干燥基挥发分为24.34%；煤质满足锅炉燃烧要求，可排除煤质太差造成燃烧不稳引起灭火。

(6) 燃烧系统：锅炉燃烧器分上下两组，两组相隔约3m，A、B、C层制粉系统为下层燃烧器，D、E、F层制粉系统为上层燃烧器；事件前机组负荷为652MW，B、C、D、F制粉系统运行，两组燃烧器均部分投入，且C、D两层相隔较远，相邻层间相互支持和引燃作用减弱，抗干扰能力差；每套制粉系统对应两层煤粉喷口，单只喷口功率低；最下层燃烧器底部有两层再循环风，且炉底干除渣有漏风现象，对锅炉中低负荷稳燃均有不利影响；综上所述，锅炉本体燃烧系统稳燃能力相对偏弱。

(7) 火焰检测系统：

1) 火焰检测探头位置情况。若火焰检测探头检测安装角度存在偏差，在掺烧挥发分偏低的煤种时，着火点距离喷口较远，可能发生火焰检测探头检测不到火焰的情况，易造成误判，机组投产后未进行C级以上的检修，未进行检查，不能排除因角度安装不合理造成不能准确观测到目标火焰。

2) 火焰检测电源检查情况。就地对供电电源进行检查并进行电压测量，电压输入正常，基本排除电压波动的原因。

3) 火焰检测冷却风情况。事件发生的整个过程火焰检测冷却风机运行正常，压力正常，基本排除冷却风量低造成火焰检测探头烧坏的原因。

4) 火焰检测系统模件检查情况。模件故障后会发出报警信号，必须经过人工复位后才能消除，MFT后第一时间检查模件，无故障报警。

5) 抗干扰检查情况。就地测量火焰检测柜接地电阻为0.1Ω，电缆屏蔽及模件接地电阻满足厂家要求，对整个机柜及模件进行射频干扰测试，没有造成火焰测量值波动，测试正常。

6) 火焰检测系统参数设置检查，火焰强度/火焰频率跳闸值分别设置为15、10，此数值为厂家根据经验并结合机组不同负荷段实际信号强度的综合进行设置的。

2. 事件原因分析

综上所述，本次MFT动作的原因为锅炉本体燃烧系统稳燃能力相对偏弱，个别燃烧器首先发生脱火现象，火焰检测探头跳闸值设置偏高，检测不到火焰，引起磨煤机跳闸，导致锅炉MFT动作。

3. 暴露问题

(1) 技术管理不到位：各级生产技术人员对百万机组锅炉燃烧特性、稳燃能力掌握不足，对中低负荷锅炉稳燃偏弱未引起足够重视，技术措施针对性不强。

(2) 风险管控不到位：锅炉制粉系统运行方式不合理，中低负荷运行不同组燃烧器对应制粉系统，燃烧器区域拉长，燃烧系统抗干扰能力差，容易出现燃烧不稳，风险防范不到位。

(3) 隐患排查不到位：未根据我厂实际情况，对火焰检测信号跳闸值进行修订，隐患排查不到位。

（三）事件处理与防范

根据锅炉燃烧系统结构特性，完善中低负荷稳燃措施；合理安排制粉系统运行方式，在中低负荷时应尽量选择同组燃烧器对应的制粉系统运行，提高燃烧系统抗干扰能力。同时采取以下防范措施：

（1）利用机组检修机会，检查调整燃烧器喷口，重新调整切圆，进行炉内空气动力场试验。

（2）根据机组实际运行工况，修订火焰强度跳闸值。

（3）讨论炉膛火焰电视监控接入全厂工业电视监控系统的可行性方案，对炉膛火焰视频进行存贮，实时调阅，便于分析。

（4）利用停机检修机会检查火焰检测器安装的位置和角度，确保其位置能监测到目标火焰，确保能够适应不同燃烧特性的煤种。

（5）利用检修机会，对火焰检测电源系统、电缆及接地进行检查，并进行双电源切换试验。

（6）对制粉系统跳闸逻辑进行梳理，优化相关逻辑及参数。

（7）加强入炉煤掺配管理，根据煤场存煤情况，及时调整掺配方案，并及时汇报值长采取稳燃措施。

（8）强化技术培训管理，根据现场设备实际情况，修订规程并组织学习考试，监督检查学习和执行情况。

四、ETS端子板故障误发“发电机主保护动作”信号导致机组跳闸

某热电厂2号机组容量为350MW，2013年10月投产。锅炉型号为HG-1110/25.4-HM2，汽轮机型号为CLN350-24.2/566/566，发电机型号为QFSN-350-2。DCS控制系统采用GE新华控制工程有限公司生产的XDPS-400e系统，DEH及ETS系统由哈尔滨汽轮机厂成套供货（均为GE新华控制工程有限公司产品）。

（一）事件过程

2018年12月7日9时46分，2号机组负荷为188MW，C、D、E、F制粉系统运行，总煤量为141.42t/h；A、B汽动给水泵运行，主给水流量为594.16t/h；A热网加热器运行，出水温度为95℃，其他辅机设备均运行正常。

9时46分21秒，汽轮机跳闸，首出信号为“发电机主保护跳闸”。

9时46分22秒，锅炉MFT动作，首出信号为汽轮机跳闸。

9时46分26秒，发电机跳闸，动作信号为“程序控制逆功率保护”。

10时10分，热网供热由2号机A热网加热器切至1号机热网加热器供热，1号机负荷加至最大，维持热网首站供热温度为93℃，未影响对外供热。

10时11分，锅炉点火。

12时45分，专业人员查找跳闸原因并处理完成后，2号汽轮机冲转。

13时11分，2号发电机组与系统并网并正常对外供热。

（二）事件原因检查与分析

1. 事件原因检查

机组跳闸后，电厂立即组织相关专业人员查找原因，调阅历史曲线，拷贝机组跳闸首出原因画面，见图5-96，具体如下：

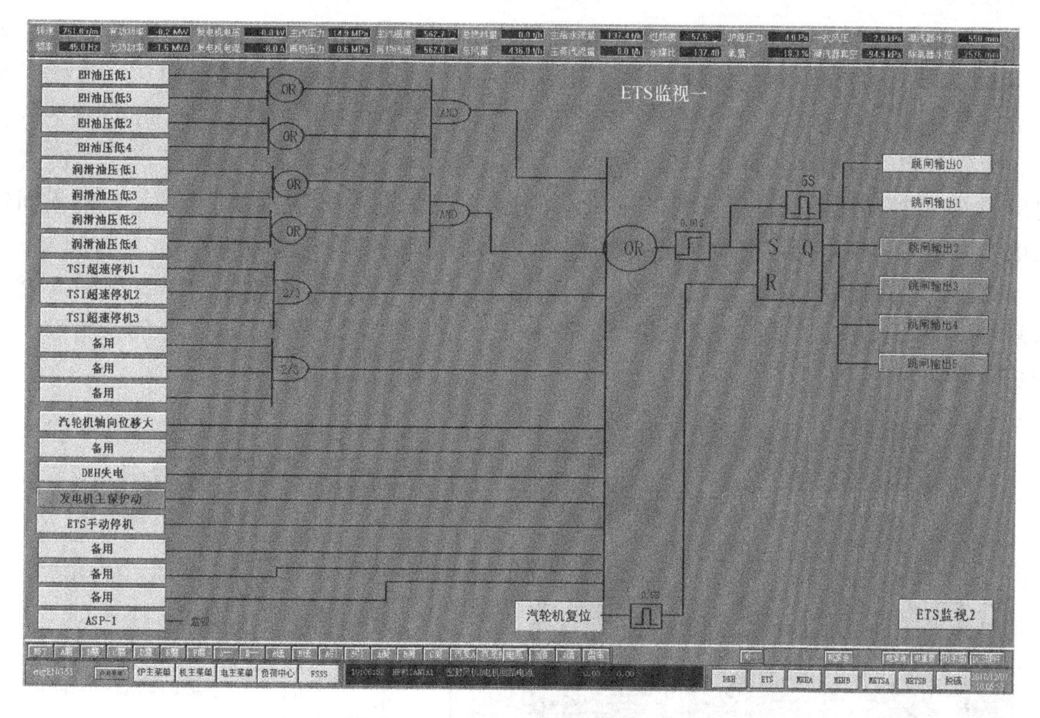

图 5-96　机组跳闸首出原因画面

保护动作曲线记录见图 5-97，检查 2 号发电机-变压器组保护屏动作报告，发现 9 时 46 分 25 秒 193 毫秒，保护 A 屏来“程序控制逆功率保护动作”信号，分析动作原因为汽轮机跳闸后主汽门关闭，功率反向，程序控制逆功率保护动作条件满足，引起发电机保护跳闸。保护复位后，保护屏无其他保护动作信号。

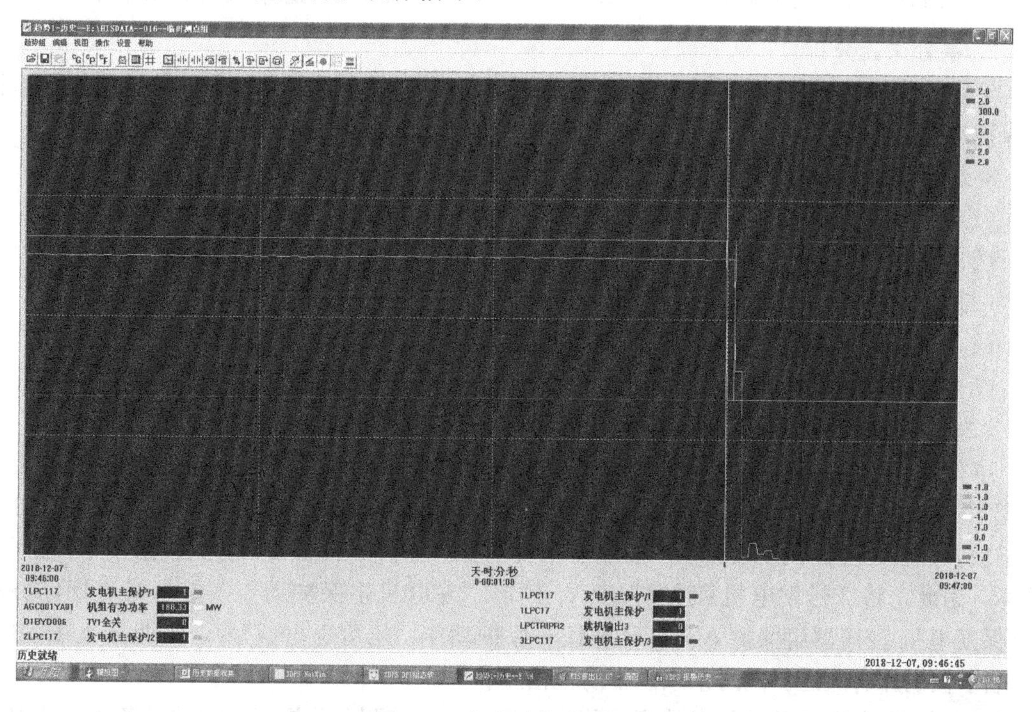

图 5-97　保护动作曲线记录

检查热控ETS保护柜发现，“发电机主保护动作”信号始终存在，进行热插拔LPC模件等方法均不能复位。将发电机-变压器组保护A屏、B屏至ETS柜F0、F3、F6端子板的2组保护输入线全部拆除，测量电缆绝缘合格，电缆屏蔽接地良好，但动作信号依然存在。后分别将“发电机主保护”信号接入的3块端子板（F0、F3、F6端子板）电源线及对应的LPC模件间通信电缆分别拆除，逐个板件排除，最终发现拆除F3端子板的板间通信电缆后信号消失，确定2号机组跳闸原因为ETS柜端子板F3故障。

由于F3端子板损坏，因此，断开F3端子板与LPC2模件间通信电缆（见图5-98），恢复F0、F6端子板至正常状态，LPC逻辑保护卡通讯正常；原“三取二”的逻辑输出保护功能即变为“二取二”逻辑，见图5-99。

图5-98 断开模件间通信接线检查

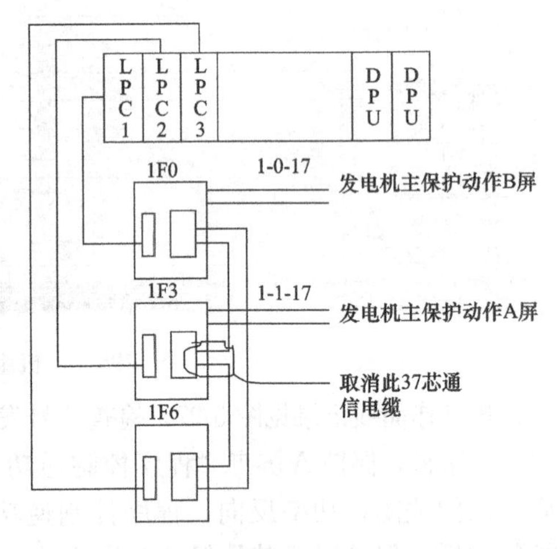

图5-99 逻辑保护卡的功能图

2. 事件原因分析

经上述查找，确定2号机组跳闸原因为ETS柜端子板F3故障，造成ETS柜“发电机主保护动作”信号误发，汽轮机跳闸，锅炉MFT保护动作，发电机逆功率保护动作。

3. 暴露问题

（1）ETS系统设备质量不佳，且连续运行，存在老化现象，设备可靠性降低。

（2）设备维护不到位，未能提前发现设备存在的隐患。

（3）专业技术管理不到位，隐患排查和风险防控不到位，控非停措施不完善。

（4）人员培训不到位，应急处理能力不足。

（5）重要保护元件储备不足。

（三）事件处理与防范

事件后采取临时措施：原设计ETS系统的发电机主保护动作信号是由电气2号发电机-变压器组保护A屏和B屏各输出1对触点分别送入热控ETS机柜F0号端子板和F3号端子板，并自动分配到F0、F3、F6端子板实现保护逻辑“三取二”功能。由于F3端子板损坏，因此，将2号发电机-变压器组A、B屏“发电机主保护动作”信号触点回路并联（确保发电机-变压器组保护A屏、B屏任一保护动作，均可送出信号），同时接入ETS柜F0端子板的原有通道。同时采取以下防范措施：

（1）加强对ETS系统设备管理，将故障板件返厂检测，分析厂家同类设备质量状况。

（2）加强对 ETS 等重要保护、监测系统的维护，完善相关管理制度，提高设备维护质量。

（3）加强专业技术管理，开展隐患排查和风险防控，完善控制非停措施。

（4）采取多种方式加强对专业人员技术培训，提高专业人员应急处理能力。

（5）制定机组重要保护系统模件更换计划，逐步更换。

五、TSI 系统超速模件通信故障导致机组跳闸

（一）事件经过

2018 年 6 月 15 日 1 时 26 分 19 秒，某电厂 3 号机组负荷 302MW，协调方式运行，A、B、E、F 磨煤机运行，总煤量为 138t/h，主给水流量为 830t/h，主蒸汽流量为 818t/h，主蒸汽温度为 566℃，主蒸汽压力为 15.91MPa。1 时 26 分 20 秒，3 号汽轮机跳闸，首出为“TSI 超速”，锅炉 MFT，发电机解列。

（二）事件原因检查与分析

1. 事件原因检查

异常发生后，热控人员检查 TSI 系统为本特利 3500 系列仪表，超速保护卡型号为 3500/53；检查汽轮机 TSI 柜、ETS 机柜、转速回路：TSI 超速至 ETS 柜间电缆绝缘正常（大于 50MΩ）；ETS 系统 TSI 超速通道所在的 DI 端子板无异常报警；TSI 机柜所有硬件无故障指示；TSI 转速探头 1、2、3 延伸电缆插头，前置器接线，信号电缆绝缘，信号屏蔽检查均无异常。

（1）检查 TSI 系统事件报警日志：

1）2018 年 6 月 14 日 21 时开始，TSI 超速 1 模件（槽位 2）不断触发报警信息：Device Alarms Lost（典型的登记了的事件，不需处理），每 1s 出现两次。

2）2018 年 6 月 15 日 1 时 15 分 15 秒，TSI 超速 2 模件（槽位 3）报警：Inter-Module Comm Fault，1 时 15 分 16 秒，报警恢复，因单点故障未触发其他异常。

3）2018 年 6 月 15 日 1 时 26 分 19 秒，TSI 超速模件 2、TSI 超速模件 3（槽位 3、4）同时故障报警：Inter-Module Comm Fault；1 时 26 分 20 秒，汽轮机跳闸，首出 TSI 超速。1 时 26 分 23 秒，TSI 超速模件 2、TSI 超速模件 3 报警恢复，两个模件同时故障，持续 3s。

4）故障代码：最终同本特利 TSI 系统厂家共同检查判断为模件硬件故障，需将模件返厂检测出现故障具体原因。

（2）检查保护硬件，配有 3 块转速卡，安装在 TSI 机柜第二框架，对应的卡槽编号为 2、3、4。保护逻辑配置为以下任一条件满足触发 ETS 保护动作：

1）三路转速分别判断大于 3300r/min 后开关量“三取二”。

2）三块转速模件故障信号“三取二”。

2. 事件原因分析

根据上述检查分析，3 号机组汽轮机 TSI 系统超速模件 2、超速模件 3 同时出现通信故障，触发 TSI 系统超速保护动作是本次非停的直接原因。

3. 暴露问题

（1）热控专业“两防”管理不到位，厂部虽然认真开展了热控专业管理提升攻坚专项活动，对热控保护进行了专项排查治理，但是对保护设备的隐患排查未能做到全覆盖，仍然留有死角。对 TSI 系统只排查到就地设备和保护设置，未能及时发现 TSI 系统存在的安

全隐患。

（2）隐患排查不彻底。本特利系统只输出综合报警，日常巡检主要检查LED指示灯状态。底层报警信息必须通过串口连接专用外置上位机读取，因在线作业存在一定的风险，未开展TSI系统底层报警信息的调取工作。

（3）人员技能水平仍需提高。热控人员对TSI系统等独立热控装置研究掌握不深入，在解决具体问题上过度依赖厂家。

（三）事件处理与防范

将3号机组TSI系统的3500/53超速保护卡更换为3701/55超速保护系统，经调试、动态试验合格后保护投运。同时制定以下防范措施：

（1）对3号机组TSI系统电源、通信、轴向位移、轴承振动模件进行升级改造。

（2）4号机组启动前，完善TSI系统，增加模件故障报警功能，并将三路转速信号输出至DCS系统，方便人员日常巡检、维护。

（3）将4号机组TSI系统升级改造，列入机组大修计划。

（4）将完善后的TSI系统报警信息纳入DCS日常巡检范围，完善定期工作标准，每次停机期间调取和分析TSI系统底层报警信息。

（5）将3号机组TSI转速故障模件返厂检测，跟踪检测结果。

（6）举一反三，对1号、2号、5号机组TSI系统进行隐患排查，共排查出7项问题，对排查问题制定整改方案，逐一进行整改。

1）轴向位移、轴承振动、TSI转速信号共用一根电缆。

2）TSI系统无模件故障报警功能。

3）TSI系统存在两个轴承振动测点布置在同一模件上，未实现分散布置。

（7）结合热控专业管理提升攻坚专项活动，进一步开展对重要保护信号未实现冗余配置、分散布置、共用一根信号电缆、系统电源、品质判断、延时、定值等问题进行排查整改。

（8）将技术培训与重要系统学习及隐患排查相结合，提升热控人员专业技能水平。

1）将ETS系统、TSI系统、DEH系统等独立热控控制装置技术培训，纳入专业培训计划，制作培训课件。每季度开展一次技术培训，提升人员对重要系统技术掌握水平。

2）修编完善ETS、TSI、DEH、FSSS等重要设备的模件故障、电源失电、通信中断等情况的处理应急预案，提升紧急情况人员处理能力。

六、轴向位移输出模件绝缘降低误发信号导致机组跳闸

（一）事件经过

2018年8月6日，某电厂1、2号机组正常运行，2号机组负荷为250MW，主蒸汽压力为16.36MPa，主蒸汽温度为537℃。22时00分36秒，2号机组汽轮机跳闸，锅炉BT，汽轮机跳闸首出信号为轴位移大停机，锅炉BT首出信号为汽轮机跳闸。

（二）事件原因检查与分析

1. 事件原因检查

（1）查阅DEH工程师站历史曲线发现4个轴位移大跳机信号中仅1B轴位移大跳机信号由0变为1并持续0.6s，1A、2A、2B轴位移大跳机信号始终为0，未发生翻转，轴位移模拟量信号1A、2A在汽轮机跳闸前分别为－0.249mm、－0.266mm，发生跳闸后变为

0.1mm左右，并且缸胀、推力瓦温度等测点未见异常。

（2）对1A、1B、2A、2B轴向位移测量回路进行全面检查，未见异常；对TSI系统1A轴向位移大、1B轴向位移大、2A轴向位移大、2B轴向位移大输出到ETS模件的信号电缆进行检查，用500MΩ的绝缘电阻表进行检查（信号线对地及线间），电阻均大于50MΩ，满足GB/T 9330.3《塑料绝缘控制电缆　第3部分：交联聚乙烯绝缘控制电缆》要求，绝缘合格。TSI系统至ETS系统的信号电缆屏蔽线符合单端接地的要求。因此可以排除TSI系统轴向位移大开关量信号输出至ETS系统的电缆绝缘和屏蔽线不合格导致信号误发。

（3）对TSI系统4个输出通道和ETS系统4个输入通道进行通道测试，未见控制回路及ETS系统异常。可以排除ETS系统开关量输入卡通道异常导致信号误发。

（4）事发当时，现场无作业人员工作，也无大功率设备启停。查询历史曲线，TSI系统其他测点（开关量和模拟量），如轴振、瓦振、胀差、偏心，都没有明显变化。因此可以排除现场干扰对系统的影响。

（5）查看历史曲线，1B轴向位移大开关量信号触发0.6s之后消失，说明ETS系统确实检测到1B轴向位移大的开关量信号。

（6）轴向位移输出卡中电子元件已经连续通电工作近8年（2011年6月上电），已经接近电子元件的正常使用寿命（10年）。

（7）检查ETS系统中轴向位移大保护逻辑为“1A危险值或1B危险值”与上“2A危险值或2B危险值”。

2. 事件原因分析

根据上述检查分析，1B轴向位移大开关量信号触发0.6s之后消失，说明ETS系统确实检测到1B轴向位移大的开关量信号。ETS系统中保护逻辑为“1A或1B”与“2A或2B”，可以推测出2A和2B中至少有一个开关量信号触发。ETS系统控制器扫描周期为20ms，历史站的扫描周期为500ms，如果开关量信号的高电平维持时间小于500ms，就存在历史数据采集不到的可能性。可以推测，2A、2B中，存在触发的信号，信号高电平保持时间大于20ms，且小于500ms，历史数据未采集到。轴向位移1B、2B无模拟量显示，且TSI系统中2A同模件上的“低压胀差大”信号没有发出，因此推测误发信号的为轴向位移大1B和2B。轴向位移输出卡中电子元件已经连续通电工作近8年（2011年6月上电），已经接近电子元件的正常使用寿命（10年），由于电子元件老化，绝缘电阻降低等原因，使得控制三极管导通的电压升高，在背板电压小幅波动时，1B、2B输出通道三极管瞬间导通（PN结导通电压都来自背板），继电器触点（动合点）瞬时吸合，2号机组轴向位移大1B、2B信号误发，导致机组跳闸。

3. 暴露问题

（1）热控专业管理提升攻坚活动及隐患排查工作开展不细致、不深入。热控专业人员更多的去关注测点取样，信号传输，逻辑合理性等方面，忽略了设备的内部电子元件、总线接口、电池等设备，热控隐患排查工作不全面，不彻底。

（2）查阅TSI检修记录，历次检修均只是对TSI系统现场探头、引出线和前置器成套进行了检修，没有对TSI系统机架进行送检，暴露出热控专业人员对检测技术管理不细致。

（3）热控专业未建立控制系统电子元件劣化台账，暴露出控制部对于电子设备劣化管理方面存在问题。

(4) 热控专业人员对控制系统性能底数和内部结构掌握不明晰，暴露出热控专业技术人员在系统性能和内部结构方面能力欠缺。

(5) ETS系统控制扫描周期与数据采集周期不匹配，存在小于500ms的控制信号无法采集的问题，且SOE系统设计中只有主保护动作的最终信号（如轴向位移大“四取二”之后触发ETS的信号），没有将触发最终信号的原始信号（如1A轴向位移大）纳入SOE管理，导致在设备故障分析中无法对事发时控制系统数据进行准确的追溯，暴露出热控专业人员在控制系统功能缺失方面技术力量存在薄弱。

(6) 控制系统机笼背板、内部数据总线、公用配电线路等公用电子元件已经连续运行8年（2011年6月上电），已经逐渐接近电子元件的使用寿命（10年），本次TSI系统背板电压波动和输出通道控制电压异常情况，暴露出热控专业人员在设备可靠性方面技术能力欠缺。

（三）事件处理与防范

(1) 更深入的开展热控专业管理提升攻坚活动和隐患排查工作。对热控设备内部电子元件、总线接口、电池等设备进行排查，不留死角。

(2) 建立控制系统电子元件劣化台账。包括控制器电池、通信模块、交换机等，对于超出电子元件使用寿命的进行更换。

(3) 完善热控设备检测台账。在TSI检测台账中增加TSI控制系统机架（含CPU、背板和电源模块）。

(4) 完善TSI系统检修作业指导书。在TSI作业指导书中增加TSI控制系统机架（含CPU、背板和电源模块）检修内容。

(5) 利用2018年9月，2号机组停机检修的机会，更换2号机组TSI系统机架背板，并对2号机组TSI系统进行全面检测，含现场传感器探头、引出线、前置器、信号电缆、输入输出模件，并进行通道测试。

(6) 完善SOE报警功能。将“轴向位移大”“高排温度高”“凝汽器真空低”等触发主保护动作的原始开关量信号接入SOE，利用SOE的高速检测功能，捕捉高电平维持时间短的开关量信号，为事故分析提供更多的数据支持。

七、轴承绝对振动模件故障引起“轴承绝对振动大”汽轮机跳闸

某煤电公司一期工程为2台660MW国产超临界间接空冷燃煤发电机组，锅炉为SG-2250/25.4-M981型，单炉膛、一次再热、平衡通风、紧身封闭、固态排渣、全钢构架、全悬吊结构Ⅱ型锅炉。锅炉省煤器规格为$\phi 48\times 6.5$mm，材质为SA-210C，设计压力为32.54MPa。DCS为艾默生OVATION，2017年2月投产。

（一）事件经过

2018年10月2日1时16分，1号机组有功为563MW，无功为120Mvar，厂用电自带，机组AGC投入，1号机发电机7号轴承绝对振动测点1及测点2指示均为0.6mm/s。

1时16分58秒，1号机发电机7号轴承绝对振动通道2故障。

1时17分03秒，1号机发电机7号轴承绝对振动测点2指示突升至20.05mm/s。

1时17分06秒，1号机组发电机7号轴承绝对振动1通道故障，7号轴承相对振动值

及其他各轴承振动均无异常变化。

1 时 17 分 10 秒，1 号汽轮机跳闸，ETS 首出“轴承绝对振动大”，汽轮机转速下降，锅炉 MFT，发电机联跳，厂用电切换正常。机组跳闸记录曲线见图 5-100。

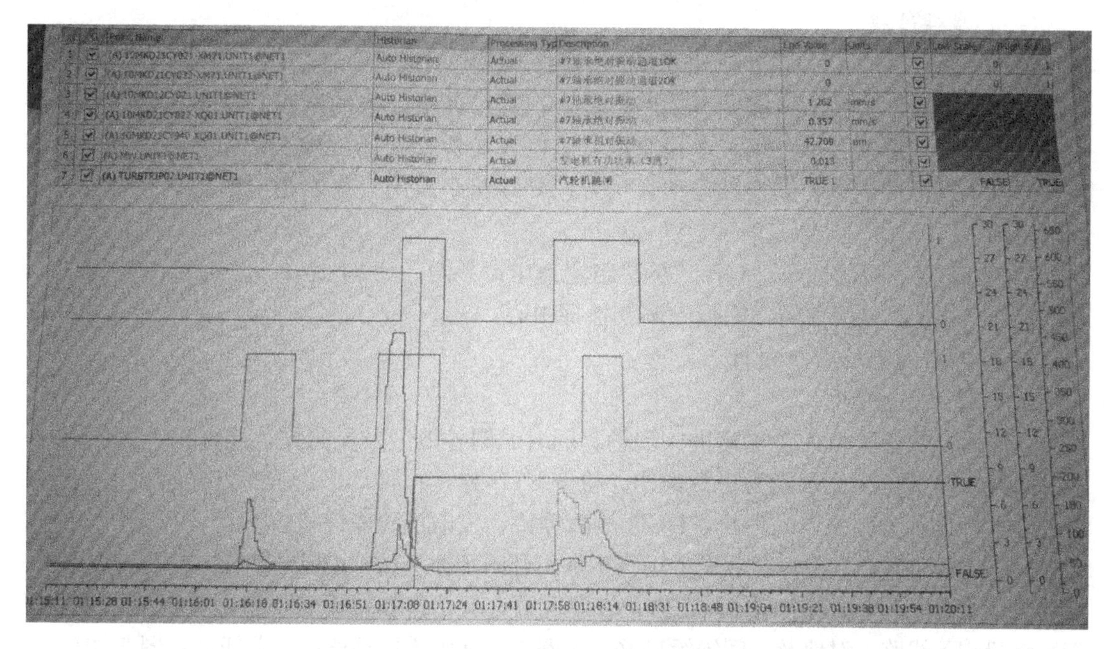

图 5-100　机组跳闸记录曲线

1 时 17 分，1 号锅炉吹扫完毕；2 时 8 分，1 号锅炉点火成功；6 时 27 分，具备冲车条件；6 时 42 分，汽轮机定速 3000r/min，7 号轴承绝对振动指示正常；6 时 57 分，1 号机并网带初负荷，7 号轴承绝对振动指示正常，测点 1 及测点 2 指示均为 0.6mm/s。

（二）事件原因检查与分析

经检查 7 号轴承绝对振动测点正常，测点接线无松动、电缆完好无破损、无接地现象，TSI 控制系统控制柜内轴承绝对振动 6110 模件 error 灯亮，发现绝对振动 6110 模件故障。

本次故障原因是 DCS 系统 TSI 控制系统控制柜内轴承绝对振动模件 6110 故障，导致 7 号轴承绝对振动通道 1、轴承绝对振动通道 2 故障。启动 1 号汽轮机“轴承绝对振动大”保护，造成汽轮机跳闸，锅炉 MFT，发电机联跳。

暴露问题：汽轮机主保护轴承振动逻辑不完善、运行日常巡检工作不到位。

（三）事件处理与防范

更换 1 号机 DCS 系统 TSI 控制系统 7 号瓦绝对振动模件。同时采取以下防范措施：

（1）轴承绝对振动通道故障不应作为 ETS 保护动作条件之一，逻辑优化为轴承绝对振动测点通道故障与上该瓦相对振动测点高于 130μm 作为 ETS 保护动作条件。

（2）对 TSI 控制系统模件及就地探头做定期检查，及时更换。

八、轴振模件老化误发“轴振动大”信号停机

某电厂 2 号机组容量为 300MW，DCS 系统采用美国 FOXBORO 有限公司的控制系统，TSI 系统为 EPRO 的 MMS6000 监控系统。2008 年 10 月 18 日投产。

2018 年 10 月 25 日，发电机有功负荷为 180MW，无功负荷为 58Mvar，锅炉 A、B、C、D 磨煤机运行，母线标准运行方式。发电机-变压器组保护与自动装置均正常投入。汽轮机、锅炉各参数运行正常。

（一）事件过程

10 时 2 分 43 秒，2 号机组跳闸，发电机解列，MFT 动作，ETS 装置显示“轴振动大停机”。

机组跳闸后，运行人员按照事故停机步骤，进行各项参数的调整和准备启动工作，并联系热控、机化展开分析处理，查找原因。热控人员检查现场后综合分析判断，认为 TSI 装置中有轴振模件老化，误发轴振动大信号，导致机组跳闸。采取相应措施后，通知运行可以启动。

10 时 56 分，机组冲车，14min 后机组定速申请并网。13 时 10 分，2 号机组并网。

13 时 14 分，机组并网，汇报中调及指挥中心。

（二）事件原因检查与分析

1. 事件原因检查

事件后，热控检修人员迅速进入现场，同时调阅各项记录及曲线，检查相关设备。

调阅操作员行为记录均为正常操作。检查 ETS 装置的双 PLC，状态灯显示设备运行正常，跳闸灯显示为轴振动大停机、DEH 故障停机、发电机故障停机。

检查 TSI 装置，状态灯显示设备运行正常。调阅 SOE 记录为 ETS 停机、轴振动大停机。检查 TSI、ETS 系统输出继电器均正常，未发现触点有粘连和抖动等现象；检查 TSI 装置至 ETS 装置相关线路，对地及线间绝缘良好。调阅 1 号瓦轴承振动值历史曲线，见图 5-101。

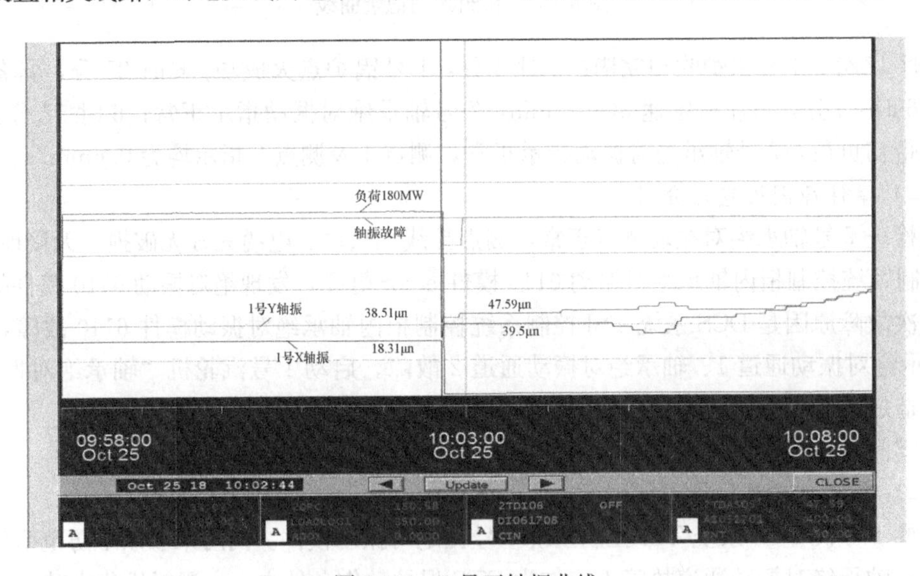

图 5-101 1 号瓦轴振曲线

由图 5-101 可见，1 号瓦 X 向振动值由 18.3μm 上升至 39.5μm、1 瓦 Y 向振动值由 38.5μm 上升至 47.5μm，其他各瓦均没有大的变化；调阅 DCS 记录，发现机组跳闸同时，TSI 装置发“轴振动线路故障报警（通道故障）”，进一步核实此故障报警的条件不存在。

检查轴振跳闸逻辑为同瓦“X 方向≥250μm 与上 Y 方向≥125μm”或“Y 方向≥250μm 与上 X 方向≥125μm”。

2. 事件原因分析

机组跳闸时，1～6号瓦轴振均未达到动作条件。“轴振动线路故障报警（通道故障）”触发有4个条件：模件供电电压异常、传感器工作范围超限、看门狗功能故障、组态和参数化，但详细检查设备，这4个条件都不存在。调阅轴振模件组态，报警抑制、电流抑制功能均为投入状态，即如果“轴振动线路故障报警（通道故障）”触发，跳闸信号不出、模件输出电流到0。

调阅电子间录像监控，当时电子间并无人工作，排除人为干扰因素。结合当时检查情况及并网后机组正常运行的情况，进一步佐证外回路并无异常。

综上所述和设备投产至今已10年，综合分析判断，认为TSI装置中轴振模件老化，误发轴振动大停机信号。后特请TSI厂家专家到厂调阅各项记录及数据，分析后认可此结论。

3. 暴露问题

(1) 设备投产至今已10年，TSI装置的电子元器件已达使用寿命周期，模件出现老化；从本厂DCS等系统的运行工况及日常故障及缺陷显示，已暴露出同类问题。

(2) 对一些重要模件没有检测手段，也没有预防措施，存在安全隐患。

(三) 事件处理与防范

将1号瓦轴振模件换为新卡，2～6号瓦轴振模件更换为1号机组（A修中）TSI装置中相应轴振模件，检查TSI装置运行状态及输出没有异常后，通知运行可以启动。同时采取以下防范措施：

(1) 列入计划对热控重要系统和设备，如DCS、TSI、ETS等系统软硬件进行升级更新。

(2) 购置部分轴振模件，对TSI装置中的轴振模件进行更换。

(3) 排查其他重要装置，更换部分使用时间较长的模件，以消除隐患。

(4) 加强日常巡查，及时发现设备异常状态，及时进行处理。

九、停机过程机组轴向位移信号故障造成机组跳闸

某机组配置为415MW单轴燃气-蒸汽联合循环机组，燃气轮机为GE公司生产的9F级燃气轮机；锅炉为杭州锅炉厂生产的无补燃三压、再热蒸汽循环余热锅炉；汽轮机为HPEC公司生产的HTC158型号汽轮机；控制系统采用GE能源检测控制技术的MarkⅥe一体化控制系统。2014年投产。2018年10月24日因燃气轮机轴向位移信号故障造成机组跳闸。

(一) 事件过程

2018年10月24日，9号燃气机组负荷为330MW，运行参数显示正常，无报警信号。

21时15分，9号机组跳闸，燃气轮机熄火。Mark VIe发“AXIAL POSITION ＃1FAILURE ALARM、AXIAL POSITION ＃2FAILURE ALARM”及“AXIAL PROBE FAILED-TRIP ALARM”报警。

(二) 事件原因检查与分析

1. 事件原因检查

21时25分，运行人员通知生技部、热控检修；21时33分，热控检修到场对9号机组Mark VIe柜轴向位移模件底板进行更换，并对9号机1、2号轴向位移信号即故障跳机信号进行了强制，25日5时1分，9号机组正常启动；6时20分，9号机组满负荷运行。

电热部有关人员后续检查了轴向位移前置器、信号电源电缆等，校验、更换模件电源

底板及延伸电缆后，相应的故障信号报警不再出现。

2. 事件原因分析

机组1、2号轴向位移同时发出故障信号是导致机组跳机的直接原因；经检查当时的1、2号轴向位移历史数据，显示正常，分别是0.03、0.06mm，远没有达到跳机的数值。

根据上述对相关设备的检查、校验和电缆更换，确认事件原因为轴向位移延伸电缆使用多年及机械损伤原因，导致损伤处接地引入干扰信号，发出故障报警。当A、B通道同时发生时引起机组跳机。

3. 暴露问题

轴向位移延伸电缆带故障运行，未能及时发现或更换。

（三）事件处理与防范

（1）修改保护逻辑，增加页面轴向位移通道异常报警功能。

（2）热控人员加强巡回，加强针对轴向位移相关系统设备的检查，只要出现报警信号，就需查找出原因，并进行处理。

（3）保证所有TSI测量设备，在机组A级检修或更换前，均应进行检查、校验，并进行外观、阻值、绝缘、性能等进行测试；保证使用的设备可靠。

（4）建立重要保护回路电缆绝缘定期测试台账，便于提前发现电缆绝缘问题。

十、TSI模件老化导致机组非计划停运

（一）事件经过

2018年10月25日10时2分43秒，某电厂2号机组跳闸，发电机解列，锅炉MFT动作，ETS装置显示“轴振动大停机”。机组跳闸后，值长立即汇报中调及生产指挥中心和厂属相关领导。运行人员按照事故停机步骤，立即进行各项参数的调整和准备启动工作，并联系热控、机务人员展开分析处理，查找原因。

热控检修人员迅速进入现场，同时调阅各项记录及曲线，检查相关设备。调阅操作员行为记录均为正常操作。检查ETS装置的双PLC，状态灯显示设备运行正常，跳闸灯为轴振动大停机、DEH故障停机、发电机故障停机。检查TSI装置，状态灯显示设备运行正常。调阅SOE记录为ETS停机、轴振动大停机。检查TSI、ETS系统输出继电器均正常，未发现触点有粘连和抖动等现象；检查TSI装置至ETS装置相关线路，对地及线间绝缘良好。接着调阅DCS 1～6号瓦轴承振动值历史曲线，1号瓦X向振动值由18.3μm上升至39.5μm、1瓦Y向振动值由38.5μm上升至47.5μm，其他各瓦均没有大的变化；调阅DCS记录，发现机组跳闸同时，TSI装置发“轴振动线路故障报警（通道故障）”，进一步核实发此故障报警的条件并不存在。经过详细排除其他可能引起的故障因素，综合分析判断，认为TSI装置中轴振模件老化，误发轴振动大信号，导致机组跳闸。因此采取相应措施，将1号瓦轴振模件换为新卡，2～6号瓦轴振模件更换为1号机组（A修中）TSI装置中相应轴振模件，检查TSI装置运行状态及输出没有异常后，通知运行可以启动。

（二）事件原因检查与分析

该厂轴振跳闸逻辑为同瓦“X方向≥250μm与上Y方向≥125μm”或“Y方向≥250μm与上X方向≥125μm”，机组跳闸时，1～6号瓦轴振均未达到动作条件。“轴振动线路故障报警（通道故障）”触发有4个条件：模件供电电压异常、传感器工作范围超限、看

门狗功能故障、在组态和参数化，但详细检查设备，这 4 个条件并不存在，此报警不应该发。调阅轴振模件组态，报警抑制、电流抑制功能均为投入状态，即如果“轴振动线路故障报警（通道故障）”触发，跳闸信号不出、模件输出电流到 0。调阅电子间录像监控，当时电子间并无人工作，排除人为干扰因素。结合当时检查情况及并网后机组正常运行的情况，进一步佐证外回路并无异常。综上所述，认为 TSI 装置中轴振卡输出存在问题，故确定为 1 号瓦轴振模件老化，输出异常，误发停机信号。后又特请 TSI 厂家专家到厂调阅各项记录及数据，分析后亦认可此结论。

（三）事件处理与防范

设备投产至今已 10 年，TSI 装置的电子元器件已达使用寿命周期，模件出现老化；从本厂 DCS 等系统的运行工况及日常故障及缺陷显示，已暴露出同类问题。

（1）列入计划对热控重要系统和设备，如 DCS、TSI、ETS 等系统软硬件升级更新。

（2）购置部分轴振模件，对 TSI 装置中的轴振模件进行更换。

（3）排查其他重要装置，更换部分使用时间较长的模件，以消除隐患。

（4）加强日常巡查，及时发现设备异常状态，及时进行处理。

十一、综合因素造成超速保护动作

某电厂装机容量为 2×1000MW 机组，采用 ABB 公司的 Symphony 控制系统。2018 年 12 月 7 日 4 时机组负荷为 295MW，1A、1B、1C、1E、1F 磨煤机运行，1D 磨煤机检修；DEH 系统运行正常。

（一）事件经过

4 时 7 分 58 秒，1 号机组跳闸，首出为 DEH“超速停机”，机、炉、电联动正常。

4 时 59 分，锅炉重新点火。

6 时 22 分，1 号机重新并网正常。跳机首出指示如图 5-102 所示。

图 5-102　跳机首出指示

（二）事件原因检查与分析

1. 汽轮机保护系统（TPS）设备概况

1 号机组 DCS 及 DEH 使用的是 ABB 公司的 Symphony 系统，其中汽轮机保护系统（TPS）由 3 块 TPS02 模件及以电缆连接的 1 个 TPSTU02 端子单元组成。所有与电子超速保护有关之功能皆由模件及端子单元监测和完成。这些保护功能是独立于控制系统的数据总线和多功能处理器的。这套汽轮机保护系统采用三冗余输入方式、“三选二”保护逻辑及在线试验的能力以提高可靠性。3 项保护功能都有 4 个继电器输出至液压集成块，TPS 模件利用模件板上的处理器及存贮器以处理输入数据，控制输出及与 Infi90 开放控制系统进行通信，如图 5-103 所示。

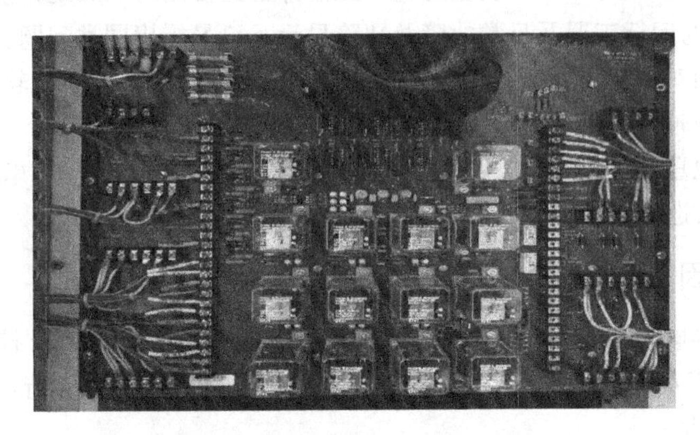

图 5-103　TPS02 端子现场实际图

检查汽轮机转速选择控制逻辑，见图 5-104。

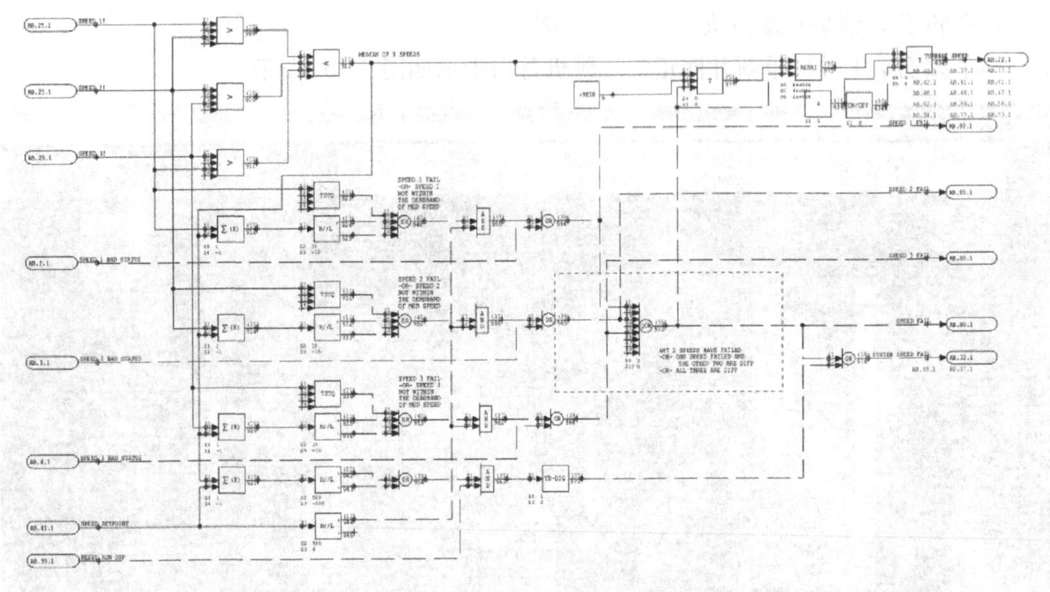

图 5-104　汽轮机转速选择控制逻辑图

从图 5-104 可以看出，以转速 1 为例，转速 1 故障（1DSPEED1FAIL）判断如下：

（1）当机组转速高于 500r/min 时，转速 1 信号坏质量或者转速 1 与选择后的转速（“三取中”逻辑）偏差±10r/min。

（2）模件故障判断为转速故障（1DSPEED1BADSTA）。

以上两个条件任一满足时，触发转速1故障（1DSPEED1FAIL）。当3个转速信号中有任意2个触发转速故障时，选择后的转速会切换至最大值，触发超速保护跳机。

2. 转速1测点问题检查处理

针对转速1（2970r/min）测点异常，进行以下检查与处理：

（1）在DEH系统TPS端子板处测量转速1、2、3的电压分别为3.048V AC、6.62V AC、7.01V AC，转速1信号电压值略为偏低。

（2）在端子处将转速1的信号线拆除，分别对其感应电压、电阻值进行检查，转速1各项间电压测试如表5-4所示，转速1各项间电阻测试如表5-5所示。

表5-4　　转速1各项间电压测试

序号	项目	电压值（V AC）
1	正、负	18.67
2	正、屏	9.23
3	负、屏	7.74
4	正、地	9.16
5	负、地	8.12
6	屏、地	0

表5-5　　转速1各项间电阻测试

序号	项目	电阻值（MΩ）
1	正、负	22.3～23.77
2	正、屏	26.65～28.22
3	负、屏	22.19～25.04
4	正、地	∞
5	负、地	∞
6	屏、地	6.4Ω

（3）信号发生器连接转速1通道，输入6700Hz频率信号，DEH系统上转速显示3000r/min。

（4）TPS端子板处将转速1的负端接线拆除，DEH系统上转速显示3000r/min，且较为稳定。

（5）重新敷设一根新电缆替换转速1原电缆后，DEH系统转速显示2970r/min，且左右波动。

（6）将机头就地转速表探头（转速表显示3000r/min）替换转速1探头，接入转速1通道，DEH系统上转速在2932～2984r/min之间波动，与转速1相比，波动更大，更不稳定。

（7）由于现场没有多余的磁阻式转速传感器，经咨询厂家东汽专业人员，建议将TSI系统转速卡（50）的输出信号接入暂时使用，待机组停运后进行更换处理，经过近几天观察运行，测点运行正常。

3. 相关模拟试验

由于导致跳机原因不明，而1号机组又在运行中，为了机组安全运行，需要在停运机组开展相关模拟试验进行验证，利用2号机组正处于检修中，借助转速校验台、信号发生器、对讲机等设备，在2号机组上进行了相关验证试验：

（1）将1号机组转速1信号引入2号机组TPS端子板通道3，显示2855r/min，且在左右频繁波动，可确认转速1探头是存在问题的，趋势如图5-105（绿色）所示。

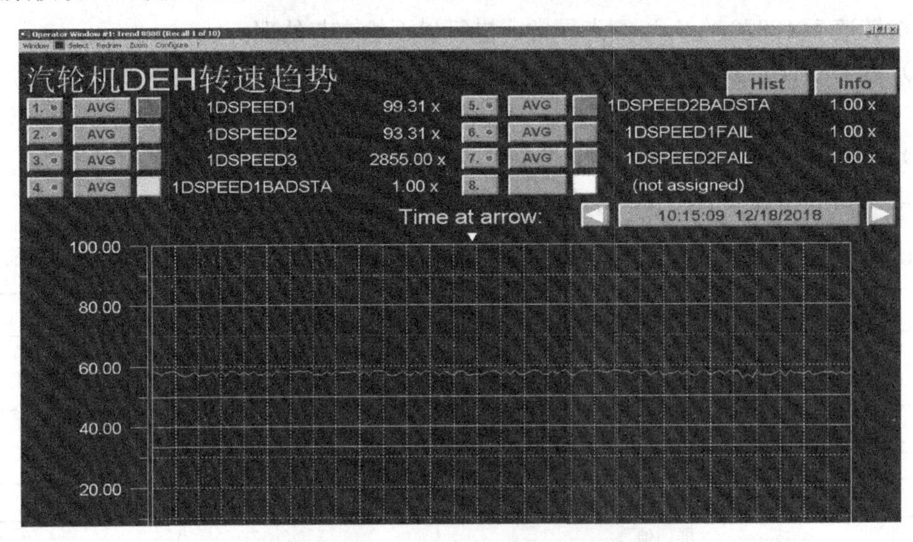

图5-105　1号机组转速1（绿色）

（2）在转速校验台上安装2个磁阻式探头，并分别接入2号机组TPS端子板通道1和通道2，转速给定3000r/min，2个测点均显示正常，以负端接地（J7、J8、J9 3个跳线器1、2短接）和负端悬空（J7、J8、J9 3个跳线器2、3短接）两种方式开展以下测试，跳线器如图5-106所示。

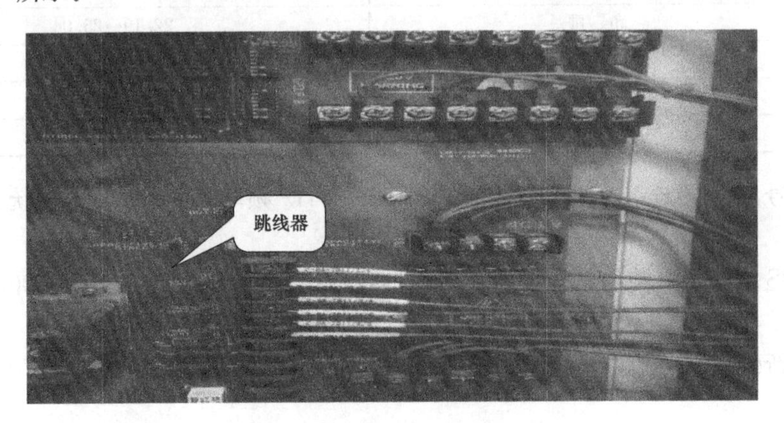

图5-106　J7、J8、J9跳线器

1）J7、J8、J9 3个跳线器1、2短接方式。

a）将转速通道1（图中红线）的正端接地，分别开展3次，每一次转速下降情况不一致，但不影响转速通道2，如图5-107所示。

b）将转速通道1（图中红线）负端接地，转速通道1、2均无影响，如图5-108所示。

c）将转速通道1（图中红线）的正、负端同时接地，仅影响转速通道1，不影响转速通道2，如图5-109所示。

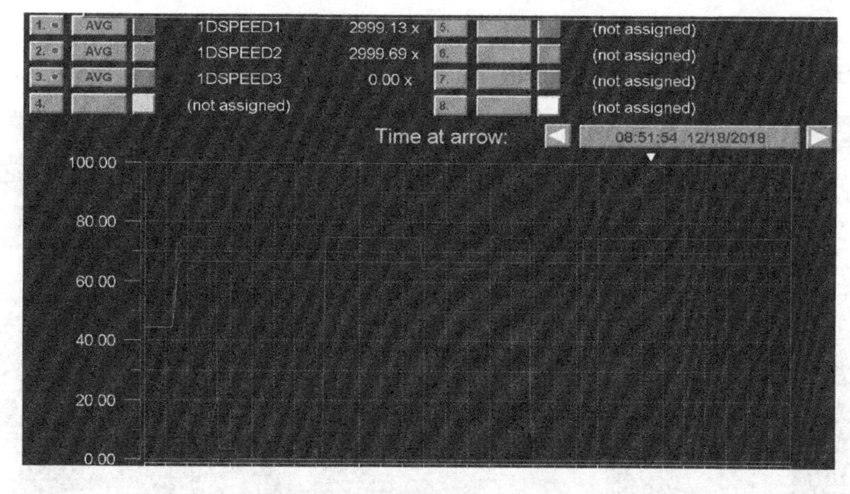

图 5-107　转速通道 1 正端接地

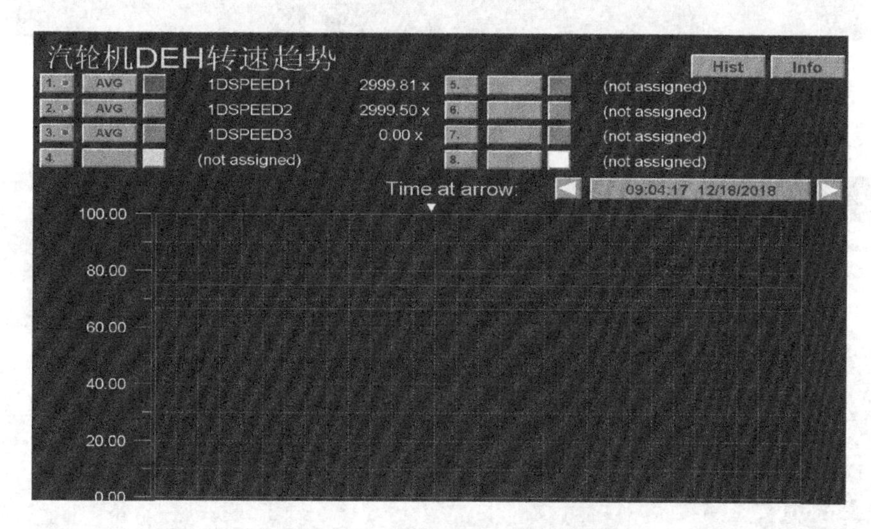

图 5-108　转速通道 1 负端接地

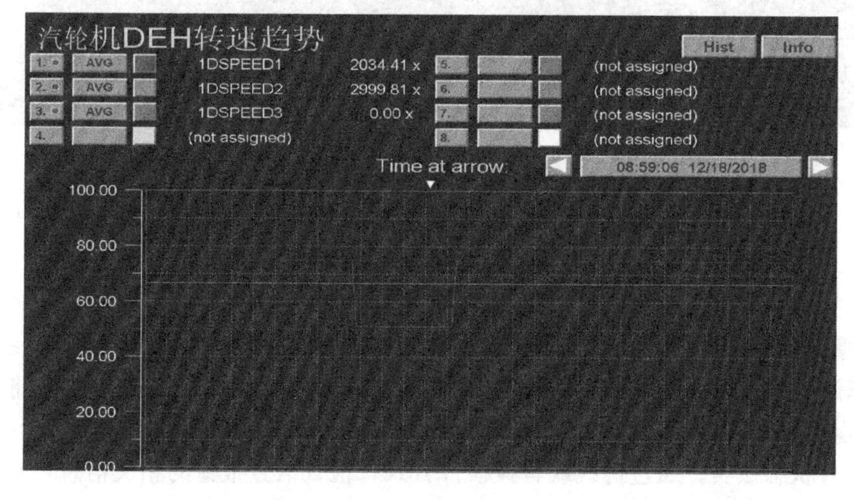

图 5-109　转速通道 1 正、负端接地

2）J7、J8、J9 3 个跳线器 2、3 短接方式。

a）转速通道 1（图中红线）正端接地，转速通道 1、2 均无影响，如图 5-110 所示。

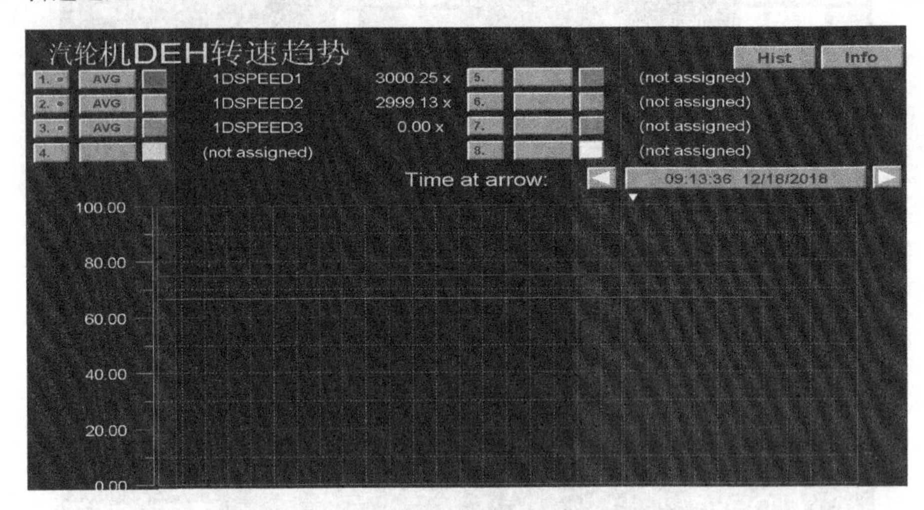

图 5-110　转速通道 1 正端接地

b）转速通道 1（图中红线）负端接地，转速通道 1、2 均无影响，如图 5-111 所示。

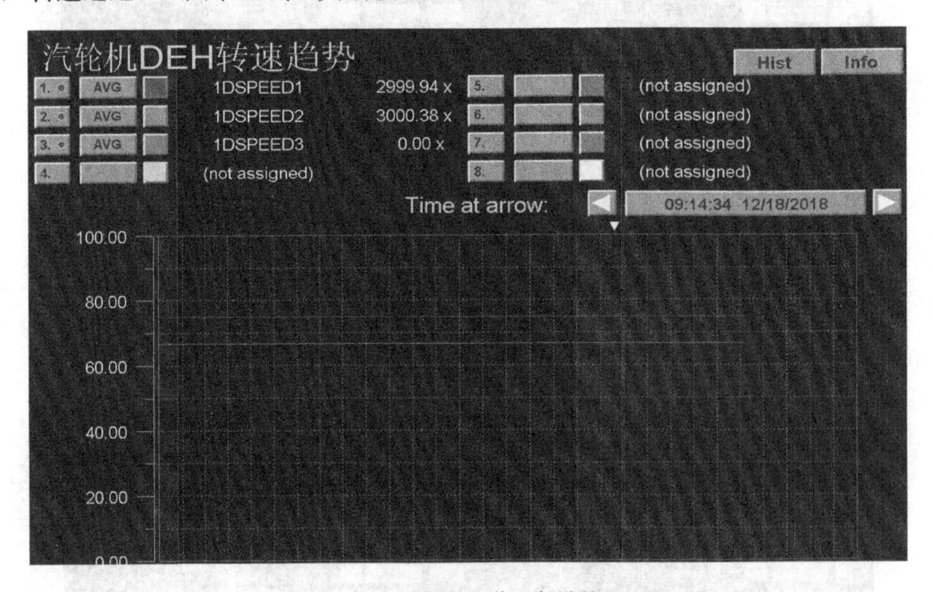

图 5-111　转速通道 1 负端接地

c）转速通道 1（图中红线）正、负端同时接地，仅影响转速通道 1，不影响转速通道 2，如图 5-112 所示。

3）模拟故障试验。人为将转速通道 1 传感器线圈模拟损坏，并将线圈与转速校验台齿轮盘接触摩擦，将转速升至 3000r/min，在这过程中，转速通道 1 由于传感器线圈损坏，测得转速较低并且波动较大；虽然转速通道 1 传感器线圈与齿轮盘摩擦接触，将感应电压传到齿轮盘上，但从趋势看出，转速通道 2 的测量并未受到影响，如图 5-113 所示。

4）信号状态核实。通过拆线或者拔模件方式，检查信号报警的相关信息，具体开展情况如下：

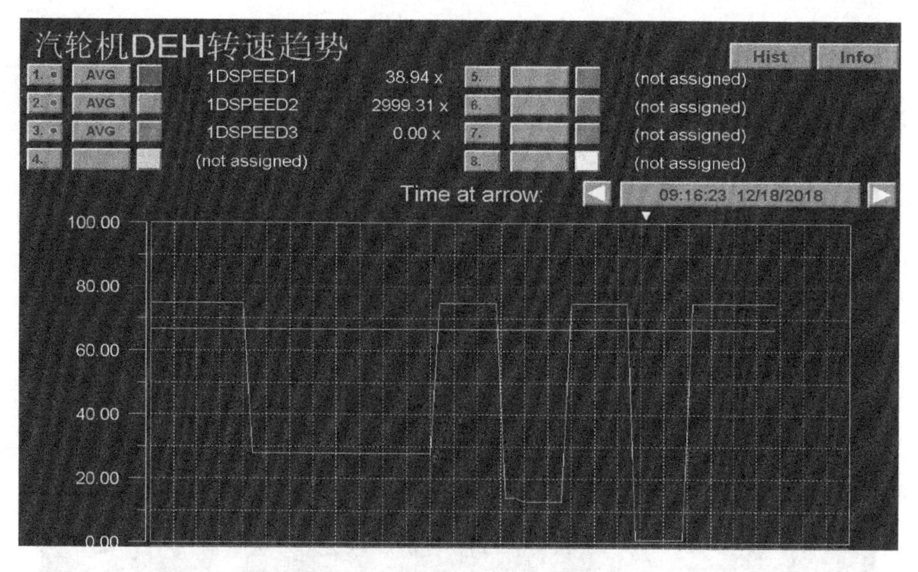

图 5-112　转速通道 1 负端接地

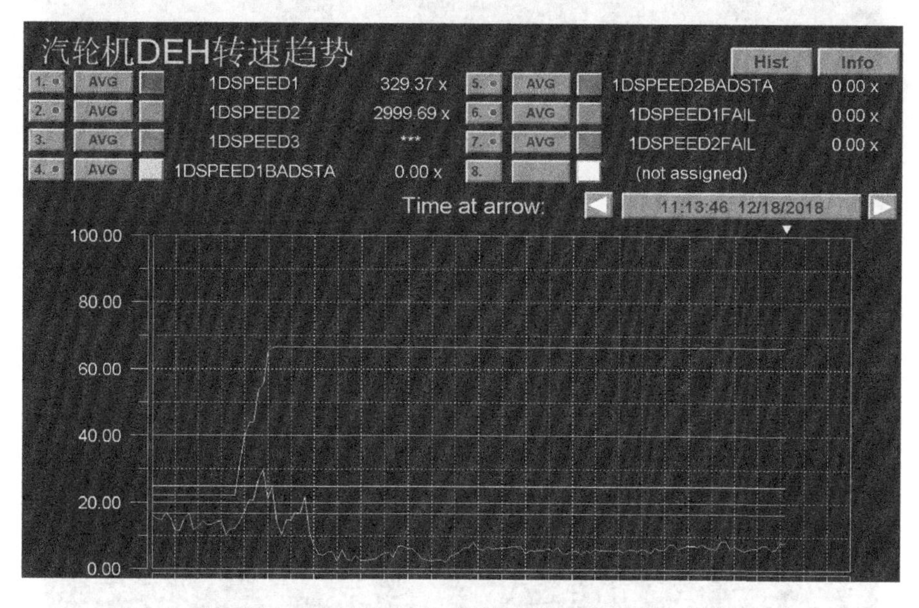

图 5-113　转速通道 1 传感器线圈与齿轮盘接触摩擦

a）转速通道 1（图中红线）正端线拆除，转速通道 1 信号立即变色并保持当前值，转速 1 故障（1DSPEED1FAIL）和模件故障判断为转速故障（1DSPEED1BADSTA）同时发出，如图 5-114 所示。

b）转速通道 1（图中红线）负端线拆除，转速通道 1 信号略下降并变色，转速 1 故障（1DSPEED1FAIL）和模件故障诊断为转速故障（1DSPEED1BADSTA）发出，如图 5-115 所示。

c）转速通道 1（图中红线）模件拔出，转速通道 1 信号立即变色并保持当前值，转速 1 故障（1DSPEED1FAIL）和模件故障判断为转速故障（1DSPEED1BADSTA）同时发出，如图 5-116 所示。

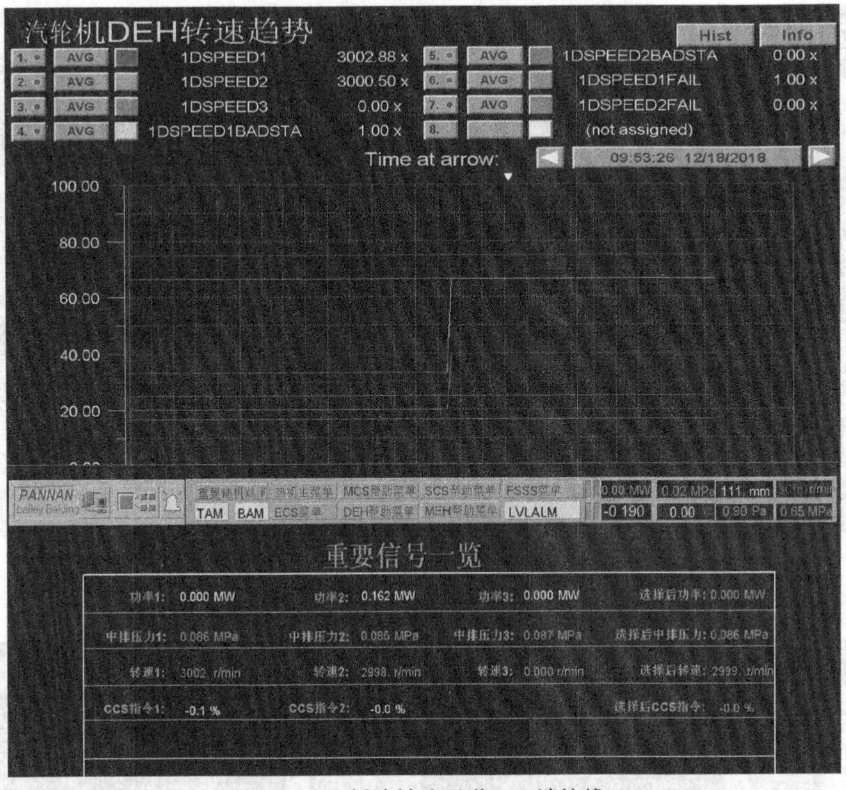

图 5-114　拆除转速通道 1 正端接线

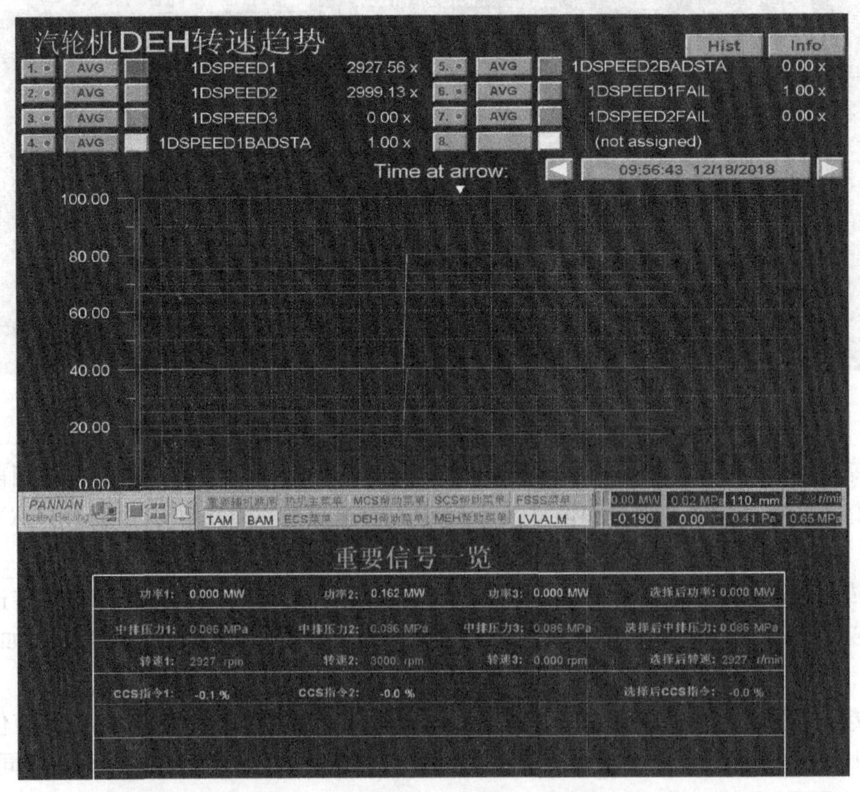

图 5-115　拆除转速通道 1 负端接线

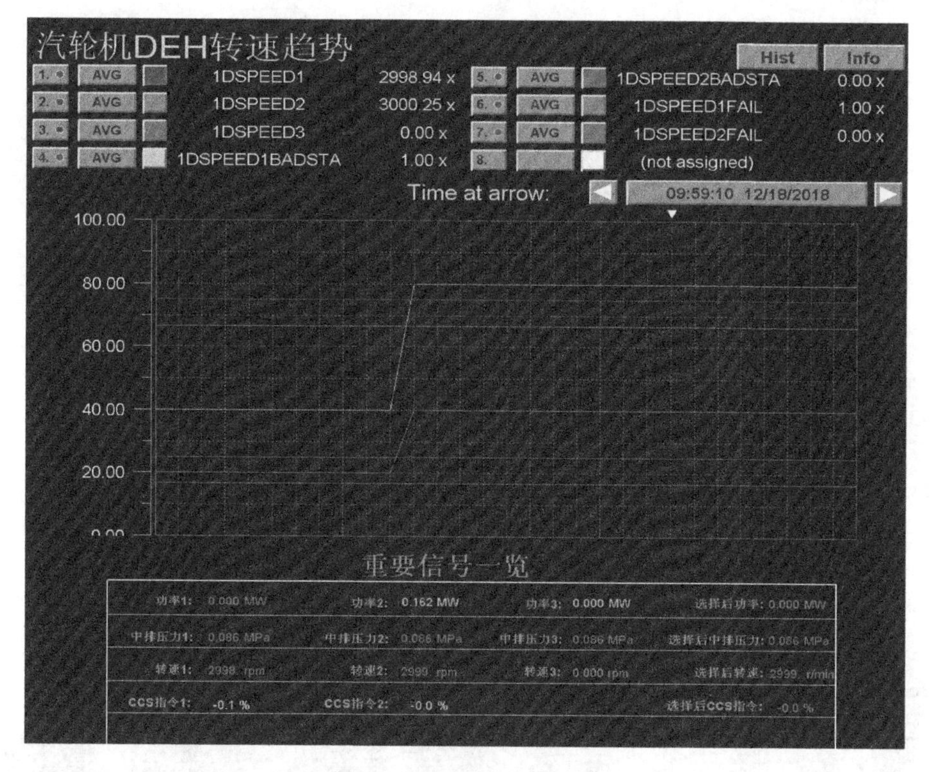

图 5-116　拔出转速通道 1 模件

5）信号干扰试验。在转速校验台上安装 2 个磁阻式探头，并分别接入 2 号机组 TPS 端子板通道 1 和通道 2，转速给定 3000r/min，2 个测点均显示正常后，用 2 个对讲机靠近 TPS 端子板进行通话，持续 2min，转速 1、2 信号均未发现异常。

4. 超速保护动作情况分析

从操作员站当时的报警记录看出，在 4 时 7 分 59 秒，转速 2 故障（1DSPEED2FAIL）和转速 3 故障（1DSPEED3FAIL）及转速故障（1DSYSSPEEDFAIL）同时发生过翻转，且从当时的逻辑在线监视同时发现，转速 1 故障（1DSPEED1FAIL）一直存在，但是由于报警记录保存时间较短，在记录中未查到转速 1 故障的记录。因此，依据转速控制逻辑推断分析，导致 DEH 超速保护动作的原因是转速故障，转速故障报警记录及各转速值如图 5-117、图 5-118 所示。

另通过 ABB 公司了解到，2004 年 9 月某电厂在机组调试过程中也发生过同样事件。

通过上述的检查、分析及模拟试验，未能找出导致转速故障的确切原因，但综合分析后认为可能原因为：

（1）TPS02 模件及端子板已使用十多年，不排除元器件老化导致模件、端子板匹配性能下降。

（2）转速探头 1 与转速齿轮摩擦，瞬间导致转速齿轮带电，影响转速 2、3 传感器的磁场变化，导致测量偏差，但需停机开盖后对转速 1 传感器进行确认。

（3）由于 3 个转速传感器是同一根电缆，不排除瞬间受强电信号干扰的可能性。

（4）由于磁阻式转速传感器的引出线防渗油能力较差，不排除绝缘降低接地导致转速信号故障的可能。

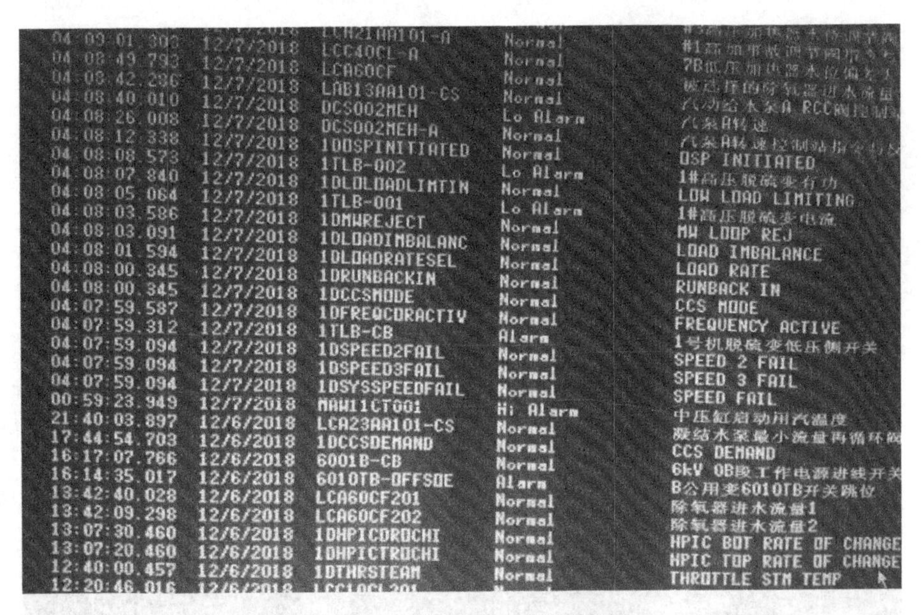

图 5-117　转速 2 和 3 的报警记录

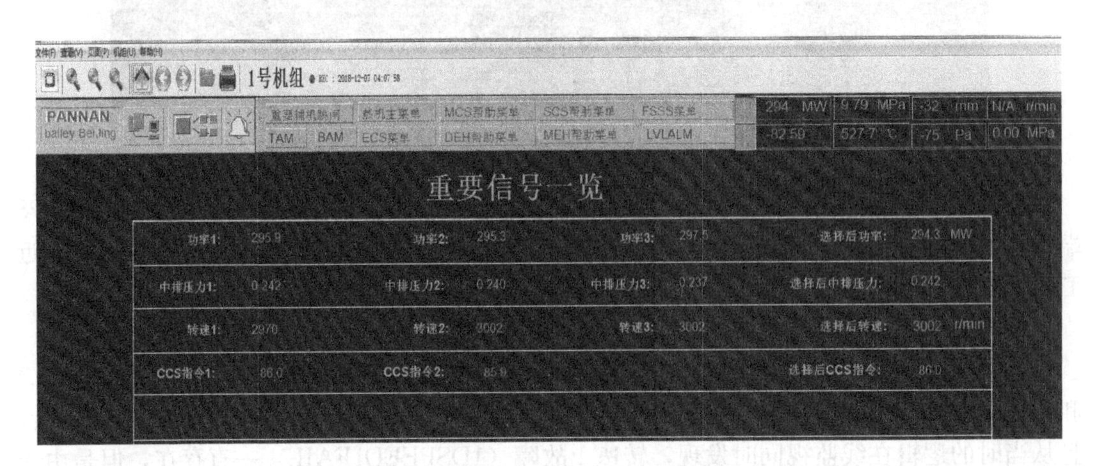

图 5-118　各转速在跳机时的数值

5. 暴露问题

在本次跳机原因排查过程中，也发现了一些在原始设计、安装等方面存在的问题，具体如下：

（1）进入 DEH 系统的 3 个转速信号均在同一块端子板上（TPS02），甚至包括并网信号、功率、中排压力、复位等重要信号，严重违反《防止电力生产事故的二十五项重点要求》（国能安全〔2014〕161 号）第 9.4.3 条：所有重要的主、辅机保护都应采用“三取二”的逻辑判断方式，保护信号应遵循从取样点到输入模件全程相对独立的原则，确因系统原因测点数量不够，应有防止保护误动措施的要求。

（2）DEH 系统转速保护控制策略设计不合理，当机组在并网运行方式下，机组不可能超速，2 个转速信号故障后的机组转速选择值不应切至最大值，从而导致机组跳机。

（3）1 号机组 DEH 系统的 3 个转速信号共用 1 根 6 芯电缆，也不符合《防止电力生产事故的二十五项重点要求》第 9.4.3 条的相关要求。

(4) 由于原始设计原因，DCS系统报警记录、历史趋势较少，也不便于事故原因的分析。

(三) 事件处理与防范

(1) 针对DEH系统3个转速、并网信号、功率、中排压力、复位等重要信号均在同一块端子板上（TPS02）的问题，使用安全风险较大，已咨询ABB公司厂家，暂无分体的产品进行替换，建议更换新的端子板。

(2) 针对DEH系统转速保护控制策略设计不合理的问题，利用机组停运期间，借鉴《防止电力生产事故的二十五项重点要求》(国能安全〔2014〕161号) 6.4.8.1：“锅炉汽包水位高、低保护要求：将转速选择逻辑采用独立测量的‘三取二’的逻辑判断方式，当有一点因某种原因需退出运行时，应自动转为‘二取一’的逻辑判断方式；当有二点因某种原因需退出运行时，应自动转为‘一取一’的逻辑判断方式”对转速信号故障后的转速选择方式进行优化。

(3) 利用机组停机时，重新敷设3根电缆，将DEH系统的3个转速信号独立分开，并将转速传感器的屏蔽层接入DEH系统机柜进行接地。

(4) 针对1、2号机组DCS系统历史库较小的原因，在未改造之前，梳理DCS系统相关重要信号，并做进历史趋势

十二、TSI系统继电器模件底板故障造成汽轮机轴振大信号误发停机

某公司配置两台上海汽轮机有限公司设计制造的N300-16.70/538/538/H156型，亚临界、一次中间再热、单轴、双缸、双排汽、一次中间再热、冷凝式汽轮机。汽轮机监视保护仪系统（TSI）采用美国BENTLY NEVADA公司生产的3500系列旋转机械监测保护系统。1号汽轮发电机组于2006年2月11日投产，2号汽轮发电机组于2006年12月27日投产发电。2018年11月16日9时40分8秒，TSI轴承振动大遮断信号发出，ETS动作，汽轮机跳闸。

(一) 事件经过

事故前机组主要参数：负荷为161.84MW，主蒸汽压力为13.1MPa，真空为−72.3kPa，主蒸汽温度为536.59℃，给水流量为457.23t/h。

汽轮机轴振情况：1X轴振为87μm，1Y轴振为170μm，2X轴振为64μm，2Y轴振为46μm，3X轴振为48μm，3Y轴振为111μm，4X轴振为126μm，4Y轴振为89μm，5号瓦瓦振为35μm，5X轴振为135μm，5Y轴振为160μm，6号瓦瓦振为12μm，6X轴振为192μm，6Y轴振为196μm。

9时4分8秒，TSI轴承振动大遮断信号发出，ETS动作，汽轮机跳闸。

9时41分41秒，发电机逆功率动作，发电机解列。

11时25分21秒，更换TSI机柜5号轴振测量模件（包含3X/3Y/4X/4Y），并将备份逻辑下载到新模件中，进行机组解列后的首次冲转。

11时52分21秒，汽轮机转速升到2839r/min，汽轮机轴振大保护第2次动作。

17时35分16秒，调换汽轮机、给水泵汽轮机TSI机柜的框架交换模件（RIM），将备份逻辑下装到相应的模件，进行第2次冲转。

18时20分35秒，汽轮机转速升到2821r/min，汽轮机轴振大保护第3次动作。

20时12分52秒，调换TSI机柜的12号继电器卡和13号继电器卡的模件，并下装相应的逻辑，进行第3次冲机。

20 时 25 分 40 秒，汽轮机转速升到 2815r/min，汽轮机轴振大保护第 4 次动作。

20 时 53 分 26 秒，调换 TSI 机柜的 12 号继电器卡和 13 号继电器卡的模件底座，汽轮机重新挂闸，进行第 4 次冲机。

21 时 3 分 8 秒，汽轮机定速 3000r/min。

21 时 17 分 7 秒，机组并网。

（二）事件原因检查与分析

1. 机组概况

该汽轮机监视保护仪系统（TSI）采用美国 BENTLY NEVADA 公司生产的 3500 系列旋转机械监测保护系统，对转速、轴位移、差胀、缸胀、偏心、振动等信号进行监测。

2. 现场检查

（1）ETS 首出检查。事故发生后，维护人员检查 ETS 机柜首出面板显示情况，如图 5-119 所示，首出信息为“振动大停机”。

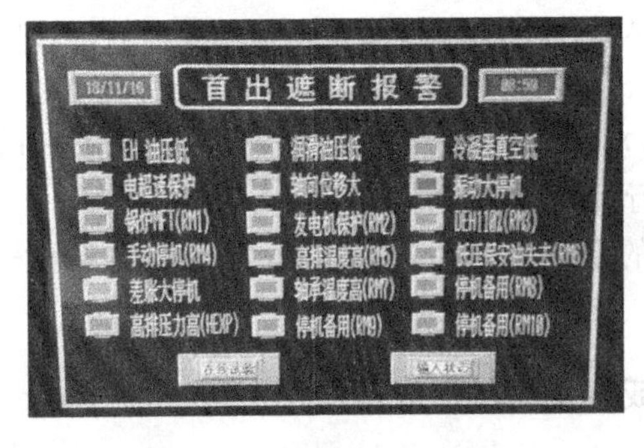

图 5-119　ETS 机柜首出面板

（2）TSI 面板检查。事故发生后，维护人员检查 TSI 机柜模件状态，TSI 机柜中 12 号继电器卡的“轴振大报警”“轴振大遮断”指示灯点亮，13 号继电器卡“TSI 报警”指示灯同时点亮。

（3）SOE 记录检查。事故发生后调取 SOE 记录，如图 5-120 所示。图 5-120 中显示，9 时 40 分 8 分 256 毫秒，轴振大停机信号发出，触发 ETS 动作。

Date/Time	Point Name	Description	State	First Out
11/16/2018 09:36:15.502	YDJDH	OO?a?c?a??E?I>????O>	?>????	
11/16/2018 09:36:17.904	YDJDH	OO?a?c?a??E?I>????O>	????	
11/16/2018 09:36:27.489	YDJDH	OO?a?c?a??E?I>????O>	?>????	
11/16/2018 09:36:32.794	ZDJDH	?o?a?c?a??E?I>????O>	?>????	
11/16/2018 09:38:30.681	ZDJDL	?o?a?c?a??E?I>???IO>	????	
11/16/2018 09:39:11.709	1CHA01GH1GH2	O??al??c?o??	I'?o??	
11/16/2018 09:39:18.036	1CHB01GH1GH2	O??al??c?o??	I'?o??	
11/16/2018 09:40:08.258	ETS12	Oa????'ol#>u	EC	轴振大停机
11/16/2018 09:40:08.342	ETS1B	ETS??O??U?I2	?U?I	
11/16/2018 09:40:08.342	QIJITIAO1	?u>ul???1	I???	
11/16/2018 09:40:08.342	QIJITIAO2	?u>ul???2	O?I???	
11/16/2018 09:40:08.342	QIJITIAO3	?u>ul???3	I???	
11/16/2018 09:40:08.737	1MAU10AP001Z	?u>u?>A?Eo>?OI??I???1	I'I???	
11/16/2018 09:40:09.862	1LBD10CZ430ZC	O>?I?e?uA?O??????'I?	??	

图 5-120　SOE 记录

3. 调看主要参数历史曲线

调取事故发生前后机组主要参数历史曲线，如图 5-121 所示。图 5-121 中显示事故前机组电负荷在缓慢下降，机组主要参数运行平稳。

调取事故前后汽轮机轴系振动历史曲线，见图 5-122～图 5-126。

在整个事故过程中，共触发了 4 次“轴振大停机”信号。统计每次保护动作时轴系振动情况见表 5-6，同时列出第 4 次冲转过程中 4X 轴振达到最高值时整个轴系的振动情况。

4. 逻辑检查

针对 2018 年 4 月 14 日公司 2 号机组因轴振大发生非停事故中暴露出的轴振保护逻辑问题。2018 年 4 月 18 日公司生技部组织一次轴振专题讨论会，形成决议内容。

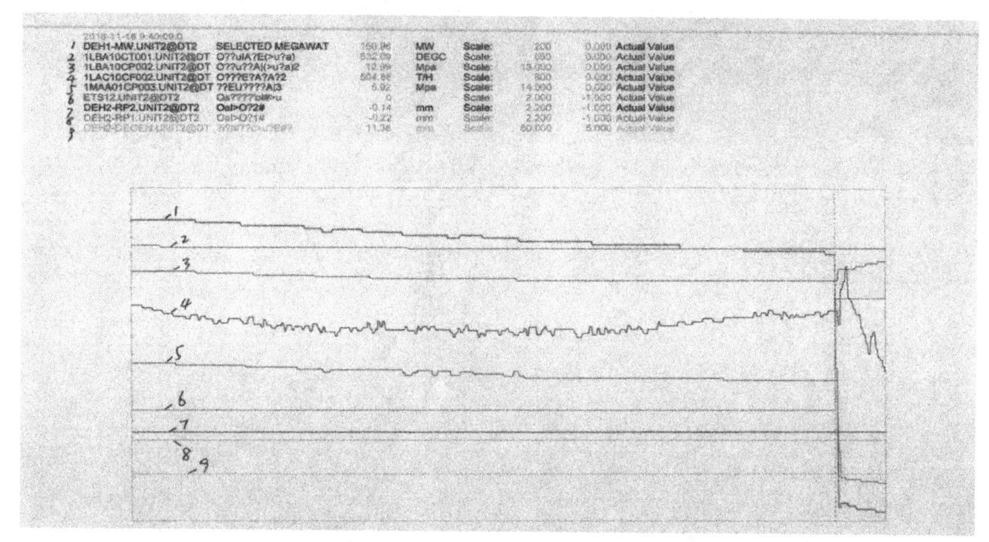

图 5-121　机组主要参数历史曲线

1—电负荷；2—主蒸汽温度；3—主蒸汽压力；4—主给水流量；
5—调节级压力；6—TSI 振动大保护动作；7—右侧轴位移；8—左侧轴位移；9—低压缸胀差

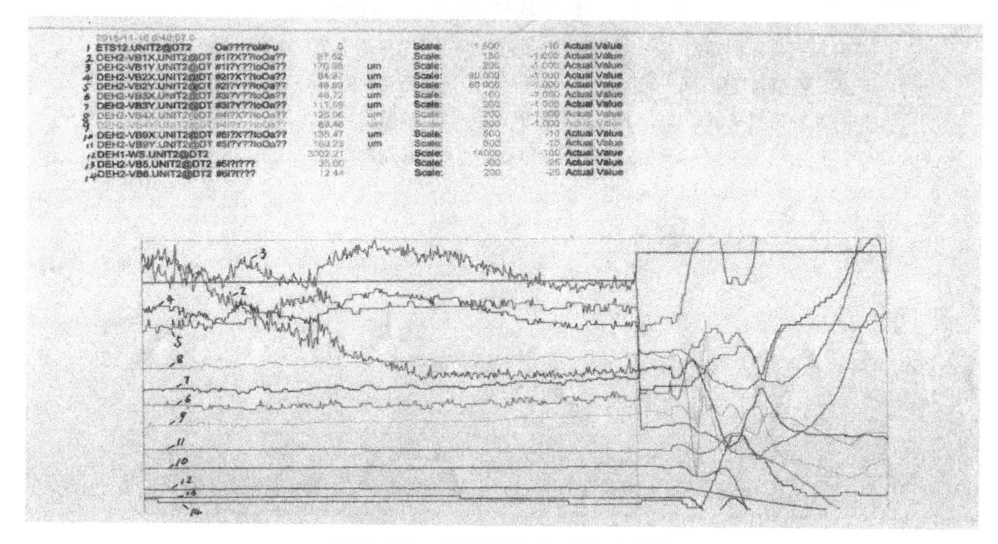

图 5-122　首次跳机轴系振动曲线

1—TSI 轴振大保护动作；2—1*X* 轴振测量值；3—1*Y* 轴振测量值；4—2*X* 轴振测量值；
5—2*Y* 轴振测量值；6—3*X* 轴振测量值；7—3*Y* 轴振测量值；8—4*X* 轴振测量值；
9—4*Y* 轴振测量值；10—5*X* 轴振测量值；11—5*Y* 轴振测量值；12—5 号瓦瓦振测量值；
13—6 号瓦瓦振测量值；14—汽轮机转速

（1）确定振动报警和遮断定值，如表 5-7 所示。

（2）当下列任一条件满足时，触发汽机轴振大保护：

1）1*X* 轴振达到报警值，且 1*Y* 轴振达到遮断值。

2）1*X* 轴振达到遮断值，且 1*Y* 轴振达到报警值。

3）2*X* 轴振达到报警值，且 2*Y* 轴振达到遮断值。

4）2*X* 轴振达到遮断值，且 2*Y* 轴振达到报警值。

5）3*X* 轴振达到报警值，且 3*Y* 轴振达到遮断值。

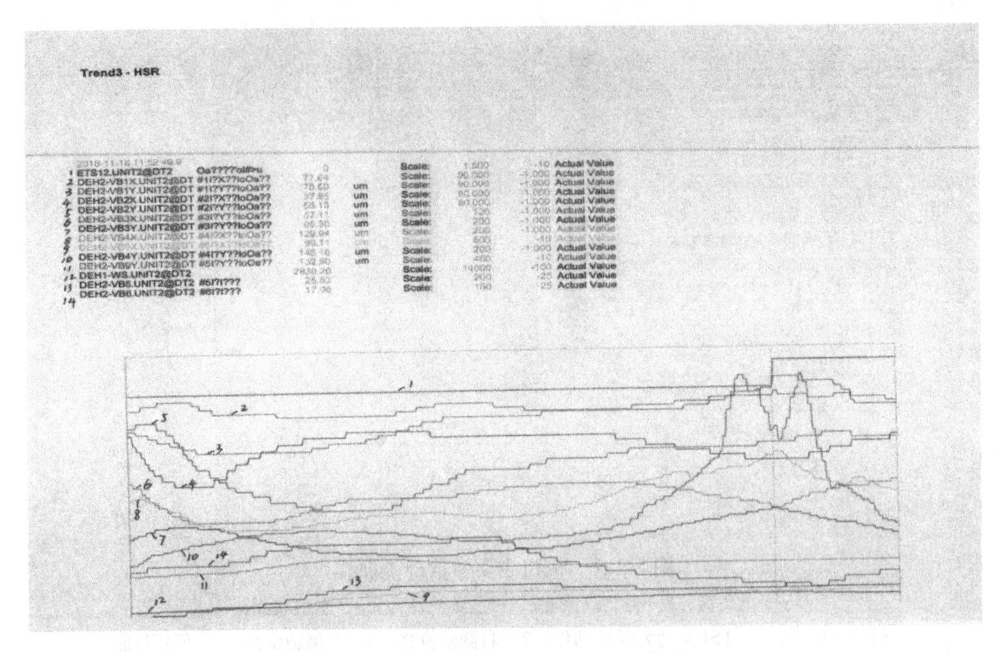

图 5-123　第 2 次跳机轴系振动曲线

1—TSI 轴振大保护动作；2—1X 轴振测量值；3—1Y 轴振测量值；4—2X 轴振测量值；5—2Y 轴振测量值；6—3X 轴振测量值；7—3Y 轴振测量值；8—4X 轴振测量值；9—5X 轴振测量值；10—4Y 轴振测量值；11—5Y 轴振测量值；12—汽轮机转速；13—5 瓦瓦振测量值；14—6 瓦瓦振测量值

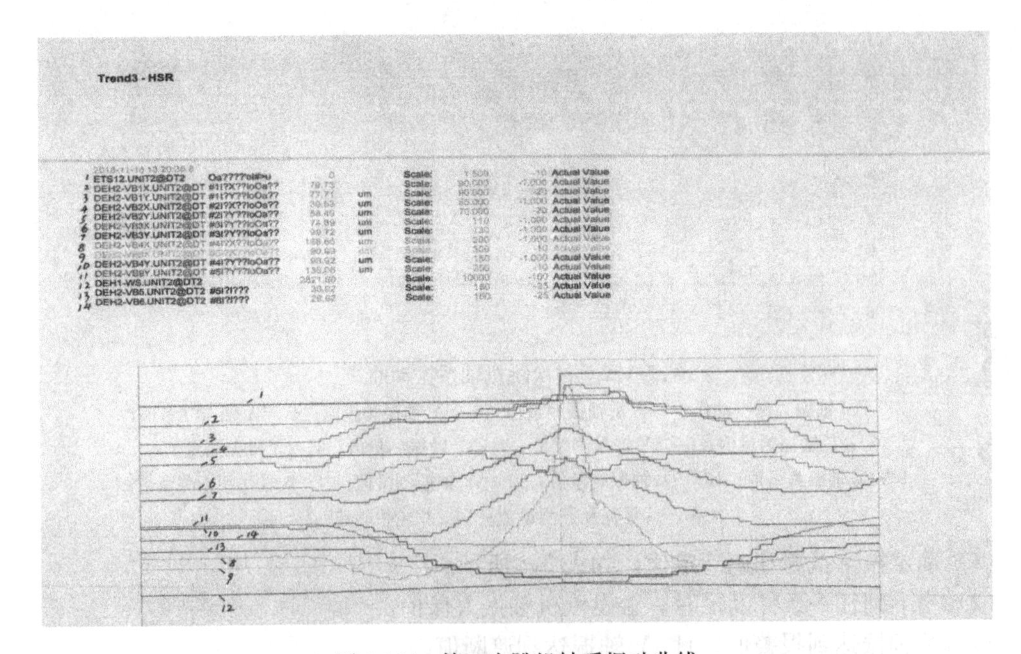

图 5-124　第 3 次跳机轴系振动曲线

1—TSI 轴振大保护动作；2—1X 轴振测量值；3—1Y 轴振测量值；4—2X 轴振测量值；5—2Y 轴振测量值；6—3X 轴振测量值；7—3Y 轴振测量值；8—4X 轴振测量值；9—5X 轴振测量值；10—4Y 轴振测量值；11—5Y 轴振测量值；12—汽轮机转速；13—5 瓦瓦振测量值；14—6 瓦瓦振测量值

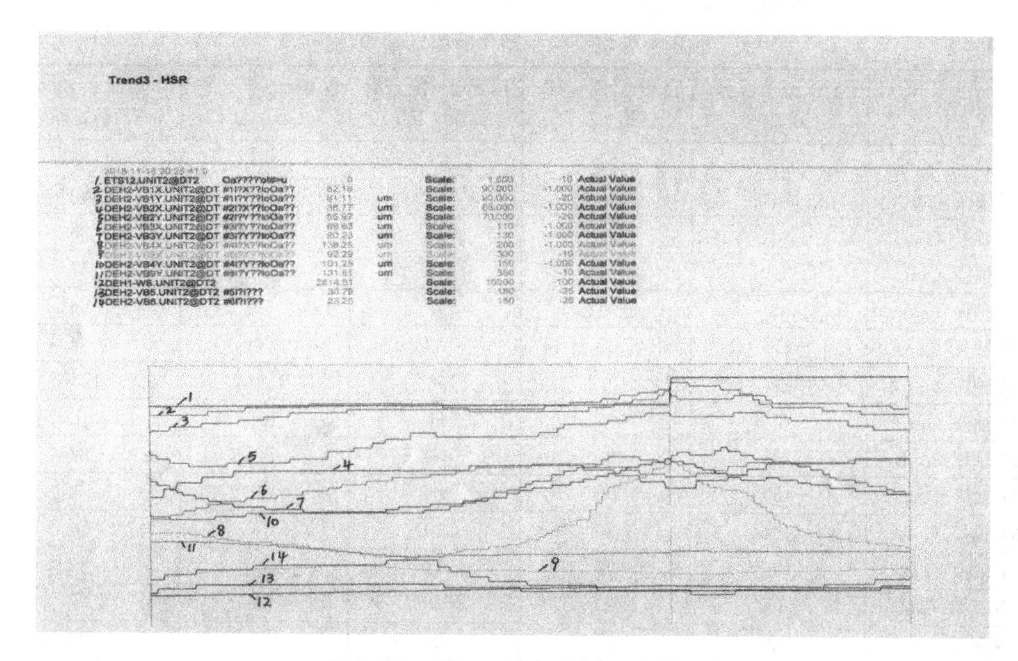

图 5-125 第 4 次跳机轴系振动曲线

1—TSI 轴振大保护动作；2—1X 轴振测量值；3—1Y 轴振测量值；4—2X 轴振测量值；5—2Y 轴振测量值；6—3X 轴振测量值；7—3Y 轴振测量值；8—4X 轴振测量值；9—5X 轴振测量值；10—4Y 轴振测量值；11—5Y 轴振测量值；12—汽轮机转速；13—5 瓦瓦振测量值；14—6 瓦瓦振测量值

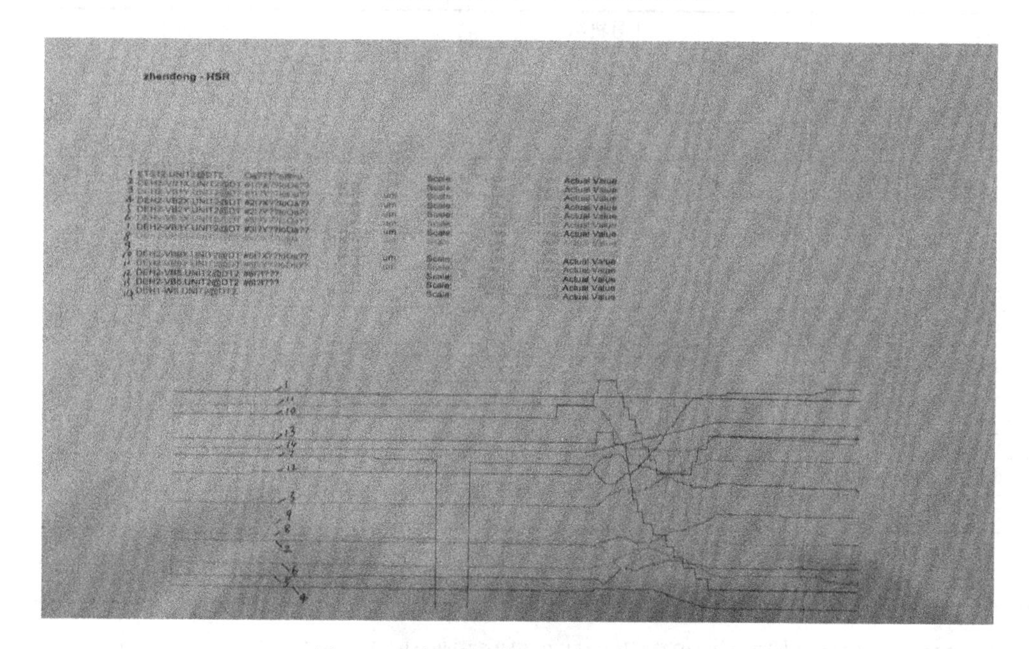

图 5-126 第 4 次冲转过程轴系振动曲线

1—TSI 轴振大保护动作；2—1X 轴振测量值；3—1Y 轴振测量值；4—2X 轴振测量值；5—2Y 轴振测量值；6—3X 轴振测量值；7—3Y 轴振测量值；8—4X 轴振测量值；9—4Y 轴振测量值；10—5X 轴振测量值；11—5Y 轴振测量值；12—5 瓦瓦振测量值；13—6 瓦瓦振测量值；14—汽轮机转速

表 5-6　　“轴振大停机”保护动作时振动情况统计

项目	9时40分8秒（第1次）	11时52分49秒（第2次）	18时20分35秒（第3次）	20时25分40秒（第4次）	20时56分6秒（故障排除后）
1X 轴振（μm）	87	77	79	82	83
1Y 轴振（μm）	170*	75	77	81	80
2X 轴振（μm）	64	37	39	38	38
2Y 轴振（μm）	46	55	58	55	57
3X 轴振（μm）	48	57	74	69	66
3Y 轴振（μm）	111	95	99	90	94
4X 轴振（μm）	127*	127*	158*	138*	173*
4Y 轴振（μm）	89	145*	98	101	112
5X 轴振（μm）	135	99	90	92	88
5Y 轴振（μm）	160	132	138	131	138
6X 轴振（μm）	194	70	59	57	54
6Y 轴振（μm）	196	76	70	57	62
5 瓦瓦振（μm）	35	25	38	30	37
6 瓦瓦振（μm）	12	17	28	23	26
电负荷（MW）	161	0	0	0	0
转速（r/min）	3002	2839	2821	2815	2829

*代表参数达到报警值。

表 5-7　　机组轴振保护定值　　μm

测点名称	1号机组		2号机组	
	报警值	遮断值	报警值	遮断值
1号瓦 X 向轴振	127	254	230	300
1号瓦 Y 向轴振	127	254	127	254
2号瓦 X 向轴振	127	254	127	254
2号瓦 Y 向轴振	127	254	127	254
3号瓦 X 向轴振	127	254	127	254
3号瓦 Y 向轴振	127	254	127	254
4号瓦 X 向轴振	127	254	127	254
4号瓦 Y 向轴振	127	254	127	254
5号瓦 X 向轴振	254	—	254	—
5号瓦 Y 向轴振	254	—	254	—
6号瓦 X 向轴振	254	—	254	—
6号瓦 Y 向轴振	254	—	254	—
5号瓦瓦振	50	100	62	100
6号瓦瓦振	50	100	50	100

6）5X（或5Y）轴振达到报警值，且5号瓦瓦振达到遮断值。

7）3X 轴振达到遮断值，且 3Y 轴振达到报警值。

8）4X 轴振达到报警值，且 4Y 轴振达到遮断值。

9）4X 轴振达到遮断值，且 4Y 轴振达到报警值。

10）当 5X（或 5Y）轴振达到报警值，且 5 瓦的瓦振达到遮断值。

11）当 $5X$（或 $5Y$）轴振达到报警值，且 6 瓦的瓦振达到遮断值。

5. 原因分析

（1）汽轮机跳闸原因为轴振大停机保护动作。

（2）轴振大停机保护动作原因是 TSI 机柜保护误动作。结合表 5-7 的保护定值和表 5-6 统计结果可以说明，在 4 次“轴振大停机”保护动作时所有的轴/瓦振动值均未达到跳机值，但是每次 $4X$ 轴振均达到报警值。同时查阅 2 号机组 11 月 12 日启动至 11 月 16 日 9 时 40 分期间 $4X$ 的历史数据，确定在机组非停前 $4X$ 轴振一直低于报警值。综合 4 次跳机情况可以认为，一旦 $4X$ 达到报警值必定触发“轴振大停机”信号。

根据振动保护逻辑中的逻辑关系得知，在其他轴振保护条件均不满足的前提下，“$4X$ 轴振大报警”信号为 1 时触发“轴振大停机”信号的必要条件为“$4Y$ 轴振遮断”信号必须为 1，由此断定“轴振大停机”保护动作时“$4Y$ 轴振遮断”信号必定为 1。根据表 5-7 数据可以判定“$4Y$ 轴振遮断”信号为误发。

（3）“$4Y$ 轴振遮断”信号误发的原因为 TSI 机柜内 12 号继电器模件底座故障，导致该信号长期闭合。

追溯事件经过可以确定：第 2 次跳机可以排除振动测量模件的嫌疑；第 3 次跳机可以排除所有软件运算错误的嫌疑；第 4 次跳机可以排除 12 号继电器卡和 13 号继电器卡模件本身的嫌疑；更换 12 号继电器卡和 13 号继电器卡的底座后，在第 4 次冲转过程中，$4X$ 轴振达到报警值时没有触发“轴振大停机”信号，因此证明故障已经排除。综合上述情况可以确定故障点在事故前 12 号继电器卡的底座部分。

因为没有配备继电器模件底座的备品，所以事故过程中无法更换新品。由于 TSI 系统不支持模件热插拔功能，无法对故障点进行精准定位，考虑机组安全，暂时维持现状运行，待停机后对 13 号继电器卡底座（事故前的 12 继电器模件底座）进行检查。

6. 暴露问题

（1）检修工作不到位，机组长期服役一直未进行 TSI 通道试验，对于隐藏的硬件问题未能及时发现。

（2）备品备件准备不足，事故中暴露出故障的模件得不到更新。

（3）TSI 模件布置不合理，同一项保护的冗余信号布置在同一模件中，加大了主机保护误动的风险。

（4）2 号机组轴系振动（重点是 $1Y$、$5Y$、$6X$ 和 $6Y$ 轴振）长期偏高，危及机组安全。

（5）$1X$ 报警设定值为 230μm，$5X/5Y/6X/6Y$ 报警设定值为 254μm，均不符合 GB/T 11348.2—2012《旋转机械转轴径向振动的测量和评定　第 2 部分：50MW 以上，额定转速 1500r/min、1800r/min、3000r/min、3600r/min 陆地安装的汽轮机和发电机》第 4.2.3.2 条的规定：报警值通常不宜超出区域边界 B/C 值的 1.25 倍，即 206.25μm。

（三）事件处理与防范

（1）使用 TSI 智能测试仪，立即对运行中的 2 号机组 TSI 振动测量通道进行测试，排除可能存在的其他隐患。

（2）使用汽轮机振动在线监测仪观察振动信号，如存在高频干扰信号，即时采取相应措施予以解决。

（3）完善机组检修计划，严格按照《集团公司热控技术监督实施细则》的要求，在机组大修期间对汽轮机监视系统（TSI）的所有传感器进行检验，并进行功能测试。

（4）制定 TSI 备品备件购买计划，及时更换故障模件。

（5）依据 DL/T 5428—2009《火力发电厂热工保护系统设计规定》5.3.5 中 3)：“冗余 I/O 信号应通过不同的 I/O 模件和通道引入/引出”，尽早对 TSI 机柜进行技术改造，增加必要的模件，保证同一项保护的冗余测点分散在不同模件中，以提升主机保护动作的可靠性。

（6）按照规程要求重新设置轴振的报警设定值，将 $1X/5X/5Y/6X/6Y$ 报警定值统一改为 206.25μm。

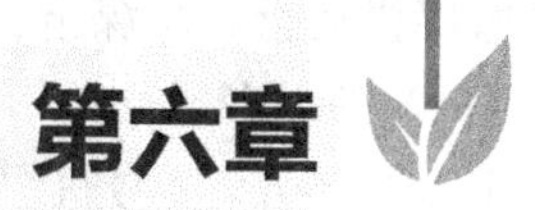

第六章

检修维护运行过程故障分析处理与防范

机组从设计到投产运行必定要经过基建、运行和检修维护等过程。各过程面对的重点不同，对热控系统可靠性的影响也会有所不同，总体来说，新建机组主要取决于基建过程中的把控；投产年数不多的机组主要取决于运行中的预控措施的落实；而运行多年的机组则主要取决于运行检修维护中的质量控制。

本章对上述三个阶段中的35起案例进行了分类，分别就安装过程中、运行过程中和维护过程中的热控故障引发的事故进行了分析和提炼。其中安装过程中的问题主要集中在组态修改、接线规范性和电缆防护等方面；运行过程中的问题主要集中在运行操作和报警处理等方面；检修维护过程中的问题则主要集中在试验的规范性、检修操作的规范性和保护投撤的规范性等方面。希望借助本章案例的分析、探讨、总结和提炼，能提高相关人员在不同阶段过程中运行、检修和维护操作的规范性和预控能力。

第一节　安装检修维护过程故障分析处理与防范

本节收集了因安装、维护工作失误引发的机组故障18起，分别为就地复位高压加热器入口三通阀联关出口门造成给水流量低跳闸、投保护时操作不当引起点火保护误动作MFT、主蒸汽温度定值设置不当且调节品质差导致机组MFT、接线端子箱密封不严引起轴振突变导致机组跳闸、压力变送器水修未设置导致机组供热跳闸、功率单元控制板故障且磨煤机入口挡板关闭不严导致机组跳闸、压力开关锈蚀短路导致机组跳闸（2起）、人员误碰温度信号接线头导致轴瓦金属温度高机组跳闸、因EH油压力开关信号线接反造成定期试验时机组跳闸、逻辑修改时未及时更新点目录运行操作时信号误发机组跳闸、增压风机因执行器O形密封圈老化跳闸导致MFT动作、燃气轮机CDM升级后逻辑错误引起燃气轮机启动过程中自动停机、修改后空气预热器跳闸逻辑时序不匹配引起空气预热器卡涩停转时MFT、LVDT检修调整不当导致给水泵汽轮机速度飞升、引风机动叶卡涩及逻辑不完善导致机组跳闸、局部转速不等率及相关参数设置不当造成机组功率振荡、一次调频参数设置及维护操作不当引起轴振大停机。

这些案例多是机组安装调试期间发生的事件，案例的分析和总结有助于提高安装调试过程热控系统安装维护的规范性和可靠性。

一、就地复位高压加热器入口三通阀联关出口门造成给水流量低跳机

2018年6月17日18时，2号机组负荷为330MW，主蒸汽温度为568℃，主蒸汽压力

为24.94MPa，再热蒸汽温度为570℃，再热蒸汽压力为4.23MPa，2A、2B、2C、2D、2E 5台磨煤机运行，总煤量为200t/h，AGC运行方式。

（一）事件经过

17时53分，2号机组参数稳定，准备投运高压加热器。

17时54分，2号机机长检查1号高压加热器出口压力与锅炉给水操作平台前给水压力无偏差。2号机主值开启1号高压加热器出口电动门，确认就地及DCS内开状态返回正常。

17时55分，2号机机长开启3号高压加热器入口三通阀，发现高压加热器入口三通阀过力矩报警，DCS画面显示灰色，通知电气维护对3号高压加热器入口三通阀进行检查复位。

18时33分，发电部汽轮机专业主管就地确认高压加热器出口电动门开位。

18时33分，维护部电气维护人员对3号高压加热器入口三通阀过力矩报警复位，复位正常后巡检联系主值可以开启3号高压加热器入口三通阀。

18时35分，2号机主值在DCS上打开3号高压加热器入口三通阀。

18时36分，2号机锅炉给水流量低于144.6t/h，触发锅炉MFT保护动作。

19时21分，2号锅炉吹扫完毕，点火。

20时31分，2号机汽轮机冲转，21min后发电机组并网。

22时00分，2号机组负荷恢复至调度曲线负荷310MW。全面检查机组各运行参数正常。

（二）事件原因检查与分析

1. 事件原因

高压加热器水侧投运时值班员开启1号高压加热器出口电动门后，维护就地对3号高压加热器入口电动门进行复位致出口电动门联关，值班员进行3号高压加热器入口电动门切主路前未再次确认水路通畅，进行高压加热器切主路操作，机组断水。高压加热器逻辑设计不合理，高压加热器出口门在关闭位，入口三通阀无闭锁开启逻辑。

2. 暴露问题

（1）运行人员在操作中断后恢复高压加热器水侧投运操作时，未再次全面检查高压加热器水侧水路通畅。

（2）运行人员培训不到位，对高压加热器水侧投运危险点辨识不到位。

（3）运行人员技能水平不高，对出现的异常情况缺乏判断、分析和应急处理能力。

（4）高压加热器逻辑设计不合理，1号高压加热器出口门在关闭位，入口三通阀具备开启条件。

（5）1号高压加热器出口电动门在关闭位，入口三通阀自动关逻辑应为持续信号，当前为脉冲信号。

（6）部门管理人员思想麻痹，安全预控不足，高压加热器入口电动门复位后，未再次核实出口门状态，对现场的安全技术指导管理缺乏实质性。

（7）部门组织不到位，在重大操作前未进行有效的安全技术交底，未对操作过程中的危险因素组织进行分析，制定相应防范措施。

（三）事件处理与防范

（1）各级管理人员要提高安全意识，从思想上查找问题，解决思想麻痹、安全意识淡薄现象。对于现场重大操作，专业主管必须编制运行操作专项技术方案，由部门主任（副

主任）组织专业主管、运行人员进行操作风险安全技术交底会，把控安全关键点，强调注意事项，做好事故预想。

（2）对于现场重大操作或运行人员进行的首次操作，部门主任（副主任）、专业主管必须亲临现场全程跟踪，把控关键点，实时跟踪操作中可能出现的异常，及时指导异常处置工作。

（3）加强运行人员技能水平培训，一是有计划安排，结合系统图进行规程条文讲解活动，背画系统图，督促运行人员对规程的理解和掌握深度，每月进行规程系统图考试并列入月度绩效考核中；二是提高异常参数分析能力，每轮班专业主管根据现场实际提出异常分析内容，由运行人员分析，每月进行一次评比奖优罚劣；三是做好事故预想，提高事故处理能力，每轮班利用仿真机进行事故演练，模拟实际情况进行，并定期进行评判。

（4）组织各专业、值长与各值技术骨干对规程、系统图、操作票以及热控逻辑进行梳理完善，由专业主管牵头，将各章节任务有计划分配至各值，明确责任人。重点关注各项操作中的危险点，强调安全注意事项，操作的每一项要切实可行，关键操作项要量化说明，最后由部门组织讨论审核后下发执行，使操作规程、系统图、操作票能够真正指导运行人员安全正确的操作。

（5）深化“两票”管理，重点解决工作票、操作票执行中存在的深层次的技术问题，组织各专业与班组骨干人员梳理操作票、工作票，重大操作制定危险因素控制卡，制定行之有效的防范措施。编制完成一整套典型的“两票”。

（6）完善高压加热器保护逻辑，高压加热器出口电动门未在开位，高压加热器入口三通阀闭锁切主路条件。

（7）高压加热器出口电动门关闭位，入口三通阀自动关逻辑改短脉冲信号为持续信号。

二、投保护时操作不当引起点火保护误动作 MFT

某公司1号机组锅炉为武汉锅炉厂设计生产的 WGZ1112/17.5-3 型、亚临界参数、一次中间再热、自然循环汽包炉。每台锅炉配备5台 ZGM95G 中速磨煤机，采用冷一次风正压中速磨煤机直吹系统，燃烧器为双通道轴向旋流喷燃器，呈前后墙对冲布置，布置方式为前墙三排燃烧器、后墙二排燃烧器。该公司的分散控制系统（DCS）是新华控制工程有限公司设计生产的 XDPS400+2.05 分散控制系统。

（一）事件经过

2018年3月1日13时47分，1号机组启动。

17时56分，机组负荷为252MW，主蒸汽温度为528℃，主蒸汽压力为15.5MPa，给水流量为822t/h，A、B、C、D磨煤机运行，未有油层投运。

17时57分，热控人员恢复保护过程中，触发吹扫后10min内未投油信号，致使 MFT 保护动作，A、B、C、D磨煤机组相继跳闸。

18时12分，机组负荷为30MW，主蒸汽温度为405℃，主蒸汽压力为4.2MPa，机组手动解列停机。

（二）事件原因检查与分析

1. 历史数据检查情况

调取机组曲线显示机组 MFT 动作，MFT 动作首出为“吹扫后10min内未投油”，见图6-1。调取 SOE 报表，MFT 动作后联锁动作锅炉设备正常。

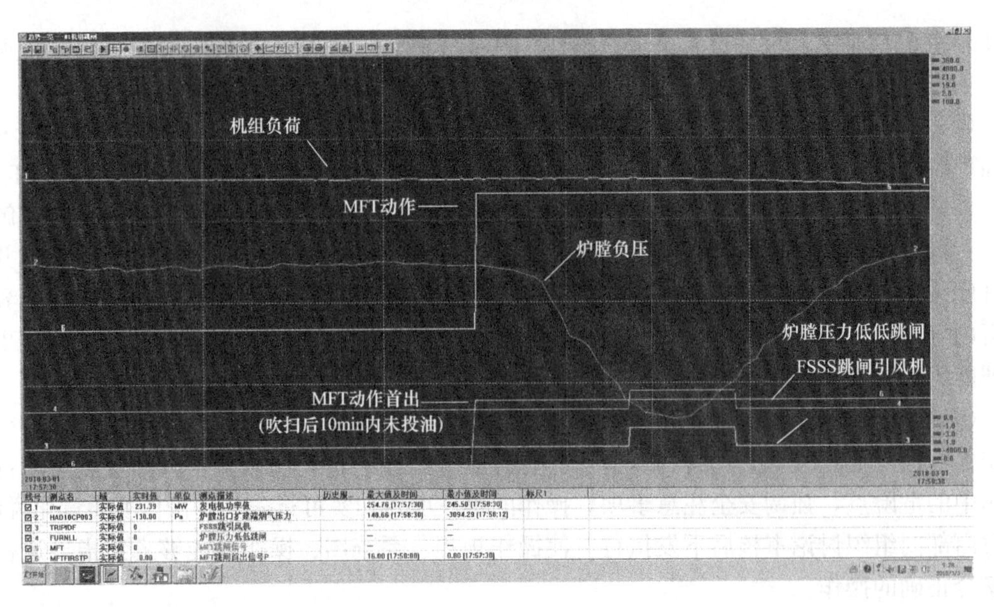

图 6-1　机组 MFT 动作曲线记录

调取操作记录显示 17 时 57 分 28 秒 271 毫秒有来自 IP 地址 192.168.101.93 的操作记录，开放功能块 121.54（报警显示红色“关闭功能块”为关闭该功能，报警显示绿色“关闭功能块”为打开该功能，故报警信息显示为绿色“关闭功能块”实际为“打开功能块”），见图 6-2。

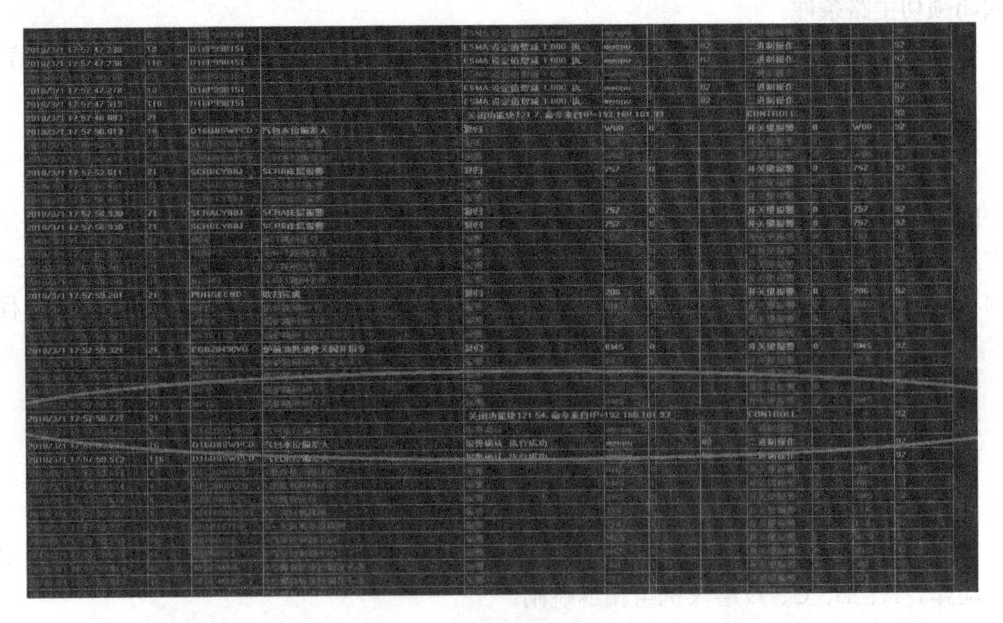

图 6-2　故障报警信息显示

调取组态逻辑，查阅功能块 121.54（为一个 5s 脉冲块，该功能块具备开放、关闭功能）、吹扫完成逻辑、任意油层投运逻辑（为 A、B、C、D、E 层任意油层投运）、层投运逻辑（为同层的 5 个角有火）、角有火逻辑判断（A、C、D、E 层油枪进到位、油阀开到位 3 个信号相与；B 层为油阀开到位、油火焰检测有火两个信号相与）。调取跳炉前报警（无异常报警记录）。

2. 现场检查情况

现场检查2018年3月1日，主保护投退记录：

1时25分，1号炉锅炉吹扫10min后锅炉未点火，触发MFT保护退出。

17时57分，1号炉锅炉吹扫10min后锅炉未点火，触发MFT保护恢复。

1时25分，1号机组炉跳机保护退出，原因1号机组启动。

23时45分，1号机组炉跳机保护恢复。

3. 事件原因分析

（1）锅炉MFT动作首出为吹扫后10min内未投油。

（2）导致锅炉MFT动作原因为热控人员在投入保护时，未能发现脉冲功能块121.54前面信号为一直为“1”（即保护动作条件已经具备），在开放脉冲功能块121.54后，导致该功能块参与逻辑判断，发出5s脉冲信号，致使MFT保护动作。

（3）导致汽轮机未跳闸原因为炉跳机保护未投入。

（4）退出“吹扫完成10min无油层投运MFT”保护原因。

1）“吹扫完成10min无油层投运MFT”逻辑为吹扫完成后10min与上油层投运取非。

2）油层投运逻辑为A、B、C、D、E层任意层的5角都有火，角有火逻辑判断逻辑为油枪进到位、油阀开到位、油火焰检测有火3个信号相与（B层为固定式微油层油枪，故逻辑判断为阀开到位、油火焰检测有火两个信号相与），由于点火层油枪、油阀、点火枪等设备存在改造质量不高等问题，故障现象频发，点火困难，为防止个别设备故障油层投运条件不满足导致“吹扫完成10min无油层投运”保护动作，故申请退出此保护。

4. 暴露问题

（1）保护退出原因审批不严，延时吹扫保护和炉跳机保护退出记录中原因模糊。

（2）热控人员在保护投入时，未按照电控维修部制度进行，没有做好认真监护。

（3）热控保护投退时操作步骤不详细、不规范，存在保护误动风险。

（4）热控人员逻辑关系掌握不够，在恢复保护过程中，未采取防止保护误动措施。

（5）油枪、油阀、点火枪等点火设备维护不到位，故障率高。

（三）事件处理与防范

（1）加强运行、热控专业知识培训，对此类事件进行举一反三，并以虚拟控制器模式离线对热控人员进行DCS操作培训；加强运行人员启机、停机、事故演练等仿真机培训，提高运行操作技能。

（2）组织对保护逻辑投退步骤及防范措施进行编制，形成标准化管理，杜绝类似事件再次发生。

（3）热控专业应加强保护投退执行监管制度，监护人员应认真履行监护监督职责。

（4）优化主保护逻辑，增加主保护防误投逻辑，防止此类事件再次发生，见图6-3。

（5）加强点火设备维护，确保油枪、油阀、点火枪等设备动作正常，能够可靠备用。

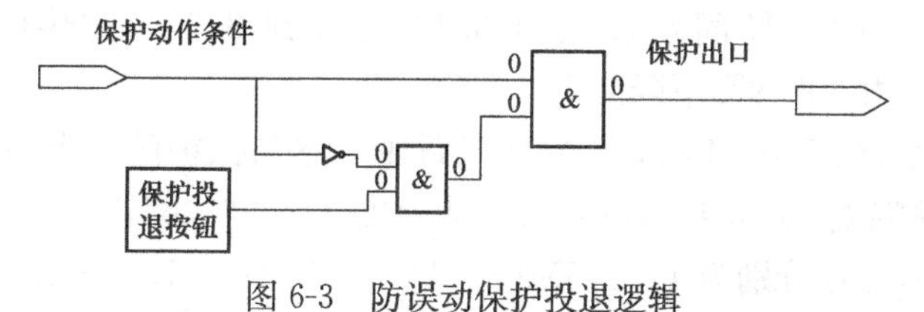

图6-3 防误动保护投退逻辑

三、主蒸汽温度定值设置不当且调节品质差导致机组 MFT

某公司 3 号机组为 1060MW 燃煤直接空冷汽轮发电机组，配备东锅的 DG3000/26.15-Ⅱ1 型高效超超临界参数变压直流炉和东汽的 NZK1060-25/600/600 超超临界、一次中间再热、单轴、四缸四排汽、直接空冷凝汽式汽轮机。

机组 DCS 控制系统采用艾默生 OVATION3.2 系列产品，DEH 和 ETS 初始设计为日立 H5000M 系列产品。2018 年 3—4 月，由四川东方电气自动控制工程有限公司（简称东自控）负责，对机组 DEH 和 ETS 进行改造，拆除日立公司的 H5000M 系统，将之前的控制功能全部纳入 DCS 实现一体化控制。ETS 改造后将三路主蒸汽温度信号和 3 路调节级压力信号接入 DEH 柜的 ATC CTRL44 号柜进行逻辑运算，当主蒸汽温度实际值低于保护设定值（调节级压力对应的函数输出值），由 ATC CTRL44 号柜输出 3 路 DO 信号，经连盘电缆接入 ETS CTAL45 号柜 3 个 DI 卡，在 ETS 控制器中进行“三取二”逻辑判断后，触发“主蒸汽温度低”保护，实现汽轮机跳闸。

（一）事件经过

21 时 50 分 2 秒，机组 AGC 方式运行，有功功率为 916.8MW，主蒸汽压力为 25.2MPa，调节级压力为 18.5MPa，水煤比为 6.47，过热度为 27.3℃，主蒸汽温度为“三取中”值（简称主蒸汽温度）为 597.5℃，A/B/C/D/E/F 磨煤机运行。

22 时 10 分 11 秒，F 给煤机停运，有功功率为 675MW，主蒸汽压力为 22.3MPa，调节级压力为 14.65MPa，水煤比为 6.897，过热度为 8.8℃，主蒸汽温度为 598.9℃。

22 时 14 分 38 秒，因过热度快速下跌，运行人员切除水煤比自动控制方式，快速加大燃料量，同时大幅减小给水流量，AGC 及 CCS 方式联锁切除，机组维持 TF 方式运行。有功功率为 611MW，主蒸汽压力为 23.8MPa，调节级压力为 12.91MPa，水煤比为 8.35，过热度为 7.51℃，主蒸汽温度为 587.7℃，A/B/C/D/E/F 磨煤机运行，一、二级过热器减温水调节门全部关到 0%。

22 时 16 分 19 秒，F 磨煤机停运，有功功率为 636.6MW，主蒸汽压力为 23.7MPa，调节级压力为 13.4MPa，主蒸汽温度为 563℃，水煤比为 4.874，过热度为 10.374℃。

22 时 17 分 13 秒，机组负荷为 627MW，调节级压力为 12.9MPa，主蒸汽温度为 549.9℃，主蒸汽温度低保护动作，ETS 动作，汽轮机跳闸。

（二）事件原因检查与分析

1. 现场检查情况

（1）检查 SOE 记录，汽轮机跳闸的首发条件为“主蒸汽温度低”，ETS 指令发出后汽轮机主汽门和调节门动作正常，MFT 联动正常，见图 6-4。

（2）查阅机组跳闸记录，调取机组主要参数历史曲线，如图 6-5～图 6-7 所示。

图 6-5 显示，21 时 55 分—22 时 14 分，3 号机组以 AGC 方式连续降负荷，有功功率由 895MW 降到 611MW。期间水煤比由 6.42 上升到 8.35，过热度由 28.3℃下降到 6.94℃，主蒸汽温度由 608.9℃下降到 549.4℃。

图 6-6 显示，22 时 17 分 14 秒，汽轮机已跳闸，参与保护的 3 个主蒸汽温度信号分别为 549.956℃（A 侧温度 1）、549.472℃（A 侧温度 2）、562.647℃（B 侧温度 1），参与保护的 3 个调节级压力信号分别为 11.445MPa、11.403MPa、11.440MPa。

Historical Reviews

File Review Options View Help

PNT ALM OPE SOE ASC CMN

Start Time : 05/23/2018 22:15:30 | End Time : 05/23/2018 22:17:15 | Filter Criteria : All

Date/Time	Point Name	Description	State
05/23/2018 22:15:45.350	30LAB20AA101XB02	汽动给水泵B最小流量阀关状态	RESET
05/23/2018 22:16:19.795	30HFC60AJ001XB03C	磨煤机F跳闸状态（SOE）	SET
05/23/2018 22:17:12.341	30DEH32ADI11	主蒸汽温度非常低1	1
05/23/2018 22:17:12.430	30DEH12CDI05	ETS跳闸至DEH(SOE)	1
05/23/2018 22:17:12.478	30DEHFROMLOCAL2	MSV1 全开	0
05/23/2018 22:17:12.483	30DEHFROMLOCAL4	MSV2 全开	0
05/23/2018 22:17:12.486	30MSV3OPEN	MSV3 全开	0
05/23/2018 22:17:12.489	30MSV4OPEN	MSV4 全开	0
05/23/2018 22:17:12.490	30DEHFROMLOCAL6	RSV1 全开	0
05/23/2018 22:17:12.495	30LOCALTOETS19	高压遮断电磁阀试验 PS4	1
05/23/2018 22:17:12.495	30DEHFROMLOCAL8	RSV2 全开	0
05/23/2018 22:17:12.497	30MSV4OPEN	MSV4 全开	1
05/23/2018 22:17:12.568	30MAX20CZ048	RSV2 阀位<100%	0
05/23/2018 22:17:12.569	30MAX20CZ047	RSV2 阀位<10%	1
05/23/2018 22:17:12.571	30MAX20CZ044	RSV1 阀位<10%	1
05/23/2018 22:17:12.573	30DEHFROMLOCAL7	RSV2 全关	1
05/23/2018 22:17:12.627	30DEH00XA03	汽机跳闸3	SET
05/23/2018 22:17:12.628	30MAX20CZ048	RSV2 阀位<100%	1
05/23/2018 22:17:12.628	30DEH00XA02	汽机跳闸2	SET
05/23/2018 22:17:12.632	30DEH12DDI05	汽机已跳闸	1
05/23/2018 22:17:12.695	30MAX20CZ051	ICV1 阀位<10%	1
05/23/2018 22:17:12.708	30MFTDISOE08	锅炉MFT至SOE备用1	SET
05/23/2018 22:17:12.709	30MFTDISOE09	锅炉MFT至SOE备用2	SET
05/23/2018 22:17:12.710	30MFTDISOE06	高负荷时汽机跳闸MFT至SOE	SET
05/23/2018 22:17:12.710	30CBAXA10	汽机跳闸	SET
05/23/2018 22:17:12.721	30MFTTOETS01	锅炉主燃料跳闸1	1
05/23/2018 22:17:12.722	30MFTTOETS02	锅炉主燃料跳闸2	1
05/23/2018 22:17:12.722	30MFTTOETS03	锅炉主燃料跳闸3	1
05/23/2018 22:17:12.726	30MAX20CZ055	ICV2 阀位<10%	1
05/23/2018 22:17:12.738	30CDB01XA10	小机A手动停机	SET

图 6-4 SOE 记录

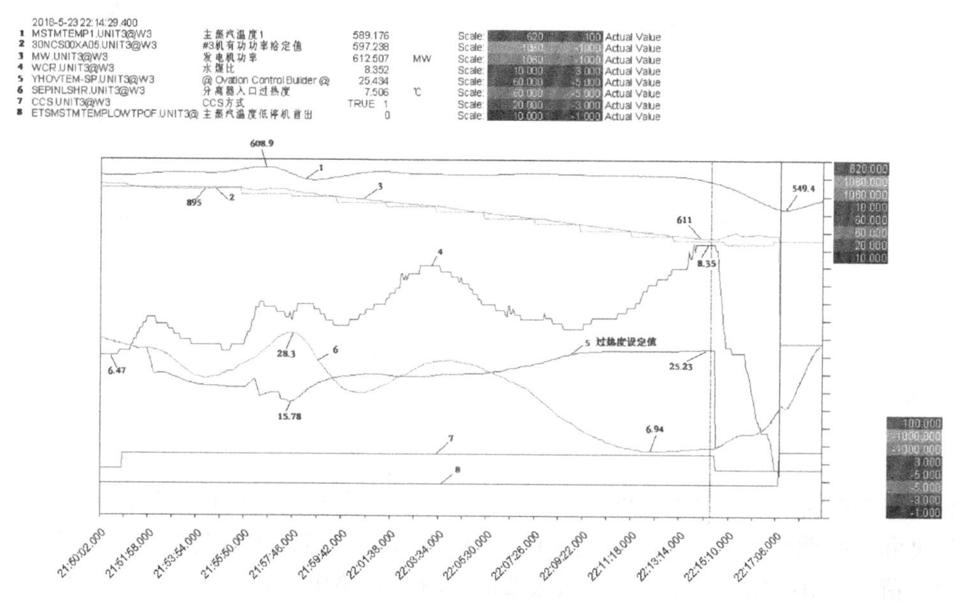

图 6-5 机组主要参数历史曲线 1

图 6-7 为汽轮机进汽联箱前 A/B 两个蒸汽支管的蒸汽温度变化趋势，图中数据显示，机组跳闸时 B 侧蒸汽温度平均值比 A 侧蒸汽温度平均值高出 14.067℃。

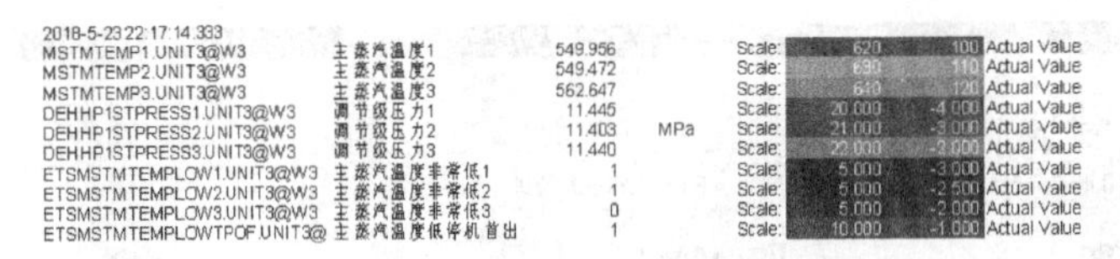
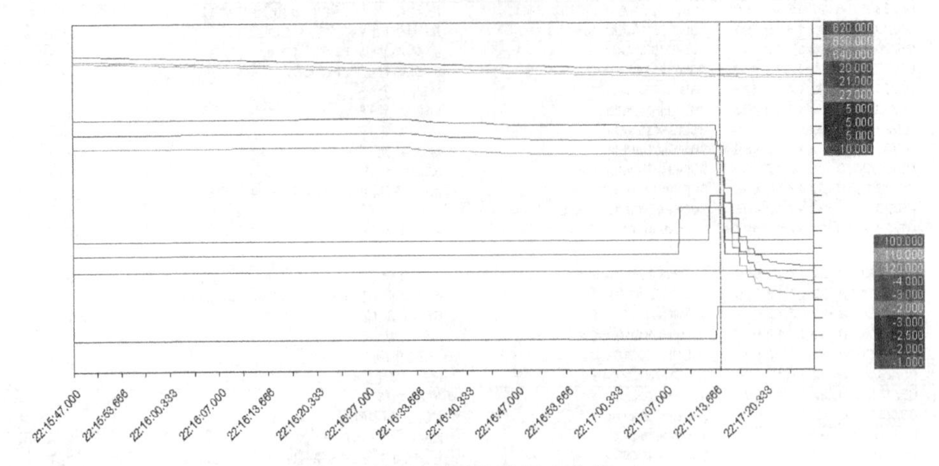

图 6-6　机组主要参数历史曲线 2

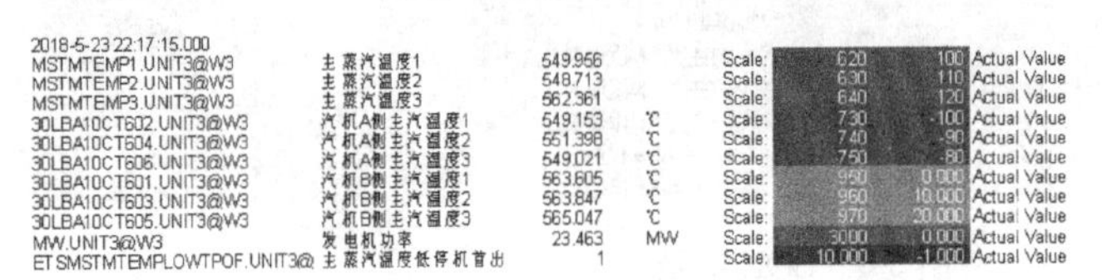
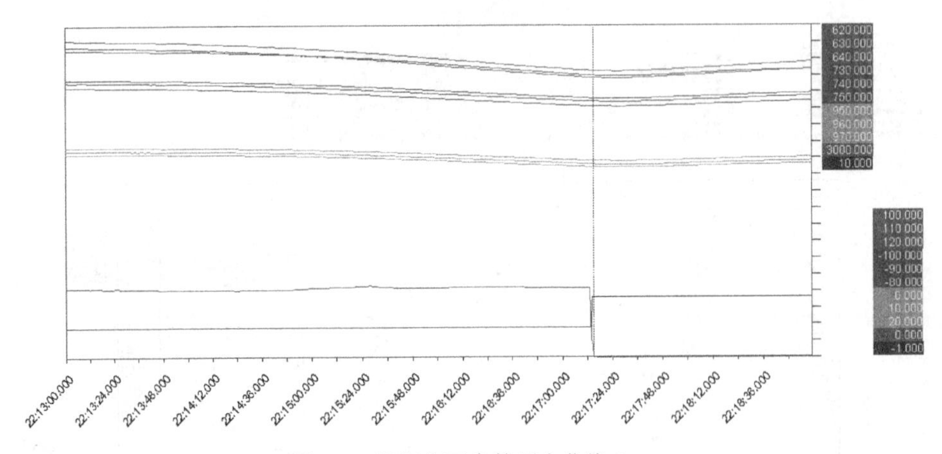

图 6-7　机组主要参数历史曲线 3

检查保护逻辑，主蒸汽温度低保护逻辑显示，参与主蒸汽温度保护的信号包含 3 路主蒸汽温度和 3 路调节级压力。机组电负荷升到 100MW 以后，当主蒸汽温度实际值低于当前机组负荷（调节级压力）所允许的极限值时，将分别输出 3 路“主蒸汽温度低”信号至 ETS。而调节级压力对应的主蒸汽温度保护定值函数输出上限值为 550℃。3 路主蒸汽温度低信号在 ETS 控制器中实现“三取二”功能，触发停机指令。

根据主蒸汽温度低保护逻辑中的数据，列出“主蒸汽温度低”保护的实际函数，如表 6-1 所示。

表 6-1　　主蒸汽温度低保护定值实际函数

调节级压力（MPa）	0	5.12	8.34	13.03	16.27	18.37	20.55	30
主蒸汽温度（℃）	437.7	449.9	471.4	580.8	528.2	528.0	522.3	522.2

核查东汽提供的“主蒸汽温度低”保护定值原始函数，如表 6-2 所示。

表 6-2　　主蒸汽温度低保护定值原始函数

调节级压力（MPa）	0	5.12	8.34	13.03	16.27	18.37	20.55	30
主汽温度（℃）	437.7	449.9	471.4	508.8	528.2	528.0	522.3	522.2

绘制出主蒸汽温度低保护实际曲线和原始曲线，如图 6-8 所示。图 6-8 显示，在 8.34MPa＜调节级压力＜16.27MPa 区间，主蒸汽温度低保护定值严重偏离了东汽提供的设计值，当调节级压力为 13.03MPa 时，主蒸汽温度保护设定值达到最大值 550℃。

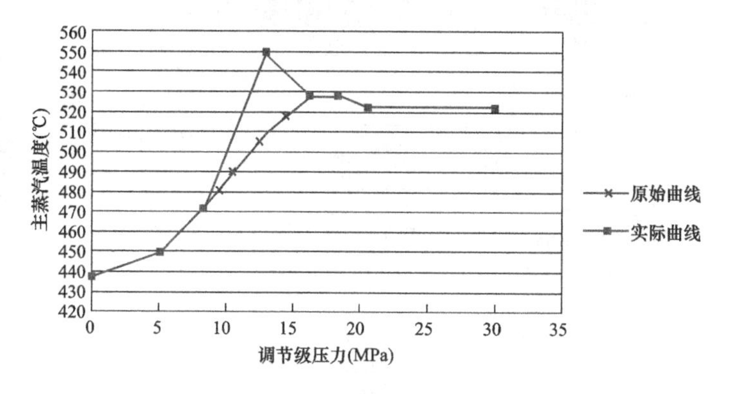

图 6-8　主蒸汽温度低保护定值曲线

检查保护信号硬件配置，经核查，参与主蒸汽温度保护的 3 路主蒸汽温度信号分别接入 DEH 柜的 ATC CTRL44 号柜的 C3 卡 5 通道、C4 卡 4 通道、C5 卡 6 通道，3 路调节级压力分别接入 DEH 柜的 ATC CTRL44 号柜的 D1 卡 2 通道、C8 卡 7 通道、B1 卡 7 通道，3 路“主蒸汽温度低”开关量信号发送端位置分别为 DEH 柜的 ATC CTRL44 号柜的 A5 卡 3 通道、A6 卡 3 通道、D5 卡 3 通道，3 路“主蒸汽温度低”开关量接收端位置分别为 ETS CTAL45 柜的 A2 卡 11 通道、B2 卡 13 通道、C2 卡 9 通道。输入和输出信号的硬件配置情况满足规程要求。

保护传动试验检查，调取 ETS 改造后的试验记录显示，3 号机组启动前，维护人员于 2018 年 4 月 17 日进行了“主蒸汽温度低”保护传动试验，试验方法采用了“就地模拟信号”的方式。经过询问得知，试验人员采用强制调节级压力信号和模拟主蒸汽温度的方法进行保护传动，保护动作正确。

2. 事件原因分析

（1）机组跳闸的原因为主蒸汽温度低。在机组连续降负荷过程中调节级压力低于 13.03MPa 时，主蒸汽温度实际值低于保护设定值 550℃，“主蒸汽温度低”保护动作。该动作值偏离原始设计值＋41.2℃，动作性质归属于保护误动作。

（2）保护误动作的原因为保护设定值整定错误。作为 ETS 改造项目的负责单位，厂家未能按照合同约定保留原日立 H5000M 系统中的“主蒸汽温度低”保护功能，作为遗留问题带到调试现场。在现场调试过程中由该公司热控队维护人员陈某独自完成该保护的组态工作，由于当时没有监护人在场，导致该项保护定值未能正确设置，且在后续试验过程中也没能发现存在的隐患。

（3）主蒸汽温度大幅下降原因为水煤比（过热度）调节品质差。如图 6-9 所示，22 时 6 分 00 秒—14 分 17 秒，过热度由 21.494 下降到 6.94，最大控制偏差为－17.928℃，图 6-10 中显示水煤比系数由正常的 6.47 上升到 8.35，而水煤比控制输出的给水调节指令和燃料调节指令分别变化了－32.4t/h 和＋8.02t/h，其调节能力远远不能满足运行的要求。此时锅炉一、二级减温水调节门早已全部关闭，主蒸汽温度已出现明显的下降趋势。

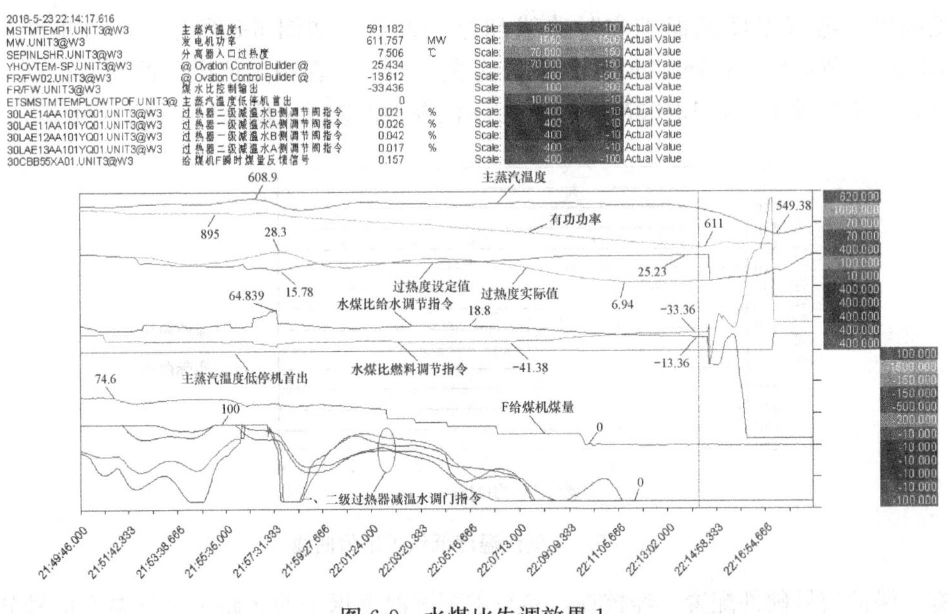

图 6-9　水煤比失调效果 1

（4）水煤比失调的原因是协调控制系统逻辑存在缺陷。图 6-10 显示，22 时 8 分 37 秒—11 分 17 秒机组变负荷过程中（图中红框区域），给水流量调节速率明显滞后燃料指令，其延迟时间远远大于直流锅炉给水流量调节应有的延迟时间。进一步查阅逻辑确认，负荷变动前馈量仅仅叠加在燃料指令回路，相对而言燃料量下降速率远大于给水量，这是水煤比失调的另一个重要原因。

22 时 11 分 17 秒—14 分 37 秒变负荷过程进一步加剧了主蒸汽温度的下跌，尽管在 22 时 14 分 38 秒运行人员将水煤比控制切到手动方式，大幅调整燃料量和给水量，仍然无法延缓主蒸汽温度下跌的速度，22 时 16 分 19 秒，F 磨煤机停运，主蒸汽温度加速下跌到保护整定值（550℃），导致汽轮机跳闸。

3. 暴露问题

（1）公司技术监督管理工作不到位。

1）该公司未能严格执行公司《热控保护定值逻辑管理标准》。检修期间修改机组主保护逻辑时，没有设置专职的监护人，未能及时纠正组态工作中产生的错误。

2）项目计划中质检点内容设置不全面。虽要求对软、硬联锁保护逻辑、回路及定值进行传动，但未明确折线函数的检查内容。

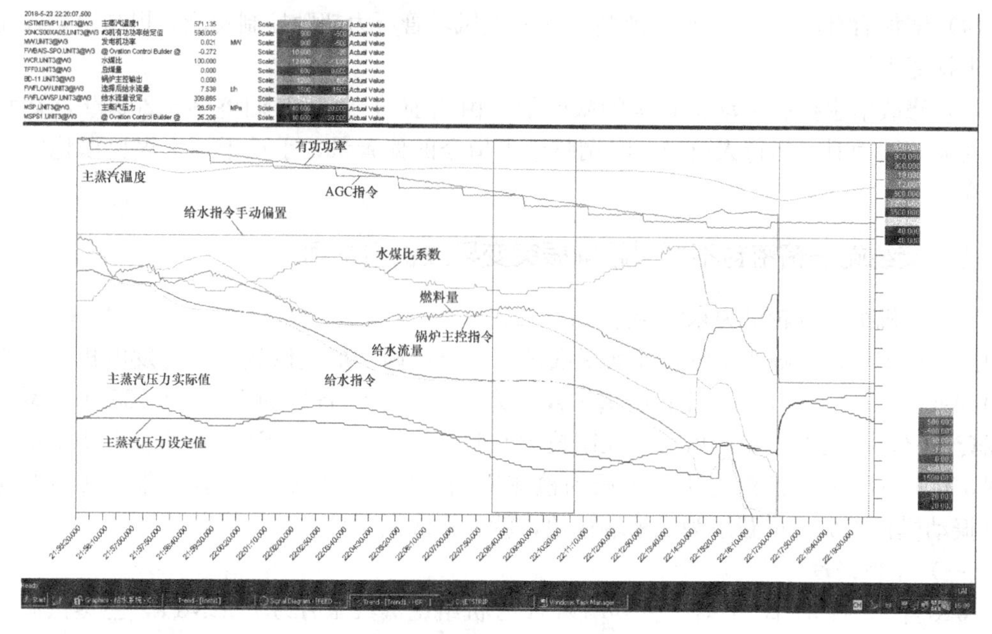

图 6-10 水煤比失调效果 2

3）热控主保护试验内容不全面，没有针对折线函数进行逐点检验，未能通过试验检查出组态中的错误。

（2）水煤比调节品质差。

（3）降负荷过程中过热度、水煤比大幅波动时，给水系统未能快速参与调节，在失去减温水调节手段后，造成主蒸汽温度失控现象。

1）给水指令滞后锅炉主控指令的时间过长，导致给水调节严重滞后于燃料量。

2）协调控制系统逻辑不合理，负荷变动时不能保持给水指令与燃料指令的动态平衡关系，导致水煤比大幅波动。

3）启/停磨煤机工况下机组抗干扰能力差。主蒸汽温度大幅下跌起始点发生在 F 给煤机停运 2min 后，加速下跌发生在 F 磨煤机停运时刻。

（三）事件处理与防范

1. 加强热控技术监督管理工作

（1）重新修订《热控保护定值逻辑管理标准》，增加保护定值逻辑修改执行审批流程，开工前必须明确执行人、监护人以及执行内容，经部门专工及以上人员审核后方可开工。

（2）完善热控联锁保护试验卡，规范试验步骤，增加折线函数逐点检验的项目。

（3）对改造后的 ETS 进行普查，包括逻辑关系、保护定值、函数、软/硬联锁回路，生技部按 H 点进行验收。

2. 优化逻辑

（1）增加“主蒸汽温度低”光字牌报警，当主蒸汽温度大幅低于正常范围时，提示运行人员及时干预，同时单向闭锁燃料指令和给水指令，防止快速降负荷过程中主汽温度大幅下跌。

（2）优化水煤比控制逻辑，在水煤比-给水调节器中增加微分功能，加大给水指令对过热度的响应速度。

（3）优化给水指令跟随锅炉主控指令的惯性时间参数，保证负荷变动时合适的水煤比系数。

（4）增加启/停磨煤机工况下燃料量和一次风母管压力超驰控制功能，提高协调控制系统抗干扰能力。

（5）修改给水控制手动偏置量的限幅值，由当前的±20t/h调整到±200t/h，在水煤比出现大幅波动时，运行人员应及时调整给水指令的偏置量，手动干预水煤比以稳定主蒸汽温度。

四、接线端子箱密封不严引起轴振突变导致机组跳闸

某供热机组，汽轮机为东汽制造C150/135-13.2/1.0/535/535超高压、一次中间再热、单轴三支点支承、双缸双排汽、冲动凝汽式、一级可调整抽汽供热式汽轮发电机组，与东锅DG490/13.73-Ⅱ2型循环流化床锅炉及山东济南发电设备厂的WX21Z-085LLT型发电机配套。DCS系统为北京国电智深控制技术有限公司生产的DCE1.2版本，TSI系统为本特利3500，TSI系统的汽轮机轴承振动检测回路由电涡流传感器、前置器、延伸电缆和42M振动模件组成，屏蔽层为机柜端接地，就地接线盒端悬空。

（一）事件经过

2018年12月31日22时1分56秒，1号机组主蒸汽压力为7.92MPa，主蒸汽温度为535.9℃，转速为3006r/min，有功功率为95.216MW，1号机2号轴承X方向振动突然在1s内由45.578μm升至189.204μm，同时2号轴承Y方向振动突然在1s内由119.101μm降至0.146μm，并显示成坏点（保护定值：报警值为125μm，跳机值为250μm），TSI系统“汽轮机轴振动过大停机信号”继电通道开出，危急遮断系统（ETS）保护动作，“发电机热控保护动作”，“发电机-变压器组220断路器保护动作”“发电机保护动作3”停机指令发出，所有主汽门关闭，MFT保护动作。发电机解列，1号机组负荷降到0MW，ETS跳机首出为“汽轮机轴振动过大停机信号”。经检查处理后2019年1月1日00时15分，1号炉热态启动；1月1日3时3分，机组恢复并网。

（二）事件原因检查与分析

1. 事件原因检查

（1）查看历史趋势曲线。1号机跳机前30min内，汽轮机1号、2号轴承温度、回油温度、润滑油压、2号轴承盖振、主蒸汽压力、主蒸汽温度、机组负荷等运行参数均显示平稳。其趋势如图6-11～图6-15所示。

从图6-14、图6-15上看，在2018年12月31日20时7分左右，2号轴Y方向振动开始出现波动，一直持续到20时42分时波动消失，曲线恢复正常。

21时9分，2号轴X振动出现尖峰跳跃，同时2号轴出现大幅度的波动。

21时16分31秒再次发生波动，值长联系热控值班人员办票进行检查处理，工作票还未办理完成，22时1分56秒，2X轴承振动由45.578μm升至189.204μm，2Y轴承振动由119.101μm降至0.146μm并显示成坏点，TSI系统发出“汽轮机轴振动过大停机信号”，机组跳闸。

21时00分—22时00分2号机轴振动曲线如图6-16所示，2号轴振动突变跳机曲线如图6-17所示。

（2）检查SOE记录与操作记录。从SOE记录上看，动作顺序和ETS首出记录一致（见图6-18）。查询操作记录，机组2号轴振动波动、机组跳机前，均无相关的任何操作。

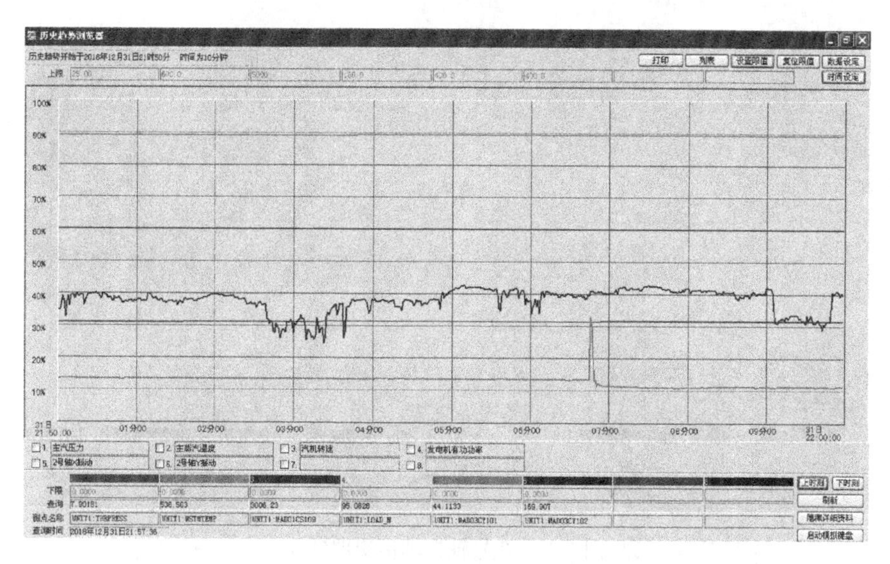

图 6-11　主蒸汽压力、温度及有功功率历史曲线

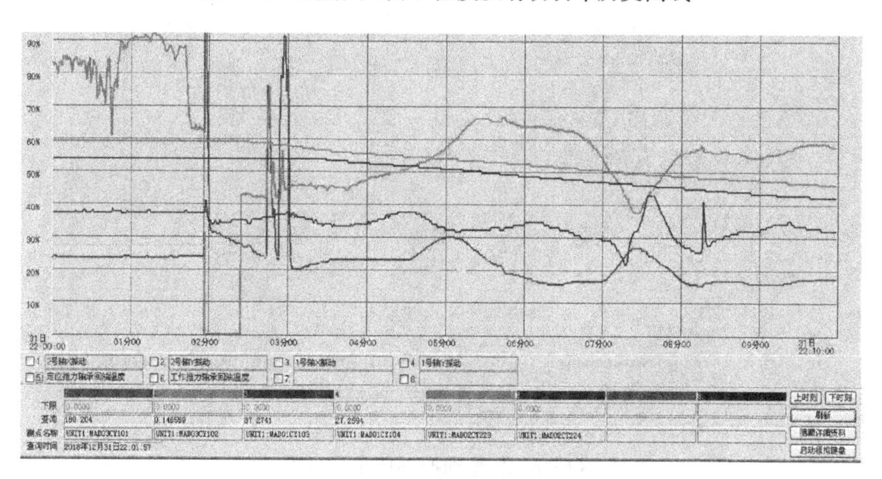

图 6-12　2 号轴承温度及盖振历史曲线

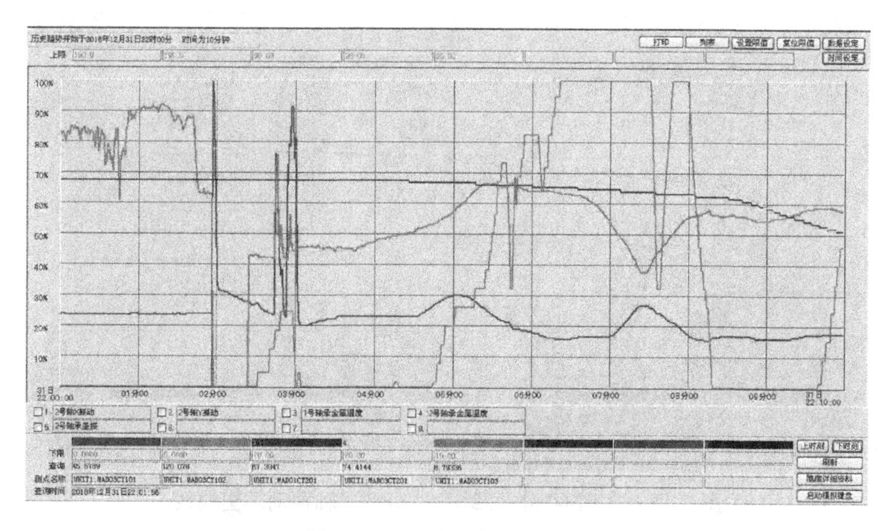

图 6-13　回油温度历史曲线

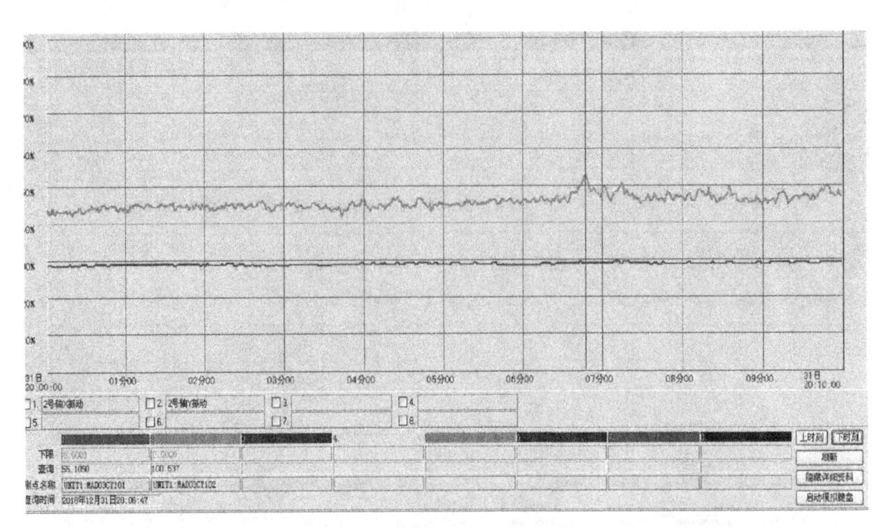

图 6-14　2 号轴振动历史曲线 1

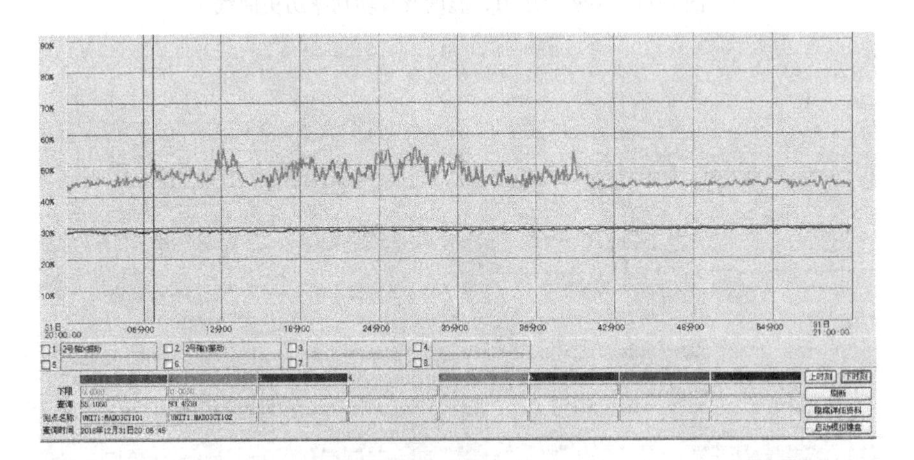

图 6-15　2 号轴振动历史曲线 2

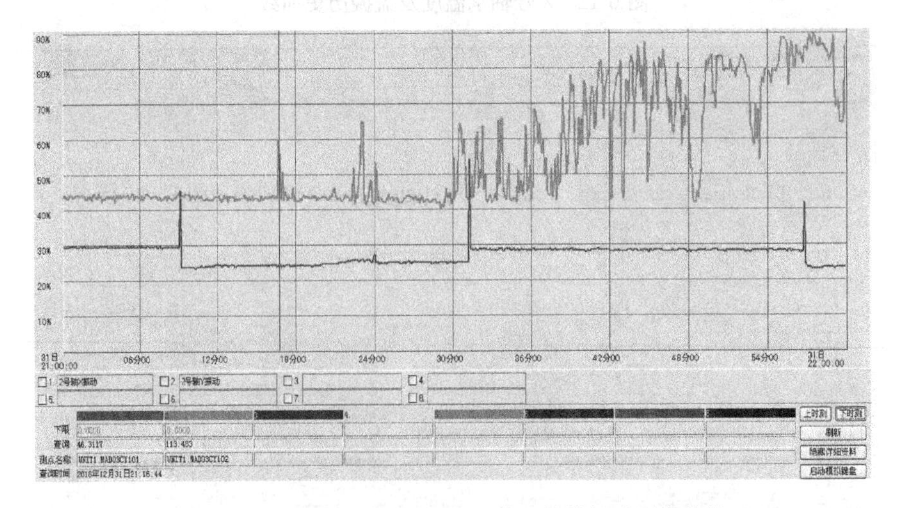

图 6-16　21 时 00 分—22 时 00 分 2 号轴振动历史曲线

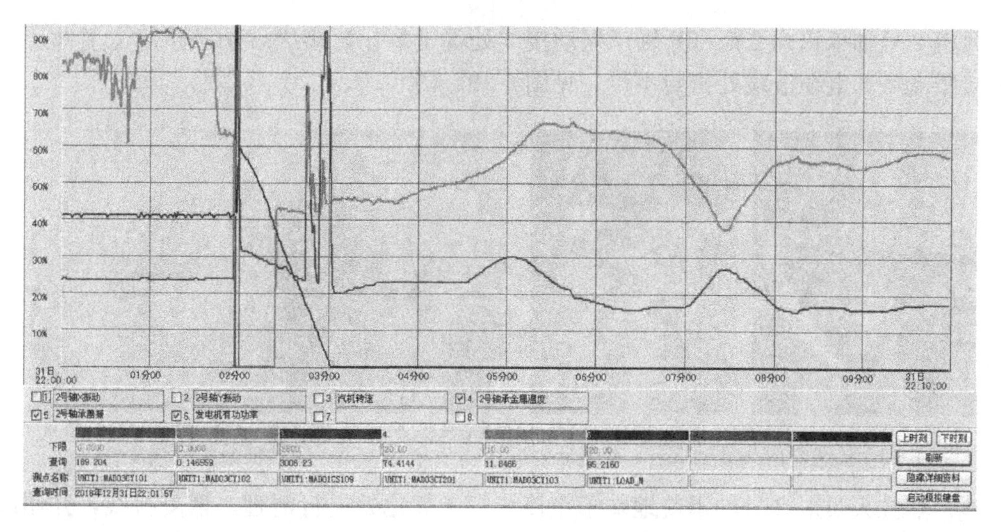

图 6-17 2 号轴振动突变跳机曲线

时间	点名	点描述	关键字
2018.12.31 22:01:56 672.6	CAA01XA11	汽机轴振动过大停机信号	进入跳1报警
2018.12.31 22:01:56 741.2	CHA03K103	发电机热工保护	进入跳1报警
2018.12.31 22:01:56 752.8	BBA13K253	6kV工作A段工作电源进线断路器保护跳闸	进入跳1报警
2018.12.31 22:01:56 753.5	ADE10K153	发电机-变压器组220DL断路器保护跳闸	进入跳1报警
2018.12.31 22:01:56 754.1	BBB11K353	6kV工作B段工作电源进线断路器保护跳闸	进入跳1报警
2018.12.31 22:01:56 757.6	CAA01XA143	发电机保护动作3停机信号	进入跳1报警
2018.12.31 22:01:56 768.5	MAA10CG002	主汽门B关闭	进入跳1报警
2018.12.31 22:01:56 779.1	MAA10CG001	主汽门A关闭	进入跳1报警
2018.12.31 22:01:56 779.4	MAB10CG001	中压汽门A关闭	进入跳1报警
2018.12.31 22:01:56 800.9	BBB11357	6kV工作B段工作电源进线断路器跳闸状态	进入跳1报警
2018.12.31 22:01:56 802.3	BBA13257	6kV工作A段工作电源进线断路器跳闸状态	进入跳1报警
2018.12.31 22:01:56 820.4	ADE10K34	发电机-变压器组220DL断路器跳闸位置	进入跳1报警
2018.12.31 22:01:56 823.8	K243	灭磁开关跳位	进入跳1报警
2018.12.31 22:01:56 827.9	MAB10CG002	中压汽门B关闭	进入跳1报警
2018.12.31 22:01:56 835.4	BBB01K04	6kV工作B段备用电源进线断路器跳闸状态	进入跳0报警

图 6-18 SOE 记录

（3）检查逻辑组态。1 号机组使用的 TSI 为本特利 3500 系统，原设计逻辑保护："当任一轴振达到 125μm 时，轴承振动报警；当任一轴振达到 250μm 时，轴承振动大跳机"。根据《集团公司火电机组热控系统可靠性评估细则》4.2.3 系统配置要求，振动保护逻辑修改为以下任一满足时，发出机组跳闸信号：

1）相邻任意轴振报警信号和本轴承振动保护信号进行"与"逻辑判断。

2）本轴 $X(Y)$ 向报警信号和本轴 $Y(X)$ 向保护动作信号进行"与"逻辑判断。

2018 年 10 月 1 号机组检修时完成修改，修改完成后进行动态试验验证，发现当轴承振动出现坏点时，相邻轴承振动达到报警值也跳机。

查看逻辑组态时，逻辑与运算类型勾选的是"Normal And"，即在任一轴振检测回路故障，另一轴振达到报警值时，则发出跳机信号。经了解，出于考虑拒动的风险，当时厂内经讨论达成共识，勾选"Normal And"进行振动跳机逻辑组态。

（4）2 号轴振检测回路检查。机组跳闸后，对 2 号轴承振动接线端子进行了检查，发现1号机2号轴承箱内2X、2Y轴承振动接线处端子氧化，接线端子及接线盒上部还有水珠，接线盒底部电缆进线处密封不严，见图6-19、图6-20。

图6-19　接线盒内2号轴 X、Y 前置器

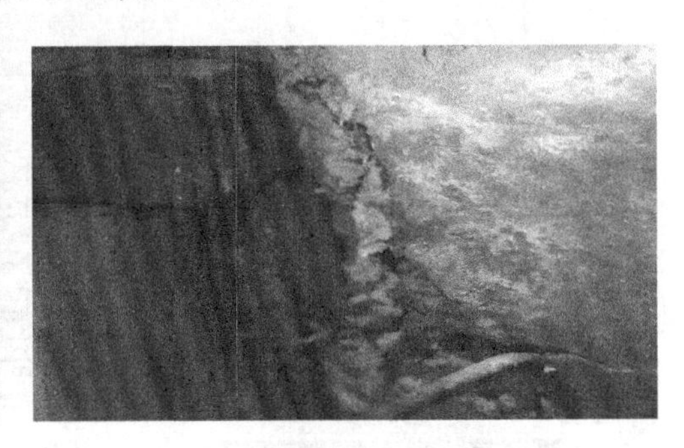

图6-20　2号轴振动接线盒

电厂热控人员对2号轴承就地端子箱接线端子氧化处进行清理，恢复接线，并用防火泥对下部电缆进线进行了重新封堵。2019年1月1日00时15分，1号炉热态启动；1月1日3时3分，机组恢复并网。机组运行后这段时间，2号轴 X、Y 方向振动显示数值恢复正常，没有波动迹象。

2. 事件原因分析

（1）根据上述查找，引起事件的原因是轴振大停机保护动作，2号轴承2X振动、2号轴承2Y振动波动大，当2号轴承2X振动达到189.204μm超过报警值125μm，且2号轴承2Y振动突降至0.146μm并显示为坏点时，满足“轴振大停机保护动作”条件，触发了汽轮机跳闸。

（2）2号轴承 X、Y 振动波动大原因是由于接线端子箱密封不严，长期水蒸气通过接线盒接线端子进入接线盒内，加上环境温度降低，进入接线盒内水蒸气凝结成水，积累到一定程度后滴在轴承振动前置接线处，导致信号短路和接地，引起2X、2Y轴承振动异常波动。

3. 暴露问题

（1）检修维护管理工作不到位。检修人员在检查轴承振动接线端子时未发现端子箱密封不严，造成就地振动接线端子箱进入水蒸气并凝结成水。

（2）勾选“Normal And”方式进行轴振大停机逻辑组态，存在误动的隐患。

（3）2号轴承振动接线盒安装在高温蒸汽泄漏的环境中，接线盒密封不好的情况下，蒸汽凝露容易进入接线盒，引起绝缘下降或者信号短路而导致保护系统故障动作。同时安装位置不便于检修维护，增加了设备巡检维护困难。

（三）事件处理与防范

（1）建议加强TSI系统检修维护工作，将TSI系统的检测回路、机柜电源模块、模件状态、机柜屏蔽线、机柜接地、前置器等细化纳入开机前条件检查表，并严格遵照执行。

（2）针对轴振大停机逻辑组态存在误动隐患的问题，建议取消“Normal And”，即取消坏质量值表决输出的功能，并引入报警信号，作为高级别报警或光字牌报警；在DCS侧增加振动测量速率变化大报警功能。

（3）对2号及存在同样隐患的就地轴承振动接线盒进行整改或者移动安装位置，使接线盒远离高温蒸汽，接线盒进线及柜门密封严密，严格执行相关施工标准，确保信号准确可靠。

（4）运行人员加强轴承振动监视，发现异常时做好事故预想，及时联系检修人员处理。

（5）班组、运行相关人员提高对主保护回路、逻辑组态、跳闸条件的熟悉程度，便于机组出现异常时，能及时做好预防措施及异常处理。

（6）针对这次事件，举一反三，对现场其他热控设备进行检查，尤其是雨季及冬季，及时做好防雨、防冻、防潮预防措施。

五、压力变送器高度差水修未设置导致机组供热跳闸事件

电厂1号机组（300MW）所配置锅炉为哈尔滨锅炉厂生产的六角切圆燃烧方式亚临界锅炉，燃用褐煤，风扇式磨煤机直吹式制粉系统；汽轮机是哈尔滨汽轮机厂生产的改进型300MW汽轮机，为反动式、亚临界、一次中间再热、双缸双排汽、凝汽式汽轮机。原型号N300-16.7/537/537。2009年4月由北京全四维动力科技有限公司进行了一次通流改造，1、4号汽轮机同时采取中排打孔方式进行供热抽汽改造，控制系统为国电智深EDPT-NT+系统。

（一）事件经过

2018年11月27日13分30秒，1号机组负荷为134MW，供热系统正常投入，抽汽供热调节门开度在33.5%，抽汽供热调节门后压力为0.122MPa。

14时13分30秒，运行人员按照要求关闭抽汽供热调节门，阀门关至32.3%，抽汽供热调节门后压力降至0.12MPa，此时供热系统跳闸，抽汽供热电动门、抽汽快关门联锁关闭正常，抽汽供热调节门卡涩，远方就地均操作不动，DCS中显示供热调节门全开。

14时37分，机务检修人员手动开启供热抽汽调节门；16min后机务检修人员手动将供热抽汽调节门开启至18°。供热抽汽调节门反馈57.3%。热控通过就地接触器开启该调节门。16时20分，供热切至四号机组供汽，停止一号机供热。

（二）事件原因检查与分析

1. 事件原因检查

（1）供热跳闸原因检查。检查DCS供热首出记忆，跳闸原因为抽汽蝶阀后压力低。保护定值为0.07MPa（校验定值为0.11MPa，高度差修正为0.04MPa）。查DCS历史曲线（见图6-21），抽汽蝶阀后压力低开关动作时，抽汽蝶阀后压力为0.12MPa，与保护定值不符。

对压力控制器和压力变送器进行检查，安装位置均在1号主汽门附近，低于取样点约4m，检查压力控制器定值为0.11MPa（保护定值为0.07MPa，加上高度差修正为0.04MPa），定值准确。压力变送器量程为0～1.6MPa，没有进行高度差修正，导致显示的压力数值比实际数值高约0.04MPa，运行人员进行调整时，当压力降至0.12MPa时，实际压力已经降到0.07MPa，到达保护动作值，供热跳闸。

查上一次供热期间抽汽蝶阀后压力曾低于0.10MPa，且运行正常，说明抽汽蝶阀后压力变送器在一号机组检修期间将高度差修正取消了。当时蝶阀后压力修正在DCS中实现，参数没有上传，机组检修时，DPU重启造成修正丢失。

（2）抽汽蝶阀动作情况检查。供热跳闸后，运行人员开启供热抽汽蝶阀，但打不开，立即就地检查供热抽汽蝶阀状态，就地实际在关闭位置，将就地操作按钮打至“现场”位置强制开启，该调节门不动。检查发现，供热蝶阀全开限位动作，闭锁开门接触器动作，所以在远方和就地操作开时，不能开启阀门。

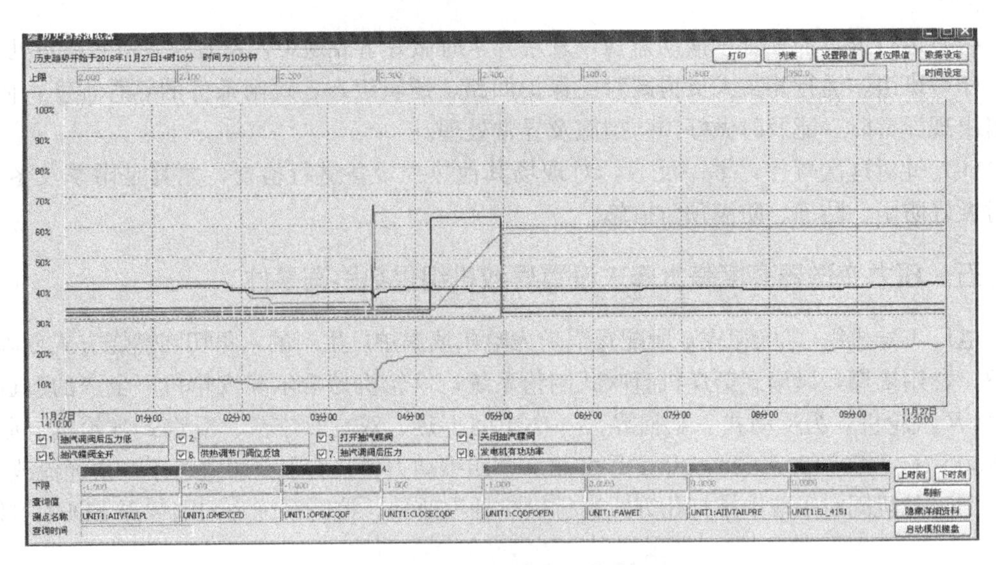

图 6-21　供热跳闸时曲线

(3) 其他异常情况检查。根据抽汽蝶阀控制逻辑（见图 6-22），抽汽蝶阀后压力低时，供热切除信号动作，应联开抽汽蝶阀，查历史曲线（见图 6-21），当时没有发出联开指令，在 38s 后由运行人员操作开门，才发出开指令。检查发现蝶阀控制逻辑设置为关优先，在供热跳闸时，正好运行在操作关蝶阀，所以联开指令没有发出。

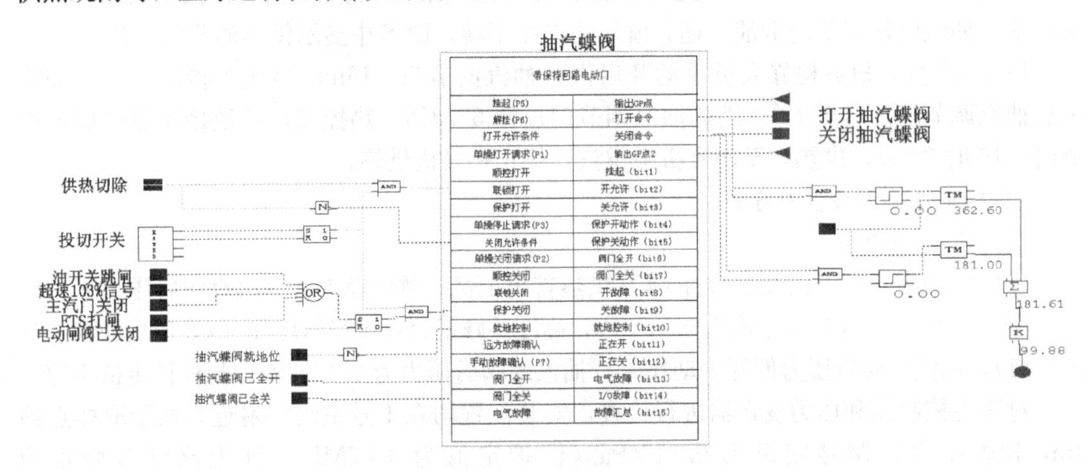

图 6-22　抽汽蝶阀逻辑

由于之前阀位信号故障，后来通过 DCS 根据开关指令信号计算出一个大致的阀位，阀门正常动作时，可代表实际阀门位置，但当阀门出现异常时，如就地操作或开关不动时，则不能代表实际阀门位置。原阀位信号取自执行器齿轮箱内，当齿轮箱与执行机构不能咬合或咬合不好时，会发生阀位指示与就地不一致的情况。

2. 事件原因分析

抽汽蝶阀后压力变送器没有进行高度差修正，不能准确反映实际压力，致使运行人员调整时抽汽蝶阀后压力低信号动作，是此次供热跳闸的直接原因。

3. 暴露问题

(1) 抽汽蝶阀是供热系统重要阀门，因 1 号机抽汽蝶阀多次出现故障，将原来的调节

门改为中停门，致使原设计逻辑不能正确实现，没有更换为质量更可靠的调节门，暴露出对供热系统主要设备重视不够。

（2）原抽汽蝶阀后压力变送器有高度差修正，在机组检修后修正消失，暴露出对重要测量表计检修管理不到位。

（3）DCS 系统管理不到位，参数修正后没有及时进行上传、同步，DCS 参数或逻辑修改时，没有做好记录。

（三）事件处理与防范

（1）对其他涉及高度差修正的热控测量仪表进行排查，保证测量的准确性。统一规范所有修正在变送器上进行，DCS 系统不做修正。同时完善设备标签，标签上注明修正值。

（2）加强检修管理，重要参数测量仪表也要严格执行三级验收制度。

（3）在能够代表实际阀门开度的位置加装阀位测量装置，保证 DCS 中显示的阀位能够反映实际的阀门开度。

（4）采购质量可靠的调节执行机构，及时更换，并恢复原设计逻辑功能。

（5）加强 DCS 系统管理，参数修正后没有及时进行上传、同步，部分设备驱动级逻辑中优先级设置不符合实际安全需要，DCS 参数或逻辑修改时，及时做好记录。

六、变频器功率单元控制板故障且磨煤机入口挡板关闭不严导致机组跳闸

某电厂总装机容量为 1360MW，两台 350MW 超临界抽凝式供热机组，两台 330MW 亚临界抽凝式供热机组。9、10 号锅炉型号为 HG-1146/25.4-PM1，一次中间再热、超临界压力变压运行直流锅炉，前后墙布置 5 层燃烧器，由哈尔滨锅炉厂有限责任公司制造。两台一次风机变频控制，变频器为上海广电电气产 SolidDrive 系列变频器。

2018 年 1 月 8 日，9 号机组“CCS”方式运行，机组负荷为 261.8MW，供热抽汽流量为 220t/h，主蒸汽流量为 912t/h，一次风压为 9780Pa，A、B 给水泵汽轮机运行且给水自动投入，A、B、D、E 磨煤机运行，总煤量为 131t/h。

（一）事件经过

1 月 8 日 8 时 1 分，9 号锅炉“RB”信号发出，A 一次风机 RB 保护动作，RB 自动切除 4 台运行磨煤机中的 B、E 磨煤机，同时投油枪助燃。

8 时 2 分，RB 发生时一次风压力最低到 4936Pa，一次风压低跳磨保护压力开关动作（开关动作值为 5500Pa），因一次风机 RB 发生时风压低跳磨保护设计有 60s 延时，运行中的 A、D 磨煤机未跳闸。B、E 磨煤机停运后，一次风压力缓慢回升至 6120Pa，未到一次风压低跳磨保护压力开关复位点（经校验开关复位值 6835Pa），60s 后一次风压低保护动作，A、D 磨煤机跳闸。运行人员投入所有油枪助燃，并手动打闸 B 给水泵汽轮机。

8 时 6 分，运行人员手动启动 D 磨煤机并带初始煤量 10t/h，锅炉未灭火。

8 时 7 分，机组负荷持续下降，四抽压力降低至 0.29MPa，A 给水泵汽轮机转速下降至 2970r/min，锅炉给水流量降低至 294t/h，给水流量低 MFT 保护动作，机组跳闸，首出原因“给水流量低低延时 15s”。

事故处理后，1 月 8 日 18 时 49 分，9 号机组并列恢复运行。

（二）事件原因检查与分析

1. 事件原因

（1）2011 年投运的 9 号炉 A 一次风机高压变频器 C1 功率单元控制板故障，从而造成

变频器故障跳闸。

(2) 检查B、E磨煤机入口挡板，B磨煤机关闭到位，E磨煤机关闭但未碰触到行程反馈开关。挡板关闭不严密造成一次风压力回升慢。RB发生时，2s后E磨煤机跳闸，E热风门开始关，但关位信号一直未发出（内部挡板轨道积灰，造成挡板未关闭到位）；10s后，B磨煤机跳闸，B热风门46s后关闭（热风门为带双气缸闭锁的气动插板门，开关时间稍长）。电科院设计的控制逻辑中加入了一次风机RB动作后60s闭锁风压低进一步跳磨逻辑，本次RB动作60s后一次风压力仅回升到6120Pa，未到压力开关复位值。

(3) 一次风压低跳磨压力开关回差为1368Pa（上次检修时校验回差为939Pa），虽未超差（允许值3792Pa），但回差较大，风压回升到6120Pa时未到开关复位值，导致A、D磨煤机跳闸。

(4) 机组负荷降低的同时，四抽压力低，导致A给水泵汽轮机转速持续下降，给水流量低MFT保护动作。

2. 暴露问题

(1) 变频器长期运行设备老化。2011年同批次投运的多台上海广电电气产SolidDrive系列变频器的功率单元、主控板等元件先后出现问题，电子元器件老化，可靠性降低。

(2) 设备管理存在问题。2018年只对SolidDrive系列变频器曾经出现问题的主控板进行了更换，对控制逻辑进行了优化，没有对功率单元控制板进行更换升级。磨煤机入口挡板关闭后漏风大，检修维护不到位。

(3) 隐患排查治理不到位。对风烟系统严密性差、压力开关回差大、变频器老化等设备隐患未引起重视，没有及时排查和整改。

(4) 技术监督管理不到位。控制逻辑没有引入一次风压模拟量信号消除压力开关回差大的影响。给水泵汽轮机中低压调节门重叠度小，四抽压力降低后，中压调节门打开后无法满足水泵打水要求。

(三) 事件处理与防范

(1) 加大隐患排查治理，举一反三，对全厂同类设备进行深入排查，及时更换和升级存在隐患的变频器元器件，具备条件时将变频器整体更换。

(2) 提高设备检修标准，及时更换回差大的压力开关，考虑引入一次风压模拟量信号，消除压力开关回差影响。或参考7、8号机组一次风RB控制逻辑，适当延长闭锁时间（延时3min）。

(3) 加强检修质量管理，严格三级验收和工艺把关，提高风烟系统挡板严密性，对磨煤机入口截止挡板进行改造，加快挡板的关闭速度，提高跳磨后一次风压的回升速度。

(4) 重新核定给水泵汽轮机中低压调节门重叠度，解决四抽压力降低后给水泵汽轮机出力不足问题。

(5) 加强设备技术管理，提高消缺质量，及时消除隐患，提高设备管理水平，杜绝问题重复发生。

七、压力开关锈蚀短路导致机组跳闸（哈锅引进技术）

某发电有限公司1台600MW-HG-1900/25.4-YM4型锅炉是哈尔滨锅炉厂有限责任公司（简称哈锅）引进英国三井巴布科克能源公司（MB）的技术进行设计、制造的。锅炉

为一次中间再热、超临界压力变压运行、带内置式再循环泵启动系统的本生（Benson）直流锅炉，单炉膛、平衡通风、固态排渣、全钢架、全悬吊结构、π型布置。

（一）事件经过

2018年10月7日8时20分，3号机组负荷为263MW、主蒸汽温度为570℃、主蒸汽压力为13.61MPa、再热蒸汽温度为525℃、再热蒸汽压力为2.57MPa、给水流量为736t/h、A/B两台一次风机运行，A、B、D、E磨煤机运行，总煤量为182t/h。

8时21分，A一次风机跳闸，首出信号为“润滑油压力低”（就地检查润滑油泵运行正常，润滑油压力正常）。A、B、E磨煤机相继跳闸，首出信号为“失去火焰检测跳闸”。立即投入各层油枪助燃（油枪投入情况：C1、C4、C5、D3、D4、D5、F1、F2、F3、F4、F5大油枪，B1、B5微油），巡检员就地检查A一次风机润滑油系统，恢复各跳闸磨煤机各风门挡板，对E、F磨煤机进行通风。

8时24分，负荷降低到208MW，炉水循环泵自启，机组进入湿态运行。

8时34分，启动F磨煤机，3min后投入E层等离子，启动E磨煤机。

8时38分，启动A一次风机，3min后机组负荷最低降到124MW。投入A1、A2、A3、A4、A5大油枪。

8时45分，启A磨煤机；45分45秒，储水箱水位降低到1200mm，炉水循环泵跳闸。

8时45分49秒，主给水流量降低到478t/h，10s后机组负荷148MW时锅炉MFT，首出信号“主给水流量低”，同时主给水流量降低到369t/h。

9时13分，锅炉点火；14时9分，3号机组并网。

（二）事件原因检查与分析

1. 事件原因检查

现场检查一次风机润滑油压低压力开关，外盖4个螺丝安装紧固。解体卸下盒盖后，发现微动开关锈蚀短路（见图6-23）。检查该压力开关进线口，使用绝缘胶带密封不严，由此可判定潮气进入压力开关内，慢慢扩散进入内部微动开关内部，造成触点锈蚀，引起开关触点短接，开关误动。

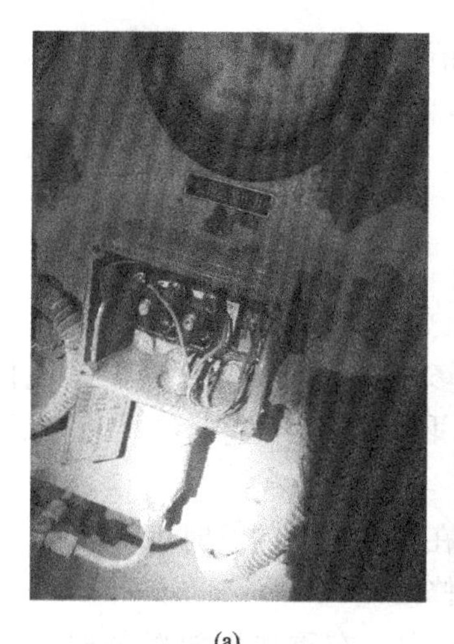

(a)

(b)

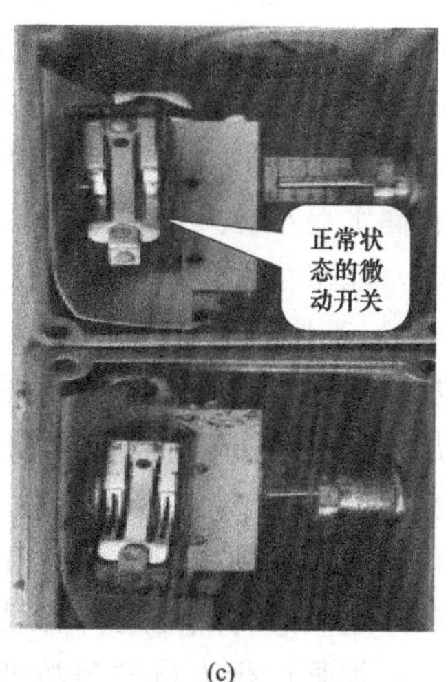

(c)

图6-23　现场A一次风机润滑油压力开关及解体后的微动开关照片

(a) 照片；(b) 压力低微动开关；(c) 正常状态的微动开关

查阅历史曲线，拷贝锅炉炉水循环泵跳闸曲线，见图 6-24。

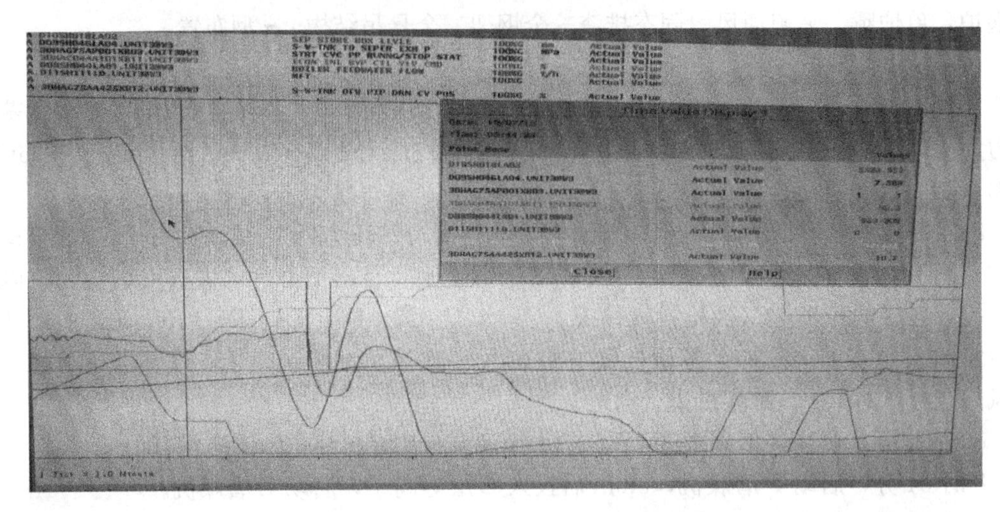

图 6-24　锅炉炉水循环泵跳闸曲线

2. 事件原因分析

根据现场检查，确认本次事件原因为润滑油压力低压力开关箱内受潮，微动开关锈蚀误发油压低保护信号，导致 A 一次风机跳闸。

A 一次风机跳闸后，一次风母管压力突降，3 台磨煤机火焰检测不稳相继跳闸，锅炉燃烧急剧恶化，负荷快速降低，造成机组进入湿态运行。同时在 A 一次风机跳闸处理过程中，为避免负荷下降过快，启动各磨煤机间隔时间较短，尤其是 A 一次风机启动后，一次风母管压力上升较多，造成磨内煤粉大量进入炉膛，且还有 10 多支大油枪，对锅炉燃烧扰动大。

机组进入湿态运行后，由于储水箱容积较小，水位本就调整较困难，而燃烧波动较剧烈后造成储水箱水位低跳炉水循环泵，继而主给水流量低于保护定值跳闸。

3. 暴露问题

（1）一次风机润滑油压力低跳风机逻辑不完善，单点信号保护容易造成风机误跳。

（2）A 一次风机润滑油压力低压力开关箱维护不规范，存在安全隐患。

（3）运行人员事故处理过程中，经验不足，缺乏沟通，在启磨煤机升负荷过程未及时与调整储水箱水位人员相互交流，提醒其做好准备。

（4）储水箱水位调整人员操作水平有待提高。

（三）事件处理与防范

事件后更换了 A 一次风机润滑油压力低压力开关，修改润滑油压力低跳一次风机逻辑，加入“电动机轴承温度高至 70℃”证实条件组成“二取二”判断逻辑，以防止保护误动。此外采取以下措施：

（1）对带保护的压力开关箱进行一次详细检查，对存在安全隐患的及时进行处理。

（2）继续进行热控逻辑梳理工作，不合理的及时进行修改。

（3）加强运行人员的事故处理能力培训，提高应变能力，在重要辅机跳闸时做出快速、正确处理。利用启停炉机会让储水箱水位调整运行人员多实际操作，提高水位调整熟练程度。

八、压力开关锈蚀短路导致机组跳闸（西门子控制系统）

某机组容量为600MW，DCS为西门子控制系统，2007年6月投产。

2018年2月16日2时00分，8号机组负荷为469MW；A、B、C、D、E磨煤机运行；A、B空气预热器主电动机运行，辅电动机停运；风烟系统A、B送风机，A、B引风机，A、B一次风机运行；1、2号给水泵运行，3号给水泵备用。

（一）事件经过

2时10分，运行人员就地检查发现8号炉B空气预热器辅电动机轴承箱温度为87.6℃，联系检修人员就地检查，分析认为B空气预热器辅电动机超越离合器故障，B空气预热器主辅电动机同时运转造成辅电动机轴承箱温度高。经检修、运行专业人员和值班领导共同协商，决定停运8号炉B空气预热器，处理“辅电动机随主电动机转动”缺陷。

3时20分，运行人员退AGC降负荷。3时50分，停运8号机A给水泵。4时5分，停运E磨煤机，负荷降至300MW。4时35分，负荷降至232MW，偏置引风机、送风机、一次风机出力，投油助燃。

6时8分，热控专业做8号炉风烟系统B侧停单侧热控措施：

（1）8号炉B引风机/送风机跳闸或者手动停运后联跳B送风机/引风机。

（2）强制8号炉总风量大于50%。

（3）8号炉B一次风机停运联跳上两台磨煤机组。

（4）8号炉脱硝入口烟气温度低，联关供氨快关阀。

（5）8号炉B送风机出口门，运行中允许关闭，取消延时跳送风机。

6时26分55秒，停运B送风机，2min 4s后停运B引风机。

6时34分54秒，停运B空气预热器。

6时34分57秒，8号炉MFT，首出“AH　OFF”。

6时46分，锅炉再热器温低，汽轮机手动打闸。

16时13分，8号机组恢复并网。

（二）事件原因检查与分析

1.“AH　OFF”保护逻辑回路设计

检查“AH　OFF”保护逻辑回路设计，见图6-25。其中5s延时保护为空气预热器主辅电动机接触器触点启动。3s延时保护为空气预热器主辅电动机晃电保护器输出信号启动（由于四期辅机功率大，启动时会引起厂用电电压波动，增设晃电保护器）。

2.“AH　OFF”保护回路检查

（1）对空气预热器主辅电动机接触器触点直接启动保护回路进行检查，未见异常。

（2）对B空气预热器主辅电动机和A空气预热器辅电动机晃电保护器输出信号进行检查，未见异常。对A空气预热器主电动机晃电保护器输出的5对触点（远方/就地、合闸、跳闸、延时、电源监视）进行检查发现，其中A空气预热器主电动机停运触点闭合，其他4对触点正常。

在停运B空气预热器主辅电动机、A空气预热器辅电动机处于停运状态下，A空气预热器主电动机晃电保护器停运信号闭合，满足了空气预热器主辅电动机同时停运，延时3s触发炉MFT动作，锅炉灭火。

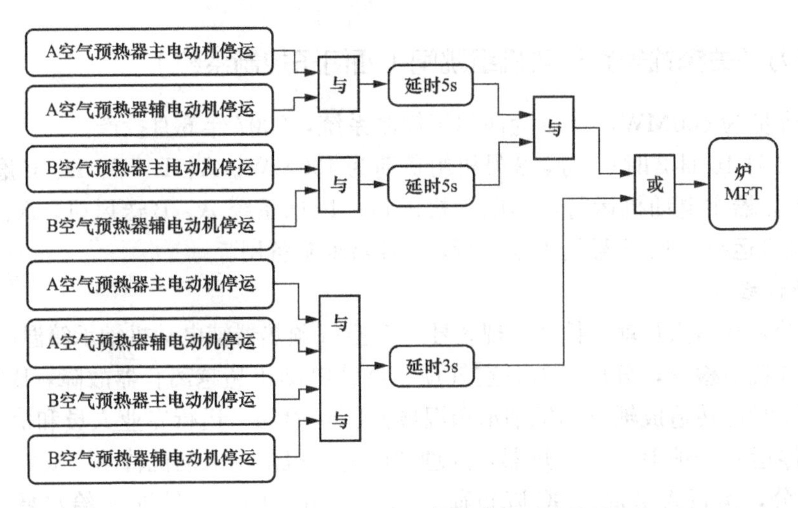

图 6-25 “AH OFF”保护逻辑回路设计

3. B空气预热器超越联轴器故障原因分析

2015年10月16日—11月3日，8号炉B空气预热器外委检修，同时对空气预热器辅电动机侧离合器进行检修并投运。8号炉空气预热器辅电动机侧离合器投运至今，检修无法对其进行拆装检修，只是停炉进行定期补油脂。8号炉空气预热器辅电动机侧离合器投运至今故障率偏高，产品质量不过关，不能满足生产现场需要。

4. 暴露问题

（1）B空气预热器超越联轴器故障，设备维护不到位，是本次机组非计划停运的起因。

（2）A空气预热器晃电保护器主电动机停运触点闭合，设备维护不到位，是本次机组非计划停运的直接原因。

（3）运行、热控在做单侧风烟系统停运措施时，没有对照逻辑全面排查B空气预热器停运信号引发设备跳闸情况，未能为及时发现A空气预热器主电动机停运触点闭合情况，措施布置不完善。是本次机组非计划停运的主要原因。

（三）事件处理与防范

（1）制定四期空气预热器联轴器改造方案，在设备改造前，暂时退出超越联轴器。

（2）做单侧设备停运措施，如定子冷却水泵、火焰检测风机、风烟系统时，运行牵头，联系热控、电气检修，对照逻辑全面排查设备停运信号输出引起设备跳闸情况，确保措施布置完善。

九、人员误碰温度信号接线头导致轴瓦金属温度高机组跳闸

某电厂1号机组容量为600MW，DCS为西门子控制系统，2007年6月投入运行。2018年1月18日，某电厂1号机组带电负荷为260MW，稳定运行，主蒸汽流量为950t/h，主蒸汽压力为16.7MPa，A、B、D、E磨煤机运行，给煤量为136t/h。

（一）事件过程

9时35分3秒，1号机组跳闸，首出为“汽轮/发电机轴瓦金属温度高”。同时锅炉MFT动作，发电机程序控制逆功率保护动作，发电机解列。1A、1B、1D、1E磨煤机跳闸，1A、1B一次风机跳闸，润滑油泵联启正常，启动电动给水泵以维持锅炉补水。

9 时 48 分，锅炉吹扫；9 时 55 分，启动 A 磨煤机，锅炉升温、升压；12 时 50 分，汽轮机冲转；13 时 50 分，发电机与系统并列。

（二）事件原因检查与分析

1. 事件原因检查

（1）立即安排运行部门和检修部门汽轮机、电气专业就地全面检查汽轮机及发电机本体及各轴瓦，未发现异常情况，检查跳闸前后汽轮机 TSI 振动参数无异常变化，1～3 瓦振动参数记录曲线见图 6-26，4～6 瓦振动参数记录曲线见图 6-27。

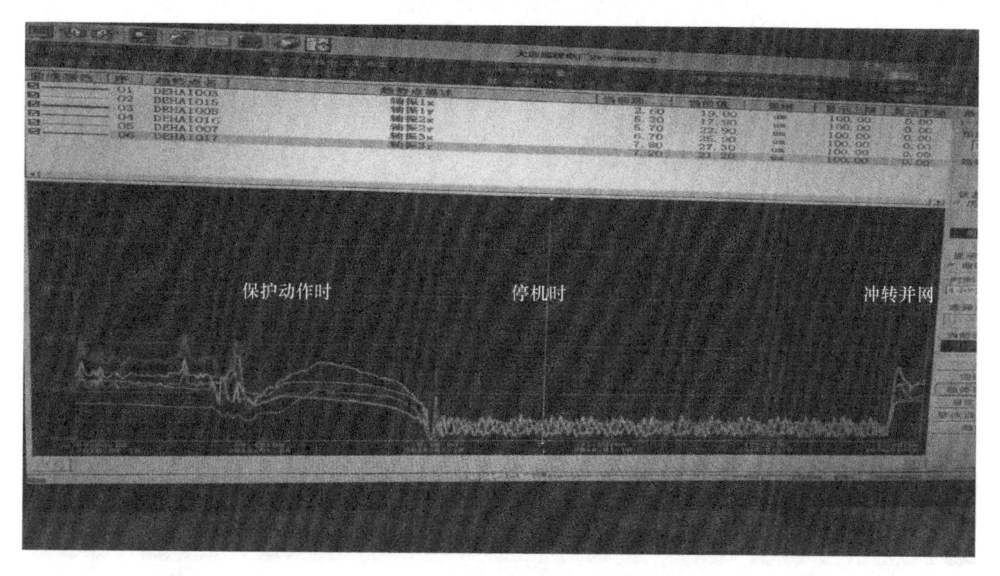

图 6-26　1～3 瓦振动参数记录曲线

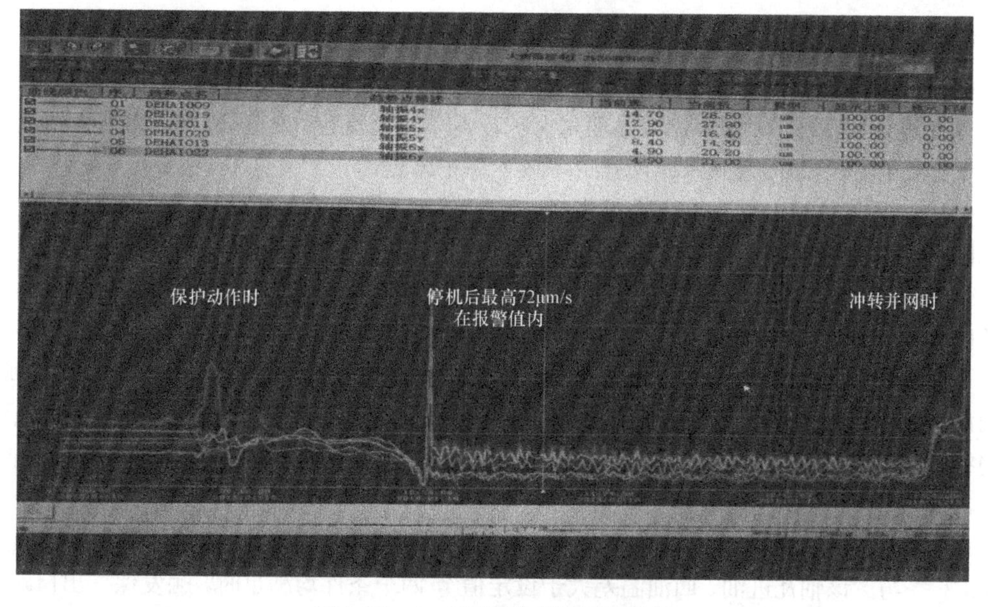

图 6-27　4～6 瓦振动参数记录曲线

（2）由图 6-26、图 6-27 发现动作时 5 号轴瓦回油、进油温差达到 26℃；5 号轴瓦金属温度在机组跳闸时由 70℃瞬间升至 197℃，后又突降至 71℃（9 时 35 分 00 秒，温度为

69.2℃；9时35分1秒，温度为177.1℃；9时35分2秒，温度为197.1℃；9时35分4秒温度回到70℃）。

（3）检查轴瓦进、回油温差时发现，停机后5号轴瓦金属温度比回油温度还低，明显不符合逻辑关系，怀疑测量不准，立即安排对5号轴瓦回油温度测量回路进行检查，检修人员在汽轮机电子间检查线头无松动，打开DEH机柜外侧电缆接线头，对接线头进行打磨，恢复该接线后，5号轴瓦回油温度由DEH显示48℃，降低到38℃，与实际实测回油温度数据吻合。5号轴瓦回油温度记录曲线如图6-28所示。

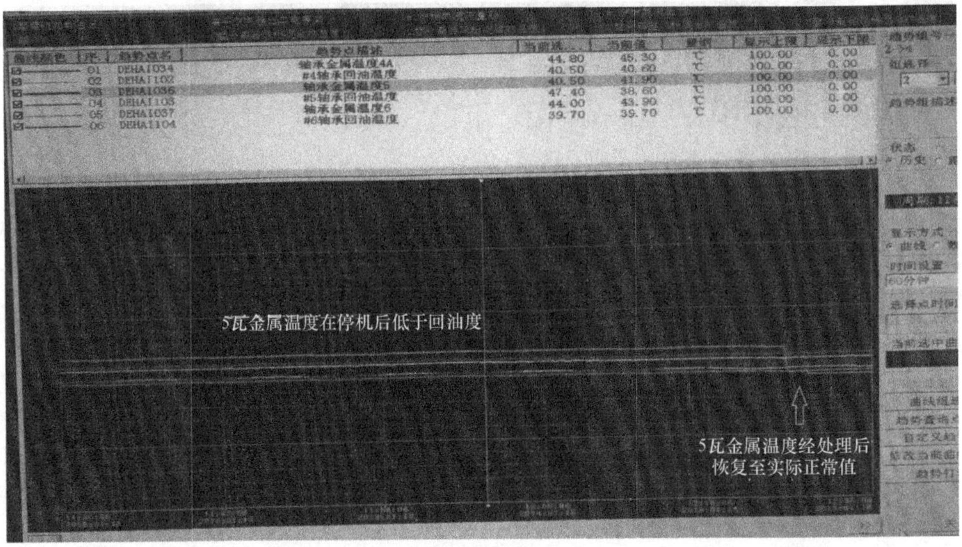

5瓦金属温度在停机后低于回油度

5瓦金属温度经处理后
恢复至实际正常值

图6-28　5号轴瓦回油温度记录曲线

（4）现场调查过程中值长反映，运行人员1月17日中午发现1号机5瓦回油温度偏高，电话通知热控一班处理。18日9点，检修填写工作票，工作票安全措施中有“退出1号机5瓦进、回油温差保护”，已办理完保护投退单审批流程；9时30分，1号机组长和值长审批完工作票，许可人尚未办理开工手续，保护未退出。

（5）询问该热控人员，称事件发生时，从汽轮机本体西侧化妆板下部出入口进入5号轴瓦附近，进行5瓦回油温度表计位置确定（见图6-29），查看就地回油温度，但未进行其他工作，听到汽轮机有异声后迅速从化妆板内出来（事后分析认为异声为主汽门及调速汽门关闭发出的声音）。

（6）调阅现场录像，发现该工作人员在机组跳闸前，进入5号轴瓦附近下部化妆板内，在内停留约2min。汽轮机跳闸后，该人员从化妆板内出来。经现场勘查，5号轴瓦金属温度电缆线距离5号轴瓦就地回油温度较近，当时认为热控人员在该通道经过时存在误碰可能。

2. 事件原因分析

（1）1号机组“汽轮/发电机轴瓦金属温度高”保护逻辑为“汽轮机任一轴瓦金属温度大于115℃”与“该轴瓦进油、回油温差大于设定值”，两个条件均满足时，触发保护出口跳机。

（2）调阅DCS历史曲线：9时35分2秒，5号轴瓦金属温度瞬间达到197℃，大于定值115℃；5号轴瓦进油、回油温差达到26℃，大于定值23℃，两条逻辑相与，触发“汽轮/发电机轴瓦金属温度高”保护动作，汽轮机跳闸。

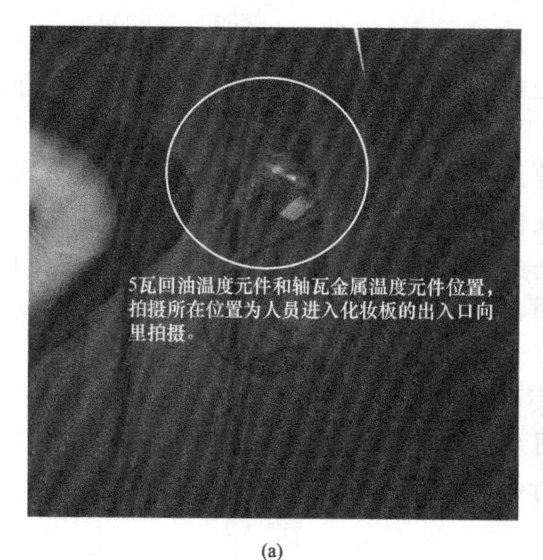

(a)

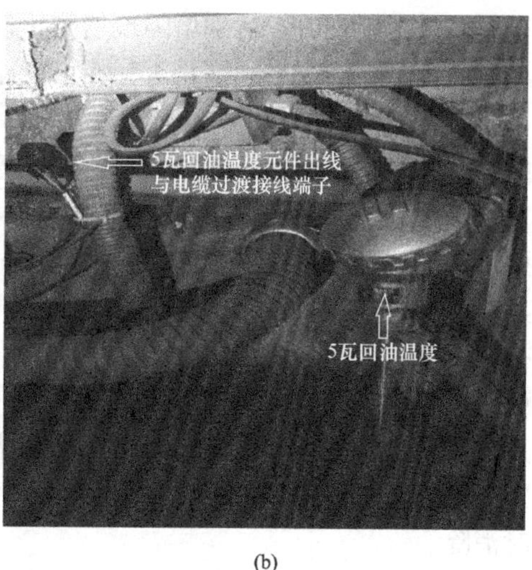

(b)

图 6-29　热控人员进入 5 号轴瓦附近位置

(a) 温度元件位置；(b) 接线盒位置

(3) 1 号汽轮机 5 号轴瓦金属温度在保护动作时，由 70℃突升至 197℃后 2s 后又降至 71℃。结合现场调查和历史曲线情况，对汽轮机本体各轴瓦检查无异常后，认定 5 号轴瓦金属温度跳变原因为人员误碰温度元件引出线与外接电缆接线线头，存在人体静电释放对测量回路造成干扰的可能（待机组停运时进行试验）。

(4) 检查曲线发现 5 号轴瓦回油温度在保护动作前显示 64℃，进油温度显示 38℃，进油、回油温差达到 26℃，超过动作值，保护动作。检查 5 号轴瓦回油温度测量回路和元件，检修人员在 DEH 侧打开接线，对接线头表面进行打磨后恢复接线，DCS 显示 5 瓦回油温度为 38℃，拆线检查打磨前该点温度为 48℃，经过处理温度下降了 10℃。分析认为，接线端子处电缆头易产生氧化，接触电阻变大产生测量误差，当拆除打磨恢复接线后，5 号轴瓦回油温度恢复正常，与就地实际油温测量值吻合。

3. 暴露问题

(1) 作业人员安全意识淡薄，在进行缺陷部位确定时，未充分考虑进入现场进行检查可能带来的风险，进入汽轮机西侧查找润滑油管路走向、寻找就地温度表、查看温度显示是否正常，未能意识到存在可能误碰带来的风险，思想麻痹大意，个人控制差错意识较差。

(2) 进入现场后未对作业空间狭小存在误碰的风险进行辨识；未能充分认识环境因素变化给工作带来的风险；未意识到场地狭小、人员出入过程中可能误碰就地设备；未意识到人体静电对测量系统干扰带来的各种风险；未做好防止误触碰的防范措施。

(3) 运行管理不到位。运行人员安全警惕性不高，发现进、回油温差报警后，未及时填写缺陷。缺陷运行分析及风险辨识不到位，对跳机逻辑底数不清，未能充分分析及预计进、回油温差高带来的跳机风险，未进一步采取调整进、回油温差的措施。

(4) 技术管理不到位。未能对进、回油温差在不同工况下进行持续的统计分析，从而提供合理的进、回油温差取值范围。年度逻辑定值审查不认真、不深入，未能及时发现定值取值范围的不合理，不能满足机组实际工况需要，专业技术管理存在漏洞。

（三）事件处理与防范

(1) 加强两票三制管理，加强宣贯，进一步提高热控人员个人安全行为意识，特别是在进行缺陷位置确定时，特别增强现场防止误碰意识，在空间狭小地方作业时，一定要先熟悉周围环境，仔细观察周围是否存在可能碰触到的设备或元件，充分考虑在狭小空间作业时，回转身体时可能触碰的风险。

（2）立即组织生产部门人员针对此次非停开展“四不放过”分析，组织学习非停分析报告，各部门、各班组利用安全活动日进行反思、深刻反省、深挖思想根源，汲取教训。

（3）加强运行管理及异常情况分析。进一步加强运行管理，严肃监盘纪律，加强DCS画面异常及报警巡检，发现参数异常或报警时，首先应该采取针对性措施予以调整，防止缺陷扩大，及时通知、督促检修人员进行检查处理。

（4）持续深入开展“热控管理提升攻坚专项活动”，2018年全年以热控专业隐患排查为重点，对照逻辑汇编逐条进行讨论，并与机组实际逻辑设置进行核对，对涉及机组所有主保护的测点配置、安装情况、逻辑组态进行全面排查，制定整改计划，结合机组检修予以及时消除。

（5）深入进行环境因素变化危险点分析，充分考虑冬季气候干燥人体带电的因素，采取穿防静电服以及及时采取释放静电的措施，防止人体静电误碰上设备对弱电回路的影响。

（6）组织专家进一步进行轴瓦温度高保护跳闸逻辑讨论。

十、因EH油压力开关信号线接反造成定期试验时机组跳闸

某厂2号机组于2011年11月投产发电，机组容量为300MW。DCS采用和利时分散控制系统。

（一）事件经过

2018年2月9日15时32分，该厂2号机负荷为180MW，主蒸汽温度为539℃，主蒸汽压力为13.49MPa，瞬时煤量为156.7t/h，汽包水位为－26.79mm，EH油压力为14.36MPa，各主辅机设备运行正常。

15时30分00秒，当值人员执行“2号机ETS通道试验EH油压低试验”定期工作。

15时32分12秒，执行“在2号机DEH画面上点击20-1/LPT试验按钮并确认”操作后，操作盘面显示EH油压低开关1、2动作，触发汽轮机“EH油压低”ETS保护动作，机组跳闸。

（二）事件原因检查与分析

1. 事件原因检查

（1）4台EH油压低开关及1台EH油压变送器接头无松动、无漏油，校验合格。

（2）EH油压低保护设置为EH油压小于或等于9.5MPa，“四取二（EH油压低1、3为1路，EH油压低2、4为一路，两路各有至少一个开关动作后保护触发）”作用于机组跳闸（见图6-30）。试验时在操作试验按钮后，盘面显示EH油压低开关1、2动作，机组跳闸。正常试验时应为EH油压低开关1、3动作，油压低开关2不应动作，判断为EH油压低开关2误动作，对现场接线进行核对后，确认就地压力开关2、3信号线接反。

（3）经调查核实，2018年1月9日进行ETS系统通道定期试验过程中，发现EH油压低开关3不能正常动作，检修人员办票进行处理，检查发现EH油压低开关3信号电缆绝缘低，EH油压低开关1、2、3信号电缆在控制柜出线孔处均存在不同程度损伤，对3台EH油压低开关信号电缆进行了更换，确认此次检修作业导致压力开关2、3接线错误。

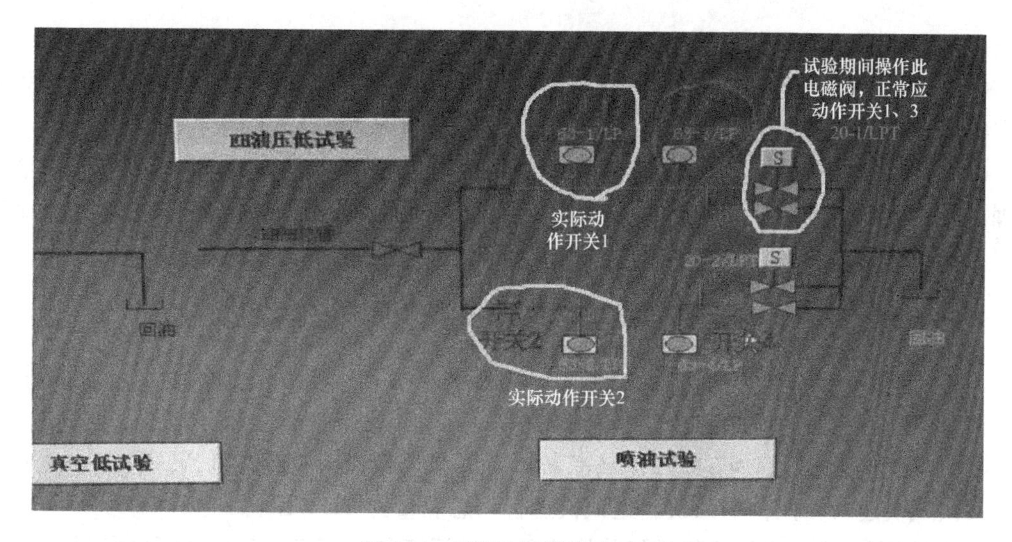

图 6-30　EH 油压低试验画面

2. 事件原因分析

根据上述检查，专业人员分析确认，造成本次事件的原因，是热控专业人员在更换EH 油压力低开关信号电缆过程中，信号线接错且未进行传动试验导致。

3. 暴露问题

（1）电厂风险预控体系未有效落地，在管理和执行环节上存在诸多漏洞，未严格落实作业全过程管控要求。安全生产责任制落实不到位，设备分级管控体系不健全、不清晰，各级生产管理人员对影响主辅机设备安全运行的工作重视程度不够，责任心缺失。

（2）未按照 DL/T 261—2012《火力发电厂热工自动化系统可靠性评估技术导则》6.5.4.8 中 b)、c）和 6.5.5.1 中 d）规定要求，对所有热控系统现场设备通过标识牌颜色标识其重要性，设备和元部件的标志不清晰，在机柜内未张贴端子接线简图。

（3）本次事件的 EH 油压开关 1/2/3 电缆在就地接线端子柜出现口处存在损伤，分析可能是电缆蛇皮管出线口未处理好，电缆绝缘皮和蛇皮管出口存在摩擦现象造成，电缆敷设不满足 DL/T 261—2012《火力发电厂热工自动化系统可靠性评估技术导则》6.6.3.3 中 6)：“电缆无明显机械损伤，与其他硬质物体之间无摩擦现象”的要求。

（4）检修标准化执行不到位，检修人员没有按照工艺规范进行作业，对作业风险分析辨识不足，未采取针对性措施进行预控；未从信号源头进行信号传动试验，专业管理人员检修质量管理不到位，专业管理人员三级验收流于形式。

（三）事件处理与防范

（1）建立设备分级管控体系，理清安全生产管理流程，明确各级人员职责和责任界面，确保各项工作规范开展。

（2）按照 DL/T 261—2012《火力发电厂热工自动化系统可靠性评估技术导则》6.5.4.8 中 b)、c）和 6.5.5.1 中 d）的要求，热控系统现场设备应通过标识牌颜色标识其重要性，设备和元部件的标志应清晰、齐全、正确，在机柜内应张贴端子接线简图，并保持及时更新。

（3）在电缆敷设时要满足 DL/T 261—2012《火力发电厂热工自动化系统可靠性评估技术导则》6.6.3.3：“电缆无明显机械损伤，与其他硬质物体之间无摩擦现象”的规定。

(4) 热控人员在检修或日常消缺时对热控设备进行了异动后，尤其是保护系统设备，一定要从信号源头进行传动试验。

(5) 修订完善制度流程、作业标准、方案措施，强化刚性执行。强化检修作业全过程管理，对涉及主辅机保护的检修工作制定作业方案、验收标准和试验规范，完善检修作业工序卡，严格落实三级验收责任，确保各类保护可靠。

十一、逻辑修改时未及时更新点目录运行操作时信号误发机组跳闸

（一）事件经过

2018年10月18日，1号机组负荷为200MW，主蒸汽压力为14.9MPa，主蒸汽温度为538℃，再热蒸汽温度为540℃。AGC投入，一次调频投入。磨煤机A、B、C、D运行，两台一次风机运行，两台引风机、送风机运行，总煤量为117t/h。

10月18日下午，1号机组进行热网水系统试运工作。15时45分30秒，运行人员启动热网循环水泵B变频器。15时45分33秒，值班员发现1号炉一次风机A出口电动门开始关闭，15时46分2秒，全关信号到位，一次风机A电流由93.82A下降至46.26A，一次风机B电流由92.95A上升至101.74A，一次风母管压力由8.95kPa降至7kPa。15时46分3秒，1号机组主值班员手动打开一次风机A出口电动风门，15时46分32秒，全开信号到位，经手动调平两侧风机出力后，一次风机A、B电流分别恢复至92.2A和92.3A，一次风压逐渐恢复正常至8.7kPa。

16时7分17秒，运行人员停止热网循环水泵B变频器。

16时7分20秒，机组长监盘发现一次风机B入口调节挡板由67.22%开始突然关闭，同时一次风机A入口调节挡板由67.3%自动开大至95%。16时7分40秒，一次风机A入口调节挡板由95%开始快速关小。16时8分00秒，一次风机A入口调节挡板关至32.37%时，1号炉MFT，首出为“炉膛压力低低”。

当班值长立即令1号机组人员停止热网水系统所有试运工作，转入锅炉灭火处理，令脱硫运行班长进行启动炉升压，供1号机组辅助蒸汽，通知热控人员检查一次风机入口调节挡板突然自动关闭原因。

16时8分39秒，汽包水位为−230mm，1号机组主值班员手动打闸停运汽动给水泵A，启动电动给水泵调节汽包水位。16时9分00秒，汽包水位为−314mm，1号机组主值班员手动打闸停运汽动给水泵B。

16时9分41秒，汽包水位为−463mm，炉膛吹扫条件不满足（汽包水位≥−330mm），主值班员增加电动给水泵转速。

16时11分58秒，汽包水位为−220mm，炉膛吹扫条件满足，开始进行炉膛吹扫。吹扫过程中，主值班员发现汽包水位快速上升；16时13分1秒，汽包水位为−57mm时，主值班员将给水流量减至0t/h，水位仍持续上升。

16时15分00秒，汽包水位为+74mm，主值班员手动开启汽包事故放水一次门，事故放水一次门过力矩未打开，立即打开汽包下降管排污门，降低汽包水位。

16时15分47秒，汽包水位上升至+240mm（水位最高至+264mm），触发汽包水位高高机组跳闸。

（二）事件原因检查与分析

1. 调看曲线

调看历史曲线，确认一次风机入口调节挡板因DCS内调门超驰关信号误发导致自动关闭。就地检查一次风机A出口电动门、入口调节挡板运行情况，确认就地无人员操作，一次风机出口电动门、入口调节挡板检查正常。

2. 检查逻辑

（1）一次风机出口门及两台一次风机入口调节挡板超驰关信号为一次风机综合停止信号，一次风机综合停止是由：一次风机运行取非、一次风机停运、一次风机电流小于10A“三取二”，见逻辑图6-31。

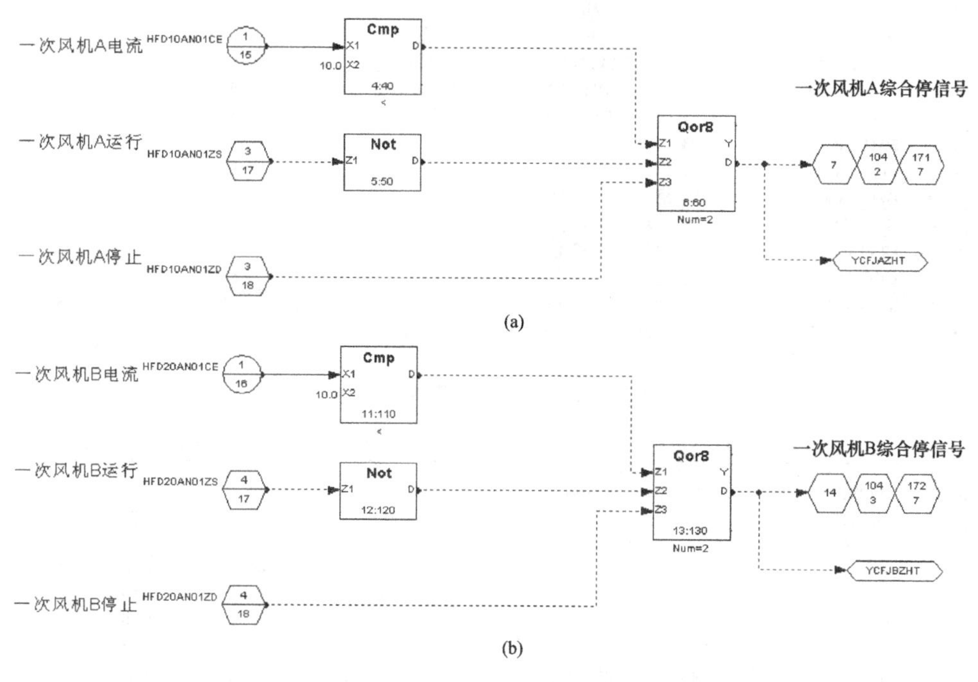

图6-31 一次风机A/B综合停信号

(a) 一次风机A；(b) 一次风机B

（2）2017年10月，热网首站扩容改造在54号工程师站增加热网首站设备组态时修改了点目录，但下装时未将53号工程师站点目录更新，为以后的逻辑组态埋下了隐患。班组其他人员2018年8月30日在53号工程师站执行“一次风机综合停逻辑变更”时，是在未更新的点目录上进行修改，致使8539、8540序列号的点目录命名重复（见图6-32和图6-33）。

3. 事件原因分析

根据上述检查分析，热控人员在逻辑修改时，未及时更新点目录命名，造成8539、8540序列号的点目录命名重复。8539同时对“热网循环水泵B变频器启动指令”及“一次风机A综合停”命名，8540同时对“热网循环水泵B变频器停止指令”及“一次风机B综合停”命名。运行人员启动热网循环水泵B变频器时，因点目录命名重复，系统将一次风机A综合停信号置“1”，一次风机A在正常运行中，控制逻辑同时对综合停信号置

8514	HNC20AQ01TZ	引风机B润滑油泵1跳闸	BSC	15	200
8515	HNC20AQ01JX	引风机B润滑油泵1检修	BSC	15	200
8516	HNC20AQ02TZ	引风机B润滑油泵2跳闸	BSC	15	200
8517	HNC20AQ02JX	引风机B润滑油泵2检修	BSC	15	200
8518	HNC20AQLS	引风机B润滑油泵联锁	BSC	15	200
8519	HNC20AQZF	引风机B润滑油泵主副选择	BSC	15	200
8520	HNC20CP201	引风机B润滑油压力低	BSC	15	200
8521	HNC20CP202	引风机B润滑油压力高	BSC	15	200
8522	HNC20CL201	引风机B润滑油油位低	BSC	15	200
8523	HNC20DP102	引风机B润滑油过滤器差压高	BSC	15	200
8524	HNC10ACJX	引风机A液压油加热器检修	BSC	14	200
8525	HNC10ADJX	引风机A润滑油加热器检修	BSC	14	200
8526	HNC20ACJX	引风机B液压油加热器检修	BSC	15	200
8527	HNC20ADJX	引风机B润滑油加热器检修	BSC	15	200
8528	AYBJ4	引风机A电机线圈温度故障报警	672	14	200
8529	BYBJ4	引风机B电机线圈温度故障报警	673	15	200
8530	YCFJAZCW	一次风机A驱动端轴承温度故障报警	676	15	200
8531	YCFJBZCW	一次风机B驱动端轴承温度故障报警	677	15	200
8532	AMTJBMZ	A 磨煤机启动允许条件不满足	681	5	200
8533	BMTJBMZ	B 磨煤机启动允许条件不满足	682	5	200
8534	CMTJBMZ	C 磨煤机启动允许条件不满足	683	6	200
8535	DMTJBMZ	D 磨煤机启动允许条件不满足	684	7	200
8536	EMTJBMZ	E 磨煤机启动允许条件不满足	685	7	200
8537	LTYLTSF	炉膛压力高高高跳A送风机	BSC	4	200
8538	LTYLTYF	炉膛压力低低低跳A引风机	BSC	4	200
8539	YCFJAZHT	一次风机A综合停止	BSC	4	200
8540	YCFJBZHT	一次风机B综合停止	BSC	4	200

图 6-32　53 号工程师站点目录

ID	测点名	描述	特征	源节点	周期	品质	0/1	0态	1态
8531	YCFJBZCW	一次风机B驱动端轴承温度故障报警	677	15	200	好点	0 (0)	0	1
8532	AMTJBMZ	A 磨煤机启动允许条件不满足	681	5	200	好点	0 (0)	0	1
8533	BMTJBMZ	B 磨煤机启动允许条件不满足	682	5	200	好点	0 (0)	0	1
8534	CMTJBMZ	C 磨煤机启动允许条件不满足	683	6	200	好点	0 (0)	0	1
8535	DMTJBMZ	D 磨煤机启动允许条件不满足	684	7	200	好点	0 (0)	0	1
8536	EMTJBMZ	E 磨煤机启动允许条件不满足	685	7	200	好点	0 (0)	0	1
8537	LTYLTSF	炉膛压力高高高跳A送风机	BSC	4	200	好点	0 (0)	0	1
8538	LTYLTYF	炉膛压力低低低跳A引风机	BSC	4	200	好点	0 (0)	0	1
8539	C16BP001MS	长安区热网循环水泵B变频器启动指	DCS	70	20	好点	0 (0)	0	1
8540	C16BP001MD	长安区热网循环水泵B变频器停止指	DCS	70	20	好点	0 (0)	0	1
8541	C16BP001STP	长安区热网循环水泵B变频器急停指	DCS	70	20	坏点	0 (0)	0	1
8542	C15AA101VO	长安区热网循环水泵A进口电动阀开	DCS	70	20	好点	0 (0)	0	1
8543	C15AA101VC	长安区热网循环水泵A进口电动阀关	DCS	70	20	好点	0 (0)	0	1
8544	C15AA102VO	长安区热网循环水泵A出口电动阀开	DCS	70	20	好点	0 (0)	0	1
8545	C15AA102VC	长安区热网循环水泵A出口电动阀关	DCS	70	20	好点	0 (0)	0	1
8546	C16AA101VO	长安区热网循环水泵B进口电动阀开	DCS	70	20	好点	0 (0)	0	1
8547	C16AA101VC	长安区热网循环水泵B进口电动阀关	DCS	70	20	好点	0 (0)	0	1
8548	C16AA102VO	长安区热网循环水泵B出口电动阀开	DCS	70	20	好点	0 (0)	0	1
8549	C16AA102VC	长安区热网循环水泵B出口电动阀关	DCS	70	20	好点	0 (0)	0	1
8550	C17AA103VO	长安区热网循环水泵出口联络电动I	DCS	70	20	好点	0 (0)	0	1
8551	C17AA103VC	长安区热网循环水泵出口联络电动I	DCS	70	20	好点	0 (0)	0	1
8552	C10AA102VO	长安区热网加热器进水母管切换阀I	DCS	70	20	坏点	0 (0)	0	1

图 6-33　54 号工程师站点目录

“0”，指令发生混乱，最终将联关一次风机 A 出口门的一次风机 A 综合停信号置“1”（一次风机 A 综合停信号应同时联关一次风机出口门及入口调节门，一次风机出口门在 15 号 DPU，一次风机入口调节门在 19 号 DPU，各个 DPU 功能块扫描周期不一致且同

一功能块被同时赋“0”和“1”，会导致信号接收出现混乱。最终只有一次风机A出口门被联关）。16时7分17秒，运行人员停止热网循环水泵B变频器时，同样因点目录命名重复，指令发生混乱，将联关一次风机A、B入口调节门的一次风综合停信号置“1”，导致阀门误关。

在事故情况下主值班员对汽包水位调整经验欠缺，心理素质差，操作慌乱。为尽快满足炉膛吹扫条件，汽包水位调整幅度过大，仅根据汽包水位信号进行水位调整，对锅炉真实补水情况未参考给水流量与蒸发量的匹配关系，最终导致给水超调，水位高高，机组跳闸。

4. 暴露问题

（1）热控DCS系统日常管理不到位。未对DCS逻辑修改的内容及标准进行规范，执行人在修改热网首站扩容改造逻辑组态后未及时将点目录进行全网更新；未认真履行监护制度和校核制度，监护流于形式，监护人也未及时发现点目录更新不全面的问题，为后续工作埋下隐患。班组未根据人员技术水平安排合适的逻辑修改人员。

（2）DCS培训不到位。班组日常对DCS培训不够重视，监护人员对逻辑组态具体工作步骤及标准不清楚，无能力担任监护人，未能尽到监护人的职责。

（3）设备隐患排查不到位。日常的隐患排查走过场，未能排查出DCS点目录存在问题。

（4）设备可靠性较差。汽包事故放水门1因力矩动作，无法正常打开投运。

（5）机组异常处理混乱无序，班组日常技术管理不到位。从事故处理过程来看，锅炉灭火后，机组人员协调分工不明确、汽包水位调整水平和心理素质差，机组长未发挥本机组安全第一责任人的作用，未对本机组事故处理统一协调指挥，对关键参数和关键操作监视、把关不到位，机组异常处理慌乱。暴露出班组日常虽然按照要求多次进行停炉不停机仿真机演练、进行锅炉汽包水位调整技术讲课和锅炉灭火处理要点考试，但是班组技术管理和培训不够扎实，培训效果不明显，经不起真正事故的考验。

（6）日常应急演练工作管理不到位，班组日常应急演练未达到演练效果。演练时人员参与度低，未真正做到模拟事故处理时的严肃、紧张氛围，对事故情况下的现场组织、协调、分工演练不到位，演练效果差，日常演练工作管理不到位。

（三）事件处理与防范

（1）加强DCS的日常管理，对逻辑修改制度进行完善，制定严格的逻辑修改流程，编制逻辑修改操作卡，对修改步骤及完成标准进行规范。

（2）对DCS控制系统逻辑组态进行隐患排查，发现问题制定方案经讨论审批后及时处理。

（3）对汽包事故放水门及其他重要执行机构的力矩参数进行排查核对，确认参数是否合适并进行调整，更换力矩不满足要求的执行机构。

（4）加强DCS系统的人员培训，使维护人员熟练掌握DCS系统的维护、操作规程。

（5）每月对集控各值进行停炉不停机的应急演练，让各级人员熟练掌握在锅炉灭火事故时本岗位处理过程和关键点。

（6）制定锅炉灭火后的事故处理操作卡，运行各班组学习并考试，人人掌握锅炉灭火后的处理全过程。

（7）对集控运行人员进行汽包水位调整的技术讲课，提高运行人员在事故发生时对汽包水位影响因素、影响结果的判断能力和汽包水位调整水平。

十二、增压风机因执行器O形密封圈老化跳闸导致MFT动作

某厂机组配置上海锅炉厂的SG420/13.7-M417A型超高压自然循环锅炉、上海汽轮机厂的N135-13.2/535/535型汽轮机、上海电机厂的QFS-135-2型发电机。控制系统采用南京科远控制工程有限公司引进的英国EUROTHERM公司生产的NETWORK-6000分散控制系统。

（一）事件经过

2018年4月18日，1号机组负荷为90MW，两套制粉系统运行，1/2号送风机/引风机、1号炉增压风机运行，当时机组负荷稳定，各参数正常，运行无调整操作。

事件前1号炉增压风机导叶控制投自动，炉原烟气入口压力为−0.3kPa，机组负荷为90MW，正常运行中。

17时20分55秒，在无任何操作和联锁指令的情况下，1号炉增压风机出口挡板开到位信号失去，挡板开始关，1号炉原烟气入口压力升高。

17时21分37秒，1号增压风机跳闸（跳闸原因：1号炉原烟气入口压力达到+3.8kPa动作值），触发锅炉MFT动作，MFT首出原因为1号炉增压风机跳闸。跳闸动作历史曲线见图6-34。

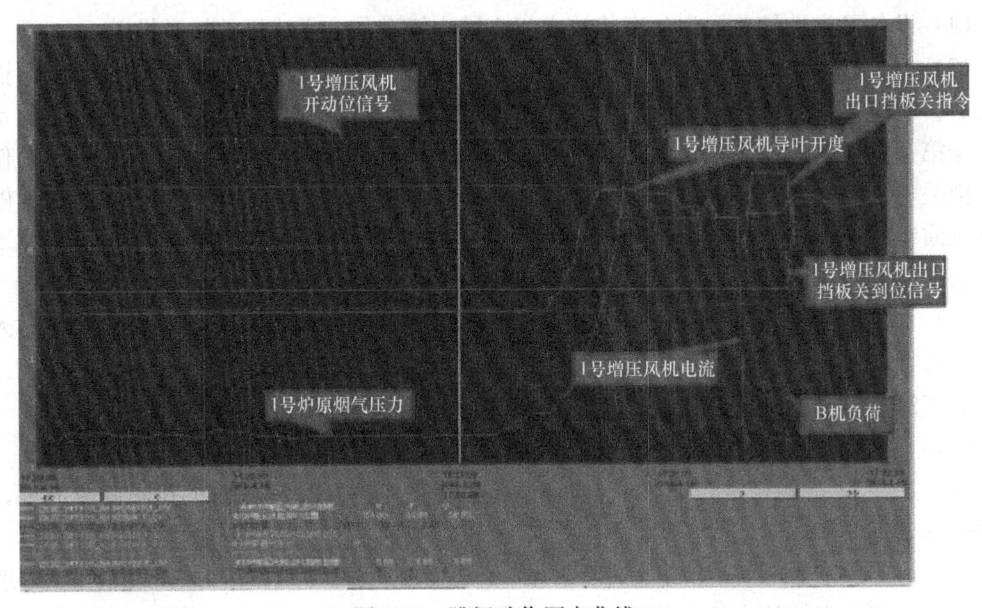

图6-34 跳闸动作历史曲线

（二）事件原因检查与分析

1. 事件原因检查

（1）检查DCS控制器和模件无故障报警，排除DCS模件故障因素。1号增压风机出口挡板电动执行器为远控状态，显示面板无故障报警。

（2）检查1号增压风机出口挡板连杆牢固，关位置正确，就地手动开关1号增压风机出口挡板一次，机械结构正常。

（3）检查1号增压风机出口挡板电动执行器DCS开、关指令电缆绝缘合格，电缆对地

电流电压均正常（见表 6-3）；控制电缆和动力电缆分开敷设，屏蔽电缆在 DCS 柜处单端接地，回路接线紧固无异常，排除电缆问题。

表 6-3　　1 号炉增压风机出口挡板电动执行机构控制电缆检查记录

感应电压电流		开指令		关指令		开反馈		关反馈	
		+	−	+	−	+	−	+	−
直流电压（V）	对地	0.001	0.001	0.001	0	0.001	0	0.001	0.001
	相间	0.002		0.001		0		0.001	
交流电压（V）	对地	0.001	0.001	0.001	0	0.001	0	0.001	0
	相间	0.001		0.001		0.001		0.001	
直流电流（mA）	对地	0	0	0	0	0	0	0	0
	相间	0		0		0		0	
交流电流（mA）	对地	0	0	0	0	0	0	0	0
	相间	0		0		0		0	
电缆绝缘电阻（MΩ）		+	−	+	−	+	−	+	−
	对地	50	50	52	50	53	56	55	50
	相间	55		50		53		54	

注　此控制电缆为阻燃屏蔽控制电缆，型号为 ZR-KVVP-14X1.0。

（4）热控人员检查 DCS 报警记录：4 月 18 日 17 时 20 分 55 秒，出现“1 号炉增压风机已启且出口挡板未开”报警。检查 DCS 历史曲线发现 4 月 18 日 17 时 20 分 55 秒，1 号炉增压风机出口挡板门开到位信号失去，此时 DCS 并未发 1 号炉增压风机出口挡板门关指令，排除人为误操作因素。

（5）运行人员远程 DCS 操作 1 号增压风机出口挡板电动执行器，开关动作正常。经现场分析后，初步判断故障主要原因为 1 号增压风机出口挡板电动执行器内部控制回路存在缺陷。

（6）增压风机出口挡板电动执行器解体检查。

增压风机出口挡板电动执行器型号为国产瑞基 RAⅢ型，设计防护等级为 IP68，符合室外使用要求。打开执行器控制单元外部金属罩壳，发现内壳底部有明显水迹（见图 6-35）；检查金属罩壳结合面 O 形密封圈有明显松弛老化现象（见图 6-36）；检查执行器观察窗、接线盒及其他结合面处密封件完好。

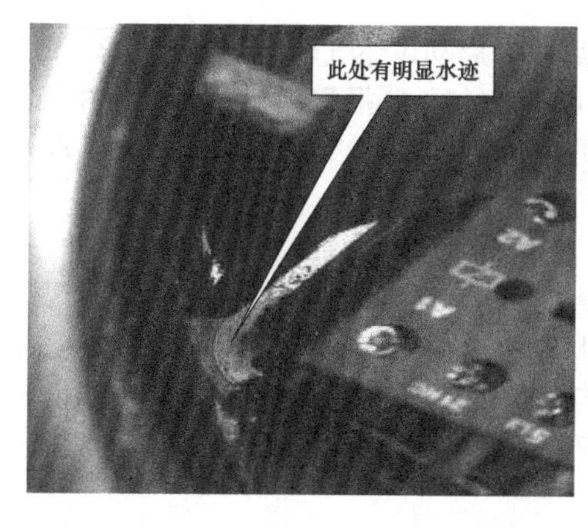

图 6-35　执行器电子单元内部明显水迹

图 6-36　罩壳 O 形密封圈老化松弛

2. 事件原因分析

1号增压风机出口挡板电动执行器罩壳结合面O形密封圈老化松弛，密封不严密，导致水汽从罩壳接合面缝隙处渗入执行器控制单元内部。逐渐积累后使执行器腔室内湿气过重，引起智能型执行器内电子元器件受潮，内部控制器误发关闭指令，1号炉增压风机出口挡板门电动执行器故障关闭。1号炉原烟气入口压力增大至＋3.8kPa时，1号炉增压风机保护跳闸动作，引起锅炉MFT动作。

事件暴露出专业管理上对隐患排查治理责任落实不到位，未排查出执行器密封圈老化造成执行机构进水、控制器受潮导致挡板门故障的隐患，未采取有效的隐患控制措施。对外围系统设备重视不够，运维管理标准不高，防雨防潮措施落实情况检查不到位，未及时发现防雨罩存在的问题。检修文件包质量标准有缺失，专业人员对设备结构特性掌握程度不够，对密封关键部件失效分析不深入，未制定O形密封圈检查标准。

（三）事件处理与防范

（1）对1号增压风机出口挡板故障电动执行器进行更换。

（2）对1号和2号炉原烟气挡板门、2号炉增压风机出口挡板门电动执行器进行检查，并加固完善防雨措施。

（3）对各台机组户外电动执行机构密封性进行排查。完善室外执行器防雨措施，避免阳光直射及气候变化对执行器密封构件的影响。在日常巡检中明确对户外执行器防雨措施完好情况检查标准。

（4）开展执行机构失效模式分析，完善执行机构检修标准，确保执行机构安全、可靠。加强技术培训，使维护人员掌握了解电动执行器密封方式及安装注意事项。

（5）开展执行机构失效模式分析，根据分析结果，完善执行机构检修标准，确保执行机构的安全可靠。

十三、燃气轮机CDM升级后逻辑错误引起燃气轮机启动过程中自动停机

某电厂配置2套6FA级“一拖一多”轴联合循环机组，每台机组包括一台GE公司6FA级燃气轮发电机组、一台汽轮机发电机组、一台余热锅炉和相关的辅助系统，每套联合循环机组的额定出力为120MW。采用GE的Mark Ⅵe一体化控制系统。2018年6月6日，2号燃气轮机在启动过程中逻辑触发停机。

（一）事件过程

2018年6月6日，2号机组CDM改造后冷态启动，燃气轮机正常升速至89.7%，控制系统发L52CSF _ ALM（SFC breaker close trouble）报警，5s后触发L30SU _ FLT（SFC normal shut down）燃气轮机自动停机，燃气轮机正常停机，盘车投入正常。

（二）事件原因检查与分析

1. 查阅历史记录

（1）8时5分，2号机组CDM改造后冷态启动，燃气轮机正常升速至89.7%。

（2）8时18分，L52CSF _ ALM（SFC breaker close trouble）报警，5s后触发L30SU _ FLT（SFC normal shut down），燃气轮机自动停机，燃气轮机正常停机，盘车投入正常。

（3）检查发现SFC故障自动停机逻辑存在问题，强制L30SU _ FLT信号。

2. 检查软件逻辑

（1）检查发现燃气轮机CDM改造升级后的软件逻辑，未按照该燃气轮机SFC进行转

速修正。

(2) 对比原逻辑与修改后逻辑。原逻辑为 L30SU _ FLT=L28FDX * L4 * L4CSF1X * L52CSFY * ~L14HC，启动过程中 L14HC 为 87%定值，在 SFC 脱扣 5s 后，燃气轮机在自身加速度控制下转速能达到 L14HC 87%转速，可以闭锁 L30SU _ FLT 自动停机指令发出，CDM 改选升级前逻辑见图 6-37。

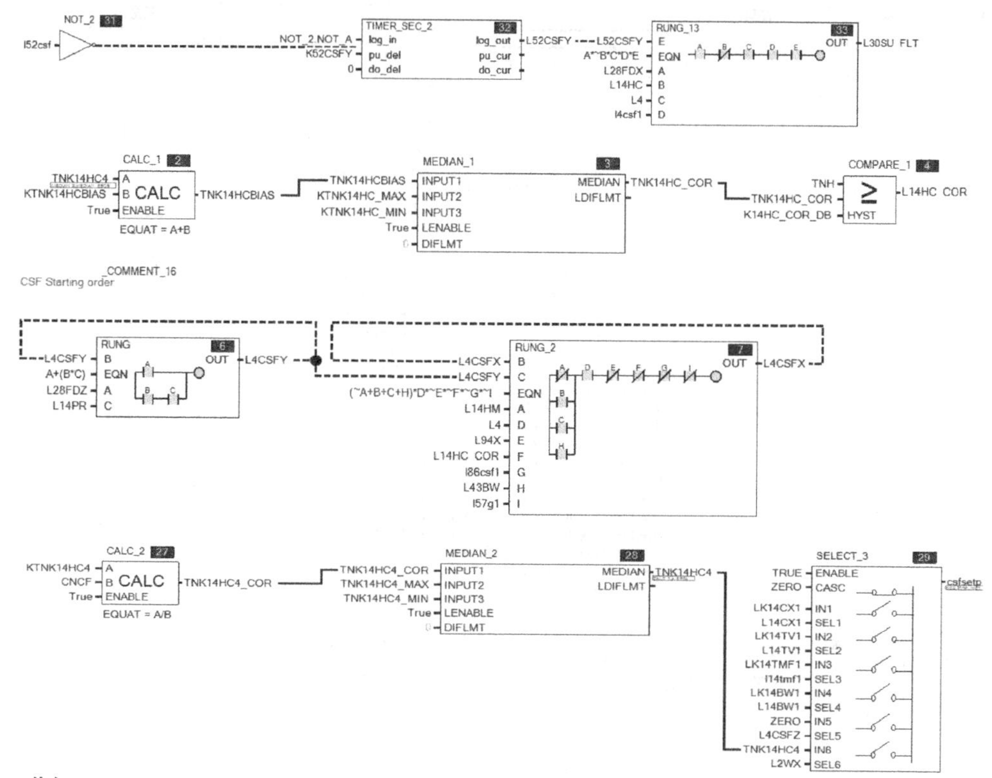

其中：KTNK14HCBIAS=4；KTNK14HC4=85；TNK14HC4_MAX=90；TNK14HC4_MIN=80；KTNK14HC4_MAX=94；KTNK14HC4_MIN=84。

图 6-37　CDM 改造升级前逻辑

修改后逻辑，SFC 故障自动停机信号 L30SU _ FLT=L28FDX * L4 * L4CSF1X * L52CSFY，燃气轮机给 SFC 一直发送 94%转速指令信号，SFC 在达到自身内部设定的脱扣条件（此时转速大概为 89%左右）后自行脱扣（只有转速达到 L14HC 后 SFC 主控程序才中止，在此之前，SFC 已脱扣）向 DCS 发出信号至 l52csf（SFC 开关不在合闸位）。信号 l52csf 转换成逻辑 L52CSF1X，L52CSF1X 取非 5s 后触发 L52CSFY，而 SFC 脱扣后并未达到 L14HC（TNK14HC1=87%，经过压气机进气温度修正后的转速 TNH14HC 加上 SFC 转速偏置 KTNK14HCBIAS 4%，此转速被钳制在 84%~94%之间）转速，SFC 主控程序 L4CSFX 仍在进行中，L4CSFX=Ture、L30SU _ FLT=Ture 直接触发自动停机程序，CDM 改选升级后逻辑见图 6-38。

3. 事件原因分析

燃气轮机 CDM 改造升级后的软件逻辑，GE 公司未根据燃气轮机 SFC 实际情况进行逻辑修改导致。

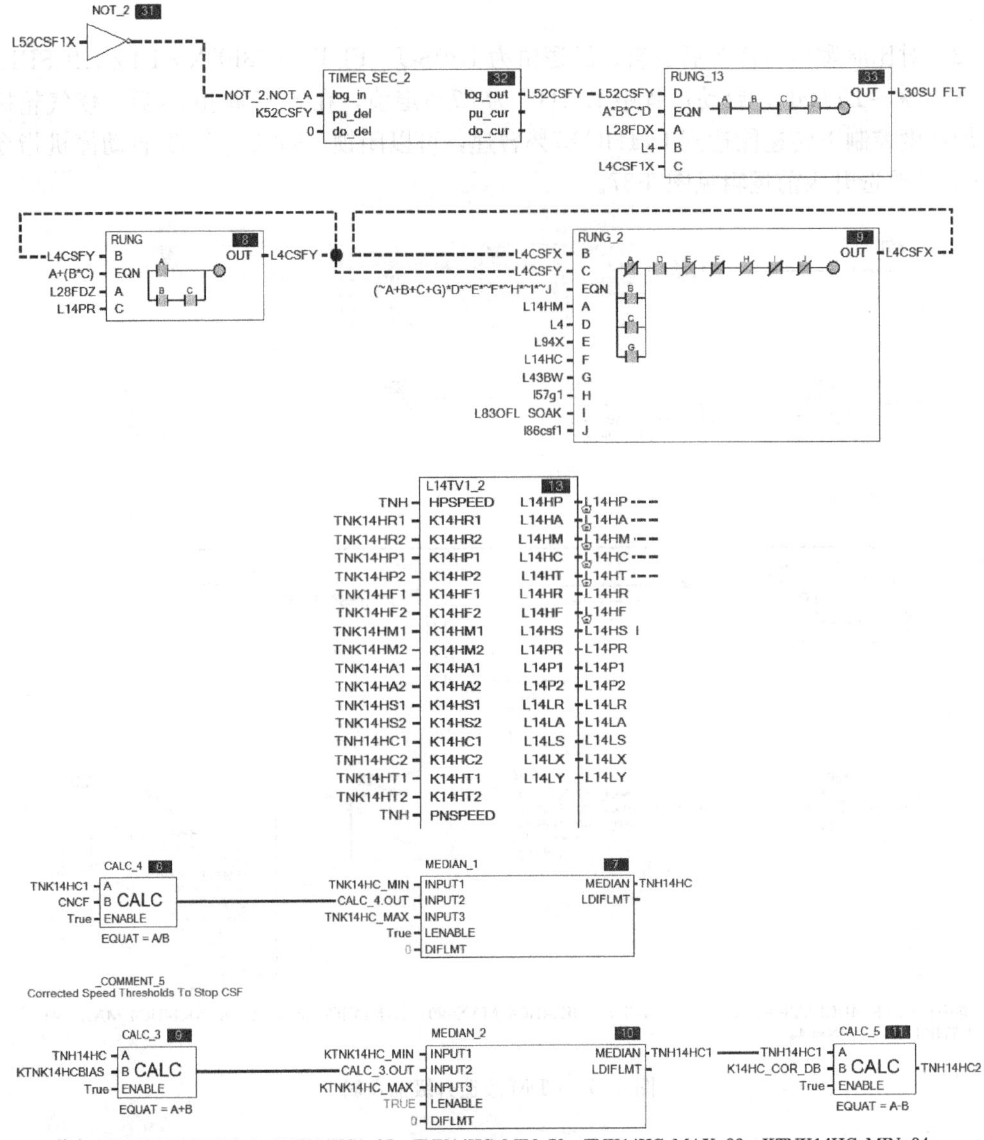

其中：KTNK14HCBIAS=4；TNK14HC1=87；TNK14HC_MIN=79；TNK14HC_MAX=89；KTNK14HC_MIN=84；KTNK14HC_MAX=94。

图 6-38　CDM 改造升级后逻辑

4. 暴露问题

GE 公司未根据燃气轮机 SFC 实际情况进行逻辑修改；同时 CDM 改造后逻辑变化较大，专业人员对逻辑审查不到位，未发现逻辑中存在的问题。

（三）事件处理与防范

修改 SFC 故障自动停机逻辑：增加 L14HC 逻辑，L30SU _ FLT＝L28FDX * L4 * L4CSF1X * L52CS FY * ～L14HC，同时将 SFC 转速偏置 KTNK14HCBIAS 由 4%改为 0，保证在 SFC 脱扣后 5s 时已经达到 TNH14HC1（TNK14HC1＝87%经过压气机进气温度修正后的转速），并制定以下防范措施：

（1）安排机组启动中，对修改后的 SFC 故障自动停机逻辑进行验证。

（2）对燃气轮机CDM改造后逻辑与改造前逻辑进行全面核查，消除逻辑差异设置问题。

十四、修改后空气预热器跳闸逻辑时序不匹配引起空气预热器卡涩停转时MFT

机组为300MW亚临界燃煤机组。锅炉由北京B&W公司设计制造，为亚临界参数、自然循环、一次中间再热、固态排渣、单炉膛单锅筒锅炉。汽轮机采用上海汽轮机厂生产的N300-16.7/537/537型中间再热凝汽式汽轮机。DCS系统采用ABB公司的Symphony分散控制系统。2018年9月15日，1号机组负荷为324.5MW，运行中，炉膛压力高高，机组跳闸。

（一）事件经过

2018年9月15日，某厂1号机组负荷为324.5MW，运行中；14时16分，操作员发现大屏"1A空气预热器电机跳闸"光字牌报警（1A空预器主辅电动机任一跳闸）。翻阅CRT画面发现1A空气预热器主电动机跳闸，辅电动机自启后也跳闸；14时17分44秒，操作员手动减负荷至310MW；CRT手操急停1C、1E磨煤机，燃料RB动作；14时19分40秒，操作员发现1A空气预热器各挡板正在关闭；14时20分3秒，CRT手动停1A引风机；14时20分12秒，1号炉MFT，跳闸首出条件为"炉膛压力HH"，1号汽轮机及1号发电动机联锁跳闸。

（二）事件原因检查与分析

1. 现场检查

1号机组跳闸后，专业人员检查发现当时1号机组1A空气预热器热端吹灰器吹灰回退过程中，14时20分12秒，1A空气预热器热端吹灰枪垂直管上焊口开裂脱落，卡在空气预热器一、二次风仓之间，导致1A空气预热器卡涩停转。

1A空气预热器停运信号正常应触发联关1A空气预热器一次风进出口、二次风出口、烟气进口挡板。仪控人员排查发现由于表征1A空气预热器跳闸联跳同侧锅炉风机的两路信号（一路取自变频主辅电动机均停信号，另一路取自空气预热器转子停转信号）触发时间未能匹配，导致1A空气预热器跳闸时未触发联跳同侧锅炉风机。

2. 逻辑检查

表征空气预热器跳闸信号由两路构成，一路为变频主辅电动机均停信号，另一路为空气预热器转子停转信号，任一路信号满足表征空气预热器跳闸。

因数次发生空气预热器停转后至DCS状态反馈信号异常，空气预热器变频器反馈的运行信号仍处于"运行"状态，未能及时自动触发空气预热器大联锁，给运行人员带来很大操作压力。公司技术人员一方面寻求空气预热器变频器能及时有效地发出准确的状态反馈信号，另一方面也希望能直接获取反映空气预热器实际机械转动的转速信号（设计转速为1.02r/min），在停转时能及时触发停转报警。在无兄弟厂现成经验可借鉴的情况下，2012年起仪控人员利用接近开关信号并经过计算转换成转速，运行人员可以实时观察到空气预热器实际转速，便于分析判断空气预热器运行状态。为提高停转信号的可靠性，共设计了3路接近开关，停转信号"三取二"并经空气预热器出口烟气温度温升证实后作为停转保护信号，触发空气预热器跳闸逻辑，联跳同侧一次风机、送风机、引风机。此逻辑在2015年1月22日4A空气预热器跳闸事件得到有效验证，虽然变频器未能正确反馈停运信号，但通过停转信号正常触发了空气预热器跳闸逻辑。

（1）空气预热器主辅电动机均停信号DCS逻辑（见图6-39）：主辅电动机运行信号均失去延时7s再经空气预热器上下轴承油温判断，油温高（大于85℃）时立即触发表征空气预热器变频主辅电动机均停信号，油温不高时则延时180s触发。信号触发后直接联关空气预热器一次风进出口、二次风出口、烟气进口挡板（见图6-40）。

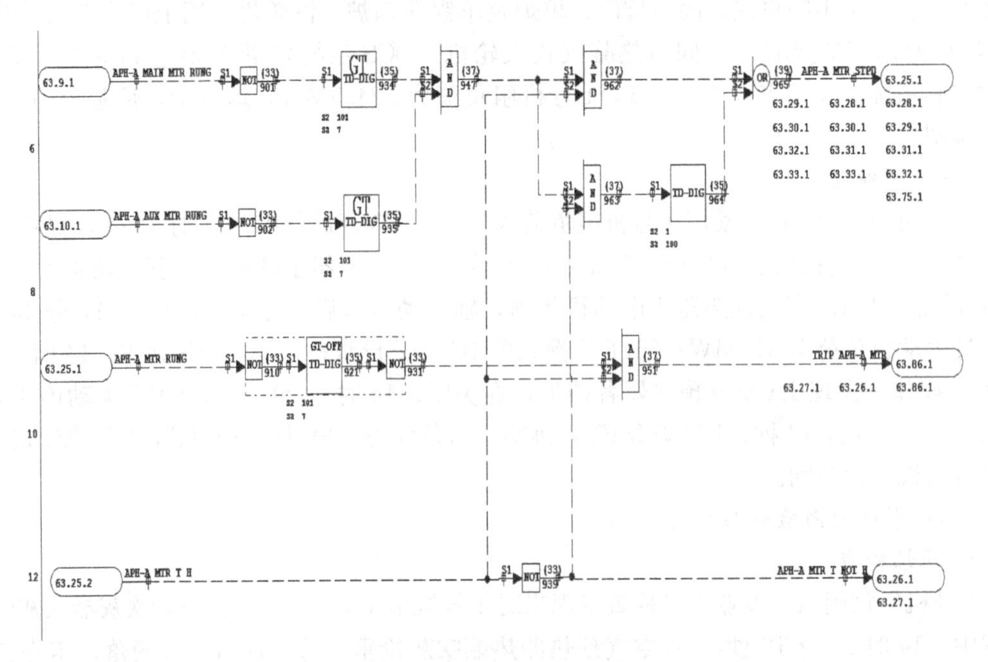

图6-39 空气预热器主辅电动机均停信号PCS逻辑图

Connected Cross Reference Viewer

Name	Functio...	Control...	CLD	Sheet
APH-A MT...		L2	2060360 APH-A MAIN/AUX MTR STATUS, TRIP SIG	
APH-A MT...		L2	2060365 105MV03 APH-A PA IN DMP	
APH-A MT...		L2	2060365 105MV03 APH-A PA IN DMP	
APH-A MT...		L2	2060366 105MV01 APH-A PA OUT DMP	
APH-A MT...		L2	2060366 105MV01 APH-A PA OUT DMP	
APH-A MT...		L2	2060367 104MV04A APH-A SA OUT DMP-1	
APH-A MT...		L2	2060367 104MV04A APH-A SA OUT DMP-1	
APH-A MT...		L2	2060368 104MV04B APH-A SA OUT DMP-2	
APH-A MT...		L2	2060368 104MV04B APH-A SA OUT DMP-2	
APH-A MT...		L2	2060369 129MV01A APH-A GAS IN DMP-1	
APH-A MT...		L2	2060369 129MV01A APH-A GAS IN DMP-1	
APH-A MT...		L2	2060370 129MV01B APH-A GAS IN DMP-2	
APH-A MT...		L2	2060370 129MV01B APH-A GAS IN DMP-2	
APH-A MT...		L2	20603E2 APH-A GRP SHDN SEQ (APH-A-G-SD-M)	
APH-A MT...	DI/B	L2	2060555 BUS SIGNALS:DIGITAL INPUT	

图6-40 空气预热器主辅电动机均停信号联关相应挡板

（2）空气预热器转子停转信号DCS逻辑（见图6-41）：满足空气预热器转子接近开关“三取二”停转判据，180s后经空气预热器出口烟气温度温升50℃证实后，发10s脉冲作为空气预热器转子停转信号。

表征空气预热器跳闸的两路信号任一满足，触发跳同侧一次风机、送风机、引风机，其中变频主辅电动机均停信号再经7s延时（见图6-42）。

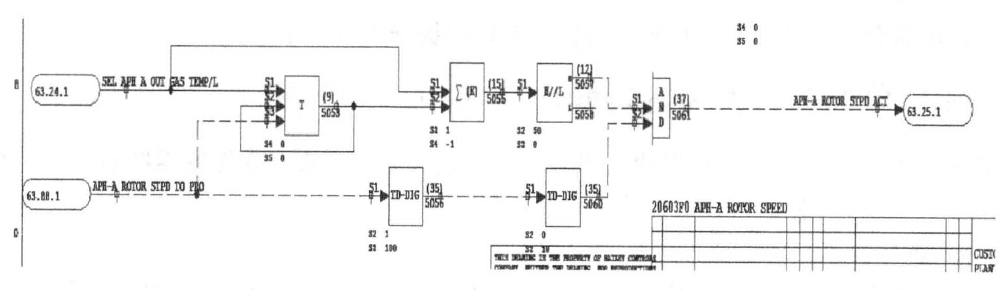

图 6-41　空气预热器转子停转信号 DCS 逻辑图

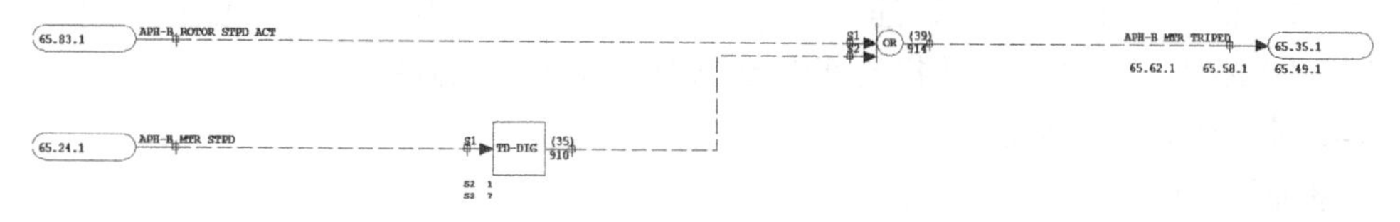

图 6-42　表征空气预热器跳闸联跳同侧锅炉风机逻辑图

3. 事件原因分析

2014 年 1 号炉空气预热器变频器在运行中误发停运信号，为防止空气预热器跳闸保护误动，经专业会商后要求修改空气预热器跳闸联跳同侧锅炉风机逻辑，将空气预热器转子停转信号和变频主辅电动机均停信号由并列触发改为相互证实触发，即将原“OR”改成“AND”门。

查阅 SOE 记录，2018 年 9 月 15 日 14 时 15 分 33 秒，1A 空气预热器转子停转报警；14 时 16 分 18 秒，1A 空气预热器变频主辅电动机均停报警，两个报警时序差为 45s，（9 月 15 日 14 时 15 分 33 秒，空气预热器变频主电动机电流开始 3 个波形上升至 9.6A 左右；14 时 15 分 33 秒，空气预热器 A 转子停转报警；从 14 时 15 分 44 秒空气预热器变频主电动机跳闸，到 14 时 15 分 51 秒空气预热器变频辅助电动机自启，空气预热器变频辅助电动机快速到 10A 左右，直至 14 时 16 分 18 秒空气预热器变频辅助电动机跳闸，空气预热器 A 停运的过程中转速始终为零，满足停转判据，故两个报警时序差为 45s。）导致表征 1A 空气预热器跳闸的两路信号未满足“同时”条件，从而未能触发联跳同侧锅炉风机信号。

根据上述检查分析，修改后的空气预热器跳闸逻辑时序不匹配，引起 1A 空气预热器卡涩停转。

4. 暴露问题

（1）在空气预热器跳闸逻辑修改时未考虑时序匹配，系统总体的考虑能力欠缺。

（2）联锁试验不彻底，试验条件未能真实全面模拟实际运行情况，未能及时发现空气预热器跳闸逻辑修改不合理。

（三）事件处理与防范

（1）因空气预热器变频器已改成 ABB 公司变频器，反馈信号较为稳定，经专业会商后，将空气预热器转子停转信号和变频主辅电动机均停信号恢复成并列触发空气预热器跳闸逻辑，同时联跳锅炉同侧风机和联关空气预热器各进出口挡板。

（2）相关专业有逻辑修改需求时需要进行充分讨论，仪控专业需要充分理解逻辑修改的必要性和可行性，充分考虑工艺系统原理及各种工况。

（3）联锁保护试验时，根据试验要求及逻辑设计尽可能模拟试验设备、系统的真实运行状态，运行人员尽可能配合提供试验条件，确保试验充分、彻底。

（4）加强专业技术培训，开展逻辑普查工作，提升人员技术能力。

十五、LVDT检修调整不当导致给水泵汽轮机速度飞升

某电厂为2×300MW国产燃煤火电机组，控制系统为北京日立控制系统有限公司提供的HICAS-5000M控制系统，2009年12月投产。

（一）事件经过

2018年9月27日4时00分，2号机组点火后启动给水泵，给水泵汽轮机保安油系统挂闸，在高、低压主汽门全开，调速汽门未开启时，给水泵汽轮机转速突升至1200r/min以上，立即手动打闸，给水泵汽轮机转速降至204r/min时，转速维持14min。

（二）事件原因检查与分析

1. 事件原因检查

关闭高压辅助蒸汽至给水泵汽轮机进汽手动门后，给水泵汽轮机转速降至零。初步可以断定，给水泵汽轮机调速汽门未关到位，主汽门开启后，给水泵汽轮机转速上升。汽轮机专业将油动机与调速器汽门连接部位向上退4.5圈后，21时25分给水泵汽轮机挂闸，开启高、低压主汽门及高压辅助蒸汽至给水泵汽轮机进汽手动门，给水泵汽轮机未上升。

第二次冲车后，给水泵汽轮机目标转速与给定转速不一致，转速出现突变现象，转速未呈线性增长，发电部立即打闸，停止给水泵汽轮机运行。汽轮机专业经过分析认为油动机伺服阀故障，导致给水泵汽轮机转速出现突变。立即对油动机伺服阀进行更换；22时56分，对给水泵汽轮机进行冲车，给水泵汽轮机目标转速与给定转速不一致，转速出现突增现象，转速未呈线性增长，发电部立即打闸。热控专业开始查找给水泵汽轮机转速出现突增现象及转速未呈线性增长的原因。

次日5时34分，热控专业对给水泵汽轮机进行阀门整定，更换DCM后对阀门进行整定和线性测试。阀门在0～25%之间的位移量与后侧不呈线性。重新更换DCM板后，对阀门进行整定。重新核对阀门死区的大小。发现在0～2%以内阀门不动作，而在3%时，油动机行程为16mm；在3%以后，阀门按线性测试基本能符合要求。

油动机的实际行程可通过LVDT铁芯的位移进行检测；当油动机输出轴全部伸出时为零位，（即实际关闭位置），热控检修人员在进行阀门安装时默认汽轮机调节门在全关的位置。而采用推缸式油缸，油缸输出轴全部在伸出位置，此时LDVT下刻线与LVDT上端面齐平。机务专业在回装油动机后，螺栓漏出长，在阀门整定时，连接LVDT铁芯和油动机输出轴的铁板在阀门开启时，与螺栓阀门挤碰，导致LDVT直接与油缸行程发生位移。再次进行阀门整定，当该阀门关闭时，LDVT下刻线已经高于LVDT上端面20mm，不能有效检测阀门的实际位移量。而在0～20mm范围内，LVDT无明显的数值变化。为保证阀门位移量有效，热控专业拆除LVDT原铁芯并选择较长的LDVT铁芯进行更换，使阀门在关闭时铁芯不会被全部抽出，保证零位测量准确，避免阀门零位导致给水泵汽轮机阀门快速打开，引起转速不可控的问题发生。

2. 暴露问题

（1）检修人员经验不足、技术薄弱，在拆除油动机时未对调速汽门执行机构连杆与油动机链接部位的尺寸进行测量，盲目开展检修。

（2）点检员现场监督不到位，在拆除油动机时未到现场监督、指导作业，导致检修人

员未对油动机行程进行测量的情况下，拆除给水泵汽轮机调速汽门油动机。

(3) 专业配合存在问题，在检修有其他专业相关联设备时，未及时通知有关专业。

(4) 安装 LVDT 的热控人员对 LVDT 测量原理掌握不深入，安装后未及时发现 LVDT 铁芯已超出了其有效测量区域。

(三) 事件处理与防范

对 LVDT 铁芯进行处理后，重新对 2 号机给水泵汽轮机进行冲车，转速呈线性增长，并在 896r/min 时进行暖机，系统恢复正常。

(1) 加强检修人员的专业知识与实际技操作能力的培训。

(2) 加强机组检修、运行与维护的监督，及时发现安装检修中的缺陷。

(3) 加强专业间的配合，在检修与其他专业设备相关联时，及时通知相关专业人员参与。

十六、引风机动叶卡涩及逻辑不完善导致机组跳闸

某机组容量为 620MW；机组控制采用 Ovation 分散控制系统；2018 年投产运行，2018 年 9 月 21 日负荷为 380MW 时机组跳闸。

(一) 事件经过

1 时 18 分 00 秒，机组负荷为 600MW，主蒸汽压力为 23.2MPa，主蒸汽温度为 560℃。

1 时 18 分 28 秒，运行人员就地打闸 A 引风机，进行引风机 RB 试验，RB 正确动作。

1 时 30 分 30 秒，机组稳定在 380MW 负荷，A 引风机动叶指令为 0%，反馈为 49%，动叶卡涩。B 引风机动叶投入自动运行。

1 时 31 分 00 秒，机组负荷为 380MW，主蒸汽压力为 16.6MPa，主蒸汽温度为 554℃。值长下令活动 A 引风机动叶，运行人员将 A 引风机动叶指令由 0%改为 49%，B 引风机动叶指令瞬间关小 49%。

1 时 31 分 25 秒，炉膛压力高高，导致锅炉 MFT，首出信号“炉膛压力高高”，同时汽轮机跳闸，发电机解列。

(二) 事件原因检查与分析

1. 事件原因检查

查看 DCS 组态，两台引风机均在自动时，B 引风机动叶指令=引风机 PID 公共指令(以下称为 PID_{out})+运行人员偏置。B 引风机在自动，A 引风机在手动时，B 引风机动叶指令=PID_{out}+(PID_{out}−A 引风机指令)，未考虑 A 引风机运行状态。当运行人员将 A 引风机动叶指令由 0%改为 49%时，相当于在 B 引风机动叶指令上叠加了−49%的偏置，致使 B 引风机动叶指令瞬间关小，造成炉膛压力高触发锅炉 MFT。

2. 事件原因分析

造成本次事故的直接原因是 A 引风机动叶卡涩，运行人员活动动叶过程中引起炉膛压力高触发锅炉 MFT。间接原因是引风机控制逻辑不完善，偏置未考虑风机运行状态，致使无效的跳闸风机指令错误叠加至运行风机指令上，造成运行风机指令瞬间关小。

(三) 事件处理与防范

对引风机动叶控制逻辑进行了完善，同时提出以下防范措施。

(1) 当引风机未运行时，应将引风机控制指令切换至 0%。检查一次风机、送风机导叶控制逻辑，未运行时，也应将其控制指令切换至 0%。

（2）机组运行过程中，引风机动叶出现卡涩时，应先将两台引风机动叶控制切至手动状态，然后在原指令基础上缓慢修改动叶指令至动叶反馈值。一次引风机、送风机导叶出现卡涩时，亦采用同样操作。

（3）化验油质，检查执行机构，分析动叶卡涩原因。

十七、局部转速不等率及相关参数设置不当造成机组功率振荡

某机组容量为330MW；控制系统采用华能新锐控制技术有限公司提供的 PineControl 系统；2005 年投产运行，2018 年 3 月 24 日负荷为 120MW 时机组发生功率振荡。

（一）事件经过

2018 年 3 月 24 日，某电厂 3 号机组振荡发生前，机组处在 DEH 功率控制方式运行，DEH 高压调节门管理方式为单阀，功率为 120MW，主蒸汽压力为 10.1MPa，流量指令为 82.7%，高压调节门指令为 24.7%。

11 时 28 分 20 分，当机组转速超过 3002r/min 后，一次调频动作，机组功率开始发生周期振荡，振幅最大 11MW，周期为 1.2s；机组转速低于 3002r/min 后，一次调频动作复归，机组功率振荡停止。

11 时 33 分 35 分，运行人员投入机炉协调控制方式后机组未发生功率振荡。

（二）事件原因检查与分析

1. 事件原因检查

经励磁专业分析，根据功率振荡过程中 PSS 投退状态及励磁电压波动记录可知，励磁系统调节正常，本次功率振荡并非励磁系统引起，振荡过程中，PSS 没有随有功功率振荡，PSS 投入后输出正常。

根据 DCS 功率振荡历史趋势（见图 6-43）、机组 PMU 功率和转速趋势（见图 6-44 和图 6-45）可知，当转速越过调频死区时，机组功率开始发生周期振荡；当转速回到调频死区范围时，机组功率振荡逐渐停息。这说明，该机组功率振荡跟一次调频动作有关。

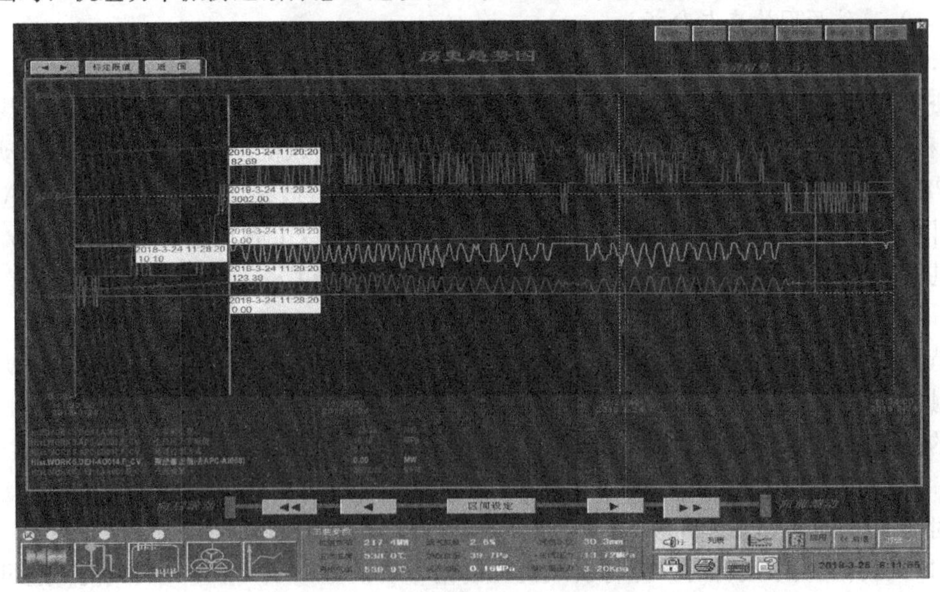

图 6-43　DCS 功率振荡历史趋势

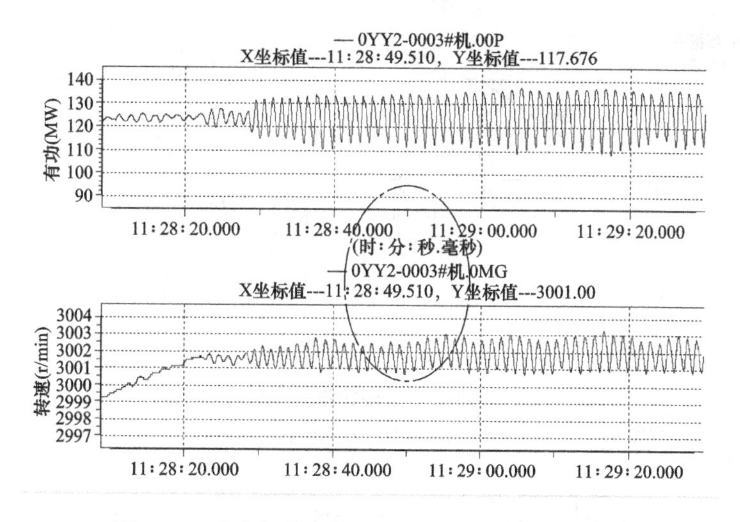

图 6-44　功率振荡开始时 PMU 功率和转速趋势图

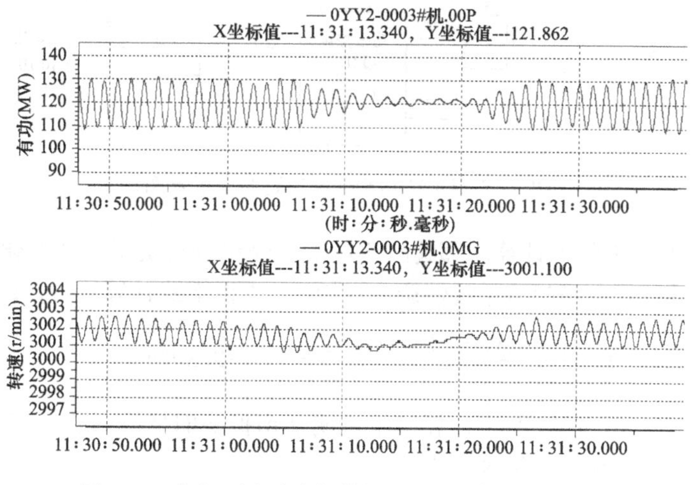

图 6-45　机组两次功率振荡间 PMU 功率与转速趋势

检查机组 DCS 一次调频相关组态逻辑发现，电厂缩小了局部转速不等率，以便强化小频差一次调频作用。根据 GB/T 30370—2013《火力发电机组一次调频试验及性能验收导则》和 Q/GDW 669—2011《火力发电机组一次调频试验导则》，300MW 等级机组转速不等率为 5%时转速偏差与调频指令对应关系曲线如图 6-46（a）所示。根据该电厂 3 号机组现场组态，绘制了其转速偏差与调频指令对应关系曲线，如图 6-46（b）所示。由图 6-46 可知，该电厂 3 号机组小频差转速不等率最小值是正常值的 1/4，调频作用放大了 4 倍。转速不等率设置越小，一次调频能力越强，对汽轮机调速系统稳定性影响越大，降低了系统阻尼，容易发生功率低频振荡，不利于电力系统安全稳定运行。

检查该电厂 3 号机组 DEH 功率控制回路及一次调频控制回路，其等效结构和参数如图 6-47 所示，一次调频的前馈调节增益为 2（叠加了两次），一次调频的闭环调节比例增益为 1.1。过强的一次调频调节作用容易造成功率控制系统失去稳定而发生功率振荡现象。

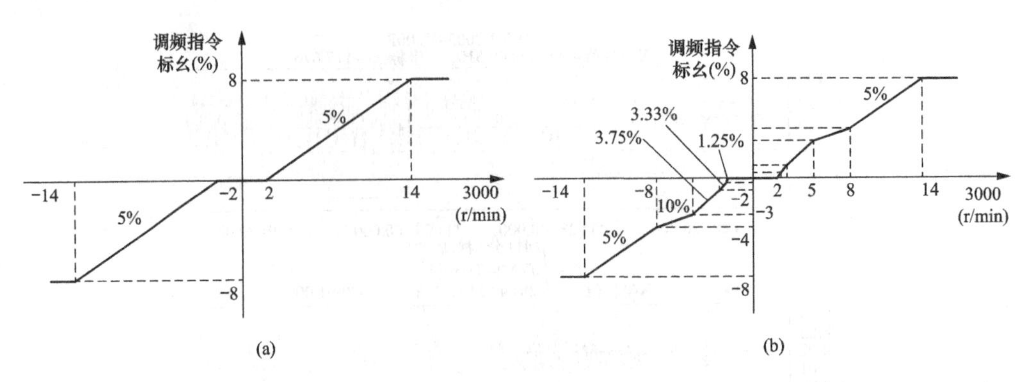

图 6-46　转速偏差与调频指令对应关系曲线

(a) 300MW 机组转速不等率 5%时；(b) 机组转速偏差与调频指令对应关系曲线

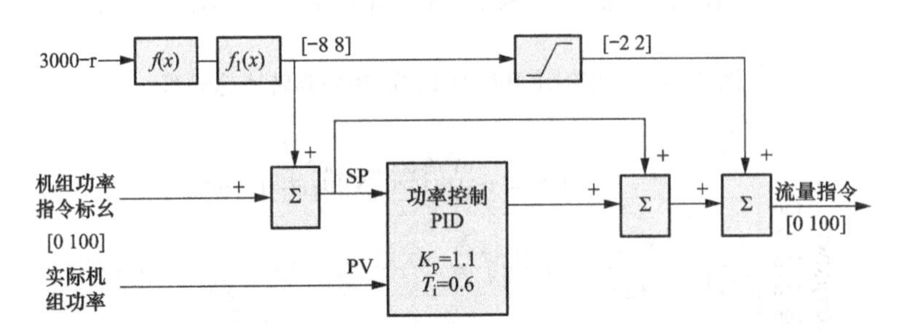

图 6-47　DEH 功率控制回路结构示意图

利用 DCS 中的历史数据计算局部阀门流量指令变化量与机组功率变化量之比 k，以判断功率振荡发生时是否在阀门流量特性调节灵敏区。k 由下式计算可得，即

$$k=\frac{135\text{MW}-113\text{MW}}{88.2\%-78.6\%}=\frac{22\text{MW}}{9.6\%}=2.29\text{MW}/\%$$

而 k 的理想值＝3.3MW/%，计算结果表明功率振荡时实际 k 值小于理想值，此区域内阀门流量特性调节不存在灵敏区或拐点。

2. 事件原因分析

经上述分析，机组功率振荡原因如下。

(1) 有功功率功率振荡并非励磁系统引起，振荡过程中励磁系统 PSS 动作行为正确。

(2) 电厂减小了小频差转速不等率，最小是原来的 1/4，而一次调频前馈作用又叠加了两次，相当于将转速不等率减少到原来的 1/8。过小的转速不等率，降低了系统阻尼，容易引起功率低频振荡。

(3) DEH 功率控制回路（主要是开机过程中用）PID 参数比例作用较强，是汽轮机主控（平时运行时用）的 2.75 倍。过强的 PID 参数容易造成功率控制系统失去稳定而发生功率振荡现象。

（三）事件处理与防范

(1) 将机组用于一次调频功能的转速不等率设置一致。汽轮机及其调节系统相关参数是重要的涉网安全参数，关系到电力系统安全稳定运行，不得擅自修改。

(2) 调整优化 DEH 功率控制回路，开展一次调频试验，并将试验报告报省调和电科院。

(3) 举一反三，开展全厂机组功率振荡隐患排查，并将排查结果报省调和电科院。

(4) 制定机组功率振荡防范措施及应急预案，加强运行人员对功率低频振荡处置的培训。

(5) 振荡发生时电厂侧反应滞后，接到调度通知后才采取行动。应在电厂侧添加振荡告警装置或在 PMU 中开发功率振荡告警功能。

(6) 完善 PMU 装置中汽轮机及其调节系统相关参数和测点（如机前压力、调节级压力、流量指令等），尽快完成 PMU 装置网源参数接入整改工作。

十八、一次调频参数设置及维护操作不当引起轴振大停机

某公司 1 号机组为哈尔滨汽轮机厂与日本三菱公司联合设计制造的超临界、一次中间再热、单轴、三缸四排汽、凝汽式、反动式汽轮机，型号为 CLN600-24.2/566/566，该机组于 2013 年 11 月投产运行。机组配备两个主汽门和 4 个高压调节门。DCS 系统为南自维美德自动化有限公司生产的 maxDNA 4.5.1 系统。

2018 年 12 月 24 日，因“振动大”机组跳闸。

(一) 事件经过

10 时 45 分，机组单阀方式运行，负荷为 330MW，主蒸汽压力为 16.74MPa，主蒸汽温度为 572℃，再热蒸汽温度为 565℃；1 号轴承 X 向振动为 219μm，Y 向振动为 181μm。

10 时 51 分 43 秒，发现机组调节门大幅度波动，导致负荷大幅度波动，最低至 60MW。

10 时 51 分 51 秒，机组跳闸，ETS 首出信号为“机组振动大”，1 号轴承最大振动 X 向为 276μm，Y 向为 214μm；锅炉 MFT 动作，发电机解列，相关设备联动正常。

12 时 55 分，机组转速至零盘车投入。

12 时 8 分，机组重新点火；13 时 30 分，汽轮机冲转；14 时 10 分，转速为 3000r/min。

14 时 11 分，机组并网运行，45min 后负荷为 300MW，退出所有油枪，共耗油 20.72t。

(二) 事件原因检查与分析

1. 现场检查情况

(1) 汽轮机检查。该机组 1 号轴承振动长期偏高，于 2018 年 3 月 30 日由哈尔滨汽轮机厂提供方案进行了动平衡处理，2018 年 7 月 30 日由电科院进行了动平衡处理。处理后振动有所下降，但运行期间振动逐渐升高，数月后 1 号轴承振动一直超报警值。机组 2018 年 6 月 15 日—12 月 23 日区间振动曲线直观地反映了这一现象，如图 6-48 所示。

由图 6-48 可以看出，1 号机组 1 号轴承振动长期处于报警值以上，7 月 30 日经动平衡处理后运行时振动仍然很高，且数据不稳定，存在波动现象，2～5 号轴承振动值则相对稳定；8—12 月，1 号轴振总体呈上升趋势。表 6-4 列举了 1 号轴承部分时间点的运行振动值。

通过调取现场调节门、负荷、振动曲线（见图 6-49），跳机前 1X 与 1Y 振动值分别处于 210μm 和 170μm 以上运行，随着高压调节门的大幅波动，1X 和 1Y 振动值突然上升，触发振动大保护动作，机组跳机，同时查看其他轴承振动情况，除 5Y 轴振偏高超过 100μm 以外，其余轴承振动均处于正常范围内，且跳机前无明显波动，机组差胀、轴向位移、高压缸外缸金属温度均处于正常范围，无明显波动。

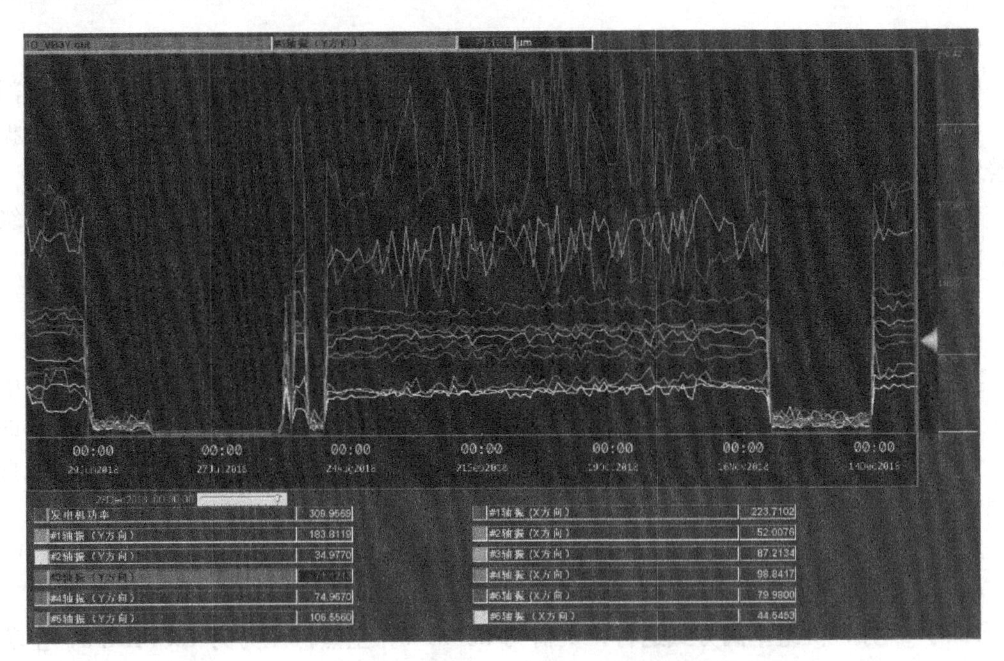

图 6-48　6 月 15 日—12 月 23 日振动历史曲线

表 6-4　　　　1 号轴承部分时间点的运行振动值　　　　μm

日期	1X	1Y
2018 年 6 月 20 日	200	176
2018 年 7 月 30 日动平衡处理		
2018 年 8 月 23 日	150	159
2018 年 11 月 14 日	159	190
2018 年 12 月 17 日	220	184

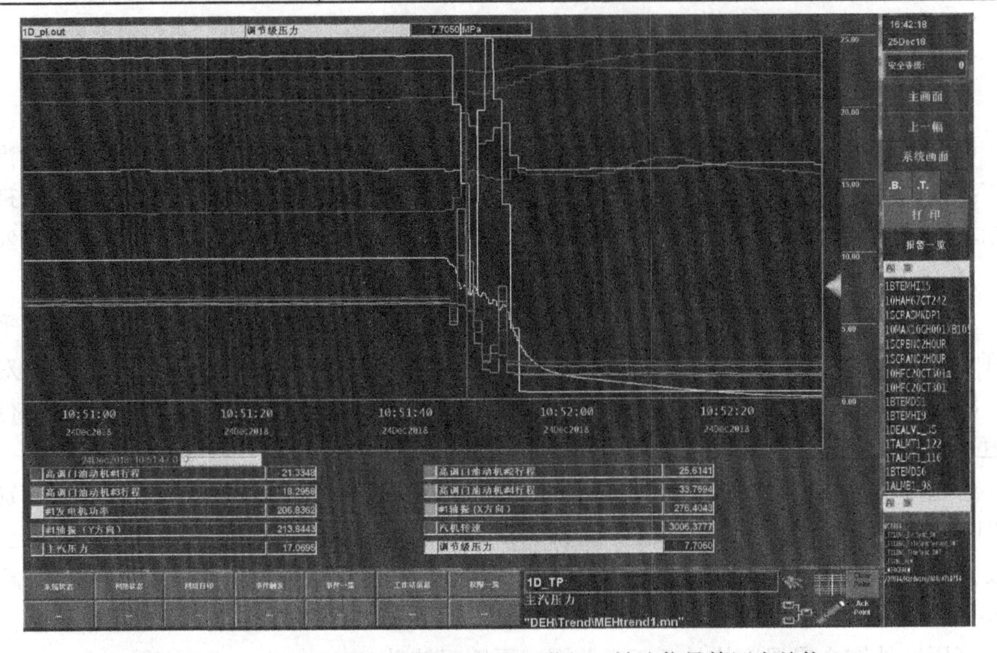

图 6-49　1 号机组跳闸前后汽轮机调节门、转速信号等历史趋势

（2）热控检查情况。10时40分热控人员在巡检中，调阅1号机组一次调频逻辑时，发现一次调频逻辑中存在异常：功能块calc-114输出值为0（后经查明因在机组最近一次临修中，其内部y_1引脚参数被错误设置为0），导致其引至乘法功能块MUL-105的输入端IN_2后，使此乘法块的输入值IN_2、输出值均为0，致使DEH侧一次调频动作量为0；10时49分20秒，对功能块MUL-105的IN_2输入端外部进线进行屏蔽操作，检查其内部参数，操作后乘法功能块MUL-105的内部输入量IN_2数值立即自动变为3000，引起DEH侧一次调频动作量倍数变为3000，综合阀位指令在0%～100%间大幅波动；10时51分51秒，汽轮机振动大保护动作，机组解列。

2. 事件原因分析

（1）停机原因："轴承振动大"保护动作，1X轴振为276μm、1Y轴振为213μm，满足轴振大汽机跳闸条件（轴振大汽轮机跳闸逻辑：①任一轴承X方向振动值超过跳闸值250μm且本轴承Y方向振动值超过报警值125μm；②任一轴承Y方向振动值超过跳闸值250μm且本轴承X方向振动值超过报警值125μm。满足①、②中一项，汽轮机振动大跳闸保护动作），触发跳闸。

（2）轴振大停机保护动作原因：高压调节门大幅波动，造成汽轮机进汽流量大幅波动，汽轮机受力不均，使1号轴承受力情况复杂化，进一步恶化轴承振动，引起原本就高的振动值突变，达到跳闸值。

（3）高压调节门波动大原因：一次调频逻辑中乘法功能块MUL-105的内部输入值IN_2缺省值为3000，热控人员在不了解其作用的情况下，对IN_2输入端外部进线进行屏蔽操作后默认变为缺省值3000，将DEH侧一次调频动作量倍数变为3000，引起调节门大幅波动。经调阅DCS全日志记录，一次调频逻辑中乘法功能块MUL-105的IN_2缺省值3000无人工输入数值痕迹，排除人为输入缺省值的原因。后通过现场模拟测试：其一是添加此乘法功能块MUL-105时，若采用复制其他乘法功能块（其IN_2缺省值为3000）的逻辑组态方法，会导致其IN_2缺省值为3000，因排查DCS所有逻辑中无IN_2缺省值为3000的乘法功能块，故排除此原因；其二是在以往组态过程中若出现功能块间连线错误，后又将连线改为正确的情况，会导致其他模块输出端的缺省值引入到MUL-105块的IN_2输入端，作为IN_2的缺省值。

（4）其他原因：1号机组转子本身存在问题，造成机组振动长期偏高运行，虽经生产厂家和电科院多次处理，但从以往动平衡试验的结果来看，短期内振动情况有所好转但又在运行中逐渐上涨，难以从根本上解决转子本身存在的问题，本次事件发生前，机组1号轴承振动一直超过报警值运行，事件发生时留给运行人员反应时间不足，难以进行及时地调整处理。

3. 暴露问题

（1）热控专业管理不到位，未严格执行某公司《热控联锁保护投切及逻辑、定值、信号修改管理》制度，逻辑屏蔽未履行相关审批手续，同时未采取有效的安全防范措施。

（2）热控检修人员逻辑梳理把关不严，在机组临修中将计算块calc-114的y_1引脚参数错误设置为"0"，未能及时发现处理，引起此次机组运行中的屏蔽检查操作。

（3）DCS控制系统功能模块缺省值存在功能性缺陷，因功能模块缺省值在该模块正常运行时无法显示，仅在进行屏蔽操作后才能显示，但是，使用屏蔽功能又会使模块内相关数值自动变为缺省值，而不是保持当前值，给运行系统带来较大的安全隐患。

(4) 热控人员技术能力不足，安全意识淡薄，对DCS逻辑功能模块进行屏蔽操作后可能出现的异常及带来的后果预想不到位。

（三）事件处理与防范

(1) 建议加强热控专业基础管理，认真组织学习《热控联锁保护投切及逻辑、定值、信号修改管理》《工程师站及电子间管理》等制度，并严格按照制度条款开展相关工作。

(2) 针对导致本次非停的DCS系统一次调频功能块“缺省值”存在的问题，举一反三，利用停机机会开展1、2号机组重要保护、调节回路逻辑参数设置专项隐患排查。

(3) 针对导致本次非停的热控人员DCS系统操作技能存在的问题，对热控检修人员开展DCS技能培训。

(4) 针对DCS系统功能块在正常运行时缺省值无法实时显示，以及进行屏蔽操作后内部参数会自动变为缺省值的弊端，反馈给DCS厂家，希望改进，实现DCS系统功能块在正常运行时缺省值可实时显示，以及屏蔽后内部参数应保持当前值不变。

(5) 鉴于DCS系统目前存在此隐患，在机组运行中避免使用屏蔽这种操作方式；同时规范人员的DCS逻辑组态方法：工作时设专人监护，在添加功能块时不得使用复制功能块的方法，以及功能块间避免连线错误，发生连线错误时立即检查、更正缺省值。

(6) 针对1号轴承振动大的问题，运行期间须加强监视，制定相应措施，防止事故发生并在适当的时候择机按既定措施检修处理。

第二节　运行过程操作不当故障分析处理与防范

本节收集了因运行操作不当引起机组故障9起，分别为汽轮机调节油系统压力波动引起安全油压力低机组跳闸、深度调峰过程控制调节性能不佳导致机组跳闸、运行操作不当造成汽动给水泵转速过高机组跳闸、运行操作不当引发CFB炉给水流量低触发锅炉BT、主蒸汽温度参数监控不到位造成锅炉MFT、运行操作不当且保护未投导致锅炉爆燃、运行操作不及时造成汽包水位低低导致机组跳闸、引风机振动大跳闸后运行操作不当且主蒸汽温度低机组跳闸、减温水喷水过量造成主蒸汽温度突降打闸停机。

运行操作是保障机组安全的主要部分，一方面安全可靠的热控系统为运行操作保驾护航，另一方面运行规范可靠的操作也能及时避免事故的扩大化。抛砖引玉这些案例希望能提高机组运行的规范性和可靠性。

一、汽轮机调节油系统压力波动引起安全油压力低机组跳闸

2018年6月9日14时36分，6号机组运行，机组负荷937MW，高压加热器在解列状态（因3号高压加热器泄漏，6月8日解列）。高、中压主汽阀全开，高压调节阀A、B开度均为45%，中压调节阀处调节状态。

（一）事件过程

14时36分52秒287毫秒，中压调整阀A/B开始关闭；240毫秒后中压主汽门开始关闭。

14时36分52秒545毫秒，汽轮机安全油跳闸集块顺序阀离开运行位。

14时36分52秒607毫秒，高压主汽门开始关闭；120毫秒后高压主汽门关闭到位。

14 时 36 分 52 秒 787 毫秒，中压主汽门关闭到位。

14 时 36 分 52 秒 790 毫秒，汽轮机安全油压低（2.7MPa）报警。

14 时 36 分 52 秒 820 毫秒，触发安全油压低跳闸指令，汽轮机跳闸，锅炉 MFT。

16 时 20 分，汽轮机转速到零，盘车自投正常。汽轮机跳闸瞬间安全油压力记录曲线见图 6-50，汽轮机跳闸事件记录见图 6-51。

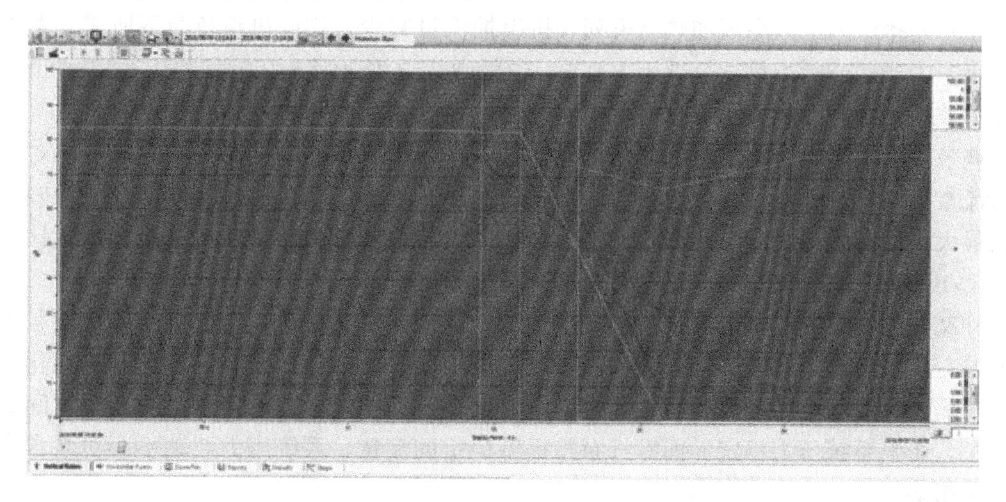

图 6-50　汽轮机跳闸瞬间安全油压力曲线

14:36:52.790	60MAX44CP101_XH02	P SAFETY SYSTEM TRIP CMD	60.MAX.44.CP	N-TRP->TRIPPED	1号安全油压低跳汽轮机指令
14:36:52.787	60MAB11CG101_XG02	POS INTERCEPT STOP VLV 1	60.MAB.11.CG	N-CLOSED->CLOSED	中压主汽阀A关闭
14:36:52.787	60MAB12CG101_XG02	POS INTERCEPT STOP VLV 2	60.MAB.12.CG	N-CLOSED->CLOSED	中压主汽阀B关闭
14:36:52.785	60MAX44CP102_XH02	P SAFETY SYSTEM TRIP CMD	60.MAX.44.CP	N-TRP->TRIPPED	2号安全油压低跳汽轮机指令
14:36:52.780	60MAX44CP103_XH02	P SAFETY SYSTEM TRIP CMD	60.MAX.44.CP	N-TRP->TRIPPED	3号安全油压低跳汽轮机指令
14:36:52.767	60MAX10EA100_XL01	P HYDR HEADER DELAYED	60.MAX.10.EA.100	>MIN1-><MIN1	调节油母管压力<3.6MPa
14:36:52.767	60MAX10EA100P_XA31	SEL HYDR PUMPS MAKUP	60.MAX.10.EA	N-ACTIVE->ACTIVE	调节油泵备用泵自启
14:36:52.727	60MAA11CG101_XG02	POSITION MAIN STOP VALVEA	60.MAA.11.CG	N-CLOSED->CLOSED	主汽阀A关闭
14:36:52.707	60MAA12CG101_XG02	POSITION MAIN STOP VALVEB	60.MAA.12.CG	N-CLOSED->CLOSED	主汽阀B关闭
14:36:52.628	60MAB11CG101_XG01	POS INTERCEPT STOP VLV 1	60.MAB.11.CG	OPEN->N-OPEN	中压主汽阀A不在开位
14:36:52.628	60MAB11CG101_XH02	INTERCEPT STOP V1 PS	60.MAB.11.CG	N-REACHD->REACHED	中压主汽阀A不在开位
14:36:52.607	60MAA11CG101_XG01	MAIN STOP VLV A	60.MAA.11.CG	OPEN->N-OPEN	主汽阀A不在开位
1:36:52.607	60MAA11CG101_XH02	MAIN STOP VALVE A PS	60.MAA.11.CG	N-REACHD->REACHED	主汽阀A不在开位
14:36:52.607	60MAA12CG101_XG01	MAIN STOP VALVE B	60.MAA.12.CG	OPEN->N-OPEN	主汽阀B不在开位
14:36:52.607	60MAA12CG101_XH02	MAIN STOP VALVE B PS	60.MAA.12.CG	N-REACHD->REACHED	主汽阀B不在开位
14:36:52.568	60MAX44CG001_XL23	POS SEQUENCE VALVE	60.MAX.44.CG	OPRPOS->N-OPRPOS	顺序阀不在运行位
14:36:52.547	60MAB12CG101_XH02	INTERCEPT STOP V1 PS	60.MAB.12.CG	N-REACHD->REACHED	中压主汽阀B不在开位
14:36:52.545	60MAX44CG001_XG51	POS SEQUENCE VALVE	60.MAX.44.CG	OPRPOS->N-OPRPOS	顺序阀不在运行位
14:36:52.527	60MAB12CG101_XG01	POS INTERCEPT STOP VLV 2	60.MAB.12.CG	OPEN->N-OPEN	中压主汽阀B不在开位
14:36:52.328	60MAB12CG111_XG01	POS INTERCEPT CTRL VLV 2	60.MAB.12.CG	OPEN->N-OPEN	中调阀B不在开位
14:36:52.287	60MAB11CG111_XG01	POS INTERCEPT CTRL VLV 1	60.MAB.11.CG	OPEN->N-OPEN	中调阀A不在开位

图 6-51　汽轮机跳闸事件记录（倒序）：跳闸首出信号为安全油压低低跳闸

（二）事件原因检查与分析

1. 事件原因

（1）直接原因。调节油系统的设计流量偏小，抗干扰性能差，因高压加热器解列，中压调节阀流量指令低于100%，中压调节阀在50%～100%调节，造成调节油系统压力波动，安全油压低触发3只跳闸电磁阀同时动作，造成汽轮机跳闸。

（2）间接原因。因高压加热器解列，机组抽汽量减少，相同机组负荷下所需主蒸汽流量减小，中压调节阀流量指令低于100%，中压调节阀在50%～100%调节，诱发调节油系统压力波动。

调节油系统的设计流量偏小，抗干扰性能差。二期机组调节油泵为两台螺杆泵，单台设计流量为522L/min，出口压力为4.0MPa。三期机组调节油泵为两台轴向变量柱塞泵，单台最大设计流量为430L/min，出口压力为4.2MPa。三期单台调节油泵最大流量比二期少92L/min。

柱塞泵的调节性能不能满足系统流量波动的需求。对比分析，二期机组调节油泵为螺杆泵、三期机组调节油泵为柱塞泵。从轴向变量柱塞泵本身特性来看，每次流量变化泵本身调节需要0.2～0.3s调节时间，在系统压力存在波动的情况下，泵本身的调节时间会相应变长，影响系统压力稳定。而螺杆泵是提供稳定的流量，系统压力波动不会对泵自身流量产生影响。

调节油母管蓄能器容量不足以弥补系统压力波动。二期机组系统设计两台蓄能器，蓄能器容量为50L，设计压力为2.8MP，三期机组系统设计一台蓄能器，蓄能器容量为50L，设计压力为2.5MPa。三期比二期抗干扰能力明显偏弱。

2. 暴露问题

（1）中压调节阀参与调节期间，诱发调节油系统压力瞬间大幅波动。

（2）调节油系统的设计流量偏小，抗干扰性能差。

（三）事件处理与防范

（1）依据设计值允许范围，调整调节油泵出口压力，由4.22MPa调整至4.31MPa。

（2）依据设计值允许范围，调整调节油母管蓄能器压力，由2.8MPa调整至3.1MPa。

（3）修改备用调节油泵压力低自启定值，由3.6MPa提高至3.8MPa。

（4）将本次停机发现的问题及基建调试阶段发生的问题传真至GE公司，要求从设计上解决调节油系统的设计流量偏小、抗干扰性能差及机组正常运行中中压调节阀参与调节的逻辑优化等问题。

二、深度调峰过程控制调节性能不佳导致机组跳闸

某电厂1号机组容量为670MW，2009年10月投产。锅炉型号为HG-2100/25.4-HM11，汽轮机型号为CLN670-24.2/566/566，发电机型号为QFSN-670-2。给水系统配置一台30%容量启动用电动给水泵和两台50%容量汽动给水泵。

（一）事件过程

2018年7月12日23时，1号机组负荷为217MW，CCS投入，1、2、5、6号制粉系统运行，1A、1B给水泵汽轮机运行，燃料量为182t/h，给水流量为571t/h。

1号机组在尝试30%（200MW）以下深度调峰过程中，机组负荷为217MW并继续尝

试降低过程中，省煤器入口要求的给水流量也应随之减少（对应负荷下的省煤器入口给水流量应为550t/h），两台汽动给水泵转速均已降至3050r/min，（正常运行时汽动给水泵转速不能低于3000r/m），省煤器入口给水流量为570t/h，为继续降低给水流量，同时保证汽动给水泵流量不低于最小流量（320t/h，汽动给水泵再循环超驰开启），需要手动开启汽动给水泵再循环。

23时28分25秒，手动逐渐开启1B汽动给水泵再循环调节门至50%，43s时手动逐渐将1A给水泵汽轮机汽动给水泵再循环调节门至43%。

23时39分8秒，省煤器入口流量波动并降低至560t/h，两台给水泵汽轮机低压供汽调节门正常开大。1min 3s后1A给水泵汽轮机低压进汽调节门全开，4s后1B给水泵汽轮机低压进汽调节门全开，给水流量持续下降至466t/h，同时A、B给水泵汽轮机遥控跳至手动模式，手动加A、B给水泵汽轮机转速指令至3000r/m。

23时40分24秒，1A、1B给水泵汽轮机再循环达到超驰开启条件，自动全开，加大了给水扰动，给水流量继续降低至406t/h。

23时41分1秒，手动关闭1B给水泵汽轮机再循环调节门至44%，给水流量仍未见回头。63s后继续关小1B给水泵汽轮机再循环调节门至全关后超驰自动打开。

23时43分36秒，继续手动加1B给水泵汽轮机转速指令至3300r/min，给水流量未见回头，降至243t/h。28s后由于给水流量下降导致机组负荷下滑142MW，四抽压力相应降低至0.25MPa，汽动给水泵出力继续降低至给水流量低至238t/h，延时10s后锅炉MFT动作（机组深度调峰期间锅炉给水流量低低MFT保护为流量小于240t/h，延时10s）。机组跳闸DCS趋势图如图6-52所示。

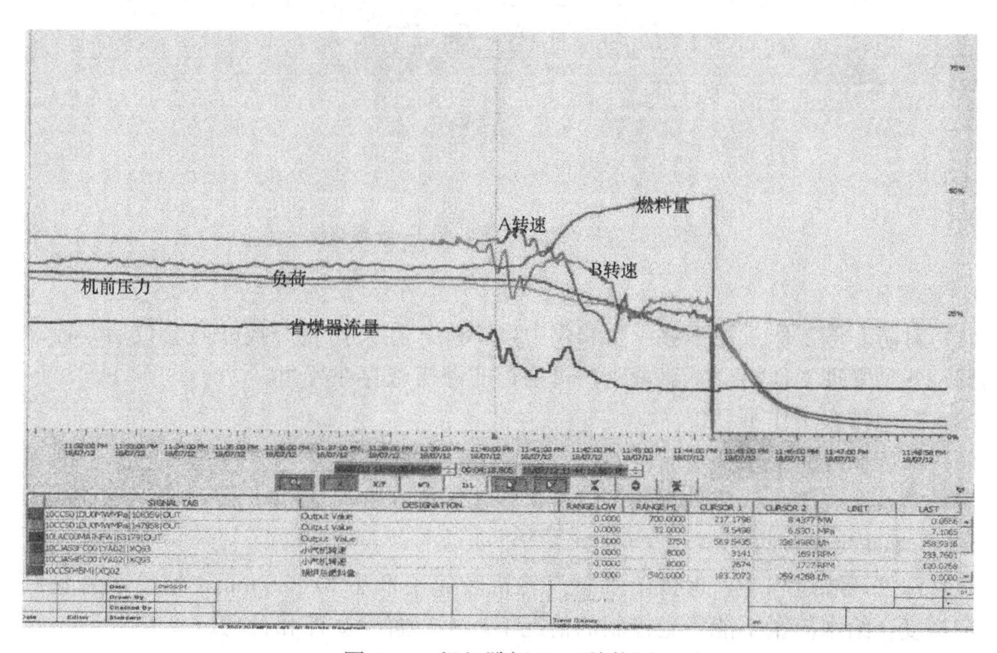

图6-52　机组跳闸DCS趋势图

（二）事件原因检查与分析

1. 事件原因

调取运行曲线、历史数据分析，事件发生时机组处于深度调峰过程中，解除了给水流量自动及遥控，手动控制两台汽动给水泵转速、再循环调整门开度调整给水流量，运行人员手动调节步骤繁多，不如自动调节反应快速、灵活。同时低负荷运行时汽动给水泵流量低，发生流量扰动时诱发汽动给水泵再循环超驰开，引起给水调节品质恶化。加上低负荷运行时，给水泵汽轮机低压进汽调节门流量特性不好，调节过程中容易发生过调、欠调，致使给水泵汽轮机转速跟踪不佳，增加了锅炉给水流量的扰动。由于当值运行人员 2min 内没有及时调整两台汽动给水泵转速来提高给水流量，导致给水流量低至 480t/h，保护动作，机组跳闸，见图 6-53 和图 6-54。

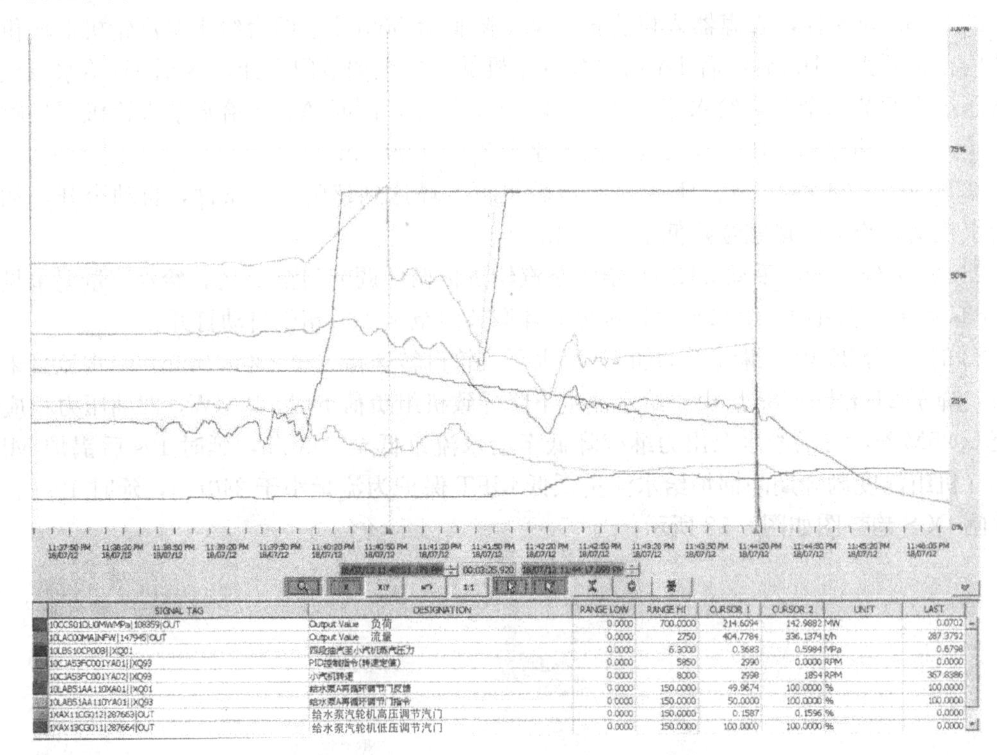

图 6-53　1A 给水泵汽轮机 DCS 趋势图

2. 暴露问题

（1）对防非停工作重视不够，防非停力度不强，在公司召开控非停会议后，控非停工作同日常各项管理工作结合不够紧密，机组控非停措施存在死角。

（2）隐患排查工作不到位。

（3）深度调峰时给水调节品质差。

（4）给水泵汽轮机低压进汽调节门流量特性不好。

（三）事件处理与防范

（1）深度调峰过程中，保证给水泵汽轮机转速不低于 3200r/min，使给水流量调整留有一定裕度。给水流量不能稳定控制的情况下，不得解除遥控和自动。

（2）低负荷运行时，开大汽动给水泵再循环调节门，保证汽动给水泵入口流量，防止给水泵汽轮机再循环超驰开启。

（3）优化深度调峰时给水调节品质。未进行深度调峰改造并通过相应考核试验，不应采取深度调峰运行方式。

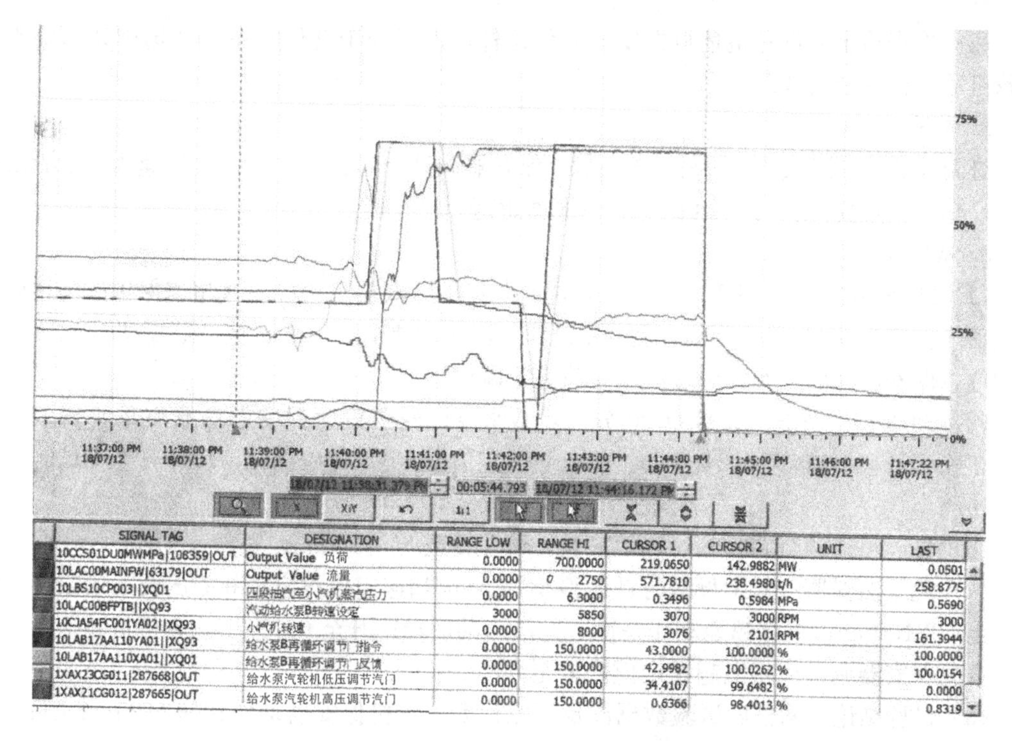

SIGNAL TAG	DESIGNATION	RANGE LOW	RANGE HI	CURSOR 1	CURSOR 2	UNIT	LAST
10CCS01DU0MWMPa|108359|OUT	Output Value 负荷	0.0000	700.0000	219.0650	142.9882	MW	0.0501
10LAC00MAINFW|63179|OUT	Output Value 流量	0.0000	0 2750	571.7810	238.4980	t/h	258.8775
10LBS10CP003||XQ01	四段抽汽至小汽机蒸汽压力	0.0000	6.3000	0.3496	0.5984	MPa	0.5690
10LAC00BFPTB||XQ93	汽动给水泵B转速设定	3000	5850	3070	3000	RPM	3000
10CJA54FC001YA02||XQ93	小汽机转速	0.0000	8000	3076	2101	RPM	161.3944
10LAB17AA110YA01||XQ93	给水泵B再循环调节门指令	0.0000	150.0000	43.0000	100.0000	%	100.0000
10LAB17AA110XA01||XQ01	给水泵B再循环调节门反馈	0.0000	150.0000	42.9982	100.0262	%	100.0154
1XAX23CG011|287668|OUT	给水泵汽轮机低压调节汽门	0.0000	150.0000	34.4107	99.6482	%	0.0000
1XAX21CG012|287665|OUT	给水泵汽轮机高压调节汽门	0.0000	150.0000	0.6366	98.4013	%	0.8319

图 6-54　1B 给水泵汽轮机 DCS 趋势图

（4）低负荷运行时，给水泵汽轮机低压进汽调节门流量特性不好，通过试验进一步优化给水泵汽轮机低压进汽调节门流量特性。

三、运行操作不当造成汽动给水泵转速过高机组跳闸

2018 年 2 月 24 日，某电厂 1、2 号机运行，其中 2 号机组电负荷为 292.9MW，CCS 控制方式，AGC 投入，带工业抽汽 49t/h，A、B、D、E 磨煤机运行，主蒸汽参数为 23.57MPa/543℃，主蒸汽流量为 1141t/h，调节级压力为 19.8MPa，再热蒸汽参数为 4.64MPa/520℃，省煤器入口流量为 1216t/h，给水泵入口流量为 1221t/h，凝结水流量为 925t/h，机组背压为 13kPa。

（一）事件过程

9 时 10 分 9 秒，引风机汽轮机转速指令与反馈偏差大于 200r/min，负压自动切除，CCS 控制方式解列；9 点 14 分 13 秒，运行人员投入负压自动，投入 CCS 控制方式，投入 AGC 运行，由于锅炉参数尚未稳定，AGC 指令频繁变动，导致锅炉燃料量、给水流量波动较大；9 点 51 分 2 秒、9 点 54 分 50 秒，负压自动又先后 2 次切除，CCS 控制方式解列，运行人员又 2 次强投 CCS、AGC。

9 时 58 分 20 秒，2 号机汽动给水泵跳闸，首出为“安全油压低”，引发锅炉 MFT，汽轮机跳闸，此时主蒸汽压力为 23.57MPa，主蒸汽温度为 543℃，主蒸汽流量为 1141t/h，再热蒸汽参数为 4.64MPa/520℃，省煤器入口流量为 1216t/h。

（二）事件原因检查与分析

1. 现场检查

（1）EH 油系统，无异常泄漏现象。

（2）检查给水泵汽轮机危机保安器复位拉杆，发现处于动作状态。现场确认为给水泵汽轮机危急保安器动作。

2. 查看记录

查阅调试试验记录，给水泵汽轮机危急保安器调试期间试验记录动作转速为6014r/min、5991r/min，讨论决定，进行给水泵汽轮机械超速保护试验。

3. 试验及调整过程

（1）2018年2月24日18点33分，进行2号机给水泵汽轮机机械超速保护试验，两次试验动作转速为5933r/min、5926r/min，低于调试时期试验记录转速，确定为给水泵超速保护危急保安器提前动作，引起给水泵汽轮机跳闸。

（2）2018年2月24日23点00分，对给水泵汽轮机危急保安器压紧螺母进行顺时针120°调整，计算动作转速6024r/min，将电超速定值设定为6040r/min，转速升至6040r/min，电超速动作。

（3）将电超速调至6050r/min后试验，转速升至6049r/min，电超速动作。

（4）危急保安器压紧螺母逆时针调整60°，将电超速定值设定为6050r/min后试验，转速升至6024r/min，机械超速动作一次；二次启动后转速升至6018r/min，机械超速动作一次。危急保安器调整后将电超速定值恢复至5990r/min。

（5）试验结论：调整后试验数据满足厂家说明书危机保安器动作转速5935～6045r/min的标准。

4. 对危机保安器现场测绘数据

（1）撞击子与脱扣装置测量间隙为3.0mm，图纸要求为$2.70^{+0.30}_{0}$mm。

（2）打闸杆与脱扣装置测量间隙为1.0mm，图纸要求为0.5～1.0mm。

（3）打闸杆与托架尺寸测量为25.5mm，图纸要求为25mm。

5. 事件原因分析

（1）给水量需求异常增大，导致给水泵汽轮机转速过高，接近机械超速动作值，是造成本次停机的直接原因。

9点9分50秒，运行人员投入中间点温度自动，中间点过热度设定为17℃，设定过低，随后中间点过热度由27.4℃下降至16.7℃，9点40分10秒，运行人员解除中间点温度自动后，未进行手动干预调整，且给水流量波动较大，导致主蒸汽温度由562℃下降至543℃。

由于3号、4号烟气调节挡板存在卡涩，无法进行有效调整，导致再热蒸汽温度偏低运行（540℃左右），主蒸汽温度下降后导致再热蒸汽温度进一步下降至520℃，运行人员未及时进行调整。

蒸汽参数偏低，做功能力下降，导致在同等负荷下，蒸汽流量增加，给水流量增大，汽动给水泵运行转速升高。

从9时10分9秒—58分20秒机组跳闸，2号机组负压自动总共投退4次，CCS投退3次，运行人员未及时减负荷稳定参数，而是一味频繁强投CCS及AGC，且此过程中AGC负荷指令频繁变动，在负荷微分前馈作用的累积下，锅炉燃料量及给水量波动大且逐渐增加，给煤量最低时为88t/h，最高时至116t/h，给水量指令最低时为991t/h，最高时至1247t/h。进一步加剧了给水泵转速上升。

通过调取历史趋势，在机组电负荷为300MW、热负荷为49t/h抽汽时，引风机汽轮机进汽电动阀前压力为1.04MPa，进汽电动阀后压力为0.83MPa，温度为323℃，背压为21kPa，对照额定值（汽轮机四段抽汽供汽）压力1～1.2MPa、温度330～360℃及背压13kPa均存在较大偏差，导致引风机汽轮机已经全出力，转速指令增加时，引风机汽轮机调节阀已接近全开（达到88.7%），实际转速无法提升，转速偏差超过200r/min，炉膛负压自动切除，炉主控切手动，协调退出。机组协调方式切除后，炉主控在手动状态，给水在自动模式，给水流量指令达到1247t/h，但实际给水流量已超过测量上限（给水流量测量刻度量程1200t/h）。由于给水流量指令和实际流量存在偏差，在PID积分作用下不断增加给水泵转速指令，由于未设置汽动给水泵转速指令输出限幅，使得给水泵转速持续增加，危急保安器动作，汽动给水泵跳闸，锅炉MFT，汽轮机跳闸。

（2）危急保安器飞锤动作是靠离心力克服弹簧力来动作，弹簧在长时间运行后特性发生变化，危机保安器提前动作，为此次事件的间接原因。

通过对现场检查，未发现给水泵汽轮机安全油开关、管道及危急保安器等存在泄漏现象；通过现场对汽动给水泵汽轮机进行机械超速试验，给水泵汽轮机两次机械超速动作转速分别为5933r/min和5926r/min，相比给水泵汽轮机调试期机械超速整定值6013r/min和5992r/min偏低，相比厂家机械超速动作要求转速区间5935～6045r/min偏低，验证了给水泵汽轮机危急保安器提前动作。

6. 暴露问题

（1）技术责任。

1）运行经验欠缺，在机组工况大幅变化及主要参数超限时，未能及时采取调整措施，造成机组运行工况持续恶化。例如调节级压力已达到19.82MPa（额定18.5MPa），凝结水流量达到925t/h（额定811t/h），给水流量超过1200t/h（额定1084t/h）。

2）运行人员操作调整不当且对机组工况大幅变化时的处置原则底数不清。中间点过热度控制偏低，直接造成主蒸汽温度下降，蒸汽焓值下降；在机组无能力接带高负荷的情况下，没有及时减负荷调整稳定参数，而是一味频繁强投AGC带负荷；对自动控制回路特性不了解，在自动被调参数大幅变化过程中，投入自动并投入AGC，相当于给自动一个阶跃扰动，进一步加剧了参数波动，延缓了稳定时间，导致运行工况持续恶化。

3）给水泵汽轮机危急保安器工艺质量差。查阅调试记录，给水泵汽轮机危急保安器调试期间试验记录动作转速分别为6014r/min、5991r/min，在本次非停后进行2号给水泵汽轮机机械超速保护试验，两次试验动作转速为5933r/min、5926r/min，本次试验的机械超速动作转速和调试期间动作转速相差最大达到88r/min，且低于厂家要求转速区间5935r/min至6045r/min。

4）机组自动调节系统限幅、闭锁等控制功能设置不合理。例如未设置汽动给水泵转速指令输出限幅，使得给水泵转速持续增加。给水流量测量装置设计量程与给水泵最大出力不匹配。

5）引风机汽轮机进汽电动截止阀节流损失大，负压系统真空较低。在机组高负荷时，进汽压损达到0.24MPa，真空低至－64kPa（设计－72kPa）。参数偏离设计值较大而长期未得到重视，致使引风机出力受限，给非停的发生埋下隐患。

6）设备管理不到位，再热蒸汽烟气调节挡板存在卡涩问题，影响到再热蒸汽温度的有效调节。

（2）管理责任。

1）运行管理不到位，对重要参数越线熟视无睹，无人过问；运行规程中对主要辅机在异常工况下的调整，未制定具体的有针对性的要求。

2）运行人员日常培训工作不到位，运行人员对设备运行参数设计值及机组工况大幅变化时的调整处置原则底数不清，未组织针对性的培训和预想演练。

3）对于引风机汽轮机进汽电动截止阀节流损失大，负压系统真空较低；再热汽烟气调节挡板存在卡涩等问题重视不够，没有及时安排查找原因，给事故发生留下隐患。

（三）事件处理与防范

（1）修订运行规程明确设备主要参数控制调节范围，对异常工况下的调整处置制定具体的措施要求；开展异常及事故工况下的预想演练，提高运行人员的应急处置能力。

（2）全面开展机组达设计值排查工作，对设备参数偏离设计值问题进行分析研究，制定整改措施，确保机组安全稳定经济运行。

（3）对给水泵汽轮机危急遮断系统进行彻底检查，重新调整。利用机组停机机会，对1号机组给水泵汽轮机也进行机械超速保护试验。

（4）增加汽动给水泵转速指令输出闭锁功能，限定给水流量调整转速指令上限为5775r/min。1、2号机给水泵汽轮机转速均控制在5775r/min以下，不得超过此转速。同时举一反三，对其他辅机及自动调节系统进行排查，增加输出指令限制，防止出现过出力调节及积分饱和现象。

（5）联系给水流量测量装置厂家，对测量装置量程进行重新核算，研究确认是否有可能修改流量测量装置量程，使量程与给水泵最大出力相一致。

（6）对引风机给水泵汽轮机进汽电动截止阀进行解体检查，对引风机给水泵汽轮机负压系统进行真空查漏。

四、运行操作不当引发CFB炉给水流量低触发锅炉BT

某厂1号机组于2015年8月投产发电，机组容量为350MW，DCS采用和利时分散控制系统。

（一）事件经过

2018年1月7日13时50分59秒，1号机组负荷为186MW，给水流量为546t/h，主蒸汽流量为550t/h，后墙床温测点1～8分别为574/543/804/801/811/793/552/530℃，1号炉MFT保护动作，首出为“锅炉床温低于550℃且未投油且给煤机运行”，10台给煤机全部跳闸，协调控制自动切除，切为阀控方式。运行人员判断为床温测点故障，联系热控人员处理，强制床温保护，同时立即安排巡检人员就地启动给煤机并快速降负荷以维持锅炉压力。

13时53分44秒，机组负荷降至180MW，主蒸汽流量为517t/h，A/B汽动给水泵自动调节，转速降至3897～3909r/min，再循环门开度为0%～15%，给水流量降至522t/h，启动给煤机给煤总降至10t/h。

13时54分30秒，机组负荷降至158MW，主蒸汽流量为423t/h，A/B汽动给水泵自动调节，转速降至3765～3805r/min，手动调整再循环门开度为0%～30%，给水流量降至

401t/h，总给煤量降至19t/h。

13时55分49秒，机组负荷降至114MW，主蒸汽流量为309t/h，A/B汽动给水泵自动调节，转速降至3673～3731r/min，手动调整再循环门开度为0%～20%，给水流量降至365t/h，总给煤量降至137t/h。

13时57分9秒，机组负荷为117MW，主蒸汽压力为14.37MPa，主蒸汽流量为332t/h，A/B汽动给水泵自动调节，转速降至3593～3616r/min，手动调整再循环门开度为0%～28.4%，给水流量降至364t/h，总给煤量降至116t/h。同时调整A汽动给水泵再循环门指令5%、10%、15%、20%、25%、30%，此时A汽动给水泵再循环门反馈未跟踪，开度为0（此时中间点温度降至3℃，运行人员判断再循环门开度未及时跟踪开启，为防止A汽动给水泵入口流量低跳闸，8s内调整再循环门指令由5%～30%）。

13时57分29秒，机组负荷为117MW，主蒸汽压力为14.17MPa，主蒸汽流量为332t/h，A/B汽动给水泵自动调节，转速降至3584～3616r/min，手动调整再循环门开度指令为40%～35%，总给煤量为116t/h，此时A汽动给水泵再循环门反馈开始跟踪，开度为15%～35%，给水流量降至351t/h。

13时57分34秒，机组负荷为117MW，主蒸汽压力为14.12MPa，A/B汽动给水泵转速为3567～3609r/min，入口流量为208～244t/h，再循环门开度反馈自动跟踪到40%～35%，给水泵出口母管压力为14.8MPa，锅炉给水流量降至261t/h，满足“锅炉给水流量低于282t/h（对应床温550℃）延时3s”条件，锅炉BT保护动作，汽轮机跳闸，发电机解列，机组停运。

16时20分，更换后墙床温1、2、7、8热电偶，温度显示与其他测点一致。

17时10分，机组恢复启动，于22时28分并网。

（二）事件原因检查与分析

1. 事件原因检查

经热控查询逻辑锅炉床温低于550℃且未投油且给煤机运行设置为1、2、3点取中为左区，4和5点取平均为中区，6、7、8点取中为右区，同时温度偏差大于100℃，切除与其他两个点偏差大的测点。保护动作时，左区第3点切除，第1和2点平均值为559.01℃；中区平均值为806.33℃；右区第6点切除，第7和8点平均值为540.97℃；3个区首先切除中区，左区和右区取平均值为549.99℃，满足锅炉MFT保护动作条件。

锅炉MFT动作后，机组降负荷过程中运行人员调整汽动给水泵再循环门开度经验不足，13时57分9秒，A汽动给水泵再循环门指令由5%开至30%，14s内A汽动给水泵再循环门反馈未跟踪，13时57分29秒，A汽动给水泵再循环门指令开至40%，锅炉给水流量快速下降；13时57分34秒，锅炉给水流量降至261t/h，满足“锅炉给水流量低于282t/h（对应床温550℃）延时3s”条件，汽轮机跳闸，发电机解列，是本次机组非停的直接原因。

2017年12月15日—2018年1月5日，1号机组开展了C级检修，检查发现锅炉后墙床温测点1、2、7、8磨损严重，更换为新的未经校验的测温元件。检修中使用未经校验合格的温度元件，造成测量误差较大，机组点火启动开始至机组跳闸前，后墙床温1、2、7、8比其他测点偏低240℃左右，各级人员未对床温显示偏低认真组织分析，导致锅炉MFT保护动作，同时处理不当造成机组跳闸，是本次机组非停的根本原因。

机组 DCS 画面未设置锅炉床温低于 550℃保护值显示和报警，是本次非停的诱因。

2. 暴露问题

(1) 运行技术管理、培训管理不到位。运行人员对锅炉床温低的问题没有认真分析原因，习惯性认为床温低是由于煤质差引起的，暴露出部分运行人员对设备系统异常现象、处理方法不清楚，安全风险意识淡薄，安全风险预控管理开展不到位，日常运行异常分析工作不到位。同时在发生锅炉 MFT 之后，给水流量随着给水泵转速在自动方式下下降而快速下降，未及时切除给水自动进行手动干预，同时未及时发现再循环调节门卡涩，手动调整幅度较小，说明运行人员操作技能欠缺，应急处置能力不足，造成事件扩大，机组非停。

(2) 检修质量管理不到位。检修过程中未严格执行检修工序卡，将未经校验基建遗留的四支不合格热电偶（随机备件）安装至锅炉后墙 1、2、7、8 点位置，各级人员对锅炉重要保护床温测点异常未引起高度重视，未组织专业技术人员进行风险分析辨识，未制定针对性的预控措施，造成锅炉 MFT 保护动作。

(3) 专业技术管理深度不足，隐患排查不到位。DCS 报警设置不合理，机组参数达到跳闸值前，没有相关报警提醒，未能吸取公司内同类事件的经验教训，报警系统存在的隐患未能及时发现。

（三）事件处理与防范

(1) 规范检修项目策划及过程管控，将全厂热控元件检查列入等级检修项目，对校验不符合要求的热控元件进行退货。生产技术部对检修文件包要严格审核把关，防止因检修文件包中质检点设置不合理而造成检修质量事故。

(2) 深刻汲取事故教训、开展事故预想、应急演练专项培训，针对此次非停事件组织对重要系统设备异常操作风险进行梳理，全面深入的开展危险源辨识，对操作中的风险制定管控措施，突出措施的可执行性，组织进行培训，切实提升运行人员技能水平。

(3) 结合设备运行状况开展有针对性分析并制定相应措施，组织运行人员学习并做好事故预想，提高运行人员对各类风险的预控和处置能力。梳理因运行操作不当造成机组非停的事故案例，运用仿真机开展有针对性的演练培训，提高运行人员操作技能。

(4) 重视对带保护的热控测点比对及在冗余测点偏差大时的分析处理。开展热控保护逻辑梳理与排查，严格按照逻辑说明书进行深入的逐一排查保护设置；完善报警系统，在 DCS 中设置锅炉床温低报警。

五、主蒸汽温度参数监控不到位造成锅炉 MFT

某厂 1 号机组于 2018 年 7 月投产发电，机组容量为 350MW。DCS 采用和利时分散控制系统。

2018 年 12 月 7 日 14 时 53 分，某厂 1 号机组正常运行，负荷为 269.70MW，锅炉主蒸汽压力为 22.28MPa，主蒸汽温度为 566℃（额定值为 574℃），再热蒸汽温度为 571℃（额定值为 571℃），燃料量为 112t/h，给水流量为 907.85t/h，AGC 投入。过热器左右侧一级减温水调节阀均处于手动状态，开度为 0；二级减温水调节门处于自动调节，左侧开度为 0、流量为 0，右侧开度为 12.78%，流量为 1.99t/h。

（一）事件过程

14 时 54 分，主操查看主蒸汽温度升速率为－3.2℃/min，认为主蒸汽温度有下降趋

势，想通过关闭过热器二级减温水调节门来提高主蒸汽温度。

14 时 54 分 33 秒，右侧主蒸汽温度为 564℃，主操将右侧二级减温水调节阀由自动切至手动，将阀门开度指令置 0，开度由 12.78%关闭至 0。

14 时 54 分 43 秒，左侧主蒸汽温度 568℃，主操将左侧二级减温水调节阀切手动。

14 时 56 分 10 秒—57 分 13 秒，巡检人员就地检查发现 C 磨煤机异常，石子煤量大，并汇报主操。主操将监控画面切至 C 磨煤机画面，并对磨煤机分离器频率进行调整，分离器频率由 50Hz 调整至 24.7Hz，屏过出口温度开始上升；14 时 57 分 13 秒—58 时 12 秒，屏式过热器出口温度由 520℃升至 538.9℃。

14 时 58 分 12 秒，左侧主蒸汽温度上升至 579℃并发声光报警，右侧主蒸汽温度上升至 575℃。

14 时 58 分 41 秒，左侧主蒸汽温度上升至 586℃，主操手动设定左侧二级减温水调节阀指令至 15%；14 时 58 分 43 秒开至 15%；14 时 58 分 44 秒，手动设定指令至 100%；14 时 58 分 47 秒，开至 100%，减温水流量为 20t/h。

14 时 58 分 52 秒，右侧主蒸汽温度上升至 586℃，主操手动设定右侧二级减温水调节阀指令至 100%，14 时 59 分 2 秒，开至 100%，减温水流量为 23t/h。

14 时 58 分 55 秒，主操手动设定左、右侧一级减温水调节阀指令至 25%、30%；14 时 58 分 58 秒，阀门开至 25%、30%。

14 时 59 分 18 秒—59 分 35 秒，AGC 指令自动调节，机组负荷由 264.29MW 上升至 266.27MW，总燃料量由 101.57t/h 增加至 110.02t/h。

14 时 59 分 50 秒，锅炉左侧主蒸汽温度 1 和 2 均为 603.5℃，右侧主蒸汽温度 1 和 2 分别为 601.4/和 599.3℃，达到锅炉过热器出口温度高（600℃）保护动作条件（锅炉主蒸汽温度“左侧二取平均”与“右侧二取平均”），锅炉 MFT 动作，机组跳闸。

15 时 30 分，确认机组“锅炉过热器出口温度高”保护动作，机组跳闸原因为运行人员调整不当所致，立即组织 1 号机组热态启动；16 时 17 分，锅炉重新点火；22 时 26 分，机组并网。

（二）事件原因检查与分析

1. 事件原因检查

经过现场调取历史趋势和事件记录分析，1 号炉主蒸汽减温水调节阀切至手动控制后，运行人员对主蒸汽温度监视不到位，未及时进行正确调整和处置，导致主蒸汽温度快速上升至 600℃，锅炉过热器出口温度高保护动作，机组跳闸。

运行主操解除减温水调节回路自动后，在主蒸汽温度上升过程中，大幅调整 C 磨煤机转速时未及时调整减温水调节门，大幅调整 C 磨煤机转速对锅炉燃烧、主蒸汽温度产生的影响没有预判并采取相应的应对措施，导致实际煤水比短暂失调，蒸汽温度异常升高。

2. 暴露问题

(1) 运行管理基础薄弱，制度不完善，标准执行不到位。对运行监盘分工、自动投退管理等分工不明确，责任不清晰，运行人员操作随意性大，随意切除一、二级减温水自动调节，汇报和许可机制不健全。值长对机组异常情况不了解，对参数调整、应急处置等没有统一协调指挥，未能及时进行有效指导。

(2) 专业技术管理缺失，运行日常监督管理不到位。运行人员随意解除自动现象长期存在，各级管理人员对此现象不重视，专业管理不到位，岗位分析工作不深入，对逻辑保护、自动调节的性能是否完善以及运行调整方式是否合理没有调查分析，未能及时发现管理上存在的隐患，没有开展自动优化工作，未能有效督导运行操作。

(3) 专业技能培训不到位，运行人员技术能力差，对异常情况的应急处置能力欠缺。运行人员业务不熟悉，在突发事件的处理过程中经验不足，发现C磨煤机异常，石子煤量大，不能综合考虑问题，仅单一调整C磨煤机分离器频率，且调整幅度过大，处理要点掌握不全面，对可能导致的后果判断不足。主蒸汽减温水调节阀切手动控制后，未对汽温进行严密监视，发现温度高报警调整滞后，对主蒸汽温度与减温水量调整匹配情况不了解，不能准确预判趋势，也未能根据异常情况及时果断采取停磨等紧急措施，造成主蒸汽温度快速上升达到保护动作值。

（三）事件处理与防范

(1) 深入分析、反思和总结，从制度、流程、管理、培训、技术分析、事故预想、应急处置、日常监督管理等多方面查找问题和不足，制定详细的改进措施，全面组织整改。

(2) 剖析运行管理方面问题的根源，进一步完善监盘、操作分工、声光报警检查确认、调节回路自动投退管理、异常应急处置管理等制度、管理办法，并结合当前运行人员实际水平组织编制运行监盘控制要点，指导运行操作。

(3) 针对此次非停事件，组织对重要系统、设备进行操作风险辨识，对操作中的风险制定标准操作卡，突出标准操作卡的可执行性，切实提高运行人员对各类风险的预控和处置能力。

(4) 加强技术培训工作，强化工作人员风险意识。加强对机组及主要设备重要保护和模拟量控制系统逻辑的学习，针对设备异常、不同运行方式等认真开展事故预想、事故演练，制定强化培训计划，开展精准培训，确保培训质量。梳理、收集因运行操作不当造成机组非停的事故案例，并通过仿真机培训等方式提高人员异常处置能力，提高运行人员的运行操作及分析处置能力。

六、运行操作不当且保护未投导致锅炉爆燃

某电厂4×155MW汽轮发电机组采用三炉两机、母管制运行方式，共设两个单元。1～6号锅炉为武汉锅炉股份有限公司设计、制造的WGZ410/9.8-18型高温高压、自然循环、四角切圆燃烧、单炉膛平衡通风、固态除渣汽包炉。锅炉采用紧身封闭、全钢架结构“Π”型布置。以MCR工况为设计参数，蒸发量为410t/h、蒸汽温度为540℃。设计燃料为烟煤、属易结渣煤种，低位发热量为19490kJ/kg。点火用油为0号轻柴油，发热量为41868kJ/kg。炉顶采用密封填块加隔板迷宫式密封结构，并设有大罩壳。燃烧器采用四角布置切圆燃烧方式。制粉系统采用钢球磨煤机中间储仓式乏气送粉系统、共两套。油枪采用机械雾化喷嘴、二级点火方式，整台锅炉共布置8只油枪。风烟系统为平衡通风方式，选用两台离心式引风机和两台离心式送风机组成。脱硝系统采用SNCR+SCR联合脱硝工艺，采用氨气作为脱硝还原剂。

锅炉正常运行燃用设计煤种，MCR工况时热效率为90.54％（按低位发热量计算）。锅炉在50％MCR负荷下能维持连续运行，过热蒸汽温度在50％～100％MCR负荷范围时，能稳定在额定值。

2018年5月10日，2号锅炉热态启动点火中发生锅炉爆燃事故。

（一）事件过程

11时57分，2号锅炉蒸发量为389.46t/h，为配合处理1号汽轮机振动大跳闸，2号锅炉手动MFT动作，燃料切断正常，锅炉热态停运。

17时31分，锅炉启动单侧引风机与送风机，打开风门，调整送风机电流至33A、引风机电流92A，进行大约10min吹扫。

17时44分，燃油快关阀打开，燃油压力建立约2.33MPa。

17时45分，4号油枪投入、油阀打开，未见火焰检测信号。

17时49分，5号油枪投入，锅炉负压瞬间飙升超过压力变送器量程上限+2kPa后无法监控，锅炉发生爆燃。

（二）事件原因检查与分析

1. 事件原因检查

（1）现场情况调查。现场勘查发现，爆燃造成锅炉本体主燃区至冷灰斗底部四周水冷壁向外侧变形损坏，标高9m处损坏最严重，前后墙冷灰斗拐点位置以上垂直水冷壁向外变形约30°、左右侧墙也有向外变形，前墙、后墙与左侧墙变形较严重，水冷壁刚性梁存在变形。冷灰斗刚性梁角接焊口撕裂、水冷壁四角张口，1、2、3号角开口较大，开口处最大距离为0.8～1m，1号角最为严重、4号角开口最小。燃烧器标高位置以下，水冷壁变形挤压步梯，前墙与左侧墙步道变形严重、影响通行。图6-55所示为1、4号角炉外勘查图，2、3号角炉内勘查图，图6-56所示为炉后墙冷灰斗刚性梁角接拉裂处，由勘查现场可见，锅炉爆燃对于炉前墙、1号角、左墙、4号角损坏较为严重。

(a)

(b)

(c)

(d)

图6-55 锅炉水冷壁变形1

(a) 4号角；(b) 1号角；(c) 3号角；(d) 2号角

（2）DCS历史追忆和趋势查询。针对2号锅炉爆燃事故，热控技术人员对涉及就地点火柜及设备、PLC组态逻辑、电子间的PLC程序控制柜、工程师站DCS组态等进行了检查、核对和试验，对事故前后的机组参数和设备状态进行了历史追忆和趋势查询。事故发生基本过程如下：

1）查看DCS历史记录，事故过程及主要参数如图6-57所示。

2）事故中4号角油点火系统操作。2018年5月10日下层4号点火操作过程，是吹扫阀开、点火枪进到位、油枪进到位、最后油阀开到位，4号角油阀17时45分—49分开启时间长达4min不断向锅炉喷油，且并未见火焰检测信号，直到5号油枪点火引起锅炉爆燃，之后4号角油阀才关闭。

图 6-56　锅炉冷灰斗刚性梁角接处

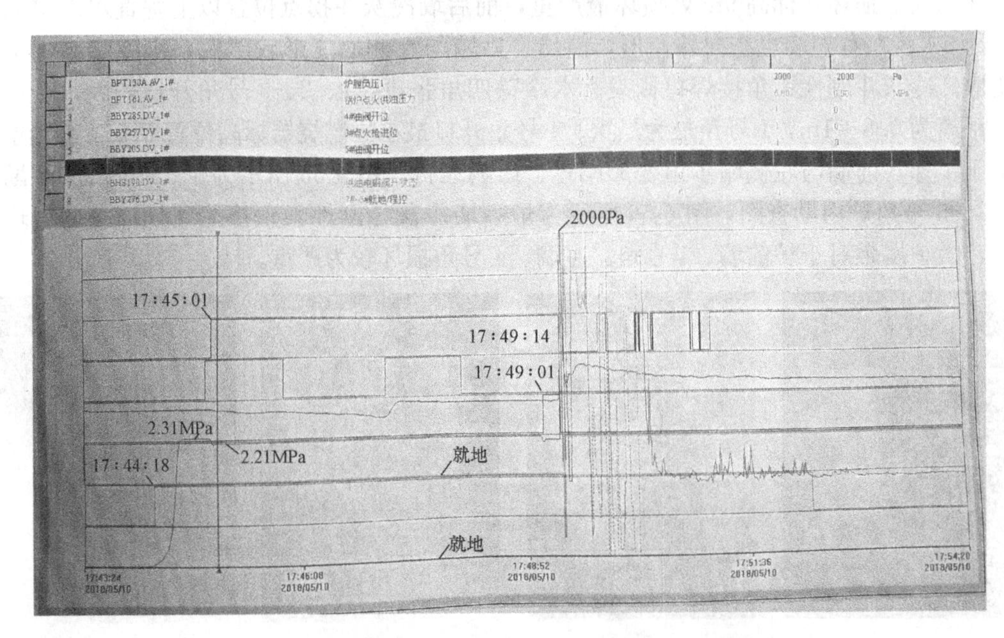

图 6-57　2018 年 5 月 10 日事故时关键参数曲线

由于上、下层油的点火程序控制是通过 PLC 程序控制来实现的，在 DCS 控制系统中没有程序控制逻辑实现，点火的方式设计有单操点火方式和程序控制点火方式，就地点火时的操作指令在 DCS 中没有记录，因此无法查到，只有在 DCS 中发出的指令才能查到相关记录；但是就地设备的状态可以在 DCS 中记录和历史追忆。

单操点火方式是通过 DCS 发出指令或就地直接操作来实现；程序控制点火方式是通过 DCS 发出“4 号程序控制启动点火”指令（DO 指令至 PLC 程序控制）或就地操作程序控制按钮来实现“4 号点火程启”（就地程启后 DCS 接收到的 DI 反馈信号，是脉冲）。

另外，通过检查 PLC 点火程序控制逻辑可知，如果点火程序控制按照设计逻辑正常工作，那么当通过上述两种方式程控启动点火时，都会使“4 号枪点火进行”继电器带电，其动合触点接通，点火程序控制回路保持，“4 号枪点火进行中”信号发出（长信号，不是

脉冲），同时反馈至 DCS 中，程序控制才会启动。图 6-58、图 6-59 中此信号“4 号枪点火进行中”在 4 号点火时并未发出。

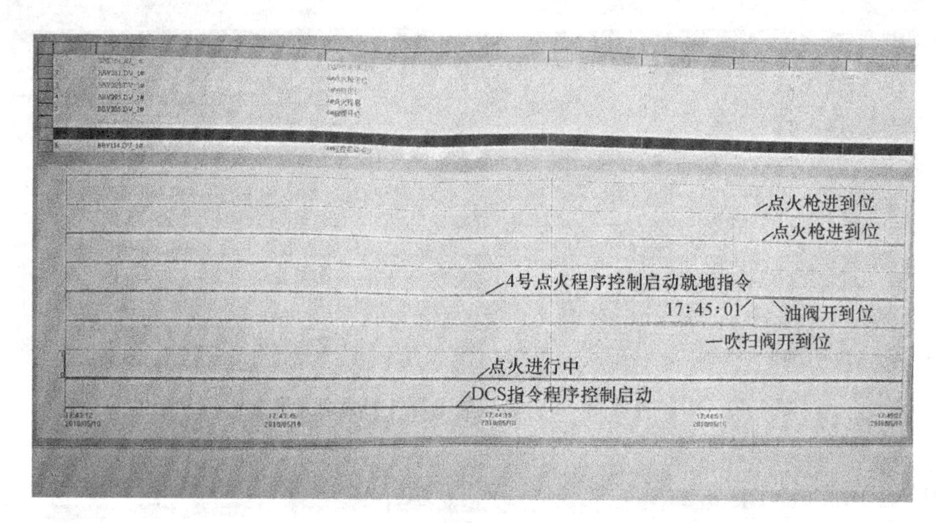

图 6-58　2018 年 5 月 10 日下层 4 号角油点火操作过程

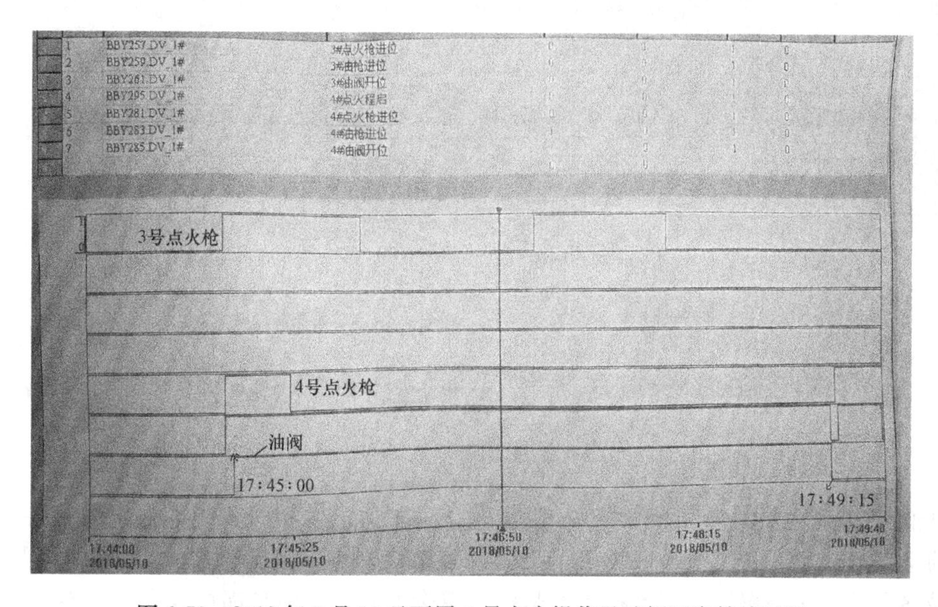

图 6-59　2018 年 5 月 10 日下层 4 号点火操作及油阀开启持续时间

（3）事故后燃油点火系统程序控制试验。图 6-60 是 2018 年 5 月 14 日事故后对下层 4 号角的程序控制试验，在就地按下程序控制按钮，“4 号枪点火进行中”信号发出。通过查 2018 年 5 月 10 日事故前对上层 5 号的点火操作，如图 6-61 所示，也是有一样的情况，即就地操作程序控制启动，“5 号枪点火进行中”信号会发出。由此可推断，2018 年 5 月 10 日 4 号点火操作是在就地单操方式下进行的，程序控制并未启动。

2. 事件原因分析

综合上述现场勘查与分析，专业人员认为，在锅炉热态点火过程中，4 号油枪在“黑炉膛”的情况下，向炉内喷油约 4min，油枪设计出力为 0.8t/h，运行油压为 2.33MPa，

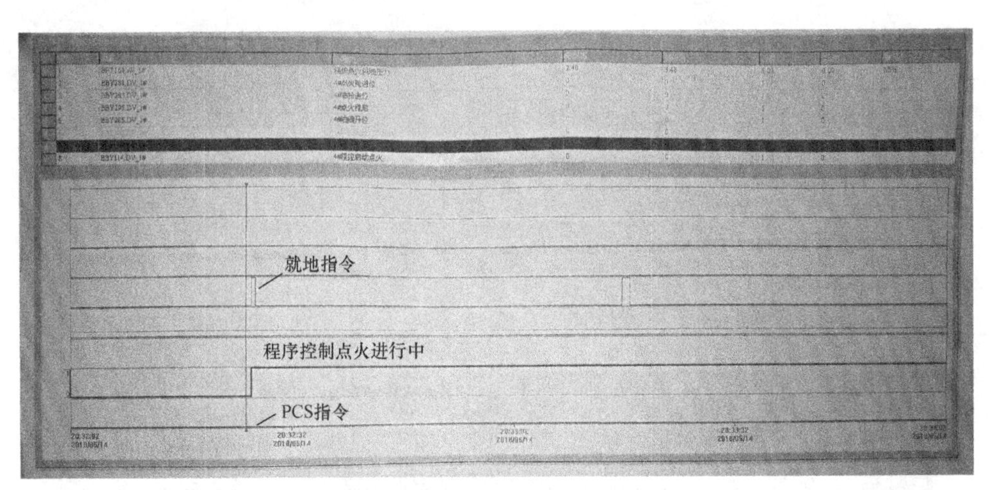

图 6-60　2018 年 5 月 14 日事故后下层 4 号角就地程序控制试验

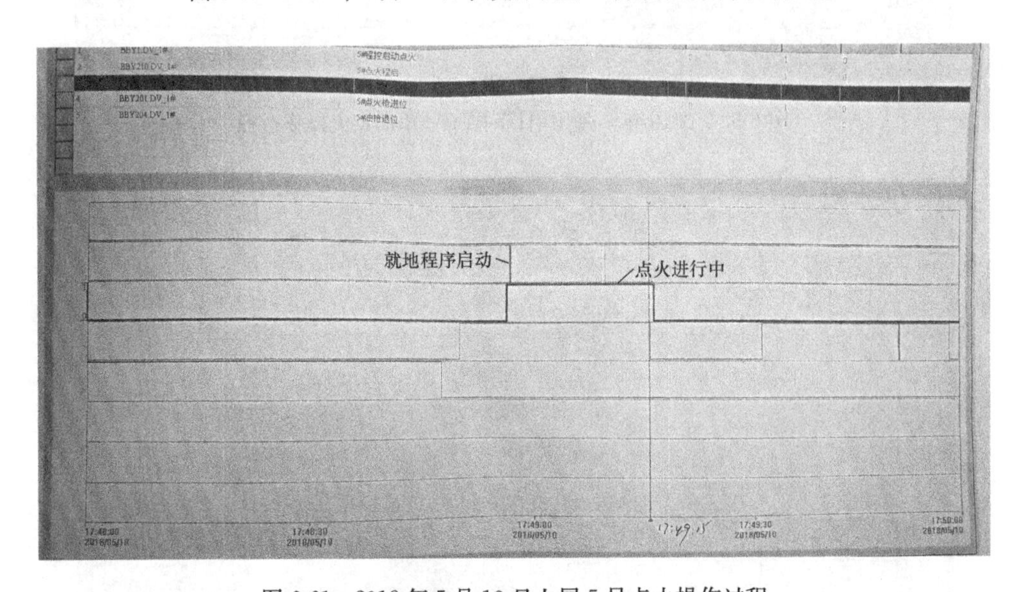

图 6-61　2018 年 5 月 10 日上层 5 号点火操作过程

大量燃油喷入烟温约 230℃的黑炉膛，快速气化、扩散，在相对封闭的炉内形成一定爆燃浓度的空气混合物，送风机鼓风提供了足够的氧浓度，当 5 号油枪点火成功后，提供了火源，最终导致了炉内爆燃。因此得出 2 号锅炉爆燃的直接原因是锅炉点火操作不当引起。

3. 暴露问题

（1）热态点火操作不当。大量燃油喷入烟气温度约 230℃的黑炉膛，快速气化、扩散，形成一定爆燃浓度的空气混合物，送风机鼓风提供足够的氧浓度，5 号油枪点火成功提供了火源，最终导致炉膛爆燃。

（2）炉膛安全监控系统不完善与炉膛吹扫不规范：依据 DL/T 1091—2008《火力发电厂锅炉炉膛安全监控系统技术规程》的设计要求，炉膛安全监控系统应该至少包括炉膛吹扫联锁及定时、点火试验定时、火焰检测及强制性安全停炉；炉膛吹扫风量应大于 25%～30%额定总风量；炉膛吹扫时燃油跳闸阀及油角阀关闭。该厂 2 号锅炉炉膛吹扫与点火试验逻辑功能不完善，炉膛吹扫仅凭运行人员经验手动操作，不符合规程要求。手动吹扫操

作中，吹扫条件仅凭运行人员人为判别，存在吹扫条件不满足的问题，事故当天锅炉吹扫过程中，风门手动全部打开，由于风量失真，吹扫风量仅按送引风机电流来控制，吹扫风量无法准确估算，存在吹扫风量小影响实际吹扫效果的问题，这些都不符合规程要求，炉膛安全监控系统不完善与炉膛吹扫不规范都是导致爆燃事故发生的潜在原因。

（3）锅炉保护未投入：依据《防止电力生产事故的二十五项要求》（国能安全〔2014〕161号）中6.2防止锅炉炉膛爆炸事故规定，锅炉运行中严禁随意退出锅炉灭火保护，严禁在锅炉灭火保护装置退出情况下进行锅炉启动。在锅炉启动点火过程中，锅炉点火方式采用就地PLC控制，点火操作在就地控制柜手动操作，锅炉大联锁投入，但所有锅炉主保护MFT与燃油保护OFT均未投入，这使得锅炉4号油枪点火过程中，油枪投入、油角阀打开、无油火焰检测状态下，未能及时触发OFT进而快速关闭供油阀切断燃油，这也是最终导致锅炉爆燃事故发生的主要原因。

（4）锅炉炉膛安全监控系统不完善。

（三）事件处理与防范

根据电厂实际情况和当前存在的问题，建议采取下列措施：

（1）严格按照国家相关规程与要求，对受损锅炉设备进行检修恢复与检测，确保设备各项指标符合要求前提下再投入使用。

（2）严格执行国家相关规程、《热控保护定值及保护投退操作制度》，对热控逻辑、保护投切操作进行详细规定，明确操作人和监护人的具体职责，重要热控操作必须有监护人，确保MFT、OFT等锅炉及辅机主保护的正常投入。

（3）严格执行国家相关规程，确保锅炉点火前吹扫条件明确、逻辑完善，吹扫工作在DCS程序控制进行。

（4）确保锅炉点火操作在DCS远方进行和点火控制与保护逻辑功能完善。

（5）加强运行人员培训与管理，提高运行操作水平，严格按照运行操作规程进行包括锅炉点火、现场巡检等各项工作。

（6）增加锅炉大量程负压监测变送器（>±5000Pa），提高锅炉负压监测区间范围。

（7）联系锅炉厂家，研讨本锅炉实际最大防爆强度及优化改造方案。

七、运行操作不及时造成汽包水位低低导致机组跳闸

2018年5月23日17时20分，某电厂2号机组接中调指令，将负荷由305MW降至225MW，降负荷过程中运行人员将凝结水泵出口压力设定值由2.2MPa逐渐降低至1.67MPa，凝结水泵变频频率由46.91Hz降到41.4Hz，使除氧器上水主、副调阀维持较大开度，达到深度节能的目的。

（一）事件经过

19时15分，机组负荷为230.81MW，主蒸汽压力为13.67MPa，主蒸汽流量为809.23t/h，主蒸汽温度为539.42℃，再热蒸汽温度为533.26℃，21号和22号送风机、引风机、一次风机运行，21、22号给水泵运行，23号给水泵备用，汽包水位为−16.55mm（左侧平均为−2mm，右侧平均为−43mm），21号凝结水泵工频备用，22号凝结水泵变频运行，凝结水泵出口压力设定值为1.67MPa，凝结水泵变频设定值为41.54Hz，凝结水流量为694.36t/h，除氧器水位为2018.71mm，21、22、23、24号制粉系统运行，25号制粉

系统备用，总煤量为127.10t/h，AGC、AVC、一次调频投入，1号和2号机组中、低压供热，高压供热因母管改造退出运行。2号机组除氧器上水主、副调节阀自动状态，22号凝结水泵变频投入压力自动运行方式，通过运行人员手动设定压力改变凝结水流量。

19时30分，中调令2号机组负荷由225MW逐渐升至305MW期间，运行监盘人员没有根据机组负荷变化和除氧器水位情况手动调整凝结水泵压力设定值。随着2号机组负荷逐渐增加，锅炉给水流量逐渐增大，除氧器水位降低，上水主、副调阀逐渐开大。

19时54分25秒，2号炉MFT，汽轮机跳闸，发电机与系统解列。首次故障信号显示“汽包水位低Ⅲ值保护”

（二）事件原因检查与分析

1. 事件原因检查

19时35分，除氧器上水主、副调节阀全开。由于凝结水母管压力偏低，凝结水流量与锅炉给水流量不匹配，除氧器水位逐渐下降。

19时35分，降至1870mm，发“除氧器水位异常”光字牌和滚动报警，监盘人员未发现。

19时38分，由于除氧器水位实际值与设定值偏差大，除氧器水位主、副调节阀先后跳出自动控制，并发光字牌报警。

19时52分37秒，除氧器水位下降到1025.3mm，当班主值发现除氧器水位异常，立即将凝结水泵出口压力设定值从1.67MPa逐渐提升到2.2MPa，至19时53分02秒凝结水泵实际出口压力达到2.26MPa，但除氧器水位持续降低。

19时53分15秒，除氧器水位下降至1000mm，21、22号给水泵因除氧器水位低低跳闸，备用23给水泵因水位低闭锁未联启。

19时54分25秒，2号炉汽包水位降至－300mm，汽包水位低Ⅲ值保护动作MFT，机组跳闸。

2. 事件原因分析

凝结水泵出口压力定值采用手动设置未实现自动设置，2号机组升负荷过程中，运行人员未及时调整出口压力设定值，除氧器水位逐渐下降。由于运行监盘不到位，软光字牌报警分类和设置不合理，运行人员未及时发现除氧器水位下降，造成21、22号给水泵跳闸，导致锅炉汽包水位低Ⅲ值保护动作，锅炉MFT。

3. 暴露问题

（1）2016年1月，凝结水泵变频改造后，除氧器水位自动控制方式不完善，无法满足全工况采用凝结水泵频率控制除氧器水位的控制方式的要求（除氧器水位控制方式采用主、副调节阀控制水位，凝结水泵频率控制出口压力）。2017年8月，为了达到深度节能运行的目的，在机组升降负荷阶段需要手动设置凝结水泵出口压力，增加运行人员操作带来的隐患。

（2）除氧器水位异常报警为滚动报警、软光字牌报警、弹出框报警，未设置二级报警。弹出式三级报警在一个对话框内，如果出现某些参数异常频繁报警就会覆盖其他报警。在事件发生时由于存在汽包水位异常报警，将除氧器水位异常报警快速覆盖，干扰了运行人员对异常报警的正确判断。

（3）运行监盘人员监盘不到位，未能注意到除氧器水位下降，“除氧器水位异常”光字牌和滚动报警，未对除氧器主副调节由自动跳至手动方式报警原因分析即进行确认复位操作。

（三）事件处理与防范

事件后，对凝泵压力控制逻辑进行研究优化，实现凝结水泵压力调整全工况自动控制。同时采取以下防范措施：

（1）重新修订“公司运行人员监盘管理规定”。

1）细化运行监盘人员职责分工，明确当值监盘人员监视系统、参数的具体责。

2）严格运行参数报警的确认管理要求，确保参数报警及时正确处置。

3）对当班监盘人员离开盘前交代内容及注意事项进行规范；重新修订的管理规定经公司审批后下发执行，并组织全体运行人员对规定进行学习，运行部每月对管理规定执行情况进行检查、评价。

（2）组织集控运行人员对本次事件进行学习，再次对运行人员在机组变工况过程中凝结水泵压力调节技术要求进行培训，对变工况过程中除氧器水位控制进行事故预想和演练。

（3）针对本次事件，举一反三，组织运行部各专业按照设备、系统逐个进行涉及自动调节、控制逻辑、人员操作等方面的风险分析，深入辨识相关风险，制定风险管控措施，进行事故预想和演练。

（4）全面梳理公司报警设置、提示方式，按照重要程度做好分级管理，制定公司报警优化方案，经公司审批后逐步实施。

（5）全面梳理和完善机组的自动控制和保护逻辑，减少运行值班员非必要的手动调整，消除人为操作失误的安全隐患。

（6）制定公司运行规范化管理评价细则，定期对运行规范化进行检查、监督、评价，通过监督评价促进运行管理水平提升。

八、引风机振动大跳闸后运行操作不当造成主蒸汽温度低机组跳闸

某机组容量为660MW，机组控制采用国电智深EDPF-NT＋分散控制系统，2011年投产运行；2018年7月18日13时17分，2号机组负荷为630MW，磨煤机A、B、C、D、E、F，一次风机A、B，送风机A、B，引风机A、B运行；主蒸汽压力为24.4MPa，主蒸汽温度为566℃，再热蒸汽压力为4.0MPa，再热蒸汽温度为567℃，给水流量为1913t/h，一次风机出口母管压力为9.8kPa，引风机A、B静叶开度为92%、93%，炉膛总风量为2430t/h，炉膛负压为－115Pa，给煤机总燃料量为232t/h，风门平均开度为43.8%，计算燃料量为279.5t/h，水煤比为6.78，中间点过热度为38℃，其他相关辅助系统参数正常。

（一）事件经过

13时19分50秒，2号机组A引风机X、Y向振动在7s内先后突升至18.9mm/s、20mm/s，导致A引风机跳闸，联跳2号炉A送风机，触发RB动作。

13时21分，机长将给水控制切至手动，手动调整给水流量，因调整幅度较小，给水流量无明显下降，主蒸汽温度迅速下降。

13时26分，仍为530MW，RB动作后负荷下降过慢，此时机侧主蒸汽温度降至481℃，触发过热度低ETS保护动作，汽轮机跳闸，锅炉MFT。

16时06分，机组恢复，事件导致机组停运3h20min。

（二）事件原因检查与分析

1. 事件原因检查

（1）风机振动信号：查询机组历史曲线，2A引风机X向振动大于Y向振动，X、Y

向振动变化趋势是同步的，且 X、Y 向振动变化与引风机转速（即运行频率）变化吻合。由于 X、Y 向振动在 7s 内先后突升至 18.9mm/s、20mm/s（如图 6-62 所示，满量程 20mm/s），导致 2A 引风机跳闸触发 RB 动作。

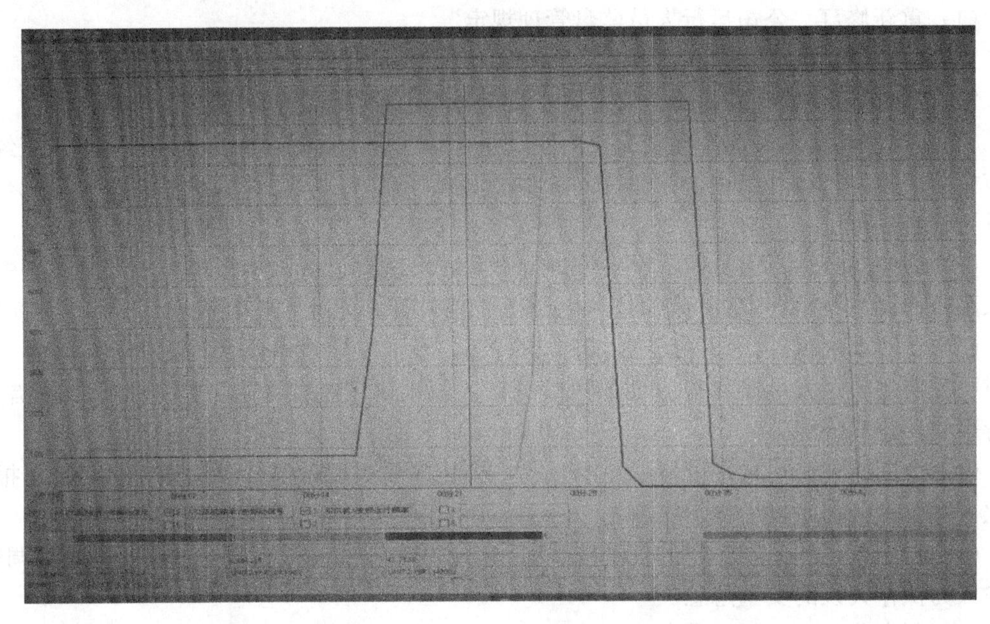

图 6-62　风机跳闸前 2A 引风机 X、Y 向振动大曲线图

18 时 55 分，2 号机组重新启动后，2A 引风机运行，2B 引风机并入过程中，2A 引风机 Y 向振动又突升至 17.3mm/s，维持约 3s 后下降到 8mm/s，又维持约 13s 后回复正常值；此过程中 X 向振动值基本没有变化（如图 6-63 所示）。

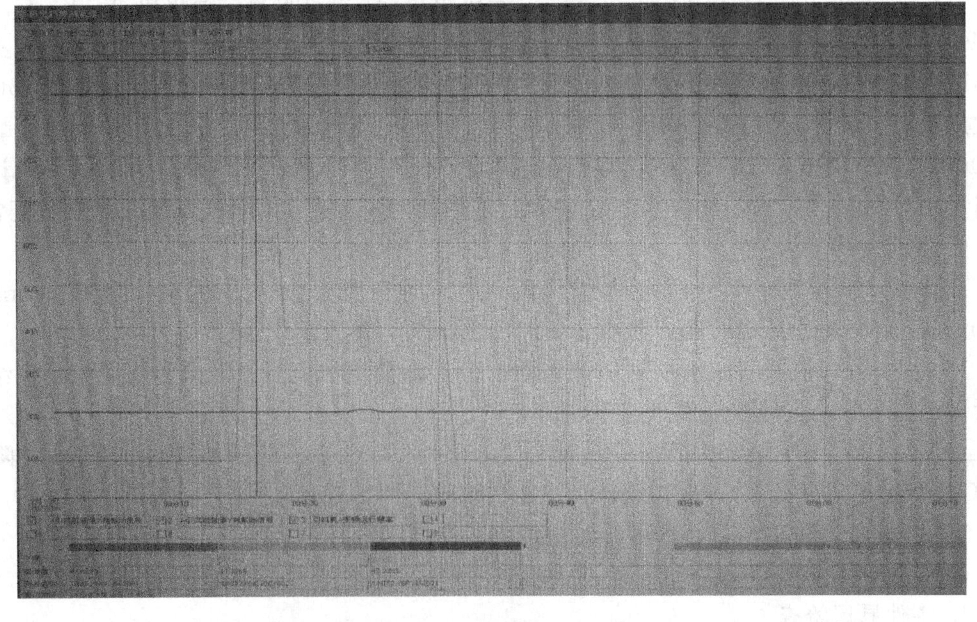

图 6-63　当晚机组重新启动后并风机时 2A 引风机 X、Y 向振动大曲线图

据专业反映，近年来六大风机都先后出现过 X 向或 Y 向单个振动突升现象，但从没有同一台风机两向振动均突升现象。曾请德国申克厂家人员到现场检查，厂家认为仪表没有问题。

（2）风机振动监测装置：1、2 号机组六大风机振动均采用德国申克的监测装置，每个风机两个振动探头将测量信号送入现场的同一个二次分析仪表中，经分析转换后送出两路 4～20mA 信号到 DCS。现场发现在风机热辐射及日晒作用下（当天中午气温约为 37℃，而 2A 引风机是日晒最严重的位置），该二次分析仪表温度较高，且显示屏花屏。

（3）RB 动作情况：RB 触发后，机组切为 TF 方式运行，但由于 RB 跳 A 磨煤机的保护未投，磨煤机未及时跳闸。13 时 20 分 11 秒，运行人员手动停运磨煤机 A，15s 后在 RB 逻辑作用下连锁跳闸磨煤机 D。RB 逻辑动作均正常。

（4）RB 后燃料量变化过程：2A 引风机跳闸后，一次风压上升，而磨煤机未及时跳闸，给煤量及风门挡板保持不变，导致计算燃料量（混合一次风压×各风门挡板开度计算得出）上升；13 时 20 分 11 秒，RB 动作时为 277.5t/h；13 时 20 分 43 秒，上升为 305.8t/h；之后由于磨煤机 A、D 先后停运，计算燃料量以约 0.5t/h/s 的速率斜率下降。进一步检查发现，磨煤机跳闸时，其计算燃料量由切换速率为 0，变为 0.1t/h/0.25s（运算周期）。

（5）RB 后给水变化过程：RB 动作后给水仍维持自动方式，此时给水流量指令主要由燃料前馈量＋中间点温度 PID 调节量两部分组成。由于计算燃料量上升，导致燃料前馈量增加；同时中间点温度当前值＞设定值，在这双重作用下，RB 动作后给水流量短时间内非但没有下降，反而略有上升。运行人员发现后，约 13 分 21 分 00 秒，将给水切为手动控制，但没有及时大幅减水，在切手动后的约 3.5min 时间内，给水流量一直保持在 197t/h 左右。

2. 事件原因分析

综合检查情况，初步分析认为：引风机跳闸后，机长将给水泵切为手动方式，通过降低给水泵转速来减给水流量，但在随后的 3.5min，给水泵转速由切手动前的 5738～5742r/min 减至 5498～5502r/min，因锅炉压力降低，给水流量维持 1970t/h 左右基本未变，同期燃料量由 305t/h 减至 178t/h，此时煤水比已严重失调，后面加速减水为时已晚。因此 RB 跳磨煤机保护未投，事故处理中值班人员处置不当，给水自动切为手动控制后未及时大幅减水，造成水煤比严重失调，导致 2 号汽轮机因主蒸汽温度低跳闸，是本次事件的主要原因。

7 月 18 日 13 时 19 分，分 2A 引风机跳闸前后振动突升曲线及 18 时 55 分两台引风机并列运行前后振动突升曲线，都不是引风机存在机械故障引起的振动特征曲线；初步认为 2A 引风机振动监测装置在高温环境下工作异常，误发 X、Y 轴振动大信号导致 2A 引风机跳闸，是本次事件的直接原因。

3. 暴露问题

（1）隐患排查治理工作不到位。设备管理部未及时发现 2 号炉 A 引风机二次分析仪表在风机热辐射及日晒作用下，表箱温度过高可能导致振动仪表故障的隐患。

（2）应急处置培训不到位，事故应急处置能力不足。发电运行部未有针对性地开展重要辅机跳闸的相关培训和反事故学习活动，在本次 2 号机引风机 A 跳闸后的处理过程中，未能严格执行事故处理规程，处置人员协调混乱，经验不足，事故处理不果断。

（三）事件处理与防范

移动二次分析仪表安装位置使其有效降温；同时，征询厂家意见，是否可采取交叉接线方式（即 2A 引风机的 X 探头送入 B 引风机的二次分析仪表中，B 引风机的 X 探头送入 2A 引风机的二次分析仪表中），这样即使二次分析仪表故障，每台风机也只有 1 个振动信号误发，不会导致风机跳闸。另外鉴于该电厂风机振动监测装置多次出现这种振动突变的虚假信号，很容易引起机组误跳，又无法查明具体原因，考虑更换新的振动监测装置。

为提高系统可靠性，提出以下防范措施：

（1）对 RB 跳磨煤机的保护进行完善，将其投入运行。

（2）送风机、引风机 RB 动作后，建议减少一次风机指令，以及时减少计算燃料量。

（3）磨煤机跳闸后，计算燃料量切为 0 的切换速率过慢，建议增大，RB 触发后，让给水流量指令下降速度达 500t/h/min 左右。

（4）结合迎峰度夏这一特殊时间段，进一步加强设备隐患排查治理力度。生产技术部应组织公司发电运行部、设备管理部及相关外委单位进一步细致排查设备管理及生产管理方面的隐患。

（5）发电运行部要加强对各岗位人员的技能培训，尤其是对主要辅机跳闸后的事故处理培训，要结合实际操作把规程里的每一条款落实到每个岗位，分工负责明确。

（6）加强各岗位人员的安全意识，提高各岗位人员的事故处理快速响应能力。上班期间每天安排一次机组重要设备跳闸事故预想，明确各岗位人员应急处置时的分工。

九、减温水喷水过量造成主蒸汽温度突降打闸停机

某电厂装机容量 3×330MW，亚临界汽包炉，为某钢铁集团常年供热。2018 年 11 月 17 日 17 时，14 号机组 CCS 模式，电负荷为 280MW，供热流量为 70t/h，主蒸汽流量为 977t/h，主蒸汽压力为 23.3MPa，主蒸汽温度为 565℃，再热蒸汽压力为 3.9MPa，再热蒸汽温度为 565℃，A/B/D/E 制粉系统运行，A/B 给水泵自动投入，A/B 引风机/送风机/一次风机运行。

（一）事件经过

17 时 16 分 00 秒，就地检查发现 B 磨煤机振动大，电流大幅波动，最高电流升至 89A；运行人员立即降给煤量至 15t/h，降低磨煤机加载压力至 7MPa。

17 时 26 分 30 秒，启动 C 磨煤机运行；1 分 57 秒后，停止 B 磨煤机运行，此时总煤量 120t/h。

17 时 29 分 30 秒，C 磨煤机给煤量 20t/h，入口一次风温 136℃，出口一次风温 90℃，运行值班员加大给煤量，并开始调节冷热风量控制 C 磨煤机出口一次风温；3 分 49 秒后，B 磨煤机热风隔绝挡板由值班员在就地关闭。

17 时 36 分 23 秒，汽轮机阀位开度逐步由 88%增加 96%；35 秒后，C 给煤机给煤量增加至 30t/h，入口一次风温 172℃，磨煤机因出口温度升至 115℃，保护动作磨煤机跳闸；12 秒后，C 磨煤机跳闸，主蒸汽压力下降至 21.68MPa，负荷下降最低至 198MW，燃水比自动跳至手动，给水流量为 940t/h，总给煤量为 108t/h，主蒸汽温度下降至 515℃后开始

回升。

17时37分23秒，C磨煤机跳闸后，A、D、E磨煤机出力自动增加至最大42t/h。因磨煤机不能满足最大出力运行，运行值班员手动解列锅炉燃料自动，手动减小给煤量至36t/h。

17时38分00秒，主蒸汽压力为20.79MPa，温度为516.5℃，单元长下令开始进行紧急倒供热至13号机组工作，同时尽量稳定14号机组主参数，9秒后，值班员解列机主控，手动关给水泵汽轮机阀位至70%（高压调节门），主蒸汽压力为22.78MPa，温度为514.2℃，主蒸汽温度此时开始回升。

17时38分56秒，过热器一级减温水A/B侧调门均由零位自动连续开至100%，两侧总减温水量超过80t/h以上；439秒后，机前主蒸汽温度由528℃开始快速直线下降。

17时41分30秒，机前主蒸汽温度降至456℃，10min内突降超过50℃，手动打闸停机，按紧急停机处理进行其他各项操作。

（二）事件原因检查与分析

1. 事件原因检查

事件后，查阅历史记录，主要参数过程曲线见图6-64。

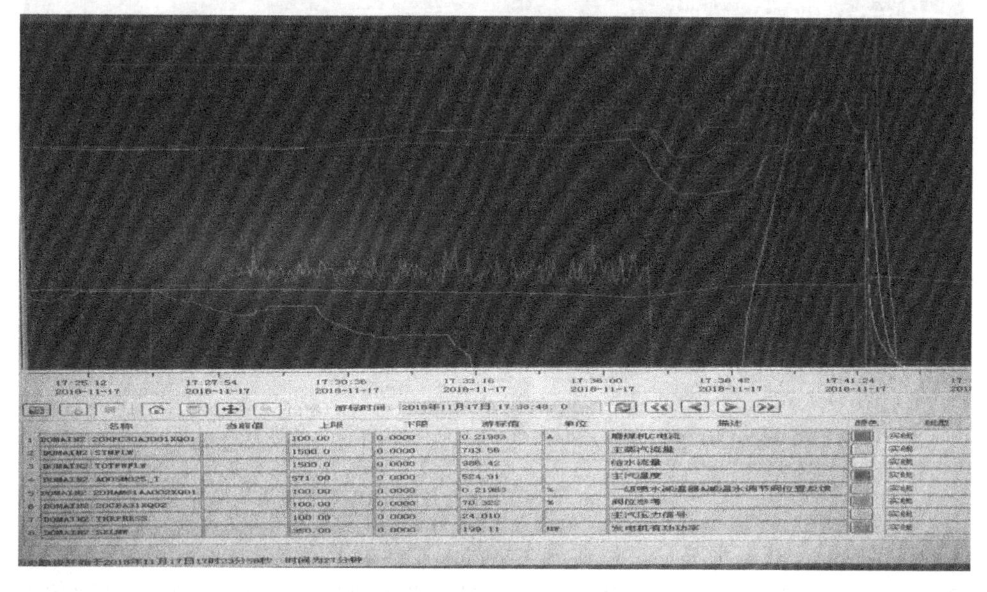

图6-64　主要参数见曲线

查阅一级减温逻辑切换图与PID调节图，见图6-65和图6-66。

通过分析发现，该设计是与原西门子控制有限公司的设计相同。西门子控制有限公司设计的目的是保证一级减温后温度，在任何时刻都必须保证一定的过热度。但该DCS厂家引进了先进技术，却错误理解了设计目的。在一级减温后蒸汽过热度低于设定值时，反而过量喷水，必然造成主蒸汽温度快速下降；另外也反映一级过热度控制没有调试过，否则，PID调节器调节方向相反，系统发散，这种情况会被发现。

2. 事件原因分析

结合上述事件过程与分析，可确定本次事件。

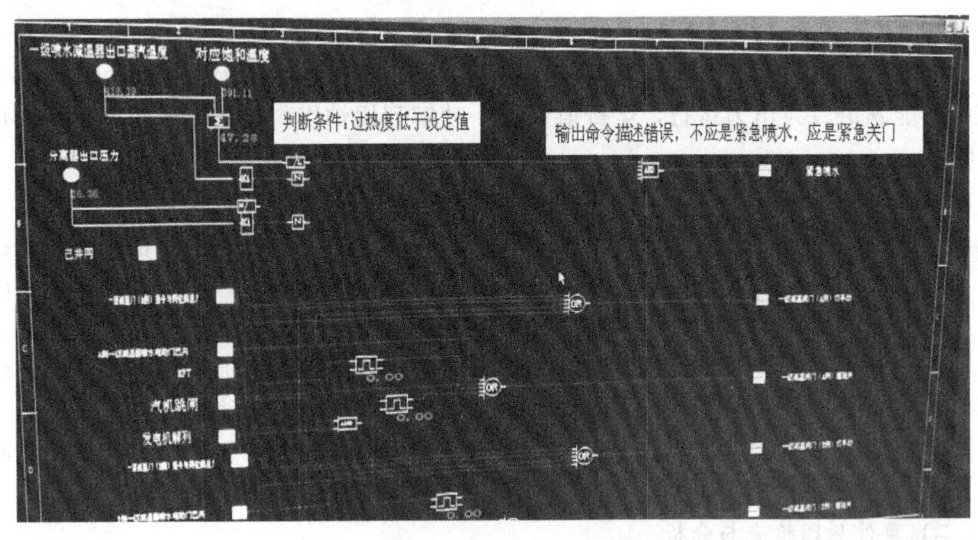

图 6-65　一级减温切换逻辑判断

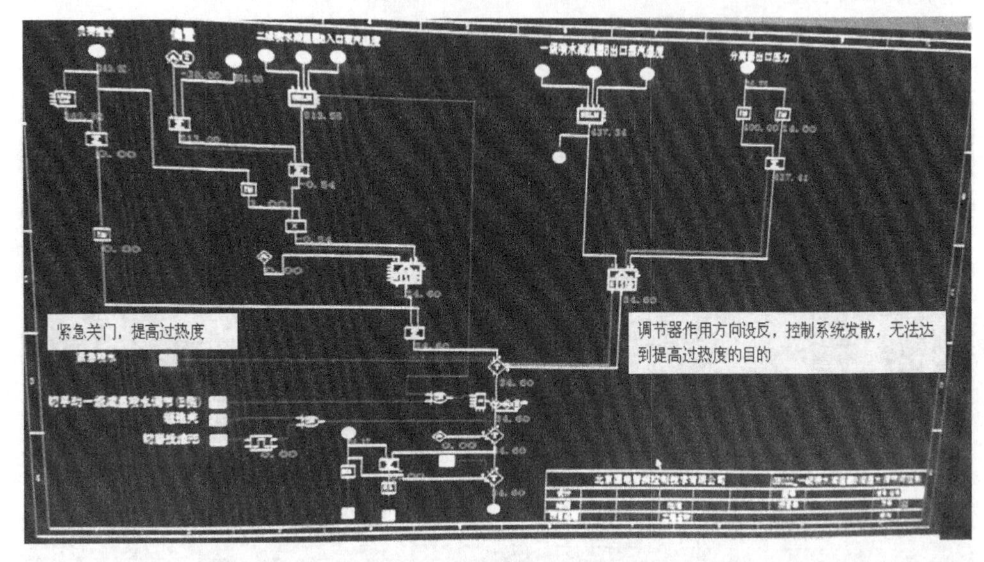

图 6-66　一级减温 PID 组态图

（1）直接原因：减温水喷水过量造成主蒸汽温度急速下降。

（2）间接原因：DCS 厂家在引进先进技术时，没有理解原设计的目的。在 DCS 升级过程中，因对一级减温器后蒸汽过热度控制回路未经调试，导致组态错误，没有及时发现。

（3）B 磨煤机因振动大停运，C 磨煤机保护停机，是本次事故的诱发因素。

（三）事件处理与防范

（1）对一级减温器后温度控制回路的逻辑及相关信号进行完善和动态调试。

（2）对机组所有未经调试、没有使用的控制回路进行排查，并进行调试。

第三节　试验操作不当引发机组故障案例分析

本节收集了因检修试验操作不当引起机组故障 6 起，分别为密度计安装维护不当引

起浆液循环泵跳闸机组MFT、基建时自动系统调试不到位引起机组炉膛压力高跳闸、机组工控信息安全漏洞扫描导致控制系统运行异常、逻辑下装过程导致机组跳闸、试验时误解除过热器入口焓值自动导致机组跳闸、脱硫MFT试验时机组选择错误导致机组跳闸。

检修试验操作是机组正常运行过程中的定期操作，这些事件都是检修试验中操作不当引发机组故障的典型案例。希望通过对这些案例的分析进一步明确试验过程中的危险源，完善试验安措。

一、密度计安装维护不当引起浆液循环泵跳闸机组MFT

某电厂1号汽轮机组为哈汽制造的超临界、一次中间再热、单轴、双缸双排汽、反动凝汽式汽轮机，型号为CLN350-24.2/566/566，额定功率为350MW。脱硫系统于2016年10月18日由西安西热锅炉环保工程公司完成超低排放改造，采用一炉一塔石灰石石膏湿法脱硫，两层分离式托盘，四层喷淋层，三层屋脊除雾器。

原密度计测量装置为动态测量，数据与手测值偏差大，无法正确指导运行操作，故随超低排放改造为塔外静压式密度计。改造后设备调试正常，并按照异动程序对相关人员进行技术交底，正常投入生产使用。

（一）事件经过

2018年6月12日7时55分，1号机组负荷为270.25MW，给水流量为791.22t/h，总风量为1077.57t/h，A、B、E磨煤机运行，脱硫系统A、B、C 3台浆液循环泵运行，烟气排放数据正常，净烟气相关数据折算值：SO_2为10.33mg/m^3，NO_x为38.10mg/m^3，粉尘为4.3mg/m^3。吸收塔入口烟气温度为99.66℃、出口烟气温度为50.33℃、浆液密度为1120.00kg/m^3，3个液位计算值分别为8.86m、8.55m、8.75m。运行人员投入密度计程序控制。程序控制过程中，吸收塔液位计算值于7时55分58秒由8.75m左右突变至−120m左右，吸收塔液位低触发浆液循环泵A、B、C跳闸，导致1号机组FGD触发MFT保护于7时56分13分动作，机组解列。

（二）事件原因检查与分析

1. 事件原因检查

热控人员检查吸收塔事故喷淋由浆液循环泵全停条件自动正常触发。解列后，净烟气相关数据折算值：SO_2为10.19mg/m^3，NO_x为37.39mg/m^3，粉尘为4.31mg/m^3，吸收塔入口烟气温度为99.12℃，吸收塔出口烟气温度为50.31℃。

检查吸收塔入口工艺水喷淋阀开启条件：1号炉原烟气温度大于或等于180℃（三取二）或浆液循环泵全停（四取四）且1号炉原烟气温度大于或等于65℃（三取二）。

现场查看1号吸收塔3个液位值均正常显示，查看历史趋势发现，在7时55分58秒，吸收塔密度计算值由1104.31kg/m^{3}波动到−65.38kg/m^3，其参与计算的吸收塔液位计算值由8.91m、8.81m、8.60m波动至−128.24m、−126.28m、−122.90m，持续时间为1s，之后由于高低限幅块的作用，密度输出值置为1120kg/m^3（附加40kg/m^{3}的实测修正值），液位计算值也恢复正常范围内。

检查现场密度计变送器及液位变送器均正常，相关线路绝缘等级正常（对地及线间绝缘测量值为500MΩ），电缆屏蔽DCS侧单点接地正常，DCS控制系统正常。

2. 事件原因分析

1号吸收塔密度计程序控制自动运行，密度计排放阀开启时因就地阀门卡涩，程序控制停止，未能正常完成程序控制程序，运行人员未对程序控制逻辑进行复位，使密度计未按照后续程序冲洗并进行排空，导致浆液充满取样管路，密度计取样管内发生堵塞。当时的阀位状态：密度计排放阀、入口阀、冲洗阀均为关闭。

运行人员对密度计程序控制块进行复位，重新启动程序控制块后，密度计投入使用，当程序执行至密度计入口阀关到位时，将当前测量到的密度值输出，密度计算值由原保持的1104.31kg/m³置为本次测量的−65.38kg/m³，吸收塔液位由正常8m左右波动至−120m左右。

经分析为：

(1) 密度计取样管内浆液滞留，导致高低压取样点间的管路存在堵塞，密度差压式变送器输出为−35kPa，密度计算值由1104kg/m³跳变至−65.38kg/m³。

密度测量设备示意图如图6-67所示。

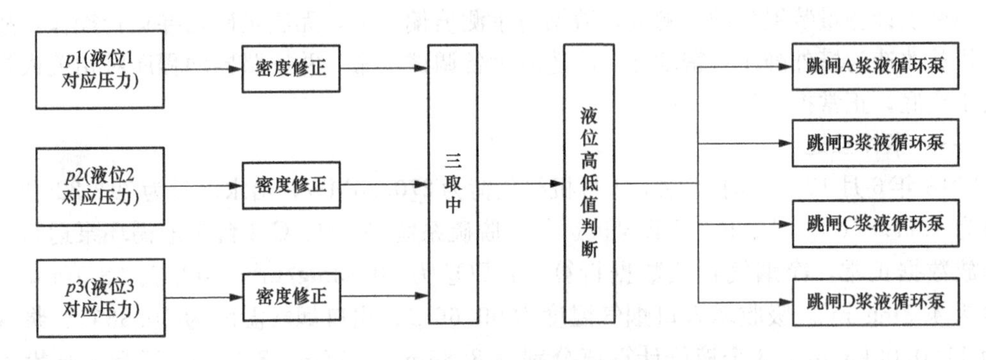

图6-67 密度测量设备示意图

故障时，由于吸收塔液位压力信号正常，仅参与液位修正的密度值变为−65，当时液位变送器所测压力值为79kPa，根据液位公式计算出吸收塔液位为−120m左右，与异常时数据一致。

密度突变造成保护动作的逻辑流程图见图6-68。

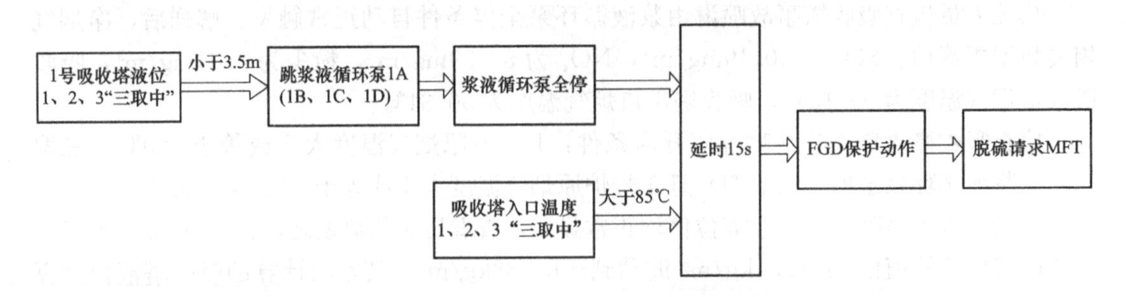

图6-68 密度突变选成保护动作的逻辑流程图

(2) 逻辑内密度计算值高低值判断存在隐患，导致在本次误动过程中未起到对异常值的限制作用，并导致参与液位计算的密度值异常，使得液位由正常8m波动至−120m，导致机组保护动作。具体隐患如下：

1）高低值判断块（HLALM）和切换块（SFT）的时序存在问题。逻辑中高低值判断块的序号为180，切换块的序号为30（见图6-69）。新华DCS的扫描规则为，同一扫描周期内，按照功能块序号，从小到大进行扫描。按此规则，实际计算中，先扫描切换块（SFT），再扫描高低值判断块（HLALM），导致高低值判断块未起到应有的作用。

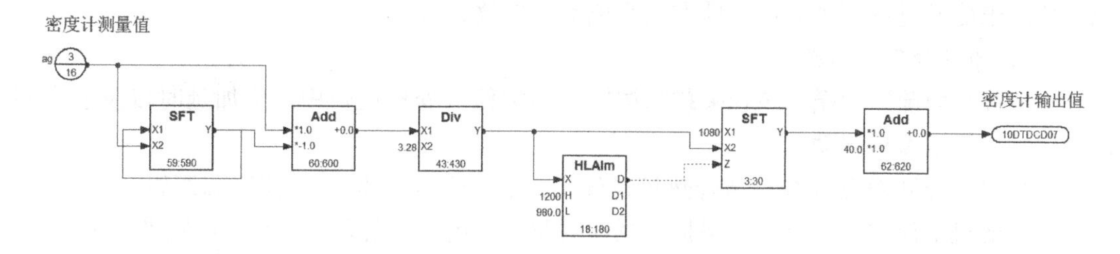

图6-69 密度计计算逻辑

注：当SFT块的Z引脚输入，即高低限块HLALM判断为超限输出为1时，SFT块输出为X_1，即1080。当高低限块HLALM未起作用时，SFT块输出为X_2，即密度计实际测量值。

2）未直接在密度计算值出口设置高低限幅块，导致密度计算值无法可靠受限，使得密度在参与液位计算后，出现－120m的失真值。

3）吸收塔液位低跳浆液循环泵保护未设置延时，未能防止信号短时突变造成的保护误动。

3. 暴露问题

（1）运行人员未及时发现密度计排放阀故障，导致取样管内浆液沉积，致使高压侧取样管堵塞，测量值异常（密度程序控制操作块及阀门状态需点击画面密度显示值后弹出，见图6-70）。

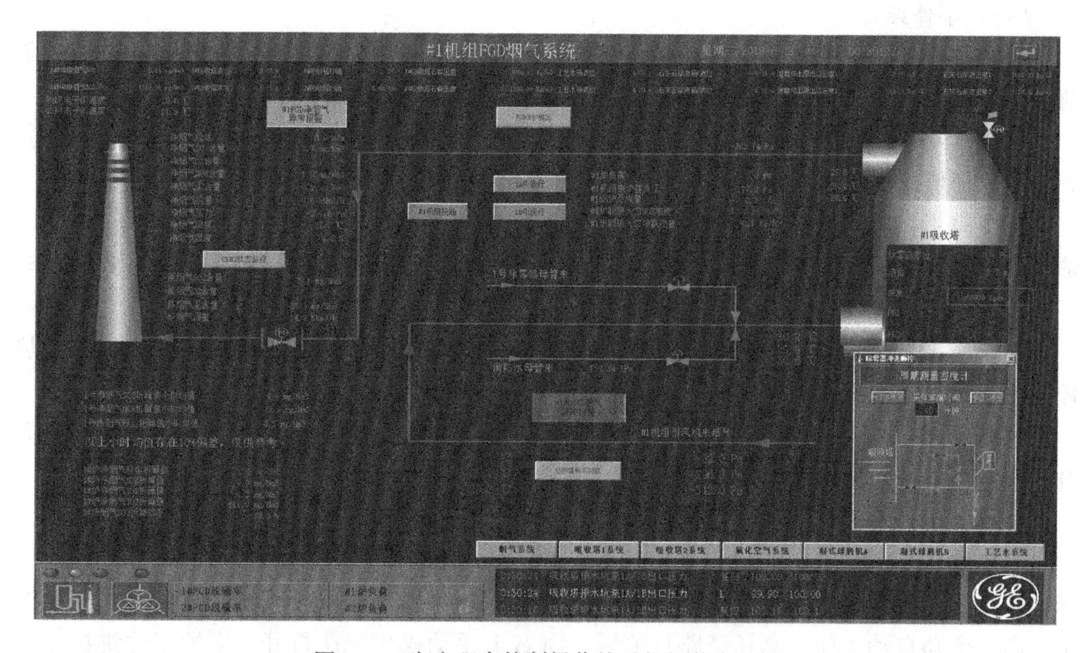

图6-70 密度程序控制操作块及阀门状态画面

（2）1号机组吸收塔密度计测量系统改造过程中密度计相关设备的设计供货、安装调试和DCS逻辑的编制存在如下隐患：

1）未合理设置逻辑块时序，导致执行顺序异常，未合理设置密度计算值高低值限幅，特殊工况下存在隐患。

2）吸收塔液位低跳浆液循环泵保护未设置延时。

(3) 电厂热控人员技术水平不足，在隐患排查过程中，未能及时发现逻辑中存在的隐患，从而未能通过提高逻辑可靠性方面避免本次事故。

（三）事件处理与防范

(1) 优化脱硫浆液循环泵相关跳闸逻辑，相关信号处理逻辑中，增加延时以及速率判断，确保不发生保护误动。

(2) 深入开展隐患排查，结合热控逻辑隐患排查活动，按照热控组态逻辑指导意见，重点对重要机组保护、重要辅机保护、联锁的逻辑，包括重要系统的时序设置进行排查。

(3) 加强热控人员对保护系统隐患的学习，提高专业素质，提升隐患的发现能力。

(4) 运行人员加强技术培训，重视现场存在的问题和隐患，确保设备可靠运行。

(5) 运行和检修人员共同对操作画面进行梳理，便于运行人员对重要参数及设备进行监视，及时发现隐患。

二、基建时自动系统调试不到位引起机组炉膛压力高跳闸

某机组容量为660MW，DCS为艾默生OVATION系统，2017年3月投产。2018年4月21日事件发生前2号机组负荷为655MW，风烟系统双侧运行，2A、2B引风机静叶在手动位置，2A、2B送风机动叶在手动位置，2A、2B汽动给水泵运行，2A至2F制粉系统运行，厂用电标准方式运行。

（一）事件经过

20时3分55秒，2号机组负荷为655MW，AGC指令为646MW，机组自动执行降负荷指令，运行值班员将引风机静叶自动投入，4s后投入送风机自动。

20时4分15秒，2号A、2号B引风机静叶开度分别由98%、88%自动关回至51%、38%，运行值班员解除引风机静叶自动，紧急手动开大引风机静叶。

20时4分23秒，炉膛负压达到+1534.534Pa，触发“炉膛压力高高”MFT保护，锅炉灭火，机组大联锁保护动作，汽轮机跳闸，发电机解列。运行值班员完成其他停机操作。

20时44分，锅炉吹扫完成，锅炉点火，投入AB层大油枪。

20时51分，启动2A、2B一次风机，准备投入旁路系统，高压旁路打不开，联系热控检修处理。

22时35分，高压旁路处理完毕，可正常开关，启动2A磨煤机运行，按规程进行升温升压操作。

4月22日00时54分，达到冲车参数，进行汽轮机冲转；1时15分，汽轮机定速。

1时20分，1号低压旁路后温度为169.4℃，2号低压旁路后温度达到175.8℃，1、2号低压旁路快关保护动作（保护定值为160℃），低压旁路全关以后，触发高压旁路快关逻辑，高压旁路自动关闭。高压旁路自关后，DCS上手动操作无法打开，锅炉无法维持正常运行，汽轮机打闸，停运制粉系统以及大油枪，保留微油系统运行。

2时30分，DCS上操作无法打开高压旁路阀，就地打开高压旁路阀。

5时15分，汽轮机进行冲车，38min后，2号发电机并入电网。

（二）事件原因检查与分析

1. 事件原因检查

（1）机组停运以后，启动2A引风机，多次投入2A引风机静叶自动，均发现存在静叶自动滑回的现象。热控人员调取查看逻辑图，经分析发现引风机静叶逻辑中起保持作用的T块没有起作用，经修改离线逻辑，更换了T块，下装逻辑后重新投引风机静叶自动，引风机静叶指令输出信号仍未能保持。按照设计引风机正常逻辑：正常运行引风机汽轮机转速和引风机静叶自动均应投入，当负荷低时，转速自动不能再调转速值时，由静叶接替转速调节进行自动调整，在投入自动操作时，引风机汽轮机投转速自动后再投静叶自动，静叶指令输出信号应保持当前值，引风机静叶应保持在当前位置。当时实际情况是投引风机静叶自动时，引风机静叶指令输出信号未能保持当前值而关小。经分析曲线及试验检查发现引风机静叶逻辑中起保持作用的T块没有起到保持作用。

（2）引风机静叶自动经常不投。机组168h试运期间，一直满负荷运行，引风机静叶自动调节性能差未充分暴露；机组投产后，机组负荷降低至引风机转速自动调节最低转速很少，在引风机转速自动投入的情况下，运行人员未考虑其与静叶自动匹配问题，没有反复对引风机静叶自动性能进行验证。

（3）机组投产后送风机动叶自动跟踪不好，在升负荷时，超调量大，运行人员只能即时解除自动，手动进行干预。热控人员多次处理并联系专家，一直未能得到解决。

（4）在事故处理启机过程中因为低压旁路减温水水量不足，导致低压旁路后温度高快关，在调试过程就发现凝结水泵变频运行时，凝结水压力低，低压旁路减温水水量不足，低压旁路阀自动开大时，容易导致阀后超温。期间多次联系过设计院，一直未能得到彻底解决。

（5）高压旁路阀在试运投产以来多次发生过故障，检修人员对该进口阀门的检修和维护能力差，此次高压旁路阀故障未能消除。

2. 事件原因分析

（1）直接原因：2号机基建调试期间未对引风机转速和静叶自动调节的匹配性能进行充分调试，为投产后机组运行埋下了安全隐患，当投入引风机静叶自动后，引风机静叶自动逻辑回路中起保持作用的T块没有起到保持作用，致使引风机静叶自动滑回，风量减少，炉膛压力增高，触发“炉膛压力高高”MFT保护，锅炉灭火，汽轮机跳闸，发电机解列。

（2）间接原因：运行人员在投入经常不投的引风机静叶自动时，对可能出现的异常预想不足，发现引风机静叶自动关回时，未及时退出自动，手动开启静叶，导致引风机出现抢风现象，炉膛压力快速升高。

3. 暴露问题

（1）机组调试期间对引风机自动和送风机自动调试深度不够，引风机转速和静叶都在自动状态的运行方式，未经过充分调试，自动匹配性能差，在调试期间未充分暴露，为机组投产后埋下安全隐患。

（2）引风机静叶自动经常不投，生产管理部门未明确提出处理意见，也未做任何的安全措施，暴露出设备管理存在漏洞。

（3）旁路阀门多次故障一直未彻底解决，在这次事件中延误了机组正常恢复。

（4）运行人员投引风机静叶自动时，操作盲目，对可能产生的风险预想不足，发现静叶往回关时未及时解除自动，手动开启静叶。

（5）两台引风机在低负荷运行和负荷大幅调整时，由于设计院未给引风机入口联络烟道设计联络挡板，经常出现抢风现象，给运行调整和机组稳定运行构成风险，也使风烟系统自动调节性能差，运行人员频繁投切自动。

（三）事件处理与防范

将引风机静叶自动允许条件暂时屏蔽。联系 DCS 厂家停机时检查数据库，联系研究院热控专家和设计院专家进行专题研究，彻底解决引风机、送风机自动逻辑回路问题。同时采取以下防范措施：

（1）在机组停机前，申请网调，对其他自动装置进行试验，查看是否也存在类似现象，停机后一并处理。

（2）今后严把调试、试验关，新投运设备或修后试验设备必须严格把关，验收合格并核对各项参数正确后才能投运。

（3）加强运行管理，提高运行操作技能，增强运行人员安全意识和责任心，杜绝盲目操作，对运行设备进行一次系统的梳理，发现问题及时联系处理。

（4）加强检修人员的技能培训，提高检修维护能力。

（5）加强备品备件管理，认真梳理设备故障情况，落实费用，购置备品备件。

（6）生产管理部门对机组长期不能处理的缺陷和隐患，应明确运行方式，制定相应的安全措施和应急处理预案。

（7）对两台引风机抢风问题设计院已出变更方案，设计联络挡板，机组停运后进行改造。

（8）对于现旁路系统故障发电部制定了防范措施，防止锅炉超压，确保安全门动作正常，必要时手动启动 MFT。停机消除故障。

（9）针对低压旁路阀后超温，生技部要组织生产技术人员开专题会议，讨论如何提高凝结水压力或增加减温水流量，制定具体实施方案，停机后进行改造，确保不再发生类似事件。

三、机组工控信息安全漏洞扫描导致控制系统运行异常

某电厂配置 4×660MW 超临界燃煤机组，锅炉采用北京 B&W 公司 B-1903/25.40-M 超临界、中间再热螺旋炉膛直流锅炉。汽轮机采用阿尔斯通生产的 N660-24.2/566/566 中间再热凝汽式汽轮机。DCS 系统采用 ABB 公司制造的 Symphony 控制系统。2018 年 3 月 8 日工控信息安全漏洞扫描导致 DCS 计算机异常。

（一）事件经过

2018 年 3 月，某厂在全厂停电期间，委托技术研究院对电力监控系统（工控部分）进行网络安全评估及漏洞扫描，检查范围包括 DCS 系统、辅控系统、公用系统、电力调度数据网、NCS、智能燃料系统等。具体操作方式：将工控漏洞扫描设备接入相应网络端口，对该网络上的所有设备进行扫描。在扫描的过程中，一期 DCS 控制系统计算机和辅控网络均正常，未出现网络异常现象，而二期 DCS 系统计算机和二期脱硫 DCS 系统计算机均出现了计算机卡顿、响应缓慢等问题。

（二）事件原因检查与分析

1. 事件原因检查

（1）DCS 系统进行漏洞扫描。2018 年 3 月 8 日下午，对 DCS 系统进行漏洞扫描，现

场使用了绿盟科技和安恒公司的两台漏洞扫描设备。设备接入情况如图6-71所示。

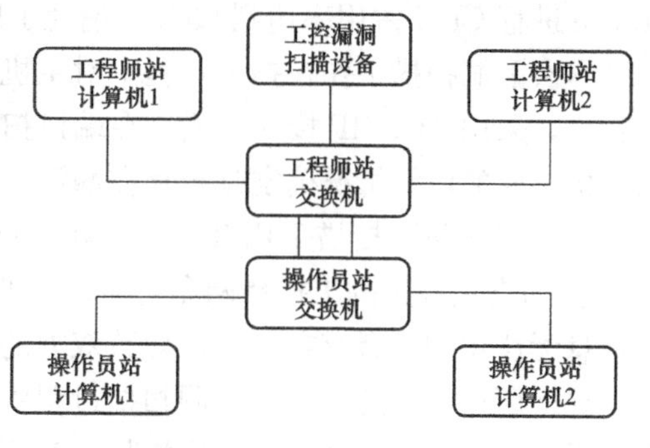

图6-71　DCS系统计算机网

通过将工控漏洞扫描设备接入单元机组工程师站DCS系统计算机的交换机，即可对该单元机组DCS系统的全部计算机进行扫描，现场实际工作过程如下：

15时30分，完成1、2号机组DCS上层计算机扫描，未发生异常情况。

16时00分，对3、4号机组上层计算机进行扫描。

16时30分，集控室操作员反应DCS操作员站有卡顿现象，现场查看操作员站操作画面切换有0.5s延时。

16时50分，完成3、4号机组DCS系统扫描。现场撤走相应的漏洞扫描设备。

17时00分，左右仪控点检接到运行值班人员电话，3、4号机操作员站计算机响应缓慢，无法操作。随后仪控值班人员马上赶到现场，在确认相应DCS控制系统模件状态、通信模件状态，机柜电源状态均正常后，依次对计算机进行了重启操作，重启之后计算机恢复正常，均能正常操作。

(2) 脱硫DCS漏洞扫描。3月9日下午，对脱硫DCS进行漏洞扫描，现场使用了两台漏洞扫描设备，过程如下：

15时00分，扫描过程中发现DCS操作员站主机卡顿，检查人员立即对主机进行系统查看，主机名：环保-PGP61及环保-PGP63，两台计算机CPU占用率100%，其中名为APMSNetServer.exe的进程CPU占用率99%，该进程位于D:/PGP/bin目录下，经ABB公司现场服务工程师确认该进程为ABB公司工控系统官方发布的程序，该进程使用网络端口号为5001。APMSNetServer.exe进程的作用为单元机组内服务器之间各类通信用，例如机组报警信息确认、部分机组远程通信点数据传输等。

15时30分，对两台计算机进行重启，重启后主机状态恢复正常。进一步测试发现，两台漏洞扫描设备在扫描过程中，均会触发APMSNetServer.exe的进程CPU占用率急速上升，扫描结束设备撤出之后该进程CPU占用率不会下降，且当主机CPU占用率达到100%之后，会进一步消耗内存资源，直至该主机死机为止。

2018年3月15日下午，针对漏洞扫描导致计算机死机事件进行单台计算机测试，使用漏洞扫描设备分别对环保-PGP61、2号机组-PGP-HIS、3号机组-PGP-HIS进行扫描测试，测试前将3台计算机断开网络连接及控制环网，采用单独的交换机与扫描设备独立组网，现场情况如下：

14时00分—16时00分，环保-PGP61及3号机组PGP-HIS均出现计算机卡死现象，情况与之前完全相同。2号机组-PGP-HIS没有出现计算机异常。

2. 事件原因分析

该厂一期、二期机组均采用ABB公司的DCS控制系统，控制操作软件为PGP，但PGP版本不同。其中1、2号机组PGP版本为4.0-HF1，3、4号机组及脱硫PGP版本为4.1-SP3-HF2，4.1版本的Server主机在本次扫描过程中均出现死机现象，APMSNetServer.exe 进程 CPU 占用率达到 99%，消耗了所有计算机系统资源。

本次漏洞扫描工作在扫描过程中对主机系统不进行任何变更，仅对主机及端口状态进行扫描，采用 TCP/IP 接入方式。在端口扫描过程中，扫描设备会对各个端口发送数据包，从主机返回的应答情况确定是否存在漏洞。

初步判断漏洞扫描采用 TCP/IP 相关网络标准协议，而 APMSNetServer.exe 进程为 ABB 公司自主开发的工控环网私有协议，两者在建立通信连接的握手过程中相互的通信协议信息无法识别或者存在冲突，导致双方的握手动作重复进行，进程陷入死循环。

综上所述，在此次工控漏洞扫描过程中 ABB 公司控制系统 PGP 版本为 4.0-HF1 的计算机没有受到影响，而 PGP 版本为 4.1-SP3-HF2 的计算机在扫描过程中其自带的 APMSNetsever.exe 无法识别此类扫描数据包而进入了死循环，使得该程序一直在运行，直至 CPU 占用率达到 100%，导致该计算机无法正常操作。针对不同 PGP 版本下 APMSNetsever.exe 程序表现出的现象，具体还需要联系 ABB 公司厂家进行深入分析。

（三）事件处理与防范

（1）在机组运行期间禁止对 DCS 控制系统计算机进行漏洞扫描。

（2）将本次事件报告发往 DCS 厂家分析解释。

四、逻辑下装过程导致机组跳闸

2018 年 9 月 18 日 11 时 20 分，1 号机组负荷为 401.6MW，主蒸汽压力为 16.35MPa，主蒸汽温度为 603℃，1A、1B、1C 磨煤机运行，一次风压力为 7.43kPa，炉膛压力为 20Pa，机组协调方式运行。

（一）事件过程

11 时 21 分 27 秒，一次风压由 7.32kPa 下降至 2.28kPa，锅炉 MFT 动作，首出“全炉膛灭火”。机炉电大联锁动作正常，1 号汽轮机跳闸，1 号发电机出口开关解列。

问题处理后，按照机组极热态启动方案，1 号锅炉 14 时 00 分点火，17 时 02 分，1 号机组恢复并网运行。

事件造成机组停运 5h40min33s，少发电量为 218 万 kW·h，对外少供热 0.39 万 GJ。

（二）事件原因检查与分析

1. 事件原因检查

某科技公司在 1 号机组 DCS 系统增加外挂装置，该外挂装置用于喷氨优化自动调节、汽温优化自动调节和协调等自动逻辑优化。

2018 年 4 月，1 号机组 C 级检修期间，该科技公司调试人员（简称调试人员）办理入厂手续后对该外挂控制装置进行协调优化逻辑的组态及调试。

4 月 24 日，1 号机组检修结束启动并网。机组运行期间，调试人员在协调优化过程中发现一次风机动叶调节回差（死区）较大问题，锅炉专业利用 1 号机组 7 月 4—16 日调停期间，对动叶调节回差死区较大问题进行处理。

7 月 16 日，1 号机组启动后，一次风机动叶调节回差（死区）大问题改善不明显。为缓解这一问题对协调控制的影响，在 8 月 13 日—9 月 10 日 1 号机组调停备用期间，调试人员在外挂控制装置里增加一次风机动叶控制优化逻辑，并在逻辑中单独设置了投退功能。

9 月 17 日，调试人员投入一次风机动叶控制优化逻辑，并进行调试。

9 月 18 日，调试人员继续对 1 号机组协调控制系统的逻辑进行优化。

11 时 14 分，调试人员要求厂热控专业人员通知运行人员退出 1 号机组协调优化控制、汽温优化控制和喷氨优化控制，要求对 1 号机外挂控制装置中的控制器逻辑进行下装。

11 时 15 分，厂热控专业人员电话通知 1 号机主值人员，1 号机组外挂控制装置中控制器需要下装，需退出 1 号机组协调优化控制、汽温优化控制和喷氨优化控制自动。1 号机组主值人员接到电话后，将 1 号机组协调优化控制、汽温优化控制和喷氨优化控制自动退出。

11 时 17 分 00 秒，汽温优化控制自动退出。

11 时 19 分 52 秒，协调优化自动退出，23s 后喷氨优化自动退出。

11 时 20 分 25 秒，确认上述三项自动均退出后，调试人员开始进行外挂控制装置控制器下装。

11 时 21 分 1 秒，外挂控制装置的控制器下装结束，一次风压开始下降。

11 时 21 分 27 秒，一次风压由 7.32kPa 下降至 2.28kPa，锅炉 MFT 动作，首出“全炉膛灭火”，机炉电大联锁动作正常，1 号汽轮机跳闸，历史记录曲线见图 6-72。

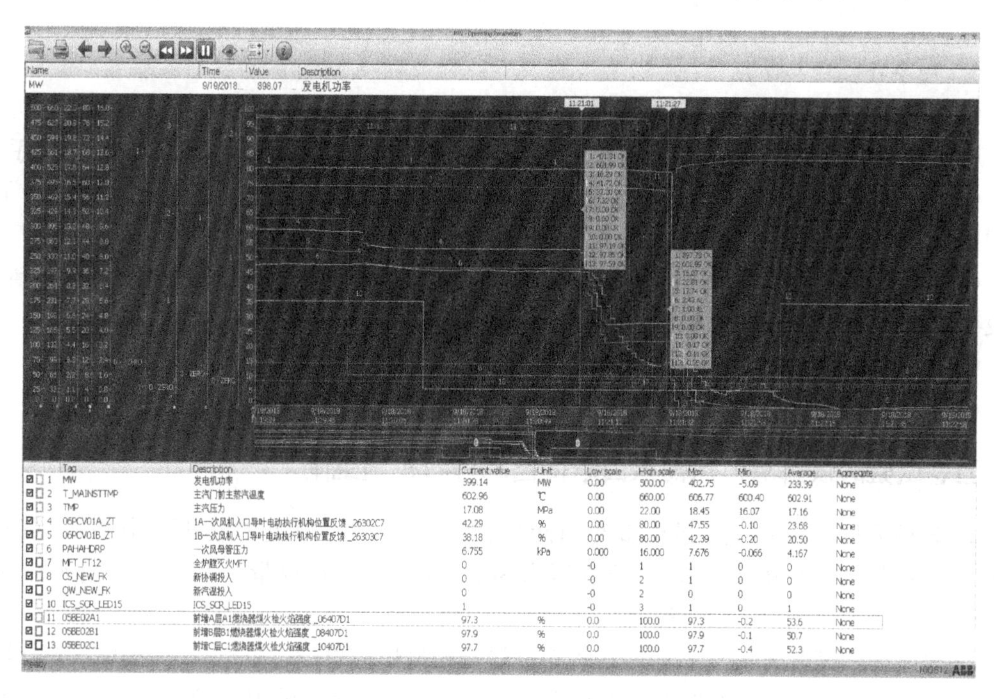

图 6-72　跳闸时历史记录曲线

2. 事件原因分析

（1）事件直接原因：机组运行期间对外挂控制装置控制器逻辑进行下装，未退出一次风机动叶优化控制功能，一次风机动叶指令置零，导致机组一次风压下降，输粉不畅，炉膛所有火焰丧失，锅炉 MFT 动作跳机。

（2）事件间接原因：调试人员在外挂控制装置控制器中临时新增一次风机动叶控制优化逻辑，未告知热控专业人员，在下装时未对热控专业人员和运行人员进行技术交底。热控专业人员对外挂控制装置的优化逻辑熟悉不全面，仅退出 1 号机组协调优化控制、汽温优化控制和喷氨优化控制，未退出新增优化逻辑，导致误动作。

（3）事件其他原因：

1）技术支持部热控专业 DCS 软件管理不严格，未严格执行管理制度。

2）发电部单机运行保电方案落实不严格，没有落实重要操作的管理要求。

3. 暴露问题

（1）热控专业风险辨识不到位，机组运行期间 DCS 逻辑下装等重要操作没有具体完备的三措两案，未履行审批手续和汇报手续。

（2）机组运行期间热控专业 DCS 逻辑修改并下装，违反公司《DCS 软件管理制度》4.2.6：“机组运行期间，禁止对软硬件的设置修改，禁止对画面、数据库、逻辑进行改动、编译、初始化等，只能在监控状态对持续进行监控和参数调整”的规定。

（3）在单机运行期间，热控专业 DCS 逻辑下装没有对机组各功能组件进行风险辨识评估，专业对此项工作重视程度不足。

（4）发电部相关值未向部门汇报 DCS 逻辑下装，未做好事故预想。

（5）热控 DCS 系统管理制度仍采用 2015 年版，未按照 3 年修订要求及时更新、修编、发布。

（三）事件处理与防范

（1）机组运行时，未经批准不得进行 DCS 逻辑下装。

（2）如确需下装须编写技术方案、技术措施、安全措施、事故预案，并履行审批手续。

（3）执行逻辑修改前必须对工作组成员进行技术和安全交底，确保每个人都清楚了解两项措施和技术方案，明确风险点。

（4）下装逻辑前，必须一人操作一人监护，全面检查控制器逻辑，制作对应设备清单，对设备依次做隔离，分别由两人确认该控制器所有设备安全措施已执行完成。

（5）及时修编各项生产管理文件，确保文件版本有效。

（6）修编生产管理文件，细化各项管理内容要求，明确管理流程。

五、试验时误解除过热器入口焓值自动导致机组跳闸

2018 年 7 月 5 日 13 时 5 分，2 号机组负荷为 744MW，机组在协调控制方式（CCS）下运行，主蒸汽温度为 590℃，主蒸汽压力为 20.57MPa，给煤量为 312t/h，给水流量为 2085t/h，21、22 号给水泵运行。

13 时 7 分，试验人员在工程师站解除过热器入口焓值自动，进行 2 号机组降负荷扰动试验准备工作（试验单位根据 DL/T 657—2015《火力发电厂模拟量控制系统在线验收测试规程》“CCS 扰动试验，负荷指令以煤粉锅炉不低于 $1.5\%P_e$/min，$15\%P_e$ 的负荷变动量”要求开展试验），试验变动负荷为 100MW（744MW 降至 650MW）。

（一）事件经过

13 时 14 分，负荷为 744MW，给煤量为 312t/h，给水流量为 2090t/h，主蒸汽温度为 591.6℃，再热蒸汽温度为 596.2℃，试验人员通知：机组开始降负荷扰动试验，目标负荷为 650MW。

13 时 20 分，负荷为 680MW，给煤量根据负荷指令下降至 202t/h，给水流量为 2157t/h，主蒸汽温度降至 578.7℃，再热蒸汽温度降至 578.9℃。

13 时 24 分，负荷为 680MW（由于负荷指令降至 655MW，主蒸汽压力实际值高于设

定值 1MPa，汽轮机主控内设计有压力偏差对负荷指令的拉回逻辑，此逻辑送至 DEH 负荷指令为 680MW，故机组负荷在 13 时 20 分—25 分时仍为 680MW），给煤量为 212t/h，由于主蒸汽压力下降，给水压头降低，给水流量上升至 2287t/h，主蒸汽温度降至 548.1℃再热蒸汽温度降至 556.5℃，运行人员发现主、再热蒸汽温度异常偏低，按照试验人员要求通过设定给水流量负偏置减少给水流量，并将机组由 CCS 控制方式切至 TF 方式，手动干预调整快速将给水流量偏置设为－54t/h。

13 时 25 分，负荷为 680MW，主蒸汽温度降至 535.7℃，再热蒸汽温度降至 551.6℃，运行人员将给水流量偏置设至－81t/h 进一步减少给水流量，避免主、再热蒸汽温度持续下降；同时按照试验人员要求将机组由 CCS 控制方式切至 TF 方式，手动增加给煤量，以减缓主、再热蒸汽温度下降速率。此时省煤器入口给水流量从 2145t/h 开始逐渐下降，机组负荷随着给水流量下降逐渐下降。

13 时 31 分 14 秒，省煤器入口给水流量降至 933t/h，负荷降至 372MW，给煤量为 242t/h，主蒸汽温度降至 470.8℃，再热蒸汽温度降至 530.6℃，21 号给水泵入口流量为 380t/h，22 号给水泵入口流量为 460t/h。21 号给水泵再循环调节门超驰全开，见图 6-73，省煤器给水流量突降至 757t/h（省煤器入口流量低低保护动作值为 816t/h）。

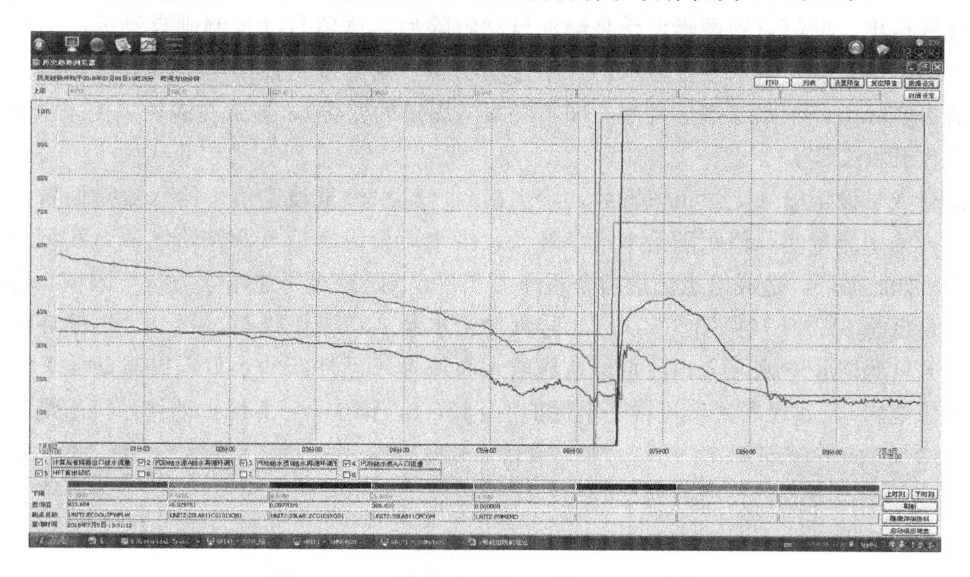

图 6-73 21 号给泵再循环超驰开历史曲线

13 时 31 分 24 秒，主蒸汽温度为 473.1℃，再热蒸汽温度为 531.7℃，锅炉 MFT 动作，相关历史曲线见图 6-74，首出“省煤器入口流量低低”，MFT 触发后设备动作正常。

2018 年 7 月 6 日 1 时 16 分，并网运行。电量损失 1175 万 kW·h。

（二）事件原因检查与分析

1. 事件原因检查

试验人员未按照试验方案和现场试验交底执行（试验方案和试验交底中均未提出解除焓值自动控制），在工程师站解除 2 号机组过热器入口焓值自动（锅炉主控通过函数计算后输出给煤量指令和给水指令来调整给煤量与给水流量，保证煤水比正常。焓值控制是通过修正给水流量来保证中间点温度的，焓值由贮水箱压力与一级过热汽进口集箱温度对应的

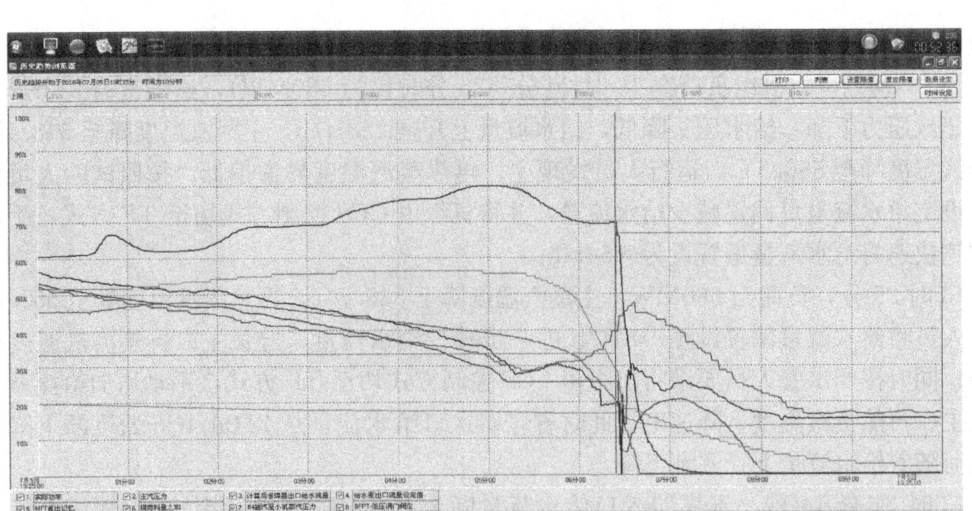

图 6-74　MFT 动作时相关曲线

函数计算得出。焓值自动逻辑设计是给水自动解除后，焓值自动控制则自动退出。如果强制先解除焓值自动，给水主控显示仍处于自动状态，则给水主控中给水流量设定值会跟踪给水流量实际值，不跟踪锅炉主控，即不会跟随煤量的变化），导致在锅炉主控减少给煤量后煤水比开始失调。

运行人员设定给水流量负偏置后，给水指令（给水流量设定值＋给水流量偏置）低于实际值，给水流量实际值跟随给水指令降低，给水流量设定值又跟踪给水流量实际值降低而降低，如此循环，造成给水流量指令逐渐由 2309t/h 跟踪至干态给水流量下限值 1020t/h，给水流量低至 933t/h（见图 6-75），21 号汽动给水泵入口流量降至 380t/h，再循环调节门超驰全开（为防止给水泵入口流量低造成给水泵汽蚀，设计有给水泵入口流量低于 380t/h 时触发该逻辑），省煤器入口流量降至保护值 816t/h，锅炉 MFT 保护动作，机组跳闸。

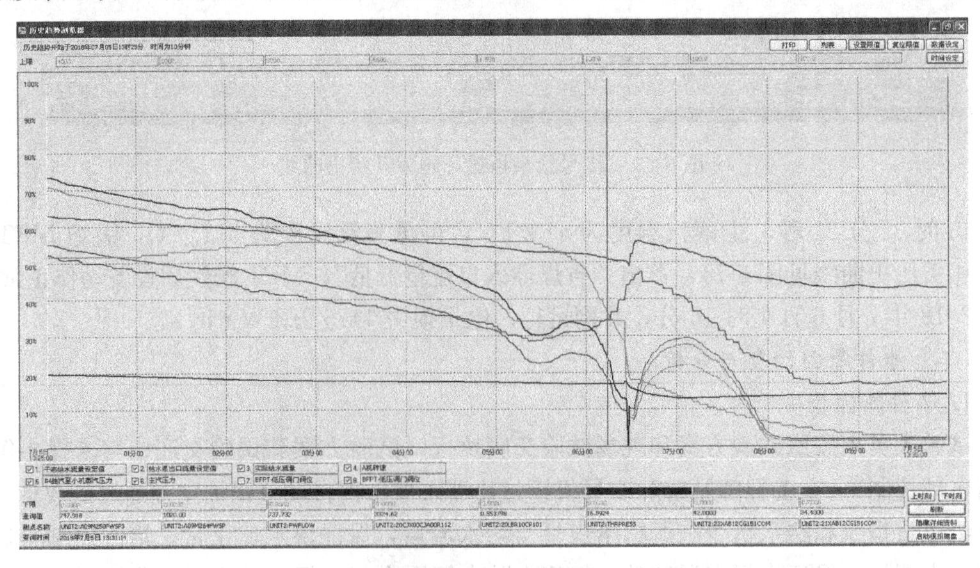

图 6-75　给水流量、小机调门历史曲线

2. 事件原因分析

通过专题会议分析，认为试验人员未按照试验方案和现场试验交底执行（试验方案和试验交底中均未提出解除焓值自动控制），在工程师站解除2号机组过热器入口焓值自动，造成给水自动不跟踪锅炉主控，导致在负荷下降过程中煤水比失调，省煤器入口流量低低，锅炉MFT保护动作，是引起机组跳闸的直接原因。

在机组负荷下降过程中，由于焓值自动已解除，给水流量未跟随负荷下调，机组给水流量设定值跟踪给水流量实际值，煤水比开始失调。运行人员设定给水流量负偏置后，给水指令低于实际值，给水流量设定值跟踪实际值下调，造成给水流量指令逐渐由2309t/h跟踪至干态给水流量下限值1020t/h，给水流量低至933t/h，21号汽动给水泵入口流量降至380t/h，再循环调节门超驰全开，省煤器入口流量降至保护值816t/h，锅炉MFT保护动作，机组跳闸。

3. 暴露问题

（1）运行人员在试验过程中对重要参数的变化趋势不敏感，处理过程中应急处置能力不足，过分依赖试验人员的指导。试验人员在调试过程中预置的参数不合理，造成锅炉、燃料主控超调量偏大，在工程师站解除过热器入口焓值自动时，对焓值自动解除的风险评估不到位，对给水自动控制回路逻辑掌握不深入、不全面，未认识到焓值自动解除后会造成给水流量设定值处于跟踪实际给水流量的状态。

（2）设备维护部对试验人员规范执行公司相关管控体系及标准的管控力度不够，试验过程监督不到位，没有及时制止试验人员违章操作。未对退出给水焓值自动的风险进行评估，在焓值自动解除后未对给水流量、给煤量等相关参数进行重点监视。

（3）专业技术管理不到位。对试验方案的论证不充分，方案不完整，对试验过程中强制退出的自动控制回路逻辑梳理工作不细致、不全面，缺少给水焓值专题论证。试验交底与试验实际项目不相符，监护人员未及时制止，交底不细致。

（4）技术措施不完善。未将即将进行的燃烧调整试验列入其中进行升级管控，导致试验过程监管不力。

（5）技术水平欠缺。试验监护人员虽然通过主汽温异常下降现象检查给水控制逻辑发现焓值自动被解除，但未认识到给水焓值自动解除后给水自动控制会跟踪实际给水流量，进而造成给水流量逐渐下降的严重后果。

（6）自动控制培训工作不深入。未有针对性地对热控、运行人员关于机组运行过程中不能退出的自动控制回路的原理进行培训，未认识到焓值自动解除后对给水自动控制的影响。

（三）事件处理与防范

（1）修编相关理实施细则，明晰各方职责，落实主体责任，对承包商工作全过程做好监督、管控。

（2）在重大试验方案的专题讨论会议中，对试验方案具体内容进行充分论证，重要保护、自动专题论证，增加相关主要自动控制回路清单，并逐项进行自动解除后的风险分析。对每日试验交底内容、风险评估与实际试验项目进行对照分析，确保一致性，发现异常及时制止。

（3）完善《××年迎峰度夏保障措施》，将燃烧调整试验等类似试验列入其中进行管控和风险评估。

（4）检查给水控制回路无异常后恢复给水焓值自动调节。

（5）对外部技术支持人员进行公司《人员作业行为规范管理细则》培训和过程监督。

（6）梳理机组正常运行过程中不能退出的自动控制回路的原理，对热控、运行人员进行专项培训。

（7）梳理完善《重大操作各级人员到位实施细则》，细化实施过程和行为规范管控内容，增加燃烧调整试验、机组性能试验等需要外部技术人员参与的重大操作管控规定。

六、脱硫 MFT 试验时机组选择错误导致机组跳闸

2018 年 8 月 7 日，某电厂（2×600MW 超临界）1 号机组运行正常，2 号机组检修。下午 14 时 50 分，热控人员进行“脱硫主保护至 2 号机的联锁保护试验”，导致 1 号机组跳闸。

（一）事件经过

2018 年 8 月 7 日 14 时 00 分，灰硫部电仪专工联系检修部热控专工，要求检修部热控来灰硫部做“脱硫主保护至 2 号机的联锁保护试验”。

14 时 30 分，灰硫部电仪专工和检修部热控人员共同进入脱硫集控工程师站。因检修部热控人员对脱硫运行监视画面不熟悉，就请求脱硫部电仪专工把“脱硫至 2 号汽轮机 MFT 主保护”画面调出。脱硫部电仪专工调出画面（实际调用的是“脱硫至 1 号汽轮机 MFT 汽轮机保护”画面）并联系值长。在获得试验工作许可后，检修部热控人员按照开机试验单（脱硫主保护至 2 号机联锁保护试验）上的内容开始试验。

14 时 50 分，检修部热控人员未认真核对试验对象，将 1 号机组 3 台脱硫吸收塔浆液循环泵的运行状态强制置“0”。由于系统画面调出错误，1 号机组脱硫停运信号立刻发送到 MFT 保护系统，导致“脱硫请求汽轮机 MFT”保护动作，1 号机组跳闸。

（二）事件原因检查与分析

1. 事件直接原因

热控人员在工程师站操作时，未能认真核对和确认进入的操作界面；在试验前，未核对试验信号，直接强制 1 号机组脱离系统的 3 台浆液循环泵的运行状态，导致保护动作机组跳闸。

2. 事件间接原因

（1）热控联锁保护试验管理比较松散。热控进行重要联锁保护试验，没有携带事先制定的联锁保护试验卡（或表）。

（2）热控人员精神状态不佳，在进行试验过程中心不在焉。

（3）严重违反集团热控技术监督实施细则。根据集团热控技术监督实施细则，在传动试验过程中，泵、电动机的状态是在 MCC 开关柜切换到“试验”档后，直接进行实际操作而获取的。如果热控试验人员按要求进行试验，运行人员可以避免错误的操作发生。

（4）部门分工混乱。脱硫停运 MFT，根据设备管辖原则，远程信号部分的试验应由脱硫部电仪部门执行，不应由检修部实施。

（三）事件处理与防范

（1）制定联锁保护试验卡，并严格执行。在没有试验卡的情况下，运行人员应禁止进行试验；全体热控人员应掌握热控联锁保护试验的基本原则、基本方法。

（2）树立热控人员主人翁意识、责任心意识。热控工作不能过分依赖其他工作人员，

对安全措施、工作环境、设备对象应进行认真核实。

（3）强化部门设备、责任划分。对于部门内部管辖设备的相关工作，应主动进行，不应推诿扯皮。

第四节　原因不明故障案例分析

本节收集了原因不明故障3起，分别为安全油压失去导致机组跳闸、低真空保护动作机组跳闸、机组DEH阀门总指令突变导致机组跳闸。

一、安全油压失去导致机组跳闸

某电厂6号机组为660MW空冷机组。汽轮机为东汽引进日立技术生产的超临界NZK643-24.2/566/566型，设计额定出力为643MW，最大连续出力为684MW。锅炉为东锅制造的国产超临界DG2100/25.4-Ⅱ2型直流炉。配置三台电泵，其中两台容量50%，一台容量30%。五台磨煤机为BBD-4060B型双出球磨机，十台HD-BSC26型电子称重式给煤机。DCS、DEH控制系统为FOXBORO公司的“I/A”，一体化设计，2008年投运。汽轮机调节保安系统为东汽生产的D600H型，配置有低压保安系统、液压伺服系统、供油系统以及2台高压联合主汽门、2台中压联合主汽门、2台中压调门、4台高压调门执行机构等。

（一）事件经过

2018年5月4日16时54分33秒，6号机组负荷为628MW。A、B、C、D、E5台磨煤机运行，A、B电动给水泵运行，主蒸汽压力为23.2MPa，AGC、AVC投入。

16时54分34秒，6号汽轮机安全油压失去，汽轮机主汽门、调节汽门关闭。

16时54分37秒，发电机“程跳逆功率”保护动作，机组跳闸。

（二）事件原因检查与分析

1. 现场检查

（1）调阅6号机组安全油压曲线，见图6-76。检查DEH系统安全油压低保护逻辑：定值为3.9MPa，保护逻辑为“三取二”，延时3s发出信号跳汽轮机。

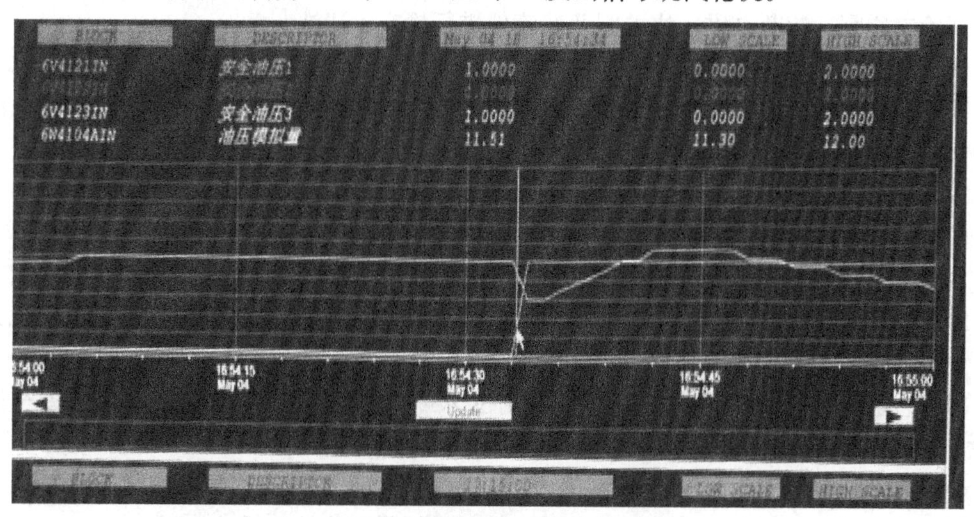

图6-76　6号机组安全油压曲线

(2) ETS保护首出信号为“发电机遮断”保护，发电机-变压器组保护A、C柜为“程跳逆功率”保护动作，DEH遮断首出信号为“高压保安油失去停机”，DCS保护首出信号为“发电机遮断”保护。

(3) 调取DCS、DEH历史趋势：16时54分33秒，机组负荷为628MW，机组主控总阀位指令为99.4%。总阀位指令在主汽门、调节门关闭时（16时54分34秒—36秒）由99.4%开大至101.5%。16时54分34秒，高压安全油压力低开关PS1、PS2、PS3动作，主汽门、调节门关闭；16时54分37秒，ETS“发电机遮断”保护动作，DEH“高压保安油失去停机”保护动作，AST电磁阀失电，机组跳闸。

(4) 检查DEH遮断电磁阀电源及回路：测量DEH遮断电磁阀5YV、6YV、7YV、8YV线圈电阻值分别为559.4Ω、559.9Ω、556.6Ω、570.3Ω，阻值正常。检查DEH柜4组供电端子电压110V DC正常。检查16时54分33秒—37秒之间DEH电源监视记录，220V AC、110V DC、24V DC电源均工作正常，无电源故障信息。

(5) 检查2号中压主汽门油动机油路：试验电磁阀、遮断电磁阀、关断阀及节流孔（3个），未发现异常。

(6) 检查历次设备检修记录：2016年9月至11月6号机组大修期间，汽轮机检修部对油动机进行外委解体检查修复，对门体进行解体、清理、检查及数据测量。2018年3月至4月6号机组临修时，热控检修部对DEH系统设备进行了小修，小修后DEH试验合格；2018年4月1—20日6号机2号临修时，汽轮机检修部对中压联合汽门进行解体检查、清理，更换主汽门预启阀阀盖螺栓10条。

2. 现场试验

对DEH安全油系统、遮断电磁阀电源及控制回路、就地手动打闸装置进行动态试验。

(1) 20时40分10秒，进行挂闸试验发现中压2号主汽门（CRV2）挂闸后不能开启，其他主汽门、调节门正常。

(2) 21时04分00秒，进行了DEH手动打闸、就地机械打闸试验，安全油压失去、主汽门关闭、汽轮机跳闸位、DEH保护首出、ETS保护首出、DCS显示均正常。随后对中压2号主汽门（CRV2）运行中安全油回路进行检查处理，对中压2号主汽门安全油回路的试验电磁阀、遮断电磁、快关阀及节流件进行检查、清洗。

(3) 01时12分00秒，机组重新挂闸，中压2号主汽门开启正常。1时20分00秒，机组冲转3000r/min，进行汽门严密性试验，试验结果合格。1时52分00秒，主汽门活动试验开关正常，HPT试验正常。2时14分00秒，喷油试验合格。

3. 事件原因分析

(1) 电科院专家调查分析原因。

1) 造成机组跳闸的原因：发电机“程跳逆功率”保护动作，机组解列。

2) 造成发电机“程跳逆功率”保护动作的原因：主汽门、调节门关闭后，汽轮机无进汽，失去原动力，发电机逆功率达到保护动作。

3) 造成主汽门关闭的原因：汽轮机跳闸位ZS2、ZS3信号来，调节保安系统安全油压失去，造成主汽门、调节门关闭。

4) 造成跳闸位ZS2、ZS3信号来的原因：为EH油系统低压挂闸系统故障，可能为手动遮断机构误动、危急遮断装置飞环误动、挂闸机构脱扣或就地手动打闸。

(2) 东方自控公司进行的分析会分析原因。

1) 造成机组跳闸的原因：发电机“程跳逆功率”保护动作，机组解列。

2) 造成发电机“程跳逆功率”保护动作的原因：主汽门、调节门关闭后，汽轮机无进汽，失去原动力，发电机逆功率达到保护值。

3) 造成主汽门关闭的原因可能存在两种情况，第一种情况为EH油系统高压挂闸系统故障，可能为安全油回路单向阀故障、节流器堵塞，造成系统安全油压降低，使得主汽门、调节门关闭，同时低压挂闸系统动作，汽轮机跳闸位ZS2、ZS3信号来。第二种情况为DEH系统百灵卡超速保护误动、高压遮断电磁阀电源故障等未有记录的硬回路动作，引起系统安全油压降低，使得主汽门、调节门关闭，同时低压挂闸系统动作，汽轮机跳闸位ZS2、ZS3信号来。

4. 暴露问题

对汽轮机调速系统技术要点未能全面掌握学习，重大隐患检查排查指导不力。

(三) 事件处理与防范

事件后，对EH系统高低压挂闸部分全面排查。将5号、6号机组DEH阀门流量特性函数设置CV1、CV2、CV3、CV4、IV1、IV2开度限制为96%，避免阀门阀杆超过设计行程。同时采取以下防范措施：

(1) 将主汽门、调节门油动机及调速保安模块返厂（东汽）进行检查、清理、修复、泄漏试验及流量特性试验测试。

(2) 联系东汽技术人员来厂进行技术授课，组织相关人员学习汽轮机调速系统知识，充分掌握汽轮机调速系统设计原理、操作规程、检修流程标准及缺陷分析处理等，并对三期调速系统安全隐患进行全面排查治理。

二、低真空保护动作机组跳闸

某发电公司DCS采用国电南京自动化股份有限公司生产的TCS-3000系统。汽轮机控制系统为高压抗燃油型数字电液调节系统（简称DEH）由东汽成套配供，控制部分采用美国爱默生公司的OVATION系统。汽轮机监视仪表（TSI、MTSI）采用飞利浦MMS6000系列产品，分别由东汽、上海汽轮机股份有限公司成套配供，具有数据采集、保护报警输出、模拟量输出等功能。汽轮机跳闸保护系统（ETS）由东汽成套配供，采用施耐德昆腾140系列的可编程控制器。给水泵汽轮机控制系统MEH及跳闸保护系统METS采用国电南京自动化股份有限公司的TCS-3000产品。2018年10月23日低真空保护动作机组跳闸。

(一) 事件经过

事件前机组主要参数负荷为240MW，供热量为150t/h左右，真空泵A运行，真空泵B备用。

5时53分33秒，真空突然急剧下降；5时54分1秒，真空低联启B备用真空泵，真空继续下降。

5时54分40秒，低真空保护动作跳机，联锁机组MFT保护动作。运行人员检查系统DCS界面，发现7号机真空破坏管道电动门在开启状态，立即手动解除阀门禁操，关闭电动门。经运行、检修人员排查发现，7号机真空低保护动作的原因为真空破坏管道电动门在运行中自行开启导致机组真空下降、保护动作。负荷曲线见图6-77。

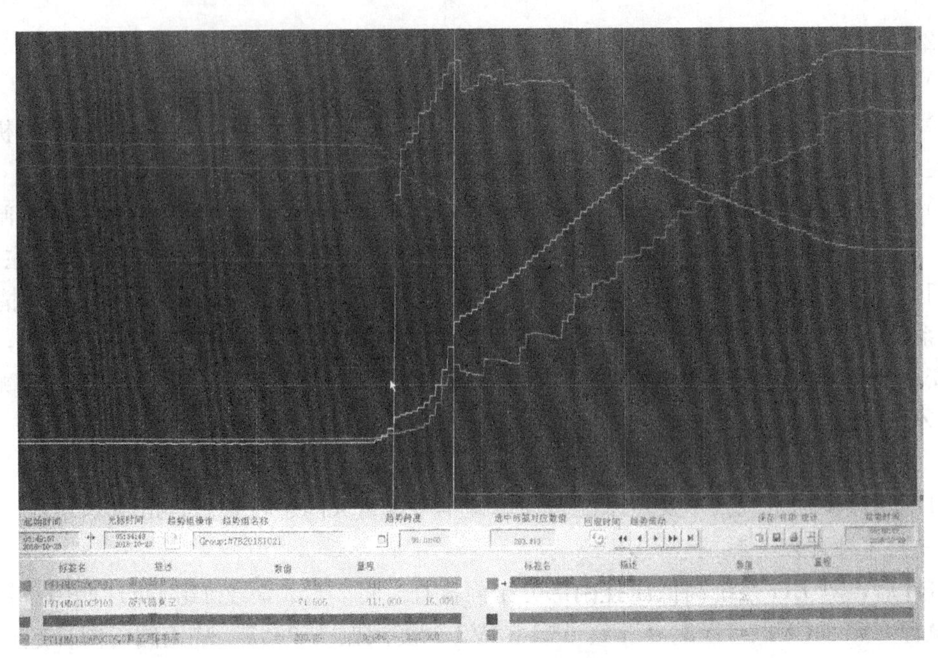

图 6-77　低真空保护动作时真空及负荷曲线

12 时 8 分，真空破坏管道电动门故障由检修人员排查处理后恢复正常状态。经省调批准，7 号炉开始点火、升温升压。

14 时 14 分，开始冲转，16min 后汽轮机转速至 3000r/min；15 时 39 分，并网机组，恢复正常。

（二）事件原因检查与分析

1. 事件原因检查

（1）调阅历史记录，低真空保护动作时真空及负荷曲线见图 6-77。

在没有任何操作指令的前提下，5 时 53 分 33 秒，7 号机真空破坏电动门自行开启（全关状态信号开始消失）；5 时 54 分 53 秒，电动门全开；在运行人员关闭真空破坏管道电动门检查过程中，6 时 40 分 19 秒，7 号机真空破坏管道电动门又一次自行开启，6 时 44 分 14 秒，运行人员对电动门进行停电，手动操作关闭电动门，历史记录运行数据见图 6-78。

2018-10-23	05:53:33	14	P714MAJ40AA001YB02	真空破坏管道电动真空门全关状态	OFF
2018-10-23	05:54:11	12	P714MAG10CP004	凝汽器真空低	ON
2018-10-23	05:54:01	14	P714MAJ20AP001YB01	真空泵B合位	ON
2018-10-23	05:54:15	1	P702TM_FST6	功率偏差大	ON
2018-10-23	05:54:40	14	P705GLMFT01	MFT动作1	ON
2018-10-23	05:54:40	14	P705GLMFT02	MFT动作2	ON
2018-10-23	05:54:40	14	P705GLMFT03	MFT动作3	ON
018-10-23	05:54:40	14	P716MAV70AP001ZB01	交流润滑油泵合闸	ON
2018-10-23	05:54:40	14	P716CAA01XC06	凝汽器真空过低停机输出	ON
2018-10-23	05:54:40	14	P716CAA01XC09	DEH故障停机输出	ON
2018-10-23	05:54:53	14	P714MAJ40AA001YB01	真空破坏管道电动真空门全开状态	ON
2018-10-23	05:59:25	14	P714MAJ40AA001ZB02	真空破坏管道电动真空门关指令	ON
2018-10-23	05:59:26	14	P714MAJ40AA001YB01	真空破坏管道电动真空门全开状态	OFF
2018-10-23	05:59:29	14	P714MAJ40AA001ZB02	真空破坏管道电动真空门关指令	OFF
2018-10-23	06:00:45	14	P714MAJ40AA001YB02	真空破坏管道电动真空门全关状态	ON
2018-10-23	06:40:19	14	P714MAJ40AA001YB02	真空破坏管道电动真空门全关状态	OFF
2018-10-23	06:41:28	14	P714MAJ40AA001ZB02	真空破坏管道电动真空门关指令	ON
2018 10-23	06:41:32	14	P714MAJ40AA001ZB02	真空破坏管道电动真空门关指令	OFF
2018-10-23	06:41:39	14	P714MAJ40AA001YB01	真空破坏管道电动真空门全开状态	ON

图 6-78　历史记录运行数据检索

（2）控制逻辑检查情况。检查 DCS 内部 7 号机真空破坏管道电动门逻辑，该逻辑内部没有任何联锁保护条件，不会触发电动门开指令；另从历史记录中也没有发现有该电动门指令输出；后续试验过程中运行人员通过 DCS 及盘台按钮操作后，都可以在历史记录中查到相关操作（见图 6-79）。

2018-10-23	09:59:00	14	P714MAJ40AA001ZB01	真空破坏管道电动真空门开指令	ON
2018-10-23	09:59:01	14	P714MAJ40AA001YB02	真空破坏管道电动真空门全关状态	OFF
2018-10-23	10:00:20	14	P714MAJ40AA001YB01	真空破坏管道电动真空门全开状态	ON
2018-10-23	10:02:27	14	P714MAJ40AA001ZB02	真空破坏管道电动真空门关指令	ON
2018-10-23	10:02:28	14	P714MAJ40AA001YB01	真空破坏管道电动真空门全开状态	OFF
2018-10-23	10:03:45	14	P714MAJ40AA001YB02	真空破坏管道电动真空门全关状态	ON
2018-10-23	10:09:25	14	P716CWA01XC005	汽机真空破坏门硬手操开	ON
2018-10-23	10:09:25	14	P714MAJ40AA001YB02	真空破坏管道电动真空门全关状态	OFF
2018-10-23	10:10:43	14	P714MAJ40AA001YB01	真空破坏管道电动真空门全开状态	ON

图 6-79　历史记录试验数据检索

（3）电动门回路检查情况。通过用数字绝缘电阻表 500V 电压挡测试对 DCS 到就地执行器、集控室后备硬手操按钮到就地控制电缆进行对地绝缘检查及线间绝缘检查绝缘电阻均为∞，为此说明控制回路电缆正常。

对按钮通断检查、继电器线圈电阻测试、绝缘测试、接点测试、各接线端子接线检查均未发现异常。

检查电动执行机构接线，未发现有松动及破损情况（见图 6-80）。

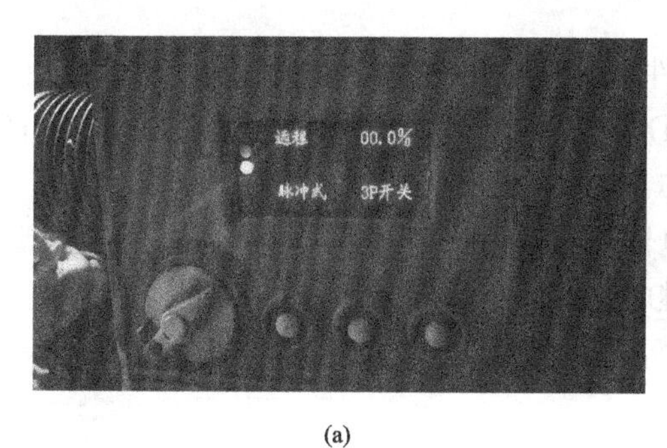

(a)

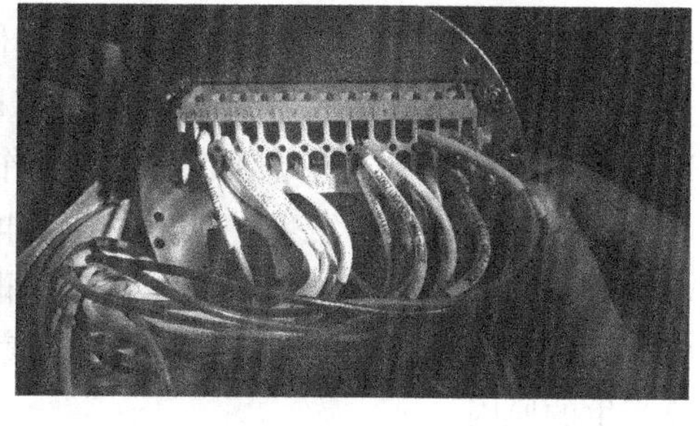

(b)

图 6-80　电动门外观及接线

（a）电动门外观；（b）接线

（4）电动门回路试验情况。检修人员拆下 7 号机真空破坏管道电动门执行机构进行试验，9 时 59 分 00 秒，运行人员 DCS 操作电动门开指令；10 时 00 分 20 秒，电动门到全开位；10 时 2 分 27 秒，运行人员 DCS 操作电动门关指令；10 时 3 分 45 秒，电动门到全关位；10 时 9 分 25 秒，运行人员盘台操作按钮硬手操开电动门；10 时 10 分 43 秒，电动门到全开位。所有操作均有历史记录。

2. 事件原因分析

根据上述检查和分析，可确定 7 号机停机的直接原因是凝汽器真空低；凝汽器真空低的原因是真空破坏电动门异常开启导致；但从 DCS 开关量记录、模拟量记录、运行人员操作记录中没有查到真空破坏电动门的异常开启记录。

检查真空破坏门 DCS 内部逻辑，其中开/关允许、联锁开/关、保护开/关逻辑均没有任何异动条件存在，排除逻辑误发情况。

对真空破坏电动门 DCS 指令继电器线圈电阻、触点绝缘等测试均未发现异常（经了解

7号、8号机组以前未出现类似信号误发情况），排除继电器误动情况。

用数字绝缘电阻表500V电压挡测试对DCS到就地执行器、集控室后备硬手操按钮到就地控制电缆进行对地绝缘检查及线间绝缘检查绝缘电阻均为∞，排除因电缆绝缘导致信号误发情况。

对操作盘台按钮接线端子、DCS继电器出口接线端子、电动门内部接线端子等各接线端子检查未发现有松动、虚接等问题，控制回路电缆、接线正常，排除因端子异常导致信号误发情况。

真空破坏电动门执行机构内部控制回路包括模拟量输入输出、开关量输入输出、故障输出、超驰开/关等运算回路，电子元器件不稳定易导致信号误发。因此不排除真空破坏电动门执行机构内部控制回路异常，导致电动门自行开启的可能性。

3. 暴露问题

（1）热控人员对控制系统重要设备、元器件维护不到位，涉及机组主保护及重要辅机保护的重要设备、元器件没有进行定期维护、更换。

（2）热控人员设备管理水平不到位，对重要设备的安全可靠性评估不足，存在的隐患未排查到位。

（3）热控专业技术管理不规范，日常运维工作不到位。

（三）事件处理与防范

更换7号机真空破坏电动门DCS相关模件、继电器及预置电缆。利用停机机会更换7号机真空破坏电动门盘台控制按钮至就地、DCS至就地的控制电缆，做好控制电缆的防护，避开可能的干扰源。另继续以下防范工作：

（1）针对此次事件的发生，建议联系继电器厂家对DCS相关指令继电器导通电压进行测试，排查事故原因，同时对不符合要求的继电器及时进行更换。

（2）联系真空破坏电动门的执行机构厂家，对执行机构内部电路板进行检测，排查此次事故产生的原因。

三、机组DEH阀门总指令突变导致机组跳闸

某电厂2号机组为燃煤发电机组，额定容量为630MW，DCS采用ABB公司控制系统，于2008年1月20日投产。

（一）事件过程

2018年2月4日8时，2号机组带负荷430MW左右运行，相关参数显示正常。

8时10分38秒985毫秒，给水流量低1、2、3（小于280t/h）分别报警。

8时10分40秒238、489、489毫秒，给水流量低低1、2、3（小于240t/h）分别报警。

8时10分43秒566毫秒，锅炉主燃料跳闸（MFT）停机信号输出。

（二）事件原因检查与分析

1. 事件原因检查

（1）检查阀门总指令记录曲线，见图6-81。

8时9分12秒216毫秒，阀门总指令由82.24%变为0%。

8时9分12秒476毫秒，阀门总指令由0%变为82.48%。

8时9分12秒649毫秒，阀门总指令由82.48%变为0%。

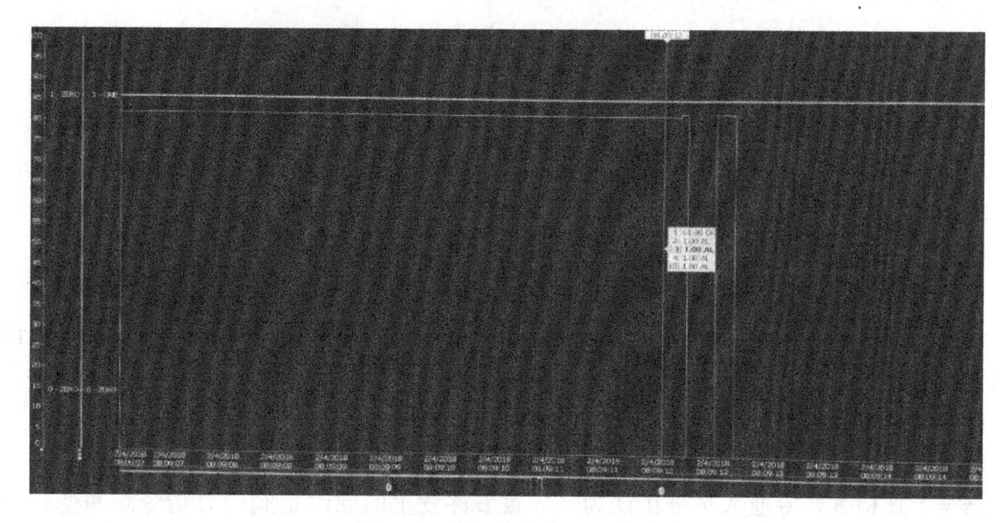

图 6-81 总阀门指令变化趋势

8 时 9 分 22 秒 977 毫秒，阀门总指令由 0%变为 15.59%。

阀门指令变化期间，负荷由 427MW 降到 0MW，后上升到 199MW 后缓慢下降，直到 8 时 10 分 43 给水流量低低 MFT 动作，关闭所有主汽门（MSVL/MSVR/RSVL/RSVR）。

（2）检查 PCU 40 控制器运行状况（见图 6-82）。

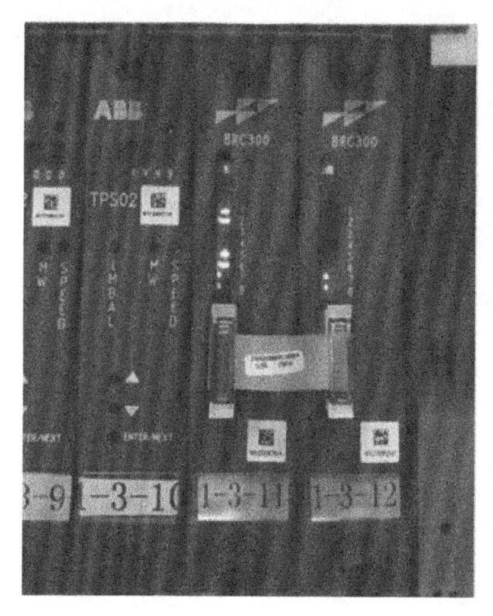

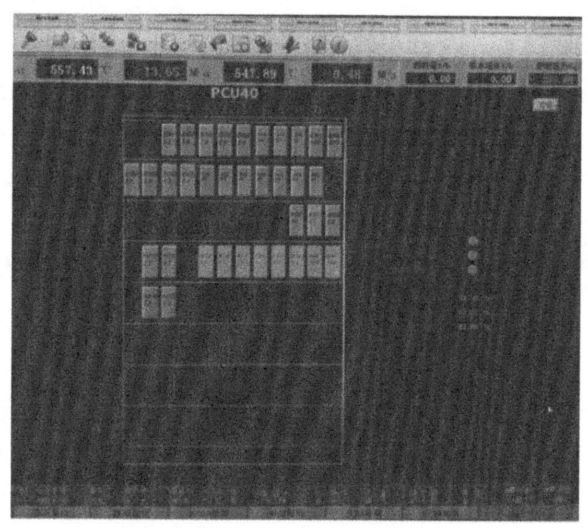

图 6-82 PCU40 控制器报警

8 时 20 分，检查 PCU 40 所属 1-3-11 控制器报故障，1-3-12 指示灯状态正常。

8 时 23 分 23 毫秒，PCU 40 所属全部模件显示坏点（粉色）。

9 时 10 分 00 毫秒，更换 PCU 40 所属的主、辅控制器（BRC300），并进行冗余切换试验，运行正常。

检查安全油压开关 1PS、2PS、3PS 无压力低报警，汽轮机 3 个转速测点显示一致，无 OPC 跳闸、报警信息；检查 3-5F6（DEH103%）继电器、TPS 板 OSP1/OSP2 继电器线圈及触电正常；PCU40 所属 1-4-4 模件（DEH103%输出信号所在模件）电路板无受损痕迹；110V DC 供电回路各熔断器正常。

（3）阀门总指令控制逻辑检查。根据阀门总指令控制逻辑，可导致控制指令直接变化到0%的信号有4个条件：

1）阀门严密性试验（START CV/IV LEAK TEST AUTO）。

2）汽轮机跳闸（TRIP TURBINE）。

3）OPC动作（OSP SOLENOIDS）。

4）安全油压低。

经检查上述4个条件无触发记录。PCU 40控制器2018年2月4日5时50分报警，直到2018年2月4日8时23分显示坏点前，主蒸汽调节门等阀门均处于可控状态；且该控制器为冗余控制方式，单侧故障不会影响系统运行。对OPC保护系统内的供电、模件、继电器以及其回路检查未见异常。

2. 事件原因分析

结合上述检查，专业人员分析认为，导致事件发生的原因是阀门总指令瞬间变化引起负荷变化，给水流量低低导致MFT动作，但阀门总指令突变的原因未不明。

（三）事件处理与防范

（1）更换报警的控制器。

（2）继续检查、分析阀门指令变化原因。

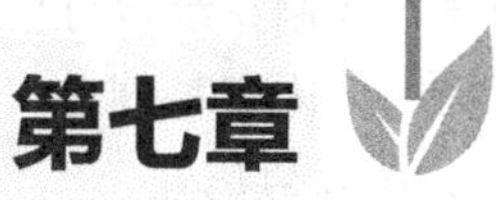

第七章

发电厂热控系统可靠性管理与事故预案

发电厂热控系统的可靠性直接影响着整个机组的安全稳定运行，随着专业预控工作的不断深入，热控系统可靠性有了较大的提高。但受多因素影响，热控原因造成的机组异常或跳闸事件仍时有发生，如第二章～第六章的2018年故障案例很多都具有典型性，那些由于设计时硬件配置与控制逻辑上的不合理、基建施工与调试过程的不规范，检修与维护策划的不完善、管理执行与质量验收的把关不严、运行环境与日常巡检过程要求的不满足，规程要求的理解与执行不到位等原因，带来热控设备与系统中隐存的后天缺陷（设备自身故障定为先天缺陷），造成机组非停事件的案例，其中很多故障本都是可避免。因此，深入发电机组热控系统隐患排查，尽早发现潜在隐患和及时维护，实施可靠性预控是专业永恒的主题。

本章总结了前述章节故障案例的统计分析结论，摘录了一些专业人员发表的论文中提出的经验与教训，结合专业跟踪研究和已出版的《电力行业火力发电机组2016年热控系统故障分析处理与处理》《发电厂热工故障分析处理与预控措施（第二辑）》的基础上，进一步探讨了减少发电厂因热控专业原因引起机组运行故障的措施，提出了一些具体操作指导方法，供检修维护中参考实施，提升机组热控系统的可靠性。

第一节　控制系统故障预防与对策

热控系统的可靠性提升，是一项综合性、系统性工作。不仅要关心考核事件案例，也应关注那些可能引起跳闸的设备异常、潜在隐患和有可能整体提高电厂的运行优化及可靠性的案例。需要进行改造升级的系统应果断的及时改造，不需要改造升级或近期计划无法安排升级改造的设备，应认真规划日常维护计划，参考往年其他兄弟电厂的案例、经验，提前实施相应的预控防范措施，以减少热控系统故障发生的概率，保证机组的安全可靠运行。

一、电源系统可靠性预控

电源系统好比人体中的血液，为控制系统日夜不停地连续运行提供源泉，同时要经受环境条件变化、供电和负载冲击等考验。运行中往往不能检修或只能从事简单的维护，这一切都使得电源系统的可靠性十分重要。

影响电源系统可靠性的因素来自多方面，如电源系统供电配置及切换装置性能、电源系统设计、电源装置硬件质量、电源系统连接和检修维护等，都可能引起电源系统工作异常而导致控制系统运行故障。本节在《发电厂热工故障分析处理与预控措施（第二辑）》第七章第一节内容基础上，进一步提出以下预控措施。

1. 电源的配置

电源配置的可靠性需要热控人员继续关注，2018 年某机组控制系统因失电导致机组跳闸，经查该机组电源设计为一路保安和一路 UPS，但均来自同一段保安段电源，当该段保安电源故障时直接导致了 DCS、DEH、ETS、TSI 等系统失电。因此，除 DCS、DEH 控制系统外，独立配置的重要控制子系统［如 ETS、TSI、给水泵汽轮机紧急跳闸系统（METS）、给水泵汽轮机控制系统（MEH）、火焰检测器、FSS、循环水泵等远程控制站及 I/O 站电源、循环水泵控制蝶阀等］电源，不但要保证来自两路互为冗余且不会对系统产生干扰的可靠电源（两路 UPS 电源或一路 UPS 一路保安段电源），而且要保证两路电源来自非同一段电源，防止因共用的保安段电源故障，UPS 装置切换故障或两路电源间的切换开关故障时，导致热控控制系统两路电源失去。

应保证就地两个冗余的跳闸电磁阀电源直接来自相互独立的两路电源供电，就地远程柜电源直接来自 DCS 总电源柜的两路电源（两路 UPS 或保安段电源＋UPS），否则存在误跳闸的隐患，如某厂 METS 设计 2 路 220V 交流电源经接触器切换后同时为 2 个跳闸电磁阀供电，2 个跳闸电磁阀任一个带电，给水泵汽轮机跳闸，此设计存在切换装置故障后两路电磁阀均失电的隐患；另一电厂循环水控制柜电源设计为 UPS 和 MCC 电源供电，运行中由于循环水控制柜 UPS 电源装置接地故障，同时造成 MCC 段失电，当从 UPS 切至 MCC 电源时两个控制器短时失电重新启动，导致循环水出力不足，真空低保护动作停机。

对于保护联锁回路失电控制的设备，如 AST 电磁阀、磨煤机出口闸阀、抽气止回门、循泵出口蝶阀等若采用交流电磁阀控制，应保证电源的切换时间满足快速电磁阀的切换要求。

此外，应在运行操作员站设置重要电源的监视画面和报警信息，以便问题能及时发现和处理。

2. UPS 可靠性要求

UPS 供电主要技术指标应满足厂家和 DL/T 774《火力发电厂热工自动化系统检修运行维护规程》要求，并具有防雷击、过电流、过电压、输入浪涌保护功能和故障切换报警显示，且各电源电压宜进入故障录波装置和相邻机组的 DCS 系统以供监视。UPS 的两次侧不经批准不得随意接入新的负载。

机组 C 级检修时应进行 UPS 电源切换试验，机组 A 级检修时应进行全部电源系统切换试验，并通过录波器记录，确认工作电源及备用电源的切换时间和直流维持时间满足要求。

自备 UPS 的蓄电池应定期进行充放电试验，自备 UPS 试验应满足 DL/T 774 要求。

3. UPS 切换试验

目前 UPS 装置回路切换试验，《防止电力生产事故的二十五项重点要求》（国能安全〔2014〕161 号）提出仅通过断电切换的方法进行，虽然基建机组和运行机组的实际切换试验过程大多数也是通过断开电源进行，但近几年已发生电源切换过程控制器重启的案例证明，这一修改不妥当。因为没有明确提出试验时电压的要求，运行中出现电源切换很可能

发生在低电压时，正常电压下的断电切换成功，不等于电压低发生切换时控制系统能正常工作。DCS控制系统对供给的电源一般要求范围不超过±10%，实际上要求电源切换在电压不低过15%的情况，控制系统与设备仍能保持正常工作，因此检修期间需做好冗余电源的切换试验工作，规范电源切换试验方法、明确质量验收标准。

(1) UPS和热控各系统的电源切换试验，应按照DL/T 774或DL/T 261《火力发电厂热工自动化系统可靠性评估技术导则》要求进行，试验过程中用示波器记录切换时间应不大于5ms，并确保控制器不被初始化，系统切换时各项参数和状态应为无扰切换。

(2) 在电源回路中接入调压器，调整输入主路电源电压，在允许的工作电压范围内，控制系统工作正常；当电压低至切换装置设置的低电压时，应能够自动切换至备用电源回路，然后再对备用电源回路进行调压，保证双向切换电压定值准确，切换过程动作可靠、无扰。

(3) 保证切换装置切换电压高于控制器正常工作电压一定范围，避免电压低时，控制器早于电源切换装置动作前重启或扰动。

4. UPS硬件劣化

UPS装置、双路电源切换装置和各控制系统电源模块均为电子硬件设备，这些部件可称为发热部件，发热部件中的某些元器件的工作动态电流和工作温度要高于其他电子硬件设备。随着运行时间的延续所有电子硬件设备都将发生劣化情况，但发热部件的劣化会加速，整个硬件的可靠性取决于寿命最短的元器件，因此发热部件的寿命通常要短于其他电子硬件设备。控制系统硬件劣化情况检验，目前没有具体的方法和标准，都是通过硬件故障后更换，这给机组的安全稳定运行带来了不确定性，在此建议：

(1) 应建立电源部件定期电压测试制度，确保热控控制系统电源满足硬件设备厂家的技术指标要求，并不低于DL/T 5455—2012《火力发电厂热工电源及气源系统设计技术规程》和DL/T 774《火力发电厂热工自动化系统检修运行维护规程》要求。同时还应测试两路电源静电电压小于70V，防止电源切换过程中静电电压对网络交换机、控制器等造成损坏。

(2) 建立电源记录台账，通过台账溯源比较数据的变化，提前发现电源设备的性能变化。

(3) 建立电源故障统计台账，通过故障率逐年增加情况分析判断，同时结合电源记录台账溯源比较数据的变化，实施电源模件在故障发生前定期更换。

(4) 已发生的电源案例由电容故障引起的占比较高，由于电容的失效很多时候还不能从电源技术特性中发现，但是会造成运行时抗干扰能力下降影响系统的稳定工作，因此对于涉及机组主保护控制系统的电源模块应记录电源的使用年限，建议在5～8年内定期更换。

(5) 热控控制系统在上电前，应对两路冗余电源电压进行检查，保证电压在允许范围内。

5. 落实巡检、维护责任制

有些故障影响扩大，如巡检、维护到位本可避免相关事故。如2018年6月23日4时10分27秒，某电厂9号机组跳闸，ETS保护动作，首出显示DEH故障，DEH报警画面显示DEH 110%超速。SOE记录为DEH故障停机、ETS动作汽轮机跳闸。检查发现DEH系统双路24V直流电源模块故障，引起系统内所有24V模件、继电器均失电，3块SDP转速卡异常AST 110%超速信号误发，导致DEH故障信号发出，ETS动作，汽轮机跳闸（后更换24V DC电源模块和背板电源连接插头后，恢复正常）。双路电源模块同时故障的概率较少，此案例反映了巡检或维护不到位或缺乏巡检或维护。

应建立电源测试数据台账，将电源系统巡检列入日常维护内容，巡检时关注电源的变化，机组停机时，测试电源数据进行溯源比较，发现数据有劣化趋势，及时更换模块。

二、采用PLC构成ETS系统安全隐患排查及预控

目前还有一部分保护系统采PLC控制器，随着运行时间的延伸，其性能逐步劣化，故障率增加，加上设计不完善，系统中存在一些隐患威胁着运行可靠性，需要热控专业重视，以下某电厂案例值得电厂热控专业借鉴。

1. 问题及原因分析处理

某电厂ETS系统PLC采用施耐德Quantumn140系列，CPU模件采用53414B（已停产），编程平台为Concept。2018年4月2日10时50分，巡视检查发现1号机ETS系统2号PLC控制组件工作状态异常：电源模块工作指示灯正常长亮，CPU控制器电源指示灯正常长亮，通信指示灯正常闪烁，运行指示灯"RUN"不亮（正常应长亮），各输入、输出扩展模块工作状态指示灯"Active"不亮（正常应长亮）。

专业人员分析，确定1号机ETS系统2号PLC控制组件已退出运行。处理1号机ETS系统2号PLC，必须重新启动CPU控制器及相关输入、输出扩展模块，后续工作存在无法预知的风险，并且启动后要进行该控制组件各通道信号的校验测试，机组运行期间不具备测试条件，由于临近机组检修期，所以研究决定暂时维持现状不做处理，待机组停机后进行处理，同时专业制定危险点防范措施：

（1）热控专业加强设备巡视检查，若该PLC控制组件故障退出运行，会造成机组停机，并且在两套PLC系统没恢复前无法启机。

（2）热控专业根据现场实际情况制定1号机ETS系统1号PLC控制组件故障情况下的紧急处理方案。

（3）运行人员做好事故预想，如果1号PLC故障，热控人员已经准备好备件立即处理（处理时间2h），机组投入连续盘车4h以上。

2. 隐患排查及完善建议

ETS系统由两台相互独立的PLC控制组件冗余组成，当其中一台发生故障退出运行时，不会影响另一台正常工作，虽能保证机组继续运行，但ETS系统的可靠性已降低50%，同时两套独立的PLC控制组件没有远程监视功能，PLC组件故障不能及时发现，也存在安全隐患。因此，该电厂专业人员针对该事件，结合技术监督及25项反措，对现有ETS系统进行隐患排查后，发现以下安全隐患：

（1）4个轴向位移保护信号均由同一块DI卡输入，当该模件故障后，将使该项保护失灵，产生拒动或误动。原则上应该分别进ETS系统不同的4块DI卡输入。

（2）ETS系统PLC装置中轴向位移保护采用"两或一与"方式（先或后与），其中进行"或"运算的两个信号均取自TSI同一块测量模件中，当任一TSI卡测量模件故障后，将造成保护拒动。原则上应该取自TSI不同的测量卡分别进ETS系统不同的4块DI卡输入。

（3）某厂润滑油压低信号1、3接入PLC的同一块DI卡中，2、4接入PLC的另外同

一块 DI 卡中，当任一块 DI 模件故障时，润滑油压低保护将失灵，产生拒动。同理，EH 油压低保护、真空低保护均如此。原则上应该分别进 ETS 系统不同的 4 块 DI 卡输入。

（4）ETS 试验电磁阀组取样为单一取样，以润滑油压为例，润滑油试验电磁阀组仅有一根取样管路，经试验电磁阀组后分出两路分别给润滑油压 1、3 和 2、4 压力开关，当该取样管路渗漏或取样阀门误关时将导致机组保护误动。同理，EH 油压低保护、真空低保护均如此。原则上两路压力开关应该分别取样。

（5）以润滑油压低保护在线试验控制逻辑为例：目前一通道在线试验控制逻辑中，没有润滑油压低压力开关 2 或压力开关 4 的闭锁控制，若该两个开关中有动作状态存在，此时，再对润滑油压低一通道在线试验（试验结果使压力开关 1 和压力开关 3 动作），则将使 ETS 保护动作命令发出，机组发生误跳闸。同理，EH 油压低保护、真空低保护均如此。

（6）由于 TSI 超速“三取二”逻辑输出由一个开关量点送至 ETS 的 PLC 输入卡中，当该开关量点故障或断开时或 PLC 输入模件故障时，将使 TSI 中的“三取二”和 ETS 中的全部失去冗余作用，致使保护出现拒动作。应取消 TSI 机柜内 TSI 超速“三取二”逻辑，将 3 路 TSI 超速信号分别送至 ETS 中不同的输入模件，在 PLC 中逻辑组态为“三取二”方式保护动作。

（7）由于 DEH 电超速保护信号“三取二”逻辑输出由一个开关量点送至 ETS 的 PLC 中，当该开关量点故障或断开时，将使 DEH 中的“三取二”和 ETS 中的全部失去冗余作用，致使保护出现拒动作。应取消 DEH 机柜内 DEH 超速“三取二”逻辑，将 3 路超速信号分别送至 ETS 中不同的输入模件，在 PLC 中逻辑组态为“三取二”方式保护动作。

（8）ETS 为双 PLC 系统，两个 PLC 装置同时扫描输入信号，程序执行后同时输出，当其中一个 PLC 装置发生死机时，AST 电磁阀在机组运行中不能失电，ETS 保护则进行了 100%的拒动状态。严重影响机组的安全。

（9）由于 4 个跳闸 DO 指令（用于控制 AST 电磁阀）均取自同一块 PLC DO 模件，当该 DO 模件故障时，该套 PLC 的 ETS 保护功能将失去，AST 电磁阀在机组运行中不能失电，ETS 保护则进了 100%的拒动状态。严重影响机组的安全。

（10）ETS 为双 PLC 系统，两个 PLC 装置同时扫描输入信号，程序运行后同时输出，当某一 DI 模件故障时，由该模件引入的保护跳闸条件将失灵，当该跳闸条件满足时，在该套 PLC 中的该项保护则不会发出动作命令。即使另一套 PLC 中该项跳闸条件满足能够正确发出保护动作命令，但由于两套 PLC 输出的跳闸命令按并联方式作用于 AST 电磁，并且为反逻辑作用方式，只有当两个 PLC 输出的跳闸命令全部动作时，两个闭合的 DO 输出触点全部打开，AST 电磁阀才能失电动作停机。因此，只有一套 PLC 动作时，AST 电磁阀将不能失电，因此，保护将发生拒动。

（11）ETS 控制柜内用于保护输入信号投切的开关为微动拨动开关，固化在一分二输入信号端子板上，并通过插接预制电缆将一路输入信号分为两路分别送至两套 PLC 的 DI 卡，由于微动开关的拨动不受任何限制，也无明显的投入/退出指示，存在误拨动或人为拨动导致保护退出。另外，一分二输入信号端子板与 PLC 的连接采用插头和预制电缆的方式，由于长时间运行，插头焊点存在氧化接触不良的现象。应拆除原一分二输入信号端子板，更换为带有信号保护指示的板卡，板卡与 PLC 采用螺钉压接线方式连接。另外，在 ETS 柜内增加安装能提供向外传输保护投切状态干接点信号的钥匙型保护投切开关，一路输入信号分为两路分别送至两套 PLC 的 DI。投入状态信号由 PLC DO 模件输出后，通过端子排输出到 DCS 机柜，在 DCS 系统中组态保护投切记录和画面上显示，可直观的知道每项保护的投退状态和投退时间。

（12）发电机故障联动汽轮机跳闸信号等重要动作信号（包括发电机故障信号、锅炉 MFT 信号），输入到 ETS 中只有一路。不满足《防止电力生产重大事故的二十五项重点要求》（国能安全〔2014〕161 号），对于重要保护的信号要采取“三取二”冗余控制方式的要求，易造成保护拒动或误动。

（13）ETS 系统双路 220V AC 电源无快速切换装置，只是使用了继电器切换回路，存在切换时间长（实际测量切换时间＞50ms），回路不可靠等问题，在电源切换的过程中引起 PLC 的重新启动，存在误动的隐患。

建议各电厂也进行类似排查，及时将排查发现的相关安全隐患汇总制定相应的改造计划，利用机组检修机会进行优化改造，以确保重要保护系统安全可靠运行。

三、DCS 系统软件和逻辑完善

1. 配置合理的冗余设备

发电机组在建设初期已经配置了大量的冗余设备，如电源、人机接口站、控制器、路由器、通信网络、部分参与保护的信号测点。但 2018 年的控制系统故障案例中，仍有机组在投入生产运行后，由于部分保护测点没有全程冗余配置，而因测点或信号电缆的问题造成了机组非停。

冗余测量、冗余转换、冗余判断、冗余控制等是提升热控设备可靠性的基本方法。因此，除了重视取源部件的分散安装、取压管路与信号电缆的独立布置，以避免测量源头的信号干扰外，应不断总结提炼内部和外部的控制系统运行经验与教训，深入核查控制系统逻辑，确保涉及机组运行安全的保护、联锁、重要测量指标及重要控制回路的测量与控制信号均为全程可靠冗余配置。对于采用越限判断、补偿计算的控制算法，应避免采用选择模块算法对信号进行处理，而应对模拟量信号分别进行独立运算，防止选择算法模块异常时，误发高、低越限报警信号。

DCS 控制系统中，控制器应按照热力系统进行分别配置，避免给水系统、风烟系统、制粉系统等控制对象集中布置于同一对控制器中，以防止由于控制器离线、死机造成系统失控，使机组失去有效控制。

2. 梳理优化 DCS 备用设备启动联锁逻辑设置

由于设计考虑不周，备用设备启动联锁逻辑不合理，也是 2018 年发生的事件中应值得重视。如某机组 2A 引风机润滑油压力突降，压力低低 1、2、3 开关动作后延时 10s 跳闸 2A 引风机，之后 5s 后 2A 引风机 B 润滑油泵才联锁启动，逻辑设计不合理导致机组 RB 误动作。

某机组允许条件设置不合适导致空气预热器主辅电动机联锁异常。A 空气预热器辅助电动机跳闸，主电机未联启，空气预热器 RB 动作。检查发现 A 空气预热器辅助电动机跳闸时，因空气预热器内温度到达报警值，造成空气预热器火灾与转子停转热电偶故障信号发出，主电动机启允许条件并不满足，导致主电动机联锁启指令未发出。又由于 DCS 系统无温度模拟量信号显示，只能通过曲线推测实际温度值偏高。

因此应利用空余时间，安排专业人员分析梳理、核对备用设备启动联锁逻辑，删除不必要的允许条件，在保证安全可靠的前提下尽可能简化逻辑，确保逻辑合理准确。

3. 逻辑时序及功能块设置应符合 DCS 组态规范要求

设计、优化逻辑时，如未考虑到逻辑的时序问题，也将埋下机组保护误动的隐患。如某机组基建中 DCS 系统设计存在时序缺陷，当主油箱液位 3 测点信号发生跳变时，“三取二”逻辑 MSL3SEL2 封装块内部数据流计算顺序错误，误发信号导致机组跳闸。查找原因的试验过程，发现当信号从坏质量恢复到好点时，若同时触发保护动作对象，数据流异常会造成坏质量闭锁功能失效，从而导致保护误动。进一步检查分析，发现当 DCS 系统封装块中存在中间变量时，数据流排序功能并不能保证序号分配完全正确，需进行人工复查和试验确认。事后修改了汽轮机主油箱油位低保护逻辑，增加延时模块，防止出现时序问题或油位测点测量异常导致信号误发。同时对 MSL3SEL2 封装块及相关类型的封装块采取防误动措施，重新梳理内部数据流问题后，经试验可确保数据流排列正确。

因此设计、优化逻辑时，应分析这些逻辑的功能与时序的关系，合理组态，保证逻辑时序及功能块设置符合 DCS 组态规范要求。

4. 合理设置 MARK VIe 控制逻辑的“三取中”模块或三信号输入优选模块预置值

由于 MARK VIe“三取中”模块对输入信号的品质，时刻进行质量可靠性评估计算，当其中或全部输入信号不可信时，将输出预先设置的计算方案或预先设置的数值，如果这个预先设置的不合理，将成为设备运行的一个隐患。某机组首次采用 MARK VIe 系统改造，对热井水位计算预先设定的参数值不合理，当热井水位跳变时，模块输出水位值为 0，造成 2B 凝结水泵跳泵，同时闭锁了 2A 凝结水泵启动。

因此，热控人员应对输入信号梳理，确认设置选择输出信号或根据预先设置的数值输出信号正确；同时优化逻辑，消除输入信号品质下降时输出错误信号。

5. 逻辑优化前充分论证，确保修改方案与试验验收周全

基建或改造项目的修改方案和质检点内容，都应事前充分讨论，如不能保证修改方案完善、质检点内容设置周全。迟早会影响机组的安全运行。某机组日立公司 H5000M 系统的 DEH 和 ETS 改造后，全部功能纳入 OVATION DCS 一体化控制。由于 MFT 保护条件中的主汽温度低保护设定值整定错误，主汽温度低保护定值严重偏离了东汽提供的设计值，当调节级压力为 13.03MPa 时，主蒸汽温度保护设定值达到最大值 550℃，该动作值偏离原始设计值+41.2℃。且在后续试验过程中也没能发现存在的隐患。在机组运行中，由于水煤比（过热度）调节品质差，主蒸汽温度大幅下降，触发主蒸汽温度低保护动作，机组跳闸。这个事件发生前，方案中虽也要求对软、硬联锁保护逻辑、回路及定值进行传动试验，但试验检查内容不周全，未明确折线函数的检查内容。在主保护试验中没有针对折线函数进行逐点检验，使组态中的错误未能通过试验发现。

因此逻辑优化时，应加强对优化修改方案和优化后试验内容的完整性检查研讨，完善并严格执行保护定值逻辑修改审批流程，明确执行人、监护人以及执行内容；完善热控联锁保护试验卡，规范试验步骤。

6. 深入单点保护信号可靠性排查与论证

单点信号作为保护联锁动作条件时，外部环境的干扰和系统内部的异常都会导致对应保护误动概率增加，除前述故障案例中发生的多起单点信号误发导致机组跳闸外，另有更

多的是导致设备运行异常。

2018年1月10日18时18分，某2号机组，因汽动给水泵前置泵入口流量瞬间到0后15s后变坏点，汽动给水泵再循环在流量到0后15s内开启到41%但未达到60%，导致最小流量阀保护动作，1号汽动给水泵跳闸，负荷由250MW下降至149MW，电动给水泵联启正常。检查原因是汽动给水泵前置泵入口流量变送器故障。

2018年1月12日20时1分，某锅炉1号给煤机，因下插板执行器全关反馈信号导致跳闸，检查原因为执行器内部电缆由于振动导致与执行器壳体发生碰磨，绝缘层破损导致。

另据报道某岛电厂因供天然气管道上的总阀门问题，导致6部燃气机组全部跳闸，造成全岛无预警大规模停电事件，追究原因是供天然气管道上的总阀门及保护信号均为“单点”。

因此，单点信号作为重要设备与控制系统动作条件，一旦异常会导致十分严重的设备事故甚至是社会安全责任事故，由此可见单点保护的持续完善，对提高机组可靠性的重要性。需要继续进行保护与重要控制系统中的单点信号排查，且加深对单点保护的认识深度，不仅仅排查直接参与保护逻辑的单点信号，还应查找热力系统中那些隐藏着的单一重要设备或逻辑，如循环水泵备用联启逻辑中采用的母管压力低联启逻辑中母管压力取点为单点。那些两点信号采取“或门”判断逻辑（如电气送过来的机组大联锁中的“电跳机”两个开关量保护信号采用“或门”逻辑），共用冗余设备采用一对控制器（如全厂公用DCS系统中6台空气压缩机的控制逻辑集中在一对控制器中，控制器或对应机柜异常，可能导致所有空气压缩机失去监控或全厂仪用气失去），也应列入“单点”且为重点管控范围。应组织可靠性论证，对存在误发信号导致设备误动安全隐患的保护与控制系统，采取必要的防范措施。

7. 压缩空气系统可靠性问题预防

仪用压缩空气系统是现场重要的辅助系统，相关气动调整门、抽汽止回门、部分精密仪表等均需要仪用压缩空气方可正常工作，如压缩空气内含有水、油、尘等均会导致相关设备工作异常，甚至机组被迫停机。因此，专业管理上如疏忽对仪用压缩空气品质的监督，则将会对控制系统的安全运行构成严重安全隐患：如某电厂2018年12月7日14时40分，运行值班员监盘发现2号机2、3号高压加热器正常疏水门开关不动，两台阀门阀位反馈自动全关至0%，远控失灵，现场检查发现气动阀整门实际全关，调节器液晶屏无显示并且内部进水严重，检查气源压缩空气过滤瓶内积水，且附近（2号机6.3m、12.6m高压加热器附近）气动疏水门过滤减压阀过滤瓶内全是水，2号机低压轴封母管减温水气动门也因调节器气源进水控制失灵，判断为仪用压缩空气内进水。进一步检查2号机仪用压缩空气为仪用压缩空气系统末端，2号机0m压缩空气管道最低点排空阀（开启排水）及该排空阀附近凝结水精处理系统气动阀门电磁阀控制箱、气动门气缸均有漏水现象。人为断开相关阀门气源管路、过滤减压阀开始排水，放水过程中发现2号机0m精处理处仪用压缩空气母管内有大量积水，进一步检查发现精处理处有一根水管与仪用压缩空气管道相连接，检查该管道有一气动阀门内漏导致大量凝结水进入压缩空气管道内，从而导致压缩空气大量带水，手动关严该阀门，并对2号机进水的气动调整门、疏水门、2号机仪用压缩空气储气罐及压缩空气管道进行放水，清理压缩空气管道、各进水气动门气缸内积水，并更换2、3号高压加热器正常疏水阀门定位器后，设备恢复正常。

该事件是由于精处理管道上的一气动阀门内漏导致大量凝结水进入仪用压缩空气系统，

导致2台气动调整门定位器进水损坏引起，影响范围涉及3台气动调整门和20余台气动门，威胁着机组设备安全运行。但系统设计存在严重的安全隐患（系统管道接引错误，凝结水系统与压缩空气系统之间仅有一气动门及止回门，没有有效的手动截止门），机组维护检修中未发现，2018年5月专业针对厂用、仪用压缩空气系统开展过隐患排查过程也未发现，这说明了专业人员对系统设备间的相互影响了解不深入，分析排查不到位，需要专业管理上加强专业培训和对仪用压缩空气控制可靠性、气源品质的监督，消除类似隐患与缺陷，以保证相关设备和仪表安全稳定运行。

8. 及时进行设备改造

随着运行时间的延续，电子产品性能会下降，如不及时进行性能检测跟踪和更换，将会导致设备故障发生。如2018年2月20日22时28分，运行人员停止1号炉2号引风机；在22时29分，运行人员发现1号炉上层给粉2、3号火焰检测信号显示有火，其他层火焰检测器显示火焰检测信号不稳定，但不具备炉内无火条件时，1号炉灭火保护装置（独立装置）中“全炉膛灭火”指示灯亮，同时MFT动作指示灯闪烁。热控人员检查DCS中已触发“全炉膛灭火”SOE信号，其他信号均未触发。经热控人员就地确认给粉机、排粉机未跳闸，燃油速断阀、DCS中MFT动作SOE和MFT光字牌声光报警未触发。据以上状况判断MFT动作信号实际未输出。22时35分，经值长同意复位灭火保护装置。

事件发生后，热控专业检查火焰检测装置及回路均正常，确定在不具备MFT触发条件的情况下，MFT误发全炉膛火焰丧失SOE信号和MFT面板动作指示信号，而MFT实际未输出。分析原因为此灭火保护装置已使用16年，过于老旧，内部电路板卡设备运行不稳定，导致条件不满足时触发SOE输出。后经外委专业单位对该装置进行综合分析试验，返回后，将两套装置整合为一套可靠的装置，试验合格后安装使用。同时，计划2019年DCS技改时，将灭火保护装置逻辑及信号接线全部引入DCS系统。

电厂机组跳闸案例统计分析表明，设备寿命需引起关注。当测量与控制装置运行接近2个检修周期年后，应加强质量跟踪检测，如故障率升高，应及时与厂家一起讨论后续的升级改造方案，应鼓励专业人员开展DCS模件和设备劣化统计与分析工作。

第二节　环境与现场设备故障预防与对策

现场设备运行环境相当恶劣，现场设备的灵敏度、准确性以及可靠性直接决定了机组运行的质量和安全。2018年收集的63起现场设备故障（13起执行设备、12起测量仪表与部件、8起管路、18起因线缆、12起因独立装置）引起机组跳闸或降负荷的事件中，有一半以上可预防，不少故障是重复发生且大多故障具有相似性，应引起专业人员的重视，在下提出一些预控意见，供专业人员参考。

一、做好现场设备安全防护预控

1. 调速汽门LVDT支架断裂事件预防

调速汽门LVDT连杆断裂事件每年都有发生，如2018年3月2日17点28分，某热电厂运行人员将1号机调节门切至顺序阀控制；18时34分，1号调速汽门指令由56.5%降至52.5%、2号调速汽门35.6%降至33.3%，负荷由69.4MW降至39.3MW；18点35

分5秒，运行人员手动增加综合指令；18点35分24秒，负荷恢复至70.1MW。针对负荷下降原因，经热控人员就地检查发现LVDT连杆断裂，热控人员逐渐强制关闭1号机1号调速汽门，进行在线更换。

LVDT连杆断裂原因，经分析是1号机1号调速汽门开度在20%以上时，由于汽流激荡引起阀体护套震荡，连接在该护套上的LVDT连杆长时间受应力导致强度降低而断裂。该事件暴露出热控人员日常巡视检查不到位，未考虑到护套震荡和LVDT连杆在受应力作用下易产生裂痕的重大隐患。为预防此类事件的发生，专业应从以下方面进行改进和制定防范措施。

(1) 新设计LVDT连杆时适当考虑尺寸设计，简化了阀杆与LVDT的连接方式，采用整体化连接件，减少连接环节，避免或减少动静摩擦，以此降低连杆断裂的危险。

(2) 加强日常巡视检查，对重点部位制订隐患设备巡视检查卡，定期检查所有调速气门连杆，及时发现潜在隐患并处理。

(3) 通过举一反三，对现场其他可能产生摩擦的重点部位进行全方面排查，以防止类似事件再次发生。

2. 规范仪表的检修校准，防止仪表报警失灵事件发生

检修工作中缺乏安全意识，不能按规程要求规范检修，不能严格执行操作票流程，检修工作结束后未能及时做好扫尾工作等，都将留下事故隐患。如2018年8月12日凌晨3时15分，4号机组负荷为211MW，给水流量为506t/h，炉负压突升至+431Pa，给水流量和机组负荷均有不同程度波动，锅炉本体就地检查前墙48m处有漏泄声音。经检查，4号炉四管泄漏检测系统中第1、6、9、10、11、12点超过报警值，第4点将到报警值。检查历史曲线，第10点早在8月8日就有逐渐增大趋势，间歇的超过报警值，这6个监测点从11日至次日2点之后持续增大超过报警值，并达到最大值。按照报警系统最先报警的第10点的位置，漏泄位置大约在炉40m后墙附近。经锅炉专业判断，确认4号炉受热面泄漏，但全过程四管漏泄监测系统未能及时、正确地报警。经查原因是锅炉四管漏泄监测系统在机组运行过程中，上位机曾出现过死机、软件故障等，热控检修人员在处理类似缺陷过程中，为防止报警误发，通常拔掉系统报警输出插头，缺陷处理完后再恢复。但上一次缺陷处理过程中，报警插头恢复过程中未插牢固，接触不良，而设备专责人每日巡回检查也未能及时在上位机中发现漏泄报警异常情况（四管漏泄监测主机就在DCS系统工程师站处），导致信号未及时发出。类似的事件时有发生，反映了人员责任心不强，安全措施执行不力、检修不规范，同组工作人员未能有效核对。

要减少检修不规范造成的类似事件，应该做好以下防范工作：

(1) 强检修人员安全教育，提高责任心，严格两票制度管理，工作前应做好风险分析和防范措施，工作结束后及时恢复，并由工作负责人或工作组成员确认。

(2) 严格落实对现场设备的巡视检查制度，发现设备异常及时联系，及时处理，不定期对现场各项检查记录进行抽查。

(3) 定期组织对各台机组的四管漏泄装置进行检查，确保四管漏泄监测装置工作正常，报警可靠输出。

3. 执行机构故障预控措施

执行机构随着使用年限增加，电子元器件的老化导致电动执行机构故障率增加，主要

的与执行机构相关的故障类型有控制板卡故障、风机变频器故障、风机动叶拐臂脱落等，这些就地执行机构、行程开关的异常，有些是执行机构本身的故障引起，有些则与设备安装检修维护不当有关，这些故障造成就地设备异常，严重的直接导致机组非停。如某厂一次风机设备由于厂家设计不合理，拉杆固定螺栓无防松装置，在设备安装时缺少必要的质量验收，运行中螺栓松动，脱落导致拉叉脱开，动叶在弹簧力的作用下自行全开至100%，最终导致炉膛负压低低跳闸。某厂因执行机构及与动调连接安全栓未开口引起连杆脱落导致机组跳闸、油路油质变差引起调门卡涩导致机组跳闸，通过对相关案例的分析、探讨、研究，提出以下预防措施：

（1）把好设备选型关，重要部位选用高品质执行机构。目前市场上执行机构产品较多，质量参差不齐，如某厂控制电磁阀因存在质量问题，短时间运行后就出现线圈烧毁现象导致燃气机组跳闸，因此应对就地执行机构的电源板、控制板、电磁阀质量进行监督管理（包括备件），选用高品质与主设备相匹配的产品，备品更换后应现场进行功能测试验收，避免因制造质量差给设备带来安全隐患，降低因执行机构故障给机组安全经济运行带来的威胁。

（2）加强设备的维护管理，将执行机构拉杆固定螺栓和防松装置的可靠性检查，列入检修管理，杜绝此类故障的发生。同时将主重要电磁阀纳入定期检查工作，进行定期在线活动性试验以防止电磁阀卡涩，在控制回路中增加电磁阀回路电源监视，以便及时发现电源异常问题。定期检查、维护长期处于备用状态的设备（如旁路系统控制比例阀、小机高调阀等）。

（3）运行期间应加强对执行机构控制电缆绝缘易磨损部位和控制部分与阀杆连接处的外观检查；检修期间做好执行机构等设备的预先分析、状态评估及定检工作，针对有振动的所处位置的振动的阀门，除全面检查外，还应对阀杆与阀芯连接部位采取切实可行的紧固措施，防止门杆与门芯发生松脱现象。

（4）进一步优化完善逻辑，提高设备可靠性。从本书所列的执行机构故障案例分析，除了执行机构自身存在的问题外，控制逻辑存在的问题也是导致机组设备异常发生的一个重要诱因之一，因此需优化完善控制逻辑：

1）增加主重要阀门“指令与反馈偏差大”的报警信号，便于运行人员及时发现问题。增加“指令与反馈偏差大”切除CCS的逻辑，防止因调节门卡涩造成负荷大幅度波动。

2）为提高风机运行的安全稳定性，增加风机变频切工频功能，实现在事故状态下的自动切换。

3）对一些采用单回路控制的电磁阀，除保证电磁阀质量外，建议整改为双回路双电磁阀控制。主汽门、调节门等的跳闸电磁阀定期测量线圈电阻值，并做好记录，通过比对发现不合格的线圈应及时更换。

4）某厂未及时发现厂商提供的调节门特性曲线及逻辑定值与机组实际运行工况的差异。DEH中主汽压调节回路中各参数之间不匹配，中压调节门关闭过快，导致给水泵汽轮机进汽压力迅速下降。

4. 测量设备（元件）故障预控措施

部分测量设备（元件）因安装环境条件复杂，易受高温、油污影响而造成元件损坏，为降低测量设备（元件）故障率，根据第五章故障处理的经验与教训总结，从以下几点防范：

（1）测量设备（元件）在选型过程中，应根据系统测量精度和现场情况选取合适量程，明确设备所需功能；安装在环境条件复杂的测量元件，应具有高抗干扰性和耐高温性能。

(2) 严格按照设备厂家说明书进行安装调试，专业人员应足够了解设备结构与性能，避免将不匹配的信号送至保护系统引起保护误动，参与主保护的测量设备投入运行后，应按联锁保护试验方案进行保护试验。

(3) 机组检修时由于测温元件较多，往往会忽视对测温元件的精度校验，尤其在更换备品时，想当然认为新的测温元件一定合格而未经校验即进行安装，导致不符合精度要求的测温元件在线运行，因此在机组检修时明确检修工艺质量标准，完善检修作业文件包，对测量元件按规定要求进行定期校验。

(4) 继电器随着使用年限的增长故障率也将上升，建立 DCS、ETS、MFT 等重要控制系统继电器台账，应将主重要保护继电器的性能测试纳入机组等级检修项目中，对检查和测试情况记录归档，并根据溯源比较制定继电器定期更换方案。通过增加重要柜间信号状态监视画面，对重要继电器运行状态进行监控，并定期检查与柜间信号状态的一致性，以便及时发现继电器异常情况。

(5) 加强老化测量元件（尤其是压力变送器、压力开关、液位开关等）日常维护，对于采用差压开关、压力开关、液位开关等作为保护联锁判据的保护信号，可考虑采用模拟量变送器测量信号代替。

5. TSI 系统故障预控措施

因 TSI 系统模件故障、测量信号跳变、探头故障而引起的汽轮机轴振保护误动的事件时有发生。与汽轮机保护相关的振动、转速、位移传感器工作环境条件复杂，大多安装在环境温度高、振动大、油污重的环境中，易造成传感器损坏；另外，保护信号的硬件配置不合理、电缆接地及检修维护不规范等，都会对 TSI 系统的安全运行带来极大的隐患，也造成了多起机组跳闸事故和设备异常事件的发生。通过对本书相关案例的分析、归类，总结处以下防范措施：

(1) TSI 系统一般在基建调试阶段对模件通道精度进行测试，大部分电厂在以后的机组检修中未将模件通道测试纳入检修项目，因此模件存在故障也不能及时被发现，建议在机组大修时除将传感器按规定送检之外，还应对模件的通道精度进行测试，并归档保存，对有问题的模件及时进行更换处理。

(2) 对冗余信号布置在同一模件中、TSI、DEH 信号电缆共用的，应按《防止电力生产事故的二十五项重点要求》（国能安全〔2014〕161 号）中 9.4.3：所有重要的主、辅机保护都应采用“三取二”的逻辑判断方式，保护信号应遵循从取样点到输入模件全程相对独立的原则进行技术改造，将信号电缆独立分开，并将传感器信号的屏蔽层接入 TSI、DEH 系统机柜进行接地；必要时增加模件，保证同一项保护的冗余信号分布在不同模件中，以提高主机保护动作的可靠性。确因系统原因测点数量不够，应有防止保护误动措施的要求。

(3) 传感器回路的安装，应在满足测量要求的前提下，尽量避开振动大、高温区域和轴封漏汽的区域；就地接线盒应采用金属材质并有效接地；前置器应安装在绝缘垫上与接线盒绝缘，保证测量回路单点接地。如必须在高温区域使用，需更改为能满足现场温度的高温探头。

(4) 随着 TSI 系统使用年限增加，模件因老化而故障率上升，因此需加强 TSI 系统模

件备品备件的管理，保证备品数量，且定期检测备品，使备品处于可用状态，一旦模件故障可以及时更换。还应注意新老备件的探头与延伸电缆接头的匹配、探头与前置器、探头与卡件匹配问题。

（5）将TSI系统模件报警信息（LED指示灯状态）纳入DCS日常巡检范围，每次停机期间通过串口连接上位机读取和分析TSI系统模件内部报警信息，以消除存在的隐患。

（6）在机组停机备用或检修时，对现场的所有TSI传感器的安装情况进行检查，确保各轴承箱内的出线孔无渗油，紧固前置器与信号电缆的接线端子，信号电缆应尽可能绕开高温部位及电磁干扰源。应记录各TSI测点的间隙电压，作为日后的溯源比较和数据分析。

二、做好管路、线缆安全防护预控

1. 管路故障预控措施

测量管路异常也是热控系统中较常见的故障，本书所列举的故障主要表现在仪表管沉积物堵塞、管路裂缝、测量装置积灰、仪表管冰冻、变送器接头泄漏等，这些只是比较有代表性的案例，实际运行中发生的大多是相似案例，通过对这些案例的分析，提出以下几点反措建议：

（1）针对沉积物堵塞，查找分析堵塞原因和风险，实施预防性措施，必要时对水质差、杂质较多（泥沙较多）的管路，更换增大仪表管路孔径（如将$\phi 14$的更换为$\phi 18$的不锈钢仪表管），同时加强重要设备滤网的定期检查和清理工作，减轻堵塞。

（2）机组检修时，对重要辅机不仅检查泵体表面，应将泵轴内部检查列入检修范围内，避免忽视内在缺陷。

（3）对燃气轮机天然气温控阀等控制气源应控制含油含水量，定期对控制气源质量进行检测；定期对减压阀、闭锁阀等进行清洗去除油污；必要时可加装高效油气分离器来降低控制气源含油含水量。

（4）风量测量装置堵塞造成测量装置反应迟缓，不能快速响应，会导致自动调节系统出现超调、发散等，严重时造成总风量低保护动作。应加强风量测量装置吹扫，发现测量系统异常应缩短吹扫周期。为保证风量测量装置准确性，可增加自动吹扫设备或选用带自动吹扫的风量测量装置。

（5）二次风量自动控制宜取3个冗余参数的中值参与调节控制；被调量与设定值偏差大时自动切手动，偏差值设定值应根据实际工况和量程等因素进行合理设置，避免因偏差值设定值不当而导致在异常工况下自动不能及时切除情况发生。

（6）力学测量仪表的接头垫片材质要求应符合DL 5190.4—2012《电力建设施工技术规范　第4部分：热工仪表及控制装置》垫片要求，重点应检查高温高压管道测点仪表回路上的接头垫片，不能采用聚四氟乙烯垫片，否则一旦管路接头上有漏点，耐温不满足会加剧泄漏情况的发生。

（7）取样管与母管焊接处应防止管道剧烈振动导致取样管断裂，发现管道振动剧烈时应及时排查原因并消除，必要时可将取样管适当加粗，保证其强度满足要求。

（8）防止仪表管结冰，在进入冬季前，安排防冻检查工作。给水、蒸汽仪表管保温伴热应符合规范要求；给水、蒸汽管道穿墙处的缝隙应封堵，一次阀前后管道应按要求做好保温。

2. 降低控制电缆故障的预防措施

线缆回路异常是热控系统中最常见的异常，如电缆绝缘降低、变送器航空插头接线柱处接线松动、电缆短路、金属温度信号接线端子接触不良等，针对电缆故障提出以下防范措施：

（1）加强控制电缆安装敷设的监督，信号及电源电缆的规范敷设及信号的可靠接地是最有效的抗干扰措施（尤其是FCS），应避免380V AC动力电缆与信号电缆同层、同向敷设，电缆铺设沿途除应避开潮湿，振动宜避开高温管路区域，确保与高温管道区域保持足够距离，避免长期运行导致电缆绝缘老化变脆，降低绝缘效果，若现场实际情况无法避开高温管道设备区域，则应加强保温措施，并定期测温，以保证高温管道保温层外温度符合要求；电缆槽盒封闭应严实，电缆预留不宜过长，避免造成电缆突出电缆槽盒之外；定期对热控、电气电缆槽盒进行清理排查，发现松动积粉等问题及时清理封堵，保证排查无死角，设备安全可靠。

（2）对控制电缆定期进行检查，将电缆损耗程度评估、绝缘检查列入定期工作当中。机组运行期间加强对控制电缆绝缘易磨损部位进行外观检查；在检修期间对重要设备控制回路电缆绝缘情况开展进线测试，检查电缆桥架和槽盒的转角防护、防水封堵、防火封堵情况，提高设备控制回路电缆的可靠性。

（3）对重要保护信号宜采用接线打圈或焊接接线卡子的接线方式，避免接线松动，并在停机检修时进行紧固；对重要阀门的调节信号应尽可能减少中间接线端子；对热控保护系统的电缆应尽可能远离热源，必要时进行整改或更换高温电缆。对变送器航空插头内接线应进行焊接，防止虚焊等不规范安装引起接触不良导致的设备异常。

（4）定期对重要设备及类似场所进行排查，检查各控制设备和电缆外观，测量绝缘等指标，对有破损的及时处理，不合格的予以更换，对有外部误碰和伤害风险的设备做好安全防护措施。

（5）温度测量系统采用压接端子连接方式的易导致接触不良，因此应明确回路检查标准及检修工艺要求，避免隐患排查不全面、不深入而埋下安全隐患。

（6）电缆芯线不应有伤痕，单股线芯弯圈接线时，其弯曲方向应与螺栓紧固方向一致。多股软线芯与端子连接时，线芯应压接与芯线规格相应的终端附件，并用规格相同的压接钳压接。芯线与端子接触应良好，螺栓压接牢固。每个接线端子宜接一根接线，如需连接两根且有多芯线或两根单芯线径不同时，应制作线鼻子，进行连接。接线端有压片时应将电缆线芯完全压入弧型压片内，防止金属压片边缘挤压电缆线芯致其受损存在安全隐患。接线端子铜芯裸露不宜太长，防止接拆线时金属工具误碰接地造成回路故障。

（7）接线盒卡套外部边缘接触面应光滑，防止电缆在振动、碰撞等因素下造成线缆破损，线缆引出点处采取防护措施如热缩套保护等防止产生摩擦。

第三节　做好热控系统管理和防治工作

制度是基础，人是关键。从本书案例分析中，可体会到很多事件、设备异常的发生都与管理和“人”的因素息息相关，一些因对制度麻木不仁、安全意识不强、技术措施不力而造成的教训让人惋惜，比如本书第六章统计的“组态与参数设置疏漏、维护操作不当、

安装维护不到位、检修试验违规”等引起的事件，有些看上去是很低级错误仍时有发生，反映了管理与“人”因素在执行制度时存在的消极面。因此应做好人的培养，加强与同行的技术交流，不断借鉴行业同仁经验，开拓视野，促使人员维护水平和安全理念不断提升，同时注重制度在落实环节的适用性、有效性，避免陷入“记流水账式”落实制度的恶循环，切实有效做好热控系统与设备可靠管理和防治工作，服务于机组安全经济运行。

《发电厂热工故障分析处理与预控措施（第二辑）》第七章第三节中，提出的相关预控措施基础上，本节根据收集的2018年故障案例和中国发电自动化技术论坛论文提炼的经验与教训，结合本书参编人员的实践，提出热控系统管理和防治工作的相关措施。

一、重视基础管理

由于热控保护系统的参数众多、回路繁杂，为使专业人员更全面、快速、直观地熟悉重要保护系统，组织专业力量针对机组启停、检修和运行期间常见的问题进行总结提炼，编制“主重要保护联锁和控制信号回路表”（包括就地测点位置、接线端子图、DCS电子间模件通道、逻辑中引用位置等）、“机组启动前系统检查卡”“日常巡检卡”（细化、明确巡检路线、巡检内容和巡检方法等）。编制过程可以促使专业人员全面而直观地认识控制系统，完成后不但在每次停机检修、日常巡检期间可利用该表做针对性的“从面到点”按照预定的步骤巡检、试验、隐患排查，还可提高现场作业人员分析处理保护回路异常的效率，并作为专业培训的教材，长期坚持下去，就能将事故消弭于无形，为机组安全稳定运行提供保障。如某电厂通过这样工作，产生很好的效果，发现了诸多隐患，如DCS继电器柜双路电源供电不正常、吹灰系统程序控制电源和动力电源不匹配、LVDT固定螺钉异常松动等。

上述工作过程中，应集思广益，同时通过参加技术监督会、厂家技术论坛、兄弟电厂调研、学术论文学习等多种渠道，多学习同类型机组典型事故案例，不断搜集汲取适合自身机组特点的经验与教训，技术发展方向和先进做法，博采众长，为有针对性排查和消除自身机组隐患，提高控制系统可靠性和机组运行稳定性之用。

二、加强热控逻辑异动管理

2018年发生的逻辑优化事件或设备异常中，有一些与管理不完善相关，优化前对优化对象缺乏深入理解，没有制定详细的技术方案，导致优化后留下隐患。如某600MW超临界煤燃烧器有火判定逻辑功能块设置错误，导致全部火焰失去，触发MFT保护动作。根本原因是工作人员对DCS系统中“AND”功能块的应用理解不够深入，进行逻辑优化，机组炉膛调节闭锁增减逻辑设计时，将炉膛压力闭锁增条件只作用在引风机变频操作器，而没有同时闭锁增作用炉膛压力PID调节，当闭锁增条件出现和消失时引起指令突变，负压大幅波动而导致炉膛压力低低MFT。反映了逻辑优化人员对一些功能块和逻辑优化设计理解不深，在方案变更后，仅对原修改部分逻辑进行删除，未对功能块内部进行置位恢复，留下的隐患在满足一定条件时发生作用，造成事件。

因此应加强逻辑异动管理，逻辑优化前，提前强化对优化逻辑的理解，制定详细技术方案，包括作业指导书、验收细则、规范事故预想与故障应急处理预案等，有条件时在虚拟机系统修改验证后实施。实施过程应严格执行技术管理相关流程、规定，按技术方案进行。

三、提高控制系统抗外界干扰能力

信号电缆外皮破损、现场接线端子排生锈、接线松动、静电积累、接地虚接、电缆屏蔽问题等，都容易对测控信号造成干扰，导致控制指令和维护工作位置反馈产生偏差。因此，做好以下预防工作：

（1）为防止静电积累干扰，现场带保护与重要控制信号的接线盒应更换为金属材质并保证接地良好；机组检修时对电缆接线端子进行紧固，防止电缆接触电阻过大引起电荷累积导致温度测量信号偏差情况发生；为有效释放静电荷；也可将有静电累积现象的信号线通过一大电阻接地试验，观察效果。

（2）定期检查和测试控制柜端子排、重要保护与控制电缆的绝缘，将重要热控保护电缆更换为双绞双屏蔽型电缆，保护与重要控制信号分电缆布置，并保证冗余信号独立电缆间保护一定间距，以消除端子排、电缆等因绝缘问题引发的信号干扰隐患。

（3）在进行涉及机组热控保护与重要控制回路检查中，原则上禁止使用电阻挡进行相关的测量和测试工作，防止造成保护与重要控制信号回路误动，现场敏感设备附近、电子间和重点区域，原则上禁止使用移动通信设备（除非经过反复测试证明，不会产生干扰影响）。

（4）增加提升抗干扰能力措施。优化机组保护逻辑，对单点信号保护增加测点或判据实现保护“三取二”判断逻辑、增加速率限制、延时模块，进行信号防抖防止干扰造成机组非停。如测点分A、B侧，建议使用“四选二”逻辑（A侧两点、B侧两点或取值后相与）。

四、加强检修运行维护与试验的规范性

热控保护系统误动作次数，与相关部门配合、人员对事故处理能力密切相关，配合与处理能力的不同，则类似故障会有不同结果。一些异常工况出现或辅机保护动作，若操作得当可以避免MFT动作；反之，可能会导致故障范围扩大。2018年试验中，除引起机组跳闸编入本书的案例外，另有多起引起设备运行异常，有的因故障处理前的处理方案制定考虑周全而转危为安；有的因故障处理前的处理方案考虑不全面导致故障影响扩大（甚至机组跳闸）。

1. 制定处理方案时应考虑周全

2018年3月5日下午，运行人员发现1号机组DCS系统报单网故障，热控人员检查后，发现DAS2主DPU故障引起网络异常，已自动切至从DPU运行。热控人员针对DAS2系统的故障情况和处理过程中可能遇到的问题，制定了3个故障消除方案：

（1）手动对DPU进行复位。观察故障报警是否存在，若恢复，则不再进行以下操作。如故障存在，则执行（2）。

（2）对主DPU热插拔。如故障消除则不进行以下操作，反之执行（3）。

（3）在线更换该DPU。为了防止更换过程中，主、从DPU均初始化带来的风险，故障处理前采取防范措施：由于DAS2部分测点带联锁保护，为防止设备误启动，运行人员将两台顶轴油泵、汽轮机交流润滑油泵、汽轮机直流润滑油泵、氢密封油备用油泵在CRT操作端挂“禁操”牌；同时热控人员将DAS2的压力修正参数在其他控制器强置为当前值。

3月5日21时5分，热控人员对DAS2主DPU按（1）进行操作，手动将DAS2主DPU面板上开关由RUN切换到STOP位置。3s后将DPU面板上的开关由STOP切换到

RUN 位置。数秒钟后主 DPU 面板上的故障消除，状态恢复正常。大约 1min，DCS 系统单网故障消失，系统状态恢复正常。

由上述的处理过程，结合 DPU 的错误信息、DAS2 主从 CPU 的网络状态（WRAPA、WRAPB），与日立 DCS 厂家专业人员讨论，确认该主 DPU 网口故障导致了 DPU 网络异常。同时也提醒热控人员进行每日巡检中，应将主、从 DPU 状况列入检查，检修时应对 DCS 所有站点进行电源、网络、控制器冗余切换试验，以便提前发现异常及时进行处理。

2. 运行检修维护不当导致机组非停的建议

2018 年 5 月 27 日，某机组负荷为 205MW，运行人员发现 A、B 侧空气预热器出口烟气温度偏差大，决定对二次风门及风机动叶进行调整，通过减少同侧送风机风量的方式来提高空气预热器出口烟气温度，减少两侧空气预热器出口烟气温度偏差。从 22 时 58 分—23 时 15 分，进行 B 送风机动叶调整操作 4 次，B 送风机动叶开度由 12%逐渐关小至 9%，锅炉总风量由 537t/h 减低至 350t/h。23 时 12 分，运行人员将 B 送风机开度由 9.79%降至 8.89%，送风机电流由 23.8A 降至 23.4A，锅炉总风量由 352t/h 降至 315t/h 时锅炉 MFT 保护动作，2 号机组跳闸。原因是调整操作期间未监视风量参数变化，调整不到位，造成锅炉总风量低于保护动作值（低于 350t/h 延时 180s），锅炉 MFT 保护动作，发电机解列。因此，要减少机组跳闸次数，除热控需在提高设备可靠性和自身因素方面努力外，还需要：

（1）热控和机务的协调配合和有效工作，达到对热控自动化设备的全方位管理。

（2）强化运行与检修维护专业人员的安全意识和专业技能的培训，增强人员的工作责任心和考虑问题的全面性，提高对热控规程和各项管理制度的熟悉程度与执行力度，相关热控设备的控制原理及控制逻辑的掌握深度；通过收集、统计非停事故并针对每项机组或设备跳闸案例原因的深入分析，扩展对设备异常问题的分析、判断、解决能力和设备隐患治理、防误预控能力。

（3）在进行设备故障处理与调整时，做好事故预想，完善相关事故操作指导，加强运行监视，保证处理与调整过程中参数在正常范围内。

（4）制订《热控保护定值及保护投退操作制度》，对热控逻辑、保护投切操作进行详细规定，明确操作人和监护人的具体职责，重要热控操作必须有监护人。

（5）在涉及 DCS 改造和逻辑修改时，应加强对控制系统的硬件验收和逻辑组态的检查审核。

五、热控设备相关的非计划停运事件预控

1. 控制系统硬件故障导致机组非停的预防

（1）按照 DL/T 261《火力发电厂热工自动化系统可靠性评估技术导则》的要求，对运行时间久，抗干扰能力下降，模件异常现象频发、有不明原因的热控保护误动和控制信号误发的 DCS、DEH 设备，应定期进行性能测试和评估，据测试和评估结果，制定和完善控制系统故障应急处理预案，并按照重要程度适时更换部件或设备。

（2）建立详细 DCS 故障档案，定期对控制系统模件故障进行统计分析，评定模件可靠性变化趋势，从运行数据中挖掘出有实用价值的信息来指导 DCS 的维护、检修工作。

（3）通过控制系统电源、控制器和 I/O 模件状态等的系统诊断画面，及时掌握控制系统运行状；严格控制电子间的温度和湿度。制定明确可行的巡检路线，热控人员每天至少

巡检一次，并将巡检情况记录在热控设备巡检日志上。

2. 深入隐患排查

一些设备的异常情况未能得到及时发现，致使影响范围扩大，反映了点检、检修、运行人员日常巡检不到位，暴露出设备检修质量和设备巡检质量不高。应加强热控检修及技术改造、巡检与点检过程的标准化操作、监督与管理（如控制系统改造和逻辑修改时，加强对控制系统逻辑组态的检查审核、严格完成保护系统和调节回路的试验及设备验收）。

深入开展热控逻辑梳理及隐患排查治理工作，为所有电源、现场设备、控制与保护联锁回路建立隐患排查卡片。从取源部件及取样管路、测量仪表（传感器）、热控电源、行程开关、传输电缆及接线端子、输入输出通道、控制器及通信模件、组态逻辑、伺服机构、设备寿命管理、安装工艺、设备防护、设备质量、人员本质安全等所有环节进行全面排查。除班组自查管辖范围设备外，也可组织班组间工作互查，通过逻辑梳理和隐患排查，促进人员全面深入了解机组设备状况和运行控制过程，全面熟悉技术图纸资料，掌握汽轮机、重要辅助设备的保护联锁、控制等逻辑条件和DCS软件组态。

3. 重视人员培训

(1) 运行人员对设备熟悉程度不够，在事故处理过程中，不当操作会导致事故扩大化。应加强运行技术培训及事故预案管理，通过对运行人员“导师带徒”“以考促培”等培训方式，进行有针对性的事故预想、技术讲课、仿真机实操、事故案例剖析培训，强化仿真机事故操作演练，开展有针对性的事故演练，提升各岗位人员对DCS控制逻辑和控制功能的掌握、异常分析及事故处理的能力。强化责任意识，加强运行监盘管理，规范监盘巡查画面频率，确保监控无死角。

(2) 提高监盘质量，加强异常报警监视、确认。机组正常运行期间，至少每2min查看并确认“软光字”及光字牌发出的每一项报警，通过DCS系统参数分析、就地检查、联系设备人员鉴定等方式确定报警原因并及时消除；异常处理期间，运行人员对各类报警进行重点监视，分析报警原因，避免遗漏重要报警信息。

(3) 认真组织编写机组重要参数异常、重大辅机跳闸等事故处理案例，下发至各岗位人员学习，确保运行人员掌握异常处理过程中的操作要点及参数的关联性，提高事故处理的准确性和及时性。

(4) 认真统计、分析每一次热控保护动作发生的原因，举一反三，消除多发性和重复性故障。对重要设备元件，严格按规程要求进行周期性测试，完善设备故障、测试数据库、运行维护和损坏更换登记等台账。通过与规程规定值、出厂测试数据值、历次测试数据值、同类设备的测试数据值比较，从中了解设备的变化趋势，做出正确的综合分析、判断，为设备的改造、调整、维护提供科学依据。

4. 查找故障时应融合专业多原因

有些故障看起来似有干扰嫌疑，但实际上并不一定是电磁干扰引起。如某国产燃煤火电300MW机组，控制系统为北京日立控制系统有限公司HICAS-5000M控制系统，2009年12月投产。2018年10月19日7点30分，汽轮机挂闸后，GV1开度出现不规则波动，如图7-1所示。

期间汽轮机专业更换伺服阀，热控专业更换伺服阀电缆、紧固接线、更换LVDT等均未得到解决。后实验过程由于需要关闭GV1调节门的供油手动门，发现关小时波动减小直

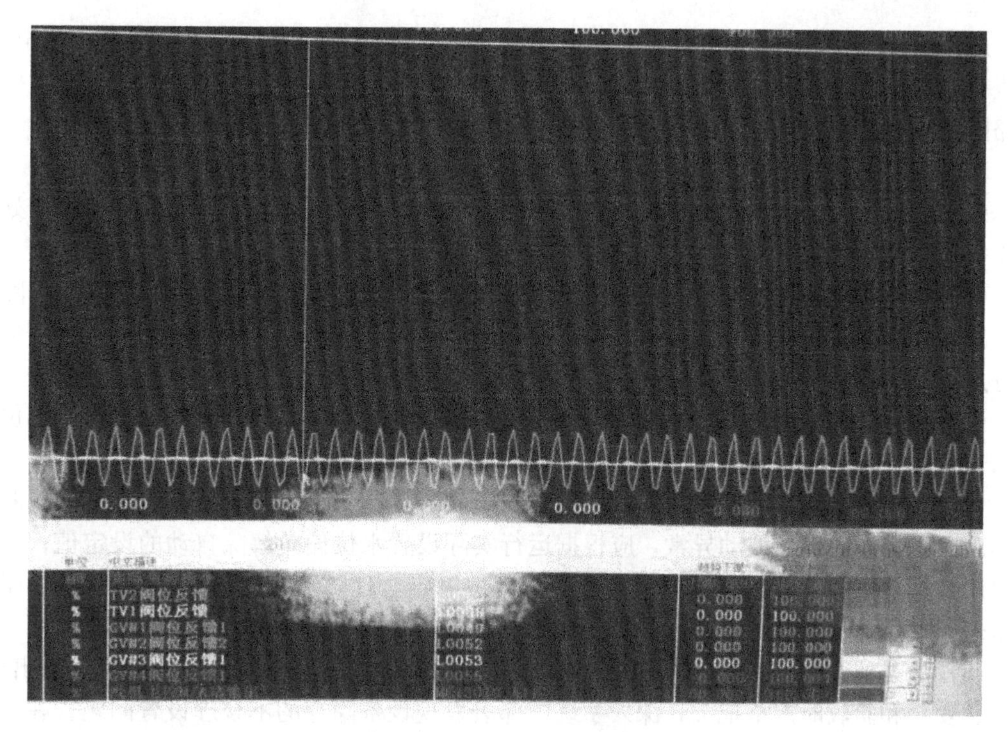

图 7-1　GV1 出现不规则波动

至消失。由此进一步检查分析，最后确认是油路系统阻力变化引起原有的伺服板整定参数不匹配导致；调整整定参数后，问题得到解决。

减小 EH 供油手动门后波动消失如图 7-2 所示。

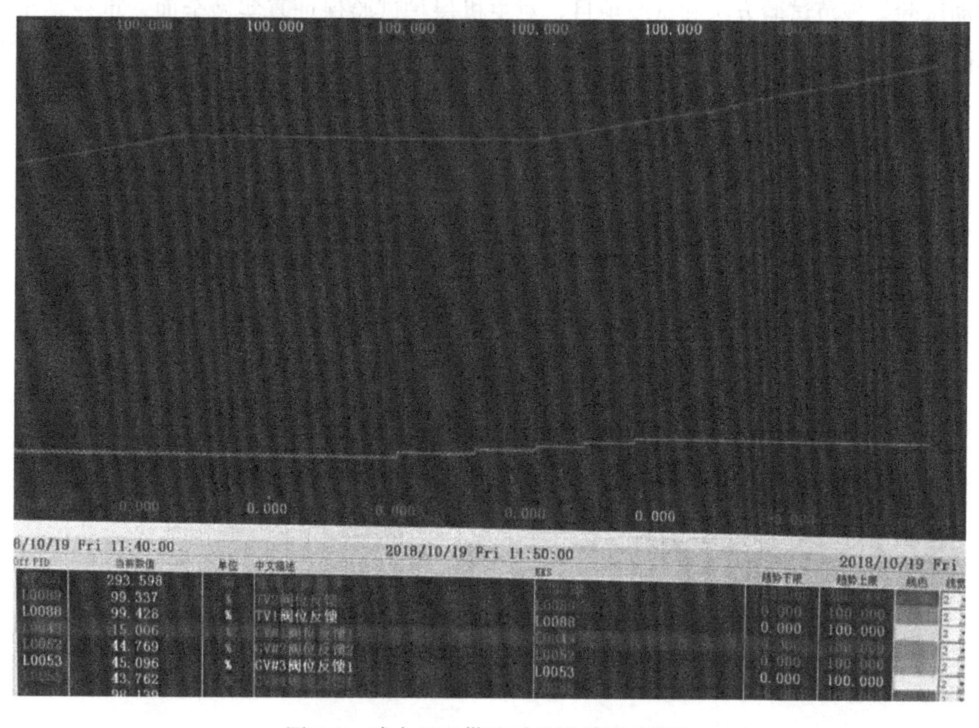

图 7-2　减小 EH 供油手动门后波动消失

此案例说明，同一故障现象，可能会由多种原因引起。在汽轮机阀门清理、整定后，应进行汽轮机行程实验，发现有波动情况时，除热控查找原因外，机务专业还应及时排查管路阻力是否发生变化。

5. 提高监督工作有效性

（1）对送风机、引风机、一次风机动叶执行机构拐臂的检查、紧固及发现问题的处置要求等工作，设置质量见证点，严格设备检修质量过程管控及验收把关。

（2）对具有速率限制与品质判断功能的温度单点保护，在进行联锁保护试验时，除了试验断线工况、实际测试速率值设置的大小是否合适、应试验“温度波动并保持后仍然保持好点”的特殊情况，以便回路存在的隐患及时被发现。

（3）加强设备的巡检与点检工作，按规定的部位、时间、项目进行（尤其隐蔽部位设备），做好巡检记录以及巡检发现问题的汇报、联系及处置情况。

（4）核对偏差参数定值与动作设置符合机组实际运行工况要求。考虑锅炉结焦、断煤等客观因素易导致水位波动异常，应根据运行实际设置水位偏差解除自动的设定值；梳理重要调节自动解除条件控制逻辑，排查类似隐患制定合理防范措施；RB保护动作时闭锁给水偏差大切除自动逻辑。

（5）加强技改项目实施中的质量验收。吸取兄弟电厂的经验与教训，在新设备出厂、到货、安装和验收时严格把关，深入系统内部去发现设备隐存的不合理设置问题。在技改项目实施过程中，要加强安装的验收工作，加强对设备投运后运行状态的跟踪；完善检修作业文件包，明确涉及风机动叶连接件的检修工艺为质检点。完善运行规程，明确风机动叶故障或电流异常时的具体操作要求。

（6）规范运行管理，严格执行各项规程和反措要求，完成启机前的相关设备的逻辑保护传动试验。规范试验方法和试验项目，对主机保护试验保证真实做全面。重视系统综合误差测试：新建机组、改造或逻辑修改后的控制系统，应加强I/O信号系统综合误差测试，尤其应全面核查量程反向设置的现场变送器与控制系统侧数据一致性，避免设置不当导致事件的发生。

（7）加强设备台账基础管理工作，设备图纸、逻辑组态及程序备份等资料应有专人负责整理并保管，以便程序丢失或设备故障能及时恢复。

后　　记

本书收集、提炼、汇总了2018年电力行业热控设备原因导致机组非停的159起典型案例。通过这些案例的事件过程和原因查找分析、防范措施和治理经验，进一步佐证了提高热控自动化系统的可靠性，不仅涉及热控测量、信号取样、控制设备与逻辑的可靠性，还与热控系统设计、安装调试、检修运行维护质量密切相关。本书最后探讨了优化完善控制逻辑、规范制度和加强技术管理，提高热控系统可靠性、消除热控系统存在的隐患的预控措施，希望能为进一步改善热控系统的安全健康状况，遏制机组跳闸事件的发生提供参考。

热控设备和逻辑的可靠性，很难做到十全十美。但在热控人的不懈努力下，本着细致、严谨、科学的工作精神，不断总结经验和教训，举一反三，采取针对性的反事故措施，可靠性控制效果一定会逐步提高。

在编写本书的过程中，各发电集团、电厂和电力研究院的专业人员提给予了大力支持，在此一并表示衷心感谢。

与此同时，各发电集团，一些电厂、研究院和专业人员提供的大量素材中，有相当部分未能提供人员的详细信息，因此书中也未列出素材来源，在此对那些关注热控专业发展、提供素材的幕后专业人员一并表示衷心感谢。

后　记

[illegible]汇总了2018年[illegible]

[illegible]

[illegible]工作精神，不断总结经验[illegible]

[illegible]

[illegible]

[illegible]本能[illegible]，因[illegible]来[illegible]来源[illegible]

[illegible]一并表示衷心感谢。